U0171069

吸附分离工艺与工程

Technology and Engineering of Adsorption Separation

陈 健等 著

科学出版社

北京

内 容 简 介

本书系统地介绍了气体吸附分离工艺与工程所涉及的相关技术进展，主要包括气体吸附分离基础、吸附分离的基本工艺过程、吸附分离装置的主要设备、吸附分离装置的控制系统及仪表、变压吸附工艺及工程应用、变温吸附工艺与工程应用、变压吸附工艺与其他分离工艺的工程耦合、变压吸附过程模拟计算、燃料电池用氢气的制备与纯化等内容，全面阐述气体吸附分离技术的设计基础与工程应用。

本书可供高等院校与科研院所的教师、学者、学生参考使用，也可供化工、冶金、能源、环境保护等相关领域的科研人员、工程技术人员、项目规划与生产管理人员参考使用。

图书在版编目(CIP)数据

吸附分离工艺与工程 = Technology and Engineering of Adsorption Separation / 陈健等著. —北京：科学出版社，2022.7

ISBN 978-7-03-071680-4

Ⅰ. ①吸… Ⅱ. ①陈… Ⅲ. ①吸附分离–介绍 Ⅳ. ①TF11

中国版本图书馆 CIP 数据核字 (2022) 第 032799 号

责任编辑：万群霞 孙静惠 / 责任校对：王萌萌
责任印制：吴兆东 / 封面设计：无极书装

科 学 出 版 社 出版
北京东黄城根北街 16 号
邮政编码：100717
http://www.sciencep.com
北京虎彩文化传播有限公司 印刷
科学出版社发行 各地新华书店经销
*
2022 年 7 月第 一 版 开本：787×1092 1/16
2023 年 10 月第三次印刷 印张：27
字数：640 000
定价：228.00 元

（如有印装质量问题，我社负责调换）

序　言

　　自然界中存在的或人工合成的各种气体与人类的生存和社会的进步息息相关。人们的日常生活和疾病诊断治疗、工业生产、农业和农产品加工、通用产品和高端电子产品制造、国防军工等各行各业都离不开气体产品。在社会经济的发展对各种气体需求量不断增长的同时，一些气体的排放又造成生态、环境的污染，甚至危及人的生命或健康。近十多年来，越来越多的人认为全球气候变暖是因为以二氧化碳为主，包括甲烷、氟氯烃等温室气体排放量急剧增加而造成的。满足社会经济发展对各种气体的要求，治理温室气体对生态、环境的影响和控制全球变暖都需要对气体进行富集、分离或纯化，而过滤、精馏、吸收、吸附是其主要技术手段，其中吸附是重要的富集、分离和纯化技术。

　　气体吸附分离通过特制的吸附剂对混合气体中某些组分选择性吸附，以实现目标气体产品的富集与纯化。根据吸附理论，气体在固体吸附剂上存在吸附与脱附的动态平衡，吸附剂是一种比表面积大、具有表面特性的微孔材料，丰富的微孔带来有效的孔容，吸附量与孔容、孔道结构、吸附材料和被吸附气体的相互作用力密切相关，也随压力和温度显著变化，由此产生了变压吸附(与脱附)和变温吸附(与脱附)两种主要的循环工艺。通过吸附实现气体分离与净化，首先要考虑混合气体的组分与所选吸附剂的吸附性能及参数，其次要考虑产品气要求，如纯度、回收率和能耗等；在工艺设计中还需考虑原料气处理量的大小、原料气组分及压力的变化范围、吸附剂配比及工程配置等因素，是一项比较复杂的系统工程。

　　作为化工操作单元的吸附分离，已发展成为吸附工程学科。从 20 世纪 50 年代后期合成沸石分子筛商业生产开始，吸附平衡理论与床层吸附动力学理论不断完善，陆续开发出变压吸附(PSA)循环工艺、新型吸附剂、变压吸附循环模型、不同组分混合气与目标产品气纯度要求的循环工艺等；到 20 世纪末，吸附工艺在变压吸附工艺基础上，开发出变温吸附(TSA)工艺、真空变压吸附(VPSA/VSA)工艺、变温变压吸附(TPSA)工艺和快速变压吸附(RPSA)工艺等；半个多世纪以来，气体吸附分离与纯化技术已在化肥工业、石油化工、煤化工、天然气化工、能源化工等诸多领域得到全面推广应用。

　　20 世纪 70 年代初，我国原化学工业部西南化工研究设计院承担了国家重大攻关项目——天然气提氦，开始研究用吸附分离方法从以天然气为原料合成氨的弛放气中提取氦气，拉开了变压吸附技术研究和工程开发的序幕。从那时起，近 50 年持续创新，不仅完成了从含氦混合气中提取氦气满足国内特殊行业需求的项目攻关，还开发出应用于多个工程领域、拥有自主知识产权的系列变压吸附技术，包括工业原料气生产合成气和氢气，工业尾气或排放气回收提纯氢气、一氧化碳、二氧化碳、甲烷等，炼油催化裂化干气回收乙烷、乙烯等低碳烃类，空气分离生产富氧气和制高纯氮气，垃圾填埋气提纯甲烷或生产城市煤气，工业排放气捕集二氧化碳等，在国内外推广变压吸附工业装置 1500余套，吸附分离技术的应用拓展到能源、化工、冶金、建材、电子、环保等领域；相关科技成果多次获得国家科技进步一、二等奖及省部级奖;在取得丰硕科技成果的同时,还培养出一批变压吸附技术研究和工程开发的领军人才,实现了我国变压吸附技术、装备与控制系统全面国产化,并走向国际市场。

　　该书系统介绍了气体吸附分离的基础理论,吸附剂特性与应用,吸附分离循环工艺、工程设计、配套工程与关联技术应用,是国内吸附分离工程技术、经验与成果的集中展现。既有理论介绍,又有从事气体吸附分离技术开发和工程实践的总结,可读性、实用性强。该书由西南化工研究设计院陈健团队组织撰写,也有国内相关院校教授专家参与,历时六年,付出了大量辛劳。该书有望成为高校相关专业师生和学者、吸附技术研究与工程开发技术人员喜欢的参考书。

中国工程院院士

2021 年 10 月

前　言

　　吸附现象在自然界一直存在，人们对吸附的认识和利用有久远的历史。随着近代科学研究的深入，人们发现了吸附有许多的用途，诸如吸湿、净水、脱色、除臭、提纯等，这些都与吸附分离作用相关。研究发现，拥有较大比表面积和孔隙率的固体材料(吸附剂)具有较强的吸附能力，对于一些临界沸点较低的气体，如氧气、氮气、甲烷、一氧化碳、二氧化碳等，在某些特定的吸附剂上，其吸附特性受压力变化的影响较大，且吸附特性存在较大差异。基于工业应用的需要，从20世纪50年代开始，人工沸石分子筛及新型吸附剂研制成功，并在此基础上成功开发随压力或温度循环变化的吸附分离工艺，并在工业上得到实际应用，使吸附分离技术的应用得到进一步拓展，奠定了今天吸附分离技术在现代工业中成为一种重要的气体分离技术的基础。

　　作为化工单元过程的吸附分离技术包括吸附剂、吸附循环工艺、吸附塔、程控阀门、控制技术等内容。在国内，西南化工研究设计院、北京大学、浙江大学、天津大学、华南理工大学、南京工业大学、太原理工大学及北京科技大学等高校院所对吸附分离技术进行过研究，并取得相应的成果。西南化工研究设计院从1972年起开始进行该技术的研究和开发，并于1982年在我国率先实现该技术的系列化工业化应用。20世纪80年代，国家正处于改革开放的起步时期，需要更多适用的新技术来推动相关行业的技术进步和满足我国工业发展的需要，吸附分离技术在这一时期得到快速发展和推广应用。

　　经过近50年的不懈努力，我国变压吸附技术从最初的以天然气为原料合成氨的弛放气中提取氢气，拓展到从工业混合气分离提纯回收氢气、一氧化碳、二氧化碳、甲烷等，处理的气源拓展到煤制气、烃类蒸气转化制气及多种工业排放气、副产气。变压吸附工艺技术水平从开始的"4塔1均"工艺，发展到12塔以上的多次均压工艺。变压吸附装置的处理规模从早期的每小时数百立方米发展到每小时 $5 \times 10^5 m^3$ 以上的规模。变压吸附控制技术从早期应用单片机实现简单阀门开关控制，发展到应用高性能控制系统并实现智能化控制。值得一提的是，1996年，中国石化镇海炼化公司利用西南化工研究设计院的变压吸附技术建成第一套国产化大型炼厂重整气分离提纯氢气装置，从此开启了我国气体吸附分离技术及装置全面国产化的步伐。其中，关键技术取得了全面进步，应用场景从工业尾气回收有效气体的辅助工艺，发展到成为大型石油化工、煤化工等工业主流程中不可缺少的重要单元。

　　在工业副产气资源化利用方面，变压吸附技术成功用于炼厂尾气、焦炉煤气、甲醇弛放气、冶金副产气、电石尾气、黄磷尾气、垃圾填埋气、氯乙烯尾气等多种工业副产气的净化、分离和提纯，实现了氢气、一氧化碳、二氧化碳、甲烷、乙烯、乙烷、氯乙烯、乙炔等组分的回收利用。对相关企业节能降耗、减少污染物及二氧化碳排放具有积极意义，并将在未来实现碳中和目标中发挥积极作用。

　　在变压吸附装置智能化控制技术方面，根据变压吸附工艺技术的特殊要求，开发了智能化的专家故障诊断系统和自适应控制系统，使变压吸附装置的运行稳定性和可靠性大大提升，满足了大型化现代石油化工、煤化工工艺主装置长周期稳定运行的需要；并将云技术应用于变压吸附装置的远程调试和监控，可实现远程对变压吸附装置运行数据分析、故障判断、故障处置及装置全生命周期的维护。

在变压吸附技术大型化方面，创建了具有自主知识产权的大型化变压吸附系统工程技术体系。在吸附工艺、吸附剂级配、关键设备、智能化控制及系统集成等一系列核心技术方面取得突破，解决了变压吸附均压过程精准控制、高性能程控阀、大型吸附塔气流分布等工程难题，形成了大型化变压吸附系统成套技术，有力支持了我国百万吨级煤化工、千万吨级炼油化工技术进步。

在高压变压吸附技术方面，为适应现代煤化工高压煤气化工艺技术的需要，开展了高压状态下吸附剂制备及性能研究、变压吸附工艺、吸附塔设计制造、智能化控制技术研究，完成了高压变压吸附技术研究及工程开发，将传统的变压吸附工艺压力从 3.0MPa 提升到 6.0MPa，并实现工业化应用，对优化煤化工工艺、节能降耗具有积极意义。

在氢能技术领域，针对氢燃料电池对氢气的品质要求高的技术难题，研制出复杂气源特定微量杂质定向脱除的吸附材料，开发了吸附法深度脱除氢气中微量杂质新工艺，形成了从炼厂副产气、焦炉煤气等工业副产气提纯燃料电池用氢气的系列技术，为我国氢能发展提供了一条低成本的氢气获取路径。

本书总结了我国近 50 年来在气体吸附分离技术研究和工程开发方面取得的进步和主要成果，从吸附分离基础理论及吸附剂应用基础入手，主要介绍了吸附分离技术的工艺与工程应用及与其他分离技术工程耦合，对变压吸附数学模型计算及燃料电池用氢气的制备与纯化也有较全面的介绍。

全书共 9 章，系统地阐述了吸附分离工程所涉及的各个方面。其中，第 1 章介绍气体吸附分离基础，包括基础理论、吸附剂和工艺基础。第 2~4 章分别介绍吸附分离工艺流程、主要设备和控制系统的基本理论、方法和要求。第 5、6 章重点介绍实际工况的吸附分离工艺、工程应用及工程设计，其中包括变压吸附技术和变温吸附技术。第 7 章是前两章的延伸，介绍两种吸附分离技术与其他分离技术工程耦合，拓展了吸附分离技术应用的广度和深度。第 8 章介绍了变压吸附理论模型发展及工艺的模拟计算，探索指导工艺优化。第 9 章重点介绍吸附分离技术在燃料电池用氢气生产中的应用，为含氢工业副产气制备高纯氢气提出了先进、实用的工艺技术路线。书中还列举了不同工业生产过程中多种混合气分离提纯工艺的工程应用实例，可供教学、科研、工程设计、项目规划、生产管理人员参考。

本书由陈健负责全书策划、设计、组稿、审稿和审定，并参与第 1 章、第 2 章、第 3 章、第 5 章、第 6 章等部分章节的撰写和全书修改；同时，其他撰写人员：王啸(负责第 8 章、审核本书其余章节)、李克兵(负责第 5 章、参与审核其余章节)、管英富(负责第 7 章、第 9 章)、张剑锋(负责第 1 章、第 6 章)、张宏宇(负责第 4 章)、卜令兵(负责第 2 章、参与部分章节修改)、张杰(负责第 3 章)，其中，马正飞(撰写第 8.5 节)、杨江峰(参与撰写第 1.2 节)，郤豫川参加校审本书部分内容。

太原理工大学李晋平教授和杨江峰教授、南京工业大学马正飞教授、天津大学张东辉副研究员对本书内容给予了支持，西南化工研究设计院变压吸附研究所的王键、张崇海、周晓烽、郑建川、吴巍、刘小军、殷文华、赵明正、杨云、刘丽、冯良兴、马学军、赵洪法、伍毅、郝明涛、李旭、韩太宇、陶宇鹏、金显杭、何秀容、任恩泽、江保全、宋宁、张杰(小)、罗林、赵合楠参与了部分资料收集、编写和图表绘制，一并在此表示感谢。

最后，我还要对近几十年来为气体吸附分离技术研究和工程开发做出贡献的西南化工研究设计院老一辈技术专家及工程技术人员表示特别感谢！

由于知识面和水平有限，书中会有诸多不足和疏漏，敬请读者批评指正。

陈　健

2021 年 8 月

目　　录

第1章　气体吸附分离基础

自然界中存在着不同物质聚集状态之间的表面富集现象，这种富集现象通常发生在气固、液固、气液及液液之间。聚集状态中气体最活跃，而固体有着不同的表面自由能，所以气固之间的吸附富集现象最广泛且复杂。从古至今，吸附作用始终存在于人类的生活和生产中，人们很早就发现一些吸附现象并加以利用，如用草木灰、木炭或熟石灰去除异味和湿气，利用一些矿物净化所需的生活用水等。自1756年瑞典矿物学家Cronstedt发现天然沸石矿物以来，沸石作为一种吸附材料一直是人们的研究对象；1930年英国学者Mcbain发现天然沸石具有筛分分子的性能而提出"分子筛"的概念[1]。20世纪中叶随着人工合成沸石的成功，且通过离子交换可以生产其他功能的合成沸石分子筛产品，使沸石分子筛作为吸附材料(也称吸附剂)在工业中得到广泛应用；同时，其他如活性炭、硅胶、活性氧化铝等吸附材料也在工业应用中得到进一步推广。正是由于吸附材料的发展，促进了气体吸附分离的理论探索和循环工艺开发及其工程应用，目前，吸附分离已成为重要的化工单元过程。

1.1　吸附分离理论基础

1.1.1　吸附与脱附

吸附(adsorption)是指气体(或液体)分子在固体表面自由聚集而降低固体表面自由能(简称"表面能")，使固体表面的分子浓度增大的现象。吸收(absorption)则指物质分子穿透固体或液体的表面层而进入内部结构中的富集现象。吸附和吸收是两种不同富集过程，吸附只发生在固体表面(包括外表面和内表面)，吸收则需进入物质的内部结构。尽管固体上的吸附和吸收时常同时发生，难以从表观现象上区别，但对于气体来说，尤其是低沸点的气体，气固之间主要表现为吸附，即气体吸附是指在固体表面吸附周围气体分子的过程。脱附(desorption)是指由于分子的热运动，能量大的分子脱离吸附表面而使吸附量减少的过程，脱附为吸附的逆过程。

1. 吸附机理

固体表面由于缺少相邻的能形成静电平衡的原子而产生表面能，吸附的本质是降低固体表面由于静电引力不平衡而产生的表面能。在吸附过程中，发生吸附的固体材料称为吸附剂(adsorbent)，而被固体吸附的物质称为吸附质(adsorbate)，吸附剂吸附的单一吸附质的量为该物质的吸附量。按吸附剂颗粒的孔大小一般可分为微孔($<$2nm)、中孔(2$\sim$50nm，也称介孔)和大孔($>$50nm)，微孔影响吸附剂性能，中孔和大孔一般作为吸附质通道。

物质的吸附首先表现为吸附质分子被吸引到吸附剂颗粒外表面，再从外表面扩散至固体颗粒的内表面，并在内表面吸附；吸附质分子向吸附剂内表面转移包括三个阶段：①吸附质分子首先从流体主体通过流体界膜扩散到吸附剂颗粒外表面的外扩散过程，也称为膜扩散过程；②吸附质分子再从吸附剂颗粒外表面沿着颗粒的微孔深入到其内表面的内扩散过程，也称为孔扩散过程或颗粒扩散过程；③吸附质分子在吸附剂内表面的吸附过程；吸附机理包括膜扩散过程、孔扩散过程和吸附过程。

吸附速率是指单位时间内被单位质量吸附剂所吸附的吸附质的量。气体吸附质分子在吸附剂上发生吸附时，上述三个阶段的吸附速率分为三种：①吸附剂周围的气体界膜内吸附质分子的气膜扩散速率；②吸附剂颗粒内吸附质分子的孔扩散速率；③吸附剂内部表面上吸附质分子的吸附速率。由于吸附是瞬间完成的，吸附速率在常温常压下所需的时间为 $10^{-7} \sim 10^{-5}$ s，相比膜扩散速率和孔扩散速率，吸附速率的影响可以忽略不计[2]。这样，整个吸附过程就成为一个传质过程，扩散速率为控制步骤，即膜扩散速率或孔扩散速率中最慢的扩散为关键步骤。

在吸附过程中，当吸附质分子自由扩散至吸附剂表面的速率慢时，颗粒表面就会形成一层厚的气膜，气体扩散阻力就会大于颗粒内部的孔扩散阻力，气膜扩散速率就成为决定传质过程的关键。此时，可以通过较高的流速使气膜扩散阻力降至尽可能小，由孔扩散来决定传质扩散速率。孔扩散是一个很复杂的过程，它同颗粒内孔结构有密切的关系，包括微孔扩散、中孔扩散和大孔扩散，对吸附剂来说，微孔扩散是孔扩散的关键。如图 1-1 所示，活性炭吸附剂孔系统由大孔、中孔、微孔和极小的超微孔组成，吸附质分子在活性炭上的扩散，首先有自由扩散、气膜扩散和颗粒内扩散；在颗粒内扩散中，大孔、中孔犹如通道一样，吸附质分子通过它们向微孔处扩散，这种孔结构有着不相同的扩散机理，存在孔壁表面、活性狭缝和微孔内的扩散。而对于分子筛内的扩散，其扩散不仅与扩散分子的形状、尺寸和极性有关，还与通道的几何形状和尺寸，晶体内阳离子的特性、分布和数目等有关，更加复杂。

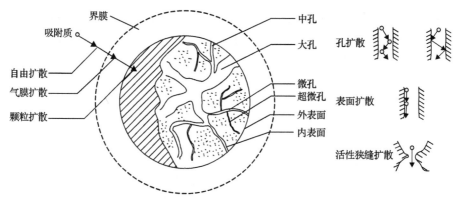

图 1-1   活性炭孔结构及吸附质扩散过程示意图[3]

固体表面存在吸附，也同时存在脱附。脱附为吸附的逆过程(图 1-2)，固体表面的吸附质(吸附分子)可以是单层，也可以是多层，这是由固体表面与吸附质之间的吸附作用力的大小决定的；同时，吸附与脱附之间存在着动态平衡。

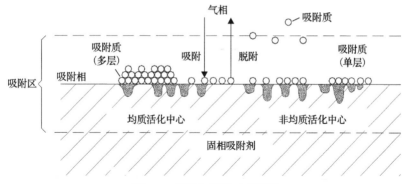

图 1-2　吸附与脱附示意图[3]

2. 脱附机理

吸附是由吸附质分子与吸附剂表面之间的吸附作用力而产生的，而脱附过程气体分子正好与其吸附过程相反，需要摆脱吸附作用力。吸附与脱附是有条件的动态平衡，具有可逆性；同时，吸附剂对吸附质的吸附量是有限的，要实现吸附剂的有效利用就需利用其吸附与脱附的可逆性，进行吸附与脱附之间的循环转换，使吸附剂能重复使用。通过改变操作条件(如降压或升温)脱除吸附剂中吸附质分子，使吸附剂恢复吸附性能并能重复使用的过程，也称为再生或解吸；选择合适的脱附(再生或解吸)方法，对吸附分离技术的工业应用非常重要。

脱附过程就是打破吸附剂中的吸附平衡，摆脱分子所受的吸附作用力，使吸附剂表面上的气体分子不断减少，达到理想的干净状态[4]。根据分子运动的统计学说，可以推导出在给定条件下，单位时间内被吸附的分子从吸附剂表面脱附的分子个数 (m) 为

$$m = ABe^{-\Delta H/(RT)} \tag{1-1}$$

式中，A 为比例常数；B 为已吸附的分子数；e 为自然对数的底；ΔH 为吸附热；R 为气体常数；T 为再生温度；其中，吸附热大小反映吸附剂与吸附质间相互作用的强弱。

由于分子运动，被脱附的气体分子仍有可能回到吸附剂表面，在单位时间内这部分的分子数 (n) 为

$$n = \frac{Np}{\sqrt{2\pi MRT}} \tag{1-2}$$

式中，N 为阿伏伽德罗(Avogadro)常数；p 为该气体组分的分压；M 为该气体组分的相对分子质量；T 为再生温度。

由式(1-1)和式(1-2)可知：①ΔH 数值越大，m 就越小，说明吸附热大的分子不易脱附；②随着气体分子的脱附，B 逐渐降低，m 也相应降低，因而脱附操作需要持续一定的时间，才能使 B 降到最小值；③p 降低，n 也相应降低，即吸附相中吸附质分子数越少，说明低分压有利于脱附；④脱附速率取决于 $m–n$ 的差值；再生温度越高，m 越大，n 却相应减小，$m–n$ 的值增大有利于分子的脱附。

吸附过程中吸附质分子在吸附剂中的吸附机理复杂。根据吸附质分子和吸附剂固体表面之间键合作用力的性质，吸附通常可分为物理吸附和化学吸附。

3. 物理吸附

吸附质分子与吸附剂表面之间由范德瓦耳斯力(van der Waals force)而产生的吸附称为物理吸附(physical adsorption)。范德瓦耳斯力比化学键弱得多，是存在于分子间的一种吸引力，包括色散力、诱导力和取向力三种静电作用力。其中色散力普遍存在于不同分子之间，且在非极性与极性较弱的分子之间主要是色散力；诱导力存在于极性分子与极性分子或非极性分子之间；取向力只存在于极性分子之间。物理吸附可以是单分子层吸附或多分子层吸附，第一层的吸附热通常比气体的正常冷凝热大得多，当吸附层数增多时，逐渐接近其液化热或其气体的冷凝热；物理吸附的吸附热较低，一般在-40kJ/mol 以内。物理吸附不需要活化能，吸附温度越低，吸附量越大，吸附速率和解吸速率都很快。

物理吸附是自发过程，具有普遍性、无选择性、吸附热较小、吸附速率快、吸附与脱附容易且可逆等特点。吸附是放热过程，而脱附是吸热过程。具有显著吸附作用的吸附剂大多是微孔材料，发生在微孔材料孔结构中的物理吸附包括单分子层吸附、多层吸附和毛细管凝聚三种阶段。其中，毛细管凝聚是指气体在小于其饱和压力下，在孔道中凝集成液态，发生了气-液之间相变的现象；在气体分离过程中，气体的毛细管凝聚会增加其脱附难度，降低吸附剂性能，在工艺设计中应尽量避免发生。

4. 化学吸附

吸附质分子与吸附剂表面之间发生电子转移、交换或共有的化学键合作用力的吸附称为化学吸附(chemical adsorption)。在化学吸附过程中，可能存在吸附质分子失去电子或得到电子，或与固体表面原子(或离子)共有电子形成配位键或共价键的三种键合情况。化学吸附属于单分子层吸附，具有选择性、不可逆性、活化能较高、吸附热较大、脱附困难且吸附剂表面会变化等特点；化学吸附的吸附量大小随吸附质分子与吸附剂表面间形成吸附化学键合作用力的不同而变化。化学吸附一般需要克服较高的活化能，提高温度会增加吸附量，且大多化学吸附是放热过程；化学吸附的吸附热接近于化学反应热，吸附热值较高，且变化的幅度也大，如一氧化碳在金属镍(Ni)上的吸附热是-175.8kJ/mol，而一氧化碳与镍反应生成羰基镍[Ni(CO)$_4$]的反应热是-146.5kJ/mol[5]。

吸附热是影响化学吸附的重要因素之一，吸附热值的大小不仅反映了吸附质分子与固体表面化学键合作用力的大小，也能反映固体表面的不均匀性，发生化学吸附的固体材料主要包括金属、碳材和氧化物等。化学吸附的选择性也决定了化学吸附速率的重要性，研究化学吸附速率需要干净的固体表面。化学吸附有需要活化能的活化吸附和不需要活化能的非活化吸附，活化吸附是慢吸附，需在高温下提高吸附速率；非活化吸附是快吸附，可以在低温下进行，非活化吸附多在多孔固体材料上进行；化学吸附与多相催化反应相关，包括吸附质的表面扩散、表面吸附、表面催化反应、反应产物表面脱附和扩散离开等步骤；有时在多相催化反应中，吸附和脱附速率是控制步骤。

在实际吸附过程中，存在同时发生物理吸附和化学吸附的情况，也有两类吸附交替进行，可以先物理吸附，后化学吸附；也可能先进行化学吸附，再在吸附层上进行物理吸附；也有低温下发生物理吸附，高温度下发生化学吸附等现象。在气体分离过程中应用的是物理吸附，也有一些应用如活性炭(或 Y 型分子筛)上载铜的吸附剂，它具有较强选择性吸附一氧化碳或乙烯的吸附分离净化能力，具有物理吸附和化学吸附性质，属于络合键吸附。物理吸附与化学吸附之间显著的区别见表 1-1，其中，两种吸附最本质的区别是吸附作用力的不同。

表 1-1　物理吸附与化学吸附的特征表[6, 7]

特征	物理吸附	化学吸附
吸附作用力	范德瓦耳斯力	化学键力
$-\Delta H$ 值/(kJ/mol)	<40	50～400
活化能/(kJ/mol)	极小	60～100
吸附层数	单层或多层	单层
吸附可逆性	可逆	不可逆
吸附选择性	无	有
吸附速率	快	较慢
吸附温度	低温或常温	高温
脱附效果	可完全脱附且无变化	吸附材料伴有化学变化
实用性	广泛	有限

化学吸附一般涉及多相催化反应，物质之间发生化学变化，工业上较少应用于气体吸附分离。本书探讨的主题是气体吸附分离工艺过程，其中没有发生物质的化学变化，属于物理吸附过程。本书以下内容仅限于探讨气体物理吸附相关理论与实践。

1.1.2　吸附理论基础

1. 吸附平衡

吸附剂表面(或孔道)存在吸附质分子的吸附与脱附动态平衡。吸附平衡就是指在一定条件下吸附质分子被吸附的量与脱附的量相等所形成的动态平衡状态。吸附平衡是相对的、有条件的，在一定温度和压力条件下形成，且条件一旦改变，原有平衡就会被打破又会建立起新的平衡关系。物质的吸附量是吸附平衡条件下的吸附量，与吸附剂、吸附质分子和吸附条件有关，条件一定，吸附量一定；吸附量是评价和衡量吸附剂吸附性能的一项重要指标。

吸附质气体在吸附剂上的吸附量是温度、压力与亲和力或作用能的函数。对于吸附系统，可以采用相律来计算吸附平衡系统的自由度[8]。由于吸附质与吸附剂之间存在着一个独立的吸附相，吸附平衡系统的自由度=独立组分数+相数-2。对于单一组分的吸附平衡，独立组分数为 2(吸附质和吸附剂)，相数为 3(流体相、固相和吸附相)，则单一组分吸附平衡的自由度数为3(吸附剂、温度和压力);因此,平衡吸附量将随温度、压力及吸附剂的变化而改变,即平衡吸附量与系统的温度、气体的压力及气体与固体间相互作用的特性有关。对于给定的气-固体系,气体的平衡吸附量只与温度和压力有关,在平衡状态下的吸附量可直观地表示为 $q=f(p,T)$,其中, q 为平衡吸附量;在温度 T 一定时, q 仅是压力 p 的函数。此时,表达平衡吸附量与压力对应关系的曲线称为吸附等温线,而表达在一定压力下平衡吸附量与温度的关系曲线称为吸附等压线;其中吸附等温线更常用,一些常规气体在 13X 分子筛和细孔硅胶上的吸附等温线分别见图 1-3 和图 1-4。

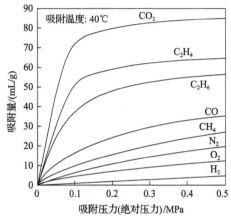

图 1-3　气体在 13X 分子筛上的吸附等温线图[9]　　图 1-4　气体在细孔硅胶上的吸附等温线图[9]

2. 吸附等温线类型

吸附等温线反映了压力对气体吸附与脱附的影响,广泛用于实际吸附研究和工程应用。已研究出的吸附等温线数以万计,但总的类型按照国际纯粹与应用化学联合会(IUPAC)的分类,吸附等温线有六种类型(1985 年);2015 年又提出的新物理吸附等温线,即新分类中 I 型和IV型中增加了亚分类,用孔宽代替了孔径,如图 1-5 所示[6]。其中, I 型吸附等温线有 I_a 型和 I_b 型(箭头向上为吸附、箭头向下为脱附,其他等温线中箭头相同),在相对压力低时吸附量近似直线迅速上升,其后吸附曲线呈近似水平状,吸附很快趋于饱和,表现为单分子层吸附的特征曲线。 I 型吸附等温线常用 Langmuir 方程表示;其中 I_a 型为孔径为小于 1nm 微孔吸附材料的吸附 I 型等温线, I_b 型的孔径较宽,但小于 2.5nm[6]。除 I 型为单层吸附外,其他五类等温线在一定相对压力以后,吸附量都有明显增大趋势,反映了多层吸附的存在。 II 型与III型在低相对压力下吸附量缓慢上升,在高相对压力下吸附量快速上升的吸附等温线,两者都属于无孔和大孔材料的吸附,但 II 型出现明显的单层-多层吸附。IV型在低相对压力时曲线向上弯曲,进入较高吸附量平台,在较高相对压力时继续向上弯曲,在高相对压力时形成多层吸附平台。IV型分为IV_a 型和IV_b 型,其中IV_a 型是由于孔道中有吸附质毛细凝聚,出现脱附(解吸)不可逆的回滞,而IV_b 型却是可逆过程,两者属于介孔材料的吸附。V型在低相对压力下与III型类似,但在较高相对压力时会出现多层吸附平台,且在平台前增压吸附与降压脱附显现出不同的轨迹,这是由于吸附时出现毛细凝聚，而在脱附(解吸)时出现缓慢的滞后现象，这点与Ⅳ_a型一样。Ⅵ型为向上弯曲和向下弯曲交替出现的阶梯形等温线，这类等温线较罕见但也有特殊意义。

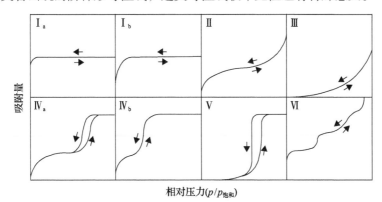

图 1-5　IUPAC 分类的吸附等温线图[6]

上述不同类型吸附等温线的特点见表 1-2。

表 1-2　IUPAC 分类的六种类型吸附等温线的特点表[6,10]

类型	线型特点	吸附材料范围
Ⅰ型	①单层吸附，有可逆性；②吸附量趋于饱和，达到吸附平衡；③可用 Langmuir 方程表示	微孔材料(孔径<2.5nm)，如沸石分子筛、某些活性炭、多孔氧化物等
Ⅱ型	①单层-多层吸附，有可逆性；②p/p_0=1 时吸附量迅速增加，未饱和；③可用 BET (Brunauer- Emmett-Teller) 公式表示	无孔或大孔材料
Ⅲ型	①多层吸附，非常少见；②可用 BET 公式表示	无孔或大孔材料
Ⅳ型	①开始有单层-多层吸附，后有毛细凝聚；②脱附曲线可逆或毛细凝聚后伴有回滞环	中孔材料，如工业吸附剂、中孔分子筛和氧化物胶体，如 MFI 分子筛
Ⅴ型	①与Ⅲ型类似；②有毛细凝聚现象，会出现回滞环	有疏水性表面的微孔/中孔材料
Ⅵ型	①特殊类型，多层吸附；②具有台阶状的可逆吸附过程	无孔均匀材料，如石墨化炭黑

3. 吸附等温线模型

表达等温条件下吸附剂的平衡吸附量与吸附质气相分压(或浓度)之间的关系式称为吸附等温方程。许多学者基于一些简化的假设，从不同的吸附理论和模型出发，推导出不同的吸附等温方程，这些假设通常包括如下几条：①形成单分子层吸附；②吸附热为常数，吸附剂表面是均匀的，吸附分子之间无相互作用；③吸附存在多分子层；④第一层吸附热为一定值，第二层以上吸附热为吸附质的液化热；⑤吸附存在毛细凝聚；⑥吸附层的外缘是一个等势面，其各点的吸附势相等。当然这些假设不是针对所有具体的吸附等温方程。

由于吸附机理的复杂性，还没有一种理论模型能很好地解释或描述所有的吸附现象，一种理论模型只能适用于某些吸附体系。这些经典理论模型包括 Langmuir 方程、亨利方程(Henry 定律)、Freundlich 方程、BET 公式及 Polanyi 吸附势理论等。同时，这些模型方程主要针对单组分体系，而针对多组分体系需要有一定修正。常用吸附等温线模型见表 1-3。

表 1-3　常用的不同类型吸附等温线模型表[10, 11]

理论模型	模型表达式	适用范围
Langmuir 方程[①]	$q = q_m \dfrac{bp}{1+bp}$	I 型吸附等温线，III 型低压部分，大多数线性分子的单组分吸附
Henry 方程[①]	$q = Hp$	线性方程，极低浓度下的单组分吸附，单分子层吸附量的 10%以下的吸附
Freundlich 方程[①]	$q = q_m p^{1/n}$	考虑吸附剂表面不均匀性，吸附能随吸附量而变化
Langmuir-Freundlich 方程[①]	$q = \dfrac{q_m b p^{1/n}}{1+bp^{1/n}}$	考虑吸附剂不均匀表面的单分子吸附
扩展 Langmuir 方程[②]	$q_i = \dfrac{q_{mi} b_i p_i}{1+\sum\limits_{j=1}^{n} b_j p_j}$	描述混合组分气体吸附平衡，适合模型计算
负载比关系方程 (LRC)[②]	$q_i = \dfrac{q_{mi} b_i p_i^{n_i}}{1+\sum\limits_{j=1}^{n} b p^{n_j}}$	表达式较简单，可用于吸附床设计及混合气体吸附分离的模型计算
BET 公式[③]	$\dfrac{p}{V(p_0-p)} = \dfrac{1}{V_m C} + \dfrac{C-1}{V_m C}\dfrac{p}{p_0}$	适用于处理相对压力 (p/p_0) 为 0.05～0.35 时的多孔材料的吸附
Polanyi 吸附势理论公式[④]	$\varepsilon = RT\ln(p_0/p)$	吸附势能理论，吸附累计体积是势能的函数
Dubinin-Radushkevich (D-R) 方程[④]	$V = V_0 \exp\left[-\left(C\ln\dfrac{p_0}{p}\right)^2\right]$	势能理论等温吸附线的经验公式，可扩展为多组分气体吸附的形式
理想吸附液体理论 (IAST)[⑤]	$\displaystyle\int_0^{p_{01}} \dfrac{q_1}{p}\,\mathrm{d}p = \int_0^{p_{02}} \dfrac{q_2}{p}\,\mathrm{d}p$	由纯组分的吸附推导二元混合气的吸附理论，其中单组分可由 Langmuir 系列方程表示

注：①q 为吸附量，q_m 为饱和吸附量，n 为 n 种吸附位，b 为与温度有关的常数，H 为享利常数，p 为气体压力；②b_i 为混合气体体系中 i 纯组分吸附时的对应值，p_i 为多组分气相中组分 i 的分压，n_i、n_j 为 LRC 等温线模型参数，q_{mi} 为混合气体中组分 i 的饱和吸附量；③V 为吸附累积体积，V_m 为吸附饱和体积，q_0 为吸附质的最大吸附量，p_0 为气体组分的最大吸附压力；④ε 为势能函数，V_0 为吸附质的最大吸附体积，$C = RT/\beta E_0$，其中 β 为吸附质极性的亲和力常数，E_0 为标准气体(苯)的特征吸附能；⑤ p_{01}、p_{02} 分别为气体组分 1 和组分 2 的最大分压，q_1、q_2 分别为气体组分 1 和组分 2 的吸附量。

表 1-3 中所有这些理论或模型还需要进行进一步的验证。对于多组分的混合气体，当被吸附的气体是由几种吸附性能相近的气体组成时，吸附量不仅与温度、压力有关，而且随着气体组成的改变而变化；假设各组分互不影响，通过扩展的 Langmuir 方程或负载比关系方程(LRC)可将纯组分用于 n 个组分的混合物，每个组分的吸附量(q_i)可分别用这两个方程式表示，它们也是多组分吸附的吸附塔设计和计算中所使用的主要模型。

4. 吸附穿透曲线

气体吸附分离过程是混合气体通过装填有吸附剂的吸附塔(也称吸附器)来实现组分之间的分离或提纯；其中吸附塔有固定床、移动床和流化床等结构形式。固定床是工业应用最广泛的吸附塔装填形式，其中吸附剂在床层中压实装填，具有结构简单、加工容易和操作灵活等优点，固定床吸附分离是各种不同吸附分离工艺的基础。

在吸附床层内，当混合气体连续稳定地流过吸附床时，开始在出口端只有弱吸附组分（如低沸点气体）流出，而大部分强吸附组分（如极性分子）被吸附在床层的入口端。由于吸附剂颗粒内存在扩散阻力，吸附质分子被逐渐吸附下来，并表现为床层内吸附质在气相中的浓度朝床层出口方向逐渐从大到小，形成了 S 形曲线，这种床层中吸附质浓度随时间和位置变化的曲线称为负荷曲线，也称为吸附波、吸附带或吸附前沿；同时，在接近进口端区域内，吸附质在吸附剂内已达到吸附平衡，且为吸附饱和区，而出口端区域处于未吸附区，介于吸附饱和区与未吸附区之间的区域称为传质区（mass transfer zone，MTZ），如图 1-6 所示。

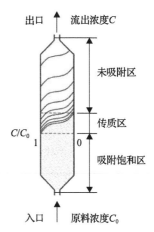

图 1-6 吸附塔内传质区的形成图[3]

床层进口端吸附饱和后，吸附质组分的传质区便向前移动，进入未吸附区；随着时间的推移，传质区逐渐地向出口方向移动，如图 1-7 所示。另外，从图 1-7 中可知，当吸附波前端（即出口气体中允许吸附质的最高浓度）达到床层出口端，即到达此吸附过程的穿透点 C_3 之后，流出床层的气体中吸附质的浓度开始迅速上升，直到流出的气体浓度与入口浓度一致；此时，从吸附床层出口端流出气体中吸附质浓度随时间变化，达到原料气浓度的曲线称为穿透曲线（也称为转效曲线或流出曲线）。

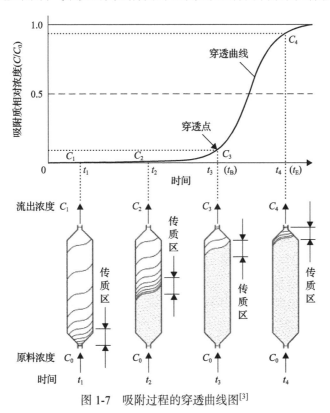

图 1-7 吸附过程的穿透曲线图[3]

在实际吸附分离工艺设计中，吸附穿透曲线达到穿透点前就要停止吸附，并进行吸附工艺的循环步序切换，防止输出的产品气被强吸附质气体污染。同时，达到穿透点时，整个吸附床包括吸附饱和区与传质区，床层没有被完全吸附饱和，吸附剂中传质区越短（或越陡）的吸附效果越佳；床层的负荷曲线与穿透曲线的形状成镜面相似对称。吸附穿透曲线可用于评价吸附剂的吸附分离效果，并作为吸附分离工艺设计的基础。

1.1.3　吸附分离机理

吸附分离是实现气体混合物的有效分离或组分的净化。微孔材料对气体组分的吸附分离包括三种机理：位阻效应、平衡效应和动力学效应[10]。

1. 位阻效应

位阻效应也称为尺寸筛分效应或分子筛分效应，即吸附剂内表面微孔的几何尺寸只允许分子直径比它小的，且具有适当形状的分子才能扩散进入吸附剂微孔内而被吸附，与筛分出的较大分子分离；这种分离机制拥有最高的分离选择性和分离效率，被认为是最理想的分离方式[12]。沸石分子筛的吸附分离同时存在着位阻效应和平衡效应，这是由分子筛晶体结构中孔径范围窄且有规律决定，如 3A 分子筛用于气体干燥(脱水)。另外，在分离烃类同分异构体和二氧化碳吸附分离中多用到位阻效应。近年来，研究者们通过精确地调控和优化吸附剂孔隙大小与形状，已经解决了一些具有挑战性的气体混合物体系的分离，如烷烃/烯烃分离[13]、烯烃/炔烃分离[14]及丁二烯纯化[15]等。

2. 平衡效应

平衡效应是根据吸附质与吸附剂吸附亲和力的不同，产生平衡吸附量的差异而形成平衡分离(也称热力学分离)，这是最常见的一种分离机理。大多吸附分离过程都通过吸附平衡效应而实现有效分离，提升吸附平衡分离的选择性一直是研究人员不懈追求的方向。因此，对不同的应用场合，了解气体组分与分离有关的特性方能选择适用的吸附剂。例如，吸附质极性的大小、烃类的链长与饱和度，以及分子尺寸、结构和浓度等。当吸附质在气相中浓度很低，或者其蒸气压很低时，就需要选择吸附力强的吸附剂，如分子筛、椰壳活性炭或含铜吸附剂等。

平衡分离是基于吸附等温线的快速吸附平衡，依据吸附剂中不同组分的平衡吸附存在明显差异，通过压力变化实现组分之间吸附与脱附平衡的分离过程。由于吸附剂的表面性质和孔结构的不同，吸附在吸附剂上不同气体的吸附量也不一样，大多数混合物的吸附分离都是通过平衡吸附实现的。

在实际吸附分离过程中，平衡吸附体系占主导。影响其吸附作用力的主要因素：一是吸附剂表面的极性，二是吸附质分子的极化性、磁性、磁化系数、永久偶极矩和四极距等特性。沸石、硅胶和活性氧化铝等吸附剂表面极性对具有高极化性或高偶极矩的吸附质分子具有较强吸附作用力，而沸石分子筛中阳离子(如 Li^+、Ca^{2+}、Na^+ 或 K^+ 等)分散在沸石晶体中负电荷铝氧四面体，具有高的电场梯度，对具有四极距的分子(如氮气)有强的吸附作用力；而有较大比表面积的活性炭对有高极化性和磁化系数的非极性分子是一种优选。在实际应用中，变压吸附提纯氢气(简称提氢)、提纯一氧化碳及空气分离制氧(简称空分制氧)等都属于平衡分离。

3. 动力学效应

动力学效应是基于不同吸附质分子在吸附剂中扩散速率的差异为分离机理而实现分离。即使两种气体的尺寸差异很小，但这两种气体通过某个吸附剂孔道时的能量势垒可能相差非常大[16]，此时这种吸附剂就具有分离这两种气体的潜力。不同的气体分子在某些特定的吸附剂颗粒内的扩散速率会有明显差异，通过评估不同气体在吸附剂中扩散系数和一定条件下达到吸附平衡的时间，可以预测此种吸附剂对于气体混合物动力学分离的可能性。

动力学分离与平衡分离的分离机理不同，如空气分离制氮气(简称空分制氮)是利用碳分子筛中扩散速率控制的动力学分离，这是由于氧气分子(含氩气)在碳分子筛中扩散速率是氮气的 30 倍，氧气分子(含氩气)更容易进入碳分子筛微孔中而分离输出氮气；而空分制氧是应用沸石分子筛对氮气分子的吸附平衡分离而输出氧气，利用氮气分子在沸石分子筛中吸附作用力大，与空气中氧气(含氩气)分子平衡吸附量的显著差异、氮气/氧气分离系数大而分离。

从现有的吸附分离工艺过程可知，动力学分离的应用非常有限，主要是碳分子筛吸附剂用于变压吸附空分制氮。尽管与沸石分子筛相比，碳分子筛吸附量较小，但碳分子筛是目前空气分离制氮工艺中唯一的有效吸附剂，其中产品氮气浓度可以达到 99.995%。另外，碳分子筛也可用于甲烷与二氧化碳体系中分离净化；同时，从甲烷中去除氮气和甲烷浓缩也是应用动力学分离的新场景。

1.1.4　吸附分离方法

如前所述，物理吸附中吸附与脱附之间具有自发、快捷、可逆且动态平衡等特征。气-固体系中气体的平衡吸附量与温度和压力有关，而吸附等温线反映了温度一定时气体分子在吸附剂中的平衡吸附量与气体压力的对应关系。当吸附温度相同时，吸附质在吸附剂上的吸附量随吸附质的分压上升而增加，降压有利于吸附质解吸(脱附)，即吸附剂再生；另外，当吸附质分压相同时，吸附质在吸附剂上的吸附量随吸附温度下降而增加，升温有利于吸附质解吸，即吸附剂再生。

要实现吸附剂的循环利用，吸附剂再生(即吸附质解吸)是关键步序。根据脱附机理，吸附剂再生方法主要包括降压再生、加热再生、冲洗再生和置换再生四种，在实际应用中，降压和加热是吸附剂再生的基础，而冲洗再生或置换再生是此基础上的补充和提升，通过吸附剂脱附再生使整个吸附分离过程循环进行。气体吸附分离按照吸附剂的主要再生方法可分成变压吸附和变温吸附两大类，如图 1-8 所示。

1. 变压吸附

变压吸附(pressure swing adsorption，PSA)是指气体组分在吸附床层中高压下吸附、低压下解吸的气体吸附分离工艺。按照吸附剂对吸附质的吸附量随压力降低而减少的规律，不同的温度和压力下，吸附质的吸附量有显著差别。某组分在温度分别为 T_1 和 T_2

时在某吸附剂上的吸附等温线如图 1-8 所示，图中 $T_2 > T_1$。从图 1-8 可知在温度 T_1 下，吸附压力为 p_1 和 p_2 时，吸附质对应的吸附量分别在 A 点和 C 点。

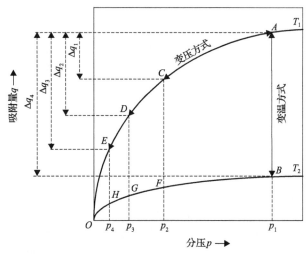

图 1-8　变压吸附与变温吸附过程示意图

当吸附组分的分压从 p_1 降压到 p_2 时，吸附质解吸量为 Δq_1，如果用冲洗方式或抽真空方式进一步降低吸附质分压至 p_3、p_4 时，吸附质对应的吸附量分别降到 D 点和 E 点，对应的吸附质解吸量为 Δq_2、Δq_3。

吸附等温线揭示了吸附质在吸附剂上的吸附量随压力升降而变化的规律，利用这一规律可以采用变压方式，通过升压吸附-降压解吸的工艺过程，完成特定组分的分离。吸附过程完成后，为了使吸附质充分解吸而使吸附剂得到彻底再生，需要将吸附质的分压尽可能地降低。

2. 变温吸附

变温吸附(temperature swing adsorption，TSA)是指气体组分在吸附床层中较低温度(常温或更低)下吸附，在较高温度下使吸附组分解吸的分离工艺。按照吸附剂对吸附质的吸附量随温度升高而减少的规律(图 1-8)，在压力一定时，由不同温度下的吸附等温线可知，通过对吸附剂的加热，由温度 T_1 升至温度 T_2，吸附量随温度升高而降低，即从 A 点降至 B 点，吸附量大幅度下降，其解吸的量为 Δq_4。

不同温度下吸附等温线还揭示了吸附质在吸附剂上吸附量随温度升降而变化的规律，利用这一规律，可以采用变温的方式，通过低温吸附-高温解吸的工艺过程，完成特定组分的分离。

吸附剂再生是破坏现有的吸附平衡、恢复其初始吸附性能，实现吸附剂重复利用的过程，再生过程需要消耗能量。若吸附剂与吸附质之间相互作用力大，降压后残余吸附质的含量仍然会较高，则不能满足吸附分离工艺要求，如图中解吸压力为 p_2 时的 C 点；此时，解吸再生就需要获得较高的解吸能量才能完成。对于这类组分的解吸，通常需要采用加热的方法，使残余负荷到达 B 点。加热再生需要消耗能量，但再生效果更佳。在有些应用场景中，也采用变压+冲洗+变温的组合(如图中的 A—C—D—G—B—A)或变压

+真空+变温的组合(如图中的 $A—C—E—H—B—A$)循环工艺能获得很低的残余负荷,这也是变温吸附循环常用的再生工艺。

1.2　吸附剂工业应用基础

1.2.1　工业吸附剂

1. 沸石分子筛

沸石分子筛(zeolite molecular sieve,ZMS 或 MS)是由 TO_4 四面体之间通过共享氧原子而形成的三维四连接骨架,骨架的 T 原子通常指的是 Si、Al 或 P 原子,其中 Si 和 Al 最常见;这些硅氧四面体、铝氧四面体或磷氧四面体等四面体是构成沸石分子筛骨架的最基本结构单元,称为初级结构单元(primary building unit,PBU)[17]。在沸石分子筛骨架中,Si 和 Al 等都以高价氧化态的形式存在,采取 sp^3 杂化轨道与氧原子成键,每个 T 原子都与四个氧原子配位。沸石分子筛骨架中 SiO_4 四面体为电中性,AlO_4 带有一个负电荷,因此 SiO_4 和 AlO_4 四面体构成的硅铝酸盐分子筛具有阴离子骨架结构,骨架的负电荷由额外的阳离子平衡。硅铝酸盐分子筛的化学通式为 $Me_{x/n}[(AlO_2)_x(SiO_2)_y]\cdot mH_2O$,其中 Me 代表价态为 n 的阳离子,x 为单位晶胞内铝氧四面体数,y 为单位晶胞内硅氧四面体数,m 为单位晶胞内水分子数,阳离子和吸附水位于孔道中[18]。

沸石分子筛的骨架可以看作是由有限的结构单元或无限的结构单元(如链或层)构成。其中有限的结构单元称为次级结构单元(secondary building unit,SBU)[19]。目前,被国际分子筛协会(IZA)收录的 SBU 有 23 种,有些是单环、双环、多面体,甚至是更复杂的单元,它们以各种方式连接在一起,形成独特的通道和笼,图 1-9 列举几种常见的单元环。SBU 总是非手性的,单位单元始终包含整数个 SBU。沸石的晶胞始终包含整数个 SBU,每种 SBU 下的符号代表该 SBU 的类型。需要注意的是,次级结构单元只是理论意义上的拓扑结构单元,不能将它们认为就是或等同于沸石分子筛制备过程中在溶液或凝胶中真实存在的物种[20]。

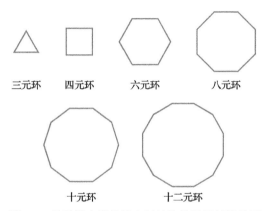

图 1-9　分子筛中常见的次级结构单元及其符号图

除了上述 PBU 和 SBU 之外,分子筛骨架中存在着一些特征的组成构筑单元(composite building unit,CBU),它们出现在不同的框架结构中,可用于识别框架类型之间的关系。自 2007 年以后,国际分子筛协会结构委员会将其命名为组成构筑单元,并用 CBU 对分子筛的骨架结构进行描述。现在国际分子筛协会结构数据库共列举了其中的 58 种(部分见图 1-10)。与次级结构单元不同之处在于,CBU 可以是手性的,并且不要求其唯一用来构筑整个骨架结构[20]。

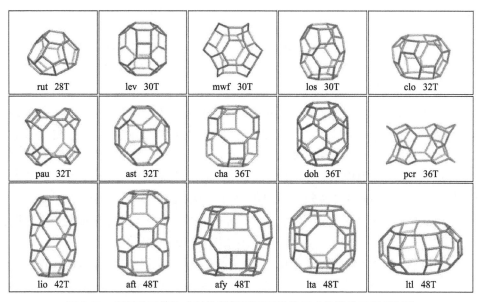

图 1-10　国际分子筛协会结构数据库所列举的组成构筑单元图(部分)

根据来源不同,沸石分子筛包括自然界生成的天然沸石和人工制造的合成沸石两大类。目前,已知的天然沸石有 40 余种,其中斜发沸石(HEU)、丝光沸石(MOR)、菱沸石(CHA)、八面沸石(FAU)、毛沸石(ERI)和片沸石(HEU)等在工业上有较广应用。人工合成沸石分子筛开发成功始于 20 世纪 50 年代,其中,1956 年 A 型(LTA)和 X 型(FAU)合成沸石实现工业生产,60 年代初 Y 型(FAU)合成沸石投入生产,目前合成沸石超过了 150 多种。从 1959 年开始,中国科学院大连化学物理研究所在国内率先合成 A 型、X 型及 Y 型沸石分子筛,并建厂生产。典型的不同沸石类型的物理特性见表 1-4[1]。

表 1-4　主要类型沸石的物理性质表

沸石类型	孔体积/(mL/g)	孔隙率	表面积/(m²/g)	热稳定性/℃
A 型	0.30	0.47	750～800	<700
X 型	0.36	0.50	800～1000	<700
Y 型	0.34	0.48	800～1000	<760

合成沸石分子筛为白色晶体粉末,粒度范围 1～10μm,具有大量非常均匀的微孔,且与一些分子或离子大小相近。沸石分子筛具有如下特点[3]。

(1)具有筛分性能,孔径均一的微孔只有比孔道小的分子才能进入晶胞而被吸附。

(2)强极性吸附剂,对极性分子特别是水与不饱和有机物具有很强的亲和力。

(3)骨架的硅铝比(物质的量比)影响其物理特性,硅铝比低($n(Si)/n(Al) \leqslant 1.25$),微孔多,吸附性能增强;硅铝比增加,极性减弱,$n(Si)/n(Al) > 10$ 时呈疏水性;硅铝比高,则热稳定性、抗水蒸气和耐酸能力增强。

(4)晶胞内壁力场叠加作用,使其吸附能力明显提高;孔容、孔隙率和表面积较大,吸附量大。

(5)通过不同阳离子之间的交换改性,在吸附速度、吸附选择性和吸附量等方面提升其吸附分离特性,适应某些特定的分离组分。

天然沸石及合成的 A 型和 X 型沸石分子筛在工业上主要用于吸附分离和离子交换。其中,NaA 或 NaX 沸石中骨架外 Na^+ 可以通过与碱金属或碱土金属等金属离子进行离子交换而改性,以提高其对气体混合物的吸附分离性能。Y 型沸石及沸石骨架上的硅或铝由其他原子(如 P、B、Sn、Ti、Ga 等原子)置换而形成的杂原子型分子筛主要用于催化剂。常用于吸附剂的沸石分子筛类型包括 A 型和 X 型分子筛。

1) A 型(LTA)分子筛(3A、4A、5A)

A 型沸石的拓扑结构为 LTA 型,其硅铝比为 1,晶胞结构中 β 笼(或方解石笼)呈八面体配位,β 笼之间通过 4 个氧原子相互联结形成 α 笼,晶胞(α 笼)的自由直径约为 1.14nm,有效体积为 0.76nm³,有 6 个八元环的主晶孔,其自由直径为 0.44nm。每个 A 型沸石晶胞中含有 12 个平衡负电荷的阳离子,沸石骨架中主晶孔的有效孔径会受到晶格中阳离子的影响而变化。

4A(NaA)分子筛是人工合成的 A 型沸石,阳离子为 Na^+,主晶孔的有效孔径约为 0.38nm,其典型晶胞组成为 $Na_{12}[(AlO_2)_{12}(SiO_2)_{12}]·27H_2O$;3A(KA)分子筛是 4A 沸石中 Na^+ 离子被离子半径较大的 K^+ 替代,其主晶孔的有效孔径将减少至 0.30nm,典型晶胞组成为 $K_{12}[(AlO_2)_{12}(SiO_2)_{12}]·27H_2O$;5A(CaA)分子筛是 4A 沸石用 Ca^{2+} 交换获得,其中 2 个 Na^+ 被 1 个 Ca^{2+} 取代,有效孔径会增加至 0.43nm,典型晶胞组成为 $Ca_5Na_2[(AlO_2)_{12}(SiO_2)_{12}]·27H_2O$。这样,制备出的 3A、4A 和 5A 为不同有效孔径的分子筛,可以对不同尺寸的分子进行筛分,即小于有效孔径的分子可以进入到晶胞的活性表面而被吸附分离,而大于孔径的分子被隔离于微孔外。

4A 沸石很容易通过阳离子之间交换而凸显其独特的吸附性能,详见图 1-11。图 1-11(a)显示了随 Ca^{2+} 交换度增加,微孔孔径及吸附作用力的变化对不同分子(二氧化碳、正丁烷、异丁烷)吸附的影响。其中,4A 沸石的孔径为 0.38nm,二氧化碳分子(分子动力学直径为 0.33nm)可以进入,而直径较大的 0.49nm 的正丁烷和 0.56nm 的异丁烷无法进入吸附剂,故 Ca^{2+} 交换度低时没有吸附量显示。但当 Na^+ 被 Ca^{2+} 交换 1/3 量后,正丁烷的吸附量急剧上升,这是由于经过 Ca^{2+} 交换后沸石中阳离子数目减少,空隙位置空出,沸石孔径得以变大到 0.50nm;同时吸附数据显示,对较大尺寸的异丁烷分子仍不能吸附,故该尺寸孔径的沸石分子筛可以很好分离正丁烷和异丁烷混合物。另外,图 1-11(b)显示正己烷(直径为 0.49nm)和分子直径大于 0.5nm 的苯、四氢萘、甲基环己烷的混合物在 5A 型分子筛上的吸附结果。图中可知，5A 型分子筛对正己烷的吸附量要明显高于另外两种分子，表明此种沸石可选择吸附正己烷，将分子尺寸较大的吸附质排除在吸附剂孔道以外。另有研究发现[17]，经 Ca^{2+} 交换后的 5A 型沸石可选择性地吸附正丁醇及其以上的高级正构醇类、正丁烯及其以上的正构烯烃、丙烷和 $C_4 \sim C_{14}$ 的正构烷烃及环丙烷等。这些研究表明，通过对沸石进行离子交换来合理地调节沸石孔径大小，可以达到高效分离目标混合物的目的。

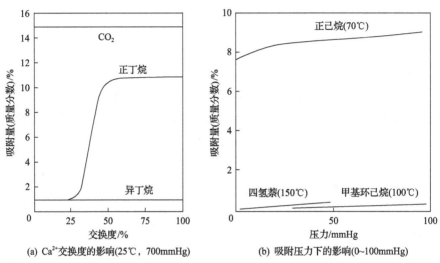

图 1-11　沸石分子筛对不同分子的选择性吸附分离图[17]

$1mmHg = 1.33322 \times 10^2 Pa$

另外，研究人员发现[17]，5A 沸石骨架中 Ca^{2+} 的存在可以促使其对极性分子与不饱和化合物有较高的吸附选择性。5A 分子筛对水有很强的亲和力，且与其他干燥剂相比展现出很大的优点，即使在较低的水分压环境下(如水分压为 2×10^{-4} mmHg)，5A 分子筛作为干燥剂其吸水量高达 14.0%，明显优于其他干燥剂[如 4A 型(10.3%)、13X 型(11.7%)、Al_2O_3(2.0%)]。而且，在较高的温度下，5A 型分子筛在 100℃条件下吸水量还可以达到 13%，甚至 200℃条件下，仍能保留 4%的吸水量，而同样在 100℃的高温条件下硅胶、Al_2O_3 等重要干燥剂的水吸附量已接近为零。另外，在高速气流环境中，5A 分子筛仍保持相当高的吸水效率。基于上述特性，目前 5A 分子筛已被用来作为工业原料中稀有气体和永久性气体的重要干燥剂、中高压空气的脱水干燥剂。

同时，5A 分子筛对气体的吸附能快速实现吸附平衡，且吸附量较大、分离效果显著，因此 5A 既适用于变压吸附分离，如用于 N_2-H_2 分离、N_2-He 分离、氢气的净化、空气分离制氧等；也可用于变温吸附分离，如用深冷法从天然气中提取氦气，其中用 5A 型分子筛吸附脱除二氧化碳(本书简称脱碳)等。鉴于在上述研究中的优异表现，5A 分子筛已被大量用来作为工业上的重要吸附材料，广泛地应用于工业吸附分离领域，进行液体和气体的分离或净化。

用离子半径较大的 K^+ 进行离子交换得到的 3A 型分子筛，孔道尺寸更小，目前主要应用于石油裂解气和天然气的干燥领域。石油气含有大量烃类，尤其是烯烃，在干燥过程中吸附于一般吸附剂的微孔内，聚合和裂解成焦质，阻塞孔道，因而降低吸附性能，缩短使用寿命。而 3A 型分子筛用于石油气的干燥，则没有这些缺点。因为其孔径小而且均匀，可以只吸附水分，而不吸附分子较大的烃类。在石油裂解气干燥过程中，与其他干燥剂相比(如硅胶、低密度与高密度氧化铝等吸附材料)，3A 型分子筛能充分显示其优越性。再如，在干燥石油气体、烯烃深冷分离原料气时，3A 型分子筛充分显示其选择性吸附水而不吸附烯烃的优越性，是被广泛应用的优良干燥剂。

2) X 型 (FAU) 分子筛 (13X、10X、NaLSX、LiLSX、CaLSX)

X 型沸石分子筛均是具有 FAU 的晶体骨架结构，每个晶胞中硅和铝原子的总数都是192，即含有 192 个硅铝氧四面体，只是硅与铝原子比不同。X 型沸石晶胞结构中硅铝比为 1.0~1.25，其中每个晶胞含 96~77 个铝离子。结构中 β 笼之间通过六角柱笼中六元环上 6 个氧桥联结产生超笼——八面沸石笼，晶胞(超笼)的自由直径为 1.18nm，有效体积为 $0.85nm^3$，八面沸石结构具有较大的中心孔隙体积，脱水后大约有 50%的孔隙率[10]；每个晶胞有 4 个十二元环的主晶孔，每个主晶孔的自由直径为 0.74nm[21]。

根据沸石中硅铝比和所含阳离子类型的不同，商用 X 型沸石主要有 5 种，分别是13X(NaX)、10X(CaX)、NaLSX、LiLSX、CaLSX，涉及的主要阳离子有 Na^+、Li^+ 和 Ca^{2+} 三种。其中，13X 沸石分子筛的硅铝比约为 1.23，典型晶胞组成为 $Na_{86}[(AlO_2)_{86}(SiO_2)_{106}] \cdot 264H_2O$；而 NaLSX 沸石的硅铝比约为 1.0，其合成工艺条件与 13X 分子筛有较大不同，硅铝比控制则更为严格，制备时间更长，其典型晶胞组成为 $Na_{96}[(AlO_2)_{96}(SiO_2)_{96}] \cdot 264H_2O$。同样，通过 Ca^{2+} 交换生成的 X 型沸石有两种，其中 10X 分子筛是通过 Ca^{2+} 交换取代 13X 中 Na^+ 而成，硅铝比与 13X 一致，晶胞中组成可为 $Ca_{34}Na_{18}[(AlO_2)_{86}(SiO_2)_{106}] \cdot 264H_2O(Ca^{2+}$ 交换度 79%)。而 CaLSX 沸石(低硅 10X)是通过 Ca^{2+} 交换取代 NaLSX 中 Na^+，晶胞中组成为 $Ca_{48-x}Na_{2x}[(AlO_2)_{96}(SiO_2)_{96}] \cdot 264H_2O$，其中 Ca^{2+} 交换可以达到 96% 以上，吸附分离性能更为突出。最后，Li^+ 与 NaLSX 沸石中的 Na^+(含少量 K^+)交换，制备得到 LiLSX 分子筛，即 $LiX[n(Si)/n(Al)=1.0]$分子筛。以上介绍的 NaLSX、LiLSX、CaLSX 三种沸石都属于低硅沸石分子筛，较常规的 X 型沸石分子筛具有更高的吸附分离性能。自 20 世纪 70 年代开始，13X 商业化应用于空气分离领域，80 年代初开发出 NaLSX，之后通过 Li^+ 交换制备出商用 LiLSX 分子筛；至今，LiLSX 分子筛是变压吸附空气分离最佳的商用吸附剂。

20 世纪 80 年代，通过 Li^+ 交换制备 $LiX[n(Si)/n(Al)=1.0]$分子筛的研究发现[22]：①Li^+ 交换度在 LSX[$(n(Si)/n(Al)=1.0]$沸石中达到 70%或 13X 沸石中达到 80%，氮气吸附量才表现出明显增加，且随着 Li^+ 交换度的提高而呈线性增长；②随着 X 沸石中硅铝比降低且接近 1，氮气吸附量会显著增加。同时，在一定吸附温度(250~320K)和压力(25~150kPa)下，对锂分子筛的硅铝比与氮气/氧气分离系数 $\alpha(N_2/O_2)$关系的研究发现[21]：① $\alpha(N_2/O_2)[n(Si)/n(Al)=1.0] > \alpha(N_2/O_2)[n(Si)/n(Al)=1.15] > \alpha(N_2/O_2)[n(Si)/n(Al)=1.25]$，且不同压力时 $\alpha(N_2/O_2)[n(Si)/n(Al)=1.0]$在 273K 最突出，而 $\alpha(N_2/O_2)[n(Si)/n(Al)=1.15]$在 300K 时最突出；②温度对 $\alpha(N_2/O_2)$的影响大于压力的影响，最佳的温度范围在 273~300K，温度降低比温度升高对 $\alpha(N_2/O_2)$降低的影响更明显。与其他

沸石分子筛一样，LiLSX 分子筛对氧气和氩气的吸附能力相近，且随压力增加，吸附量几乎线性增长，不具有分离效果；而对氮气的吸附能力尤为突出，可实现氮气与氧气(含氩气)的有效分离。这是由于硅铝比越小，沸石骨架中铝含量越高，负电荷也越多，骨架中电中性所需的阳离子数越多，这样会有更多的阳离子对气体分子产生作用力；Li$^+$的离子半径较小及电荷密度最大，具有较强的四极矩潜能，锂分子筛中 Li$^+$与氮气有较强的四极矩作用力，且吸附更强。

在空分制氧中，LiX[n(Si)/n(Al)=1.0，LiLSX]分子筛具有以下突出优势[23, 24]：①氧气回收率和氧气纯度较高；②单位氧气产量的吸附剂用量少；③单位氧气电耗明显降低，吸附与脱附的高低压力之比接近 2，而 13X 的高低压力比一般需大于 4(图 1-12)；④适合更低的吸附压力，需要抽真空解吸。但 LiLSX 分子筛突出的不足就是制备技术要求和产品价格高等，目前生产工艺最重要的环节：①NaLSX 沸石分子筛的合成，要求其硅铝比尽量接近 1.0，且结晶度高；②锂盐交换，需多次反复加热交换，Li$^+$离子交换度高，一般大于 96%；③采用较低温度(350~450℃)的真空活化或高温(500~600℃)活化，活化冷却后充纯氮气包装和保存。

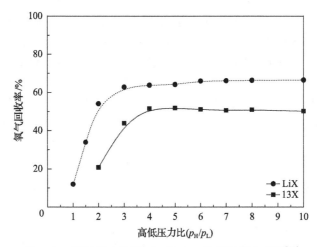

图 1-12　不同压力比下 LiX 和 13X 的氧气回收率图[23]

2. 碳基吸附剂

1) 活性炭

活性炭(activated carbon，AC)是一种经炭化、活化而有活性的、颗粒或粉末状的多孔含碳物质。活性炭的碳含量一般为 80%~90%，其余非碳组分为氧、氢、氮、硫和卤素等元素及少量的灰分，其基本结构是由许多类似石墨晶粒以任意取向堆积在一起的微晶碳，通过活化过程使微晶间产生了许多形状不同、大小不一的孔隙而形成的多孔物质；非碳组分则大部分结合在碳网的边缘而形成表面化合物，其含量随原材料和制造条件的不同而有差异。20 世纪初，活性炭才由木炭在二氧化碳气氛中煅烧制成，至今广为应用。

活性炭吸附特性主要取决于它的孔隙结构和表面结构，其孔隙结构造成内部有很多微孔、中孔和大孔，形成发达的通道和巨大的吸附表面。活性炭细孔结构尤其发达，是具有大量的微孔和中孔、比表面积大的吸附剂，比表面积可达 $650\sim1500\text{m}^2/\text{g}$，储存甲烷的活性炭可达 $2000\sim4000\text{m}^2/\text{g}$[25, 26]；其中，微孔所形成的表面积几乎占总表面积的95%，它是决定吸附性能的主要因素，中孔约占 5%，大孔的比表面积仅为 $0.5\sim2\text{m}^2/\text{g}$。

不同的制造方法可使活性炭内表面具有以有机官能团形式存在的碱性或酸性表面氧化物，使其呈弱极性，具有疏水性和亲有机物的特点，结合活性炭拥有的孔隙结构和表面化学结构，其突出的吸附特性体现在三个方面：一是对烃类及其衍生物有强的吸附能力，而对不饱和烃类没有选择性；二是对水分子吸附力很弱，应用适应范围广；三是其吸附选择性随分子量的增加而增加，但随着压力的增加其选择性明显降低。正是上述特性，活性炭能从被污染的潮湿空气中吸附无机硫、二氧化氮、氰化氢、氯气、溴、汞蒸气、醇、醚、酮、酚、苯、吡啶、氯仿、汽油、多种细菌及病毒，而且能从污水中吸附上百种化学物质和细菌病毒，而不需要预先除去水蒸气，因此，它广泛应用于食品、医药、石油化工、国防和环境保护等诸多领域。

活性炭的生产原料大致分为植物性(如木材、果壳)和矿物性(如煤、沥青、石油焦)两大类。其中，植物性原料筛选后可直接在一定条件下炭化，而不需要粉化；矿物性原料首先是破碎磨粉和加入适量黏合剂。活性炭的制造方法一般有如下几个步骤[27]。

(1)原料处理工序：根据不同原料及用途要求，一般是先将含碳原料初步筛选除去杂质，并磨碎，加入选定的黏结剂(如煤焦油)，然后成型成所需要的形状(一般为 $1\sim4\text{mm}$ 的柱状或颗粒状)，经干燥或氧化结成初始原料。

(2)炭化工序：一般在缺乏空气的条件下进行，在 $400\sim500℃$ 下炭化，除去大部分挥发物并烧结，以得到有足够强度的中间产品。

(3)活化工序：为了得到有突出吸附量的活性炭产品，需要经过活化工序，该工序是在 $800\sim1000℃$ 下采用水蒸气或二氧化碳等使炭化后的物质部分氧化，以便产生更大的孔隙率和比表面积。活化后再经过筛包装后即为成品。商用活性炭主要包括煤质活性炭和果壳活性炭两种。

A. 煤质活性炭。

煤质活性炭是以特定煤种或配煤为原料，经炭化及活化制成的活性炭。煤质活性炭生产原料用煤来源广泛，但由于原料煤性质不同，不同煤种生产的活性炭差别很大，其应用领域也不同。为提高活性炭的吸附性能，满足不同应用领域的需要，要求活性炭杂质含量少、吸附性能好和强度高，且生产成本低。因此，对用于煤质活性炭生产的原料煤质量有较高要求，并不是所有煤种都可以用于活性炭产品生产，在我国现有资源中，生产煤质活性炭最常用的原料是无烟煤、不黏煤和长焰煤。

同时，用单一煤种生产的活性炭，其孔结构及吸附性能存在一定不足，应用领域会受限制。采用配煤生产技术，可以在生产成本不大幅增加的条件下，在一定范围内改善活性炭的孔结构，提高活性炭的吸附性能，扩大活性炭的应用领域。目前配煤主要集中于弱黏煤和不黏煤与无烟煤配合、强黏性煤与弱黏结性煤配合生产活性炭，从而提高生产的活性炭的吸附性能和强度等特性，降低活性炭生产成本。

根据外表形态不同，煤质活性炭主要可分为煤质颗粒活性炭和煤质粉状活性炭，颗粒活性炭又分为煤质成型炭（包括柱状炭、压块炭或压片炭、球形炭）和原煤破碎活性炭两大类。根据用途不同，可分为水质净化、工业气体提纯、空气净化、脱色和防护等用途的活性炭。与果壳活性炭相比，煤质活性炭具有原料来源广、价格低、易再生、抗磨损、流体阻力小等特点，被广泛用于水处理、溶剂回收、糖精脱色、气体分离与净化等各个领域。此外，一些经过特殊处理及特殊加工的煤质活性炭，还可作为高效的脱硫剂、催化剂及催化剂载体。

B. 果壳活性炭。

果壳活性炭是以各种植物果壳、核等为原料制得的活性炭。果壳原料来源广泛，品种很多，凡具有一定机械强度的壳、核、籽都可以作为果壳活性炭的原料，如椰子壳、核桃壳、油核桃壳、腰果核壳、杏核壳等，其中椰子壳活性炭的应用最为普遍，其他果壳受原材料限制，应用不广。

果壳活性炭具有灰分低、纯度高、活性佳和容积大等特点，其产品微孔发达，吸附能力强，强度较高；同时相对煤质活性炭，果壳活性炭生产工艺相对简便，但受资源限制，价格较高。其应用领域包括气体净化、净水、废水处理、脱硫、脱色及防护等行业。

2) 碳分子筛

碳分子筛（carbon molecular sieve，CMS）是一种兼具活性炭和分子筛某些特性的非极性炭质吸附剂。20 世纪 70 年代初，碳分子筛是由德国 BF 公司（Bergbau-Forschang GmbH）首先发明并开发的新型吸附剂。

碳分子筛为黑色颗粒，表面充满微孔晶体，孔结构特征体现为超微孔和微孔所占比例非常高，其孔径分布如图 1-13 所示。从图中可清晰地看出，与活性炭相比，碳分子筛孔半径分布频率最高的是在 <1nm 范围；其中，微孔的孔径分布在 0.3～0.9nm，且比表面积为 600～800m²/g。尽管它吸附能力不如常规的活性炭，但如分子筛一样有筛分作用，不仅可阻止大分子进入微孔的活性表面，而且能使不同直径的分子在微孔中的扩散速率不同而提高其选择性，达到气体分离的目的。

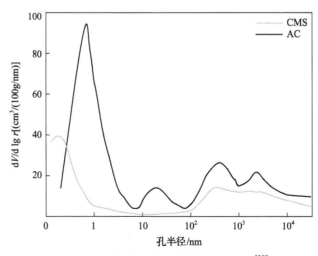

图 1-13　活性炭和碳分子筛孔径分布图[28]

制备碳分子筛的原料主要有煤及其衍生物、植物果壳和有机高分子聚合物(如酚醛树脂)，制造方法主要有炭化法、炭沉积法和活化法。以煤为原料制备碳分子筛的一般流程如下。

(1)先将原料煤进行酸碱预处理，除去碱金属等杂质，再加热氧化、干馏除去挥发物、粉碎过筛、加入黏结剂(煤焦油或纸浆废液)调和成型，制成 2~4mm 的半成品颗粒。

(2)对半成品颗粒进行干燥、炭化，使之具有基本的孔结构。

(3)用水蒸气或二氧化碳对其进行适度的活化，去裂化残余的挥发性物质。

(4)进行烃处理。通过流化床或移动床的方式进行气相烃处理，或液相分批浸渍再热处理；其中烃处理是在 700~900℃温度下进行烃裂解反应，从而在原有大孔的孔口处沉积一薄层焦炭，形成如狭缝状的微孔(或者加入堵孔剂进行调孔)，使其表面形成 0.4~0.9nm 的均匀微孔。

(5)再经活化处理制成碳分子筛。如果原料是有机高分子聚合物，其制备流程首先需将其固化，粉碎过筛；然后进行加黏结剂成型、干燥、炭化、水蒸气活化及堵孔等工序。

碳分子筛适用于动力学分离机理的气体分离过程。其最大用途是变压吸附空气分离制纯氮气，用这种碳分子筛(又称 $CMSN_2$)分离空气中氧气和氮气，可得到比进料空气压力稍低的纯氮气，也节约了氮气的压缩功；而用沸石分子筛分离空气时，一般优先吸附氮气而得到富氧气，氮气富集在吸附床，制氮气(简称制氮)没有优势。同时，碳分子筛也可用于甲烷与二氧化碳、丙烷与丙烯及乙烯与二氧化碳混合气分离[29-31]。

另外，如果制备碳分子筛过程中炭化后的半成品不经调孔，而是直接用蒸汽轻度活化，则可制成用于分离氢气的碳分子筛，该碳分子筛(又称 $CMSH_2$)性能类似活性炭。同时，碳分子筛的亲水性比分子筛弱，在处理一些湿度较高的气体场景，可以代替分子筛。

3. 多孔硅胶

硅胶(silica gel，分子式 $SiO_2 \cdot nH_2O$)是二氧化硅微粒子的三维凝聚多孔体的总称，一般为无色透明或半透明的玻璃状刚性物质。硅胶的基本结构是由一些链状和网状形式的硅酸聚合物颗粒组成，这些聚合物内微粒间的空隙和聚合物间的空隙一起构成了它的孔系统；其微孔孔径在 2~20nm 时，其孔容与微孔的形状与堆积的配位数有关。

硅胶表面上约保留有 5%(质量分数)的羟基，是其吸附活性中心，由于它的存在，硅胶具有一定的极性；同时，温度 200℃以上时羟基会从硅胶表面脱除，所以硅胶的再生温度不能超过 200℃。这种极性也体现在其吸附性质上，例如，极性化合物(如水、醇、醚、酮、酚、胺、吡啶等)能与羟基生成氢键，吸附力很强，并随极性的增加而增强；极化率高的分子(如芳香烃、不饱和烃等)的吸附力次之，而对饱和烃、环烷烃等的吸附力最弱。

硅胶为多孔 SiO_2，有天然的，也有人工合成的。天然多孔的 SiO_2 通常称为硅藻土，人工合成的硅胶是用硅酸钠水溶液(俗称水玻璃)制取。目前作为气体分离所用吸附剂都采用人工合成的多孔硅胶，因为人工合成的多孔 SiO_2 杂质少，品质稳定，耐热耐磨性好，而且可以按需要控制形状、粒度和表面结构，凸显硅胶的吸附特性。目前硅胶的主要制备流程包括(图 1-14)。

(1)二氧化硅水合物制备。以水玻璃为原料，与无机酸(硫酸、盐酸或硝酸)反应，生成 H_2SiO_3 沉淀；其中，反应液中控制 SiO_2 含量为 8%～9%(质量分数)，无机酸一般为 H_2SO_4，质量分数在 25%左右，反应的最佳温度为 5℃左右(工厂一般控制在常温)，pH 控制在 6 左右，沉淀 1h 左右完成。

(2)老化。析出的 H_2SiO_3 老化缩水，一般老化维持 pH 在 6 左右，在 80～90℃温度下，老化时间为 2～4h。

(3)成型和洗涤。硅胶成型一般采用珠化成型(或称油滴法成型)，也有的采用喷射法成型；成型硅胶用去离子水洗涤，洗涤至 Na_2SO_4 含量小于 20mg/L。

(4)干燥和活化。洗涤后成型硅胶的干燥一般可采用水热干燥，温度控制在 110℃以下；再在 250℃活化 4h，取出后即成硅胶，再进行过筛，包装成为硅胶成品。

硅胶是应用最广的干燥剂，主要用于工业气体及空气的干燥、天然气的露点降低，也用于从混合气中脱除或回收二氧化碳，分离烷烃与烯烃、烷烃与芳烃。硅胶可分为 A 型硅胶(细孔硅胶)、B 型硅胶(中孔硅胶)和 C 型硅胶(粗孔硅胶)，在吸附分离行业中，细孔硅胶的用途最广，其比表面积可达 650～800m^2/g。

4. 活性氧化铝

活性氧化铝(activated alumina)是由氢氧化铝[Al(OH)$_3$]经高温焙烧脱水而成，外形多为球状和柱状的白色多孔物质，分子式 $Al_2O_3 \cdot nH_2O$ (0＜n＜0.8)。

氢氧化铝是一种多晶相物质，在不同温度处理下可获得不同晶格的氧化铝。根据制造工艺不同，氧化铝分为低温氧化铝和高温氧化铝，前者的活化温度低于 600℃，将形成很大内部活性表面的过渡态晶体，其不同形态的氧化铝包括 ρ-氧化铝、χ-氧化铝、η-氧化铝和 γ-氧化铝；后者的活化温度为 900～1000℃，其中包括 κ-氧化铝、θ-氧化铝、δ-氧化铝和 α-氧化铝。当活化温度低于 600℃时，将形成很大内部活性表面的过渡态晶体，可用于气体分离的晶体结构有 χ-ρ 型和 γ 型二种；其孔的形成是由许多很细小的原级微晶粒在表面力作用下，比较牢固地黏附在一起形成次级粒子，次级粒子内、原级微晶粒间的空隙和次级粒子间的空隙一起构成孔系。其孔的大小及形状完全取决于粒子大小、形状及堆积方式。目前氧化铝的形态有 8 种以上，其性能和应用也不同，可作吸附剂、催化剂及其载体。

由于活性氧化铝表面存在羟基活性中心和较高浓度的酸性点，是一种极性吸附剂，低温氧化铝多用于气体干燥，其吸水容量在低水蒸气压力下，不如分子筛；在高水蒸气压力下，不如硅胶。但活性氧化铝与硅胶相比，耐热、耐水性好，便于多次再生，与分子筛相比，强度好，再生温度较低，价格较低；因此，它始终是工业上气体干燥剂的主要品种。χ-ρ 型活性氧化铝也可用于石油气的脱硫、催化重整装置的氢气脱除氯化氢及含氟废气的净化，高温氧化铝常用作催化剂的载体。

活性氧化铝的典型制备工艺如图 1-15 所示。氢氧化铝经干燥除去附着水分后，粉碎至微米级颗粒，再经高温炉快速焙烧脱水，作为成型的基础原料添加黏结剂，混合均匀后，进入成球机中成型，再经过热蒸、养护，稳定黏结剂的黏结效果，最后经过焙烧活化，形成具有活性的表面和孔道，过筛包装后即可得到成品。

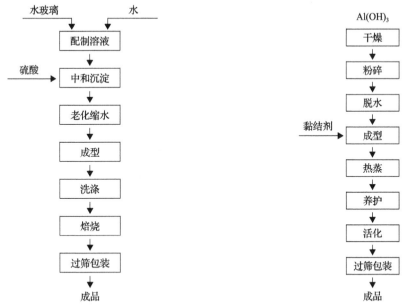

图 1-14　沉淀法制硅胶的工艺流程示意图　　　　图 1-15　活性氧化铝生产工艺流程示意图

5. 其他吸附剂(π 络合吸附剂)

　　吸附分离技术的关键在于开发高效的吸附剂。上述介绍的多孔吸附材料如沸石、活性炭、碳分子筛、多孔硅胶和活性氧化铝是常用的商用吸附剂。对于分子大小相当或沸点相近、极性相似的混合物体系(如一氧化碳-氮气、乙烯-乙烷、丙烯-丙烷等体系)，这几大类常规吸附剂由于选择性不高，都不能满足工业上从上述体系中吸附分离一氧化碳、乙烯、丙烯的要求。因此，开发新型功能吸附材料成为各国科研工作者关注的焦点。其中，基于吸附质分子能与某些金属盐离子形成 π 络合键的性质来实现上述体系分离的 π 络合吸附分离技术，引起了科学研究者的极大兴趣。

　　从理论上讲，π 络合吸附适用于元素周期表中所有的过渡金属元素(即 d 区元素)。这些金属原子外层轨道 s 轨道具有接受电子的能力，当与有 π 电子的吸附质分子(如一氧化碳、不饱和烃等)接触时，易于接受吸附质分子所提供的 π 电子，形成 σ 键；与此同时，金属离子将外层过多的 d 电子反馈到吸附质空的高能反键 π 轨道上，形成反馈 π 键；这样，σ-π 键的协同作用使金属离子同吸附质分子间的键合作用增强。正是由于过渡金属具有既易接受电子(最外层 s 轨道)，又易给出过多的 d 电子(次外层 d 轨道)的电子构型，才容易发生 π 络合吸附作用，属于弱化学键作用的范畴。与物理吸附相比，此类吸附作用力更强，吸附选择性更高，更适用于目标气体浓度较低的气体纯化过程。

　　这种产生显著 σ-π 键的金属离子主要包括 Cu^+ 和 Ag^+，通常采用 CuCl 和 $AgNO_3$ 作为活性组分，其中 CuCl 为活性组分的载铜吸附剂已经用于工业生产(而 Ag 为贵金属，其价格昂贵，不适合工业化应用)，常见的载体有 SiO_2、$\gamma\text{-}Al_2O_3$、活性炭、黏土及沸石分子筛等。考虑载体不同，其制备方法有溶液浸渍法、固态热分散法和离子交换法，其中，热分散法只适于熔点不太高的盐类物质，因为加热温度过高，会导致载体的比表面积急剧减小，甚至发生载体与活性组分间的体相反应。从载体比表面积、孔容、吸附性能及工业应用现状等看，目前工业应用的载铜吸附剂的主要载体是活性炭和 Y 型分子筛。

载铜吸附剂具有以下三个特点：①对一氧化碳或乙烯选择吸附能力高；②对一氧化碳或乙烯的吸附量大；③循环使用，具有长期稳定的吸附性能。

1) 活性炭载铜吸附剂

活性炭作为多孔材料，具有色散力强、比表面大、孔结构和表面极性可调控的特点，同时，碳具有还原性，可以保护 Cu^+ 的稳定性；因此，制备的载铜吸附剂具有可在室温下循环使用，失效后容易再生等优势。制备的载铜吸附剂可用于一氧化碳提纯、含一氧化碳的氢气或氮气等工业气体中深度脱除一氧化碳。

活性炭载铜吸附剂一般采用溶液浸渍法。载体有煤基活性炭、果壳活性炭、树脂基活性炭等，浸渍所用的工业活性炭可以是成型颗粒状(1~3mm)或粉末状，采用粉末状活性炭浸渍后，需加入少量黏结剂、扩孔剂等后混合均匀，挤条成型，干燥焙烧。使用 CuCl 浸渍时，由于 CuCl 不溶于水，需溶于盐酸中配成氯化亚铜的盐酸溶液；浸渍后需除去溶剂盐酸，再进行干燥，并用一氧化碳在 300~400℃下处理，把被空气氧化的 Cu^{2+} 还原成 Cu^+，制备出载铜吸附剂。也可用将溶于水的 $CuCl_2$ 先浸渍再还原的方法实现 CuCl 的表面分散。制备时，活性炭中加入 CuCl 或 $CuCl_2$ 需采用分散阈值附近合适的混合比例，得到最佳的分散效果。分散阈值主要取决于载体的孔结构与比表面积，密置单层理论模型可用于估算分散阈值的上限，这样制备出单层分散型载铜吸附剂。

Hirai 等[32]在 20 世纪 80 年代初对活性炭负载 $AlCuCl_4$ 和 CuCl 吸附一氧化碳进行了研究，将活性炭用 CuCl 的盐酸溶液浸渍，减压除去溶剂，得到的吸附剂在常温、常压下对一氧化碳有良好的吸附选择性，并且在 20℃时减压可将吸附的一氧化碳全部脱附出来。在日本，曾利用此种吸附剂建立了一套 $20m^3/h$ 的中试装置，从含有一氧化碳、二氧化碳、甲烷、氮气、氢气等成分的原料气中分离一氧化碳，所得产品纯度达 98%~99%，回收率约为 84%。日本千代田公司在氧气炼钢炉尾气的一氧化碳回收研究中，开发了一种新型的吸附剂，采用铜铬合盐浸于载体上，可以在常压或微加压下吸附一氧化碳，在真空条件下脱附，可以得到纯度为 99% 的一氧化碳[33]。在国内，南京工业大学姚虎卿团队较早研究载铜吸附剂，活性炭载铜吸附剂吸附净化氢氮混合气中微量一氧化碳至 10^{-6} 级，并对以稀土元素为助剂的一氧化碳络合吸附剂的制备技术、多组分吸附平衡、多组分吸附动态过程的实验和理论，以及变压吸附工业侧线试验等方面进行了系统研究，并推广应用[34,35]。同时，西南化工研究设计院从 20 世纪 80 年代开始从事载铜吸附剂的研究开发，并有产品推广应用；其中，制备载铜吸附剂时，所用活性炭需改性预处理，浸渍时除 CuCl 外还有添加剂，其中 CuCl 负载量的质量分数 15%~30%，获得的载铜吸附剂在温度 25℃、压力 0.1MPa(绝对压力)下的一氧化碳吸附量可达 47mL/g，且在常温下一氧化碳容易解吸。室温下一氧化碳具有较高的可再生吸附量，说明由于活性炭色散力强，且具有很大的比表面积，通过对其孔结构和表面极性进行适当的调控，利用还原性保护 Cu^+ 的稳定性，失效后再生容易，采用活性炭为载体可以获得高效优质的一氧化碳吸附剂。此类吸附剂一般在室温下操作，工业上能生产纯度 99% 的一氧化碳[36]。

2）分子筛载铜吸附剂

沸石分子筛一般是通过孔径分布和范德瓦耳斯力所凸显的"筛分"作用而进行吸附分离，对于分子直径大小和物理性质接近的 CO/N$_2$ 等混合物系，其选择性不高，效率低。后来人们尝试采用 Cu$^+$ 对沸石分子筛进行改性，改性方法包括溶液离子交换法和固态离子交换法。由于沸石分子筛具有很好的离子交换性能，可将 Cu^{2+} 通过离子交换的方法引入其中，制成 Cu^{2+} 交换沸石。与单层分散型吸附剂不同的是，吸附剂中的金属离子交换量，主要取决于载体表面可以交换的离子数目，而不是决定于孔结构与比表面积。

早期，分子筛载铜吸附剂制备采用溶液离子交换法。美国 UCC 公司研制载 Cu$^+$ 沸石分子筛吸附剂，采用 CuCl$_2$ 的盐酸溶液浸渍分子筛载体，干燥后在 300～400℃ 下用一氧化碳处理，使 Cu^{2+} 还原成 Cu$^+$。研究表明，沸石的硅铝比对 Cu$^+$ 还原有较大的影响。硅铝比为 20～100 时，可以有 80% 以上的 Cu^{2+} 被还原，这种吸附剂对一氧化碳的化学络合力较强，在真空条件下也不易使一氧化碳完全脱附。汪贤来等也开展了相似的研究[37]，这说明硅铝比高的 Y 型沸石更适合，且载铜沸石分子筛吸附剂不能在常温下抽真空解吸。日本钢管公司将 Cu$^+$ 交换 NaY 型沸石中 Na$^+$，再进行特殊处理之后，经加热和还原处理得到产品；发现由于吸附二氧化碳的位置经特殊处理而被覆盖，从而抑制了对二氧化碳的吸附能力，而与一氧化碳的亲和力很强，故 Cu$^+$ 增大了对一氧化碳的吸附量，制备的 CuY 吸附剂具有优异的一氧化碳选择性吸附的能力。北京大学在分子筛载铜吸附剂研究方面也取得了工业化应用成果[38]。

分子筛载铜吸附剂改性最常用的办法之一是离子交换后再在表面载负上适当的阳离子，这也是固态离子交换法。研究发现，在高温下许多金属氧化物或盐类可在载体表面自发形成单层分散，使体系的总自由能下降，属于热力学自发过程。这一观点也适用于氧化物或盐类在分子筛内外表面及孔穴中的分散，而这些氧化物或盐类分散后，正负离子可与分子筛内外表面相对应的离子相互吸引，生成较强的表面离子键而使体系的自由能下降[39]。由于作吸附剂的分子筛的孔比一般的催化剂载体的孔小得多，在一般分子筛孔壁敷一层原子可使孔径缩小很多，甚至堵满很多微孔，这种分散也是原子水平的分散，它可在分子筛内外表面及孔穴中发生，也是相当普遍的热力学自发过程。

利用氧化物或盐类在分子筛内外表面及孔穴中分散实现分子筛改性，制得高活性、高选择性的吸附剂。例如，CuCl 分散到 Y 型、X 型、A 型分子筛中，由于分散在表面的 Cu$^+$ 可与一氧化碳或乙烯分子生成表面络合物，可得到对一氧化碳或乙烯有高吸附量和选择性的吸附剂，这已在工业上成功应用；其中，将 CuCl 与 NaY 型分子筛等载体进行混合后在 350℃ 下焙烧，制得的吸附剂常温下对一氧化碳（分压为 60kPa）的吸附量能达到 90mL/g，可分离得到纯度大于 99% 的一氧化碳气体，回收率大于 85%[40]。刘薇等[41]将 CuCl 与 Y 型分子筛按一定比例混合均匀后，在 400℃ 下焙烧 4h 得到 CuCl 改性 Y 型分子筛，其一氧化碳吸附量如图 1-16 所示。由图可见，在低分压下一氧化碳吸附量较高，在常温下难以解吸，需要提高操作温度到 80℃ 左右，并抽真空才能使一氧化碳解吸。目前这种吸附剂已用于提纯一氧化碳工业装置中，实现一段法制备高纯一氧化碳。

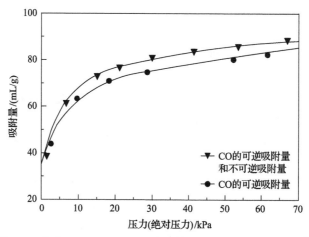

图 1-16　负载 0.5gCuCl/(gY 型分子筛)CO 室温吸附等温线图[41]

6. 结束语

作为吸附剂，多孔材料几十年来一直受到众多材料化学家的关注。近年来，随着人们研究的不断深入，产生了许多新型的多孔材料，如有机无机杂化材料和纯有机多孔材料，其中，金属-有机框架多孔材料和共价有机骨架多孔材料方面的研究较为广泛。

金属-有机框架(metal-organic framework，MOF)是一类新兴的由金属节点(无机)和配体(有机)通过自组装形成的、具有确定组成与结构的晶态多孔材料。和传统的多孔材料(分子筛、活性炭等)相比，MOF 凭借其可设计剪裁的框架和丰富多样的孔道结构吸引了科研工作者的广泛兴趣。由于其结构多样、比表面积大、孔尺寸可调、易于功能化修饰等诸多优点，被广泛用于催化、膜分离、气体吸附与分离、气体储存等方面[42-45]。MOF在发展过程中出现了众多经典的系列材料，如 MIL 系列、ZIF 系列、PCN 系列、MOF-74等系列。MOF 对客体分子的吸附和脱附能力决定了此类材料未来在气体吸附和分离方面有很大的潜在应用前景。但是，要将科学研究成果从实验室转向市场，依然还是一个非常大的挑战。

共价有机骨架(covalent organic framework，COF)是由有机结构单元通过共价键连接形成的有机多孔材料，其结构由轻质元素组成，包括碳、硼、氮、氧、氢等元素。由于其结构多样、比表面积大、易于功能化修饰、密度低、结构热稳定性和化学稳定性高等优点，被广泛应用于气体储存、气体吸附与分离、催化等研究领域[45-50]。2009 年，Furukawa和 Yaghi[47]首次合成出二维(2D)共价有机骨架 COF-1 和 COF-5，2007 年首次合成3D-COF(COF-102、COF-103)，引领和推动了 COF 的设计合成和应用。然而，到目前为止，对 COF 形貌的精确调控和设计仍然是个挑战，虽然有不少 COF 材料已见诸报道，但是由于很难控制成核和晶体生长过程，基本最终得到的都是多晶或非晶产物，大尺寸、单晶态且稳定的 COF 材料鲜有报道。尽管开展应用还在初期发展阶段，但前景十分光明，可以预见 COF 材料在未来几十年内将会持续保持热度。

另外，近年来传统吸附剂如分子筛和多孔碳也有了长足的发展。例如，针对传统沸石分子筛应用的再开发研究，Yang 等[51,52]做出了大量的工作，长期致力于低浓度煤层气富集与提纯的研究，采用不具有平衡阳离子的 TUTJ 沸石分子筛吸附剂对 CH_4 和 N_2 进行分离，降低对 CH_4 和 N_2 的吸附势能顺序的影响，实现了 CH_4/N_2 的高选择性，$\alpha(CH_4/N_2)$=4.4。另外，针对特定的小分子混合物体系，精确地调控分子筛的结构及孔道内环境从而设计高性能分子筛吸附材料将成为未来的重要研究方向。南京工业大学 Zhou 等[53]通过独特的"酸水解"路径将孤立的四配位的铁氧四面体引入 MOR 沸石孔道中，达到精准控制吸附剂孔道尺寸的目的，制备得到的沸石分子筛表现出高的二氧化碳吸附能力、有效的基于尺寸的分子筛分能力和优异的水分稳定分离性能。同样地，南开大学的 Chai 等[54]使用有机配体将过渡金属引入 FAU 沸石特定位置，利用过渡金属作为活性位点对沸石进行功能化改性，实现了基于化学选择性吸附的炔烃/烯烃分离。大连化学物理研究所 Wu 等[55]使用有机胺对 Y 沸石进行改性，修饰后的 Y 沸石对甲烷吸附量大幅度增加，而氮气吸附量减少，显著提高了 CH_4/N_2 分离能力。Hu 等[56]使用四甲基铵交换的 Y 型沸石从低浓度甲烷源中捕获甲烷以减少温室气体排放，通过三级真空变压吸附（VPSA）工艺，从仅含 4.7%甲烷的进料气中获得了 44.5%甲烷的产品纯度和 81%的甲烷回收率。

多孔炭材料具有丰富的孔隙结构、化学性质稳定和耐水汽等优点，是常用吸附剂材料之一。大连理工大学 Xu 等[57]通过控制多组分在界面次序组装，精准构筑纳米柱支撑型二维纳米炭片吸附剂，该纳米柱支撑的超薄纳米片有利于加快气体的扩散传输和提高分离选择性。Zhang 等[58,59]和 Wang 等[60]长期进行生物质炭在 CO_2/N_2、CO_2/CH_4 及 CH_4/N_2 吸附分离方面的研究，证实了生物质前体多孔碳出色的气体混合物选择性吸附能力。生物质炭具有原料来源广泛、成本低、可再生、环境友好等突出优势，将废弃生物质转化为生物质炭，可以实现生物质的资源化、碳封存、减少温室气体排放，促进社会的可持续发展，并且具有良好的经济、能源和环境效益。

1.2.2 吸附剂的工艺选择基础

要满足特定吸附分离工艺的需要，首先需要选择与分离工艺目标相适应的吸附剂。吸附剂选择的主要因素包括吸附质的吸附量、吸附分离的选择性与净化程度、解吸效果与循环使用、抗压强度和磨耗等。其中，吸附剂的特性参数是决定其性能指标的基础。

1. 吸附剂的结构特性

1) 比表面积（specific surface area）

比表面积（S_p）是指单位质量的固体物质所具有的总表面积（m^2/g），包括外表面积和内表面积之和。对于多孔固体，存在丰富的内表面积；表面积在气固之间有促进吸附和催化等作用，在液固之间有浸润和吸附等作用。比表面积是重要的物理参数，真实表面包括不规则的表面和孔的内部表面，这些表面可以通过在原子水平上吸附某种不活动或惰性的分子来确定。

影响比表面积的因素包括颗粒大小（粒径）、形状和孔隙度。工业用吸附剂的颗粒大小一般在 1.5～5.0mm，颗粒形状有球形、柱形和不规则形等。不同制备方法会生成不同的孔结构，如高温烧结或挤压成型的多孔固定的孔结构是不规则的。比表面积和孔径分析方法有气体吸附法、压汞法、电子显微镜法[扫描电子显微镜法(SEM)或透射电子显微镜法(TEM)]和 X 射线散射法等，其中气体吸附法是测量所有表面的最佳方法，而孔径测量范围从 0.35nm 开始，涵盖全部微孔和介孔，甚至大孔。

2) 颗粒体积

吸附剂的体积可用颗粒体积表示，其中包括吸附剂骨架体积和孔体积；对吸附床层来说，用堆积体积表示，包括颗粒体积和孔隙体积。

颗粒体积(V_L)是指单个吸附剂颗粒的体积，由固体(骨架)的体积(V_s)和孔体积 V_p 组成，即 $V_L = V_s + V_p$。孔体积(V_p)是指单位质量吸附剂中所有孔的体积，包括微孔、中孔和大孔的体积之和，mL/g；其中，吸附剂的孔容积(V_k)又称孔隙容积，是指单位质量吸附剂中微孔的容积，mL/g。吸附剂的孔容积范围为 0.1～1mL/g，它是用饱和吸附量推算出来的值，也就是能起吸附作用的那部分孔的体积，它不包括吸附剂中的粗孔(仅用于吸附质扩散)，所以孔容积 $V_k \leqslant V_p$，V_k 比 V_p 小，只有像沸石那样的孔径均一而且都是微孔的物质，V_k 才和 V_p 相等。

堆积体积(V_B)又称床层体积，是指吸附床层中装填的吸附剂所占有的体积，即 $V_B = \sum V_L + V_b$；其中，空隙体积(V_b)是指吸附剂床内颗粒间的空隙体积。同时，死空间体积(V)是指固定床内除吸附剂固体(骨架)以外的体积，包括孔体积和空隙体积，$V = V_p + V_b$。

3) 总孔隙率

总孔隙率(ε)是指孔隙率和空隙率之和，$\varepsilon = \varepsilon_p + \varepsilon_b$。其中，孔隙率($\varepsilon_p$)是指颗粒中的孔体积($V_p$)与颗粒体积($V_L$)之比，空隙率($\varepsilon_b$)是指固定床颗粒间的空隙体积($V_b$)与其堆积体积($V_B$)之比。

4) 密度

吸附剂填充密度(ρ_b)又称堆积密度或堆密度，是指吸附剂堆积体积所具有的质量，g/mL 或 t/m³。颗粒密度(ρ_p)又称表观密度或假密度，是指整个颗粒的体积所具有的质量，g/mL 或 t/m³。骨架密度(ρ_t)又称固体密度或真密度，是指颗粒扣除孔体积后固体(骨架)的体积所具有的质量，g/mL 或 t/m³。

孔隙率(ε_p)、空隙率(ε_b)、填充密度(ρ_b)、颗粒密度(ρ_p)和骨架密度(ρ_t)之间的关系：

$$\varepsilon_p = 1 - \rho_p / \rho_t \tag{1-3}$$

$$\varepsilon_b = 1 - \rho_b / \rho_p \tag{1-4}$$

$$\rho_p = \rho_t (1 - \varepsilon_p) \tag{1-5}$$

$$\rho_b = \rho_p (1 - \varepsilon_b) = \rho_t (1 - \varepsilon_p)(1 - \varepsilon_b) \tag{1-6}$$

5) 孔径分布

吸附剂的孔径类别按其尺寸范围大致可分为三种：半径为 0.4～1nm 的孔称为微孔；半径为 1～25nm 的称为中孔或过渡孔；25nm 以上的称为大孔。吸附主要发生在孔径几个纳米到几十个纳米的孔壁上。除了多孔晶体外，吸附剂中的孔径都是有分布的。对分子筛而言，其孔径是指组成其主晶穴的多元环(主晶孔)的尺寸，每一种分子筛的孔径都是相同的。

吸附分离对孔径分布的要求主要有两点：一是孔径不得小于所吸附的分子的尺寸；二是除分子筛外的吸附剂的孔径大小应该有一个合适的比例，以使气体分子在吸附剂内部的扩散过程顺畅。

对于无定形状即不规则形状，其粒径可用当量直径表示。

6) 颗粒形状和机械强度

颗粒形状可分为粉状、无定形状、柱状(条状)和球状，气体分离常用的是后三种，尤以柱状和球状为主。对于吸附剂的颗粒直径，一方面尽可能小，以增大外扩散传质表面，缩短粒内扩散的路程；另一方面粒径过小会使床层的流动阻力过大，以致增加动力消耗。根据不同的工艺，其尺寸通常在 1～5mm 内；另外，颗粒尺寸均一，可使所有颗粒的内扩散时间相同，以达到总体的最大吸附效果。

吸附剂的机械强度有两种控制指标，即抗压碎力和磨耗率，以表示抗御运输和装填过程中吸附剂颗粒之间的碰撞、摩擦、耐压的能力，以及在使用过程中气流对吸附剂的摩擦和冲刷能力。

几种商用吸附剂的物理特性参数见表 1-5。

表 1-5　商用吸附剂的物理特性参数与气体吸附性质表

物理性质	硅胶	活性氧化铝	活性炭	分子筛
填充密度/(g/mL)	0.40～0.90	0.5～1.0	0.35～0.7	0.6～0.8
颗粒密度/(g/mL)	0.7～1.3	0.8～1.9	0.6～1.0	0.9～1.3
骨架密度/(g/mL)	2.1～2.3	2.6～3.3	1.6～2.2	2.0～2.5
比表面积/(m²/g)	200～800	100～350	600～1500	400～750
平均孔径/nm	1～14	4～12	1.2～5	0.3/0.4/0.5/0.8/1
空隙率	0.4～0.5	0.4～0.5	0.3～0.6	0.3～0.4
比热容/[kJ/(kg·K)]	0.92	0.88～1.0	0.84～1.3	0.84～0.92
导热系数/[W/(m·K)]	0.14～0.2	0.11～0.13	0.1～0.2	0.13
抗压碎力/N	15～98	30～150	15～70	25～60
磨耗率/%	0.5～5	0.1～1	5～10	0.1～0.5
常用再生温度/℃	150～180	180～250	120～150	220～350
有机物吸附量	中	小	大	中
分子大小的吸附选择性	弱	弱	弱	强
分子极性的吸附选择性	一般	弱	弱	强

注：表中数据是综合性的，由于原料、品种、颗粒形状、颗粒大小及供货商的不同，数据会有较大的差别，在具体使用时应该以产品样本为准。

2. 吸附剂的吸附特性

吸附剂的选择是吸附分离工艺的基础。首先,需考虑吸附剂的物化结构与特性(如孔的大小及分布、比表面积、化学成分和表面性质)和吸附质的物化性质(如极性、沸点、分子量、分子大小、烃类的饱和与否、浓度高低及分离要求等)。其中,吸附剂与吸附质分子之间吸附分离关系体现在吸附量和吸附分离系数。

1) 吸附量

吸附量是评价及选择吸附剂的重要参数,它表示吸附剂对吸附质分子作用力的大小,且吸附量随着吸附压力或温度变化而变化。吸附量可用静态吸附量和动态吸附量表示,其中静态吸附量是指单一组分吸附平衡时的吸附量,其测定方法包括定容法、定压法和真空重量法,通过单一仪器测定;动态吸附量是指混合气体(如双组分、三组分)通过吸附床层后,流出组分达到一定精度时某组分动态吸附平衡的吸附量,动态吸附量是吸附分离工程选择吸附的主要指标,一般通过实验装置测定。

对同一类吸附剂,它们也存在性质上的差异。例如,分子筛不仅取决于其有效孔径,也与其晶粒大小、所用的黏结剂性质有关,而活性炭还取决于它的孔径分布情况。对于某个特定的应用,在有些情况下为了达到最佳的吸附效果,可以同时使用两种或多种吸附剂,或者同一吸附剂的两种型号。

几种常用吸附剂对吸附质的吸附强弱顺序[9]如下。

13X 分子筛:$H_2O>C_8H_{10}>C_6H_6>H_2S>C_5H_{12}>C_4H_{10}>CO_2>N_2>O_2>H_2>He$。

活性炭:$H_2S>C_3H_8>C_2H_6>C_2H_4>CO_2>CH_4>CO>N_2>O_2>Ar>H_2$。

细孔硅胶:$H_2O>C_3H_8>C_2H_2>CO_2>C_2H_4>C_2H_6>CH_4>CO>N_2>O_2>Ar>H_2$。

活性氧化铝:$H_2O>C_3H_8>C_2H_4>C_2H_6>CH_4$。

其中,常见几种气体在常用吸附剂上的吸附性能见表 1-6。

表 1-6　几种气体在常用吸附剂上的平衡吸附量表[9]　　　　　　　(单位: mL/g)

组分	5A 分子筛	活性炭	细孔硅胶	活性氧化铝
H_2	0.39	0.60	0.27	0.09
N_2	8.64	4.49	1.20	0.33
CH_4	12.94	14.01	2.77	0.76
CO	23.29	6.34	1.91	0.50
CO_2		31.67	23.18	19.08
C_2H_6	41.65	60.00	13.80	3.82

注:表中数据测试条件为吸附温度 25℃,吸附压力(绝对压力)100kPa。

2) 吸附热

吸附热是指被吸附物质在吸附过程中产生的热效应,通常用来评估吸附剂与被吸附气体间相互作用力的强弱。吸附是放热过程,在吸附剂工业化设计中,吸附热值是必不可少的参数。吸附热可分为积分吸附热和微分吸附热。工程应用中,积分吸附热反映某一吸附剂的动态吸附量，而微分吸附热则反映吸附剂的静态吸附量。静态吸附量常用来表征该吸附剂的特征指标，而动态吸附量则反映了吸附剂的应用特性。吸附热数值的获取方法如下。

(1) 直接用仪器测定：在高真空体系中，先将吸附剂脱附干净，然后用精密的量热计测量吸附一定量气体后放出的热量，这样测得的是积分吸附热；另外一种是用气相色谱技术测定吸附热。

(2) 热力学公式计算：通过实验测定不同温度下吸附剂对气体的吸附等温线，然后选取合适吸附等温线模型对这些吸附等温线进行拟合，在每个吸附温度下得到平衡吸附量与吸附压力之间的关系式；然后通过 Clausius-Clapeyron（克劳修斯-克拉珀龙）方程计算得到等量吸附热[61]。具体计算方程如下：

$$\Delta H_{st} = RT^2 \left(\frac{\partial \ln p}{\partial T} \right)_q \tag{1-7}$$

式中，ΔH_{st} 为等量吸附热；R 为气体常数；T 为温度；p 为压力；q 为吸附量。

实际应用中，使用热力学公式来计算吸附热的方法更为常见。常见几种吸附质在常用吸附剂上的吸附热见表 1-7。

表 1-7　几种吸附质在常用吸附剂上的吸附热[62-65]

吸附热	5A 分子筛	活性炭	细孔硅胶	活性氧化铝
$-\Delta H_{H_2}$/(kJ/mol)	6.4	5.6		
$-\Delta H_{N_2}$/(kJ/mol)	15.1	16.3	13.6	
$-\Delta H_{O_2}$/(kJ/mol)	13.2	16.1	11.2	
$-\Delta H_{CH_4}$/(kJ/mol)	16.6	22.7	15.4	
$-\Delta H_{CO}$/(kJ/mol)		22.6		
$-\Delta H_{CO_2}$/(kJ/mol)	31.0	27.7	25.0	15.6
$-\Delta H_{C_2H_6}$/(kJ/mol)	8.0	20.5		
$-\Delta H_{C_2H_4}$/(kJ/mol)	16.3	11.9		
$-\Delta H_{H_2O}$/(kJ/mol)	46.6		41.2	43.1

气体在常用吸附剂上，一般表现为吸附温度越高，气体吸附量越小，因此在吸附分离工艺中，控制吸附床层的温度非常重要。在吸附分离工程上，通常在较短的时间内即需要达到吸附质的吸附和脱附平衡，利用吸附热实现吸附分子更有效解吸，同时降低吸附时床层温度，达到吸附热和脱附热相对平衡。

3）吸附选择性

吸附选择性是评价吸附剂对目标气体分离性能的重要指标，而直接通过实验测定吸附剂对混合气中各组分的吸附选择性难度较大。Myers 和 Prausnitz[66]于 1965 年提出理想吸附溶液理论(IAST)，利用该模型通过单组分吸附等温线可预测吸附剂对混合组分的吸附等温线和吸附选择性(静态选择性)，并且已经得到了广泛的应用。该理论的基本假设：在一定的温度和扩散压力下，吸附体系中的混合组分是一个理想混合物，其中混合物中的各个组分均遵守一个定律，即平衡时吸附相的化学势能与气相的吸附势能相等[67]。

对于组分 1 和组分 2 组成的二元混合气体，假设组分 1 优先于组分 2 的选择性吸附可定义为[67,68]：

$$S_{1/2} = \frac{x_1 y_2}{x_2 y_1} \qquad (1\text{-}8)$$

式中，x_1 和 x_2 分别为组分 1 和组分 2 在吸附相中的摩尔分数，y_1 和 y_2 分别为组分 1 和组分 2 在气相中的摩尔分数。

在利用 IAST 通过单组分吸附等温线预测吸附剂对混合气的吸附行为时，需注意以下两点[69,70]：①单组分吸附平衡等温数据要准确；②选取合适的吸附等温线模型来拟合吸附平衡数据，且拟合度要好。但 IAST 理论也有一定局限性，其无法准确预测由大小、极性或吸附相互作用上有显著差异的分子组成的混合物的吸附平衡[66,71]。静态条件下吸附等温线的测量及利用 IAST 预测混合物吸附选择性有重要的参考价值，但也存在明显局限性[72]。为了全面评价吸附剂的吸附性能，在研究中需要在模拟真实吸附分离的动态条件下直接评价吸附剂的性能。

动态穿透曲线由于模拟了实际应用的条件，是吸附分离领域研究的经典方法，穿透曲线反映了流动相吸附质和固定相吸附剂的吸附平衡关系、吸附动力学和传质机理[73]。穿透曲线可以给出关于气体混合物纯化效果、某气体动态吸附量、气体混合物竞争吸附效果等信息。竞争吸附效果可用动态选择性(分离系数 α)衡量，可用下式计算：

$$\alpha = \frac{q_1 p_2}{q_2 p_1} \qquad (1\text{-}9)$$

式中，q_1 和 q_2 分别是组分 1 和组分 2 在吸附床中的吸附量；p_1 和 p_2 分别是气体混合物中组分 1 和组分 2 的分压[74]，其中的比值 $q_1/q_2 = x_1/x_2$，$p_1/p_2 = y_1/y_2$，因此，式(1-9)形式上与式(1-8)具有一致性。

常见的二元混合气体组分在商用吸附剂上的分离系数见表 1-8。

表 1-8　几种二元混合气体在常用吸附剂上的分离系数表

分离系数	5A 分子筛	活性炭	细孔硅胶	活性氧化铝
$\alpha(N_2/H_2)$	22.15	7.48	4.44	3.67
$\alpha(CO/H_2)$	59.72	10.57	7.07	5.56
$\alpha(CH_4/H_2)$	33.18	23.35	10.26	8.44
$\alpha(CO/N_2)$	2.70	1.41	1.59	1.52

分离系数	5A 分子筛	活性炭	细孔硅胶	活性氧化铝
$\alpha(CO/CH_4)$	1.80	0.45	0.69	0.66
$\alpha(CH_4/N_2)$	1.50	3.12	2.31	2.30
$\alpha(CO_2/N_2)$		7.05	19.32	57.82
$\alpha(C_2H_6/CH_4)$	3.22	4.28	4.98	5.03

注: 表中数据测试条件为吸附温度 25℃, 气体分压(绝压)100kPa。

4)吸附剂的选择

对于混合气体的吸附分离, 气体组分的平衡吸附量及其之间的分离系数是评价和选择吸附剂的两个主要指标。一般来说, 平衡吸附量决定了吸附剂的使用量, 分离系数影响气体之间的分离效果, 这些最终体现在产品气纯度、回收率等具体指标上, 即分离系数 α 越大, 产品气纯度和回收率等越高。常用商业吸附剂对不同混合气体分离性能如表 1-6 和表 1-8 所示。

对于氮气-氢气二元混合气体, 活性炭上分离系数 $\alpha(N_2/H_2)$=7.48, 小于其在 5A 分子筛上的 22.15(表 1-8); 且 5A 分子筛上氮气平衡吸附量是 8.64mL/g, 远大于活性炭上的 4.49mL/g(表 1-6), 因此氮气-氢气二元混合气的分离通常选择 5A 分子筛为吸附剂。

对于一氧化碳-氢气二元混合气, 尽管活性氧化铝和细孔硅胶的 $\alpha(CO/H_2)$ 分别为 5.56 和 7.07, 但一氧化碳的吸附量太小, 只有 0.5mL/g 和 1.91mL/g, 不适合一氧化碳-氢气混合气分离; 而 5A 分子筛和活性炭吸附剂的 $\alpha(CO/H_2)$ 都有 10 以上, 且 5A 分子筛的一氧化碳平衡吸附量是活性炭的 3 倍以上, 且达到 23mL/g, 因此一氧化碳-氢气混合气体一般选用 5A 分子筛吸附剂。

对于甲烷-氢气二元混合气, 在选择吸附剂时, 考虑到活性炭较 5A 分子筛、细孔硅胶和活性氧化铝对甲烷有最大的平衡吸附量和分离系数 $\alpha(CH_4/H_2)$, 一般认为活性炭更适合用于甲烷和氢气的分离。

总之, 对于含氢气的氮气-氢气、一氧化碳-氢气、甲烷-氢气二元混合气体, 无论吸附剂用 5A 分子筛还是活性炭, 其分离系数都大于 20, 说明采用 5A 分子筛或活性炭, 都能实现氢气的有效分离提纯。

对于一氧化碳-甲烷、一氧化碳-氮气二元混合气体, 在表 1-8 中四种吸附剂中, 组分之间分离系数都小于 3, 说明这些常用吸附剂难以实现这些混合气体的有效分离。对于含有一氧化碳的一氧化碳-甲烷和一氧化碳-氮气二元混合气, 一般需要用负载 Cu^+ 的载铜吸附剂, 利用 Cu^+ 与一氧化碳能形成络合键而有效地吸附一氧化碳, 以提高一氧化碳的吸附选择性。

对于甲烷-氮气二元混合气, 5A 分子筛和活性炭的 $\alpha(CH_4/N_2)$ 分别为 1.50 和 3.12, 甲烷平衡吸附量分别是 12.94mL/g 和 14.01mL/g, 两者显著差别主要体现在两种气体的分离系数上, 相比之下, 活性炭更适用于甲烷-氮气二元混合气的分离; 但是活性炭堆密度较小(表 1-5)，吸附塔的体积较大；另外，活性炭为可燃物，对于含一定氧气浓度的煤矿瓦斯气提纯回收甲烷等工况，选择不可燃的吸附剂，确保装置安全尤为重要。近年来，国内开发出一种新型甲烷-氮气体系分离用的沸石吸附剂，该吸附剂的 $\alpha(CH_4/N_2)$ 达到 3.0 以上[75]。

在大多数应用场合中，混合气体往往是三元、四元甚至有更多组分，影响吸附剂选择的因素更加复杂，一般需要由多种吸附剂组成的复合吸附床来实现目标气体的分离提纯。

对于从一氧化碳-氮气-甲烷-氢气四元混合气体中提纯氢气，单一吸附剂不能满足对氮气、一氧化碳及甲烷皆有较高的平衡吸附量，同时对氢气又有较高的分离系数。对于多元混合气，通常会在对氢气具有较高分离系数的吸附剂中选择两种或多种吸附剂组合装填，以实现最佳的分离效果；该混合气体提氢一般优选活性炭与 5A 分子筛的复合床。

对于一氧化碳-氮气-甲烷-氢气四元混合气体提纯一氧化碳，选择吸附相一氧化碳产品与非吸附相氢气产品的吸附剂不同，应着重考虑吸附剂中一氧化碳的平衡吸附量及其与氮气、甲烷、氢气的分离系数，以保证从抽真空解吸的吸附相气体中一氧化碳的纯度和吸附剂的经济用量，5A 分子筛是一个较好的选择。另外，由于载铜一氧化碳吸附剂具有更高的分离系数和平衡吸附容量，因此该吸附剂是提纯一氧化碳的更好选择。

在许多实际工况中，原料气体除常见的氢气、氮气、二氧化碳、一氧化碳或甲烷等组分外，还可能含有水、硫化物、烃类、醇类、氨类、苯或酚等复杂组分，需要配置能脱除这些杂质组分的相应净化措施。当水、醇、轻烃含量较低时，通常可在吸附塔入口端装填一些净化用吸附剂，在吸附分离循环过程中对这些组分进行吸附脱除，避免这些微量组分进入上层吸附剂，造成上层主要吸附剂逐渐失效，影响吸附塔的分离效果。例如，甲醇弛放气变压吸附提纯回收氢气的工艺中，由于弛放气中含有微量的甲醇蒸气，而所用的 5A 分子筛吸附甲醇后很难通过变压吸附工艺中抽真空或者降压冲洗解吸，通常会在吸附塔的入口端再装填一层能有效吸附甲醇组分、并能通过抽真空或者降压冲洗解吸的净化剂，以保障装置运行稳定。当原料气体中水、醇、轻烃含量较高，或含有常温下不易脱附的硫化物、苯、酚等组分时，通常需要增加变温吸附预净化单元来脱除这些杂质；例如，粗焦炉煤气净化提纯氢气时，由于粗焦炉煤气含有萘、苯、焦油等高沸点杂质，不能通过净化剂有效脱除，焦炉煤气需要增设变温吸附预处理工序进行净化处理，再进入变压吸附工序提取氢气产品，避免吸附剂被萘、苯、焦油等高沸点杂质污染而中毒失效。

针对不同的混合体系，要达到特定的分离目标，吸附剂的选择和配比至关重要。吸附剂特性参数是吸附剂选择的重要因素，吸附剂的配比需要通过模拟计算和动态模拟实验来验证和优化。

1.2.3　吸附剂的失效与再生

1. 吸附剂的失效

吸附剂失效，简单来说就是指吸附剂受物理或化学因素的影响，导致其丧失吸附分离能力的现象。吸附剂的性能特性表现为具有大的比表面积、适宜的孔结构及表面结构，同时具有良好的动力学性质、化学惰性、热稳定性、耐磨性等，吸附剂失效就是上述性能部分或全部失去，最直观的表现为吸附量明显减少，无法实现目标气体的有效分离。

从吸附机理可知，影响吸附剂分离性能主要有以下因素：压力、温度、流速、吸附质浓度、再生程度、吸附床层厚度、其他杂质组分等。在实际工况中，由于一些因素被限定了范围，主要影响因素一般限制为吸附质浓度、流速、再生程度和其他杂质四个方面。

(1)吸附质浓度。由于受总吸附量的限制，对于特定的生产装置，吸附质浓度设计值总是有受限范围，但在具体操作中，前后工况条件的波动往往会造成吸附质浓度超标，这样就会使吸附剂的使用时间缩短，而造成部分失效，这种失效可以通过适当的再生条件得以恢复。

(2)流速。在实际使用中，流速都设计在湍流范围内，若高于设计值则气流分布就可能产生沟流，造成非吸附性床层穿透。这种穿透可以通过优化操作条件得以恢复。同时，流速高还会造成吸附剂流化，影响分离效果，严重时会造成吸附剂粉化，从而失去有效的吸附分离能力，这种失效是不可逆转的。

(3)再生程度。吸附剂再生程度是指被吸附物质的解吸效果。再生越彻底，吸附剂的活性就恢复得越好，可重复利用的吸附量也就越大。若再生条件(再生气量、再生温度)不足，则会造成吸附剂逐渐失效。

(4)其他杂质。固、液体杂质如粉尘、机械液滴等沉积在吸附剂表面上堵塞吸附质扩散通道，使内扩散阻力增加，可导致吸附剂性能下降。这种失效是来自物料中的其他杂质引起的，可通过增加过滤设备得以改善。某些气体杂质分子与吸附剂活性基团间会发生不可逆反应，如硫化物在活性炭微孔内氧化生成单质硫堵塞孔道；或硫化物与载铜吸附剂活性组分反应，降低吸附一氧化碳的选择性等。这种不可逆反应引起的吸附剂失效难以恢复，称为永久性失效。而水分对于绝大多数吸附分离来说，都是有害的，主要是因为水分子有较强极性，尤其对于具有极性表面的吸附剂，如分子筛、硅胶等对水的吸附力很强，造成吸附剂吸附性能的显著下降，且再生困难。

2. 吸附剂的再生

从平衡吸附量可知吸附剂的吸附能力是有限的，当达到饱和(指达到转效点)时，无法再继续使用，要么更换，如防毒面具里的吸附剂；要么设法将吸附质从吸附剂里脱附出来，降低其平衡吸附量，使吸附剂能重复使用。对于使吸附剂恢复吸附性能使之能重复使用的过程称为再生，它也是工业上广泛使用且行之有效的方法。

吸附剂再生就是破坏现有的吸附平衡，并使吸附剂表面的吸附质分子不断减少，直到理想的干净状态。通常，破坏吸附剂与吸附质之间的吸附平衡，使吸附剂再生的方法包括加热再生法、降压再生法、冲洗再生法和置换再生法。四种不同吸附床层再生方法的特点见表1-9。

表 1-9　吸附床层再生方法的比较表

再生方法	优点	缺点
加热	适合脱除强吸附组分 温度变化小但吸附量变化大 回收的解吸物可以是高浓度	吸附剂容易热老化 热损失意味着能量利用方面的效能差 不适于快速循环，吸附剂利用率低
降压	适合脱除高浓度吸附组分 能快速循环，有效利用吸附剂	需压力降至很低 回收的解吸物浓度较低 对于强吸附组分解吸较困难
冲洗	可在温度和总压不变的情况下操作	需要大量的冲洗气，故很少单独使用，常与其他再生 方法组合使用
置换	适合脱除强吸附组分 可避免吸附剂的热老化	产品需要进一步分离和回收 置换气体的选择较困难

无论采用何种再生方法去打破吸附平衡使吸附剂恢复吸附性能，都需要消耗能量。在吸附分离工程实践中为了能经济地实现吸附剂的再生，需要根据吸附剂及脱附物质的特性选择恰当的再生方法。

1.3　吸附分离工艺基础

1.3.1　吸附分离工艺

吸附分离工艺是指设计用于充分利用吸附剂对混合物气体中不同组分(吸附质)的吸附选择性差异，实现混合气体组分间有效分离的循环流程。对于单个吸附塔(器)来说，其吸附-再生循环都是间歇的，因此，为了实现原料气输入和产品气输出的连续性，吸附分离装置应设置两个或两个以上的吸附塔，以构成连续的吸附分离循环工艺。由于不同的再生方法所需能耗不同，所以选择适当的工艺流程就显得十分重要。

根据吸附剂再生的方法，现已开发出多种循环过程及其组合流程，相应的工艺有变压吸附工艺、变温吸附工艺、置换冲洗吸附工艺和色谱分离工艺等。工业上应用最多的是固定床循环吸附工艺，包括变压吸附工艺和变温吸附工艺。

1. 变压吸附工艺(PSA/VPSA/TPSA/VSA)

变压吸附(PSA)工艺是指装置中吸附床层在一定压力(低中压或高压)下进行吸附，在低压(常压或负压)下解吸再生，而形成吸附与再生的循环分离工艺。由于变压吸附是基于物理吸附的循环过程，其中吸附剂的热导率较小，且吸附循环周期短(一般数分钟或更短)，吸附热来不及散失被保存在床层中，有利于强吸附质的解吸；若循环过程中吸附剂床层温度变化不大，且温度变化的影响相对较小时，可近似为常温下的等温吸附；若循环过程中温度变化较大时，则为非等温吸附过程。

描述变压吸附气体分离循环工艺的 Skarstrom 循环和 Guerin-Domine 循环产生于20世纪 50 年代末，较全面阐述了变压吸附原理，并逐步在工业上推广应用，促进了变压吸附技术的发展。早期应用中，变压吸附分离技术因工艺过程简单，其死空间中弱吸附质组分(产品气)的损失较大，以及强吸附质组分在再生过程中被污染而不利于回收，使产品纯度和回收率均不太理想。针对这些缺点，几十年来人们不断开发更复杂适用的流程，通过增加吸附床数量，增加顺向放压和多次均压等步骤，不仅提高了强吸附质产品的纯度，而且也增加了弱吸附质产品的回收率。图 1-17 是简易的两塔变压吸附循环工艺示意图。

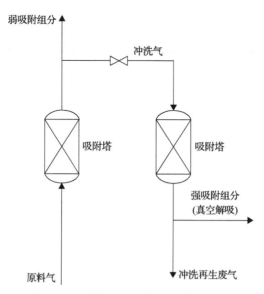

图 1-17 两塔变压吸附循环工艺示意图

变压吸附工艺流程可以根据各种实际应用工况条件、所选用的操作条件(温度、压力)和工艺差异，细分为 TPSA、VPSA、VSA 等工艺，人们习惯把变压吸附统称 PSA。绝大多数 PSA 工艺都在环境温度下操作，但也可以在低温或高温下操作；其中，TPSA 为高温变压吸附，指整个吸附-解吸循环过程均在高于常温状态下进行。TPSA 流程适用于分离混合物料中具有较强吸附力的吸附质，如乙醇中水分的脱除、石脑油中正异构烷烃的分离等；或通过升温提高混合物料中主要吸附质的分离性能，以获得高纯度产品，如采用载铜 Y 型吸附剂的一氧化碳提纯装置。VPSA 是指吸附压力高于大气压，采用抽真空解吸的变压吸附过程，常见于空分制氧装置及从吸附相获得产品的一氧化碳、二氧化碳等分离提纯装置。VSA 是指吸附压力为常压或负压下，采用抽真空解吸，但真空度要求较高，一般要求真空压力要达到-75kPa 以下，因真空泵性能和处理气量等限制，该工艺使用场景较少。

近三十年来，变压吸附工艺技术进步非常迅速，目前主要以产品气来源进行区分，大体可分为三种类型：①直接从非吸附相获得产品气，如氢气、氮气的提纯与回收、空气分离制氧气或制氮气、天然气净化等。②从吸附相获得产品气，如二氧化碳回收与提纯、一氧化碳回收与提纯、瓦斯气浓缩甲烷、炼厂气乙烯资源回收等。③同时从非吸附相和吸附相获得产品气，如从烃类转化气中回收氢气、氮气和一氧化碳、二氧化碳等。变压吸附技术适应范围越来越广，既适宜于大处理量的气体分离，解决大型化、特大型化工业气体的需求，也适用于脱除微量杂质和气体的提纯，特别是其他方法很难脱除的高浓度低沸点杂质。变压吸附工艺具有常温操作、流程简单、维护方便、循环周期短、处理量大、产品气纯度高、能耗低和自动化程度高等优点，已成为工业气体和环境保护领域一项重要的分离技术。

2. 变温吸附工艺(TSA)

变温吸附(TSA)工艺是指在过程压力不变的情况下，在常温或低温下吸附，在高温下解吸，利用两个温度下吸附等温线之间的吸附量差值而进行的循环吸附分离工艺。

图 1-18 是加热与冲洗相结合再生的变温吸附循环工艺示意图。图中常温下被吸附的强吸附组分在高温下得以脱附，吸附剂获得再生后，经冷却降至常温，再进行下一个吸附循环操作。变温吸附工艺通常用于脱除原料气中浓度低、吸附性强的组分；在变温吸附工艺的吸附阶段，床层温度接近于等温，大部分吸附热随工艺气体被带走；在再生阶段吸附床层被加热，通常采用热气体或水蒸气在低压下通过床层直接加热吸附剂。热气体或水蒸气既是载热体又是冲洗气，它不仅将热量送入床层，还可以不断地将解吸出来的吸附质及时带出床层，提高解吸的效果。加热可采用多种方式，如微波加热、电加热、导热油加热等。

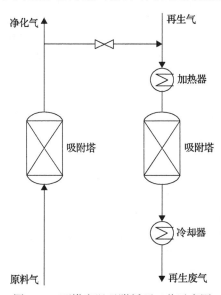

图 1-18　两塔变温吸附循环工艺示意图

与变压吸附工艺不同的是，变温吸附采用温度呈规律性变化的循环工艺。其特点是吸附-解吸循环周期较长，完成一个循环需要的时间通常为数小时甚或数天。常用吸附剂比热容较大而热导率较小，升、降温所需的能量较大，加热和冷却过程缓慢；在工艺设计时，要求吸附时间等于或大于再生时间，以保证在再生结束时，需要脱附的吸附质彻底解吸。解吸循环周期较长，变温吸附工艺不能采用以吸附(扩散)速率为分离机理的吸附剂(如碳分子筛)；如果需要脱除的吸附质在原料气中的浓度高时，为了使吸附阶段的时间能与再生的时间相匹配，就需要加大吸附床体积或采用多床并列，从经济角度看是不合理的；因此变温吸附工艺适用于低含量杂质的脱除，或通过降压及冲洗都无法获得较好解吸效果的工况。

变温吸附工艺具有净化精度高、工艺及设备简单、技术成熟、易实现自动化操作、吸附剂可再生重复使用等优点，缺点是能耗较高。由于其具有有效气体损失小、再生彻底的特点，更适宜于净化后附加值高的气体或有毒有害气体的净化，以及需要深度净化（杂质体积含量低于 5×10^{-6}）的场景。由于低压有利于再生，变温吸附中加热和冷却通常在低压（$0.02 \sim 0.10\text{MPa}$）下进行。为此，在变温吸附工艺设计中，吸附结束后需要将床层压力降至接近大气压，而冷却结束后再将床层压力升至吸附时的压力。再生气通常采用吸附过程中弱吸附气体（净化气）的一部分、惰性气体或空气。对于可以冷凝回收的吸附质的再生废气，除去冷凝物的气流，视需要可以返回至原料气，或再循环用作再生气，或直接放空或焚烧。

固定床变温吸附工艺常用于气体干燥、气体净化、废气中脱除或回收低浓度组分及产品气的最终精制等，如挥发性有机化合物（VOCs）的净化回收、焦炉气净化（脱萘、脱苯）、硝酸尾气治理、烟气脱硫脱硝、空气净化（脱除二氧化碳和水）及氢（氮）产品气精制等。

1.3.2　工艺选择基础

1. 工艺条件的确定

工艺条件的确定受到原料气条件（流量、组成、压力、温度等）、前后工段的工程设计需要，以及装置现场的公用工程配套条件等诸多因素的共同影响。工艺条件的确定涉及几个关键参数：循环周期时间、空塔线速度、吸附塔高径比、再生气量等。

循环周期时间由吸附与再生过程的总时间组成，应以能保证循环工艺实现，并使投资和操作费用之和最小为原则。缩短周期，提高吸附剂利用率，这对切换阀门的质量要求也高。

空塔线速度表示一定条件下每秒钟空塔（不计装填的吸附剂）单位截面积通过的气体流速。其大小直接影响到气体在床层中流动的方式、接触时间和压力降，最终影响到气体分离效率。空塔线速度应该大到使气体在吸附塔内呈湍流流动形式，随着空塔线速度的增大，床层压力降也随之增大。

吸附塔高径比是指吸附剂床层高度与直径之比。对于具体的吸附分离装置，在杂质的动吸附量、周期时间和空塔线速度确定后，高径比也就确定。如果计算值与选定值相差较大，则可在推荐的空塔线速度范围内，调整床层的直径和高度，使高径比尽量接近选定值。床层高度需要大于杂质的传质区长度并保证有足够的接触时间，否则不能保证杂质有效吸附分离要求。高的床层有利于吸附，但是高到一定程度后效果就不明显；且由于床层高度的增加，压力降也随着增大，因此，在工程设计上，高径比还需要结合压力降和造价一并考虑。

2. 工艺流程的选择

针对一个已知的分离体系，其吸附分离工艺的选择，首先要对原料气的组成情况、分离对象，特别是关键组分做出分析，判断欲采用的分离机理（平衡分离型、动力学分离型和位阻效应型）、选用的吸附剂组合，这样通过吸附剂组合与工艺的有机结合实现分离目的。一个最佳的气体分离工艺必然是最合适的吸附剂与工艺设计之间达到最好的结合。

对于吸附装置而言，吸附分离工艺流程通常根据吸附剂再生的方法和运行方式两个标准进行分类。实现吸附分离循环过程的关键因素在于吸附剂的再生，如前所述，吸附剂可以通过降压、冲洗、加热和置换再生，四种再生方式组合可以产生相应的变压吸附工艺和变温吸附工艺。

1)PSA 工艺主要分为三类

(1)从非吸附相获得产品气。当吸附分离的目标产品为非吸附相的弱吸附质时(如氢气)，产品气在吸附压力下直接获得；而强吸附质的杂质组分在低压(接近常压或负压)下从吸附相解吸出来后，通常作为废气直接放空或作为燃料烧掉。由于吸附床层死空间中充实有大量的非吸附相产品气组分，为了提高产品回收率，需采用多塔多次均压工艺。

(2)从吸附相获得产品气。该工艺中产品气组分为强吸附质，需要通过抽真空等方式解吸而获得；而直接输出的弱吸附质组分作为废气，在吸附压力下从吸附床顶部以吸附废气直接放空或作为燃料烧掉。例如，变压吸附提纯二氧化碳工艺，二氧化碳产品在吸附分离过程中是吸附在吸附剂上，在解吸(逆放和抽真空)的过程中获得，产品压力通常接近常压。为了获得高纯度的吸附相产品，其再生工艺步骤不能使用弱吸附质组分的冲洗步骤，而是使用部分产品气从吸附床原料端回流进床层的置换步骤，以将少量被吸附的弱吸附质组分从床层另一端置换出去。

(3)同时从非吸附相及吸附相获得产品气。该工艺的特点是通过一套 PSA 装置获得多种产品，即结合上述二个工艺的特点，在不同的步骤(如吸附、顺放、逆放和抽真空步骤)中获得不同的产品。常见的有变换气脱碳的双高(高纯度、高回收率)流程，该工艺把两套 PSA 装置前后串联起来，即前级采用的是从吸附相提取产品(高浓度二氧化碳)的工艺，而后级采用的是从非吸附相获得产品(净化的合成气)的工艺；这种工艺在气体吸附分离中常有应用，满足多种产品的高纯度和高回收率要求。

2)TSA 工艺主要分为两类

(1)弱吸附质气体的净化。例如低沸点的气体氢气、氮气、甲烷和空气等，吸附剂对它们的吸附力很弱，这些气体通过床层时，很快就流出床层，而需要脱除的杂质是强吸附质，且脱除量少，产生的热量很快被净化后气体带出，吸附剂床层温度无明显变化。

(2)强吸附质气体的净化。例如二氧化碳的净化，它和待脱除杂质一起被吸附，由于它的含量很高，产生的吸附热很大，可以使床层温度上升 40℃以上。由于杂质的吸附力大于二氧化碳，随着吸附时间的推移，吸附剂床层中二氧化碳逐渐被杂质置换出来，不会影响二氧化碳的净化。

对吸附分离技术而言，选择适当的吸附-再生循环工艺十分重要。针对不同的气源和产品气要求，开发不同的吸附-再生循环工艺，所采用的吸附剂再生方法有不同，再生所消耗的能量也不同。目前，在工业气体分离净化应用中，固定床吸附分离循环工艺非常普遍，而其中应用最广的是变压吸附循环工艺和变温吸附循环工艺。本书以后章节将对这不同吸附分离工艺及其工程应用进行较详细的描述。

参 考 文 献

[1] 中国科学院大连化学物理研究所分子筛组. 沸石分子筛[M]. 北京: 科学出版社, 1978.

[2] 吴平东. 化工百科全书[M]. 第 17 卷. 北京: 化学工业出版社, 1993.

[3] 陈健, 龚肇元, 王宝林, 等. 第 3 章吸附与变压吸附//王子宗. 石油化工设计手册·第三卷·化工单元过程(下, 修订版)[M]. 北京: 化学工业出版社, 2015.

[4] 章炎生. 吸附剂的再生[J]. 深冷技术, 1981, (4): 24-27.

[5] 吉林大学物质结构催化研究室. 催化作用基础(Ⅰ)[J]. 石油化工, 1974, 3(5): 475-488.

[6] 杨正红. 物理吸附 100 问[M]. 北京: 化学工业出版社, 2016: 12, 51-55.

[7] 赵振国. 吸附作用应用原理[M]. 北京: 化学工业出版社, 2005.

[8] 岑沛霖. 变压吸附的理论及应用[J]. 特种气体, 1986, (3): 1-8.

[9] 西南化工研究设计院变压吸附分离工程研究所. 吸附剂数据手册(内部资料)[R]. 成都: 西南化工研究设计院, 1995.

[10] 于吉红, 闫文付. 纳米孔材料化学——NMR 表征、理论模拟及吸附分离[M]. 北京: 科学出版社, 2013: 153-154, 159-160.

[11] Yang R T. 吸附法气体分离[M]. 王树森, 曾美云, 胡竞民, 译. 北京: 化学工业出版社, 1991.

[12] Wang H, Liu Y L, Li J. Designer metal–organic frameworks for size-exclusion-based hydrocarbon separations: Progress and challenges[J]. Advanced Materials, 2020, 32(44): 2002603.

[13] Bao Z B, Wang J W, Zhang Z G, et al. Molecular sieving of ethane from ethylene through the molecular cross-section size differentiation in gallate-based metal–organic frameworks[J]. Angewandte Chemie International Edition, 2018, 57(49): 16020-16025.

[14] Yang Z B, Rajagopal A, Jen A K Y. Ideal bandgap organic–inorganic hybrid perovskite solar cells[J]. Advanced Materials, 2017, 29(47): 1704418.

[15] Liao P Q, Huang N Y, Zhang W X, et al. Controlling guest conformation for efficient purification of butadiene[J]. Science, 2017, 356(6343): 1193-1196.

[16] Li K H, Olson D H, Seidel J, et al. Zeolitic imidazolate frameworks for kinetic separation of propane and propene[J]. Journal of the American Chemical Society, 2009, 131(30): 10368-10369.

[17] 徐如人, 庞文琴, 霍启升. 分子筛与多孔材料化学[M]. 北京: 科学出版社, 2015.

[18] Breck D W. Zeolite Molecular Sieves: Structure, Chemistry, and Use[M]. New York: Wiley, 1974.

[19] Baerlocher C, McCusker L B, Olson D H. Atlas of Zeolite Framework Types(sixth edition)[M]. Amsterdam: Elsevier, 2007.

[20] Structure Commission of the International Zeolite Association(IZA-SC)[OL]. Database of zeolite structures, (2017-03-02) [2021-11-12]. http://asia.iza-structure.org/IZASC/DatabaseHelp Structures.html# SBU.

[21] Mullhaupt J T, Stephenson P C. Enhanced gas separations and zeolite compositions therefor: US5554208A[P]. 1996-09-10.

[22] Chao C C. Process for separating nitrogen from mixtures thereof with less polar substances: US4859217A[P]. 1989-08-22.

[23] Rege S U, Yang R T. Limits for air separation by adsorption with lix zeolite[J]. Industrial & Engineering Chemistry Research, 1997, 36(12): 5358-5365.

[24] Baksh M S A, Kikkinides E S, Yang R T. Lithium type X zeolite as a superior sorbent for air separation[J]. Separation Science Technology, 1992, 27(3): 277-294.

[25] 傅国旗, 周理, 周亚平, 等. 天然气吸附存储的研究进展[J]. 化工进展, 1999, 18(5): 28-30.

[26] Sircar S, Golden T C, Rao M B. Activated carbon for gas separation and storage[J]. Carbon, 1996, 34(1): 1-12.

[27] 冯孝庭. 吸附分离技术[M]. 北京: 化学工业出版社, 2000.

[28] 泉順. ゼオライト系吸着剤の圧力スイング法(psa)への利用[J]. Chemical Engineering(NY), 1996, 41(7): 557-563.

[29] Schröter H J. Carbon molecular sieves for gas separation processes[J]. Gas Separation & Purification, 1993, 7(4): 247-251.

[30] Carrubba R V, Urbanic J E, Wagner N J, et al. Perspectives of activated carbon, past, present and future[J]. AIChE Symposium Series, 1984, 80(233): 76-83.

[31] 李德伏, 王金渠. C_2H_4, CO_2 在分子筛上的吸附与分离[J]. 石油炼制与化工, 1999, 30(7): 18-21.

[32] Hirai H, Wada K, Komiyama M. Active carbon-supported aluminium copper(Ⅰ) chloride as solid carbon monoxide adsorbent[J]. Bulletin of the Chemical Society of Japan, 1986, 59(4): 1043-1049.

[33] 黄景梁. 气体净化技术进展[J]. 现代化工, 1986, (3): 1,34-39.

[34] 居沈贵, 刘晓勤, 马正飞, 等. 络合吸附净化含氮气体中微量一氧化碳的研究进展[J]. 天然气化工—C1 化学与化工, 2000, 25(6): 38-45.

[35] 居沈贵, 刘晓勤, 马正飞, 等. 含 CO 体系在载铜吸附剂上的吸附平衡[J]. 南京化工大学学报(自然科学版), 1998, (3): 80-84.

[36] 管英富, 邓祖向, 宋长江. 变压吸附技术制取高纯度一氧化碳[J]. 天然气化工—C1 化学与化工, 2010, 35(6): 49-52.

[37] 汪贤来, 周建良. CO 在负载 CuCl 的 Cu(Ⅰ)Y 型沸石分子筛吸附剂上的吸附分离[J]. 石油化工, 1994, 23(8):502-507.

[38] 谢有畅, 张佳平, 童显忠, 等. 一氧化碳高效吸附剂 CuCl/分子筛[J]. 高等学校化学学报, 1997, 18(7): 1159-1165.

[39] 王春明, 赵璧英, 谢有畅. 盐类和氧化物在载体上自发单层分散研究新进展[J]. 催化学报, 2003, 24(6): 475-482.

[40] Yang R T[美]. 吸附剂原理与应用[M]. 马丽萍, 宁平, 田森林, 译. 北京: 高等教育出版社, 2010.

[41] 刘薇, 潘晓民, 王佳, 等. CuCl 改性 Y 型分子筛的 CO 吸附性能研究[J]. 化学学报, 2001, 59(7): 1021-1025.

[42] Yang Q H, Xu Q, Jiang H L. Metal-organic frameworks meet metal nanoparticles: Synergistic effect for enhanced catalysis[J].Chemical Society Reviews,2017, 46(15): 4774-4808.

[43] Yang S, Ramirez-Cuesta A J, Newby R, et al. Supramolecular binding and separation of hydrocarbons within a functionalized porous metal–organic framework[J]. Nature Chemistry, 2015, 7(2): 121-129.

[44] Mukherjee S, Sensharma D, Chen K J, et al. Crystal engineering of porous coordination networks to enable separation of C_2 hydrocarbons[J]. Catalysis Communications, 2020, 56(72): 10419-10441.

[45] Li Y W, Yang R T. Hydrogen storage in metal-organic and covalent-organic frameworks by spillover[J]. AIChE Journal, 2008, 54(1): 269-279.

[46] Liu R Y, Tan K T, Gong Y F, et al. Covalent organic frameworks: An ideal platform for designing ordered materials and advanced applications[J]. Chemical Society Reviews, 2021, 50(1): 120-242.

[47] Furukawa H, Yaghi O M. Storage of hydrogen, methane, and carbon dioxide in highly porous covalent organic frameworks for clean energy applications[J].Journal of the American Chemical Society, 2009, 131(25): 8875-8883.

[48] Ding S Y, Gao J, Wang Q, et al. Construction of covalent organic framework for catalysis: Pd/COF-LZU1 in suzuki–miyaura coupling reaction[J]. Journal of the American Chemical Society, 2011, 133(49): 19816-19822.

[49] Wang G B, Li S, Yan C X, et al. Covalent organic frameworks: Emerging high-performance platforms for efficient photocatalytic applications[J]. Journal of Materials Chemistry A, 2020, 8(15): 6957-6983.

[50] Cote A P, Benin A I, Ockwig N W, et al. Porous, crystalline, covalent organic frameworks[J]. Science, 2005, 310(5751): 1166-1170.

[51] Yang J F, Bai H, Shang H H, et al. Experimental and simulation study on efficient CH_4/N_2 separation by pressure swing adsorption on silicalite-1 pellets[J]. Chemical Engineering Journal, 2020, 388: 124222.

[52] Yang J F, Li J M, Wang W, et al. Adsorption of CO_2, CH_4, and N-2 on 8-, 10-, and 12-membered ring hydrophobic microporous high-silica zeolites: DDR, silicalite-1, and beta[J]. Industrial & Engineering Chemistry Research, 2013, 52(50): 17856-17864.

[53] Zhou Y, Zhang J L, Wang L, et al. Self-assembled iron-containing mordenite monolith for carbon dioxide sieving[J]. Science, 2021, 373(6552): 315.

[54] Chai Y C, Han X, Li W Y, et al. Control of zeolite pore interior for chemoselective alkyne/olefin separations[J]. Science, 2020, 368(6494): 1002.

[55] Wu Y Q, Yuan D H, Zeng S, et al. Significant enhancement in CH_4/N_2 separation with amine-modified zeolite Y[J]. Fuel, 2021, 301: 121077.

[56] Hu G P, Zhao Q H, Manning M, et al. Pilot scale assessment of methane capture from low concentration sources to town gas specification by pressure vacuum swing adsorption (PVSA)[J]. Chemical Engineering Journal, 2022, 427: 130810.

[57] Xu S, Li W C, Wang C T, et al. Self-pillared ultramicroporous carbon nanoplates for selective separation of CH_4/N_2[J]. Angewandte Chemie International Edition, 2021, 60(12): 6339-6343.

[58] Zhang Y, Zhang P X, Yu W, et al. Facile and controllable preparation of ultramicroporous biomass-derived carbons and application on selective adsorption of gas-mixtures[J]. Industrial & Engineering Chemistry Research, 2018, 57(42): 14191-14201.

[59] Zhang Y, Liu L, Zhang P, et al. Ultra-high surface area and nitrogen-rich porous carbons prepared by a low-temperature activation method with superior gas selective adsorption and outstanding supercapacitance performance[J].Chemical Engineering Journal, 2019, 355: 309-319.

[60] Wang J, Zhang P X, Liu L, et al. Controllable synthesis of bifunctional porous carbon for efficient gas-mixture separation and high-performance supercapacitor[J]. Chemical Engineering Journal, 2018, 348: 57-66.

[61] Shen D M, Bülow M. Comparison of experimental techniques for measuring isosteric heat of adsorption[J]. Adsorption, 2000, 6(4): 275-286.

[62] Lopes F, Grande C, Ribeiro A, et al. Adsorption of H_2, CO_2, CH_4, CO, N_2 and H_2O in activated carbon and zeolite for hydrogen production[J]. Separation Science and Technology, 2009, 44(5): 1045-1073.

[63] Bakhtyari A, Mofarahi M. Pure and binary adsorption equilibria of methane and nitrogen on zeolite 5A[J]. Journal Chemical Engineer Data, 2014, 59(3): 626-639.

[64] Park D, Hong S H, Kim K M, et al. Adsorption equilibria and kinetics of silica gel for N_2O, O_2, N_2, and CO_2[J]. Separation Science and Technology, 2020, 251, 117326: 1-15.

[65] Li G, Xiao P, Webley P. Binary adsorption equilibrium of carbon dioxide and water vapor on activated alumina[J]. Langmuir, 2009, 25(18): 10666-10675.

[66] Myers A L, Prausnitz J M. Thermodynamics of mixed-gas adsorption[J]. AIChE Journal, 1965, 11(1): 121-127.

[67] 刘有毅, 黄艳, 何嘉杰, 等. $CO/N_2/CO_2$ 在 MOF-74(Ni)上吸附相平衡和选择性[J]. 化工学报, 2015, 66(11): 4469-4475.

[68] Bahamon D, Vega L F. Systematic evaluation of materials for post-combustion CO_2 capture in a temperature swing adsorption process[J]. Chemical Engineering Journal, 2016, 284: 438-447.

[69] 黄艳, 岳盈溢, 何靓, 等. 一种具有高 CO 吸附量和高 CO/N_2 及 CO/CO_2 分离选择性的 CuCl@β 吸附剂[J]. 化工学报, 2015, 66(9): 3556-3562.

[70] Bae Y S, Farha O K, Spokoyny A M, et al. Carborane-based metal–organic frameworks as highly selective sorbents for CO_2 over methane[J].Chemical Communications, 2008, (35): 4135-4137.

[71] Walton K S, Sholl D S. Predicting multicomponent adsorption: 50 years of the ideal adsorbed solution theory[J]. AIChE Journal, 2015, 61(9): 2757-2762.

[72] Bower J K, Barpaga D, Prodinger S, et al. Dynamic adsorption of CO_2/N_2 on cation-exchanged chabazite SSZ-13: A breakthrough analysis[J]. Applied Materials & Interfaces, 2018, 10(17): 14287-14291.

[73] 柴玉超, 关乃佳, 李兰冬, 等. 分子筛材料在小分子吸附分离中的应用[J]. 高等学校化学学报, 2021, 42(1): 268-288.

[74] Chen K J, Scott H S, Madden D G, et al. Benchmark C_2H_2/CO_2 and CO_2/C_2H_2 separation by two closely related hybrid ultramicroporous materials[J]. Chem, 2016, 1(5): 753-765.

[75] Yang J, Bai H, Shang H, et al. Experimental and simulation study on efficient CH_4/N_2 separation by pressure swing adsorption on silicalite-1 pellets[J]. Chemical Engineering Journal, 2020, 388: 124222.

第2章 吸附分离的基本工艺过程

2.1 吸附分离循环工艺

2.1.1 吸附分离循环

1. 吸附分离循环基础

1) Skarstrom 循环

1959 年 Skarstrom 制作了第一套用于空气干燥的两塔流程变压吸附装置[1]，其工艺流程见图 2-1。在此两塔流程中，原料气进入一吸附塔并升压至吸附压力，然后进入吸附阶段并输出产品气(干燥空气)，其中一部分产品气从产品出口进入另一吸附塔作为冲洗气，且与原料进料方向相反，在常压下冲洗床层；同时，此吸附塔吸附阶段完成之后，塔放压至大气压；另外，另一吸附塔冲洗之后，开始进原料气进行升压和吸附。每个吸附塔经历吸附、放压、冲洗和升压四个阶段，两塔完成一个循环周期。

Skarstrom 循环是变压吸附冲洗再生流程中最简单的循环流程，20 世纪 60～70 年代被广泛应用于空气干燥装置，Skarstrom 提出的两个重要理念对变压吸附工艺的发展起到了非常重要的作用[2]：一是为了减少床层温度变化，吸附和再生时间保持在较短的范围内(一般不超过几分钟)；二是提出了保证再生效果的最小冲洗气量。后人在 Skarstrom 循环基础上增加了均压步骤和吸附塔数量，从而提高了产品气的回收率和增大了装置的处理规模，目前冲洗再生的变压吸附工艺已发展到 4～20 床的多塔流程。而 Skarstrom 循环用于富氧装置时，由于回收率太低后来又被带抽真空再生的 Guerin-Domine 循环所取代。

2) Guerin-Domine 循环

在 Skarstrom 提出空气干燥流程的同一时期，法国的 Guerin de Montgareuil 及 Domine 提出了利用抽真空再生的变压吸附循环(Guerin-Domine 循环)[3]。最简单的 Guerin-Domine 循环为空气分离制氧的两塔流程，其工艺流程如图 2-2 所示，其工艺过程：第一步吸附，真空解吸结束后的吸附塔床层进行原料气(如空气)升压，然后进入吸附阶段并输出产品气(如富氧气)，此时另一吸附塔床层正在被抽真空解吸；第二步降压，吸附结束后吸附塔向另一吸附塔放压使吸附塔压力降低；第三步抽真空，通过对吸附塔床层进行真空抽吸，使吸附质充分解吸；第四步升压，通过真空解吸的吸附床再用另一吸附塔放压排出的部分弱吸附质(如氧气)产品气对该吸附塔升压，然后进入下一个吸附步骤，如此进行两塔之间的循环操作。

Guerin-Domine 循环自 20 世纪 70 年代以来被广泛应用于变压吸附空气分离制氧工艺中，目前主流的空气分离变压吸附制氧流程在 Guerin-Domine 循环基础上做了一些改进(如为了提高吸附剂利用率，缩短循环时间和抽真空冲洗解吸等)；另外，在 Guerin-Domine 循环基础上发展的多塔抽真空变压吸附流程现在已经发展到 20 塔流程。

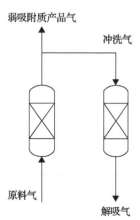

图 2-1　Skarstrom 循环工艺示意图　　　　图 2-2　Guerin-Domine 循环工艺示意图

随着循环工艺改进和吸附剂性能提升，变压吸附气体分离技术得到迅速发展。结合 Skarstrom 循环和 Guerin-Domine 循环的特点，目前工程上通常将变压吸附装置按吸附剂的再生方式分为冲洗再生工艺和抽真空再生工艺，两种再生方式的吸附剂载荷变化循环过程如图 2-3 所示。

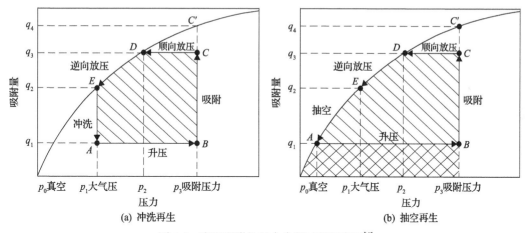

图 2-3　变压吸附的基本步骤过程示意图[4]

3）冲洗再生工艺

冲洗再生工艺包括升压、吸附、顺放、逆放和冲洗等过程，理想的循环过程如图 2-3(a) 所示。

升压过程($A \rightarrow B$)：经冲洗再生后的吸附塔处于过程的最低压力 p_1，吸附床层内强吸附质吸附量最少，为 Q_1（A 点）；此时，通过用弱吸附质组分升压到吸附压力 p_3，吸附床层内杂质吸附量 Q_1 不变（B 点）。

吸附过程($B \rightarrow C$)：在稳定的吸附压力下原料气不断进入吸附塔，同时从吸附塔顶流出弱吸附质（如氢气）。原料气的不断进入使吸附床层内强吸附质的吸附量逐步增加，当到达吸附量 Q_3 时（C 点）停止进入原料气，吸附终止。此时杂质透过点未达到吸附床层出口端(吸附床层饱和吸附量为 q_4，C' 点)。

顺放过程($C \rightarrow D$)：弱吸附质从吸附塔的出口端进行排气放压，流出的气体为弱吸附质。在此过程中，随着吸附塔内压力不断下降，吸附剂上的强吸附质不断解吸，解吸物质又继续被未充分吸附的吸附剂吸附，因此强吸附质并未离开吸附床层，床层内强吸附质吸附量 q_3 不变。

逆放过程($D \rightarrow E$)：强吸附质从吸附塔的入口端排气降压，直到 p_1，吸附床层内大部分吸留的强吸附质随气流排出吸附塔外，吸附塔内强吸附质吸附量为 q_2。

冲洗过程($E \rightarrow A$)：在压力 p_1 下吸附塔仍有一部分强吸附质被吸附，为使这部分强吸附质尽可能解吸，需将吸附塔内强吸附质的分压进一步降低。分压降低的方式是用弱吸附质对吸附塔内强吸附质进行冲洗，当经一定程度冲洗后，吸附塔内强吸附质吸附量降低到过程的最低量 q_1 时，冲洗结束。至此，吸附床层完成了一个吸附-解吸再生过程，准备下一个循环。

4）真空再生工艺

有些强吸附质通过冲洗不能使之有效再生，或为了提高弱吸附质的回收率，可采用抽真空方式进行再生。真空再生工艺包括升压、吸附、顺放、逆放、抽真空等过程，理想的循环过程如图 2-3(b) 所示。

升压过程($A \rightarrow B$)、吸附过程($B \rightarrow C$)、顺放过程($C \rightarrow D$)和逆放过程($D \rightarrow E$)都与冲洗工艺的同样步骤类似，不再赘述。

抽真空过程($E \rightarrow A$)：根据吸附等温线，在压力 p_1 下吸附床层仍有一部分强吸附质吸附量，为使这部分强吸附质尽可能解吸，利用真空泵对吸附塔抽真空，进一步降低强吸附质分压。抽吸一定时间后，吸附塔内压力达到 p_0，强吸附质吸附量降低到过程的最低量 q_1 时，抽真空结束。

以上是典型的冲洗再生或抽真空再生的变压吸附循环工艺。

2. 吸附分离循环拓展

1）多次均压

变压吸附工艺中吸附压力一般为 0.8～6.0MPa，早期变压吸附技术应用的一个重要不足：没有有效回收和利用吸附结束时存留在吸附床层内死空间的弱吸附质产品组分，吸附床层死空间的弱吸附质损失大，且吸附压力越高，损失越大。

为了提高回收率，除了开发性能优良的吸附剂和改善操作条件之外，还可通过改进变压吸附工艺流程，有效的方法是增加均压次数；即根据吸附床层的状态将吸附步骤在强吸附质穿透之前提前结束，此时吸附塔出口端有一部分吸附剂尚未达到吸附饱和，然后将该吸附塔与一个已完成再生并准备升压的吸附塔连通，使两吸附塔压力均衡(称为均压)。这样既可回收吸附塔死空间中的有用组分，又可利用其中的压力能。一般说来，均压次数越多，产品回收率就越高[5,6]。

2）抽空冲洗

吸附剂再生的过程主要是通过降低强吸附质的分压，使吸附质充分解吸，从而使吸附剂获得再生。常见的再生方式是冲洗再生和抽真空再生,但对于弱吸附质(如氢气、氧气)产品和工艺要求较高的装置,可以考虑在抽真空的同时引入部分弱吸附质产品气或者纯度较高的均压气或顺放气对吸附床层冲洗,这种再生方式被称为抽空冲洗,比单独抽真空方式再生的效果更好[7,8]。

3)置换

对于从吸附相得到强吸附质(如一氧化碳)产品的装置,为了提高强吸附质产品气的纯度,工艺流程中需增加置换步骤,即在吸附和降压后用强吸附质产品气再次顺着吸附方向进入吸附床层再次吸附,以置换弱吸附组分来提高强吸附质产品组分浓度的过程。

2.1.2　吸附分离循环步骤

1. 吸附步骤(A)

吸附步骤过程如图 2-4 所示,在吸附步骤,部分流出气可用于处于终充步骤吸附塔的升压,吸附步骤进行到弱吸附质的组成达到控制指标时停止。

同时处于吸附步骤的吸附塔数量一般为 1～5 个,主要根据装置原料气处理规模和工作压力来确定可同时进入的吸附塔塔数。

如果以氢气等弱吸附质为目标产品,其将在吸附步骤从吸附塔出口端流出;如果以二氧化碳、乙烯和一氧化碳等强吸附质为目标产品,其将在再生步骤从吸附塔入口端抽出。

图 2-4　吸附步骤图

在吸附步骤强吸附质与弱吸附质实现分离。

2. 均压步骤(ED/ER)

均压步骤是指完成了吸附步骤的(未再生)吸附塔与完成了再生步骤的吸附塔相互连通实现压力平衡的过程,均压过程如图 2-5 所示。其中压力降低的过程为均压降步骤(ED),如图 2-5 中的吸附塔 A;压力升高的过程为均压升步骤(ER),如图 2-5 中的吸附塔 B。多次均压降和均压升分别用 EnD 和 EnR 表示,其中 n 表示均压次数。

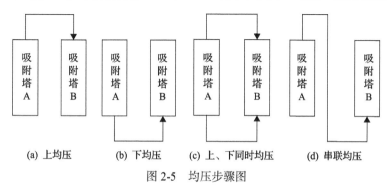

图 2-5　均压步骤图

均压过程有四种形式:一是上均压,如图 2-5(a)所示,吸附塔 A 的上端与吸附塔 B 的上端相互连通进行均压;二是下均压,如图 2-5(b)所示,吸附塔 A 的下端与吸附塔 B

的下端相互连通进行均压；三是上、下同时均压，如图 2-5(c)所示，吸附塔 A 的上下端分别与吸附塔 B 的上下端互相连通进行均压；四是串联均压，如图 2-5(d)所示，吸附塔 A 的上端与吸附塔 B 的下端互相连通进行均压[9]。

均压过程除了两个吸附塔相互连通实现均压过程以外，还可以是吸附塔与均压罐之间的均压，如图 2-6(a)所示，吸附塔与均压罐均压，完成吸附塔的均压降步骤；如图 2-6(b)所示，吸附塔与均压罐均压，完成吸附塔的均压升步骤。在吸附塔总数量相同的情况下，采用均压罐均压可以实现更多的均压次数[10,11]。

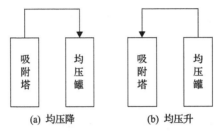

(a) 均压降　　　　　　　(b) 均压升

图 2-6　均压罐均压图

均压步骤可回收高压吸附塔中的有效气体和压力能，从而提高气体的回收率。均压步骤的次数主要根据吸附压力的高低和预期的回收率确定，如变压吸附脱碳装置的均压次数达到 10 次以上。一般的均压过程都是处于均压的两个吸附塔的压力达到平衡时结束，即平衡均压过程；而对于某些工艺，为了达到更好的效果需要对均压过程进行控制，使均压未达到平衡时就结束，即非平衡均压过程。变压吸附提纯氢气工艺过程都采用平衡均压方式，而变压吸附制氧和变压吸附制氮气采用非平衡均压方式[12,13]。

3. 顺放步骤(PP)

图 2-7　顺放步骤图

顺放步骤是指完成了均压降步骤的吸附塔进一步沿吸附方向顺向降压的过程，从而使吸附塔降到较低的中间压力，顺放过程如图 2-7 所示。顺放时，吸附前沿逐渐向出口端推进，顺向放压步骤结束时，吸附前沿正好达到吸附床层的出口处。由于顺放气中主要是弱吸附质，对于以弱吸附质(如氢气)为产品的工艺过程，顺放气一般用来作再生吸附床层的冲洗再生气。而以强吸附质(如乙烯、二氧化碳等)为产品的工艺，顺放气通常作为废气排出系统。用作冲洗气的顺放气可以直接进入处于冲洗步骤的吸附塔，也可以进入顺放气缓冲罐缓冲后再进入处于冲洗步骤的吸附塔，经过顺放气缓冲罐缓冲后，可以减少顺放时间并增加冲洗时间，从而使再生更加彻底[14]。

顺放步骤可进一步降低吸附塔压力，同时顺放过程的流出气(顺放气)可用作其他吸附床层的冲洗气。

4. 逆放步骤(D)

逆放步骤是指完成了均压降步骤或顺放步骤后的吸附塔，关闭气体流出口端所有程

控阀,而打开进料端的逆放阀,使吸附塔内的气体逆着吸附方向排出
吸附塔,吸附塔内的压力由较低的中间压力下降到接近常压的过程,
逆放过程如图 2-8 所示。在这个步骤中,出口端附近的死空间中余留
的弱吸附组分在逆向流动中对吸附床层起到冲洗的作用,使进料端附
近部分强吸附组分在这个步骤中解吸后排出吸附塔。逆放过程伴随着
强吸附组分的解吸过程,为了增强吸附床层的再生效果,在实施过程
中一般应适当增加逆放步骤时间。

图 2-8   逆放步骤图

逆放步骤可使吸附塔进一步降低压力至接近常压,同时排出吸附在吸附床层中的强
吸附质。

5. 冲洗步骤(P)

冲洗步骤是指吸附塔在完成最后一次降压后,将弱吸附质引入完成逆放步骤的吸附
塔,以降低吸附床层中强吸附质的分压,而使强吸附质充分解吸并随
冲洗气流出吸附塔的过程。

冲洗气一般有三个来源:一是正进行顺放步骤吸附塔的顺放气;
二是顺放气缓冲罐内暂存的弱吸附质;三是处于吸附步骤吸附塔的流
出气。冲洗气流向一般与吸附步骤流向相反,如图 2-9 所示,在冲洗
过程中强吸附质因分压降低而从吸附床层上进一步解吸并被冲洗气
带出吸附塔,冲洗结束时吸附床层完成再生。逆放和冲洗步骤所排出
的气体统称为解吸气。

图 2-9   冲洗步骤图

6. 置换步骤(RP)

置换步骤是指用强吸附质从吸附塔入口顺着吸附方向将吸附塔内死空间的弱吸附质
及吸附床层吸附的部分弱吸附质置换出吸附塔的步骤,如图 2-10 所示。置换步骤主要用
于以强吸附质为产品的变压吸附工艺,是为了得到纯度较高的强吸附质产品而采取的工
艺步骤。根据强弱吸附质在吸附剂上的分离系数及产品气指标的要求,可以采取一步置
换的工艺,即仅对吸附塔进行一次置换,如图 2-10(a)所示;也可以采取两步置换的工

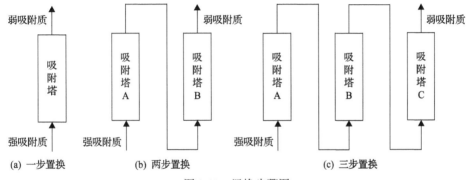

图 2-10   置换步骤图

艺，即利用吸附塔 A 的置换废气先对吸附塔 B 进行一次置换，然后再用强吸附质产品对吸附塔进行二次置换，如图 2-10(b) 所示；甚至可以采用三步置换工艺，即吸附塔 C 先用二次置换的置换废气进行置换，再用一次置换废气进行置换，最后用强吸附质产品气置换，如图 2-10(c) 所示。通过多次置换可以梯度利用置换废气，从而提高强吸附质产品的回收率。

7. 抽真空步骤(V)

抽真空步骤是指对已经完成逆放步骤的吸附塔，利用真空泵从吸附塔的入口抽真空，进一步降低吸附塔内压力，以使强吸附质从吸附床层内充分解吸的步骤，如图 2-11 所示。抽真空步骤通过降低吸附塔内的压力使强吸附质解吸，对于以强吸附质为产品的变压吸附工艺，抽真空解吸的气体为产品气，而对于以弱吸附质为产品的变压吸附工艺，抽真空解吸气为系统废气。

对于一些以弱吸附质为产品的变压吸附工艺(如变压吸附制氧)，为了增强吸附剂的再生效果，可以采用抽真空加冲洗的步骤，如图 2-12 所示，即吸附床层在抽真空再生的同时，利用处于吸附步骤吸附塔流出的弱吸附质对吸附床层进行反向冲洗。

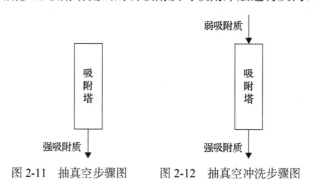

图 2-11　抽真空步骤图　　　图 2-12　抽真空冲洗步骤图

8. 终充步骤(FR)

终充步骤是指已经完成最后一次均压升步骤的吸附塔，最终升压到吸附压力的过程。终充步骤有三种实现方式：一是用其他处于吸附步骤流出的弱吸附质逆向充压，如图 2-13(a) 所示；二是用原料气顺向充压，如图 2-13(b) 所示；三是用原料气与弱吸附质两端同时充压，如图 2-13(c) 所示。

2.1.3　吸附分离工艺流程

1. 冲洗再生工艺

冲洗再生的变压吸附工艺，简称 PSA 工艺。根据吸附塔的数量，冲洗流程分为单塔流程、两塔流程和多塔流程。

1)单塔流程

单塔流程最早是由 Kadlec 等于 1971 年发明，后经 Keller 和 Jones 等的改进，于 1980

年开始用于工业装置[15]。单塔流程工艺步序如表 2-1 所示。

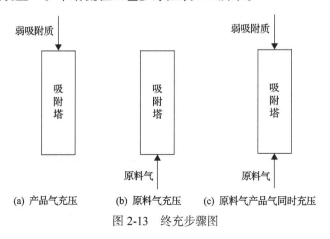

(a) 产品气充压　　(b) 原料气充压　　(c) 原料气产品气同时充压

图 2-13　终充步骤图

表 2-1　单塔冲洗流程工艺步序表

	步骤				
	1	2	3	4	5
吸附塔	R	A	PP	D	P

注：R-升压；A-吸附；PP-顺放；D-逆放；P-冲洗。

第一步升压：原料气进入吸附塔升压。第二步吸附：原料气继续进入吸附塔，产出弱吸附质产品(如氧气)。第三步顺放：吸附塔降压继续排出弱吸附质产品。第四步逆放：吸附塔内的气体逆着吸附方向排出吸附塔。第五步冲洗：利用产品缓冲罐里的弱吸附质(如氧气)产品气反向流入吸附塔再生吸附床层，至此吸附床完成一个循环过程。由于吸附不连续及流程特点所限，该流程主要用于低压吸附的微型制氧装置，且只适合氧气浓度要求不太高的情况，此流程循环时间一般很短，大约为 10s，称为 RPSA 流程。

2) 两塔流程

两塔流程一般用于空气分离制氮或者制氧。两塔流程可以增加均压步骤，即利用一个吸附塔顺向放压气进行另一个吸附塔的升压，可增加弱吸附质(如氧气)产品的回收率。

3) 4 塔流程

早期多塔变压吸附工艺中应用最广的是四塔流程，如图 2-14 所示。以其中一个吸附塔(A 塔)所经历的 9 个步骤为例来说明其工作原理。

(1)吸附。原料气自下而上通过 A 塔，在过程最高压力下选择吸附强吸附质，未被吸附的弱吸附质(如氢气)从吸附塔顶部引出，其中大部分作为产品输出，另一部分用于其他吸附塔的最终升压。吸附步骤在吸附前沿未到达吸附塔的出口端的某一位置时停止，使吸附前沿和吸附塔出口端之间保留一部分未达到吸附饱和的吸附剂。

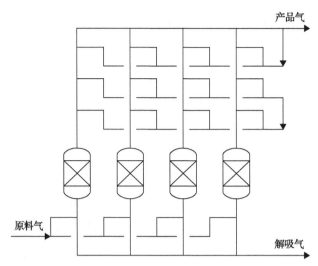

图 2-14　4 塔变压吸附流程图

(2)第一均压降(E1D)。吸附步骤完成后，A 塔停止进入原料气，与刚完成第二均压升的 C 塔以出口端相连进行均压，直到两吸附塔压力相等为止。此时 A 塔的吸附前沿向前推进，但还未到达吸附塔的出口端。此步骤对 C 塔来说称为第一均压升。

(3)顺放。A 塔继续从出口端降压，降压的气体用于冲洗已逆向放压到过程最低压力的 D 塔，利用这股气体使 D 塔吸附床层进一步再生。顺放结束时吸附前沿仍未到达出口端。

(4)第二均压降(E2D)。A 塔完成顺放后，其出口端与刚完成冲洗再生的 D 塔出口端相连进行均压，直到两吸附塔压力相等为止。此时 A 塔的吸附前沿刚好到达吸附塔的出口端。此步骤对 D 塔来说称为第二均压升。

(5)逆放。第二均压降结束时 A 塔内吸附床层已全部吸附了杂质，于是将吸附塔内剩余气体从入口端排出，降到过程的最低压力(一般为大气压)。在此步骤中吸附床层内吸附的杂质由于压力下降而释放，大部分被气流带走。

(6)冲洗。利用 B 塔顺放的气体自上而下对 A 塔吸附床层进行冲洗，以进一步降低杂质分压，清除残留于吸附床层内的杂质。

(7)第二均压升(E2R)。冲洗完成后 A 塔的吸附床层基本再生完毕，此时开始进行再次吸附前的升压过程，在此利用 B 塔第二均压降的气体对 A 塔进行升压。

(8)第一均压升(E1R)。A 塔完成第二均压升后与刚完成吸附的 C 塔的出口端相连，由 C 塔的降压气对 A 塔进一步升压。

(9)最终升压(FR)。用 D 塔生产的弱吸附质产品气中的一部分把 A 塔升压到吸附压力。至此，A 塔完成了一个吸附-再生循环，并将重新开始吸附进入下一个循环。

其他 3 个吸附塔的工作步骤与 A 塔相同，只是在时序上安排成错开四分之一的周期，工艺步序如表 2-2 所示。

表 2-2　4 塔冲洗变压吸附工艺步序表

	步骤											
	1	2	3	4	5	6	7	8	9	10	11	12
A 塔	A			E1D	PP	E2D	D	P	E2R	E1R	FR	
B 塔	E1R	FR		A			E1D	PP	E2D	D	P	E2R
C 塔	D	P	E2R	E1R	FR		A			E1D	PP	E2D
D 塔	E1D	PP	E2D	D	P	E2R	E1R	FR		A		

此流程通过均压和顺放两个步骤可回收吸附塔死空间中的大部分弱吸附质产品组分及其压力能，可提高弱吸附质产品回收率，同时因为用于充压的弱吸附质产品气量减少，弱吸附质产品气的波动也相应减小。在升压过程中，弱吸附质都是从吸附塔出口端充入，这样吸附塔内极少量的杂质会被推向吸附塔入口端，起到吸附塔内吸附床层再生的作用。

4)6 塔流程

6 塔流程变压吸附装置设计中也较常见，最常见的为 6-2-2/P 工艺。此 6 塔流程中，可同时进行两塔吸附两步均压，其冲洗再生工艺步序如表 2-3 所示，流程如图 2-15 所示。

表 2-3　6-2-2/P 工艺步序表

	步骤																	
	1	2	3	4	5	6	7	8	9	10	11	12	13	14	15	16	17	18
A 塔	A						E1D	E2D	PP	PP	D	P	P	E2R	IS	E1R	FR	
B 塔	E1R	FR		A						E1D	E2D	PP	P	D	P	P	E2R	IS
C 塔	P	E2R	IS	E1R	FR		A						E1D	E2D	PP	PP	D	P
D 塔	PP	D	P	P	E2R	IS	E1R	FR		A						E1D	E2D	PP
E 塔	E1D	E2D	PP	PP	D	P	P	E2R	IS	E1R	FR		A					
F 塔	A			E1D	E2D	PP	PP	D	P	P	E2R	IS	E1R	FR		A		

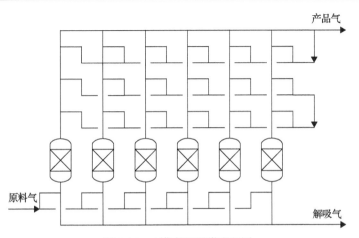

图 2-15　6 塔变压吸附流程图

5) 8 塔流程

8 塔流程常见的为 8-2-3/P 工艺, 工艺步序如表 2-4 所示, 流程如图 2-16 所示。

表 2-4　8-2-3/P 工艺步序表

| | 步骤 | | | | | | | | | | | | | | | |
	1	2	3	4	5	6	7	8	9	10	11	12	13	14	15	16
A塔	A				E1D	E2D	E3D	PP	PP	D	P	P	E3R	E2R	E1R	FR
B塔	E1R	FR	A				E1D	E2D	E3D	PP	PP	D	P	P	E3R	E2R
C塔	E3R	E2R	E1R	FR	A				E1D	E2D	E3D	PP	PP	D	P	P
D塔	P	P	E3R	E2R	E1R	FR	A				E1D	E2D	E3D	PP	PP	D
E塔	PP	D	P	P	E3R	E2R	E1R	FR	A				E1D	E2D	E3D	PP
F塔	E3D	PP	PP	D	P	P	E3R	E2R	E1R	FR	A				E1D	E2D
G塔	E1D	E2D	E3D	PP	PP	D	P	P	E3R	E2R	E1R	FR	A			
H塔	A	E1D	E2D	E3D	PP	PP	D	P	P	E3R	E2R	E1R	FR	A		

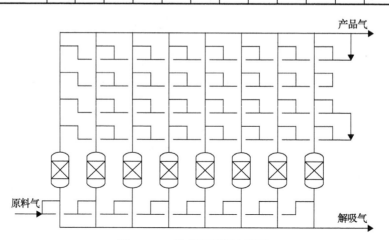

图 2-16　8 塔变压吸附流程图

6) 10 塔及以上流程

随着变压吸附装置的大型化或吸附压力的提高, 很多装置设计为十塔或更多吸附塔的工艺[16], 比较常见的有 10-2-5/P 工艺, 流程如图 2-17 所示, 工艺步序如表 2-5 所示。10 塔以上工艺(如 12 塔和 20 塔)的工艺步序详见表 2-6 和表 2-7。

2005 年, 西南化工研究设计院推出双顺放罐变压吸附工艺[17], 使相关工艺技术显著提升, 其工艺流程如图 2-17 所示。

与传统工艺相比, 在保证同样再生时间的前提下可大大缩短顺放时间, 从而具有如下优点。

(1)可提高吸附剂的利用率, 减小吸附塔体积及吸附剂用量, 从而省省投资。

(2)可实现两个系列的吸附塔交错冲洗,具有更好的再生效果,从而提高弱吸附质(如氢气)产品回收率。

(3)可实现任意故障下的程序切换及在线维修,从而保证装置长周期稳定运行。

表 2-5　10-2-5/P 工艺步序表

	1	2	3	4	5	6	7	8	9	10	11	12	13	14	15	16	17	18	19	20
A塔	A	A	A	A	E1D	E2D	E3D	E4D	E5D	PP	D	P	P	P	E5R	E4R	E3R	E2R	E1R	FR
B塔	E1R	FR	A	A	A	A	E1D	E2D	E3D	E4D	E5D	PP	D	P	P	P	E5R	E4R	E3R	E2R
C塔	E3R	E2R	E1R	FR	A	A	A	A	E1D	E2D	E3D	E4D	E5D	PP	D	P	P	P	E5R	E4R
D塔	E5R	E4R	E3R	E2R	E1R	FR	A	A	A	A	E1D	E2D	E3D	E4D	E5D	PP	D	P	P	P
E塔	P	P	E5R	E4R	E3R	E2R	E1R	FR	A	A	A	A	E1D	E2D	E3D	E4D	E5D	PP	D	P
F塔	D	P	P	P	E5R	E4R	E3R	E2R	E1R	FR	A	A	A	A	E1D	E2D	E3D	E4D	E5D	PP
G塔	E5D	PP	D	P	P	P	E5R	E4R	E3R	E2R	E1R	FR	A	A	A	A	E1D	E2D	E3D	E4D
H塔	E3D	E4D	E5D	PP	D	P	P	P	E5R	E4R	E3R	E2R	E1R	FR	A	A	A	A	E1D	E2D
I塔	E1D	E2D	E3D	E4D	E5D	PP	D	P	P	P	E5R	E4R	E3R	E2R	E1R	FR	A	A	A	A
J塔	A	A	E1D	E2D	E3D	E4D	E5D	PP	D	P	P	P	E5R	E4R	E3R	E2R	E1R	FR	A	A

表 2-6　12-3-6/P 工艺步序表

	1	2	3	4	5	6	7	8	9	10	11	12	13	14	15	16	17	18	19	20	21	22	23	24
A塔	A	A	A	A	A	A	E1D	E2D	E3D	E4D	E5D	E6D	PP	D	P	P	P	E6R	E5R	E4R	E3R	E2R	E1R	FR
B塔	E1R	FR	A	A	A	A	A	A	E1D	E2D	E3D	E4D	E5D	E6D	PP	D	P	P	P	E6R	E5R	E4R	E3R	E2R
C塔	E3R	E2R	E1R	FR	A	A	A	A	A	A	E1D	E2D	E3D	E4D	E5D	E6D	PP	D	P	P	P	E6R	E5R	E4R
D塔	E5R	E4R	E3R	E2R	E1R	FR	A	A	A	A	A	A	E1D	E2D	E3D	E4D	E5D	E6D	PP	D	P	P	P	E6R
E塔	P	E6R	E5R	E4R	E3R	E2R	E1R	FR	A	A	A	A	A	A	E1D	E2D	E3D	E4D	E5D	E6D	PP	D	P	P
F塔	P	P	P	E6R	E5R	E4R	E3R	E2R	E1R	FR	A	A	A	A	A	A	E1D	E2D	E3D	E4D	E5D	E6D	PP	D
G塔	PP	D	P	P	P	E6R	E5R	E4R	E3R	E2R	E1R	FR	A	A	A	A	A	A	E1D	E2D	E3D	E4D	E5D	E6D
H塔	E5D	E6D	PP	D	P	P	P	E6R	E5R	E4R	E3R	E2R	E1R	FR	A	A	A	A	A	A	E1D	E2D	E3D	E4D
I塔	E3D	E4D	E5D	E6D	PP	D	P	P	P	E6R	E5R	E4R	E3R	E2R	E1R	FR	A	A	A	A	A	A	E1D	E2D
J塔	E1D	E2D	E3D	E4D	E5D	E6D	PP	D	P	P	P	E6R	E5R	E4R	E3R	E2R	E1R	FR	A	A	A	A	A	A
K塔	A	A	E1D	E2D	E3D	E4D	E5D	E6D	PP	D	P	P	P	E6R	E5R	E4R	E3R	E2R	E1R	FR	A	A	A	A
L塔	A	A	A	A	E1D	E2D	E3D	E4D	E5D	E6D	PP	D	P	P	P	E6R	E5R	E4R	E3R	E2R	E1R	FR	A	A

表2-7　20-6-9/P 工艺步序表

步骤

塔	1	2	3	4	5	6	7	8	9	10	11	12	13	14	15	16	17	18	19	20	21	22	23	24	25	26	27	28	29	30	31	32	33	34	35	36	37	38	39	40
A塔	A	A	A	A	A	A	A	A	A	A	A	A	E1D	E2D	E3D	E4D	E5D	E6D	E7D	E8D	E9D	PP	PP	D	D	P	P	P	P	P	E9R	E8R	E7R	E6R	E5R	E4R	E3R	E2R	E1R	EFR
B塔	E1R	FR	A	A	A	A	A	A	A	A	A	A	A	A	E1D	E2D	E3D	E4D	E5D	E6D	E7D	E8D	E9D	PP	PP	D	D	P	P	P	P	P	E9R	E8R	E7R	E6R	E5R	E4R	E3R	E2R
C塔	E3R	E2R	E1R	FR	A	A	A	A	A	A	A	A	A	A	A	A	E1D	E2D	E3D	E4D	E5D	E6D	E7D	E8D	E9D	PP	PP	D	D	P	P	P	P	P	E9R	E8R	E7R	E6R	E5R	E4R
D塔	E5R	E4R	E3R	E2R	E1R	FR	A	A	A	A	A	A	A	A	A	A	A	A	E1D	E2D	E3D	E4D	E5D	E6D	E7D	E8D	E9D	PP	PP	D	D	P	P	P	P	P	E9R	E8R	E7R	E6R
E塔	E7R	E6R	E5R	E4R	E3R	E2R	E1R	FR	A	A	A	A	A	A	A	A	A	A	A	A	E1D	E2D	E3D	E4D	E5D	E6D	E7D	E8D	E9D	PP	PP	D	D	P	P	P	P	P	E9R	E8R
F塔	E9R	E8R	E7R	E6R	E5R	E4R	E3R	E2R	E1R	FR	A	A	A	A	A	A	A	A	A	A	A	A	E1D	E2D	E3D	E4D	E5D	E6D	E7D	E8D	E9D	PP	PP	D	D	P	P	P	P	P
G塔	P	P	E9R	E8R	E7R	E6R	E5R	E4R	E3R	E2R	E1R	FR	A	A	A	A	A	A	A	A	A	A	A	A	E1D	E2D	E3D	E4D	E5D	E6D	E7D	E8D	E9D	PP	PP	D	D	P	P	P
H塔	P	P	P	P	E9R	E8R	E7R	E6R	E5R	E4R	E3R	E2R	E1R	FR	A	A	A	A	A	A	A	A	A	A	A	A	E1D	E2D	E3D	E4D	E5D	E6D	E7D	E8D	E9D	PP	PP	D	D	P
I塔	D	P	P	P	P	P	E9R	E8R	E7R	E6R	E5R	E4R	E3R	E2R	E1R	FR	A	A	A	A	A	A	A	A	A	A	A	A	E1D	E2D	E3D	E4D	E5D	E6D	E7D	E8D	E9D	PP	PP	D
J塔	PP	D	D	P	P	P	P	P	E9R	E8R	E7R	E6R	E5R	E4R	E3R	E2R	E1R	FR	A	A	A	A	A	A	A	A	A	A	A	A	E1D	E2D	E3D	E4D	E5D	E6D	E7D	E8D	E9D	PP
K塔	E9D	PP	PP	D	D	P	P	P	P	P	E9R	E8R	E7R	E6R	E5R	E4R	E3R	E2R	E1R	FR	A	A	A	A	A	A	A	A	A	A	A	A	E1D	E2D	E3D	E4D	E5D	E6D	E7D	E8D
L塔	E7D	E8D	E9D	PP	PP	D	D	P	P	P	P	P	E9R	E8R	E7R	E6R	E5R	E4R	E3R	E2R	E1R	FR	A	A	A	A	A	A	A	A	A	A	A	A	E1D	E2D	E3D	E4D	E5D	E6D
M塔	E5D	E6D	E7D	E8D	E9D	PP	PP	D	D	P	P	P	P	P	E9R	E8R	E7R	E6R	E5R	E4R	E3R	E2R	E1R	FR	A	A	A	A	A	A	A	A	A	A	A	A	E1D	E2D	E3D	E4D
N塔	E3D	E4D	E5D	E6D	E7D	E8D	E9D	PP	PP	D	D	P	P	P	P	P	E9R	E8R	E7R	E6R	E5R	E4R	E3R	E2R	E1R	FR	A	A	A	A	A	A	A	A	A	A	A	A	E1D	E2D
O塔	E1D	E2D	E3D	E4D	E5D	E6D	E7D	E8D	E9D	PP	PP	D	D	P	P	P	P	P	E9R	E8R	E7R	E6R	E5R	E4R	E3R	E2R	E1R	FR	A	A	A	A	A	A	A	A	A	A	A	A
P塔	A	A	E1D	E2D	E3D	E4D	E5D	E6D	E7D	E8D	E9D	PP	PP	D	D	P	P	P	P	P	E9R	E8R	E7R	E6R	E5R	E4R	E3R	E2R	E1R	FR	A	A	A	A	A	A	A	A	A	A
Q塔	A	A	A	A	E1D	E2D	E3D	E4D	E5D	E6D	E7D	E8D	E9D	PP	PP	D	D	P	P	P	P	P	E9R	E8R	E7R	E6R	E5R	E4R	E3R	E2R	E1R	FR	A	A	A	A	A	A	A	A
R塔	A	A	A	A	A	A	E1D	E2D	E3D	E4D	E5D	E6D	E7D	E8D	E9D	PP	PP	D	D	P	P	P	P	P	E9R	E8R	E7R	E6R	E5R	E4R	E3R	E2R	E1R	FR	A	A	A	A	A	A
S塔	A	A	A	A	A	A	A	A	E1D	E2D	E3D	E4D	E5D	E6D	E7D	E8D	E9D	PP	PP	D	D	P	P	P	P	P	E9R	E8R	E7R	E6R	E5R	E4R	E3R	E2R	E1R	FR	A	A	A	A
T塔	A	A	A	A	A	A	A	A	A	A	E1D	E2D	E3D	E4D	E5D	E6D	E7D	E8D	E9D	PP	PP	D	D	P	P	P	P	P	E9R	E8R	E7R	E6R	E5R	E4R	E3R	E2R	E1R	FR	A	A

注：此工艺适合特大型高压(6.0MPa 及以上吸附压力)变压吸附装置。

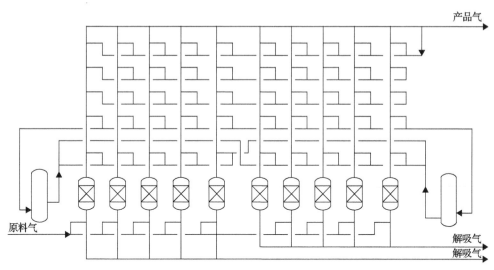

图 2-17 10 塔变压吸附流程图

2. 抽真空再生工艺

抽真空再生的变压吸附流程，简称 VPSA 流程。根据吸附塔的数量，抽真空流程分为单塔流程、两塔流程和多塔流程。

1) 单塔流程

单塔抽真空流程类似于冲洗再生的单塔流程，其工艺步序如表 2-8 所示，工艺步骤类似于单塔冲洗流程，不再赘述。由于吸附不连续及流程特点所限，该流程主要用于低压吸附的小型制氧装置[18]。

表 2-8 单塔抽真空工艺步序表

	步骤				
	1	2	3	4	5
吸附塔	R	A	PP	D	V

2) 两塔流程

两塔抽真空流程主要用于制氧装置，工艺步序如表 2-9 所示。

表 2-9 两塔抽真空工艺步序表

	步骤					
	1	2	3	4	5	6
A 塔	ER	R	A	ED	D	V
B 塔	ED	D	V	ER	R	A

3) 多塔流程

多塔抽真空流程主要用于 3 塔制氧装置、以强吸附质为产品的变压吸附装置及脱除二氧化碳和天然气净化等装置。变压吸附脱除二氧化碳装置根据原料气压力及规模，吸附塔数量为 4～20 个。3 塔抽真空工艺步序如表 2-10 所示，8 塔抽真空工艺步序如表 2-11 所示，10 塔抽真空工艺步序如表 2-12 所示，20 塔抽真空工艺步序如表 2-13 所示，详细工艺步骤不再赘述。

表 2-10　3 塔抽真空工艺步序表

	步骤					
	1	2	3	4	5	6
A塔	A		ED	V	ER	R
B塔	ER	R	A		ED	V
C塔	ED	V	ER	R	A	

表 2-11　8 塔抽真空工艺步序表

	步骤															
	1	2	3	4	5	6	7	8	9	10	11	12	13	14	15	16
A塔	A				E1D	E2D	E3D	D	V				E3R	E2R	E1R	FR
B塔	E3D	D	V				E3R	E2R	E1R	FR	A				E1D	E2D
C塔	E1D	E2D	E3D	D	V				E3R	E2R	E1R	FR	A			
D塔	V		E3R	E2R	E1R	FR	A				E1D	E2D	E3D	D	V	
E塔	V				E3R	E2R	E1R	FR	A				E1D	E2D	E3D	D
F塔	E3D	D	V				E3R	E2R	E1R	FR	A				E1D	E2D
G塔	E1D	E2D	E3D	D	V				E3R	E2R	E1R	FR	A			
H塔	A				E1D	E2D	E3D	D	V				E3R	E2R	E1R	FR

注：此工艺步序采用了西南化工研究设计院的分组抽真空专利技术[19]。

表 2-12　10 塔抽真空工艺步序表

	步骤																			
	1	2	3	4	5	6	7	8	9	10	11	12	13	14	15	16	17	18	19	20
A塔	A						E1D	E2D	E3D	E4D	D	V				E4R	E3R	E2R	E1R	FR
B塔	E1R	FR	A						E1D	E2D	E3D	E4D	D	V				E4R	E3R	E2R
C塔	E3R	E2R	E1R	FR	A						E1D	E2D	E3D	E4D	D	V				E4R
D塔	V	E4R	E3R	E2R	E1R	FR	A						E1D	E2D	E3D	E4D	D	V		
E塔	V			E4R	E3R	E2R	E1R	FR	A						E1D	E2D	E3D	E4D	D	V
F塔	D	V				E4R	E3R	E2R	E1R	FR	A						E1D	E2D	E3D	E4D
G塔	E3D	E4D	D	V				E4R	E3R	E2R	E1R	FR	A						E1D	E2D
H塔	E1D	E2D	E3D	E4D	D	V				E4R	E3R	E2R	E1R	FR	A					
I塔	A		E1D	E2D	E3D	E4D	D	V				E4R	E3R	E2R	E1R	FR	A			
J塔	A				E1D	E2D	E3D	E4D	D	V				E4R	E3R	E2R	E1R	FR	A	

注：此工艺步序为 1997 年建设的中国石化镇海炼化股份有限公司大型提氢装置所采用的工艺步序。

表 2-13　20 塔抽空工艺步序表

步骤

塔	1	2	3	4	5	6	7	8	9	10	11	12	13	14	15	16	17	18	19	20	21	22	23	24	25	26	27	28	29	30	31	32	33	34	35	36	37	38	39	40
A塔	A	A	A	A	A	A	A	A	A	A	A	E1D	E2D	E3D	E4D	E5D	E6D	E7D	E8D	E9D	D	V	V	V	V	V	V	V	V	V	E9R	E8R	E7R	E6R	E5R	E4R	E3R	E2R	E1R	FR
B塔	E1R	FR	A	A	A	A	A	A	A	A	A	A	A	E1D	E2D	E3D	E4D	E5D	E6D	E7D	E8D	E9D	D	V	V	V	V	V	V	V	V	V	E9R	E8R	E7R	E6R	E5R	E4R	E3R	E2R
C塔	E3R	E2R	E1R	FR	A	A	A	A	A	A	A	A	A	A	A	E1D	E2D	E3D	E4D	E5D	E6D	E7D	E8D	E9D	D	V	V	V	V	V	V	V	V	V	E9R	E8R	E7R	E6R	E5R	E4R
D塔	E5R	E4R	E3R	E2R	E1R	FR	A	A	A	A	A	A	A	A	A	A	A	E1D	E2D	E3D	E4D	E5D	E6D	E7D	E8D	E9D	D	V	V	V	V	V	V	V	V	V	E9R	E8R	E7R	E6R
E塔	E7R	E6R	E5R	E4R	E3R	E2R	E1R	FR	A	A	A	A	A	A	A	A	A	A	A	E1D	E2D	E3D	E4D	E5D	E6D	E7D	E8D	E9D	D	V	V	V	V	V	V	V	V	V	E9R	E8R
F塔	E9R	E8R	E7R	E6R	E5R	E4R	E3R	E2R	E1R	FR	A	A	A	A	A	A	A	A	A	A	A	E1D	E2D	E3D	E4D	E5D	E6D	E7D	E8D	E9D	D	V	V	V	V	V	V	V	V	V
G塔	V	V	E9R	E8R	E7R	E6R	E5R	E4R	E3R	E2R	E1R	FR	A	A	A	A	A	A	A	A	A	A	A	E1D	E2D	E3D	E4D	E5D	E6D	E7D	E8D	E9D	D	V	V	V	V	V	V	V
H塔	V	V	V	V	E9R	E8R	E7R	E6R	E5R	E4R	E3R	E2R	E1R	FR	A	A	A	A	A	A	A	A	A	A	A	E1D	E2D	E3D	E4D	E5D	E6D	E7D	E8D	E9D	D	V	V	V	V	V
I塔	V	V	V	V	V	V	E9R	E8R	E7R	E6R	E5R	E4R	E3R	E2R	E1R	FR	A	A	A	A	A	A	A	A	A	A	A	E1D	E2D	E3D	E4D	E5D	E6D	E7D	E8D	E9D	D	V	V	V
J塔	V	V	V	V	V	V	V	V	E9R	E8R	E7R	E6R	E5R	E4R	E3R	E2R	E1R	FR	A	A	A	A	A	A	A	A	A	A	A	E1D	E2D	E3D	E4D	E5D	E6D	E7D	E8D	E9D	D	V
K塔	D	V	V	V	V	V	V	V	V	V	E9R	E8R	E7R	E6R	E5R	E4R	E3R	E2R	E1R	FR	A	A	A	A	A	A	A	A	A	A	A	E1D	E2D	E3D	E4D	E5D	E6D	E7D	E8D	E9D
L塔	E8D	E9D	D	V	V	V	V	V	V	V	V	V	E9R	E8R	E7R	E6R	E5R	E4R	E3R	E2R	E1R	FR	A	A	A	A	A	A	A	A	A	A	A	E1D	E2D	E3D	E4D	E5D	E6D	E7D
M塔	E6D	E7D	E8D	E9D	D	V	V	V	V	V	V	V	V	V	E9R	E8R	E7R	E6R	E5R	E4R	E3R	E2R	E1R	FR	A	A	A	A	A	A	A	A	A	A	A	E1D	E2D	E3D	E4D	E5D
N塔	E4D	E5D	E6D	E7D	E8D	E9D	D	V	V	V	V	V	V	V	V	V	E9R	E8R	E7R	E6R	E5R	E4R	E3R	E2R	E1R	FR	A	A	A	A	A	A	A	A	A	A	A	E1D	E2D	E3D
O塔	E2D	E3D	E4D	E5D	E6D	E7D	E8D	E9D	D	V	V	V	V	V	V	V	V	V	E9R	E8R	E7R	E6R	E5R	E4R	E3R	E2R	E1R	FR	A	A	A	A	A	A	A	A	A	A	A	E1D
P塔	A	E1D	E2D	E3D	E4D	E5D	E6D	E7D	E8D	E9D	D	V	V	V	V	V	V	V	V	V	E9R	E8R	E7R	E6R	E5R	E4R	E3R	E2R	E1R	FR	A	A	A	A	A	A	A	A	A	A
Q塔	A	A	A	E1D	E2D	E3D	E4D	E5D	E6D	E7D	E8D	E9D	D	V	V	V	V	V	V	V	V	V	E9R	E8R	E7R	E6R	E5R	E4R	E3R	E2R	E1R	FR	A	A	A	A	A	A	A	A
R塔	A	A	A	A	A	E1D	E2D	E3D	E4D	E5D	E6D	E7D	E8D	E9D	D	V	V	V	V	V	V	V	V	V	E9R	E8R	E7R	E6R	E5R	E4R	E3R	E2R	E1R	FR	A	A	A	A	A	A
S塔	A	A	A	A	A	A	A	E1D	E2D	E3D	E4D	E5D	E6D	E7D	E8D	E9D	D	V	V	V	V	V	V	V	V	V	E9R	E8R	E7R	E6R	E5R	E4R	E3R	E2R	E1R	FR	A	A	A	A
T塔	A	A	A	A	A	A	A	A	A	E1D	E2D	E3D	E4D	E5D	E6D	E7D	E8D	E9D	D	V	V	V	V	V	V	V	V	V	E9R	E8R	E7R	E6R	E5R	E4R	E3R	E2R	E1R	FR	A	A

注：此工艺适合大型高压（6.0MPa 及以上吸附压力）抽空装置。

2.2　吸附分离工艺的应用

2.2.1　吸附分离工艺的分类

混合气体通过吸附剂床层后产生吸附相和非吸附相,其中吸附相是吸附能力相对较强的吸附质,如一氧化碳、二氧化碳、甲烷和烃类等大分子高沸点的气体;非吸附相是吸附能力相对较弱的吸附质,如氦气、氢气、氩气、氧气和氮气等小分子低沸点的气体。相应的变压吸附工艺可以分如下三类。

(1)从非吸附相获得产品的工艺:如氢气、氧气和氮气等的提纯。

(2)从吸附相获得产品的工艺:如二氧化碳、一氧化碳、甲烷及烃类的提纯与浓缩。

(3)从吸附相和非吸附相同时获得产品的工艺:如以合成气为原料,可以在一套变压吸附装置中分别从吸附相得到一氧化碳,从非吸附相得到氢气。

1. 从非吸附相获得产品的工艺

从非吸附相获得产品的变压吸附工艺即以弱吸附质为产品的工艺。在吸附压力下混合原料气进入吸附塔,强吸附质被吸附床吸附,穿透吸附床的弱吸附质即是得到的产品气,产品气处于较高压力状态,而强吸附组分在低压下解吸并作为废气排出系统。从非吸附相得到产品的工艺相对成熟,应用最多的领域是空气分离制备氧气、氮气,以及含氢混合气分离提纯氢气。

1)提高目标产品气回收率

冲洗再生的变压吸附工艺再生阶段不需要动力设备,操作相对简单。然而,冲洗再生工艺需要消耗一部分弱吸附质产品气作为冲洗气去再生吸附剂,会降低产品气的回收率。通过增加均压步骤的数量可以提高产品气的回收率,Batta[20]通过将四塔一步均压工艺改进为四塔两步均压工艺,空气分离富氧时产品回收率由 39.9%提高到 45.6%;氢氮气混合分离氢气时,产品体积分数由一次均压的 99.99%提高到两次均压的 99.999%时,回收率亦由 74.4%提高到 79.7%。随着均压次数的增加,每增加一次均压次数产生的效果逐步减弱,并且吸附塔的处理能力逐步降低[6]。

在吸附塔数量一定的情况下,所能达到的最大均压次数是有限的,要继续增加均压次数需要通过增加吸附塔的数量或增加均压罐或顺放气缓冲罐来实现,如带一个均压中间罐的五塔流程的均压次数可以达到 4 次。通过增加顺放气缓冲罐也可以增加均压次数,如增加顺放气缓冲罐后,两塔进料的十塔冲洗流程均压次数从不带顺放气缓冲罐的 4 次均压增加到带顺放气缓冲罐的 5 次均压。通过细化均压过程步骤及优化均压方式都可以一定程度上提升变压吸附工艺的效率。

抽真空再生工艺由于不需要消耗弱吸附质产品气作为再生气,相比于冲洗再生工艺产品回收率可以显著提高,尤其是对原料气中弱吸附质体积分数较低的工况,如含氢原料中氢气体积分数低于 40%时,采用抽真空工艺仍然可以得到体积分数 99.9%以上的氢气,获得较高的氢气回收率。

为了进一步提升弱吸附质产品气的回收率，可以采用两段法工艺[21]，其中两段串联的变压吸附工艺如图 2-18 所示。两段变压吸附的产品气都是合格的产品，第一段变压吸附装置的解吸气增压后进入第二段变压吸附装置重新吸附，两段串联的变压吸附工艺适合原料气中弱吸附质组分体积分数较高的工况，两段都可以采用冲洗再生工艺，生产氢气时产品的总回收率在 99%以上。

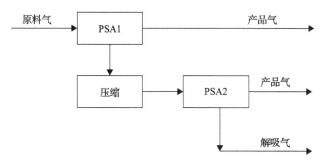

图 2-18　两段串联变压吸附工艺流程框图

对于原料气中弱吸附质组分体积分数不高的工况，可以采用如图 2-19 所示的两段耦合的变压吸附工艺。第一段变压吸附装置对弱吸附质进行初步提纯，产生的净化气进入第二段变压吸附装置对弱吸附质组分进行纯化，纯化后的弱吸附质组分作为产品气输出，第二段变压吸附装置解吸气部分或全部返回第一段变压吸附装置入口，再次进行吸附分离。其中第一段变压吸附装置采用抽真空再生工艺，第二段变压吸附装置采用冲洗再生工艺，提纯氢气时总回收率可达 97%以上。

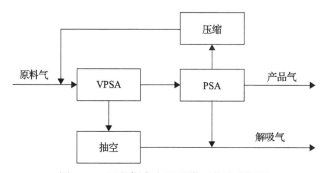

图 2-19　两段耦合变压吸附工艺流程框图

除了两段变压吸附方法提高弱吸附质回收率外，还可以采用变压吸附工艺与膜分离工艺耦合[22-24]，即变压吸附装置的解吸气通过膜分离去除其中的绝大部分强吸附质，解吸气中的弱吸附质体积分数提高至原料气中的水平后，进入变压吸附装置再次进行吸附分离。变压吸附工艺与膜分离工艺的耦合可以使弱吸附质的总回收率达到 99%。

2) 扩大规模

随着大型炼化技术和大型煤化工技术的发展，工业上变压吸附提纯氢气装置的规模在向大型化发展，最大可达每小时几十万立方米，大型化的关键技术——多塔变压吸附工艺具有如下特点。

(1)通过多塔变压吸附工艺实现多吸附塔同时进料。一般的大型变压吸附装置为 2 塔或 3 塔同时进料，多塔同时进料可降低吸附过程中吸附塔内空塔线速度，而进料速度过大会降低吸附效率，甚至会造成吸附剂的粉化。

(2)通过多塔变压吸附工艺可以有效缩短工艺循环时间，从而提高装置的生产能力。例如，当 10-3-3 工艺的吸附步骤持续时间与 4-1-1 工艺相同时，其总循环时间缩短了 16.7%，采用十塔变压吸附工艺可以实现每小时产氢 10 万 m^3 的规模，更大规模的变压吸附装置需要 12~18 塔工艺。

(3)通过多塔变压吸附工艺可以实现较多的均压次数，保证装置有较高的气体回收率。例如，12 塔工艺可以实现 2 塔进料 7 次均压，对于吸附压力在 6.0MPa 的变压吸附工艺需要 7~10 次均压。

(4)通过多塔变压吸附工艺装置操作更加灵活可靠。多塔变压吸附工艺由于有更多的吸附塔而具备了更多的辅助流程，当装置的程控阀或相关仪表出现故障后，有更多的备用流程可用，例如，10 塔工艺可以依次实现 9 塔、8 塔、7 塔甚至 6 塔和 5 塔工艺，以保证装置的不停车检修，从而提高装置的灵活性和可靠性。

3)提高产品质量

对空气分离提取氮气或者从含氢气源中分离提取氢气来说，产品气的体积分数较容易达到 99.9%以上，而对于从空气中分离氧气而言，由于氩气、氧气分子的大小和极性强弱非常接近，在分子筛上表现出极为相近的吸附性能，利用沸石分子筛变压吸附装置生产的氧气中始终含有氩气，氧气的体积分数最高只能达到 95%。因此，要得到更高体积分数的氧气需要增加一套利用碳分子筛分离氧气和氩气的工艺，利用氧气和氩气在碳分子筛上吸附速率的差异将氧气中的氩气脱除，从而可将氧气的体积分数提高至 99%以上[25,26]。

2. 从吸附相获得产品的工艺

从吸附相获得产品的工艺是指原料气进入吸附塔后，弱吸附质作为吸附废气穿透吸附床，被吸附剂吸附的强吸附质在抽真空过程中从吸附塔内抽出作为产品的工艺(如变压吸附提纯一氧化碳)，分离过程如图 2-20 所示。由于吸附结束后吸附塔空隙内仍存在弱吸附组分，因此，对于吸附相产品体积分数有要求的工艺需要增加置换步骤，吸附塔依次经历吸附、均压降、置换、逆放、抽真空、均压升和终充步骤。从吸附相获得产品的工艺主要有从混合原料气中分离回收二氧化碳、一氧化碳、甲烷及 C_{2+}(碳二及以上)烃类等强吸附组分[27-29]。

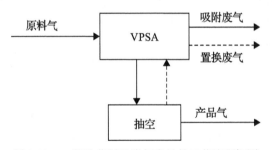

图 2-20 一段法获得吸附相产品的工艺流程框图

　　为了提高强吸附质产品的回收率，在一段法工艺的基础上发展了将吸附废气和置换废气引入第二段变压吸附装置再次吸附提纯吸附相产品的两段法提纯工艺[30]，以及将第一段变压吸附装置和第二段变压吸附装置的吸附废气引入第三段变压吸附装置继续浓缩吸附相产品，所浓缩的吸附相产品作为第一段变压吸附装置原料重新分离的三段法提纯工艺[31]。

　　如果原料气中含有两种以上的强吸附组分，要提纯的组分在原料气中吸附能力处于中间，如从含有二氧化碳、一氧化碳和氮气等组分的原料气中分离提纯一氧化碳，需要在提纯一氧化碳之前增加脱除强吸附组分二氧化碳工序的两段法提纯工艺，如图 2-21 所示。即第一段变压吸附装置脱除吸附能力大于产品一氧化碳的强吸附质组分二氧化碳，未被第一段变压吸附装置吸附的一氧化碳等组分进入第二段变压吸附装置，一氧化碳在第二段变压吸附装置被吸附后浓缩。吸附能力小于一氧化碳组分的氮气、氢气等弱吸附质组分从第二段变压吸附装置作为废气排出。为了提高产品一氧化碳组分的回收率，第二段变压吸附装置的置换废气和吸附废气可以进一步回收利用。

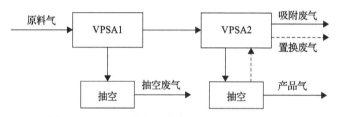

图 2-21　两段法获得吸附相产品的工艺流程框图

3. 从非吸附相和吸附相获得产品的工艺

　　从非吸附相和吸附相获得产品的工艺是从非吸附相获得产品的工艺与从吸附相获得产品的工艺的结合，如图 2-22 所示。原料气首先进入第一段变压吸附装置，采用抽真空工艺将强吸附组分浓缩，获得吸附相产品；第一段变压吸附装置的吸附流出气进入第二段变压吸附装置将弱吸附组分提纯，获得非吸附相产品。从混合原料气中同时提纯氢气和一氧化碳、氢气和二氧化碳及氢气和烃类组分的工艺均是同时获得非吸附相和吸附相产品的工艺。

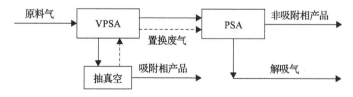

图 2-22　从吸附相和非吸附相获得产品的工艺流程框图

　　如果原料气中含有比吸附相产品吸附能力更强的组分，两段法工艺将转化为三段法工艺：将第一段提纯吸附相产品的工序转化为图 2-21 所示的两段法。即先通过第一段变压吸附装置将不需要的最强吸附组分脱除，再通过第二段变压吸附装置将较强吸附组分浓缩提纯为吸附相产品，最后通过第三段变压吸附装置将弱吸附质提纯为非吸附相产品。

2.2.2 吸附分离工艺的选择

变压吸附工艺再生方式选用冲洗还是抽真空，均压次数多少，是否采用两段及以上工艺以及是否采用变压吸附工艺与其他工艺耦合等，需要综合考虑原料气条件、产品气要求、吸附剂性能及装置规模等因素。

1. 原料气条件

决定变压吸附工艺选择的原料气条件主要是原料气组成和原料气压力。

1) 原料气组成

影响变压吸附工艺选择的原料气组成包括提纯组分的体积分数和非提纯组分的体积分数两个方面。例如，从混合原料气中提纯氢气，当氢气的体积分数在40%以上，可以采用冲洗再生工艺，也可以采用抽真空再生工艺；当氢气的体积分数低于40%时，要得到经济的氢气回收率，可以选择抽真空再生的一段法工艺或者采用一段浓缩二段提纯的两段法工艺；当氢气的体积分数在95%以上时，可以考虑图2-21的两段串联工艺。对于从含有甲烷的混合气体中提纯甲烷的原料气，如果剩余组分是以二氧化碳为主的吸附能力更强的吸附质，则得到的甲烷产品气为非吸附相的高压状态的产品，如果剩余组分是氢气、氮气等吸附能力更弱的吸附质，则得到的甲烷是吸附相的低压状态的产品。

2) 原料气压力

对于从非吸附相获得产品的工艺，原料气的压力首先影响再生方式，如当原料气的压力较低时，从含氢原料气中得到体积分数为99.9%以上的氢气。在原料气压力低于0.7MPa时，要获得比较经济的氢气回收率，一般采用抽真空再生的工艺；压力在1.5MPa以上时，优先采用冲洗再生的工艺；在压力达到2.5～6.0MPa时，通过增加吸附塔数量的多塔工艺提高均压步骤数量以达到较高的氢气回收率。

对从吸附相获得产品的工艺，由于产品气是通过抽真空步骤获得，较高的原料气压力会增加系统的能耗和增加吸附塔的数量，从而使装置投资增加，同时较高的吸附压力不会大幅提升产品质量和回收率。因此，该工艺大多采用0.5～0.9MPa的低压吸附，低压吸附工艺有利于吸附废气和置换废气的综合回收。对于原料气生产环节本身压力较高，产品气与其他强吸附质的分离系数较大的工况，如一氧化碳和氢气、氮气的分离，采用高压吸附多步均压的工艺，均压结束后吸附塔间隙内的弱吸附质体积分数小，可以减少置换气量甚至不用置换，从而降低装置的能耗。

2. 产品气要求

产品气的要求包括产品气质量和产品气回收率两个指标，而这样两个指标是相互影响的，提高产品质量通常会使其回收率下降。变压吸附工艺的选择需要根据产品气的用途，兼顾产品气质量和产品气回收率两个指标。产品气质量的要求根据其用途的不同而存在较大的差异。以氢气为例，体积分数达到99.0%即可满足工业氢气合格品指标，且对一氧化碳和二氧化碳含量没有明确要求；一般的炼油和化工过程用氢气要求其体积分数满足 99.9%，一氧化碳和二氧化碳的体积分数小于 10×10^{-6}；燃料电池用氢气的标准要求氢气体积分数满足 99.97%，同时一氧化碳的体积分数小于 2×10^{-7}[32]；而超纯氢气的标准要求氢气体积分数为 99.9999%，总杂质的体积分数小于等于 1×10^{-6}。产品氢气的体积分数从 99%提高至 99.9999%，氢气的回收率会大幅下降，要在高纯度产品条件下得到高的回收率最好的方式就是采用抽真空工艺或者两段工艺。对于从吸附相获得产品的工艺，要得到较高的强吸附质产品气质量，需增加置换气量或者增加置换次数。

3. 吸附剂性能

吸附剂是变压吸附工艺过程的核心，不同种类的吸附剂吸附性能差异较大，对工艺流程的选择有较大影响。硅胶、活性炭及沸石分子筛是根据不同气体在吸附剂上的平衡吸附量差异实现分离的，即平衡分离；而碳分子筛则是根据不同气体在碳分子筛上吸附速率的差异实现分离的，即动力学分离。不同的吸附剂需要对应与其吸附特性相适应的变压吸附工艺，才能使目标产品获得最佳的分离效果。特定变压吸附工艺的研究和开发，需建立在对特定吸附剂性能的全面综合研究的基础上。

甲烷和氮气在活性炭上平衡吸附量是甲烷＞氮气，而在碳分子筛上吸附速率的顺序为氮气＞甲烷。煤层气浓缩甲烷采用活性炭吸附剂时，甲烷优先被吸附，氮气从吸附塔顶部排出，通过抽真空步骤得到吸附相产品甲烷。当采用碳分子筛吸附剂时，氮气优先被吸附，甲烷从吸附塔顶部排出，在吸附步骤从高压的非吸附相得到产品甲烷。早期的煤层气提浓甲烷[33,34]、低浓度煤层气浓缩[35]及含氮气的天然气净化均采用活性炭吸附浓缩工艺[36]；采用活性炭吸附工艺的甲烷产品的压力低，后续利用加压能耗较高[如生产液化天然气(LNG)产品]，因此国内外学者开始开发适用于甲烷/氮气分离的碳分子筛产品，其中国外的研究主要集中于高浓度甲烷气体，如天然气和油田气(甲烷体积分数多高于70%)，针对甲烷浓度低的煤层气的研究主要集中在国内[37]。

4. 装置规模

变压吸附工艺的应用领域众多，从而出现规模相差巨大的装置类型，如最小的变压吸附制氧装置可以随身携带，最大的变压吸附提纯氢气装置每小时产氢气几十万立方米，装置规模的差异对变压吸附流程的选择影响很大。

对于小规模的变压吸附装置，尽量减少吸附塔的数量，简化流程，精简配置，优化设计，从而达到成撬供货的要求，以减少现场施工，方便移动，如小型变压吸附制氧机和小型变压吸附制氮机。

而对于大型变压吸附装置，在满足产品质量要求的同时，通常需要追求更高的气体回收率，以提高经济效益。例如，50000m^3/h 时的变压吸附提纯氢气装置，氢气回收率提高 1%，每年可以多产氢气 420 万 m^3。因此，大型变压吸附提纯氢气装置都采用 10 塔以上的多塔流程，以保持足够多的均压次数，甚至采用抽真空工艺、两段法工艺及与膜分离耦合的复杂工艺，以达到更高的氢气回收率。

2.3 吸附分离工艺的工程配置

2.3.1 预处理系统

变压吸附装置使用的吸附剂通常在常温下操作且设计使用寿命长，而高沸点、强极性或分子直径过大的强吸附质组分进入吸附剂微孔后难以在常温下快速解吸，这些强吸附质的累积会造成吸附剂性能下降甚至失活。另外，一些强吸附组分如水、醇类、氨等在分子筛等吸附剂上吸附时，会伴随着激烈放热。如果这类组分大量进入分子筛床层，且吸附放出的热量不能及时带出吸附床，可能造成吸附塔内床层局部飞温，从而影响吸附剂的性能，并对吸附塔结构造成破坏。因此，在进吸附塔之前通过设置预处理系统将这些对吸附剂有害的强吸附质脱除，有利于变压吸附装置的长周期稳定运行。

变压吸附装置的预处理系统一般采用变温吸附、冷冻干燥、冷冻水喷淋、过滤和气液分离等工艺。

1. 变温吸附

变温吸附系统的目的是脱除原料气中的高沸点气态强吸附质及微量液态强吸附质。这些强吸附质吸附在变温吸附装置的吸附剂微孔中被脱除，吸附剂吸附强吸附质饱和后，用加热到一定温度的再生气长时间热吹扫，将强吸附质从吸附剂微孔中加热解吸出来，然后通过干燥的常温或低温再生气冷吹扫，将吸附剂温度降低，吸附剂得以再生并准备好进行下一次吸附。

如果原料气中的强吸附质组分较复杂，或某种强吸附质组分浓度较高，有时需要设置多级变温吸附装置进行处理。例如，焦炉煤气中含有萘、焦油、芳烃等多种强吸附质，通常需要采用两级以上的变温吸附装置才能有效脱除这些强吸附质组分，以满足后续变压吸附装置的进料要求。

2. 冷冻干燥

冷冻干燥的目的是脱除原料气中的水蒸气和气态烃类等强吸附质组分。通过将原料气温度降低至水蒸气和气态烃类等强吸附质组分的露点以下，水蒸气、气态烃类等强吸附质组分凝结成液态水或液态烃类，再进入气液分离器分离掉液态强吸附质组分。分离掉液态强吸附质组分的低温原料气可以与进冷干机前的原料气换热回收冷量。

空气分离变压吸附制氮装置、变压吸附轻烃回收装置及变压吸附空气干燥装置前端通常会设置冷冻干燥系统进行预处理。

3. 冷冻水喷淋

如果原料气压力低、流量大，采用冷冻干燥工艺降温脱水，冷干机的投资和占地都很大，操作维护复杂。为解决这一问题，可以采用冷冻水喷淋的方式降低原料气温度，使原料气中的水蒸气凝结成液态，经气液分离器去除，从而降低原料气中的水含量。冷冻水喷淋适合用于低压力、大流量变压吸附空气分离制氧制氮装置、变压吸附空气干燥装置及变温吸附装置前端的预脱水。

4. 过滤

过滤的目的是分离原料气中夹带的粉尘等颗粒物,确保变压吸附装置中程控阀和吸附剂的安全。

变压吸附装置运行初期,吸附塔顶部和底部出口排出气流中会带有微量吸附剂粉尘,这些粉尘是在吸附剂生产、包装、运输及装填各环节中产生的。这些粉尘有可能会影响后工序的正常生产,当后工序对粉尘含量及粉尘粒径有明确要求时,可在变压吸附装置出口设置过滤器,实际使用的过滤器的精度可以达到 10μm 或者更小。

5. 气液分离

气液分离的目的是分离原料气中的液态强吸附质。气液分离器的种类众多,采用最普遍的是立式重力式气液分离器,并在顶部出口设置有不锈钢丝网除沫器。原料气进入气液分离器后,先在气液分离器下部通过重力进行大粒径液态强吸附质组分分离,再通过顶部的不锈钢丝网除沫器使微小粒径的液态强吸附质组分凝聚和分离。

气液分离器无法分离所有的微小粒径液态强吸附质,这些液态强吸附质有可能在后序的原料气管道中聚集,并在原料气总管的低点聚集留存,当原料气流量和压力大幅波动时有可能被气流带入吸附塔内,冲击吸附剂,造成吸附剂损坏。因此气液分离器后续管道应该定期检查是否有积液,如果有积液应及时排净。如果排出的凝液会造成环境污染,那么这些排净口需要密闭排放。

2.3.2 动力系统

在变压吸附装置中,会用到对气体进行增压或者输送的设备,如压缩机(活塞式压缩机、螺杆式压缩机和离心式压缩机)和风机(罗茨式风机和离心式风机)等,还会用到真空泵,如往复真空泵、罗茨真空泵、水环真空泵及螺杆真空泵等。

由于变压吸附生产过程的特殊性,对动力设备的要求如下[38]。

(1)需满足气量、压力和温度等工艺参数的要求。

(2)能适应进气温度、进气压力和进气气量的变化。

(3)需满足介质特性要求,密封性好,耐腐蚀,安全无泄漏。

(4)需具备较高的运行效率,性能佳,能耗低。

(5)能够很好地适应化工工艺要求,运行平稳、可靠,能长周期连续运转。

(6)良好的经济性,较低的前期投入和后期运行成本,维护和维修工作量少、时间短。

1. 风机

风机是气体物料的输送设备。通风机和鼓风机统称风机,按工作原理分为叶片式、容积式和喷射式[39]。变压吸附装置运行过程中常用到的罗茨式风机属于容积式风机,而离心式风机属于叶片式风机。

1) 罗茨式风机

罗茨式风机是一种双转子压缩机械，主要由机壳、墙板、叶轮、油箱和消声器五大部分组成。按工作方式的不同，有单级和双级、干式和湿式之分；按转子的形状，有两叶形和三叶形之分。

罗茨式风机的优点如下。

(1)有强制输气的特征，在转速一定的条件下，流量也一定，且在小流量区域不会发生喘振。

(2)没有往复运动机构，没有气阀，易损件少，维修周期长，动力平衡性好。

(3)可输送含粉尘或带液滴的气体。

(4)机械效率高，容积效率高。

罗茨式风机的缺点如下。

(1)无内压缩过程，绝热效率较低。

(2)由于进、排气脉动和回流冲击的影响，气体动力性噪声较大。

(3)由于叶轮之间、叶轮与机壳及墙板之间存在间隙，造成气体泄漏，限制了罗茨式风机向高压方向的发展。

罗茨式风机适宜中小排量及低压力比的场合，选用时应按照适用和经济的原则，根据流量和升压来确定风机的型号。目前罗茨式风机正在向高效率、低噪声方向发展，并在逐步增强可靠性，扩大应用范围。

2) 离心式风机

离心式风机是利用高速旋转的叶轮将气体加速，然后减速，改变流向，使动能转换成势能(压力)的设备。离心式风机主要由机壳、主轴、叶轮、轴承传动机构及电机等组成。由于气体流速较低，压力变化不大，一般不需要考虑气体比容的变化，即把气体作为不可压缩流体处理。压力变化时，流量变化大，不具有强制送风的特点，主要运用在小流量、高压力的场合。

2. 压缩机

压缩机的种类按工作原理可分为容积型、动力型(速度型或透平型)和热力型[40]。在变压吸附装置运行过程中常用到的容积型压缩机按结构形式的不同分为往复式压缩机和回转式压缩机，离心式压缩机属于动力型(速度型或透平型)压缩机。

1) 往复式压缩机

往复式压缩机是指通过气缸内活塞或隔膜的往复运动使缸体容积周期变化，并实现气体增压和输送的一种压缩机，根据做往复运动的构件不同分为活塞式压缩机和隔膜式压缩机。

(1)活塞式压缩机。

活塞式压缩机的主要部件包括机身、曲轴、连杆、活塞和气缸等。曲柄连杆机构将原动机的旋转运动转换为活塞的往复运动，使活塞顶面、气缸盖和气缸内壁组成的空间周期性变化；曲柄旋转一周，活塞往复一次，气缸内实现进气、压缩和排气，完成一个工作循环。按排气压力可分为低压、中压、高压和超高压压缩机。

活塞式压缩机的优点如下。

①适用压力范围广，涵盖低压到超高压。

②对介质的压力波动和密度变化适应性强，调节容积流量时排气压力几乎不变。

③技术较成熟，对材料要求低，热效率较高。

活塞式压缩机的缺点如下。

①结构复杂，易损件多，维修量大，需设置备机。

②转速不高，设备尺寸和质量大，要求较大的安装空间。

③周期性地吸排气导致排气不连续，造成气流脉动，需要设置储气罐或缓冲罐。

④压缩介质中易混入润滑油。

活塞式压缩机气流速度低，效率高，应用压力范围广，适用于气量小、压力较高的场景。当气体的供给量或需求量变化时，可采用卸荷装置、无极流量调节装置、变频器和可变余隙腔等调节排气量。

(2)隔膜式压缩机。

隔膜式压缩机主要由气体压缩室和油压室组成，油压室内的活塞在缸体内做往复运动，使膜片在油压和被压缩气体压力差及本身弹性力作用下往复运行，周期性地改变气体在压缩室内的容积，实现工作循环。

隔膜式压缩机的气缸工作容积表面积与气缸体积的比值较大，散热良好，气体的压缩接近于等温过程，理论上每级的压缩比可高达 25，以较少的级数实现较大的总压缩比，可提供的压力范围很广，相对余隙容积小，效率高。隔膜式压缩机还是唯一一种气缸不需要润滑的往复式压缩机，气缸内的一组膜片将润滑油和气体隔绝开，无动态密封，使气体不受润滑油和其他固体物质污染，密封性好。

气缸内的膜片是隔膜式压缩机发展中的重要技术要点。膜片最初设计为 1 张，后由 PPI(Pressure Products Industries)公司发明了需要 3 张膜片实现的膜片破裂报警装置，该技术成熟，运行可靠，沿用至今。膜片材料一般分为不锈钢、合金钢等金属和非金属膜片，厚度在 0.25～0.5mm，目前国内大多采用 0.5mm 厚 00Cr15Ni5 材料。膜片的材料、厚度、表面光洁度和膜腔曲面形状等共同决定了膜片的寿命，目前膜片的寿命一般在 1000～8000h。

当变压吸附产品气为高纯度气体时(如产品氢气体积分数达到 99.999%)，要求压缩机不能对产品气有污染。由于隔膜式压缩机在结构和原理上的独特性，适用于压缩、输送和充装高纯度、放射性、稀有贵重、易燃易爆和有毒有害腐蚀性气体。

2)回转式压缩机

回转式压缩机是一种通过一个或几个部件的旋转运动来完成压缩腔内部容积变化的容积式压缩机。变压吸附装置运行过程用到的螺杆式压缩机属于回转式压缩机的一种。螺杆式压缩机按运行方式和用途不同可分为无油和喷油螺杆式压缩机，按螺杆数量的不同又可分为单螺杆和双螺杆压缩机。

回转式压缩机的优点如下。

(1)结构紧凑，零部件少，平衡性好，振动小，无喘振现象，运行可靠，无需备机。

(2)转速高,体积小;具有较高的齿顶线速度,可与高速原动机直连。

(3)不需要内部润滑;滑动摩擦部位仅为轴承,易损件少,利于维修。

(4)压缩气体种类不受限制,无气阀,工作介质可以是污浊和带液滴、含粉尘的工艺用气体。

(5)排气无脉动,可调范围宽,运行平稳。

回转式压缩机的缺点如下。

(1)运行中会产生较强的中、高频噪声,须采取消音降噪措施。

(2)螺杆齿面的加工精度高,须在专用设备上加工。

(3)由于是依靠间隙密封气体,同时因转子刚度等方面的限制,只适用于中、低压范围。

(4)流量调节性差。

(5)需有减少转子受热变形的措施。

螺杆式压缩机具有强制输气的特点,其排气量几乎不受排气压力的影响,其压缩比与转速、温度几乎无关,输气均匀,压力脉动小,能适应较宽的工作范围,适用于占地面积受限,介质含尘、湿的场合。

3)动力型(速度型或透平型)压缩机

动力型压缩机是靠高速旋转的叶轮,提高气体的静压能和动能,随后在固定元件中,使一部分动能进一步转化为气体的静压能,从而使气体增压的设备。

离心式压缩机属于动力型压缩机的一种,主要由转子、定子等组成,依靠机壳内叶轮的旋转所产生的离心力作用给气体以压力和速度。

离心式压缩机一般分为水平剖分型、筒型和多轴型 3 种。水平剖分型结构拆卸方便,适用于中低压场合。筒型强度高、刚性好,但安装拆卸不方便,适用于高压力或要求密封性好的场合。多轴型结构简单、体积小,适用于中低压场合。

离心式压缩机的优点如下。

(1)转速高,输气量大且连续,生产能力大,运转平稳。

(2)质量轻,尺寸小,占地少,易损件少,维修工作量小,不用备机。

(3)效率高,可实现无油压缩。

(4)适宜于由工业汽轮机或燃气轮机直接驱动,有利于合理利用工厂余热,降低能耗。

离心式压缩机的缺点如下。

(1)不适用于压缩分子量小的气体介质。

(2)因流动损失大,不适宜高压场合。

离心式压缩机适用于中、低压的大流量场景,但其流量和出口压力变化由性能曲线决定,若进气流量低于最小进气流量,则会发生喘振而无法运行。

3. 真空泵

真空泵是指产生、改善和(或)维持真空的装置[41]。变压吸附装置运行过程中,有时需要将解吸气抽吸出来,达到某种程度的真空度,使吸附剂得以再生。

极限压力是真空泵的一个重要参数，指真空泵在工作时，空载干燥的真空容器能够达到并维持稳定的最低压力。真空泵的极限压力作为真空泵选型的重要指标，决定了真空泵能有效地使用各种抽气方式的真空度范围的低压界限，其大小取决于系统本身的漏气或真空泵工作液体的蒸气压力。

变压吸附装置运行过程常用的真空泵按工作原理可分为往复真空泵、罗茨真空泵、液环真空泵和螺杆真空泵等，皆为变容真空泵。

1) 往复真空泵

往复真空泵是借助泵腔内活塞的往复运动，将气体压缩并排出的变容积真空泵，是获得粗真空的主要设备。往复真空泵可按外形分为立式和卧式，也可按气缸的润滑方式分为有油润滑和无油润滑型式。

变压吸附装置中常用的往复真空泵属于 WLW 型往复立式无油真空泵，其运用成熟，抽速范围大，可实现无油润滑，获得洁净的抽空气体。这类泵的主要缺点是结构复杂、体积较大和运转时振动较大等[40]。

2) 罗茨真空泵

罗茨真空泵是利用两个"8"字形转子在泵壳中旋转从而实现吸气和排气过程的变容积真空泵。

罗茨真空泵启动快，振动小，噪声大，转子动平衡条件较好，在较宽压强范围内有较大的抽速，对被抽气体中含有的粉尘和水蒸气不敏感。但由于罗茨真空泵是无内压缩的泵，通常单级泵的压缩比很低，当用于中、高真空时应串联使用。罗茨真空泵适合于在低入口压力下需要大抽速的真空系统中使用。

3) 液环真空泵

液环真空泵一般由泵轴、泵体、侧盖、叶轮、分配板或分配器、轴封和轴承部件组成。按吸、排气的零件结构划分，可分为锥体泵和平板泵。

因在大多数场景液环真空泵以水作工作液，又称为水环真空泵。其工作时要不断地向泵内供水，以保持恒定的水环。一方面用来补充因排气而带走的部分水，另一方面作为冷却介质，带走压缩气体产生的压缩热和叶片搅动水环产生的摩擦热，防止泵的真空度和气量下降，所以补充水的温度越低越好。

液环真空泵适宜于抽吸带液体的气体，但因其压缩比小，最大排气压力很低，效率低。所以液环真空泵在低真空度和低排气压力范围内得到应用。

4) 螺杆真空泵

螺杆真空泵是利用一对螺杆在泵壳中做同步高速反向旋转而产生吸气和排气作用的一种非接触型真空泵，由泵盖、泵体、圆盘、叶轮和机械密封等零部件组成。其基本结构有两种，螺杆式真空泵和矩形螺旋式真空泵。

螺杆真空泵是一种完全干式真空泵，泵腔内无油，可获得清洁的抽真空气体，抽吸速度快，极限真空度高，能抽除含有大量水蒸气及少量粉尘的气体，动力平衡性好，维护保养方便。主要应用于高纯净、高真空度的工艺过程，可适应恶劣工况，具有抽取凝性、含颗粒物气体的能力，是传统真空泵的更新换代产品。

2.3.3 吸附分离系统

1. 吸附塔

吸附塔是装有吸附剂，实现气-固吸附和解吸的容器。变压吸附吸附塔多采用标准椭圆形封头或者球形封头，吸附塔内底部及顶部均设置有气流分布器。底部气流分布器常采用筛板式或开孔的锥台式气流分布器，如果吸附塔体积太小，可采用开孔的鼠笼式气流分布器。顶部气流分布器多为开孔的鼠笼式气流分布器，在某些吸附塔中会设置顶部填料压紧筛板，确保吸附剂不会出现流化。

原料气通常从吸附塔底部管口进入吸附塔，经底部气流分布器对气流进行均匀分布后进入吸附剂床层，在吸附剂床层中因为吸附剂对各种气体组分吸附的难易程度不同，强吸附组分被富集在床层，弱吸附组分从吸附床层顶部流出，从而实现气体的分离。

吸附塔内的压力随着吸附和解吸循环而反复升高和降低，全寿命的压力循环次数可以达到 100 万次以上，属于疲劳设备，可采用分析设计来确保设计的准确性。吸附塔尽量减少焊接外部件以避免造成应力集中。如果环境温度过低或过高，吸附塔需设计保温层，保温层采用披挂式或其他不需要在吸附塔表面焊接固定部件的固定方式。

2. 工艺储罐

1) 均压罐

变压吸附工艺均压步骤分为直接均压和间接均压。直接均压是指一台吸附塔与另一台吸附塔之间直接连通实现均压。间接均压是指两台吸附塔之间通过均压罐进行均压气体的传递从而实现连通，即利用均压罐储存处于均压降步骤的吸附塔排出的气体，再提供给处于均压升步骤的吸附塔，均压结束时两台吸附塔的压力会有一定差异。

均压罐的压力循环次数非常高，如果一套变压吸附装置有 N 个吸附塔，则均压罐的压力循环次数是吸附塔压力循环次数的 N 倍，全寿命的压力循环次数通常达到数百万次。

通过设置均压罐，可以减少吸附塔数量以降低装置投资，同时还能保证足够的均压效果，以确保有效气体的回收率。

2) 原料气缓冲罐

原料气缓冲罐是为缓冲原料气压力、流量和组成的波动而设置的缓冲罐。

如果原料气需要减压或者升压后进入变压吸附装置，或者原料气是由多股不同原料气混合的，通常需要设置原料气缓冲罐保证原料气的压力和组成稳定。

3) 产品气缓冲罐

如果后工序要求变压吸附装置送出的产品气压力、流量和组成波动小，可配置产品气缓冲罐来减小产品气压力、流量和组成的波动。不同时段的产品气在产品气缓冲罐内停留混合，压力和组成更稳定。

生产高纯度氢气的变压吸附提纯氢气装置就需要通过产品气缓冲罐来减小吸附前期、吸附中期和吸附后期不同时段出来的产品氢气中微量杂质组分浓度的波动。变压吸附制氮气装置则是通过配置产品气缓冲罐来缓冲产品气压力的大幅波动以实现连续供气。如果产品气还需要进一步加压，则配置产品气缓冲罐有助于产品气压缩机的运行稳定。

4）解吸气缓冲罐

变压吸附装置的解吸气通常有较大的压力、组成和流量的波动，而大多数变压吸附装置的解吸气都需要回收利用，因此绝大多数变压吸附装置都会设置解吸气缓冲罐。

解吸气缓冲罐的操作压力很低，因此壁厚较薄，解吸气进入解吸气缓冲罐时的气流冲击很容易引起罐壁的振动并产生低频噪声，而低频噪声难以消除，可通过为解吸气缓冲罐设计隔音层以降低噪声。

5）顺放气缓冲罐

顺放气缓冲罐是为了缓冲顺放气而设置，目的是缩短顺放步骤时间，以便在一个循环周期内完成更多工艺步骤，或者可以延长特定步骤的执行时间，例如，可以延长冲洗再生步骤的时间，提升吸附剂再生效果，进而获得更大的处理能力和更高的有效气体回收率。

顺放气缓冲罐可以设置一台，也可以设置多台，以实现对顺放气的分级利用。例如，设置两台顺放气缓冲罐，可以将每一台吸附塔顺放前期相对更干净的顺放气缓存在一台顺放气缓冲罐中，将顺放后期相对较脏的顺放气缓存在另一台顺放气缓冲罐中，当某一台吸附塔需要冲洗再生时，先用顺放后期相对较脏的顺放气对吸附剂进行初步再生，再用顺放前期相对更干净的顺放气进行更深度地冲洗再生，也就是分级交错冲洗再生。

3. 程控阀

变压吸附程控阀是针对变压吸附工艺特点特殊设计的程序控制阀。程控阀的开、关根据变压吸附工艺需要，按照预先设定的控制程序自动完成。

变压吸附程控阀开关频次很高，在整个寿命期内全行程开关次数少则数十万次，多则数百万次以上，每个检修周期内的全行程开关次数也可能超过一百万次。另外，程控阀通常需要承受频繁的高压差气流的双向剧烈冲刷，几乎所有的程控阀都对开关速度有很高要求，特别是希望有很快的关闭速度。因为变压吸附工艺的这些特殊性，其专用程控阀对结构设计和关键部位的材料性能要求极高。

其他控制吸附步骤的程控阀，通常冲刷不剧烈，开关频率相对较低。控制均压步骤的程控阀，通常冲刷最剧烈，并且开关频率相对较高。控制再生步骤的程控阀，通常冲刷不会太剧烈，但是因为气体压力很低，为确保再生步骤的气体流速和管道压降，程控阀通径通常较大。另外，完成一些特殊步骤的程控阀，开关频次可能是其他步骤的程控阀的几倍甚至十几倍。所以用于不同工艺步骤的程控阀技术要求不同，在设计选型时应区别对待。

2.3.4　管路系统

变压吸附装置通常有数十台甚至上百台程控阀，各程控阀之间由管路系统相连，通过不同位置程控阀的开关相互配合完成设定的工艺步骤。为了实现装置连续运行不停车下线程控阀进行检修的功能，需要设置一定数量的手阀将程控阀及对应的吸附塔进行分组隔离。为了确保隔离的有效性，还会设置一定数量的盲板。变压吸附装置管路系统配管紧凑且规律性强。

分组隔离手阀的配置方式会影响装置故障切塔时的波动大小及不停车处理故障时的运行负荷。常见的分组方式有一塔一组、两塔一组、三塔一组和多塔一组。

在吸附塔进出口总管上设置隔离手阀，可以大大缩短装置故障检修时的置换时间及减少置换氮气用量，实现快速检修。

变压吸附装置配管设计通常都很紧凑，即使是所有的管路系统采用一层布置，即管路系统都布置在地面占地也不会太大，便于装置检修。如果用地紧张，可以采用两层布置，即将部分管路系统布置在地面，部分管路系统布置在二层平台上，可以压缩装置用地的宽度。极端情况下甚至可以采用三层布置。

2.3.5　控制系统

变压吸附气体分离装置的特点是程控阀数量多、开关动作频繁，通常装置中的每个吸附塔连接着 6~8 个程控阀，从最初的小型制取氢气(简称制氢)装置 4 个吸附塔、20 多台程控阀，到后来的大型装置 20 多个吸附塔、200 多台程控阀，这些程控阀开闭间隔几秒到几分钟，这种快速开闭切换的工作只能由自动控制系统来实现。

经过约 40 年的发展，变压吸附装置控制系统从最初功能单一的单片机到如今的可编程逻辑控制器(PLC)、分布式控制系统(DCS)、现场总线，各种控制系统得到广泛应用，功能更加丰富，规模不断扩大，为变压吸附技术的推广应用起到了关键作用。对变压吸附装置来说，吸附剂是心脏，程控阀是手和脚，控制系统就是大脑，正是因为有了一个发达的大脑，使变压吸附装置运转自如，实现高度自动化运行，变压吸附装置现已成为工业生产装置中的重要环节。大型变压吸附装置控制系统中大型 PLC 和 DCS 的应用已成为主流。

随着装置生产潜力的进一步挖掘，控制程序的功能变得越来越先进和精确，其中包括了大量的数学运算，并在此基础上发展出了多个先进算法模块，主要包括调节系统先进算法模块、故障诊断和切换系统算法模块及自适应算法模块等三个部分：①调节系统先进算法模块对装置的终充压力、解吸气压力和逆放压力等多个关键调节回路进行精确控制。②故障诊断及切换系统算法模块的主要作用：当装置发生故障时，控制系统自动判断故障点和自动评估故障类型，如果判定为非致命性故障时，控制系统会自主隔离发生故障的吸附塔，剩余无故障的吸附塔自动重组为新的运行方式，生产装置仍然保持连续运行，减少停车损失，同时也为故障修复赢得时间。故障排除后，修复后的吸附塔自动投入生产装置，装置随即恢复最大生产能力。③自适应算法模块通过特定的数学模型，根据装置运行负荷或原料气、产品气纯度等实时数据，自动对包括吸附时间、再生时间等重要参数进行调整，使装置始终处于最优化的运行状态。

随着工业装置对安全生产要求越来越高，经危险与可操作性研究(HAZOP)分析和评估后需要配置安全仪表系统(SIS)时，变压吸附装置也将配置相应安全等级的 SIS，以确保装置安全生产。

随着互联网、大数据和人工智能的发展，新一代信息技术与制造业深度融合。在新技术变革浪潮的推动下，现代变压吸附装置控制模式也在悄然发生深刻的变化，互联网科技和传统控制方式正在以前所未有的速度进行深度融合，国内自主研发"变压吸附智慧工业云平台"这一技术应运而生。装置生产实时数据安全传输到云端服务器，再由部署于云端的工业数据库对数据进行分类存储，供所有授权客户端 24h 查询生产状况，并将装置重要报警信息及时推送给客户。技术供应商更能对搜集的海量数据进一步挖掘整理，通过多种专用的数学模型自动解析装置在不同工况下的运行状况，从而判断出装置是否已经达到最佳运行状态，吸附剂是否已达寿命极限等多个指标。通过这一系列技术指标，技术供应商可以通过云端数学模型的计算同时为多个客户提供实时技术支持、检维修建议。同时，装置现场数据也可以进一步充实技术供应商的数据库，为新技术的研发提供源源不断的工厂数据，促进变压吸附技术不断进步。

2.3.6　检测系统

检测系统是现代工业装置不可或缺的重要组成部分，也是自动化系统中信息采集的关键部分。只有通过对生产过程的实时监控才能确保工业设备正常运行，检测系统就是在无人操作的情况下依靠仪表自动完成相关生产过程的测量、记录并依据测试结果对设备进行控制。如有需要，还可以把检测数据远距离传送到异地进行数据处理。完善的检测系统是工业自动化的必备条件，只有检测系统能对生产过程进行准确的测量和显示，才能对生产过程实现实时有效的控制。通常变压吸附装置检测系统包括以下几类。

（1）阀位检测系统。变压吸附装置程控阀一般都配置阀位回讯开关。程控阀动作时，安装于其顶端的阀位回讯开关将检测到的程控阀实际开关状态信号传送回控制系统，用于阀位状态指示和故障诊断。

（2）压力检测系统。在变压吸附装置中，吸附剂的吸附和解吸过程中吸附塔压力交替变化，压力检测系统必不可少。根据变压吸附装置的工作压力及工艺流程的不同，需要测量的压力范围、精度要求多种多样，压力测量仪表种类也各不相同。一般情况下，远传远程压力测量显示主要是通过压力变送器来实现，就地压力测量通过就地压力表实现。

（3）温度检测系统。在变压吸附装置中，温度是重要参数之一，用于体积流量的温度补偿和监测原料气温度是否处于设计范围。变压吸附装置的工作温度一般不高，常选用适合中、低温测量的双金属温度计作为现场指示型测量仪表。选用分度号为 Pt100 的热电阻用于远传温度测量。

（4）流量检测系统。变压吸附装置通常设置原料气和产品气体积流量的计量，流量计常选用节流式或旋涡式。气体密度受温度和压力影响，需要跟踪检测介质的温度和压力，对流量进行补偿。

（5）分析检测系统。变压吸附装置根据分离提纯的气体不同选择在线分析仪，常用的为热导式分析仪和红外分析仪。对于特殊工艺，如食品级二氧化碳、燃料电池用氢气等产品气的分析，一般选用工业气相色谱分析仪来进行微量组分的精确分析。

（6）安全检测系统。变压吸附装置涉及到的工艺介质通常为易燃、易爆及有毒气体，因此在装置中使用较多的安全仪表是可燃气体探测器和有毒气体探测器，其信号引入独立的气体检测系统(GDS)显示报警。

参 考 文 献

[1] Yang R T. 吸附法气体分离[M]. 王树森, 曾美云, 胡竟民, 译. 北京: 化学工业出版社, 1991: 245-247.

[2] Skarstrom C M. Method and apparatus for fractionating gaseous mixtures by adsorptions: US2944627[P]. 1960-07-12.

[3] Guerin de montgareuil P, Domine D. Process for separation a binary gaseous mixture by adsorption: US3155468[P]. 1964-11-03.

[4] 冯孝庭. 吸附分离技术[M]. 北京: 化学工业出版社, 2000: 36-37.

[5] 汤洪. 变压吸附装置中均压设计的讨论[J]. 化工设计, 2003, 13(1): 15-18.

[6] 卜令兵. 单床方法模拟十床变压吸附提氢[J]. 现代化工, 2018, 38(4): 215-219.

[7] 李克兵, 刘锋, 张礼树, 等. 从焦炉煤气中提纯氢气的方法: CN 1355131[P]. 2002-06-26.

[8] 杜兆海, 侯国军. PSA 制氢装置改造小结[J]. 中氮肥, 2006, (6): 24-25.

[9] 杨彦钢, 丁艳宾, 马正飞, 等. 不同均压方式对 PSA 和 VPSA 空分制氧过程的影响[J]. 南京工业大学学报(自然科学版), 2012, 34(4): 79-83.

[10] 陈健, 卜令兵, 王键, 等. 一种变压吸附气体分离提纯氢气系统: CN212387734U[P]. 2021-01-22.

[11] 陈健, 卜令兵, 王键, 等. 一种变压吸附气体高回收率分离系统及其分离方法: CN111282397B[P]. 2020-06-16

[12] Heung S S, Dong H K. Performance of a two-bed pressure swing adsorption process with incomplete pressure equalization[J]. Adsorption, 2000, 6(3): 233-240.

[13] 周依风, 张京晶. 变压吸附制氮机均压方式的研究[J]. 化工技术与开发, 2012, 41(10): 55-58.

[14] 李克兵, 曾凡华, 殷文华, 等. 带两个顺放罐的大型变压吸附制氢新技术[J]. 天然气化工—C1 化学与化工, 2009, 34(2): 60-63.

[15] 叶振华. 化工吸附分离过程[M]. 北京: 中国石化出版社, 1992: 289.

[16] 管英富, 王键, 伍毅, 等. 大型煤制氢变压吸附技术应用进展[J]. 天然气化工—C1 化学与化工, 2017, 42(6): 129-132.

[17] 李克兵, 殷文华, 张杰. 带两个顺放罐的变压吸附工艺: CN 1680003 [P]. 2005-10-12.

[18] Pritchard C L, Simpson G K. Design of an oxygen conentrator using the rapid pressure-swing adsorption process[J]. Chemical Engineering Research and Design, 1986, 64(6): 467-471.

[19] 唐莉, 陈健, 张礼树, 等. 变压吸附气体分离方法和装置: CN 1330973 [P]. 2002-01-16.

[20] Batta L B.Selective adsorption process: US3564816 [P]. 1971-02-23.

[21] 卜令兵, 张加卫, 穆永峰, 等. 变压吸附提氢技术进展[J]. 中国气体, 2019, 6: 39-44.

[22] 于永洋, 景毓秀, 赵静涛. 膜分离和PSA耦合工艺在某千万吨炼厂氢气回收装置的应用及运行情况分析[J]. 化工技术与开发, 2018, 47(10): 55-60.

[23] 蔡道青. 炼油厂氢气回收方案优化探讨[J]. 炼油技术与工程, 2016, 46(4): 9-11.

[24] 张士元, 谢鹏飞, 田振兴, 等. 膜分离技术在催化重整 PSA 尾气中氢气回收的应用[J]. 当代化工, 2019, 48(3): 643-646.

[25] 朱学军, 杨义林, 郭彤. 变压吸附制高浓度氧装置技术[J]. 医疗卫生装备, 1997, 2: 18-20.

[26] 崔红社. 两级变压吸附制高浓度氧实验研究与数值模拟[D]. 北京: 北京科技大学, 2004.

[27] 刘丽影, 宫赫, 王哲, 等. 捕集高湿烟气中 CO₂的变压吸附技术[J]. 化学进展, 2018, 30(6): 872-878.

[28] 刘晓勤, 马正飞, 姚虎卿. 变压吸附法回收高炉气中 CO 的研究[J]. 化学工程, 2003, 31(6): 54-57, 73.

[29] 韩治洋, 丁兆阳, 韩旸瀑, 等. 真空变压吸附分离氮气甲烷的模拟与控制[J]. 化工学报, 2018, 69(2): 750-758.

[30] 张剑锋, 杨云, 刘丽, 等. 二段变压吸附回收吸附相产品的方法: CN 104147896A [P].2014-11-19.

[31] 郗豫川, 张剑锋, 杨云, 等. 一种提高吸附相产品回收率的变压吸附方法: CN 102935324A[P]. 2013-02-20.

[32] 陈健, 焦阳, 卜令兵, 等. 炼厂副产氢生产燃料电池用氢气应用研究[J]. 天然气化工—C1 化学与化工, 2020, 45(4): 66-70.

[33] 龚肇元, 王宝林, 陶鹏万, 等. 变压吸附法富集煤矿瓦斯气中甲烷: CN 85103557[P]. 1986-10-29.

[34] Olajossy A, Gawdzik A, Budner Z, et al. Methane separation from coal mine methane gas by vacuum pressure swing adsorption[J]. Chemical Engineering Research and Design, 2003, 81 (4): 474-482.

[35] Utaki T. Development of coal mine methane concentration technology for reduction of greenhouse gas emissions [J]. Science China Technological Sciences, 2010, 53 (1): 28-32.

[36] Davis M M, Gray Jr R L, Patel K. Process for the purification of natural gas: US 5174796 [P]. 1992-12-29.

[37] 张进华, 曲思建, 王鹏, 等. 变压吸附法提纯煤层气中甲烷研究进展[J]. 洁净煤技术, 2019, 25 (6): 78-87.

[38] 中国石化集团上海工程有限公司. 机泵选用[M]. 北京: 化学工业出版社, 2009: 108-109.

[39] 胡忆沩, 于波, 胡艳菊. 化工设备与机器[M]. 北京: 化学工业出版, 2010: 155-177.

[40] 周国良. 压缩机维修手册[M]. 北京: 化学工业出版社, 2010: 1-258.

[41] 达道安. 真空设计手册[M]. 3 版. 北京: 国防工业出版社, 2004: 10.

第3章 吸附分离装置的主要设备

3.1 吸 附 塔

3.1.1 吸附塔的功能和特点

1. 吸附塔的功能

吸附塔是变压吸附装置中的关键设备之一，是一种固定床吸附容器，其主要功能是装填一种或多种颗粒状固体吸附剂，并使混合气体流经固体吸附剂颗粒床层时具有良好的气流分布，并按照预先设定的工艺步骤，循环完成升压、降压等工艺过程，使气体吸附分离过程在规定的时间与空间内完成。

2. 吸附塔的特点

对于变压吸附工艺，吸附塔的工作温度一般为常温，对于变温吸附工艺，吸附塔的工作温度一般为常温至250℃，有些特殊的变温吸附工艺，最高工作温度可以达到400℃左右。吸附塔的工作压力通常为不超过 6.0MPa 的中等压力，随着高压变压吸附工艺技术的开发，吸附塔的工作压力会超过 6.0MPa；工作介质为氢气、甲烷、一氧化碳、氮气及 C_{2+} 烃类等组分，设计寿命一般为 15～20 年。吸附塔主要由筒体、封头、支座、接管及上下内件等组成，其中，上下内件起气体分布及防止填料泄漏的作用。基于吸附塔的工作条件，吸附塔的主要受压元件材料一般选用 Q345R 板材和 16Mn 锻件等中强度低合金钢材。

吸附塔在工作时，需要在连续循环周期内经历吸附、降压、再生、升压和最终升压等几个主要步骤，压力波动(交变)的幅度和频次较高。变压吸附装置中吸附塔长期承受交变载荷，疲劳失效是重点考虑的失效模式。因此，吸附塔在设计、制造及生产运行阶段都需要考虑设备的疲劳失效问题，以保证装置安全、高效和长周期稳定运行。

图 3-1 立式轴向流吸附塔图

3.1.2 吸附塔的结构形式

吸附塔根据安装方式和气流的流向分为立式轴向流吸附塔、立式径向流吸附塔、卧式竖向流吸附塔、卧式横向流吸附塔及换热型吸附塔等五种常用的结构形式。

1. 立式轴向流吸附塔

立式轴向流吸附塔塔内气体沿吸附塔轴向流动，结构形式如图 3-1 所示。吸附床层的最底部和最顶部是气流分布器，分别为下分布器和上分布器，在吸附塔的出口还设置有鼠笼式结构的固体过滤器。立式轴向流吸附塔结构简单，加工及安装方便，占地面积小；吸附床层有较大的高径比，床层高度可以达到 10m 以上，且气体沿塔的轴向流动，气流分布均匀，吸附剂床层利用率高，有较好的流体力学特性。目前运行的各类变压吸附装置，绝大部分采用立式轴向流吸附塔。

立式轴向流吸附塔可以根据装置规模的需要制作成体积只有几升的微型吸附塔，如微型家用制氧机吸附塔、实验室用吸附塔；也可以制作成体积 100m^3 以上的大型吸附塔，如大型变压吸附提纯氢气装置的吸附塔、大型气体净化用变温吸附装置的吸附塔。根据吸附塔大小和用途不同，结构复杂度相差悬殊。

1) 封头型式的选择

压力容器的封头型式有半球形封头、椭圆形封头、蝶形封头、球冠形封头、平封头和锥形封头，其中吸附塔常用的是半球形封头和椭圆形封头。半球形封头的封头曲面深度等于筒体的半径，而椭圆形封头的曲面深度等于筒体半径的 1/2，即相同的吸附塔直径对应的椭圆形封头体积要小于半球形封头的体积，约为半球形封头体积的一半。对于吸附周期比较短、吸附床层较短的 (如变压吸附制氧工艺)，优先选择封头容积小的椭圆形封头，减少封头死空间体积，提高筒体段床层比例。相同直径、压力和温度条件下，椭圆形封头的壁厚要大于半球形封头的壁厚，这是由于半球形封头的承压能力更好；因此，在工作压力较高时变压吸附装置 (如高压变压吸附提纯氢气装置) 的吸附塔多采用半球形封头。

2) 小型吸附塔的结构简化

对于直径小于 0.6m 的小型立式轴向流吸附塔，内部空间有限，不方便人员进出安装和检查内件等操作。为了简化设备，一般在吸附剂床层的下部和上部不再设置气体分布器，仅在吸附塔的入口和出口设置鼠笼结构的气体过滤器，吸附剂床层的质量由吸附塔的下封头承担，见图 3-2。对于塔径小的吸附塔，高径比较大，一般在 3~6，进出口端装填的吸附剂可以起到一定的气流分布作用，所以，没有独立的气体分布器并不影响气体分离的效果。

而对于微型制氧机而言，要求更加紧凑的吸附塔结构，以降低制氧机的体积和质量。相应的吸附塔结构进一步简化，不再设置吸附塔两端的封头和鼠笼结构，见图 3-3。吸附塔的进口和出口通过一段缓冲空间和一层多孔板实现气体在吸附塔的入口和出口的分布与汇集，简化后的结构便于制氧机的组装和集成。

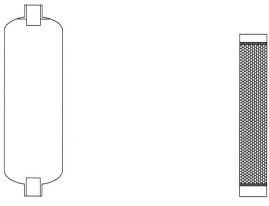

图 3-2 小型立式轴向流吸附塔图   图 3-3 微型立式轴向流吸附塔图

3) 大型吸附塔的结构优化

大型变压吸附装置吸附塔的结构对整体装置运行效果有较大影响，其结构设计非常重要。当吸附塔容积增加后需要不断增加吸附塔的直径，而相应的吸附塔进出管道的直径有限，即随着吸附塔体积的增加，吸附塔直径变大，气流均匀分布(简称均布)要求更高且困难。另外，吸附床内过高的气流速度还可能造成吸附剂的流化，进而造成吸附剂的粉化，影响装置的效率和寿命；而变压吸附装置更希望吸附床具有接近平推流的气流分布效果和固定的床层。因此，大型吸附塔的结构优化主要集中在气流分布的优化和床层固定结构的优化。

吸附塔入口气体分布器主要有两类：一类是锥型气体分布器，即分布器的结构形状为锥台形，在锥台的顶部和侧面开孔，见图3-4；一类是平板型气体分布器，即分布器为一层多孔板，为了优化气流分布一般在多孔板的下部设置一个多孔挡板，见图3-5。这两类分布器结构简单，加工方便，应用广泛。其中锥型分布器的空隙体积小，支撑能力强，封头内的吸附剂数量多，适合于吸附塔直径较大、吸附床高度较高的情况，一般直径大于2m的吸附塔采用锥型分布器。而平板型分布器与锥型分布器相比结构更简单，吸附塔直径小于等于2m的吸附塔一般采用平板型分布器。由于平板型分布器所对应的吸附塔封头内空隙体积较大，因此，更多应用于封头体积较小的椭圆形封头，而锥型分布器多用于半球形封头。

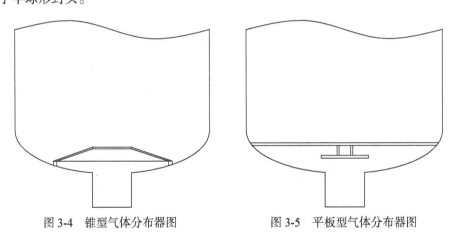

图3-4　锥型气体分布器图　　　　图3-5　平板型气体分布器图

在两类分布器的基础上，针对工艺对分布器气流均布程度要求的不同衍生出多种不同的结构型式。第一种是将单层孔板改为双层孔板甚至多层，为进一步增强分布效果，在多层孔板之间增加瓷球，如图3-6所示，图中设计为一种两层多孔孔板分布器，在两层孔板之间填充了瓷球。多孔孔板分布器相对于单层孔板分布器虽然阻力有所增加，但有利于提升气体均布效果，而孔板间填充瓷球后除增强了气流分布效果外，还减小了床层死空间。通过在多层孔板下部增加具有对称结构的预分布器，从而形成组合式气体分布器，还可以进一步增强气流分布效果，由于组合式分布器的结构复杂，占用空间大，一般在大型吸附塔上使用。第二种是在单层孔板下方填充瓷球，见图3-7；图中填充了瓷球的封头空间相当于一个气体预分布器，这种结构相对简单，死空间少。为了减小阻力，增强气流分布效果，一般采用分级瓷球填充，即从下至上瓷球直径逐步减小，顶层瓷球直径与吸附剂颗粒直径相差不大，进而取消多孔板分布器，简化结构。

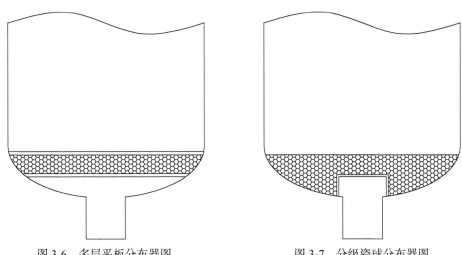

图 3-6　多层平板分布器图　　　　　　　　图 3-7　分级瓷球分布器图

　　对于会出现气体流速过快过程的吸附塔，需要改善吸附塔上分布器的结构。一般的变压吸附过程中气体流速低，吸附床始终处于固定床状态，吸附塔顶部设置一层孔板分布器即可。然而，对于变压吸附制氧和变压吸附制氮气等循环时间短的工艺，由于均压时间短，只有几秒，且气体流速快，对吸附剂的冲击大，期望上分布器不仅具有气流分布作用，还具有压紧吸附剂，防止吸附床流化的作用。常用的吸附塔顶部的吸附剂压紧措施有两种：一种是孔板加瓷球的压紧结构，即在封头内孔板上方填充瓷球，如图 3-8 所示；另一种是孔板加机械压紧机构，在孔板上方增加可调的压紧机械机构，如图 3-9 所示。第一种结构的死空间小，瓷球可以用惰性材料代替，而且填料上方还可以进一步增加气囊等压紧措施，以补偿运行过程中吸附剂下沉；第二种结构具有机械机构，运行过程中吸附剂床层下降可以手动调节进行压紧。另外，还可以将两种结构结合，即在吸附塔内上孔板上同时配置有压紧机构和填充瓷球。

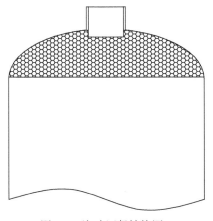
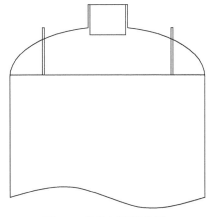

图 3-8　瓷球压紧结构图　　　　　　　　图 3-9　机构压紧结构图

4) 多段床结构

对常规立式轴向流吸附塔而言，由于吸附塔的直径受到限制，气体的流通面积相对较小，单一吸附塔的处理气体规模很难进一步提高。而增加接触面积的最好方式是分解，即将常规的单段吸附床改为两段床、三段床及四段床等多段床结构。图 3-10 所示是一种 4 段床结构的吸附塔，原料气从左侧进入吸附塔，经四个截面进入吸附床层，净化后的气体经汇集管输出。四段床的截面积相对于一段床增加了 3 倍，处理能力大幅提升；当然，这种多截面吸附床还需解决吸附剂装填、气流均布和床层承重等问题。

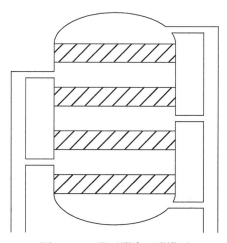

图 3-10　4 段吸附床吸附塔图

2. 立式径向流吸附塔

立式径向流吸附塔是指气体在吸附床内流动方向为径向的立式吸附塔。径向流吸附塔分为空心塔和实心塔两类，其中空心塔是由两个或多个同心圆柱形多孔板或骨架围成单层或多层结构的环形柱状结构的吸附床，吸附床内气流沿半径方向流动，内环空隙构成的内流道和外环与吸附塔壁面间空隙构成的外流道内，主气流方向为竖直方向。根据内外流道主气流方向的异同，空心径向流吸附塔又分为"Z"型流吸附塔和"п"型流吸附塔。其中，内外流道内主气流方向相同的为"Z"型流吸附塔，见图 3-11(a)；内外流道内主气流方向相反的"п"型流吸附塔，见图 3-11(b)。立式径向流实心塔内由两块对称的多孔板或骨架与吸附塔内壁围成一个柱形吸附床，见图 3-11(c)。实心塔水平方向气流的截面为吸附塔的垂直切面，接近矩形；空心塔的气流截面为圆柱形，即空心径向流吸附塔具有更大的流通面积，应用更加广泛。下面主要介绍空心径向流吸附塔，简称径向流吸附塔。

立式径向流吸附塔具有流通截面积大、床层厚度小、气流压降低、装置占地面积小及不易流化等优点，适合于大流量、低压力工况。在立式径向流吸附塔中，对吸附和解吸的流动方向有利，因为吸附阶段的气体流量从外向里流动时减少，而在解吸阶段，气体流量在从里向外流动时增加，有利于气体的吸附和解吸；同时，径向流吸附塔的截面积正是从外到里逐渐减少的，从而有利于吸附剂床层的利用，降低了压降。径向流吸附床广泛应用于大型变压吸附制氧装置中，与高效锂分子筛等制氧吸附剂结合，在实现

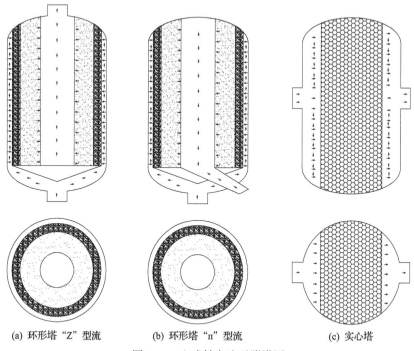

(a) 环形塔 "Z" 型流　　　(b) 环形塔 "π" 型流　　　(c) 实心塔

图 3-11　立式轴向流吸附塔图

制氧装置规模大型化的同时，也实现了低高低压压比操作和低能耗运行，目前采用径向流吸附塔的变压吸附制氧装置的能耗已经降至 0.30kW/m³ 氧气(标准状态下)。另外，立式径向流吸附塔应用于大型空分装置的预处理，可以有效减少装置的综合能耗。虽然立式径向流吸附塔具有高效节能的优点，但也存在结构复杂、加工难度大、空隙体积大和流体均布困难等缺点，其中，流体的均匀分布是结构优化研究与设计的重点和难点。

1) 径向流吸附塔流体分布原理

径向流吸附塔内存在两种主流道，即流动过程中竖向速度逐渐减小的流道称为分流流道和流动过程中竖向速度逐渐增加的流道称为合流流道；其中，图 3-11(a) 中的外环空隙内的流道在吸附过程中是分流流道，在再生过程中是合流流道；图 3-11(b) 中内环空隙内的流道在吸附过程中是合流流道，在再生过程中是分流流道。径向流塔可把分流、合流流道的流动过程划分为四个基本流动模型：动量交换型流道、摩阻型流道、动量交换占优型流道和摩阻力占优型流道。研究表明，由于动量交换系数远大于摩阻系数(分流流道的动量交换系数为 0.72，合流流道的动量交换系数为 1.15，而普通钢管的摩阻系数在 0.015～0.030)[1]，常压和中低压操作的径向塔的分流流道和合流流道均为动量交换型流道。

以径向流吸附塔内的吸附床为研究对象，其内部流体的速度由内外两侧主流道内的静压差决定。由流体力学静压方程可知，动量交换型流道中，分流流道的静压随流动方向而增加，合流流道的静压随流动方向而降低，对应的 "π" 型塔和 "Z" 型塔主流道内的静压分布见图 3-12 可以看出对于 "π" 型塔，在竖直方向上两个流道内静压的变化趋势相同，而 "Z" 型塔两个流道内的静压变化趋势相反，因此，采用 "π" 型塔可以明显降低两流道内静压差的差别，从而提高气流均布效果；同时，在一定条件下，通过塔结构优化，内外流道的压差具有沿高度方向可以维持相等的条件[2]，见图 3-13。

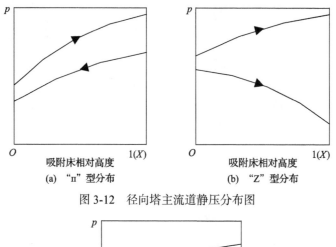

(a)"п"型分布　　　　　　(b)"Z"型分布

图 3-12　径向塔主流道静压分布图

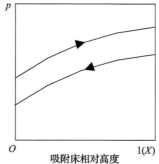

图 3-13　"п"型塔最佳流道静压分布图

2) 径向流吸附塔结构优化

立式径向流吸附塔的结构优化主要集中在如何提高气流分布的均匀性以提升吸附塔的气体吸附分离效率。通过对径向流吸附塔主流道静压分布的分析可知，吸附剂床层内外流道竖向静压差差值"п"型塔明显小于"Z"型塔，但"п"型塔的进出口管线阀门一般集中在吸附塔的一端，内部结构复杂且配管困难；而"Z"型塔的进出口管线在吸附塔的两端，便于配管。径向流吸附塔结构中气流分布优化方法有三种。第一种优化方式是通过增加辅助结构将"Z"型塔结构转换为"п"型塔结构，即在吸附塔的外流道内增加一个"U"型结构，从而将吸附床外表面主流道本来向上的气流方向转化为向下的气流方向，达到与内流道气流方向相反从而构成"п"型流的目的，见图 3-14(a)；另外，可在中心流道内增加一个圆管成双"U"型结构，将吸附床内表面主流道内向上的气流方向转化为向下的气流反向，同样达到内外流道气流反向相同的效果，见图 3-14(b)。第二种优化方式是在"Z"型径向塔的中心增加锥形的流体结构[3]，流体结构的加入改变了内流道的流通截面积，从而改变内流道静压分布的状况，使竖直方向的气流分布更加均匀，一般的"Z"型塔的内部都有这一辅助结构。第三种优化方式通过调节竖向开孔率来调节气流分布[4]，由于外流道侧壁的开孔面积大，开孔数量多，而内流道侧壁开孔面积小，开孔调节容易实施，一般采用内流道非均匀开孔而外流道均匀开孔调节的方式。

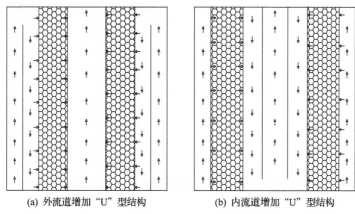

(a) 外流道增加 "U" 型结构　　　　　(b) 内流道增加 "U" 型结构

图 3-14　通过增加辅助结构改变吸附塔型式图

径向流吸附塔的气流分布优化设计是一个复杂的过程，其中，变压吸附的吸附与解吸过程伴随质量流量的变化较大，而变温吸附的径向流吸附塔在吸附和再生过程中截面的质量流量变化较小。对于动量交换型径向流吸附塔，质量流量的变化直接影响流道的静压分布。大量的研究结果表明，采用计算流体力学方法深入研究径向塔内的变质量流动，通过严格的流体力学模型来反映径向塔内流体的流动特性，采用实验研究和理论研究来有效测定模型参数，在此基础上进行径向流吸附塔的设计和优化是一种好的途径[5-7]。

3. 卧式垂直流吸附塔

卧式垂直流吸附塔是指吸附塔的轴线呈水平方向，吸附塔床层内的气流方向为垂直方向的吸附塔，如图 3-15 所示。与立式轴向流吸附塔相比，卧式垂直流吸附塔具有吸附床截面积大、气体处理能力大、床层高度低、床层阻力小和装置能耗低等特点，主要用于中大型空分装置的预处理。同时，由于卧式垂直流吸附塔的体积大、长径比大和占地面积大，其吸附塔内件多且结构复杂，吸附塔的加工难度大且成本高。

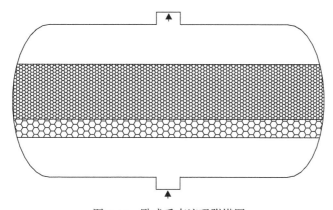

图 3-15　卧式垂直流吸附塔图

随着空分装置规模的不断增加，相应的预处理吸附塔处理能力不断提升，目前空分预处理装置的卧式垂直流吸附塔处理能力可达到 61 万 m³/h[8]。装置大型化后对吸附塔结构的优化提出更高的要求,以提升效率和降低能耗;而提升效率的关键是优化气流分布,减少气体的偏流。因为气流分布不均可能会造成气流短路,使部分吸附剂颗粒成流态化状态,从而加速吸附剂的粉化,减少装置中吸附剂的运行寿命。

卧式垂直流吸附塔的基本结构包括单层或多层复合吸附床、吸附床底部和顶部多孔板,其中底部多孔板具有支撑整个床层质量、防止吸附剂泄漏及均布气流的作用,而顶部多孔板具有压紧吸附剂和均布气流的作用。由于吸附床的截面积非常大,仅靠一层多孔板很难达到理想的气流分布效果,因此早期的卧式垂直流吸附塔通过在吸附剂底部增加惰性瓷球,或者在气流分布板的一侧增加折流板,来提升气流分布效果;然而对于变温吸附来说,惰性瓷球在加热时要消耗热量,冷吹时要消耗冷量,从而增加能耗。另外,对于大型卧式吸附塔而言,折流板的作用有限,需要增加多孔管结构,即气流进入吸附塔后通过导流管的引导,流向整个吸附床面的长度方向,然后通过一定开孔率的多孔管进入吸附塔内空间,如图 3-16 所示。这样的结构可以使气流均匀地分布到吸附床面下方,被改变了方向的气流在床面下方缓冲后上升,保持床面下有一定的高度。这样通过多孔管结构将本来集中在进气口具有较大冲击力的气流改变方向,降低冲击力,降低流速,均匀导向卧式吸附塔床面,从而起到均布气流的作用[9]。为了在反向流动过程即再生过程气体也达到良好的分布效果,一般在吸附塔的下部入口和上部出口均设置多孔管气体分布结构。研究表明,采用多孔管气体分布结构比采用缓冲板的设计结构可减少吸附剂8%~10%的使用量[10]。对于特大型的卧式吸附塔,为了进一步优化气流分布,将吸附塔下方的入口和吸附塔上方的出口由一个变为两个,即气体通过两个入口进入吸附塔,然后经多孔管分布到整个吸附床截面,相当于将一个大型的卧式吸附塔分成两个,长度减少了50%,从而降低了气流的均布难度。

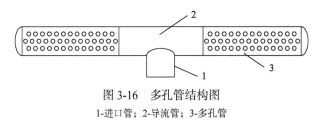

图 3-16 多孔管结构图

1-进口管;2-导流管;3-多孔管

卧式吸附塔吸附床的质量通过下分布板和支撑梁后由吸附塔的壁面承担,吸附塔的强度设计比普通轴向吸附塔更复杂,而且吸附塔及其内部的吸附剂要经历周期性的温度变化,塔的内件要承受剧烈的热胀冷缩,由于卧式塔的长度大,大型吸附塔长度达到30m,温度变形量大,间隙设计不合适就会造成吸附剂的泄漏[11]。因此卧式塔内件要求精细化的设计和加工。

4. 卧式水平流吸附塔

卧式水平流吸附塔是指吸附塔轴线方向和吸附塔内气体流动方向都是水平方向的吸附塔,主要用于气体净化领域,结构见图 3-17。

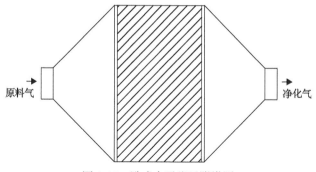

图 3-17　卧式水平流吸附塔图

在气体净化领域由于气体压力低、流量大、杂质含量低，要求吸附床有高的空速且低的阻力，采用卧式水平流吸附塔内部装填规则的蜂窝状吸附剂方式。与颗粒吸附床相比，蜂窝吸附床由于其独特的蜂窝状结构，具有高的开孔率，床层阻力小，床层阻力为颗粒吸附床的 1/10 左右，具有良好的流体力学性能。另外，由于蜂窝壁很薄，仅在 0.5mm 左右，具有极高的传质速率，因此适合高空速工况，气流的最大空塔线速度可以达到 2m/s[12]。

5. 换热型吸附塔

换热型吸附塔是指在吸附塔内设有换热管或者换热板的吸附塔，见图 3-18，主要用于变温吸附工艺。在吸附床需要加热时通过热水、蒸汽或导热油给吸附床加热，冷却时通过冷却水给吸附床冷却降温。由于引入了外部的热源和冷源，变温吸附装置的再生气量大幅降低，而且由于加热时没有废气带走热量，从而减少了能量消耗。

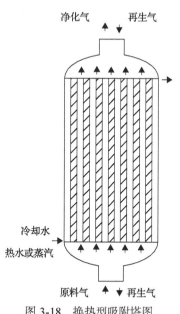

图 3-18　换热型吸附塔图

变温吸附装置由于在运行过程中伴随着压力和温度的周期性变化，对吸附塔的结构设计和加工精度要求较高，加工成本高。另外，由于吸附剂的导热系数低，通过热传导的方式加热和冷却吸附床需要的时间长；众多的换热管导致壁面效应明显，降低吸附剂的效率；对于小型吸附塔和高压吸附塔，设备的热容占比大。因此，只是在缺乏再生气源的条件下才使用换热型吸附塔。为了提升换热效率一般采取加强传热的方式，如在换热管上增加竖向辐射状翅片，加热冷却的过程通过与吸附剂充分接触的翅片实现，大幅增加换热面积，从而缩短传热时间。为了减少吸附塔设备本身的热量消耗，一般在吸附塔的外表面设有夹套，单独为吸附塔本体加热和冷却。

3.1.3　吸附塔的设计

1. 分析设计标准及基本思想

在国内钢制压力容器分析设计标准发布之前，吸附塔的设计只能借助工程经验，按照常规设计标准加大设计余量。设计中考虑单一的最大载荷工况,将容器承受的"最大载荷"按一次施加的静载荷处理,不考虑交变载荷,不考虑热应力,不区分短期或永久载荷,也不涉及容器的疲劳寿命问题。常规设计的理论基础是以材料力学及弹性力学中的简化模型为基础,确定总体结构连续的壳体或部件平均应力的大小,只要限制此值在许用应力范围之内,则认为主体结构是安全的。经过近二十年的实践,常规设计下的吸附塔出现了部分疲劳失效案例,部分装置在运行几年后,设备本体出现裂纹,严重影响了装置的安全稳定运行。常规设计应用于吸附塔的不足之处在于,没有对容器重要区域的应力进行精确详细的计算,从而也就无法对不同部位不同载荷引起的应力加以不同的限制。同时,由于不能确定实际的应力和应变水平,也就难以进行疲劳分析。

压力容器分析设计提供了一整套较完整的、以弹性应力分析和塑性失效准则、弹塑性失效准则为基础的设计方法。该方法要求对容器各个部位区域的应力进行分析计算,并结合主要失效模式对设备典型部位的应力进行分类判定[13]。应力分类的基本思想是假定容器始终处于弹性状态,即应力-应变关系是线性的,这样算出来的应力当超过材料屈服点时,就不是容器中的实际应力,而是"虚拟应力"。应力分类的依据是应力对容器强度失效所起作用的大小,这种作用取决于两个因素:①应力产生的原因,即应力是外载荷直接产生的,还是在变形协调过程中产生的,外载荷是机械载荷还是热载荷;②应力作用区域与分布形式,即应力的作用是总体范围还是局部范围的,沿厚度的分布是均匀的,还是线性的或非线性的。目前,比较通用的应力分类方法是将压力容器中的应力分为三大类:一次应力、二次应力和峰值应力[14]。应力分类具有概念明确、计算方便及应用简单等众多优点,已成为吸附塔设计的主流方法。

2. 吸附塔的分析设计

随着标准的不断完善,以及从业人员对疲劳失效模式认识的不断加深,吸附塔的分析设计水平得到了明显提升。吸附塔作为一种典型的疲劳容器,其使用周期内的压力波动次数达数十万次,甚至超过百万次,疲劳破坏是其主要失效模式。目前普遍的做法是通过解析方法和数值方法,对设备结构进行详细的弹性应力分析,将各个部件结构承载后的实际应力计算展现出来。借助应力分析软件,将各种外载荷或变形约束条件,施加到合理简化的模型上,对吸附塔各部位的应力水平进行量化,然后根据各个部位对设备安全影响差异及造成失效模式的差异,对设备关键路径的应力进行分类判定,再按不同的评定准则对各类应力进行限制。一方面,通过应力分类将设计工况下设备结构的弹性应力水平分别控制在材料的设计应力强度的许用极限内;另一方面,以标准提供的材料疲劳曲线,将操作工况下的最大应力幅值控制在安全范围内。为了降低设备最大应力水平,往往希望尽量减少结构上的不连续或几何突变,尽量避免造成应力集中或不能保证焊接质量的附属结构,如支撑圈、吊耳及垫板等。同时,分析设计对吸附塔的制造和检验提出远高于常规设计的要求,如承压母材冲击吸收能量要求更高、100%无损检测、焊缝余高磨平及整体焊后热处理等。

3. 吸附塔设计遇到的问题与挑战

国内现行标准在疲劳评定过程中未考虑焊接接头的影响。对于业内广泛认同且已经编入国外标准的焊接件疲劳曲线的相关研究成果，未能及时消化引入到国内标准体系。对于最大应力水平出现在焊缝附近的情形，按照现有标准进行评判，可能造成使用上的不安全。此外，国内标准引用的疲劳曲线对设备本体及螺柱的疲劳次数规定的上限均为 1.0×10^6 次，而在变压吸附装置实际运行情况中，疲劳循环次数超过标准容许次数上限的工程项目屡屡出现。因此，国内分析设计标准亟待更新、补充和完善。

装置大型化、集约化趋势越来越明显，因此，一些新颖的结构形式不断出现，这对吸附塔的设计提出了更高的要求。除了吸附塔承压本体的疲劳分析外，优化吸附塔气流分布器结构，保证气流与吸附剂充分均匀地接触，是吸附塔结构设计的另一重点。

3.1.4　气体分布器优化设计

气体分布器是吸附塔的重要内件，气体分布器的性能直接影响气流在吸附塔流通截面的均匀性，从而影响吸附剂的使用效率、吸附装置的分离效率及吸附装置的运行稳定性。因此，开展气体分布器优化设计是吸附塔结构设计的重要内容，是保障大型吸附装置高效运行的重要手段[15]。

1. 气体分布器优化设计方法

计算流体动力学(computational fluid dynamics, CFD)习惯上又称为计算流体力学[16]。计算流体力学就是通过数值方法求解流体力学控制方程，得到流场离散的定量描述，并以此预测流体运动规律的学科。求解流场的过程很复杂，对于一般的研究人员来说，自己编程来计算求解流动过程相当困难，对于一些复杂的流动过程甚至无法实现，然而，实际研究过程又需要对流体的流动过程，甚至一些流动的细节进行分析，此时就可以借助计算流体力学软件来实现，即 CFD 软件。CFD 软件可以使得数值模拟的结果可视化，从而得到复杂流场的流动细节，为结构设计和优化提供理论指导。

大型吸附塔的气体分布器结构复杂，优化设计难度大，采用 CFD 软件对吸附塔内流场进行三维模拟，可实现气体分布器流场的可视化，从而找出影响气流分布均匀性的结构特征并进行结构优化，如开孔率、开孔大小、开孔分布及预分布器的设置等[17]。

气体分布器的流场模拟分为两类：第一类是轴向流吸附床和可以忽略吸附的径向流吸附床，第二类是不能忽略吸附的径向流吸附床(如径向流变压吸附制氧吸附床)。对于第一类吸附床的气体分布器流场模拟可以仅考虑气体的流动过程，该过程可以认为不可压缩稳态流动，且在吸附床层部分的流动为层流，在未填充吸附剂区域的流动为紊流；流动过程可以用质量守恒方程和动量守恒方程来描述，其中，在吸附剂床层部分由于吸附剂阻力的存在，需要在动量方程中增加衰减源项[18]。

对于第二类吸附床内的流动，由于不能忽略吸附过程对气流分布的影响，需要联合变压吸附分离过程的数学模型，根据工艺过程操作参数的变化进行速度场、压力场、浓度场和温度场的耦合模拟[19]，计算量和模拟难度大幅增加。

2. 气体分布器流场测量

吸附塔气体分布器的流场属于低流速空间流场，传统的接触法测量每次仅能测得某一点的速度，并且测量误差大，不适合吸附塔流动截面上速度场的测量和分布器分布效果的评价。

粒子图像测速(PIV)技术是一种基于流场图像相关分析的非接触式流场测量技术。该技术具有能够实现无扰动、精确有效测量流场流速分布形式的特点，可以实现无扰、瞬态、全场测量，它突破了空间单点测量技术的局限性，可在同一时刻记录下整个测量平面的有关信息，既具备单点测量技术的精度和分辨率，又能获得平面流场显示的整体结构和瞬态图像。PIV技术适合测量气体分布器流场。

PIV技术是一种平面片光技术，它的物理原理基于最基本的流体速度测量方法，即通过人为地在被测吸附塔入口撒播浓度适当的示踪粒子，用双脉冲触发激光片光照亮被测流场，形成光照平面，同时用相机记录片光中微小粒子的图像。对拍摄到的连续两幅PIV图像进行相关分析，识别示踪粒子图像的位移，记录相邻两帧图像序列之间的时间间隔，从而得到流体的速度场。即通过测量流体质点在已知时间间隔内的位移实现对该点的速度测量。对于立式轴向塔，由于流场沿中心轴对称，只需要测量从中心到壁面的几个测量面即可得到整个横截面的流场。

3.2 工艺储罐

3.2.1 工艺储罐的特点

在变压吸附装置中常用的工艺储罐有均压罐、置换气缓冲罐和产品气缓冲罐等，以下举例说明各类储罐的特点。

1. 均压罐

在变压吸附装置运行的工艺步骤中，有一个十分重要、对产品收率影响很大的步骤是均压步骤。均压步骤包含均压升和均压降两个部分，通常是一个吸附塔处于均压降步骤，而另一个吸附塔处于均压升步骤，将处于均压降步骤的吸附塔释放出的气体回收进入处于均压升步骤的吸附塔内。这样需要在设计系统运行时将对应的均压降和均压升步骤安排在一个时间段进行，需要两个对应的吸附塔同时完成均压步骤。但在某些系统设计时受到运行步骤和吸附塔数量的影响，无法满足将两个吸附塔同时安排在一个时间段进行均压步骤，这样就需要一个设备来衔接吸附塔的均压降和均压升步骤，这个设备就是均压罐。可以先将一个吸附塔均压降释放出的气体先储存在均压罐中，然后再从均压罐释放进入一个均压升的吸附塔中。在这样的流程中无需增加吸附塔的数量，只需要增加一个均压罐，就能够解决吸附塔无法同时进行的均压升和均压降的问题。

在变压吸附装置中，均压罐通常采用立式圆筒形罐。由于均压罐的进气和出气不在同一时间段发生,故均压罐的进气管和出气管通常采用同一根管道,这根管道与吸附塔的均压阀直接连接,使均压罐可以在吸附塔均压降时进气,在吸附塔均压升时出气。

均压罐的大小在计算时需要考虑每一次均压时吸附塔内释放出的气量,而每次均压释放的气量受吸附塔的大小、均压压差的大小、吸附塔内死空间的大小、均压时各类气体在吸附剂上的吸附与解吸等因素的影响。在选择均压罐的体积时需要综合考虑,通常的均压罐体积是吸附塔体积的 1.5~2 倍。

均压罐的使用压力一般较低,但均压罐内压力变化频率很快,每一个吸附塔均压降时均压罐内压力都会升高,每一个吸附塔均压升时均压罐内压力都会降低。吸附塔的压力循环频率和吸附塔的数量决定了均压罐的压力循环频率,当一个吸附塔的压力从最高点到最低点再到最高点完成一个循环的时间需要 20min,而系统中一共有 10 台吸附塔时,均压罐一个压力循环的时间将是 2min。以年运行时间 8000h,设计寿命 20 年计算,在整个设计寿命内均压罐的压力循环次数为 480 万次。在均压罐设计时设计压力需要同时考虑运行压力的最高值和运行压力波动的大小,设计压力在满足运行压力最高值的前提下提高至压力波动幅差值的数倍,这样才能保证均压罐在频繁的交变应力的作用下仍能长期安全稳定运行。

2. 置换气缓冲罐

在吸附相作为产品的变压吸附装置中,为了产品组分能够在吸附剂上充分吸附浓缩,需要在吸附步骤完成之后,在均压步骤开始之前或者完成之后进行置换步骤。置换步骤是使用已经提浓过的产品通过压缩设备升压后再次返回吸附塔内,在吸附剂上进行二次吸附,通过增大吸附相产品的分压,用产品组分将其他杂质置换出吸附床,提高吸附剂上产品组分的浓度,最终得到合格的吸附相产品。

置换步骤进行时,压缩设备将产品缓冲罐中的低压产品升压后返回处于置换步骤的吸附塔。系统中的每个吸附塔轮流进行置换步骤,可以采用单塔置换也可以采用两塔串联置换,在需要置换的吸附塔切换时,会有一定的压力波动。为了保证连续切换的吸附塔置换步骤的稳定,需要保证置换气压缩设备出口的压力和流量稳定,所以需要在压缩设备之后设置置换气缓冲罐。

在变压吸附装置中,置换气缓冲罐通常采用立式圆筒形罐。缓冲罐的进气罐连接置换气压缩设备,出气管道与吸附塔的置换入口阀直接连接,使置换气可以在稳定的压力和流量下对吸附塔进行置换,保证每台吸附塔的置换效果相同。

置换气缓冲罐的大小在计算时需要考虑置换步骤的气量大小和可能存在的压力波动大小。置换气量的大小取决于产品气量和置换比,其中置换比是根据系统的原料条件和产品要求计算确定的。压力波动的大小取决于系统运行压力、系统运行步骤设置、产品浓度、吸附剂对吸附相的吸附性能等因素。置换气缓冲罐的体积的确定需要根据工艺需要的置换比、吸附塔体积等数据综合计算。

置换气缓冲罐的使用压力一般较低,通常低于 0.5MPa,且一般正常运行时置换气缓冲罐内压力较稳定,不需要考虑压力波动对设备设计压力的影响。

3. 产品气缓冲罐

变压吸附装置由多个吸附塔组成，无论几个吸附塔同时进料，吸附塔的吸附步骤都需要轮流进行。非吸附相作为产品时，在吸附的同时由塔顶得到产品组分。吸附相作为产品时，吸附塔内的吸附剂吸附饱和后，吸附塔轮流通过抽真空步骤得到产品组分。无论是吸附相还是非吸附相作为产品输出，产品的产出是通过每个吸附塔的产出连接在一起达到连续输出的。这样的过程无论是在产品的压力还是产品的组成上都会有一定的波动，为了减小产品波动对后续系统的影响，需要设置产品气缓冲罐来稳定产品气的压力和组分。

在变压吸附装置中，产品气缓冲罐可以采用立式圆筒形罐，也可以采用球形罐。球形罐的耗钢材量较少，受力均匀，但球形罐的加工、安装和焊接都比圆筒形罐困难，因此球形罐一般只用于储气压力较高的场合。产品气缓冲罐的进气端连接吸附塔的产品出口管线，出气端与后工段用气单元或者产品气压缩机连接，使产品气可以在稳定的压力、组成和流量下输出界外。

产品气缓冲罐的大小在计算时需要考虑产品气量的大小和可能存在的压力波动大小。产品气量的大小根据系统的设计条件和运行负荷确定。压力波动的大小取决于后系统的用气量及后系统能够承受的压力波动范围。在选择缓冲罐的容积时需要综合考虑，通常产品气缓冲罐体积是吸附塔体积的 2～5 倍。

产品气缓冲罐的使用压力有高有低，根据系统使用要求确定。一般正常运行时产品气缓冲罐内压力较稳定，不需要考虑压力波动对设备设计压力的影响。

3.2.2　工艺储罐的结构

在变压吸附装置中常用的工艺储罐主要由筒体、封头、支座及各种接管和法兰组成，罐体上设有进气管、出气管、排污管、安全阀及压力表(图 3-19)，下面介绍工艺储罐的主要部件。

1. 筒体

筒体是储罐最主要的组成部分，与封头或端盖共同构成承压壳体，是缓冲或储存工艺介质的压力空间。变压吸附常用的工艺储罐形状一般是圆筒形和球形两种，其形状特点是轴对称，应力分布比较均匀，承载能力较强，且易于制造，便于内件的设置和装拆。考虑到装置对占地空间的要求，在变压吸附装置中通常采用立式圆筒形储罐。

2. 封头

封头是储罐的主要部件，与筒体共同构成封闭的承压壳体，根据几何形状的不同，可分为半球形、椭圆形、蝶形、球冠形、锥壳和平盖等几种，其中球形、椭圆形、蝶形、球冠形封头又统称为凸形封头。

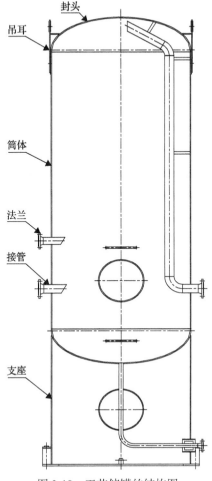

图 3-19　工艺储罐的结构图

从受力与制造方面分析来看,半球形封头是最理想的结构形式,但也有其缺点。在加工制造方面半球形封头的深度大、直径小时,冲压较为困难,大直径采用分瓣冲压,其拼焊工作量也大。椭圆形封头的深度比半球形封头小得多,易于冲压成型。而椭圆形封头的应力也比较均匀,是目前中低压容器中应用较多的封头之一。蝶形封头受力状况不佳,但方便成型加工。锥壳封头和平盖封头都不适用于变压吸附装置的工艺储罐。

3. 支座

支座是用来支撑容器质量和用来固定容器位置的部件。立式压力容器的支座有耳式支座、支撑式支座、腿式支座和裙式支座等 4 种。中小型立式储罐常采用前 3 种,大型立式储罐可采用裙式支座。腿式支座多用于高度较小的中小型立式容器中,具有结构简单、轻巧及安装方便等优点,且在容器下面留有较大的操作检维修空间。裙式支座有圆筒形和圆锥形两种形式,通常采用圆筒形裙座。裙座上需开孔:排气孔、排液孔、人孔及引出管通道孔。

4. 法兰

法兰是容器和管道连接中的重要部件，通过螺栓的法兰连接方式是压力容器上最常用的一种连接结构。法兰按所连接的部件不同分为管法兰和容器法兰。管法兰用于管道的连接，容器法兰用于容器顶盖与筒体或管板与容器的连接。

法兰按其本身结构形式分为整体法兰、活套法兰、任意形式法兰。法兰通过螺栓连接并通过预紧螺栓使垫片压紧而保证密封。法兰连接主要的优点是密封可靠、强度足够及应用广泛。缺点是不能快速拆卸、制造成本较高。在变压吸附装置的储罐上常用的法兰有平焊法兰与对焊法兰。

5. 接管

接管按照压力容器安全运行的要求和工艺生产的需求设置，一般设置在封头或筒体上，用于介质的进出、安全附件的安装等。接管是将设备本体与外部接口连接的部件，形成通道的同时还需保证设备本体开孔后强度补强。常用的接管有插入式焊接接管、翻边式焊接接管、安放式焊接接管及螺纹式接管等。

6. 吊耳

吊耳是安装在设备上用于起吊安装设备，固定提升设备所用吊绳、吊钩等的受力构件。根据设备的形式、尺寸及吊重不同，吊耳通常分为顶部板式吊耳、卧式设备板式吊耳、侧壁式板式吊耳、轴式吊耳和尾部吊耳等。

3.3 气液分离器

3.3.1 常用的气液分离器的特点

在大多数情况下，由于前工序的工艺特点和操作状况变化，往往使变压吸附装置的原料气中含有一些游离液体，这些游离液体如被原料气大量带入变压吸附装置会造成吸附剂失活，因此，在原料气体进入吸附塔之前，需设置气液分离器尽量除去其夹带的游离液体。在变压吸附装置中，一般采用丝网气液分离器，常为立式设备。

丝网型气液分离技术按分离机理主要有直接拦截、惯性撞击、扩散拦截三种方式。其核心部件是滤芯，其材料主要以金属丝网和玻璃纤维较好。当气体流过丝网结构时，丝网将拦截住大于网孔径的液滴，从而实现分离。如果液滴直接撞击丝网，其同样将被拦截。一般情况下，过滤型气液分离器对 $0.1\sim10\mu m$ 的小液滴分离效果好。

3.3.2 丝网分离器结构

丝网气液分离器有结构简单、体积小、分离效率高、阻力小、质量轻及安装操作维修方便等优点，是一种高效的气液分离装置。对粒径不小于 $5\mu m$ 的液滴，其分离效率达 $98.0\%\sim99.8\%$，而气体通过分离器的压降却很小，仅 $250\sim500Pa$。

气体流速对分离效率是一个重要影响因素。如果流速太大，气体在丝网的上部将把液滴破碎，并带出丝网，形成"液泛"状态，如果气速太低，由于达不到湍流状态，使许多液滴穿过丝网而没有与网接触，降低了丝网的效率。

由于进入变压吸附装置的原料气一般含液量较低，按过滤机理来分隶属于过滤分离型。一般采用气液分离器设计规范(HG/T 20570.8—1995)中计算方法(二)[20]，该方法适用于两相物料中含液体很少的物流，假定两相中的液体全部被丝网截住，通过该方法求得气体流速；其中丝网分离器的关键几何参数，如丝网直径、气液空间高度及进出口直径等详细计算过程见标准中相关章节，在此不再赘述。确定了主要工艺参数后，分离器的详细结构设计与其他常规压力容器一样，按照标准设计即可，其结构如图 3-20 所示。

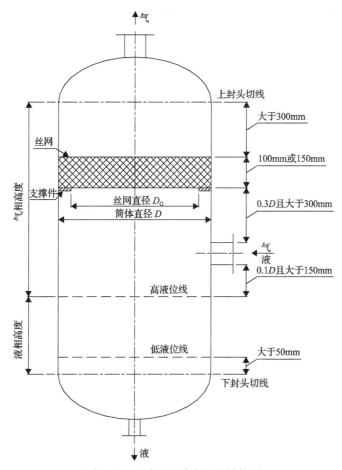

图 3-20　立式丝网分离器的结构图

3.4　程　控　阀

3.4.1　变压吸附工艺对程控阀的技术要求

程控阀是一种通过气动、液动等方式驱动的切断阀。该阀与集散控制系统(DCS)或可编程逻辑控制器(PLC)相连，实现计算机程序的远程控制。其广泛应用于变压吸附气体分离装置中。

程控阀是变压吸附装置的关键设备,是保证变压吸附工艺顺利完成和系统各工序可靠运转的重要管路元件。变压吸附装置的程控阀需满足长周期安全稳定运行要求。

变压吸附主要有吸附、均压、顺放、逆放及冲洗等步骤,每一步工艺过程的完成均是通过程控阀在较短时间的启闭来实现。变压吸附工艺的特点决定了程控阀动作频繁,一台程控阀开闭动作一般为$(5\sim10)\times10^4$次/a,有些特殊的变压吸附工艺程控阀的开闭动作可达1×10^6次/a。程控阀在开闭时还要受气流来回的强烈冲刷。由于程控阀开闭动作频繁,且密封性能要求高,其设计、制造、材质选择、检验标准等均高于一般通用阀门。

程控阀的可靠性、密封性对保证变压吸附装置调试、考核及后续装置安全、稳定运行极其关键。

1. 变压吸附工艺对程控阀的总体技术要求

(1)密封性好,达到《阀门的检查和试验》(API598—2019)标准中零泄漏等级(适用程控截止阀)或《控制阀门阀座泄漏》(ANSI B16.104)标准中Ⅵ级泄漏等级(适用于程控蝶阀)的要求。杜绝内漏和外漏,确保装置的产品质量和产品回收率。

(2)均压等步骤使用的程控阀需具备双向耐压性和抗高速气流冲刷性能。

(3)阀门要求寿命长,经受长期频繁动作而保持不泄漏。

(4)具有阀位状态现场显示和远传功能。

(5)开、关快速灵活,启闭时间小于3s。

(6)用于易燃、易爆和有毒气体等场合。

2. 变压吸附工艺对程控阀的密封性能要求

(1)对于软密封程控阀要求:内泄漏按照《阀门的检查和试验》(API598—2019)标准中零泄漏等级要求。

(2)对于三偏心硬密封蝶阀要求:内泄漏按照《控制阀门阀座泄漏》(ANSI B16.104)标准中Ⅵ级泄漏等级要求。

3. 快速变压吸附工艺对程控阀的技术要求

快速变压吸附工艺的出现,也要求配套提供快速高频PSA程控阀,阀门要求寿命长,经受长期频繁动作总寿命可达上百万次甚至几百万次而保持不泄漏,并且无故障可靠运行。阀门开关动作要求在$1\sim2$s完成,程控阀各零部件,要求抗冲击和疲劳性能较高。

4. 大型化变压吸附装置对程控阀的技术要求

1)大型化后,程控阀存在高压差要求

工艺压差参数方面,吸附压力越来越高,接近6.0MPa,程控阀公称压力为11.0MPa,要求选用的高压程控阀,需保证阀门过流部件尤其是壳体部件承压的强度安全。在高压差情况下,需分析气流对密封片的冲刷情况,应设计出密封片"保护结构",避免气流冲刷,提高阀门内密封可靠性。

因变压吸附工艺需要,阀门承受的压差跨度较大,在$0\sim6.0$MPa区间内反复波动,需解决在此区间的交变应力对阀门受压零部件强度及寿命的影响。

2) 大型化后，程控阀存在大通径要求

随着大型化变压吸附装置的发展，所需程控阀的通径越来越大。如大型变压吸附制氧装置的程控阀通径最大可到 DN1000～DN1200。

在煤制氢装置的变压吸附单元，处理气体规模有时也很大，程控阀的通径可达 DN800，有的甚至大于 DN1200。

3) 大型化后程控阀存在高频、快速开关、长寿命及低泄漏要求

程控阀开关动作快速，阀门开关动作时间随通径不同要求在 0.5～4s；并且要求满足 100 万次以上开关动作，以保证不低于 4 年无故障运行。

程控阀高频往复动作，对填料和阀杆等部件有反复摩擦、磨损，这对填料和阀杆在材料选择、结构设计方面有更高的要求，以保证有足够的密封性能和抗疲劳性能。

程控阀密封结构还要承受高频、高压、差高粉尘工况，该工况下阀门泄漏量要达到变压吸附工艺要求。

3.4.2 程控阀的结构与特点

经过国内长达四十多年的变压吸附装置工业化设计和运行的实践，形成了三大类结构形式的阀门作为变压吸附装置采用的程控阀。

在变压吸附装置上应用的程控阀按结构类型主要分：截止阀、蝶阀、球阀三个主要大类。

1. 常用的三类程控阀结构

变压吸附装置中常用阀门包括截止阀、蝶阀和球阀，这三类阀的结构如下[21]。

1) 截止阀

(1) 平板式截止阀。

平板式截止阀如图 3-21 所示，由阀体、支架、执行机构、阀芯、阀杆、填料、气缸、活塞及密封件组成。一般采用双作用提升式直行程执行机构(缸)，利用上腔进气(液压)或者下腔进气(液压)来远距离控制阀门，操作方便、灵活。执行机构(缸)使用介质一般为压缩空气、氮气或液压油。其流道为直通形式，以法兰为连接端，阀瓣型式为平板式，密封型式为平面密封。平板式截止阀的阀瓣结构简单，零件数量少，可靠性高；可实现在线维修，这是球阀、蝶阀无法做到的。在线维修大大节省了维修和安装的时间。现场维修简易、方便、迅捷。但承受双向高压能力较差，主要应用于单向流动或者双向流动小通径阀门。

(2) 平衡缸式截止阀。

平衡缸式截止阀的驱动原理和运行方式与上面平板式截止阀类似，如图 3-22 所示。程控阀在高压差大通径参数下采用平衡缸结构，该结构平衡缸阀芯增加开孔，阀芯前后消除工艺压差所形成介质对作用力影响，减小阀门开关压差。缸外上下面受力几乎相等，阀芯前后工艺介质作用力基本消除。采用平衡缸平衡气体压差，减小执行机构驱动压力，常规仪表空气驱动即可，与工厂通用性强。平衡缸内壁镀硬铬抛光，内壁坚硬光滑，减小动摩擦，密封寿命长。平衡缸采用密封圈为耐磨密封材料，来回气流均可使密封材料贴紧平衡缸内面，提高密封效果。

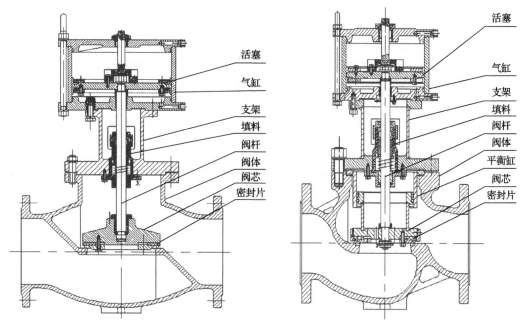

图 3-21　平板式截止阀的结构图　　　　图 3-22　平衡缸式截止阀的结构图

采用平衡缸设计，工艺气流在阀杆前后导通，克服工艺介质压差造成对程控阀介质作用力的影响，驱动机构驱动力量小，阀门在"轻松"状态下工作长周期平稳运行。

平衡缸式截止阀工艺介质压力由平衡缸结构来消除，执行机构小，能承受双向高压差，适合双向用高压差均压阀。但平衡缸结构复杂，零件较多，长期运行，容易出现开关变慢的现象，维修较为困难。

2）蝶阀

（1）两偏心软密封蝶阀。

两偏心软密封蝶阀如图 3-23 所示。其中，A-A 为剖切面。y 为蝶板密封面与阀座密封面形成的间隙。其阀杆轴心既偏离蝶板中心 b，也偏离本体中心 a。双偏心的效果使阀门被开启后蝶板能迅即脱离阀座，大幅度地消除了蝶板与阀座间不必要的过度挤压、刮

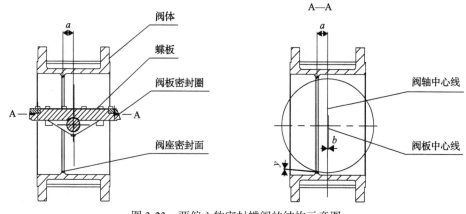

图 3-23　两偏心软密封蝶阀的结构示意图

擦现象，减轻了开启阻力，减少了磨损，提高了阀座寿命。其流道为直通形式，连接端一般采用法兰或对夹，密封型式为锥面(软密封)。

两偏心软密封蝶阀结构尺寸小，质量轻，安装方便，动作快，密封性能好，能承受双向压力；但由于密封时有摩擦，在含有微量粉尘介质气流作用下，高频率开关导致阀座密封面擦伤引起内漏。这类阀门适用于介质干净、压力低的工况。

(2)三偏心硬密封蝶阀。

如图 3-24 所示，三偏心硬密封蝶阀的阀板回转中心(即阀门轴中心)与阀板密封面中心面形成一个 a 尺寸偏置，并与阀体中心线形成一个 b 偏置；阀体密封面中心线与阀体中心线形成一个角度为 β 的角偏置。由于三维偏心的存在，使阀板启闭时阀板密封面相对于阀座密封面渐出脱离和渐入压紧，从而彻底消除了阀板启闭时蝶阀密封副两密封面之间的机械磨损和擦伤。整个密封圆周密封比较均匀，以保证良好的密封性及长周期使用。

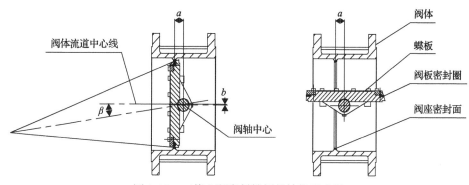

图 3-24　三偏心硬密封蝶阀的结构示意图

三偏心硬密封蝶阀的流道、连接端与两偏心一样，其密封型式为三偏心锥面多层次复合硬密封。三偏心硬密封蝶阀的结构尺寸小、质量轻，能承受高温，安装需要空间小；由于采用扭矩密封，其密封可靠性好，使用寿命长；但具有流阻大、成本高和检修较困难等不足。

3)球阀

球阀是由旋塞阀演变而来的，其启闭件为球体，原理是利用球体绕阀杆的轴线旋转90°实现开启和关闭的目的。球阀的旋塞体是球体，有圆形通孔或通道通过其轴线，如图 3-25 所示。球面和通道口的比例应该是这样的，即当球体旋转90°时，在进、出口处应全部呈现球面，从而截断流动。球阀的作用在管道上主要用于切断、分配和改变介质流动方向。

球阀的流道为直通形式，连接端采用法兰，密封型式为球面密封。其主要特点是开关动作快，流阻小，硬密封座能承受高温，双向高压，采用补偿式密封，密封可靠性好，使用寿命长；但球阀成本高，检修较困难；适用于大通径、开关频率较高和对流量系数要求高的工况。

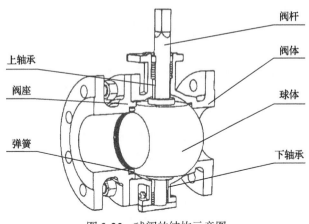

图 3-25　球阀的结构示意图

2. 程控阀执行器常见的驱动方式

程控截止阀及程控蝶阀都有采用气动(压缩空气)驱动及液压驱动的执行器及相应配套的气动液压电磁阀等附件。气动驱动及液压驱动对比见表 3-1。目前已建成的变压吸附装置中，普遍采用压缩空气驱动。

表 3-1　气动(压缩空气)驱动及液压驱动对比表[22]

	气动装置	液压装置
阀门驱动源	压缩空气，气源容易获得	中高压油，输出力大
阀门驱动压力/MPa	0.4~0.6	4.0~6.3
动力设备	空压机，投资费用中等	叶片泵等，初期投资小，维护费高
开关情况	开关速度快	能无极变速，比气动驱动易调节
工作环境	气源防爆好	采用不同液压油，防爆差
对环境影响	清洁环保	污染较大，检修很脏
阀门应急装置	备有储气罐或工厂氮气供应管线	备有蓄能器，应急时间较短，要定期检查，以防漏油
阀门性价比	优于液压阀	需长期、定期加润滑油，维护成本高，经常换油

3. 程控阀的结构特点

三类程控阀的结构特点对比见表 3-2。

表 3-2　三类程控阀的结构特点对比表

	程控截止阀	程控蝶阀	程控球阀
适用通径	一般≤DN200，阀芯行程小，启闭迅速	一般>DN200，转动 90°启闭较为迅速	适宜≤DN100，用于小型变压吸附装置
双向耐压性	视情况，采用平衡缸结构，介质双向耐压性好	蝶阀双向耐压性不及板阀，一般适用于大通径单向承压	适用于各种压力、压差，介质双向耐压性好

续表

	程控截止阀	程控蝶阀	程控球阀
结构及维护	零部件较多，比较重，但结构较简单，制造维修方便	零部件较少，体积小，质量轻，安装方便，制造维护复杂	结构较复杂，球体加工较难，维修困难，执行机构易出故障，不能在线维修
故障率	往复运动密封面不易擦伤和磨损，故障率较低。主要为阀杆处外漏	旋转运动密封面易擦伤和磨损，故障率较高，主要为阀内密封泄漏	密封面易磨损
流阻	超过 DN200 时阀流动阻力较大	小于 DN200 时阀流动阻力较大	全通径，不缩径，阀流动阻力小
推荐使用	推荐≤DN300 通径，适用于各种压力，密封泄漏等级可达 API598	推荐>DN300，适用于中、低压，密封泄漏可达 ANSIⅥ级或 API598	适用于各种压力、压差，适宜≤DN100 阀门，可用于小型变压吸附装置

总体来说，程控截止阀结构较简单，使用安全可靠，对加工设备要求不高，在变压吸附装置中广泛采用。程控蝶阀对结构设计水平、加工制造水平、材料材质配套水平要求较高，对加工设备要求很高，但在工艺配管、装置占地面积、阀体重量等方面具有优势，在变压吸附装置中大量采用。程控球阀对加工制造厂的装备要求较高，总体寿命较短，在变压吸附装置中较少采用。

3.4.3　程控阀的主要部位材质

1. 程控阀阀体的主要材质

碳素钢：适用于公称压力≤32.0MPa，适用于工作温度在–29～425℃的中、高压阀门，其中 16Mn、30Mn 工作温度为–29～595℃，常用牌号有 WC1、WCB、ZG25 和优质钢 20、25、30 及低合金结构钢 16Mn。一般国内的阀门较多采用这种材质。

低温碳钢（LCB）：适用于公称压力≤6.4MPa、温度≥–196℃的乙烯、丙烯、液态天然气和液氮等介质，常用牌号有 ZG1Cr18Ni9、0Cr18Ni9、1Cr18Ni9Ti、ZG0Cr18Ni9。

合金钢（WC6、WC9）：适用于工作温度为–29～595℃的非腐蚀性介质的高温高压阀门；WC5、WC9 适用于工作温度在–29～650℃的腐蚀性介质的高温高压阀门。

奥氏体不锈钢（304、304L、316、316L）：美标分别是 CF8、CF8M、CF3、CF3M，适用于工作温度在–196～600℃的腐蚀性介质的阀门。

2. 程控阀密封副材质

密封面是阀门关键的工作面，密封面质量的好坏关系到阀门的使用寿命，通常密封面材料要考虑耐腐蚀、耐擦伤、耐冲蚀和抗氧化等因素。通常分两大类：一类是软质材料，如橡胶（包括丁腈橡胶、氟橡胶等）、塑料（PEEK、聚四氟乙烯、尼龙等）。另一类是硬密封材料，如铜合金（用于低压阀门）、铬不锈钢（用于普通高中压阀门）、司太立合金（用于高温高压阀门及强腐蚀阀门）、镍基合金（用于腐蚀性介质）。

3. 程控阀阀杆材质

碳素钢：一般选用 A5、35 钢，经过氮化处理，适用于公称压力≤2.5MPa 的氨阀，水、蒸汽等介质的低、中压阀门。A5钢适用于温度不超过300℃的阀门；35钢适用于温度不超过450℃的阀门。实践证明，阀杆采用碳素钢氮化制造不能很好地解决耐腐蚀问题，应避免采用。

合金钢：一般选用40Cr、38CrMoA1A和20CrMo1V1A等材料。40Cr经过镀铬处理后，适用于公称压力≤32MPa、温度≤450℃的水、蒸汽和石油等介质。

不锈钢：一般选用2Cr13、3Cr13、1Cr17Ni2、1Cr18Ni12Mo2Ti等材料。2Cr13、3Cr13不锈钢适用于公称压力≤32MPa、温度≤450℃的水、蒸汽和弱腐蚀性介质，可以通过镀铬、高频淬火等方法强化表面。1Cr17Ni2不锈钢阀、低温阀能耐腐蚀性介质。1Cr18Ni9Ti、1Cr18Ni12Mo2Ti不锈耐酸钢用于公称压力≤6.4MPa、温度≤600℃的高温阀，也可以用于温度≤-100℃的不锈钢阀、低温阀。1Cr18Ni9Ti能耐硝酸等腐蚀性介质；1Cr18Ni12Mo2Ti能耐乙酸等腐蚀性介质。1Cr18Ni9Ti、1Cr18Ni12Mo2Ti用于高温阀时，可采用氮化处理，以提高抗擦伤性能。

经过多年实践，阀杆常采用合金钢42CrMo钢和17-4PH。合金钢42CrMo钢，属于超高强度钢，具有高强度和韧性，淬透性也较好，无明显的回火脆性，调质处理后有较高的疲劳极限和抗多次冲击能力，低温冲击韧性良好。17-4PH，是马氏体沉淀硬化不锈钢，相当于中国牌号：0Cr17Ni4Cu4Nb。

4. 阀杆填料

三类程控阀的主体材质如表3-3所示。常用及使用条件如下。

表3-3　三类程控阀的主体材质表

主体组件	程控截止阀	程控蝶阀	程控球阀
阀体材质	碳素钢WCB/不锈钢	WCB/不锈钢	WCB/不锈钢
阀座密封面	D507MoNb	D507MoNb/司太立	D507MoNb/司太立
密封片材质	PEEK(聚醚醚酮)	不锈钢复合层	PEEK(聚醚醚酮)/硬质合金
阀杆	17-4PH等	17-4PH等	17-4PH等
填料	填充聚四氟乙烯等	填充聚四氟乙烯等	填充聚四氟乙烯等

石墨：柔性石墨具有耐高温、耐腐蚀及优异的自润滑性等优点，常用于高压蒸汽、水和油品介质及对填料有较高要求的密封中。除发烟硫酸、浓硝酸等强氧化介质外，柔性石墨能耐其他一切介质腐蚀。使用温度在-200~600℃，适用于公称压力不高于32MPa的工况条件。

塑料：主要有聚四氟乙烯和浸渍聚四氟乙烯两种，二者均具有耐强腐蚀性，适用于密封气体和高流动性的液体，温度为-200~200℃、压力为32MPa以下的工况条件。

石棉纤维：具有良好的耐热性能，能耐480℃的高温，耐弱酸和强碱，具有强度较高、吸附性能好等优点。但其耐强酸性差、摩擦系数大及导热性差。因此常在石棉纤维中浸渍聚四氟乙烯乳液、润滑油脂及加入一些金属丝，以减少摩擦系数，增大其耐磨性、耐热性。

碳纤维：具有高强度、耐高温、耐磨损及相对密度小等优点；同时还具有极好的弹性、柔软性和优异的自润性，可在温度-120～350℃、压力不大于 32MPa 的工况条件稳定工作。

金属：根据结构可分为金属箔带缠绕填料、金属箔揉绉叠压填料、金属波形填料、铅丝扭制填料和铅圈填料 5 种。前两者具有耐高温、耐冲蚀、耐磨损、强度高、导热性好等优点，用于高温高压的工况条件；金属波形填料是一种较好的高温高压填料；铅丝扭制填料主要用在温度不高于 90℃的浓硫酸等强氧化性介质中；铅圈填料与石棉盘根交错使用，适用于温度不高于 550℃的油品介质。

波纹管密封：密封结构为波纹管一端固定在阀杆上，另一端固定在阀盖上，使阀杆与阀盖之间处于全封闭状态。因此，密封性能较好，这种密封常用于有毒、易燃等介质中，如加氢装置中的二硫化碳溶液和气体分离装置中的液化石油气等。

除上述几种填料外，阀杆处的密封还有液体密封。填料的使用条件与填料函结构、工况条件和填料的材料、形式、层数及安装质量等因素密切相关。在选择填料时，应根据具体条件来定。一般来说，压力与温度之间只能满足一个最大值；选择高温阀门填料时，应首先考虑温度；对于温度压力都不太高的腐蚀性介质，应优先选择耐蚀性好的材料。

经多年实践，使用填充聚四氟乙烯+弹簧补偿较为普遍。波纹管密封使用次数寿命一般为几万次，并且造价相对昂贵。石墨摩擦磨损较快，不太适合高频开关场合。金属密封泄漏率偏高。

3.4.4　程控阀的使用环境

程控阀使用环境：变压吸附(PSA)和变温吸附(TSA)工况及其他特殊环境。

(1)PSA 程控阀工作温度一般为-40～100℃。程控阀结构形式有蝶阀或截止阀。为保证 PSA 装置至少 3～4 年一个大修周期内程控阀无故障，PSA 程控阀的设计和加工对阀门的开关寿命有较高的要求，一般要求不低于 1×10^6 次。PSA 程控阀开关频繁，阀门开关动作寿命为 $(5 \sim 10) \times 10^4$ 次/a，甚至更高。程控阀开关动作时间一般小于 3s，不同通径阀门开关时间有差异。

(2)TSA 程控阀工作温度为 160～380℃。程控阀结构形式有蝶阀、截止阀和球阀。阀门主要承压部件材质则需要按温度压力级别选择，阀内件材料应满足相应的耐温区间范围，以免高温时密封元件失效，引起泄漏；如果温度较高，则阀门填料位置需要升高，并且采用散热盘及散热翅片，阀内密封按金属硬密封考虑。TSA 程控阀开关不频繁，阀门开关动作寿命为数千次/年，开关动作时间可以为几秒到十几秒。

(3)其他特殊环境，因地制宜地进行程控阀设计选型配套考虑。

3.4.5　程控阀常见故障及维护

阀门故障主要有以下几种：一是阀门本身就有质量问题；二是用户在使用上安装不当或介质、工艺参数不符合而造成；三是阀门有自身的寿命保养期，未及时保养或者保养不当造成。

目前在变压吸附装置上应用的程控阀常见故障及维护见表3-4。

表3-4　常用程控阀常见故障及维护表

序号	故障说明	故障原因分析	解决办法
1	阀门内漏	阀芯密封片和阀体密封面被损坏,如管道吹除不当,有焊渣或异物	更换密封片或修复密封面,并清除杂质、异物
		管道工艺气体中粉尘含量太高,黏在密封片上,气流冲刷而损坏	检查粉尘产生原因,更换密封片或修复密封面
		阀芯与平衡缸处密封圈损坏	更换密封圈
2	阀门关不严内漏	仪表风压力过低	调节减压阀,应增大仪表风气压到0.4~0.6MPa
3	阀门中法兰处泄漏外漏	法兰密封处密封垫损坏	更换密封垫片
4	阀门填料函与阀杆处泄漏	填料或密封圈磨损	调整螺钩压紧填料即可,若调整到位仍泄漏,更换填料或密封圈
		阀杆拉伤或者腐蚀生锈	更换阀杆
5	执行器(气缸)外漏	气缸执行机构部件各配合处密封圈损坏	更换气缸执行机构部件各配合处密封圈
6	阀门开关动作慢	仪表风压力过低	调节减压阀,应增大仪表风气压到0.4~0.6MPa
		活塞处密封圈损坏	更换密封圈
		压盖压填料过紧	调节填料压盖(可以适当松填料压盖),但保证填料处不泄漏
7	阀门开关时有涩涩声,有爬行现象,动作慢	气缸内缺润滑油	气缸内加适量的透平油或在油雾器内加透平油
		平衡缸内粉尘过多	拆下平衡缸及密封圈,清洗密封圈,加专用润滑脂
		密封圈老化或者损坏	更换密封圈后加专用润滑脂
8	阀门打不开	阀门高端压力超设计压力	观察工艺参数,调整工艺压力到设计范围内或调高仪表风气压到0.6~0.7MPa
		阀门正反方向装错	按设计图方向重新安装阀门
		电磁阀故障	检查电源电压及触点接线情况,更换电磁阀
9	阀门位置故障报警	感应开关松动,感应位置间隙过大	调节感应开关到适当位置并锁紧感应开关螺钉
		感应开关故障	检查电源电压及触点接线情况,更换感应开关

参 考 文 献

[1] 张成芳, 朱子彬, 徐懋生, 等. 径向反应器流体均布设计的研究(Ⅰ)[J]. 化学工程, 1980, 8(1): 98-112.

[2] 朱子彬, 张成芳, 徐懋生. 动量交换型径向反应器流体均布设计参数[J]. 化学工程, 1983, 11(5): 46-56.

[3] 陆军亮, 张学军, 邱利民, 等. 立式径向流吸附器中流体均布的理论分析[J]. 化工学报, 2012, 63(S2): 22-25.

[4] 张成芳, 朱子彬, 徐懋生, 等. 径向反应器流体均布设计的研究(Ⅱ)[J]. 化学工程, 1980, 8(2): 82-89.

[5] 李瑞江, 陈春燕, 吴勇强, 等. 大型径向流反应器中流体均布参数的研究[J]. 化学工程, 2009, 37(10): 28-31.

[6] 马素娟, 兰兴英, 高金森, 等. 径向流固定床反应器内流动规律的数值模拟[J]. 石油化工高等学校学报, 2007, 20(4): 68-71.

[7] 洪若瑜, 李洪钟. 径向流固定床数学模型研究进展[J]. 化工冶金, 1996, 17(4): 368-372.

[8] 夏红丽, 林秀娜, 李剑锋, 等. 12 万 m^3/h 等级特大型空分设备卧式分子筛吸附器的研发[J]. 深冷技术, 2014, 1: 29-33.

[9] 胡迪, 顾燕新, 金滔, 等. 卧式垂直气流分子筛吸附器内的流场分析[J]. 低温工程, 2010, 5: 16-20.

[10] 吴赟, 林秀娜. 按 ASME 标准设计 84000m^3/h 等级空分设备卧式分子筛吸附器[J]. 杭氧科技, 2016, 4: 1-6.

[11] 张英俊. 卧式分子筛吸附器内件制作与组装[J]. 压力容器. 2016, 33(11): 69-74.

[12] 尹维东, 乔惠贤, 陈魁学, 等. 蜂窝状活性炭在大风量有机废气治理技术中的应用[J]. 环境科学研究, 2000, 13(5): 27-30.

[13] 机械工业部, 化学工业部, 劳动部, 等. 钢制压力容器—分析设计标准: JB/T 4732-1995(2005 年确认) [S]. 北京: 新华出版社, 2005.

[14] 郑津洋, 董其伍, 桑之富. 过程设备设计[M]. 3 版. 北京: 化学工业出版社, 2010: 181-184.

[15] 卜令兵, 邸豫川, 张剑锋, 等. 变压吸附数值模拟的研究[J]. 煤化工, 2009, 37(4): 30-32.

[16] 王福军. 计算流体动力学分析—CFD 软件原理与应用[M]. 北京: 清华大学出版社, 2004: 1-2.

[17] 王浩宇, 刘应书, 吴义民, 等. 轴向流吸附器内部流场特性[J]. 工程科学学报, 2016, 38(4): 575-580.

[18] 卜令兵, 李克兵, 邸豫川, 等. 变压吸附流体力学模拟[J]. 天然气化工—C1 化学与化工, 2012, 37(1): 58-61.

[19] 王浩宇, 刘应书, 张传钊, 等. π 型向心径向流吸附器变质量流动特性研究[J]. 化工学报, 2019, 70(9): 3385-3395.

[20] 中国寰球化学工程公司. 气液分离器设计规范: HG/T 20570.8-1995 [S]. 北京: 原化工部工程建设标准编辑中心, 1995.

[21] 陆培文. 实用阀门设计手册[M]. 3 版. 北京: 机械工业出版社, 2012: 516-665.

[22] 杨源泉. 阀门设计手册[M]. 北京: 机械工业出版社, 1992: 538-539.

第4章 吸附分离装置的控制系统及仪表

吸附分离工艺过程需要通过程控阀周期性的开关切换来实现,由于程控阀数量多、开关切换频繁,人工操作无法完成;因此,吸附分离装置需要配置完整的自动控制系统和智能仪表系统,实现装置运行的自动化控制。随着煤化工和炼油化工等行业发展,与之配套的吸附分离装置也不断地向大型化方向发展;同时,自动控制技术的发展也促进了与其配套的自动控制系统和智能仪表系统迈入高自动化、智能化、高可靠性和高安全性的方向。

4.1 吸附分离装置的控制系统

4.1.1 吸附分离装置控制系统类型

20 世纪 70 年代末至 80 年代初,化工部西南化工研究院率先在我国进行变压吸附技术工业化应用的研究和开发,单片机第一次被应用在变压吸附装置中,开启了我国变压吸附装置自动化控制技术的成长之路。

变压吸附装置控制系统经过约 40 年的发展,经历了单片机、小型 PLC、中型 PLC、大型 PLC 及 DCS 几个阶段,从最初功能单一的单片机发展到 PLC、DCS、FCS 等各种控制系统,控制功能更加丰富,系统规模不断扩大,可满足各种类型、各种规模变压吸附装置的需要。随着变压吸附装置成为石油化工、煤化工等化工工艺主流程中的重要单元,变压吸附装置运行的稳定性、可靠性显得更加至关重要。变压吸附控制系统除了保证完成装置正常的运行控制、运行数据监控和记录故障报警外,还需要对装置运行故障进行智能化的诊断和自动进行程序切换,以避免或减少故障对装置稳定运行的影响。另外,用于保障装置安全生产的其他控制系统如可燃气体和有毒气体检测报警系统(GDS)、安全仪表系统(SIS)也在变压吸附装置中得到了广泛应用。

1. 单片机

在 20 世纪 80 年代初,国内工业装置的控制系统主要还是由独立的电动仪表或气动仪表,以及各种继电器组成,单片机技术在国内才刚刚起步。随着单片机技术在国内逐步推广应用,单片机的高集成度、高性价比、低功耗、控制功能更强、可靠性更高的优势逐渐显现出来,单片机控制系统能够取代以前利用复杂电子线路或数字电路构成的控制系统,控制逻辑由软件来实现,外部控制电路大幅度减少,可靠性得到很大提高。

西南化工研究院的工程技术人员在 1983 年开始进行单片机应用于变压吸附装置的研制,采用 8035 单片机作为控制核心,再加上外部显示、操作部件等,组成了变压吸附装置控制器，完成对变压吸附装置中程控阀开关的自动控制，再由外围气动仪表或电动仪表完成对装置中气体压力、流量、温度等参数的显示和控制。这一时期变压吸附装置的控制器面板如图 4-1 所示。20 世纪 80 年代初研制出的单片机控制器成功应用于变压吸附装置上，达到了预期效果。单片机控制器主要用于控制程控阀较少的工艺装置，随着变压吸附装置的规模逐步增大，处理量和控制复杂性的增加，单片机控制器设计难度较大、开发周期较长、外围电子元器件通用性较差等劣势逐渐显露出来，于是新型控制系统便应运而生。

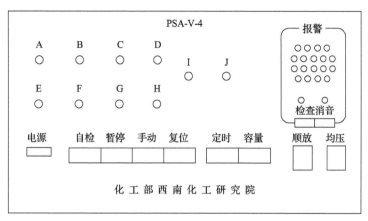

图 4-1　20 世纪 80 年代初某变压吸附装置的控制器面板图

PSA-V-4-控制器版本号，A～J-程控阀位号

2. PLC 控制系统

1）小型 PLC

在 20 世纪 80 年代中后期，随着变压吸附技术的推广，国内众多大量的中小型氮肥厂开始引入变压吸附气体分离技术，用于原料气的净化。同时希望能获得一种可靠性高、操作方便、性价比高的控制系统，此时国外先进的 PLC 产品逐渐引入国内，PLC 的高可靠性、高灵活性及强大的集成控制功能远优于单片机，再加上相对便宜的价格，使其更符合这一时期变压吸附装置的控制要求。为此，工程技术人员开始着手变压吸附装置控制器的升级换代，并于 1987 年成功地将基于梯形图编程语言的三菱 F1 系列小型 PLC 应用到变压吸附装置的控制器中，替代原有的 8035 单片机。

PLC 的成功应用，大大减少了上一代变压吸附装置控制器中人工焊接电子元器件的数量，外围电路更简化、结构更紧凑，同时由于 PLC 采用了整体抗干扰设计，控制器运行的可靠性得到进一步增强。PLC 除了能实现一般的开关量逻辑控制（程控阀的开关控制）等功能外，还能通过 PLC 的模拟量输入（analog input，AI）卡完成对变压吸附装置中的压力、温度和流量等模拟信号的采集，同时通过模拟量输出（analog output，AO）卡实现对调节阀的开度控制。由于 PLC 采用了图形化的梯形图编程方式，当生产流程或控制方式改变时仅需要修改软件逻辑，而无需改变硬件即可满足新的控制要求，极大地缩短了设计和调试周期。

随着时间推移，变压吸附技术从单一的变压吸附提纯氢气发展出了变压吸附提纯二氧化碳、变压吸附脱碳等系列工业装置，变压吸附技术的应用领域得到了不断拓展。对控制器的改进也一直在持续，为了更直观地显示流程和方便操作，这一时期还开发出了能够模拟工艺流程、显示程控阀开关运行状态的控制器面板，这一时期典型的变压吸附装置控制器面板如图 4-2 所示。

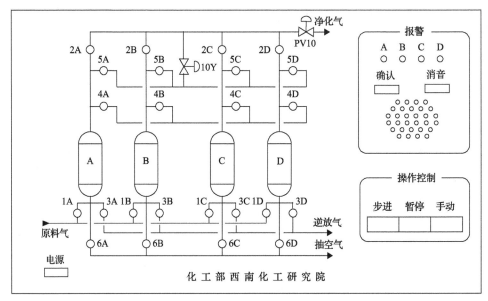

图 4-2　20 世纪 80 年代中后期变压吸附装置控制器面板图

A～D-吸附塔编号；1A～6D-程控阀位号；10Y 和 PV10-调节阀位号

2000 年之后，更先进的西门子 S7-200 小型化 PLC 系统以其良好的性价比被广泛应用到制氮气、制氧、氢气干燥等小型变压吸附装置中。这一时期的控制器人机界面除了可以采用计算机显示外，还可以采用集成度更高的触摸屏。同时控制器网络功能也日渐丰富，可以通过 Modbus 等通信协议与其他设备和系统进行数据通信，实现设备间的数据传输和共享。应用于变压吸附装置的小型 PLC 主要是以三菱电机为代表的 F1、F2、FX、FX2N 和西门子为代表的 S7-200。

2) 中型 PLC

随着变压吸附技术的发展，小型 PLC 弊端逐渐显露：整体式的结构设计，较低的市场定位，I/O 点数固定，扩展能力有限，已满足不了规模渐大的变压吸附装置对于规模和灵活性的需求。

从 1993 年起，工程技术人员开始将性能更强的中型 PLC 应用于变压吸附装置的控制中，并充分利用了中型 PLC 的技术优势：除具有小型 PLC 的全部功能外，还具有更强的 I/O 扩展能力、数学计算能力及联网通信能力，能应对较为复杂的控制环境。

中型 PLC 的典型代表为欧姆龙 C200H 和西门子 S7-300，以及罗克韦尔公司的 CompactLogix 系列 PLC。中型 PLC 采用了模块化结构设计：各功能单元独立封装在标准尺寸的模块中，通常包括电源模块、中央处理器(CPU)模块、开关量/模拟量输入(DI/AI)

模块、开关量/模拟量输出(DO/AO)模块、通信模块等，模块组合集成于系统机架或扩展机架上，通过通信总线进行连接，从而组成一个完整的控制系统。这种结构中的各功能模块完全独立，同时采用了分布式 I/O 的扩展方式，扩展机架与系统机架之间采用通信总线连接，可实现远程 I/O 控制。图 4-3 为典型的中型 PLC 系统西门子 S7-300 的系统结构图，中型和大型 PLC 常采用类似结构。设计人员可根据控制需求选择合适的功能模块灵活配置，可简化系统结构，方便后期扩展。中型 PLC 采用标准化尺寸的模块，使机柜布置整齐美观，同时取消了除在线分析仪以外的全部二次仪表，减少了控制系统的故障点。

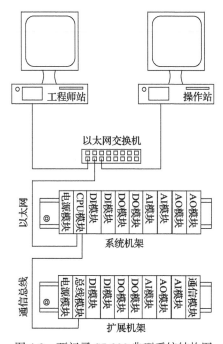

图 4-3　西门子 S7-300 典型系统结构图

中型 PLC 除上述硬件上的优势，在软件上不仅具备梯形图、指令表、功能块等编程工具，还可以使用类似于计算机高级语言的方式进行编程。由此变压吸附装置的控制程序就可以实现复杂的数学运算功能，使编程技术得到大幅提高，为开发大型变压吸附装置更复杂的控制程序打下了坚实的基础。进入中型 PLC 时代以后，伴随计算机技术的日新月异，基于微软视窗(Microsoft Windows)操作系统的数据采集与监视控制(SCADA)软件也相继出现，采用图形化的组态方式，可模拟工艺流程运行状态，显示和控制的内容更加丰富。如图 4-4 所示，操作界面中不仅能够显示程控阀的开关状态、吸附塔的工作状态和压力，而且相关的操作按钮和运行参数也能够实时动态地显示在画面中，方便操作人员监视和控制。当工艺流程或操作方式调整时，只需修改组态内容即可。方便快捷，可节省时间和成本。不仅如此，现场总线技术也在中型 PLC 中得到了应用。2001 年在陕西渭河化肥厂变压吸附提纯二氧化碳装置上，投用的第一套 S7-300 中型 PLC 系统，第一次实际应用 PROFIBUS 现场总线技术，积累了 PROFIBUS 使用经验。由于能够采用高级语言编制程序和 PROFIBUS 现场总线技术，西门子系列 PLC 在变压吸附装置中得到了广泛应用。中型 PLC 由于其良好的性价比、方便集成等优点被广泛应用在钢铁、化工、石化、医药等各个行业的变压吸附装置中，成为变压吸附装置主要的控制系统之一。

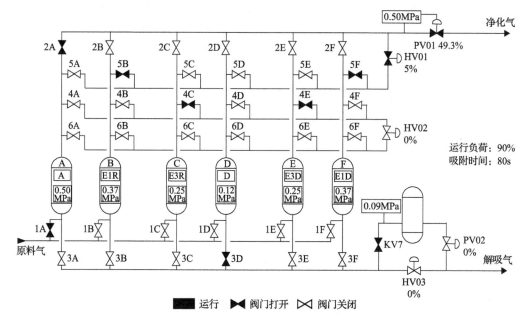

图 4-4　基于 Windows 操作平台的变压吸附装置操作界面图

吸附塔顶部 A~F 为吸附塔编号；吸附塔中部方框内：A-吸附，E1R-一均升，
E3R-三均升，D-逆放，E3D-三均降，E1D-一均降

3) 大型 PLC

变压吸附装置在发展初期大多作为工厂尾气回收装置而建设，如合成氨弛放气、甲醇弛放气等化工副产气回收氢气，这类变压吸附装置在工厂中属于辅助装置，可独立于主装置之外运行，装置如因故障而停车，对主装置的运行不会造成致命影响。随着氢气等工业气体越来越广泛地应用，变压吸附装置已成为现代大型炼油化工、煤化工生产主流程中不可或缺的一个重要单元，规模越来越大，需要控制的点数成倍地增加，变压吸附装置的稳定性和可靠性变得越来越重要。当变压吸附装置控制系统中的中央处理器、I/O 卡件、网络部件等出现故障时，不能对装置的正常运行造成致命影响。对于大型化的变压吸附装置，控制系统的控制规模、程序容量等指标也需要达到更高的控制需求。为满足上述要求，大型变压吸附装置控制系统开始逐渐采用具备更大系统扩展能力和提供热备冗余能力的大型 PLC。

大型 PLC 的输入、输出总点数一般在 1024 点以上，用户程序存储器容量达 8~16MB，典型的大型 PLC 西门子 S7-400H 结构[1]如图 4-5 所示。控制系统中的中央处理器、电源模块、通信模块及光纤网络等均采用冗余配置，I/O 模块也可根据控制需求采用冗余配置，冗余配置方案可以提高整个系统的可靠性。高性能的大型 PLC 普遍采用了现场总线技术，所有的扩展机架通过冗余通信总线与系统机架连接，实现分布式的 I/O 布置，可实现大型变压吸附装置各工序的分区控制，现场机柜的设置更为灵活方便，可以节约大量电缆费用。国内外大型变压吸附装置的控制系统都朝着大型 PLC 方向发展。大型 PLC 的主要型号有：三菱电机的 Q4AR 双机热备 PLC 系统，施耐德公司的 Modicon Quantum 双机热备 PLC 系统，通用电气公司的 RX7i 双机热备 PLC 系统，霍尼韦尔公司的 ML200 双机热备 PLC 系统，罗克韦尔公司的 ControlLogix 双机热备 PLC 系统，以及西门子公司的 S7-400H 双机热备 PLC 系统。以上控制系统已在国内外变压吸附装置中成功应用，提高了装置的运行可靠性，加快了变压吸附装置向大型化发展的步伐。

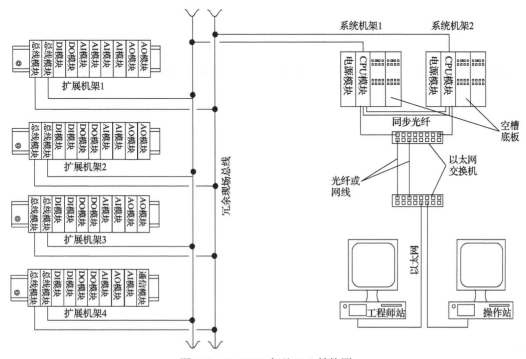

图 4-5 S7-400H 大型 PLC 结构图

3. DCS 控制系统

DCS 是分布式控制系统(distributed control system)的英文缩写，也称之为集散控制系统[2]。它是在集中式控制系统的基础上发展、演变而来的，它是计算机技术、系统控制技术、网络通信技术和多媒体技术相结合的产物，可提供友好的人机界面和强大的控制功能及通信功能，是完成各类过程控制、过程管理的现代化设备。

在 20 世纪 70 年代中期，过程工业正值高速发展时期，对设备大型化、工艺流程连续性要求很高，需要控制的工艺参数增多，而且条件苛刻，要求显示操作集中等，这使当时已经普及的电动单元组合仪表已不能完全满足要求。在此情况下，业内厂商经过市场调查，确定开发一种以模拟量反馈控制为主，辅以开关量顺序控制和模拟量开关量混合型的批量控制(针对精细化工等行业的批量生产方式)的新型控制系统，这样就可以覆盖炼油、石化、化工、冶金、电力、轻工及市政工程等大部分行业。1975 年诞生的第一套集散控制系统 TDC-2000 就是第一代 DCS 产品。

DCS 与 PLC 都是为了替代现场气动或电动仪表发展起来的，属于同一时代的产物，其系统结构差异不大，但在网络和控制功能方面的侧重点不同。DCS 在设计之初就是着眼于以模拟量为主的连续过程控制，侧重于闭环控制及数据处理，具有强大的网络拓扑能力，多套 DCS 可以连接于同一控制网络，方便数据交互和共享；其冗余的控制器硬件和网络，使系统可靠性得到极大地提高。典型的 DCS 系统网络拓扑如图 4-6 所示[3]，整个系统为三层通信网络结构，最上层为信息管理网，连接各个控制装置及企业内各类管理计算机；中间层为过程控制网，连接操作站、工程师站和控制站等；底层为控制站内部网络，一般采用现场总线等方式实现 I/O 扩展。而 PLC 则侧重于开关量的逻辑控制，同时也可实现模拟量控制，因此 PLC 应用在有大量程控阀开关量逻辑控制的变压吸附装置中更具优势。经过多年的发展，DCS 已从最初以模拟量控制为主发展成为集模拟量、开关量及各种复杂控制为一体的大型控制系统，由于其强大的网络拓扑能力，基于容错设计的系统结构，以及开放式、标准化、模块化和系列化设计，已逐步成为大型石油化工及煤化工装置的首选控制系统，与之配套的变压吸附装置的控制系统也随之进入了DCS 控制系统时代。1996 年第一套国产化大型变压吸附提纯氢气装置在镇海炼化建成，采用的 DCS 控制系统是霍尼韦尔公司的 TDC3000 系统。至今国内已建成的变压吸附装置中，三分之一以上采用的是 DCS 控制系统。

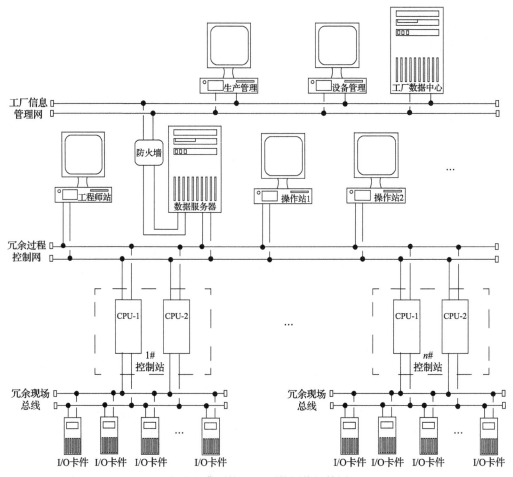

图 4-6　典型的 DCS 系统网络拓扑图

国内外各大品牌 DCS 主要产品如下。

霍尼韦尔：TDC3000、TPS、EPKS。

横河：CS1000、CS3000。

福克斯波罗：I/A Series。

艾默生：DeltaV。

ABB：AC800F、AC800M、Industrial IT System 800xA。

西门子：PCS7。

浙江中控：JX-300XP、ECS-100、ECS-700。

和利时：HOLLiAS MACS-K。

新华：TiSNet-XDC800。

4. 安全仪表系统(SIS)

变压吸附工艺经常涉及的介质如氢气、一氧化碳、甲烷、乙烷、丙烷、氯乙烯等均为易燃易爆或有毒气体，属于国家重点监管危险化学品范畴。根据国家相关法规要求，新建装置需要进行风险辨识分析，并采用危险与可操作性分析(HAZOP)及保护层分析(LOPA)，当现有工艺流程中常规的保护措施无法将风险降低到可接受范围，则需要设置安全仪表系统(safety instrumented system，SIS)作为独立保护层来降低风险等级，确保在紧急情况下，SIS 能够独立于其他控制系统联锁动作，将装置导入预先设定的安全状态，避免发生事故。

SIS 应独立于过程控制系统(如集散控制系统等)单独设置，生产正常时 SIS 处于休眠或静止状态，一旦生产装置或设施出现可能导致安全事故的情况时，SIS 能够瞬间准确动作，使生产安全停止运行或自动进入预定的安全状态，SIS 需要有很高的可靠性(即功能安全)和规范的维护管理。如果 SIS 失效，往往会导致严重的安全事故，近年来发达国家发生的重大化工(危险化学品)事故大多与安全仪表失效或设置不当有关。SIS 是由一个或多个执行安全仪表功能(safety instrumented function，SIF)的回路组成，如图 4-7 所示[4]。安全仪表功能回路由传感器、SIS 逻辑控制器及最终元件的任何组合构成，包括硬件和软件两部分。安全仪表功能应达到所需的安全完整性等级(SIL)要求，安全仪表功能回路中所有元件(包括测量元件、逻辑控制器及最终元件)在选型时均需要满足安全完整性等级要求。在实际应用中，安全仪表功能回路中的测量仪表除要达到安全完整性等级的要求外，还需兼顾高安全性和高可用性之间的平衡，通常可设计成三取二的逻辑结构。用于安全仪表系统的逻辑控制器应取得国家权威机构的功能安全认证，目前常用的安全仪表控制系统基本上都通过了德国技术监督协会(TÜV)的 SIL3 认证，符合 IEC61508/IEC61511 标准要求，可应用于安全完整性等级为 SIL3 及以下的安全相关应用。安全仪表控制系统硬件平台一般都采用了如图 4-8 所示的三重化设计，降级模式为 3-2-1-0。该系统包括三套冗余输入、三套冗余主控、三套冗余输出，输入模块内的三个通道同时采集同一个现场信号并分别进行数据处理送入三条 I/O 总线，控制器从三条 I/O 总线接收数据并进行表决，并将表决后的数据送三个独立的处理器，各处理器完成数据运算后，控制器对三个通道中的运算结果进行表决，并将表决结果送 I/O 总线，输出模块从 I/O 总线接收数据并进行数据输出处理，处理结果表决后输出信号，驱动现场最终元件。这种架构和降级模式可以保证系统在应用过程中确保安全性的同时维持最大的可用性，可提高生产的安全性和连续性。现场最终元件一般采用气动控制阀，其元件也应满足安全完整性等级要求。

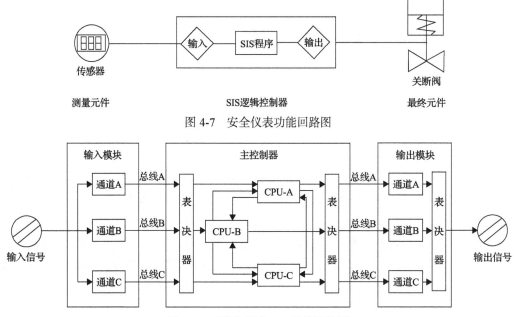

图 4-7　安全仪表功能回路图

图 4-8　三重化冗余 SIS 系统结构图

常用的安全仪表控制系统主要如下。

浙江中控：TCS-900。

和利时：HiaGuard。

西门子：S7-400FH。

Triconex：TRICON。

霍尼韦尔：SM。

艾默生：DeltaVSIS。

希马 HIMA：H41q、H51q。

5. 可燃气体和有毒气体检测报警系统(GDS)

变压吸附装置的工艺介质主要为氢气、甲烷、一氧化碳、氯乙烯、烷烃、烯烃等可燃、有毒气体，根据国家相关标准的要求，在生产或使用可燃气体及有毒气体的生产设施及储运设施的区域内，对可能发生可燃气体和有毒气体的泄漏进行监测时，应按规定设置可燃气体探测器和有毒气体探测器；用于可燃气体和有毒气体检测报警信号的控制系统(gas detection system, GDS)需要由独立于 DCS 和其他过程控制系统的单独控制系统来实现。GDS 系统由控制器、I/O 卡、操作站、工程师站、远程 I/O、机柜及其他辅助设备组成。图 4-9 为可燃气体和有毒气体检测报警系统配置图，如图所示，GDS 独立于其他所有系统，GDS 的工程师站、操作站等设备配置在中心控制室内，主控制器或远程

I/O 单元设置于各生产装置和公用工程的现场机柜室内。中心控制室与现场机柜室之间采用光纤或电缆连接。GDS 数据可通过网络连接传送到全厂消防控制中心，也可通过网络与 DCS 进行实时数据通信，在 DCS 操作站上显示报警。

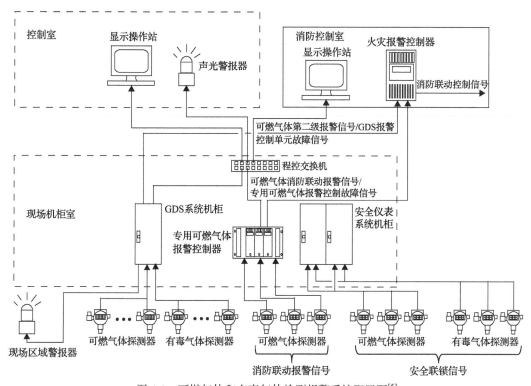

图 4-9 可燃气体和有毒气体检测报警系统配置图[5]

　　GDS 系统主要用于现场可燃气体、有毒气体实时监测、报警、记录，当检测到现场可燃/有毒气体泄漏且浓度超出预设报警值时，通过设置在中心控制室内的独立操作站发出报警信号，在操作站监控画面中显示现场泄漏位置，并通过专门设置的声光报警器发出闪光和蜂鸣报警，提醒操作人员、管理人员注意，并采取相应的措施。

　　在实际应用中，变压吸附装置一般作为炼油化工、煤化工主装置中的一个单元，区域内可燃、有毒气体探测器数量相对主装置较少，检测信号与主装置可共用一套 GDS 系统，一般不单独设置。对于如焦炉煤气提氢、天然气转化制氢、工业排放气回收利用一氧化碳、工业排放气回收利用二氧化碳等相对独立于主装置的变压吸附装置，一般需要单独设置独立于其他过程控制系统的 GDS 系统。

4.1.2 变压吸附工艺对控制系统的要求

　　变压吸附装置的控制特点是程控阀数量多、阀门动作频繁、顺序逻辑控制结合常规模拟控制、自动化程度要求高。为达到装置长期、稳定、安全运行的目的，变压吸附装置的控制系统不仅需要实现程控阀的复杂顺序逻辑控制，还需要实现装置故障诊断和切换、自适应控制等先进功能。

1. 程序执行速度的要求

变压吸附工艺具有快速切换的特点，程控阀动作速度均以秒计，这就要求控制系统程序执行时间不得超过 1s，以保证程控阀动作的精准性，同时为了确保输出信号的一致性，要求所有阀门控制功能块能够同步扫描输出。

DCS 控制系统的主要控制对象是以模拟量回路为主，辅以开关量顺序控制和模拟量开关量混合型的批量控制，目的是 DCS 可以覆盖炼油、石化、化工、冶金、电力、轻工及市政等大部分行业。变压吸附装置数量最多的控制对象是程控阀，因此以开关量控制为主且控制逻辑复杂的变压吸附工艺对于以过程（回路）控制为主的 DCS 来说相对困难，而源自继电器技术，主要用于解决开关量逻辑运算的 PLC 在变压吸附装置的控制中更具有优势。

对于程序块的扫描，DCS 采用程序功能块分时扫描的方式。DCS 将所有的控制元件按照其控制功能组合成一个个独立的回路功能块，每一个回路功能块都可以单独设置其扫描时间，最小扫描周期一般为秒级。DCS 对于系统内的所有回路功能块实行分时扫描机制，每个回路功能块可以在一定时间间隔内得到处理，这样有利于优化控制器负荷。对于有着大量程控阀控制回路，且阀门输出同步性要求较高的变压吸附装置，DCS 的扫描机制略显劣势。而 PLC 程序采用顺序扫描一次性输出的方式，在程序执行前一次性读取输入信号缓冲区的内容，按程序编写的顺序依次执行，直到最后一条语句结束，根据程序运算结果刷新输出信号缓冲区，将输出信号一次性输出到现场执行器，而且 PLC 的程序块扫描周期可以做到毫秒级。这样的方式能够确保所有的执行器（变压吸附装置的程控阀）同时收到来自控制器的控制信号，保证程控阀动作的同步性。DCS 与 PLC 的扫描方式如图 4-10 所示。

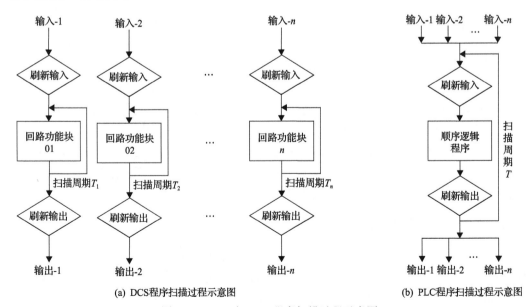

(a) DCS程序扫描过程示意图　　　　　　　(b) PLC程序扫描过程示意图

图 4-10　DCS 与 PLC 程序扫描过程示意图

随着编程技术的进步，近年来 DCS 相对于 PLC 扫描机制和扫描时间的劣势已经可以采用编程的方式加以弥补，在保证程控阀扫描输出同步的同时，也降低了控制器的运行负荷。而且由于 DCS 强大的网络能力和硬件冗余能力，在大型化的变压吸附装置中应用越来越广泛。

2. 编程语言的要求

在变压吸附技术发展初期，装置规模小，程控阀数量少，控制功能较简单，且受限于当时控制系统的功能，变压吸附装置的控制程序一般采用梯形图、指令表、功能块等常规的编程语言来实现。随着变压吸附技术的不断进步，变压吸附装置已从简单的两塔制氧、4 塔提氢等小型装置发展出了多塔提氢、脱碳等大型装置，程控阀数量成倍增长，控制逻辑和功能愈加复杂，程控阀的开关量逻辑控制需要一套严密的顺控逻辑程序来实现。随着化工过程控制技术的不断进步，变压吸附装置的控制系统不断向智能化方向发展，控制功能愈加丰富。为了实现复杂的顺控逻辑程序、自适应控制系统、故障诊断及切换系统等先进控制功能，需要控制系统具备一种类似于计算机高级语言的编程方式来实现大量复杂的逻辑处理和运算功能。目前大部分 PLC 和 DCS 组态软件都提供了顺序功能图 (SFC) 和结构化文本语言 (ST) 等高级编程语言，能够很好地支持变压吸附工艺对于控制系统编程语言的需求，方便工程技术人员针对不同类型变压吸附工艺开发专用的逻辑功能和控制程序，实现模块化编程，以节约编程组态时间。在程控阀的开关逻辑处理过程中，需要大量数据存储单元作为中间单元来参与控制，为了便于数据的分类和调用，一般采用数组作为中间过程单元，这就要求控制系统还需具备数组处理功能。

4.2　吸附分离装置的核心控制程序

变压吸附装置中自动控制系统的主要任务之一就是要保证装置安全、平稳地运行。但在生产过程中，不可避免地会出现扰动或者不正常的工况，以及其他特殊情况。早期的控制系统通常采用报警后由人工去调整处理或者自动联锁停车的对策。随着装置的大型化和工艺流程的复杂化，变压吸附装置已经成为大型石油化工、煤化工主流程中不可或缺的一个单元，其运行可靠性将直接影响到整个工艺流程的稳定性。一次非计划停车常常会造成重大损失，会耗费大量的物料，并排放大量不合格产品气。若出现系统扰动或不正常工况全部由人工处理，可能造成操作人员的过分忙碌和紧张，不能及时对扰动进行调整，难以准确判断和快速处理故障。所以需要考虑装置在受到扰动或者处于不正常的工况下，控制系统除发出报警信号外，还能自动地进行参数调整或者发出应对故障的指令，使装置始终运行在安全、稳定的状态下。依据这样的原则和要求，需要开发大型变压吸附装置智能化的自适应控制系统和故障诊断及切换系统，以提高变压吸附控制的自动化程度和装置的运行可靠性。

4.2.1　自适应控制系统

自适应控制系统是保证变压吸附装置全自动控制的核心程序之一。当装置关键运行参数(原料气流量和气体组分、系统压力、产品指标等)发生变化时,该系统自动介入工作,适时地对包括吸附时间、终充气量、顺放冲洗气量、解吸气压力等参数进行调整,这样就能有效地避免当装置受到扰动时,造成产品气和解吸气输出压力的不稳定,以及产品气质量波动甚至不合格的现象,也可以避免由于操作人员水平的参差不齐而带来的装置运行波动的情况,从而使装置始终运行在最佳状态。自适应控制系统由以下几个子系统组成。

1. 吸附时间自动调节子系统

变压吸附装置主要通过调整吸附时间来控制装置的负荷。在一个吸附塔的吸附周期内,吸附剂所能吸附原料气中的杂质总量(即动态吸附量)是一定的,当原料气的组分稳定时,对应的原料气处理量不变。在装置操作参数不改变的前提下,原料气中杂质总量升高会使杂质突破吸附前沿,产品纯度降低;原料气中杂质总量降低会造成产品的回收率降低。所以,原料气组分和负荷有波动及变化时,为了保证产品气的品质和回收率,需要对吸附时间进行调整。

早期的变压吸附装置自动化控制水平较低,当原料气组分和负荷有变化时,需要人工去调整和重新设定吸附时间,但是人工干预不仅反应滞后,还会存在偏差。随着技术的发展,现在的变压吸附控制系统已经能够根据装置的运行负荷、原料气的杂质组分浓度及产品气纯度等参数的变化,通过吸附时间与上述参数之间的数学模型,由自适应控制系统自动计算出最佳吸附分周期时间并进行适时修正。对吸附时间做出准确及时地调整,使装置的运行更加稳定。

如图 4-11 所示为分周期时间计算过程示意,分周期时间乘以每个吸附塔吸附的分周期数,即为单塔的吸附时间。原料气流量 FT 经过温度(TT)压力(PT)补偿后得到流量 F_0,再根据原料气的成分进行杂质组分修正得到 F_1,然后引入产品分析指标 AT 进行综合计算,得到计算分周期时间 T_c,最后为了增加在装置开车或故障等情况时操作的灵活性,在分周期计算回路中加入了可修正系数 K_i,最终计算出合适的分周期时间 T_{ac}。计算出的分周期时间 T_{ac} 通过自适应控制程序自动应用到运行步骤中,匹配好包括均压降、顺放、逆放、冲洗/抽真空、均压升、终充等各步骤的执行时间,这一过程是连续且实时、自动进行的,以达到装置全自动适应外部运行条件的目的。

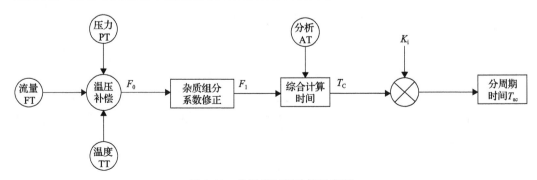

图 4-11　分周期时间计算示意图

吸附时间是变压吸附装置控制运行指标及产品质量的关键参数，自适应控制系统引入吸附时间的自动调节子系统可以快速准确实现运行工况变化后时间参数的自动调节，并且实时性非常好，使变压吸附装置的运行控制性能大大提升。在运行过程中技术人员可以根据装置的运行状况、吸附剂的吸附性能等因素，通过调整可修正系数 K_i 对计算值进行适当的修正，使计算值更接近真实的操作参数。

2. 终充气量调节子系统

终充又称为最终升压，吸附床层再生完成后通过一系列的均压升步骤，压力还未达到吸附压力，需要利用部分产品气进行逆向充压，吸附塔通过最终升压步骤后达到吸附压力，平稳地进入下一次吸附操作。用产品气逆向充压完成最终升压的同时可以将杂质的吸附前沿更进一步推回吸附床层进料端，并使其浓度前沿变陡，有利于下一步的吸附过程，保证产品气的纯度。由于采用产品气对吸附塔进行最终升压，升压过程中的气量控制不仅关系到吸附塔的充压过程是否平稳，而且直接影响到产品气输出的稳定，因此终充气量调节子系统是变压吸附装置重要的调节系统之一。

终充气量调节采用经典的比例-积分-微分（PID）闭环控制，通过引入原料气流量参数、均压升结束压力（即终充的起始压力）、终充执行时间和终充总时间、吸附压力等参数，自动计算出终充 PID 调节器的实时设定值，其被调量由调节器自动跟踪处于终充步骤的吸附塔的压力，再经 PID 运算后输出终充调节阀的开度值。终充气量调节的理想状态是以恒定的流量对吸附塔进行最终升压，即在压差较大的充压初期，终充调节阀开度较小，充压后期由于压差变小，调节阀开度逐步增大，既保证终充吸附塔稳定升压，又确保产品气输出平稳。实践证明这是一个非常有效的调节方案，避免了由于终充不到位对吸附过程的影响和终充过度对产品气输出的影响。

3. 顺放冲洗气量调节子系统

在采用冲洗流程的变压吸附装置中，顺放冲洗是吸附剂再生过程中的关键步骤，对吸附剂的再生起着重要作用。完成均压降步骤的吸附塔还处于较高的中间压力，通过顺向放压进一步降低吸附塔压力，使顺放步骤结束时吸附前沿刚好到达吸附塔出口，因此顺向放压过程中气体组分仍接近于产品气，利用冲洗调节阀控制顺放气对处于冲洗再生步骤的吸附床层进行冲洗再生。在冲洗再生过程中，为了达到较好的吸附剂再生效果同时保持解吸气输出压力的稳定，维持冲洗气量的持续稳定是冲洗气量调节的主要目的。顺放冲洗调节过程采用 PID 调节控制方式，在变压吸附工艺中顺放冲洗调节阀是间歇工作的（对于同一个吸附塔为连续工作），因此在冲洗步骤初期需要根据装置运行负荷进行计算并设定冲洗气量调节阀的初始开度值，以确保 PID 的平稳调节，避免系统振荡。再通过顺放的起始和结束压力、冲洗执行时间和冲洗总时间，自动计算冲洗 PID 调节器的设定值变化曲线，在 PID 调节器的作用下使其被调量（顺放气压力）跟随设定值曲线变化，从而控制顺放气持续稳定地进入吸附塔冲洗再生吸附床层，达到冲洗再生、持续稳定输出解吸气的目的。

在顺放冲洗气量调节中，由于建立了装置运行负荷与顺放冲洗调节阀初始开度的关联关系数学模型，当装置运行负荷变化时，控制系统自动调整调节阀初始开度，同时由吸附时间自动调整作用自动匹配顺放冲洗时间，达到顺放冲洗气量调节自动适应装置运行的目的。

4. 解吸气压力调节子系统

变压吸附装置的解吸气中含有大量热值较高同时也是有毒、有害的气体组分，随着国家对环保要求的日益严格，以及工厂对于能效利用要求的提高，所有工业气体均需要回收处理和利用。为此解吸气通常经过加压送至其他工艺流程处理或者作为燃料气送燃料管网，这对解吸气压力波动范围要求极为严苛。对于产品气为吸附相的变压吸附装置，解吸气出口压力较低，产品气对外输出均需要压缩机增压，因此压缩机入口解吸气压力的稳定性同样重要。

变压吸附装置的再生过程中，吸附剂中被吸附的杂质通过吸附塔逆向泄压排出，当吸附塔压力降至常压，通过冲洗或者抽真空方式进一步再生解吸。在逆放步骤中，吸附塔压力匀速下降有利于杂质的降压解吸，逆放气的流速过快会导致吸附剂粉化，逆放速度不均匀将影响解吸气压力的稳定，逆放压力调节无论是对于吸附剂的解吸还是解吸气压力的平稳都非常重要。

变压吸附工艺的解吸过程由逆放、冲洗或抽真空等步骤组成，各阶段气量不同，是一个不稳定和不连续的过程。如图 4-12 所示，为了得到连续、稳定的解吸气，保证后续工序生产的稳定，在解吸气管路设置缓冲罐和混合罐这样的缓冲装置，并配合逆放压力调节阀和解吸气压力调节阀。逆放初期压力较高的解吸气通过程控阀泄压至解吸气缓冲罐，逆放后期和冲洗步骤压力较低的解吸气，由逆放调节阀经过压力调节后进入解吸气混合罐，设置在解吸气缓冲罐与解吸气混合罐之间的解吸气压力调节阀在解吸气量减少的冲洗后期，一方面由缓冲罐中压力较高的解吸气对混合罐进行补充，起到稳定解吸气混合罐压力的目的，使解吸气平稳输出；另一方面对解吸气缓冲罐起到泄压作用，为下一次逆放时接收解吸气做好准备。当装置运行负荷、原料气组分及产品气纯度的要求改变时，解吸气量也随之变化，解吸气压力调节系统根据这些变化的参数，结合逆放开始压力、逆放结束压力、逆放步骤时间等因素计算出逆放调节阀的设定值(SP)理想变化曲线，被调量(PV)自动跟踪正处于逆放步骤的吸附塔压力，经 PID 计算输出实现对逆放

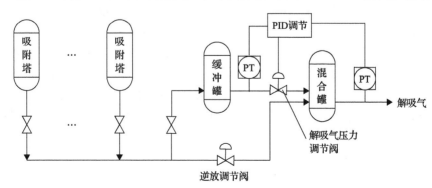

图 4-12 解吸气压力调节系统图

压力调节阀的开度控制，使逆放压力匀速、平稳地下降。在吸附床层再生末期，进入解吸气混合罐的解吸气量减少，解吸气压力调节阀将解吸气缓冲罐中的气体平稳地补充到混合罐中，保证解吸气输出压力稳定。

4.2.2　故障诊断及切换系统

大型变压吸附装置在现代化工生产中一般属于主流程中的重要环节，一旦出现故障而导致停车，前后生产流程将无法衔接，会对主装置的稳定运行造成致命影响。因此变压吸附装置的运行连续性显得尤为重要。与炼油化工、煤化工装置配套的大型变压吸附装置都要求在与主装置相同的大修周期内保持连续生产，这就需要变压吸附装置具备故障自诊断及在线检修的能力，即故障诊断和切换系统。

1. 故障诊断系统

变压吸附装置的运行是通过一系列与吸附塔相连的程控阀按预定顺序、周期性开关来实现的。因此程控阀的准确、迅速动作是装置连续运转的基本保障。程控阀一旦出现故障，会直接影响装置的正常运行。这就要求控制系统能够快速、准确地判断程控阀的故障状态及位置，采取措施及时隔离故障，保证装置继续运行，避免非计划停车。这一用来分析和判断程控阀故障的系统即变压吸附装置故障诊断系统。

变压吸附装置故障诊断系统由程控阀阀位检测装置和吸附塔压力分析两部分组成。程控阀执行器上安装的阀位回讯开关用来检测程控阀的开关状态，如果程控阀开关状态改变，而控制系统在预定时间内未接收到正确的阀位反馈信号，则由控制系统发出程控阀故障报警信号，用以警告和提示操作人员程控阀发生故障需要及时处理。通过长期的现场经验来看，仅通过阀位回讯信号来判断程控阀故障不够可靠。为避免由于阀位回讯开关自身故障或者回讯开关回路故障而引起程控阀误报警，控制程序还同时引入了吸附塔压力自动跟踪和分析判断的功能，通过对吸附塔运行压力的分析来进一步判断程控阀的运行情况。控制程序自动跟踪吸附塔在各个工作步骤时的压力，并与系统内部存储的标准压力值进行实时比对，如果偏差超过允许值则发出报警，警告提示操作人员吸附塔工作压力异常，控制程序再结合阀位回讯信号，就可以准确定位故障程控阀，同时启动故障切换系统，迅速隔离故障吸附塔，保证装置的连续运行。

2. 故障切换系统

故障切换系统是基于故障诊断系统准确定位故障位置并发出报警提示后，手动或者自动隔离故障程控阀所属吸附塔的专用程序。故障切换系统可以实现在同一套变压吸附装置中多个吸附塔的任意切换和重新组合，在装置不停车情况下隔离故障吸附塔，保证生产装置连续运行；也可在无故障工况下，无需停车而有计划地维护部分吸附塔或程控阀。该系统在保证产品气质量的前提下可确保变压吸附装置的长期、稳定、安全运行，同时可提高装置操作的灵活性。故障切换系统是变压吸附装置连续可靠运行的核心技术之一，切换系统又分为吸附塔离线和吸附塔在线过程。

1) 吸附塔离线

首先故障诊断系统锁定故障点并发出声光报警,随后自动或手动启动故障切换系统,在最近且压力扰动最小的步骤将故障吸附塔强制离线,自动关闭故障吸附塔上的所有程控阀,其余吸附塔自动组合成新的运行流程。在切换过程中,运行流程的变化将造成装置运行状态小幅波动,自适应控制系统随即自动介入工作,实时地调整吸附时间、调节阀开度等相关参数,使装置在较短时间恢复到稳定状态,确保装置继续连续、稳定地运行,无需人工干预。切换完成后,系统提示维护人员对故障程控阀进行检修。

2) 吸附塔在线

当故障排除以后,由操作人员手动启动切换系统,发出恢复命令。故障切换系统根据当前运行流程自动选择最佳恢复步骤,将故障排除后的吸附塔重新投入到运行流程中,以保证切入后压力扰动最小,达到平稳运行的目的。修复的吸附塔在线后,所有无故障的吸附塔又自动组合为新的运行流程,修复后的吸附塔重新参与工作,其程控阀根据新的运行流程进行开关控制。同时,自适应控制系统自动调整相关参数,稳定装置运行状态。

通过故障诊断系统、故障切换系统、自适应控制系统的协同工作,变压吸附装置完全具备了在线检修能力。目前大型变压吸附装置都配置了此类系统,可以实现多个吸附塔的隔离在线检修,如常用的 10 塔变压吸附提纯氢气流程,可实现从 10 塔到 5 塔运行流程的任意切换,可提高装置操作的灵活性,为变压吸附装置的连续生产提供保障。

4.3　吸附分离工艺的阀门控制

4.3.1　程控阀开关的顺序逻辑控制

1. 概述

变压吸附装置吸附塔的压力变化是通过一系列与之相连的程控阀按一定顺序、周期性地开关来实现的,因而程控阀的顺序逻辑控制是变压吸附装置最重要的控制内容之一。变压吸附工艺的特点要求程控阀具备动作迅速、开关频繁的特性,变压吸附装置的程控阀数量众多,对开关时间也有严格的要求,因此由人工操作程控阀难以实现,需采用自动控制系统来控制程控阀的开关过程。

单个程控阀开关控制典型回路如图 4-13 所示。控制系统按变压吸附工艺要求编制的顺序逻辑控制程序向开关量输出(DO)模块输出开阀或关阀信号,将直流 24V 或交流 220V 电压信号输送至程控阀配套的电磁阀,电磁阀动作后将电信号转换为气动信号,由仪表空气驱动程控阀的执行器从而控制程控阀的开关;在程控阀动作的同时,安装于程控阀执行器上的阀位回讯开关将阀门开关位置信号实时反馈给控制系统开关量输入(DI)模块,控制系统接收阀门的开关位置信号,对阀门状态进行显示和监控,由故障诊断系统实现阀门故障判断和报警。

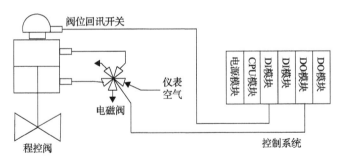

图 4-13　程控阀控制回路示意图

对于单个程控阀的控制过程，控制回路与常规的二位式开关阀门的控制无异。然而变压吸附装置工艺过程是由数量众多的程控阀按照严密的顺序逻辑协同工作来实现的，程控阀开关速度快、动作频率高，阀门的动作顺序在工艺上存在严格的逻辑关系，同一时刻有多个程控阀同步动作，控制所有程控阀开关顺序动作的程序称为变压吸附顺控逻辑控制程序。由它来执行变压吸附装置程控阀的开关过程，从而实现变压吸附装置不间断执行吸附-再生-吸附的循环过程。下面以典型的两塔和十塔工艺流程为例简述变压吸附装置程控阀的顺序逻辑控制。

2. 两塔变压吸附工艺流程的顺序逻辑控制

典型的两塔变压吸附工艺流程，吸附塔工作状态和程控阀开关如表 4-1 所示。从步骤 1 到步骤 8，吸附塔 A 完成从吸附到再生，准备下一次吸附的完整循环，吸附塔 B 完成从抽真空再生到吸附，准备下一次抽真空再生的循环过程。

表 4-1　两塔变压吸附工艺步序及程控阀开关步序表

	步骤							
	1	2	3	4	5	6	7	8
A 塔	FR	A	A/PP	A/ED	V	V	V/VP1	V/VP2
B 塔	V	V	V/VP1	V/VP2	FR	A	A/PP	A/ED
鼓风机进气阀 KV2	ON	ON	ON	ON	ON	ON	ON	ON
鼓风机回流阀 KV1	—	—	—	ON	—	—	—	ON
进气阀 KV3A	ON	ON	ON	—	—	—	—	—
进气阀 KV3B	—	—	—	—	ON	ON	ON	—
产品气阀 KV5A	—	ON	ON	—	—	—	—	—
产品气阀 KV5B	—	—	—	—	—	ON	ON	—
抽真空阀 KV4A	—	—	—	ON	ON	ON	ON	ON
抽真空阀 KV4B	ON	ON	ON	ON	—	—	—	—
均压阀 KV6	—	—	—	ON	—	—	—	ON
冲洗阀 KV7	—	—	ON	—	—	—	ON	—

注：V 表示抽真空；VP 表示抽真空冲洗；ON 表示程控阀打开；—表示程控阀关闭。

　　两塔变压吸附工艺流程是通过与吸附塔相连的 KV1～KV7 共 10 台程控阀，按照表 4-1 所示的工艺步序及程控阀开关图的顺序动作来实现的。变压吸附顺序逻辑控制的核心是程控阀的开关控制，根据程控阀开关图在控制系统中编制的顺序控制逻辑如图 4-14 所示，根据顺控逻辑图在不同的步骤输出特定阀门的开关状态，从而实现对应的吸附塔的工作状态。如在步骤 1，控制系统输出对应程控阀的开阀信号，完成该步骤鼓风机的进气、A 塔充压、B 塔抽真空的工作过程，该步骤的运行时间通过系统设定的步骤时间 T_1 来实现，当系统内部计时器时间超过该设定时间时，程序自动转入下一个步骤，也可通过步进按钮实现步骤的跳转，当完成最后一个步骤后，程序自动跳转到顺控程序的起点

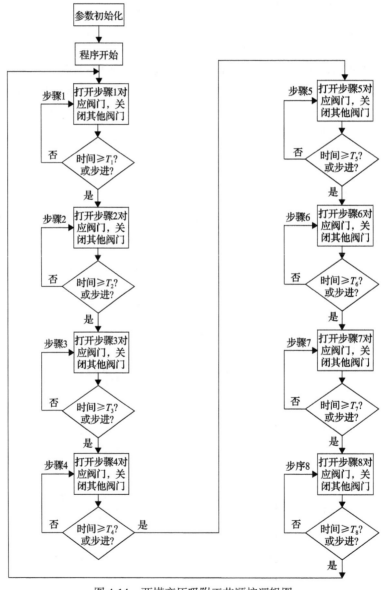

图 4-14　两塔变压吸附工艺顺控逻辑图

T_1～T_8-步骤 1～步骤 8 的设定时间

开始新的循环，周而复始。通过顺序控制逻辑程序完成步骤的切换从而实现整个循环的程控阀顺控过程，在不同步骤对应特定程控阀的开关，达到工艺过程的控制，实现两个吸附塔的交替吸附-再生-吸附循环工作，使吸附分离过程连续进行，持续输出产品气。

3. 10 塔变压吸附工艺流程的顺序逻辑控制

随着变压吸附技术的不断发展，以及近年来大型炼油化工、煤化工装置对于氢气用量需求的增长，变压吸附提纯氢气装置开始朝着多塔工艺方向发展，需要控制的程控阀数量也成倍增长，程控阀的顺序逻辑控制变得更加复杂，对自动控制的要求也更高。如果程控阀的顺序逻辑控制仍然采用上节的简单顺控逻辑则会使顺控程序变得非常复杂且冗长，将会成倍地增加控制系统的运行负荷，对于性能较低的控制系统，严重时将无法运行，同时控制程序的顺控逻辑性和可读性较差，不便于程序的修改和后期维护。因此对于多塔变压吸附的程控阀控制采用全新的控制方式来处理大量程控阀的开关顺控逻辑，下面以多塔变压吸附装置典型的 10 塔工艺为例简述程控阀顺控逻辑。

该工艺由 10 个工作吸附塔和若干程控阀组成。在主流程中，任意时刻均有 2 个吸附塔处于吸附步骤，其余吸附塔处于再生的不同阶段。吸附结束的吸附塔经多次均压降回收有效气体后，顺放结束后逆向放压至常压，再利用顺放气作冲洗气对吸附剂进行冲洗再生，再生合格的吸附塔经过多次均压升及最终升压将压力升至吸附压力，准备下一次吸附。10 塔工艺循环步序见表 4-2，单个吸附塔经历一个完整的吸附-再生循环需要经历 20 个步骤及对应的多个运行状态，并且 10 塔工艺变压吸附装置不仅设置了 10 塔主运行流程，还有 9 塔、8 塔、7 塔、6 塔和 5 塔等多个辅助流程，用于程控阀故障检修时的不停车连续生产。如果程控阀顺控逻辑仍以图 4-14 的方式按步骤顺序来控制所有的程控阀将会使程序量倍增，在这种简单的顺控方式中各个步骤顺控程序完全独立，当需要调整工艺流程时，须对每个步骤以及每个工艺流程的顺控逻辑进行逐一修改，工作量大且容易出错。

表 4-2　10 塔变压吸附工艺循环步序表

	步骤																			
	1	2	3	4	5	6	7	8	9	10	11	12	13	14	15	16	17	18	19	20
A 塔	A				ED					PP	D	P			ER					FR
B 塔	ER	FR	A				ED					PP	D	P			ER			
C 塔	ER			FR	A				ED					PP	D	P			ER	
D 塔	ER					FR	A				ED					PP	D	P		
E 塔	P		ER					FR	A				ED					PP	D	P
F 塔	D	P			ER					FR	A				ED					PP
G 塔	ED	PP	D	P			ER					FR	A				ED			
H 塔	ED			PP	D	P			ER					FR	A				ED	
I 塔	ED					PP	D	P			ER					FR	A			
J 塔	A		ED					PP	D	P			ER					FR	A	

对于多塔变压吸附装置，通常采用顺序逻辑控制方式来实现吸附塔状态和程控阀的输出控制。首先顺控逻辑程序按照表 4-2 中的步序表完成对 10 个吸附塔的工作状态计算并输出，吸附塔状态计算的顺控逻辑如图 4-15 所示，控制系统上电后，先进行参数初始化，包括每个步骤设定时间等。当顺控程序启动后，顺控逻辑按照步骤的顺序依次执行，以步骤运行时间和设定时间进行比较作为跳转条件，逐条输出每个步骤对应的吸附塔工作状态，直至最后一个步骤结束再返回到起始步。

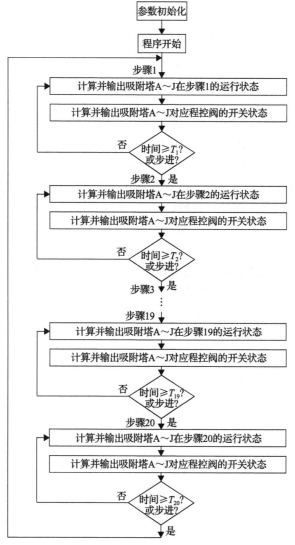

图 4-15　10 塔变压吸附装置吸附塔状态计算顺控逻辑图

$T_1 \sim T_{20}$-步骤 1～步骤 20 的设定时间

由顺控逻辑计算出 10 个吸附塔的工作状态后，再对单个吸附塔编制各自的程控阀开关顺控逻辑程序，通过对吸附塔工作状态的比较与判断来控制相关程控阀。如图 4-16 所示，以 A 塔为例的程控阀控制顺控逻辑，其余吸附塔的控制类似，10 个吸附塔的程控阀顺控逻辑与图 4-15 的吸附塔状态计算顺控逻辑同步运行，同步输出程控阀的控制信号，现在大型变压吸附装置的程控阀顺控逻辑常采用这种方式。当工艺流程调整时，只需要调整吸附塔状态计算顺控逻辑即可，无需修改阀门控制顺控逻辑；且对于除主流程外的辅助流程也仅需增加吸附塔状态顺控逻辑即可，很大程度上简化了变压吸附工艺的顺控逻辑，方便调试，同时保证了运行的可靠性。

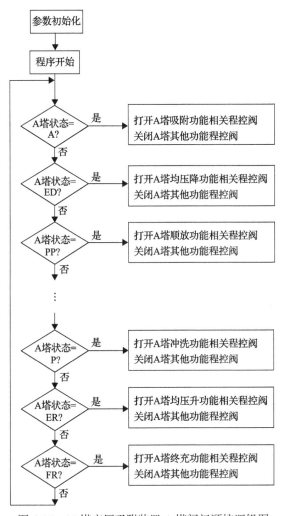

图 4-16 10 塔变压吸附装置 A 塔阀门顺控逻辑图

此外，得益于控制算法的不断进步，吸附塔状态计算也可采用与步骤关联的计算方式，无需逐条顺控执行，将更大程度简化控制逻辑，减轻控制系统的运行负荷，提高控制系统的执行效率。

4.3.2 调节阀的过程压力跟踪控制

在变压吸附工艺流程中，除了程控阀开关的顺序逻辑控制外，还需要相应的调节阀对吸附压力、终充气量、冲洗气量等进行调节控制。

1. 吸附压力调节

　　吸附压力由设置于吸附塔出口产品气管线上的吸附压力调节阀来控制，调节过程采用工业过程控制中广泛使用的 PID 调节方式。PID 调节器由比例调节器(P)、积分调节器(I)和微分调节器(D)构成，通过对偏差值的比例、积分和微分运算后，用计算所得的控制量来控制被控对象[6]。微分调节器具有超前调节功能，压力调节的滞后时间短，参数变化快，引入微分会干扰系统的正常调节，因此在吸附压力调节中通常采用比例(P)-积分(I)的调节方式，吸附压力调节系统见图 4-17 所示。

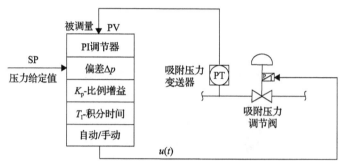

图 4-17　吸附压力调节原理图

　　在比例调节中，当被调量(PV)偏离给定值(SP)而产生了偏差(Δp)，调节器根据偏差大小决定调节阀的开度，对调节对象施加调节作用，使被调量回到给定值，这个作用就是比例调节。调节器的输出信号 $u(t)$ 与输入信号(指偏差，当给定值不变时，偏差就是被调量的变化量)Δp 之间呈线性比例关系[7]。即

$$u(t) = K_{\mathrm{p}}\Delta p \tag{4-1}$$

式中，K_{p} 是一个可调的放大倍数(比例增益)。

　　当被调量(吸附压力)与压力给定值间产生偏差时，比例调节器会自动调节输出 $u(t)$ 的大小。调节器的输出 $u(t)$ 会朝着减小偏差Δp 的方向变化。放大倍数 K_{p} 决定了调节器调节作用的强弱，通过调节放大倍数 K_{p} 的大小，调节器能够快速响应偏差，起到调节作用，稳定偏差。根据式(4-1)可知，比例调节器中输出 $u(t)$ 与偏差Δp 呈比例关系，要输出一定的调节阀开度就需要有一定的偏差Δp，在调节稳定时的偏差值称为静态偏差。因此比例调节始终无法消除静态偏差，影响调节精度。为了消除静态偏差，在比例调节器的基础上并入一个比例积分调节器，比例积分调节规律可用式(4-2)表示[7]。

$$u(t) = K_{\mathrm{p}}\left(\Delta p + \frac{1}{T_{\mathrm{I}}}\int_0^t \Delta p \mathrm{d}t\right) \tag{4-2}$$

式中，T_{I} 为积分常数，积分常数 T_{I} 的大小决定了积分作用强弱程度，T_{I} 选择越小，积分的调节作用越强。积分调节器的输出不仅与偏差信号的大小有关，还与偏差存在的时间长短有关，只要偏差存在，积分的调节作用就会不断地增强，直至消除比例调节器无法消除的

静态偏差，调节器的输出才稳定下来不再变化，因此积分调节作用能够自动消除偏差。在变压吸附装置的实际应用中，工程技术人员根据理论计算和工程应用经验来整定放大倍数和积分时间，使吸附压力的扰动在比例和积分调节器的共同作用下，能够迅速趋于稳定。

2. 终充气量调节

终充的目的是利用部分产品气对均压升结束后的吸附塔进行最终升压，使其压力达到吸附压力，平稳地进入吸附步骤。要做到对吸附塔和产品气均无扰动，就需要对终充气量进行精准控制，在整个升压过程中终充的气量尽可能保持平稳。

终充调节阀设置于产品气管线与终充程控阀管线之间，在终充开始时打开处于终充步骤的吸附塔对应的终充程控阀，同时终充调节阀开始参与调节，在此过程中终充程控阀只起到连通管线作用，而终充气量的调节则由终充调节阀来完成。

终充调节阀的调节器仍然采用比例积分的调节方式，该调节器最大的特点如图 4-18 所示，其给定值是根据吸附压力、终充吸附塔压力、终充执行时间和终充步骤时间等参数计算得出，其被调量自动跟踪终充步骤吸附塔的压力。由前文所述吸附塔的工作过程可知，所有的吸附塔在同一时刻均处于不同的工作步骤，循环轮流工作。对于终充步骤，不同时刻终充的吸附塔是不同的，而终充调节器的被调量始终自动跟踪正处于终充步骤的吸附塔压力，这就要求终充调节阀的动作需要与吸附塔的工作过程保持同步，终充调节阀不仅有比例积分调节，而且还要受顺控逻辑程序控制。

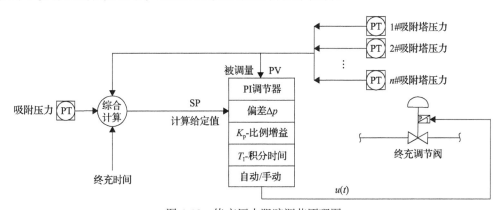

图 4-18　终充压力跟踪调节原理图

终充 PI 调节器的被调量自动跟踪：吸附塔均压升结束后，顺控逻辑程序通过吸附塔的工作状态进行判断，将处于终充步骤的吸附塔压力测量值作为 PI 调节器的被调量输入，直到该吸附塔终充过程结束。程序切换到下一个吸附塔终充时，PI 调节器被调量也随之切换，进行新一轮的终充过程。

终充 PI 调节器的给定值自动计算：在终充过程中，需要将被调量从均压升结束压力平稳地上升到吸附压力，被调量是一个随终充时间变化的量，若采用常规的固定压力给定值则无法满足工艺要求。这就需要建立一个包含压力给定值与均压升结束压力、吸附压力及终充进行时间等参数的数学模型，使压力给定值随终充时间呈线性变化，实时地对被调量进行调节，终充吸附塔的压力在 PI 调节器的作用下跟随预设数学模型曲线变化，在满足终充所需气量的前提下保证产品气流量及压力的稳定。在装置运行负荷及压力发生变化时，自适应控制系统自动介入并实时调整终充的调节参数，以达到最优控制状态。吸附塔终充压力变化趋势曲线如图 4-19 所示。

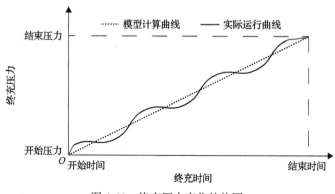

图 4-19　终充压力变化趋势图

3. 冲洗气量调节

冲洗是吸附床层再生过程关键的一步，是通过降压吸附塔的顺向放压气体对再生塔进行冲洗再生的过程。在整个冲洗步骤中，始终由冲洗调节阀控制顺放罐压力和冲洗气量，保证冲洗气均匀而平稳地对吸附床层进行再生。冲洗再生分两种方式：无顺放缓冲罐和有顺放缓冲罐，其流程分别见图 4-20 和图 4-21。

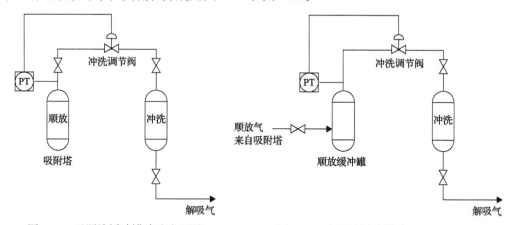

图 4-20　无顺放缓冲罐冲洗流程图　　　　　图 4-21　有顺放缓冲罐冲洗流程图

无顺放缓冲罐的冲洗流程：均压降结束后的吸附塔压力仍然较高，打开吸附塔出口顺放冲洗程控阀和冲洗调节阀对处于再生的吸附床层进行冲洗，以达到充分回收有效气体的目的。顺放冲洗的过程是通过设置于顺放程控阀和冲洗入口程控阀之间的冲洗调节阀，对顺放吸附塔压力和冲洗气量进行调节控制。冲洗调节阀仍然采用 PI 调节器，与终充压力调节不同之处在于，调节器的被调量始终自动跟踪处于顺放工作步骤的吸附塔压力测量值，而调节器的给定值是由一个包括顺放开始压力、顺放结束压力和顺放冲洗时间等参数的数学模型综合计算得出，该数学模型模拟顺放过程压力变化理想模型曲线，由 PI 调节器控制顺放塔压力随理想模型曲线变化。当顺放塔轮换时，顺控逻辑自动跟踪新的顺放吸附塔压力，同时建立新的压力变化模型曲线。无顺放缓冲罐的冲洗流程中顺放和冲洗是同步进行的，若要增加冲洗步骤的时间，顺放步骤时间也会同步增加，吸附塔工作时间难以得到充分利用。

　　有顺放缓冲罐的冲洗流程：在顺放过程中，通过打开吸附塔出口顺放程控阀，均压降结束后的吸附塔顺着吸附方向放压进入顺放缓冲罐，达到顺放结束压力后立即关闭顺放程控阀结束顺放过程。在冲洗过程中，储存在顺放缓冲罐的顺放气通过冲洗调节阀以及对应程控阀对处于再生的吸附床层进行冲洗。从图 4-21 所示流程可以看出，顺放和冲洗过程是独立完成的，因此在延长冲洗再生过程时间的同时，顺放时间可以保持不变，有效利用了吸附塔的工作时间，将有效的时间用于吸附剂再生步骤，使吸附剂再生更加彻底。带双顺放缓冲罐的冲洗流程不仅具有以上特点，而且还实现了顺放冲洗分步进行，进一步提高了吸附剂再生的效果。在优化工艺的同时，冲洗调节阀的控制也变得更加复杂。其控制除需要自动跟踪冲洗状态的吸附塔压力外，由于顺放与冲洗的不同步进行，顺放是间歇的过程，而冲洗却是连续过程，顺放缓冲罐的压力变化不再是单向逐渐降低的过程，在冲洗和顺放同时进行的阶段，顺放缓冲罐处于既有进气也有排气的状态。为了稳定冲洗调节阀的输出，从而保证冲洗气量稳定，这就需要对冲洗调节阀的设定值建立更加复杂的数学模型，以使整个冲洗过程气量均匀、平稳。在顺放与冲洗阶段，有顺放缓冲罐时其压力变化如图 4-22 所示。

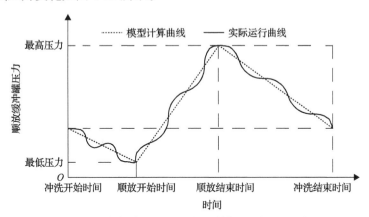

图 4-22　顺放与冲洗阶段顺放缓冲罐的压力变化趋势图

4. 逆放压力调节

　　在吸附床层的再生过程中，吸附杂质开始大量解吸是从逆放步骤开始的，逆放过程要求吸附塔压力平稳地降低，一方面能够让被吸附的杂质尽可能多地解吸，另一方面避免逆放气对解吸气的冲击，保证解吸气压力的稳定。解吸气流速过快，还会导致吸附剂的粉化。逆放过程通过设置在逆放总管上的逆放调节阀来控制逆放速度和压力。

　　如图 4-23 所示，在吸附塔处于逆放步骤时，打开吸附塔底的逆放程控阀，解吸气从塔底逆向放压至逆放总管，通过总管上的逆放调节阀来调节控制泄压的速度。逆放调节阀可选择 PI 调节，其调节方法与终充调节阀类似，但作用方式相反。逆放调节阀的被调量由顺控逻辑程序自动跟踪处于逆放步骤的吸附塔压力测量值，而其设定值也是一个随逆放时间变化的函数，通过逆放吸附塔开始和结束压力及逆放时间建立的数学模型进行计算得出，在 PI 调节器的作用下，使处于逆放步骤吸附塔的压力跟随设定值数学模型曲线变化，达到平稳降压的目的。

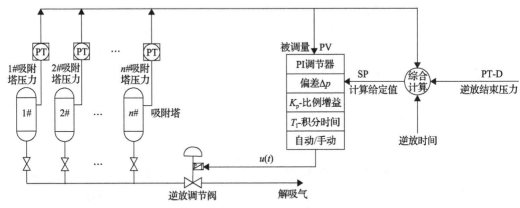

图 4-23　逆放压力跟踪调节原理图

逆放调节阀除采用 PI 调节器进行精确地调节外，还可以在吸附塔压力变送器故障或解吸气压力波动较大等状况时，选择一种更为简单的控制方式——斜率调节。在逆放初期，吸附塔压力与解吸气压力之间压差较大，调节阀以较小开度进行限流；在逆放中后期，由于吸附塔压力的下降，与解吸气之间的压差变小，此时通过逐步增大调节阀开度来保证解吸气的流量。

4.4　吸附分离装置的主要仪表

4.4.1　电磁阀及阀位检测

由变压吸附装置的工艺特点可知，吸附塔的压力变化过程是通过一系列程控阀的开关来实现的，而其关键设备程控阀是由阀体、执行机构及阀芯等组成，包括附件阀位回讯开关、电磁阀等[8]。通常程控阀搭配的电磁阀和阀位回讯开关的连接结构如图 4-24 所示。控制系统将直流 24V 或交流 220V 电压信号送至现场电磁阀线圈，在电磁阀的作用下控制程控阀上、下气缸的进气和排气，在仪表空气的推动作用下改变程控阀执行机构

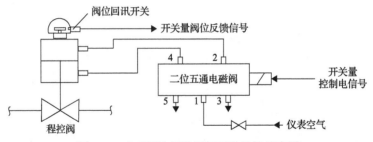

图 4-24　电磁阀和阀位回讯开关连接示意图

的动作方向，从而控制程控阀的开关。与此同时，程控阀执行机构上的阀位回讯开关将检测到的程控阀实际开关状态信号传送回控制系统，用于阀位状态指示和故障诊断。

电磁阀由两个基本功能单元组成：一是电磁线圈(电磁铁)和磁芯，二是滑阀，即包含数个孔的阀体。电磁线圈带电或失电时，磁芯的运动导致流体通过阀体或者被切断。根据程控阀执行机构的双作用动作特性，与之配套的电磁阀型式要求选用二位五通或者二位四通。图 4-25 为二位五通电磁阀的气路原理图，结合图 4-24 可以看出：当电磁阀线圈得电时，电磁阀先导阀芯动作，电磁阀的 4#口与 1#进气口导通，仪表空气从 1#入口进入，经过电磁阀 4#口给程控阀下气缸充气，同时电磁阀的 2#口与 3#排气口导通，程控阀的上气缸经过电磁阀 2#口排出仪表空气，程控阀在仪表空气的推动下迅速开启。当电磁阀线圈失电时，电磁阀 2#口与 1#进气口导通，4#口与 5#排气口导通，程控阀下气缸排气，上气缸进气，在仪表空气的作用下程控阀关闭。电磁阀的作用是将电信号转换为推动程控阀动作的气源信号，电磁阀属于精密元器件，对其通过的仪表空气要求极为严苛，根据规范及使用的要求,需要做到无水[操作压力下露点需比装置地区历史上年(季)极端最低环境温度至少低 $10\,\mathrm{°C}$]，其含尘颗粒直径不应大于 $3\mu\mathrm{m}$，含尘量应小于 $1\mathrm{mg/m}^{3[9]}$。即便如此，在电磁阀安装位置前，一般是在变压吸附装置仪表空气供气主管线上还应加装空气过滤减压阀，特殊情况时也可在每个电磁阀前单独加装，用于再次过滤仪表空气中的杂质成分，同时将供气压力调整至程控阀允许工作压力范围。若仪表空气达不到要求，或者仪表空气管道安装完成后吹扫不彻底，杂质进入电磁阀内将会导致电磁阀阀芯卡阻影响程控阀的动作，在变压吸附装置运行过程中，程控阀的开关故障较大一部分属于此类故障。

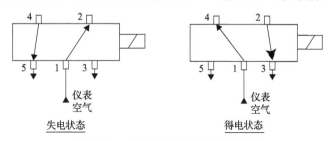

图 4-25　二位五通电磁阀气路原理图

作为程控阀配套的关键附件，电磁阀的选型尤为重要,其选型主要考虑以下几个方面。

(1)由于通过电磁阀控制的程控阀的口径一般都较大，而程控阀开启需要的仪表空气操作压力通常在 0.4~0.6MPa，为了保证电磁阀开启后能够传递程控阀执行机构所需的足够动力源，电磁阀需要选用足够口径尺寸，同时为了保持电磁阀线圈的小尺寸，一般不选用磁芯直接启闭阀体孔的直动式电磁阀，而采用磁芯启闭先导孔的先导式电磁阀。

(2)根据程控阀执行机构的双作用特性，选择单电控二位四通或二位五通型电磁阀，也可选用二位三通电磁阀搭配二位五通或二位四通气控阀的组合形式。

(3)电磁阀的口径分管径、通径两个不同概念。管径专指电磁阀安装方式为管道连接式时的接管口径，也就是它的外部接口尺寸。对于常用的电磁阀来说，通常用连接口螺纹形式和尺寸来表示(如 1/4in[①]NPT 或者 G1/4in)。通径则指电磁阀内部通路的口径，有

_____

① 1in=2.54cm。

的样本又称为标称直径，通常以英寸表示。后者更是我们特别关注的主要参数之一，电磁阀的流通能力与它直接相关。在选择电磁阀的口径时，根据程控阀执行机构所需仪表空气来对应电磁阀的流通能力，从而确定其口径。

(4)变压吸附装置通常为爆炸危险性环境区域，在选型时需要按照装置防爆区域划分要求来选择对应防爆等级的部件材质、电磁线圈、外壳密封形式及接线盒型式和材质。

(5)电磁阀线圈电压，为了现场操作的安全性，通常选用标准制式的直流24V供电电压，特殊情况可选用交流220V电压。

(6)电磁阀的功率(功耗)，电磁阀选型样本上都有功率(功耗)这项参数，这种额定功率指的均是保持伏安值，即电磁阀保持开启或关闭位置时要求电磁阀线圈带电时的功耗。在其供电回路设计时应予特别关注，在供电回路较短时，可选择常规功耗电磁阀。但在供电距离现场较远的情况，为了保证线路电压降在电磁阀正常开启或关闭的允许范围，在不增加电缆线径的情况下可选择低功耗电磁阀或选用交流供电电磁阀。

(7)根据电磁阀工作的环境温度、相对湿度等，选择常温或低温型号，以及合适的防护等级。

此外，电磁阀对于控制系统开关量输出卡件的接点也有一定的要求，首先这种输出接点要适用于电磁阀这类感性负载，其次要求按电磁阀电源种类、电压等级及功率大小供给电源。对于后者，控制系统为DCS时，由控制系统外部的电源柜或电源模件供电，即DCS的开关量输出卡件与外部相应的配电回路串接后去驱动电磁阀，而控制系统为PLC时则通常要求控制系统直接输出有源接点。如选用双向晶闸管输出模块，则需要再添加外部继电器作为系统输出，这有利于模块的安全工作。

由于变压吸附装置程控阀的高频动作特性，机械式的阀位回讯开关无论是使用寿命还是响应速度都无法满足阀门动作的要求。因此程控阀的阀位回讯开关通常选择接点信号输出的电磁感应式传感器探头，配套安全栅或者直接进入控制系统。传感器探头一般安装在程控阀执行机构顶部，通过对安装在阀杆上的金属体产生电磁感应来输出接点信号。根据防爆要求，可选用本质安全型或者隔爆型的传感器，当选用本质安全型的传感器时需要配套开关量输入安全栅对接点信号进行隔离，以达到本安防爆的目的，最后送入控制系统作为阀位指示输入信号。

4.4.2 压力、压差和温度测量

1. 压力测量

压力测量分为就地测量和远程测量两类。由于变压吸附装置一般不涉及腐蚀介质，就地压力测量通常选择结构简单、使用方便、价格合理、性能可靠的弹性式压力表。弹性式压力表是工业生产中使用最广泛的一种压力测量仪表，是根据弹性元件受压产生的弹性变形(即机械位移)与所受压力成正比的原理工作的。变压吸附装置根据不同的工艺流程及位置选择对应的压力表，冲洗流程的吸附塔压力检测通常选择普通弹簧管压力表，抽真空流程的吸附塔压力则需要选择真空压力表，而较低的解吸气压力测量还需要选择膜盒压力表来保证测量精度等，变温吸附流程或公用工程蒸汽压力等工作温度较高的压

力测量还需要压力表配套带冷凝结构。

远程压力测量显示主要是通过压力变送器来实现的。压力变送器的主要功能是检测流体介质的压力,当介质压力直接作用在测量膜片的表面时,膜片产生微小的形变,测量膜片上的高精度检测电路将这个微小的形变转换成为与压力成正比的高度线性、与激励电压也成正比的电压信号,然后采用专用芯片将这个电压信号转换为工业标准的 4~20mA 直流电流信号或者 1~5V 直流电压信号,最后送入控制系统进行数据处理及显示。

2. 压差测量

变压吸附装置的压差测量主要应用在气液分离器等的液位远传测量、差压式流量计的压差测量和精密过滤器前后的压差测量等。当变压吸附装置原料气含有高烃或饱和水等组分时,需要在原料气入口设置气液分离器来分离液态物质,避免对吸附剂产生影响,为了实现气液分离器液位的远程监控,一般选用精度较高的差压式液位变送器来测量液位,同时结合自动排液阀对液位进行控制。当流量计选用差压式节流装置时,与之配套差压变送器来测量节流装置前后的压差,进而计算出工艺介质的流量,差压变送器的工作原理与压力变送器相同,用于液位的差压变送器通常选择带双法兰的隔膜式差压变送器,而用于测定流量差压或过滤器差压则选择普通差压变送器配 3 阀组或 5 阀组的结构形式。

3. 温度测量

气体温度是重要的检测参数之一。在变压吸附工艺中,原料气的温度是影响吸附剂吸附效率的重要因素,装置运行时也需要测量温度用于体积流量的温度补偿。对于变温吸附工艺,温度更是重点监控的参数指标;温度的准确测量和控制,直接影响变温吸附装置的运行效果。

测量较低温度时,热电偶产生的热电势较小,测量精度较低。变温吸附装置工作在中低温区,一般选择分度号为 Pt100 的热电阻温度计来测量介质的温度。热电阻温度计由热电阻、显示仪表或温度变送器及连接的中间环节组成。热电阻是整个热电阻温度计的核心元件,能将温度信号转换成电阻的变化,或者通过温度变送器转换成 4~20mA 标准直流电流信号传送给控制系统显示控制。热电阻温度计具有性能稳定、测量准确度高等特点,广泛用于–200~650℃的温度测量。

双金属温度计是一种测量中、低温度的现场温度检测仪表,是利用固体受热产生几何位移作为测量信号的一种固体膨胀式温度计,可以直接测量–80~500℃的液体、蒸汽和气体的温度,温度显示直观方便、安全可靠。因此通常作为变压吸附装置和变温吸附装置就地温度测量的优先选择。

4.4.3 调节阀

调节阀又名控制阀,在工业自动化控制领域中,调节阀是常用的执行器。控制过程是否平稳取决于调节阀能否准确动作,使过程控制体现为物料、能量和流量的精确变化。因此,要根据不同的工况需要选择不同的调节阀。

调节阀是以压缩空气(或氮气)为动力源,以气缸(通常为薄膜式或者活塞式)为执行器,并借助于电气/智能阀门定位器、电磁阀等附件去驱动阀门,接收工业自动化控制系统的控制信号来完成调节管道介质的流量、压力、温度等各种工艺参数。

变压吸附装置通过开关阀(程控阀)和调节阀的开闭来实现压力变化进而实现吸附、再生的过程,最终对混合气体进行组分分离。在这个过程中,调节阀扮演着重要的作用:产品气及解吸气压力的稳定调节、吸附压力的稳定、终充及顺放的平稳进行等。因此调节阀的合理选型对于变压吸附装置平稳运行有重要影响。

1. 结构形式的选择

调节阀的结构种类很多,常用的阀体结构有单座调节阀、笼式调节阀、角形调节阀等。应当根据不同的使用情况,结合不同结构形式及阀门各自的特点,从耐压、成本、外观等方面进行选择。变压吸附装置常见的调节阀有小口径的单座调节阀(如终充、吸附压力调节等);对于需要流通能力大、阀门压差较小且管道口径较大的解吸气调节,通常选择偏心蝶阀;对于高压变压吸附装置阀门关闭压差较大时,需要选择多级降压降噪阀门等。

2. 流量特性的选择

调节阀的流量特性是指被调介质流过阀门的相对流量 Q 与位移(阀门的相对开度)间的关系。其数学表达式为[10]

$$\frac{Q}{Q_{\max}} = f\left(\frac{L}{L_{\max}}\right) \tag{4-3}$$

式中,$Q_{\max}$ 为调节阀全开时的流量,mm^3/s;L 为调节阀某一开度的行程,mm;$L_{\max}$ 为调节阀全开时的行程,mm。

调节阀的流量特性包括理想流量特性和工作流量特性。如表 4-3 所示,理想流量特性主要有直线、等百分比(对数)、抛物线和快开等 4 种,常用的理想流量特性只有直线、

表4-3   调节阀的4种理想流量特性表

流量特性	性质	特点
直线	调节阀的相对流量与相对开度呈直线关系,即单位相对行程变化引起的相对流量变化是一个常数	小开度时流量变化大,而大开度时流量变化小 小负荷时,调节性能过于灵敏而产生震荡,大负荷时调节迟缓而不及时 适应能力较差
等百分比	单位相对行程的变化引起的相对流量变化与此点的相对流量成正比	单位行程变化引起流量变化的百分率是相等的 在全行程范围内工作较平稳,尤其在大开度时,放大倍数也大,工作更为灵敏有效 应用广泛,适应性强
抛物线	特性介于直线特性与等百分比特性之间,使用上常以等百分比特性代之	特性介于直线与等百分比特性之间 调节性能较理想,但阀瓣加工较困难
快开	在阀行程较小时,流量就有比较大的增加,很快达到最大	在小开度时流量已很大,随着行程的增大,流量很快达到最大 一般用于双位调节和程序控制

等百分比、快开 3 种。抛物线流量特性介于直线和等百分比之间，一般可用等百分比特性来代替，而快开特性主要用于双位调节及程序控制中，因此调节阀特性的选择实际上是直线和等百分比流量特性的选择。

　　流量特性的选择方法有两种，一种是通过数学计算的分析方法，另一种是在设计工程中总结的经验法。由于分析法既复杂又费时，所以一般工程上都采用经验法。根据变压吸附工艺过程的特点，系统压力变化快而且频繁，通常以秒计，这就要求所选用的吸附压力调节阀、终充调节阀、顺放冲洗调节阀、逆放调节阀等不仅可以稳定地控制流量，而且还能在压力或流量变化时快速响应，即在小流量时调节作用缓和平稳，大流量时调节作用灵敏而有效，因此变压吸附装置调节阀一般选用等百分比的流量特性。在一些特殊的情况，如入口或者出口设置的具有切断功能的调节阀则可选用快开特性。

3. 口径的选择

　　调节阀口径的计算及选定首先需要计算出最小流量、正常流量和最大流量下的流量系数 C_{vmin}、C_{vnor} 和 C_{vmax}，式(4-4)和式(4-5)给出了气相 C_v 值计算公式[11]，C_v 值是阀处于全开状态，两端压差为 6.87kPa 的条件下，60℉(15.6℃)的清水每分钟通过阀的美加仑数。由于变压吸附装置主要为气体介质，仅给出气相 C_v 值计算公式。

　　(1)当 $\Delta p < p_1/2$ 时，

$$C_v = \frac{Q}{2.93} \sqrt{\frac{G(273+T)}{\Delta p(p_1 + p_2)}} \tag{4-4}$$

　　(2)当 $\Delta p \geqslant p_1/2$ 时，

$$C_v = \frac{Q\sqrt{G(273+T)}}{2.538 \times p_1} \tag{4-5}$$

式中，G 为相对密度($G_{空气}=1$)；Q 为标准状态下最大流量，m^3/h；T 为流体温度，℃；p_1、p_2 为阀全开时进、出口绝对压力，kPa，$\Delta p = p_1 - p_2$。

　　由式(4-4)和式(4-5)计算出的最小流量、正常流量和最大流量下的 C_v 值称为 $C_{v计}$，可作适当放大，圆整成 $C_{v选}$，使其符合制造厂提供的 C_v 值系列，然后以 $C_{v选}$ 与调节阀制造厂提供的流量系数系列值选定出流量系数额定值 $C_{v额}$。其中圆整放大系数按式(4-6)确定。

$$m = C_{v选}/C_{v计} \tag{4-6}$$

式中，线性调节阀 $m \geqslant 1.63$；等百分比调节阀正常流量时 $m \geqslant 2.0$，最大流量时 $m \geqslant 1.3$，两者的 C_v 选取较大值。

　　选定后的额定值 $C_{v额}$，对比调节阀制造厂提供的流量特性曲线，验算阀门的开度，一般调节阀的开度不得超过表 4-4 规定的范围[12]，蝶阀计算的最大流量对应的开度不得超过 60°，且调节阀的口径选择不得低于所在管道口径的 1/2。若通过验算则口径选择合适，若验算不符合要求，重新选择额定 C_v 值，重复以上步骤，直到合格为止。

表 4-4　调节阀相对行程和开度范围表

流量	调节阀相对开度/%	
	线性阀	等百分比阀
最大	80	85
正常	50～70	40～80
最小	10	20

　　最后进行调节阀的噪声验算，计算出的常规调节阀最大噪声应使其阀后 1m 和管道表面 1m 处的最大稳态噪声限值不得超过 85dB(A[①])；用于放空等脉动或间歇操作的调节阀在上述位置的最大脉动噪声限值不得超过 105dB(A)，否则需要选用低噪声调节阀或采取外部降噪措施。

　　以上调节阀口径选择方法仅适用于变压吸附装置中常规调节阀，如吸附压力调节、超压放空调节等阀前后压差基本稳定的情况。由于变压吸附工艺的特殊性，还存在如终充调节阀、顺放冲洗调节阀、逆放调节阀等阀前后压差随着工艺过程不断变化的调节阀，其调节阀的口径选择可依据以上计算方法，结合变化的压差，选择合适的阀门口径。以终充调节阀为例，阀前压力为稳定的吸附压力，阀后为随着终充的进行而变化的压力(范围为均压升结束压力至吸附压力)，在进行阀口径的计算选择时，计算最大流量下的流量系数 C_{vmax} 时选取阀门压差 $\Delta p = p_1 - p_2$ 为最小值，以保证阀门在最大流量时的流通能力；计算最小流量下的流量系数 C_{vmin} 时选取阀门压差 $\Delta p = p_1 - p_2$ 为最大值，以保证阀门在最小流量时的调节性能。再根据计算结果选择阀门的额定流量系数并验算阀门的开度，这样选择的阀门口径能够满足终充调节阀的各种工况，顺放冲洗、逆放等调节阀的计算方式类似。

　　虽然 C_v 值的计算结果是唯一的，但调节阀的类别选择却不唯一，因此在选择过程中需要有一定的现场经验，并结合变压吸附工艺特点和实际情况进行相应的抉择。

　　4. 材质的选择

　　调节阀材质的选择主要指阀体、阀盖和阀内组件(阀杆、阀芯、阀座)材质的选择。变压吸附装置调节阀一般随管道选择常规材质即可，部分装置如提纯二氧化碳等装置则需要选择耐腐蚀的阀体材质，变温吸附装置则需要选择耐高温的材质。由于变压吸附工艺的特点要求调节阀具备高频动作的特性，因此要求调节阀阀杆具有较高强度，填料具备耐磨的特性。

　　5. 执行机构的选择

　　执行机构的选择重点是考虑阀门的输出力矩是否满足阀门开关的要求，气开阀在关闭时应有足够的阀座密封压力，气关阀打开时要有足够的推力保证阀门的打开速度，而阀门的气开和气关是从工艺安全的角度进行考虑的。执行机构的选择还涉及弹簧的选择，由于变压吸附装置调节阀高频动作的特性，要求执行机构的弹簧需要有足够的抗疲劳能力。

---

① 加权声。

6. 其他

近年来变压吸附工艺逐步向快速变压吸附工艺方向发展,吸附时间缩短,调节阀的动作周期更短,要求部分阀门(如终充、逆放等)具备快开和快关功能,而大部分变压吸附装置介质为氢气,调节阀在高频动作下不仅要求阀内件有足够的强度,而且密封填料也需要保证达到要求的泄漏等级,目前部分厂家已经开始采用防泄漏结构和填料来保证填料的外泄密封,并取得了 TA-LUFT 低泄漏认证。此外,常规定位器也满足不了高频快速动作的调节要求,在选型时需要额外配置气路放大器或者增加旁路电磁阀来实现此功能,以达到快速变压吸附工艺要求。

4.4.4　流量计

流体移动的量称为流量。根据时间可以把流量分为瞬时流量和累积流量。测量瞬时流量的仪表称为流量计,累积流量是瞬时流量在一定时间间隔上的积分,可通过控制系统来完成。根据计算流体数量的办法或单位的不同,流量可分成体积流量和质量流量[13]。变压吸附装置常选择差压式或旋涡式流量计来测量气体介质的体积流量,选用转子流量计来测量公用工程介质流量,在需要精确计量时选用质量流量计来测量介质的质量流量。

1. 节流式流量计

节流式流量计(又称为差压式流量计)是一种技术成熟的流量仪表,它具有结构简单、安装方便、工作可靠、成本低、设计加工均已标准化等优点,是工业领域应用最广泛的流量测量仪表之一,特别适合大流量测量。节流式流量计是利用流体在流动过程中,一定条件下动能和静压能可以相互转换的原理进行流量测量的。通用的节流装置有孔板、喷嘴、文丘里管和文丘里喷嘴等[13],变压吸附装置通常选用孔板作为节流装置。节流式流量计由节流装置和差压测量装置两部分组成,在气体的流动管道上装有一个节流装置,内装一个孔板,孔板中心开有一个圆孔,其孔径比管道内径小,孔板前的介质稳定地向前流动,气体流过孔板时由于孔径变小,截面积收缩,使稳定流动状态被打乱,因而流速将发生变化,速度加快,气体的静压随之降低,于是在孔板前后产生压力降落,即差压(孔板前截面大的地方压力大,通过孔板截面小的地方压力小)。差压的大小和气体流量有确定的数值关系,即流量大时,差压就大,流量小时,差压就小。流量与差压的平方根成正比,通过差压变送器将差压信号转换成标准电信号送入控制系统进行处理,再经过温度压力补偿后得到反映实际流量的显示信号。

节流装置应安装在两端有恒定截面积的圆直管道之间,应满足节流件上下游直管段的长度要求,以确保流量测量的准确性,这就对工艺配管提出了较高要求,如果工艺配管无法满足以上直管段要求,可选用直管段要求相对低的多孔平衡流量计。

2. 旋涡流量计

旋涡流量计是利用流体振动原理来测量流量,当流体通过由螺旋形叶片组成的旋涡发生器后,流体被迫围绕旋涡发生体轴剧烈旋转,形成旋涡。当流体进入扩散段时,旋涡流受到回流的作用，开始作二次旋转，形成陀螺式的涡流进动现象。该振动频率与流量大小成正比，不受流体物理性质和密度的影响。检测元件测得流体二次旋转进动频率，就知道了流量。旋涡流量计能在较宽的流量范围内获得良好的线性度。

旋涡流量计具有功能强、流量范围宽、操作维修简单、安装使用方便等优点；旋涡流量计集流量、温度、压力检测功能于一体，并能进行温度、压力自动补偿；与节流式流量计相比压损更小。因此当节流式流量计不能满足要求的工况可选择旋涡流量计。

3. 转子流量计

转子流量计又称为浮子流量计，是通用的流量计之一，适用于一般标准节流装置不能应用的口径范围，主要用于中、小口径流量测量，广泛适用于液体、气体和蒸汽等介质，是小、微流量领域中应用最为广泛的流量计。

转子流量计的检测件是一根由下向上扩大的垂直锥管和一只随着流体流量变化沿着锥管上下移动的浮子组成，当流体自下而上流入锥管时，被浮子截流，在浮子上、下游之间产生压力差，浮子在压力差的作用下上下浮动，这时作用在浮子上的力有三个：流体对浮子的动压力(向上)、浮子在流体中的浮力(向上)和浮子自身的重力(向下)。流量增大，向上的力越大，浮子上升，浮子与锥管环隙面积增大，流速降低，从而向上的力减少，直至上下作用力再次平衡为止。浮子在锥管中的不同位置代表着不同的流量大小。

转子流量计按结构可分为玻璃管转子流量计和金属管转子流量计。玻璃管转子流量计由浮子、锥管及连接件三部分组成，锥管为透明玻璃材料，可以观察到管内浮子的位置与刻度的对应关系，现场直接读出流量；玻璃管转子流量计结构简单，价格低廉，安装使用方便，是变压吸附装置分析系统的预处理和实验室中用量较大的一种流量计，但由于玻璃管材料所限，不能用在易碎及高温高压场所。金属转子流量计与玻璃管转子流量计的工作原理相同，锥管材料为金属材料，不能直观地观察浮子位置，需要依靠磁耦合来实现浮子位置信号的转换，金属管与玻璃管相比，可以承受高温高压，结构牢固，不会破损，除具有就地指示型外，还有电远传型，可输出标准信号，用于控制系统采集信号。金属转子流量计主要用于变压吸附装置的公用工程如氮气、工厂风、伴热蒸汽、仪表风等小流量的流量测量。

4. 质量流量计

直接通过压缩充装对外销售的氢气或天然气等产品，其产品的计量不再仅为装置的工艺指标，涉及对外结算计量，一般选用测量精度较高的质量流量计。

质量流量的测量方法可分为两大类[14]：一是质量流量间接式测量方法，即同时测量流体的体积流量和密度值，由运算器计算得到流体质量，或是同时测量流体的体积流量和温度、压力值，利用流体密度与温度、压力之间的关系，计算出流体质量；二是质量流量直接式测量方法，流体测量直接反映质量流量值，与流体的密度、压力和温度等参数变化无关。

常用的质量流量计主要有直接式的热式质量流量计和科里奥利质量流量计。热式质量流量计的基本原理是利用外部热源对管道内的被测流体加热，热能随流体一起流动，通过测量因流体流动而造成的热量(温度)变化来反映出流体的质量流量。当流体成分确定时，流体的定压比热为已知常数。因此若保持加热功率恒定，则测出温差便可求出质量流量；若采用恒定温差法，即保持两点温差不变，则通过测量加热的功率也可以求出质量流量。由于恒定温差法较简单、易实现，所以实际应用较多。热式质量流量计适用于低密度(小分子量)、单组分或固定比例混合、洁净气体的测量，因此高纯氢气一般选用热式质量流量计。科里奥利质量流量计(简称科氏力流量计)是一种利用流体在振动管中流动而产生与质量流量成正比的科里奥利力的原理来直接测量质量流量的仪表。科氏力流量计结构有多种形式，一般由振动管与转换器组成。振动管(测量管道)是敏感器件，有 U 形、Ω 形、环形、直管形及螺旋形等几种形状，也有用双管等方式，但基本原理相同。

在质量流量计设计选型时，主要考虑以下几个方面。

(1)根据被测介质的类型来选择流量计的结构形式。

(2)根据工艺条件，选择与之匹配的耐压等级的传感器，由于氢气属于易燃易爆介质，要求流量计需要满足临氢环境的防爆等级和防护等级。

(3)测量范围的选择：首先，流量计的测量范围应能覆盖被测介质的工艺流量范围。其次，根据流量计的特性曲线，测量范围在满刻度流量的 20%以上时，曲线基本上是平直的，误差低于±0.3%。无论如何不能使测量范围选在 10%以下，此时质量流量计测量误差大大提高，精度明显降低，因此最好使测量范围工作在 30%~90%，由于质量流量计价格较高，常用流量应选择在最经济的流量范围，即在压损允许、测量精度满足要求的情况下，应尽量选择口径小一些的质量流量计，可以节约资金、更为经济，而且易于安装。但这种选择不是绝对的，若一味追求选择最小口径流量计，势必造成测量管内介质流速过高，特别对于氢气介质，若流速过高，极易因摩擦产生静电引起爆燃。因此，对于高纯氢气介质在选择流量计时应注意不要超过安全流速。

(4)在选型中还应充分考虑工艺允许的压损，以及传感器在允许压损条件下是否满足测量准确度的要求，在其他条件相同的情况下，应优先选用压力损失较小的质量流量计。

4.4.5　在线分析仪

分析仪表是对物质的组成和性质进行分析和测量，并直接指示物质的成分及含量的仪表。分析仪表分为实验室仪表和工业用自动分析仪表两类，前者由人工现场采样，然后由人工进行分析，其分析结果较准确；后者用于连续生产过程，能自动采样，自动分析，自动指示、记录、打印分析结果，也称为在线分析仪表。

体现变压吸附装置性能的一个重要的指标就是产品气的纯度(即产品气的体积分数，或者杂质含量)，产品气的纯度可直接通过常量分析仪测量。对于高纯度产品气杂质含量是工艺控制的重要指标，通过测量产品气中微量杂质成分的含量来监测产品质量。变压吸附装置吸附剂的吸附量也是根据吸附杂质的量来计算的，当原料气组分波动较大时，还需要测量原料气的组分构成，以此来精确计算装置运行负荷。操作及技术人员通过实时的在线分析数据来指导装置的操作、运行参数的调整，可将实时的分析数据作为输入条件来参与变压吸附装置的自适应控制系统，对相关组分进行实时分析检测需要在线分析仪来完成。

1. 热导式气体分析仪

热导式气体分析仪是一种使用悠久的物理式气体分析仪，用于分析气体混合物中的某个组分的含量。其具有结构简单、工作稳定、体积小等优点，在生产过程中得以广泛应用，主要用于分析混合气体中的氢气、二氧化碳、氮气、二氧化硫、氩气、氨气等组分的含量，而在变压吸附装置中主要用来分析原料或者产品气中的氢气、氮气和常量二氧化碳等组分的含量。

相对热导率：气体热导率的绝对值很小，而且基本在同一数量级内，彼此相差并不悬殊，因此工程上通常用相对热导率来标识，即各种气体的热导率与相同条件下空气热导率的比值。

设各组分的体积分数分别为 C_1，C_2，C_3，$\cdots$，C_n，热导率分别为 λ_1，λ_2，λ_3，$\cdots$，λ_n，待测组分的含量和热导率分别为 C_1、λ_1。则需要满足以下两个条件，才能用热导式分析仪进行测量。

背景气各组分的热导率需要近似相等或十分接近，即 $\lambda_2 \approx \lambda_3 \approx \lambda_4 \approx \cdots \approx \lambda_n$。

待测组分的热导率与背景气组分的热导率有明显差异，且越大越好，即 $\lambda_1 \gg \lambda_2$ 或 $\lambda_1 \ll \lambda_2$。

满足以上两个条件时：

$$\lambda = \sum_{i=1}^{n}(\lambda_i C_i) = \lambda_1 C_1 + \lambda_2 C_2 + \lambda_3 C_3 + \cdots + \lambda_n C_n \approx \lambda_1 C_1 + \lambda_2 (1 - C_1)$$

可得

$$C_1 = (\lambda - \lambda_2) \div (\lambda_1 - \lambda_2) \tag{4-7}$$

式中，λ 为混合气体热导率，$C_1 + C_2 + C_3 + \cdots + C_n = 1$。

由以上推论可知，当背景气稳定时，满足背景气各组分的导热系数十分相近或近似相等，且与待测气的热导系数有明显差异时，宜选用热导式分析仪[15]。变压吸附装置部分常见气体在 0℃时的热导率和相对热导率见表 4-5，可以看出，氢气的热导率远远大于背景气中各组分的热导率，变压吸附提纯氢气装置产品氢气纯度均较高，完全符合以上两个条件，因此热导式分析仪是在线氢气分析的最佳仪器。

表 4-5 部分常见气体在 0℃时的热导率、相对热导率表[16]

气体名称	热导率 $\lambda_0/10^{-5}[\text{cal}/(\text{cm}\cdot\text{s}\cdot℃)]$	相对热导率 (λ_0/λ_{A0})
空气	5.83	1.000
氢气	41.60	7.150
氮气	5.81	0.996
氧气	5.89	1.013
氯气	1.88	0.328
氩气	3.98	0.684

2. 红外气体分析仪

红外气体分析仪是一种光学式分析仪表,根据气体对红外线光吸收原理而制成。它具有灵敏度高、反应快、分析范围宽、选择性好、抗干扰能力强等特点,广泛应用于变压吸附装置的生产中,主要用于分析一氧化碳、二氧化碳、甲烷等气体的浓度。

由于各种分子具有不同的能级,除了对称结构的无极性双原子分子(如氧气、氮气、氢气)和单原子惰性气体(氩气、氖气、氦气)以外的有机和无机多原子分子物质在红外线区都有特征波长和对应的吸收系数。

红外线分析仪是利用红外线(一般用范围在 $2\sim12\mu m$ 的光谱)通过装在一定长度容器内的被测气体,然后测定通过气体后的红外线辐射强度 I。根据朗伯-比尔定律,气体对红外线的吸收可以用公式表示为[17]

$$I=I_0 e^{-KCL} \tag{4-8}$$

式中,I 为红外线通过待测组分后的平均光强度;I_0 为红外线通过待测组分前的平均光强度;K 为待测组分的吸收系数(常数);C 为待测组分的物质的量分数;L 为红外线通过待测组分的长度(气室的长度)。

即红外线透过待测组分后的光强是随组分浓度的增加而以指数规律下降的。当 KCL 很小时,式(4-8)可以近似为线性关系,即

$$I=I_0(1-KCL) \tag{4-9}$$

因此,测出红外线通过待测组分后的平均光强度 I,就能知道待测组分的浓度。为保证仪表的读数与浓度呈线性关系,当待测组分的浓度较大时,选用较短的气室;而当待测组分的浓度较小时,选用较长的气室。

红外线分析仪的主要特性如下。

(1)测量范围宽,可以分析气体的上限达 100%,下限达到微量级的 10^{-6},可以用来分析变压吸附装置产品气中的微量杂质组分,如 1×10^{-6} 级的一氧化碳、二氧化碳、甲烷等。

(2)可分析的介质范围广,除了单原子的惰性气体(氦气、氖气、氩气等)和无极性的双原子气体(如氧气、氢气、氮气)外的多数常见的无机和有机多原子分子气体都能测量,因此变压吸附装置中除氧气、氢气、氮气之外大多数气体都可以选择红外线分析仪来进行分析。

(3)精度高,一般都在 3%~5%满量程(FS),不少产品可以达到±1%满量程(FS),比一般的分析仪精度高。

(4)灵敏度高,能测量微量变化的气体浓度,如 10^{-6}。

(5)反应快,响应时间最大不超过 10s,比其他分析方法快好几倍,可以实时地配合变压吸附装置的自适应控制系统对装置进行自动调整。

(6)能连续分析和自动控制,它能连续进样、连续测量和连续显示,可以长期监控样气的组分变化趋势,与自适应控制系统配合,可以对变压吸附装置进行有效调整。

(7)有良好的选择性,对于多组分的混合气体,不管背景气体中干扰组分的浓度如何

变化, 它只对待测组分的浓度变化有反应, 对测量精度没有影响。与其他方法的分析仪相比较, 这是它的一个突出优点。

(8) 可以做成同时测量几个组分的仪表, 如变压吸附提纯氢气装置的产品气分析, 当需要同时控制产品氢气中一氧化碳和二氧化碳含量时, 可以选择同时测量一氧化碳和二氧化碳的分析仪, 只需要一台分析仪同时测量两个组分的含量, 可节约分析仪成本及分析机柜空间。

(9) 可以根据装置的防爆要求做成对应防爆等级的仪表, 满足变压吸附装置对于防爆的要求。

(10) 操作简单, 维修方便, 平时只要定期标定零点和量程, 有些仪表还具有自校正和自诊断功能。

3. 氧分析仪

在变压吸附空气分离制氧装置中, 产品气质量需要采用在线氧分析仪来检测。而在变压吸附提纯氢气装置中, 如果原料气中含有氧气, 根据氢气易爆炸性特点, 基于安全考虑, 在原料气管线需设置氧在线分析仪, 用来检测原料气中的氧含量, 保证装置的运行安全。在如图 4-26 所示, 焦炉煤气提氢装置流程中, 产品氢气对于氧含量指标有较高要求, 在经过变压吸附工序后, 大部分氧气已经脱除, 为了达到产品质量要求, 在变压吸附产品气出口增加了脱氧工序, 进一步脱除产品氢气中的氧气组分。在产品管线上设置在线微量氧分析仪来监测产品气质量。

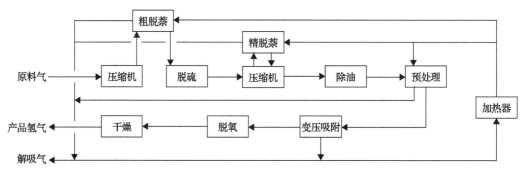

图 4-26　焦炉煤气提氢装置典型工艺流程框图

氧分析仪根据检测原理主要分为顺磁式氧分析仪、电化学式氧分仪和氧化锆式氧分仪, 虽然测量范围很宽的直插式的氧化锆氧分仪直接接触测量气体, 检测精度高, 反应速度快, 维护量较小, 价格便宜, 使用寿命长。但是由于变压吸附装置多含有氢气、一氧化碳等还原性气体, 氧化锆氧分仪工作时会发生还原反应消耗一部分氧气, 导致仪表测量值较实际偏低, 这一现象在微量氧气含量检测时尤为明显, 因此氧化锆氧分仪不适合大多数变压吸附装置中氧气含量的测量。在变压吸附装置中, 测量常量氧气含量一般选顺磁式氧分仪, 而测量产品气中的微量氧气含量通常选用电化学式氧分仪。

氧气在磁场中具有很高的顺磁性, 如果以氧气的相对磁化率为 100%, 常见气体中磁化率较高的一氧化氮的相对磁化率只有 36.2%, 而氢气、氮气、二氧化碳、氩、氨、甲烷等都是负的，与氧气的相对磁化率相差甚远，利用这个原理，制造出了顺磁式氧分析仪。顺磁式氧分仪主要用来测量常量级的氧气含量，分为热磁式、磁力机械式和磁压力式三种。热磁式氧分仪是将检测器置于高于环境温度的恒温腔体内，检测器处设有一恒定磁场，当要检测的样品气体从检测器的检测室外流过时，磁场将高磁化率的氧气吸入检测室内进行检测。进入检测室的样品气体中氧气含量不同，在检测元件(一般为铂电阻)上带走的热量也不同，最终导致检测元件的电阻值变化，测量检测元件的阻值即可间接测量气体中的氧气含量。热磁式氧分仪由于采用铂丝温度变化测量电阻的方法，气体的导热系数对铂丝的散热有影响，尤其是氢气，导热系数很高，对测量干扰大。通常样品气中的氢气含量不得超过 0.5%[17]，因此热磁式氧分仪不适合提氢装置的氧气含量分析。磁力机械式氧分仪是将检测器/磁铁组件置于高于环境温度的仪表恒温腔体内，检测器中有一对充满氮气的空心玻璃测试体，悬挂在不均匀磁场中的一根铂镍合金丝带上，由于"磁悬浮"效应，测试体的两个球受到偏转力，产生偏转力矩，这个偏心力矩和包围测试体的气体的体积磁化率成正比。即和被测气体中氧气的含量成正比。磁力机械式氧分析仪精度较高，线性度好；但是由于仪器有磁系统、光系统、信号放大电路及反馈驱动部分，此结构复杂，价格较高，且抗震动性弱。磁压力式氧分析仪根据氧气的顺磁特性在电容薄膜(微音器)两边产生压差，使电容薄膜移动，从而电容发生改变，电容的变化量与氧气含量成正比，测量这个电容量就能测出气样的氧气含量。磁压力氧分仪由于使用了微音器作为检测元件，反应速度快，相对磁力机械式氧分仪结构简单，结实，但需要参比气源，样气中不允许有太多灰尘和固体颗粒。这三种类型的仪表基础原理都是利用氧气的顺磁性，它们不适用于测量背景气体中含有高磁化率气体(如一氧化氮、二氧化氮)的场合。但这类氧分仪反应速度快，稳定性好，不消耗被测气体，通常用来测常量或高纯度氧气含量，变压吸附装置通常需用顺磁式氧分仪来测量原料气中的氧气含量，或者用于空气分离制氧装置的产品气中的氧含量检测。

电化学式氧分仪是基于氧气和传感器阴极之间的电化学反应来进行测量的。它的传感器是一个电解池，外加的直流电加在电解池的阴、阳极之间，电解池内充以电解液，样品气通过扩散板或半透膜到达阴极，并在阴极产生电解反应而被还原，产生相应的电流，电流的大小与样品气体中氧气的浓度成正比。电化学氧分仪成本最低，传感器可测范围从 10^{-6} 级延展到百分比级别，使用范围广，价格便宜，适用于绝大多数应用场合。缺点：传感器工作场所温度范围窄、压力不能高，由于采用电化学反应原理，其传感器寿命较短，一般 3~5 年更换一次。变压吸附装置产品气一般均为常温，样气可通过预处理减压后进入分析仪，因此对于产品气中的微量氧气首选电化学式氧分析仪来测量。

此外还有激光氧分析仪，激光氧分析仪采用的是 TDLAS 光谱吸收技术，通过分析激光被气体的选择性吸收来获得气体的浓度。相对于其他的氧分析仪，激光抗干扰性强很多，不受其他气体的影响，测量更准确。但是激光氧分析仪由于价格较高，一般不作为首选。

4. 微量水分析仪

在图 4-25 所示的焦炉煤气提氢流程中，变压吸附装置产品气出口的脱氧工序，通常是在加热、催化剂的作用下，产品气中少量的氢气与其中的氧气发生反应生成水，从而消耗掉组分中氧气的方式脱氧。由工艺原理可知，由于脱氧反应产生了水，因此在脱氧工序后配套干燥工序来脱除气体组分中的水，从而得到水含量符合要求的产品气。天然气气井开采出来的潮湿天然气，需要经过干燥工序以达到天然气输送和使用的要求，通过干燥工序后的产品气露点指标通常选择微量水分析仪来测量。

气体中的微量水即气体的湿度，测量湿度被定义为气体中水蒸气的含量，是一个重要参数。气体湿度的基本量是混合比，即水蒸气质量和干气质量之比，用重量法湿度计得以实现。在重量法湿度计中，气流中的水蒸气和载气被分离，并且被分别收集和称量(或间接测量干气的体积和密度)。但用重量法测量混合比技术难度大、操作烦琐。实际测量湿度值大多数采用露点，尽管露点不是最基本的湿度单位量。露点即气体中所含的气态水达到饱和而凝结成液态水所需降至的温度。工业上习惯将露点低于−20℃的所测气体水含量称为微量水，标况气体的露点与其水含量是一一对应的，气体的露点越低，其中所含水分越少。因此微量水分析仪，又称为露点分析仪。

气体中的露点测量有多种方法，如阻容法(包括氧化铝湿敏元件、高分子有机薄膜湿敏元件)、五氧化二磷完全吸收电解法、冷镜法(基于露点温度的物理定义来进行测量)、压电晶体法、光腔衰荡光谱等方法。各种方法各有其优缺点，变压吸附装置中常用的为在线测量阻容法仪器和实验室冷镜法仪器。氧化铝作湿敏元件的露点仪(又称为湿度仪)，其电信号(阻抗值)与气体中的水汽分压成一定关系，也就是说与气体的露点呈直接的对应关系，湿度的其他表示单位均是基于露点这一结果再计算得出。高分子有机薄膜作湿敏元件的露点仪，其电参数(电容值)与气体的相对湿度成一定关系，通过测量其电参数计算得出相应的露点值。电容法仪器的主要优点是测量速度快，缺点是精度相对较差。冷镜法的仪器具有一个冷镜传感器，由镜面、半导体制冷系统、温度测量系统、光学测量系统、信号控制系统等部分组成。当镜面温度高于露点时，镜面上是光滑的，反射光较强，当制冷器工作后镜面温度下降，当镜面温度低于露点温度时，镜面上即有冷凝物形成，反射光减弱，此时光电检测器的信号发生变化，再反馈控制制冷器的工作电流，使镜面上维持一定厚度的冷凝物，由埋在镜面下的四线制铂电阻测得此时的温度即为露点温度。该类仪器的优点是测量准确度较高，稳定性好，可以作为标准器使用，但价格较高。

在选择露点测量时，不仅要考虑仪器的使用场景和所测气体的种类及腐蚀性等，还要考虑性能和价格。用于变压吸附装置现场连续测量的露点仪，要求响应速度快，对于测量精度要求不高，一般选择性价比较高的阻容法仪器可满足要求。对于实验室测量准确度要求较高的场合，可选用冷镜法仪器，如果要求测量速度快或气体污染较重，最好选用阻容法仪器。

5. 工业色谱分析仪

常规变压吸附装置工艺介质采用以上所述分析仪基本上能够满足分析要求，但对于特殊的工艺，如食品级二氧化碳、燃料电池用氢气等变压吸附装置产品气的分析，常规的分析仪器的分析精度无法达到产品气对微量杂质成分的要求，这就需要选用工业气相色谱分析仪来进行精确分析。色谱分析仪原理：由于各种物质的蒸气压、分子尺寸大小、化学结构不同，在色谱柱上的吸附能、溶解度等的不同，而使各种物质在色谱柱上的分配系数不同，当混合气体或混合液体(称为流动相)连续通过色谱柱时，流动相中的各种物质与固定相进行多次吸附、脱吸、溶解、解析，这样混合物中的各种组分被分离开来，按分离顺序从色谱柱末端流出，进入检测器。检测器把分离后的各个组分的浓度转换成电信号，再用电子仪表或数据处理器就能测量出混合物的组成和浓度。

由于变压吸附工艺介质均为气体成分，选用的色谱分析仪主要为气相色谱。而根据检测器分类，变压吸附装置用气相色谱主要有以下类型。

(1)热导检测器(TCD)：由一个内装 4 个铼钨丝的不锈钢池体组成，4 个铼钨丝组成一个惠斯通电桥，两个通过载气(参比臂)，另两个通过色谱柱流出的气体(工作臂)。由于被测介质和载气的导热系数不同，导致工作臂的电阻不同于参比臂，惠斯通电桥就输出与被测介质浓度成正比的信号。它是灵敏度较低的通用性的气相色谱检测器。

(2)火焰离子化检测器(FID)：具有高灵敏度和宽线性范围的特点，是气相色谱中常用的一种检测器。工作原理是含碳有机物在氢火焰中燃烧时产生化学电离，反应产生的正离子在电场作用下被收集到负电极上，形成微弱电流，经放大后得到色谱信号。对于气体组分中的一氧化碳、甲烷、烃类等均可用 FID 进行分析。

(3)火焰光度检测器(FPD)：含磷、硫化合物在富氢火焰中燃烧，它会被氢还原产生激发态的 S_2^* 和 HPO^*，这两种受激物质返回到基态辐射出 400nm 和 550nm 左右的光谱，用光电倍增管测量这一光谱的强度，光强与被测介质的质量流速成正比。其广泛用于含磷(磷化氢等)和硫化物(二氧化硫、硫化氢及总硫)的分析，是一种灵敏度高、选择性好的质量型检测器。

(4)热离子检测器(TID)：含磷化合物受热分解，在铷珠的作用下会产生多量电子，使信号值比没有铷珠时大大增加。它是在火焰离子化检测器的喷嘴和收集极之间放一个含有硅酸铷的玻璃珠，从而提高了灵敏度的一种检测器，多用于微量氮磷化合物的分析，如组分中的一氧化氮、二氧化氮等。

色谱分析仪是分析多组分混合物的有力工具，无论是有机物、无机物、低分子或高分子化合物，特别是微量组分，都可以分离和测定。但是高纯氢气的纯度无法直接测定，只能通过测量其余杂质组分来计算氢气的纯度。根据配置的色谱柱不同，同一台色谱分析仪可以测量混合气体中的多个组分，但色谱分析仪价格较高，因此多用于对气体组分分析要求较高、常规分析仪器无法满足要求的场合。

6. 分析仪的取样与预处理系统

大部分分析仪器都是结构复杂、价格昂贵的仪表，尤其是色谱分析仪，对进入仪器的样气温度、压力、水分、清洁度等条件要求非常严格，而对于复杂的工艺生产过程要求分析仪能够长期可靠、准确、快速地对样气进行分析，这就需要取样和预处理系统来保证分析仪的稳定工作。

分析仪的取样和预处理系统主要包括取样装置、过滤减压装置、快速回路、流量控制装置等。

1) 取样装置

取样装置就是把工艺物料连续以要求的流量和压力不失真地取出，送入预处理和分析仪。首先，取样装置的材料、结构需要能耐受取样处的压力、温度、流速的冲击等；其次，取样点取出的样气应具有代表性，能如实反映工艺介质的组分和体积分数，且通过取样装置后不得改变工艺介质的组分和体积分数。因此取样点应在流速快、能反映物性的地方，避免设置在流体呈层流的低流速区及紧靠节流件下游的涡流区和死角，应设置在易于接近、便于维护的地方，通常取样探头插入管道 1/3～1/2 深度，以保证提取试样具有代表性。对于工作温度都在常温或者中低温，且介质相对清洁的变压吸附装置，取样探头一般选用如图 4-27 所示的直通式探头，探头沿 45º 坡面开口，开口面背对着气流方向安装，利用惯性分离原理，将探头周围的颗粒物从流体中分离出来。

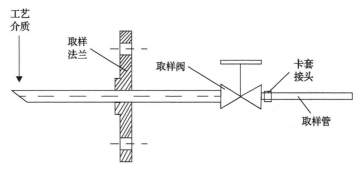

图 4-27　直通式取样探头图

当分析样气为变压吸附的吸附相时(通过逆放和抽真空得到的解吸气)，样气压力较低为微正压，就需要用到抽气泵从取样点抽出样气。抽气泵需要有足够的流量和压力，能够满足长期稳定运行的要求，且不引起样品组分的变化。

2) 过滤减压装置

过滤装置的目的是除去样气中的固体颗粒、水分、有害气体等，得到纯净的气样，保证分析的准确性和分析仪的长期稳定工作。根据分析仪的不同要求，需要设置粗过滤器和精过滤器，粗过滤器一般安装在取样装置附近，初步过滤掉大颗粒物质，精过滤器通常在分析仪入口，可以除去 0.3μm 粒度的烟尘，作为分析仪的最后一道保护装置。如果样气中含有水分会引起分析误差，并会腐蚀管道、堵塞过滤器，这时还需要设置除湿器，防止样气中的水分进入分析仪。

一般情况下，取样点工艺介质的压力通常都比较高，在进入分析仪之前要经过减压到达分析仪的压力要求，因此需设置减压装置。减压装置一般安装在离取样点较近的地方。对于工业介质压力较高、样气传输管线较长的情况，不仅需要设置预处理减压，还要在取样装置附近设置前级减压，一方面可以避免传输高压样气危险的可能，另一方面可以有效避免因延迟减压造成膨胀体积带来过大的时间滞后。

3) 快速回路

设置快速回路的目的是加快样气流动速度，以缩短样气在传输管线中的停留时间。

一般分析仪系统均有快速回路，通过设置返回到放空管线的快速旁路来实现，由于变压吸附装置工艺介质大部分都是易燃易爆气体，快速回路气体返回到工艺放空总管或火炬管线是最安全、经济的处理办法，在设计选型时要求经过减压后的快速回路气体压力必须高于放空总管或火炬管压力，以保证快速回路的正常工作。

4）流量控制装置

一般分析仪器都要求引入的气样流量稳定，在规定的体积流量下进行检测分析。例如，红外式、磁压力式、热磁式分析仪对压力波动十分敏感，热导式分析仪对流量波动很敏感。因此进入分析仪的样气要用流量控制装置来进行稳压、稳流控制。流量控制装置一般采用带针型阀的转子流量计来调节和显示样气的体积流量。

4.4.6　安全监测仪表

变压吸附装置涉及的工艺介质通常为易燃、易爆、有毒气体，因此在装置中使用较多的安全仪表是可燃气体探测器和有毒气体探测器，其信号引入独立的 GDS 显示报警。

1. 可燃气体探测器

在变压吸附装置中，工艺介质中通常含有一氧化碳、氢气、甲烷等可燃气体，这些可燃气体可能会在环境中存在，对人和装置造成危险。为了避免事故的发生，根据规范要求，在危险环境区域应设置可燃气体探测器对可能发生的可燃气体泄漏进行检测，若可燃气体浓度可能达到 25%LEL（LEL 为可燃气体爆炸下限浓度值）时，应设置可燃气体探测器。

可燃气体探测器传感器通常采用催化燃烧型式，原理是通过可燃气体在有氧气和催化剂的条件下的无焰燃烧，当可燃气体通过惠斯通平衡电桥的一个涂有催化剂的桥臂时，会发生燃烧，电阻发热后阻值升高，造成电桥不平衡，输出一个电信号，由电信号的强弱就可以测得可燃气体的浓度（一般用爆炸下限的百分率表示）。

2. 有毒气体探测器

在变压吸附装置区域，工艺介质中的一氧化碳、硫化氢、氨等有毒气体有可能发生泄漏，对操作维护人员造成危险，为了避免人身事故发生，根据规范要求，需要用有毒气体探测器对危险区域进行检测、报警，甚至触发联锁启动风机，排除险情（如分析小屋等密闭空间）。

工艺介质中有毒气体种类很多，危害程度和允许浓度值的差别也很大，如表 4-6 列出部分变压吸附装置常见的有毒气体特性。用于有毒气体的检测方法和传感器种类很多，在进行设计选型时，应根据对有毒气体的检测灵敏度、选择性、可靠性、响应时间、稳定性、浓度范围的难易程度和经济性等因素综合考虑。电化学方法中的定电位电解式探头，能适应最常见的几种如一氧化碳、一氧化氮、二氧化氮、硫化氢、氨等有毒气体，其检测范围宽，基本涵盖变压吸附装置的大部分有毒气体，由此电化学有毒气体探测器作为变压吸附装置有毒气体检测常用仪表。

表 4-6　常见有毒气体特性表[5]

序号	物质名称	气态密度/(kg/m³)	熔点/℃	沸点/℃	时间加权平均容许浓度/(mg/m³)	短时间接触容许浓度/(mg/m³)	最高容许浓度/(mg/m³)	直接致害浓度/(mg/m³)
1	一氧化碳	1.17	−199.5	−191.4	20	30		1700
2	硫化氢	1.44	−85.5	−60.4			10	430
3	氨	0.73	−78	−33.4	20	30		360
4	氯乙烯	2.60	−160	−13.9	10	25		
5	氯气	3.00	−101	−34.5			1	88
6	苯	3.35	5.5	80.1	6	10		9800

除根据以上特性选择有毒气体探测器的技术参数外，安装在爆炸危险场所的有毒气体探测器还应取得国家指定构或其授权检验单位的防爆合格证。

此外，除了在装置区域设置固定的可燃、有毒气体探测器来检测可燃、有毒气体的泄漏情况，对于操作维护人员和装置开车调试技术人员，还需配置一定数量的便携式可燃气体报警仪、便携式有毒气体报警仪，来保障人员进入现场的安全。

4.5　吸附分离控制系统发展方向

互联网、云平台、大数据已成为当前最为炙手可热的话题，工业云平台作为现代工业与互联网深度融合的产物，将为工业创新和企业竞争力提高带来新的机遇。在信息化与工业化不断融合的背景之下，变压吸附控制系统同样需要通过云平台提供的强大的数据存储、数据处理和分析计算能力，为进一步提高装置智能控制水平和管理水平提供数据支撑，基于工业互联网平台整合公司管理、产品、业务等各种资源，通过企业生产经营、设计研发、售后运维等业务系统加强对客户的综合服务能力，不断提高客户使用体验和满意度。

4.5.1　方案设计

为保障云平台数据安全性，同时考虑到监管方面的问题，大型企业和数据敏感企业，一般会采用私有云的技术方案。建立工业云平台时可以把装置和企业自身及客户的需求结合起来，建设以企业为中心构建面向过程监控、生产管理和经营决策的一体化应用平台，通过"平台+工业智能 APP（application，应用程序）"的新业务架构模式，实现装置和企业的信息化、数字化、智能化升级转型。同时方案构建时还应考虑横向和纵向弹性扩展能力，可满足智能制造细分行业中企业从小到大，从单一优势业务发展为多元化集团型应用的场景。云平台的基本结构如图 4-28 所示。

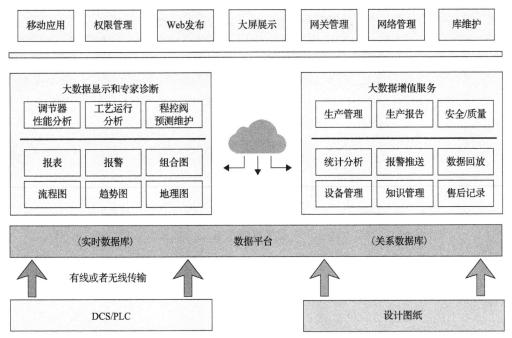

图 4-28 工业云平台的基本结构图

云平台从功能应用上分为三层，第一层是物联套件，主要负责边缘端数据采集和控制，包括智能物联网关、工业互联网(IIoT)边缘智能服务器及人工智能控制器等；第二层是工业互联网平台，主要负责物联套件设备接入、对象化模型组织、数据存储处理、可视化数据分析、工业 APP 开发、大数据分析和人工智能算法应用等；第三层是智能工业 APP 生态，通过工业互联网平台可以构建面向特定场景的智能工业 APP，逐步积累形成面向行业的智能制造解决方案。

云平台一般选用具备高性能工业数据库进行系统开发，充分考虑 ERP、SCADA 等系统之间的数据融合，通过工业智能大数据平台读取/写入所需各种数据，并在此基础上开发用户所需的各种报表、画面及其他 APP 应用。所有大数据分析的根本力量在于数据的质量，而数据来源自然成为重中之重。因此需要首先对目标装置的数据进行科学筛选及提取，在保证数据安全的前提下进行数据的安全传输和存储。同时，聚焦于移动端 APP 开发、生产装置关键数据的提取、关键数据分析、应用场景模块开发、为客户提供长期增值服务、云平台生态链扩展应用等多个方面。

4.5.2 系统基本网络架构

工业现场数据可以通过数据终端单元(DTU)或工业网关提供多种工业标准数据协议接入能力，如 OPC(OLE for process control，一种通信标准)、Modbus TCP(Modbus on TCP 基于以太网的 Modbus 通信协议)、Modbus RTU(Modbus remote terminal unit 基于串行通讯的 Modbus 通信协议)等，可接入当前各类 DCS/PLC 实时数据，并通过无线/有线等多种形式上传数据至云平台，效率高且延时较短；网络核心服务器采用集群部署+虚拟化技术，安全功能更强大且应用灵活；采用磁盘阵列长时间安全存储现场数据，为现场数据的进一步利用提供数据基础；云平台为多种数学分析软件等第三方应用提供丰富数据接口，为数据分析提供更多的便利；提供桌面/移动端数据服务，使用场景更为灵活，如图 4-29 所示。

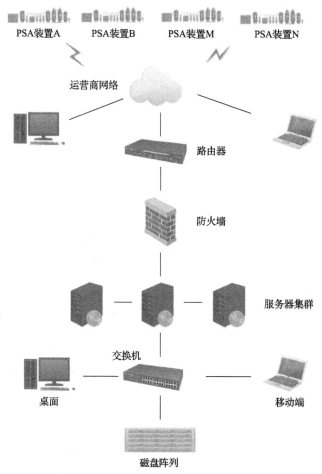

图 4-29　工业云平台的基本网络结构图

变压吸附装置充分结合云平台技术可以带来以下几个方面的优势。

（1）数据分析是真正能产生价值的功能，数据分析实现了从数据到信息，再由信息到具有可操作性的设备运维改进措施的过程。变压吸附装置的运行数据高速传输到工业云平台，通过存储在工业数据云的装置实时、历史数据，相关专业技术人员可以通过不同的数据模型对装置运行参数进行预测性分析，在装置的整个生命周期内辅助客户做好资产管理、向客户提供各类移动平台上的装置实时运行参数，为客户提供装置操作运行建议、安全预警、检维修提示、故障分析判断等多种增值服务。

（2）在装置后期服务中，尤其是在客户反映装置运行问题时，售后服务人员一般通过电话或社交软件与客户沟通，但这类方式效率和准确率都较低，通过文字或者口述都难以准确表达装置运行的细节问题，售后服务人员难于快速准确地得到装置详细信息。通过工业数据云技术获得授权的售后服务人员可以通过电脑端、移动端等多种方式随时随地看到云端中的装置实时运行数据,为诊断装置运行问题,提供了第一手真实资料。

(3)通过存储在工业云平台的各类装置实时、历史数据,加快现场生产装置数据积累,研发人员可以按照需求对数据进行分析挖掘。为技术方案决策和执行提供依据。通过对运行数据的分析挖掘,优化装置的运行、调整计划并反哺新技术的开发,分析出改善设计和生产的要点,使设计、选型更加科学,促进和加强自有知识产权技术的开发。

(4)基于工业数据云的大数据还能开发各类场景的应用程序模块,逐步构成以此为核心,进而拓展到科研开发、工程设计、工程建设、装置运行、售后服务、检维修管理、财务管理、市场销售、公司日常管理等多个工作面的新生态链系统,为构建智能工厂奠定坚实的基础。

参 考 文 献

[1] 朱启松. S7-400 系统在 PSA 氢提纯装置中的应用[J]. 石油化工自动化, 2007, 53(1): 53-58.

[2] 袁任光. 集散型控制系统应用技术与实例[M]. 北京: 机械工业出版社, 2003.

[3] 杜娟, 孙良, 廖明燕, 等. 石油化工自控工程设计及仪表安装[M]. 东营: 中国石油大学出版社, 2010: 158-159.

[4] 朱东利. SIL 定级与验证[M]. 北京: 中国石化出版社, 2020: 6-7.

[5] 中国石油化工集团有限公司. 石油化工可燃氢气体和有毒气体检测报警设计标准: GB/T 50493-2019 [S]. 北京: 中国计划出版社, 2019.

[6] 历风满. 数字 PID 控制算法的研究[J]. 辽宁大学学报, 2005, 32(4): 367-370.

[7] 孟华, 刘娜, 厉玉鸣, 等. 化工仪表及自动化[M]. 第 4 版. 北京: 化学工业出版社, 2006: 114-119.

[8] 徐得森. 程控阀在 PSA 装置中的应用[J]. 化工自动化及仪表, 2018, 45(11): 905-906.

[9] 中国石化宁波工程有限公司. 石油化工仪表供气设计规范: SH/T 3020—2013 [S]. 北京: 中国计划出版社, 2013.

[10] 杨世忠, 邢丽娟. 调节阀流量特性分析及应用选择[J]. 阀门, 2006, 38(5): 33-36.

[11] 吴剑波. CV3000 气动薄膜式调节阀选型[J]. 化工自动化及仪表, 2015, 42(11): 1273-1275.

[12] 中国寰球工程公司, 中国五环工程有限公司. 自动化仪表选型设计规范: HG/T 20507—2014 [S]. 北京: 中国计划出版社, 2014.

[13] 王树青, 乐嘉谦. 自动化与仪表工程师手册[M]. 北京: 化学工业出版社, 2010: 227-232.

[14] 沨春干. 质量流量计的选用[J]. 低温与特气, 2002, 20(4): 26-29.

[15] 李瑾. 热导式氢分析仪的设计与应用[J]. 石油化工自动化, 2012, 48(1): 23-27.

[16] 王森, 纪钢. 仪表常用数据手册[M]. 第 2 版. 北京: 化学工业出版社, 2006: 289-290.

[17] 陆德民. 石油化工自动控制设计手册[M]. 第 3 版. 北京: 化学工业出版社, 2015: 165-180.

第5章　变压吸附工艺与工程应用

5.1　变压吸附提纯氢气工艺

5.1.1　原料来源

变压吸附提纯氢气工艺是指从富含氢气的混合原料气中将氢气提纯到后续生产单元所需品质的吸附分离过程。富氢原料气来源广泛，总体上可以分为两大类：一类是以制氢为直接目的的富氢原料气，另一类是各种富含氢气的工业副产气。

1. 制氢装置原料气

常见的制氢工艺主要有煤制氢、烃类转化制氢和甲醇裂解制氢等。

1）煤（含焦炭和石油焦）制氢气

以煤、焦炭、石油焦等为原料，经过气化、变换、净化后的富氢气体经变压吸附提纯工序后得到氢气产品，产品氢气多用于生产氨、乙二醇等化工产品，或用作炼油企业的油品加氢原料。煤制氢装置工艺流程见图5-1。

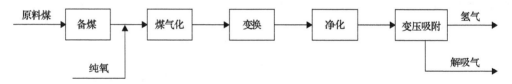

图 5-1　煤制氢工艺流程框图

煤气化是指煤或焦炭、半焦等固体燃料在高温常压或高温加压条件下与气化剂反应，转化为气体产物和少量残渣的过程。气化剂主要是水蒸气、氧气、空气或它们的混合气，气化反应包括了一系列均相与非均相化学反应。所得气体产物按所用原料煤质、气化剂的种类和气化过程的不同而具有不同的组成，可分为空气煤气、半水煤气、水煤气等。

现代煤制氢装置的气化工艺主要有水煤浆加压气化和粉煤加压气化两种，块煤气化工艺相对较少。气化炉操作压力范围可从常压到8.5MPa，目前使用较多的Texaco气化炉操作压力通常为3.0MPa、4.0MPa、6.5MPa等，气化压力的升高可以提高单个气化炉的产能，减少气化炉的数量，投资和能耗均显著降低。

早期配套煤制氢装置的变压吸附提纯氢气工序操作压力通常在3.5MPa以下。随着高压变压吸附技术的突破，目前变压吸附提纯氢气工序的操作压力已经提升至6.0MPa以上，选用更高操作压力的煤制氢工艺可以降低后工序氢气压缩的能耗，有效提升经济性。

气化压力的升高可显著降低气化装置的投资，能耗也有所降低；变换装置的投资差异不大，能耗相对增大；净化装置的投资、能耗均有明显降低；变压吸附装置的投资差异不大，但能耗明显降低；综合来看，如果后工序用氢压力高于 6.0MPa，则 6.5MPa 等级煤制氢装置相比 4.0MPa 等级煤制氢装置，在装置规模、投资和运行能耗等方面有明显的优势。

煤气化工序得到的煤气可以进一步通过变换反应将一氧化碳变换成二氧化碳和氢气。根据氢气的需求量及是否需要提取一氧化碳作为产品，变换工艺可以选择部分变换或深度变换，因为变换深度的差异，最终进入变压吸附装置的原料气中一氧化碳体积分数可以在较宽的范围内变动，可低至 0.5%以下，也可高达 10%以上。

变换气中硫化氢含量通常较高，为了保护变压吸附装置的吸附剂，在进入该装置前，需要先将变换气中的硫化氢脱除，且原料气中的硫化氢含量越低越有利于延长吸附剂寿命。

酸性气体脱除净化工艺通常有低温甲醇洗法和 N-甲基二乙醇胺(MDEA)溶液吸收法。低温甲醇洗工艺的原理是依据低温状态下的甲醇具有对硫化氢和二氧化碳等酸性气体的溶解吸收量大，且对氢气和一氧化碳溶解吸收量小的选择性，来脱除变换气中的硫化氢和二氧化碳等酸性气体；上述过程属于物理吸收过程，吸收酸性气体后的甲醇经过减压加热再生，分别释放硫化氢和二氧化碳气体。对于煤制氢装置，特别是高压煤制氢装置，因为变换气压力较高，且不含高碳烃类组分，更适合采用物理吸收的低温甲醇洗工艺进行酸性气脱除，MDEA 溶液吸收法使用相对较少。

酸性气体脱除净化工艺可选择性脱除二氧化碳，不同的设计考量及不同的净化工艺对二氧化碳的脱除精度差异较大，有的净化气中的二氧化碳只有少部分被脱除，有的净化气中二氧化碳会被脱除至体积分数小于 0.001%。

因此，采用不同的煤气化工艺、变换工艺和酸性气体脱除净化工艺，进入煤制氢装置变压吸附氢气提纯工艺的原料气组分差异较大，会直接影响到该提纯工艺的装置投资和氢气回收率等指标。几种常见的原料气条件见表 5-1。

表 5-1　几种常见的煤制氢装置中变压吸附氢气提纯工艺的原料气条件表

项目		原料气 1	原料气 2	原料气 3	原料气 4
组分及含量	$\varphi(H_2)$/%	86.92	93.77	98.08	57.52
	$\varphi(Ar)$/%	0.15	0.14	0.16	0.12
	$\varphi(N_2)$/%	12.20	0.37	0.42	0.42
	$\varphi(CO)$/%	0.62	5.66	0.89	0.98
	$\varphi(CO_2)$/%	0.01	0.01	0.41	39.47
	$\varphi(CH_4)$/%	0.10	0.05	0.04	1.49
	合计/%	100.00	100.00	100.00	100.00
温度/℃		20~40	20~40	20~40	20~40
压力/MPa		2.5~3.5	2.5~6.0	2.5~6.0	1.0~4.0

注：所有的原料组成及物料平衡表，除特别注明外，均为干基；压力除特别标明为绝对压力外，皆为表压；φ-体积分数。

其中，原料气 1 来自粉煤加压气化炉，采用氮气进行煤粉输送，煤气经过深度变换使绝大部分一氧化碳与水蒸气反应生成二氧化碳和氢气，变换气通过低温甲醇洗工艺深度脱除二氧化碳和硫化氢等酸性气体。

原料气 2、原料气 3、原料气 4 均来自水煤浆加压气化炉。原料气 2 是煤气经过部分变换并经低温甲醇洗工艺深度脱除二氧化碳和硫化氢等酸性气体后得到；原料气 3 是煤气经过深度变换并经低温甲醇洗工艺深度脱除二氧化碳和硫化氢等酸性气体后得到；原料气 4 是煤气经过深度变换并经湿法脱硫工艺选择性脱除硫化氢后得到，二氧化碳的脱除量不大。

原料气 1 的特点是氮气含量高，因为煤气化系统采用氮气进行煤粉输送，氮气不会在煤气化工序、变换工序和净化工序中被脱除，最终在变压吸附工序被脱除。由于氮气在吸附剂上的吸附量比二氧化碳、一氧化碳、甲烷等组分小，要将原料气中的氮气脱除，吸附剂的使用量大，氢气回收率较低。

为了提高氢气回收率和降低投资，在保证产品氢气中一氧化碳、二氧化碳等有害成分含量达标时，可适当降低氢气纯度至体积分数 99.5%或更低，剩余组分为氮气，不影响大部分用氢装置的使用。

处理原料气 1 的变压吸附装置可以采用冲洗再生工艺，在微正压条件下对吸附剂进行冲洗再生，氢气回收率可达 92%以上，物料平衡见表 5-2。

表 5-2 原料气 1 采用冲洗再生工艺时的物料平衡表

项目		原料气	产品气	解吸气
组分及含量	$\varphi(H_2)/\%$	86.92	99.8000	34.99
	$\varphi(Ar)/\%$	0.15	0.0388	0.60
	$\varphi(N_2)/\%$	12.20	0.1600	60.74
	$\varphi(CO)/\%$	0.62	0.0009	3.12
	$\varphi(CO_2)/\%$	0.01	0.0001	0.05
	$\varphi(CH_4)/\%$	0.10	0.0002	0.50
	合计/%	100.00	100.0000	100.00
温度/℃		20~40	20~40	20~40
压力/MPa		2.5~3.5	2.4~3.4	0.03
流量/(m³/h)		124802	100000	24802

表 5-2 中解吸气主要成分为氢氮混合气，可作为燃料气回收利用。

变压吸附装置也可以采用抽真空再生工艺，在大于 80kPa 的真空度下对吸附剂进行抽真空再生，氢气回收率可达 95%以上。原料气 1 采用抽真空再生工艺时的物料平衡见表 5-3，表中抽真空再生工艺的解吸气中氢气含量低且热值较低，利用价值不大，常与高热值燃料混合掺烧。

表 5-3　原料气 1 采用抽真空再生工艺时的物料平衡表

项目		原料气	产品气	解吸气
组分及含量	$\varphi(H_2)/\%$	86.92	99.7500	25.24
	$\varphi(Ar)/\%$	0.15	0.0588	0.59
	$\varphi(N_2)/\%$	12.20	0.1900	69.94
	$\varphi(CO)/\%$	0.62	0.0009	3.60
	$\varphi(CO_2)/\%$	0.01	0.0001	0.06
	$\varphi(CH_4)/\%$	0.10	0.0002	0.58
	合计/%	100.00	100.0000	100.00
温度/℃		20~40	20~40	20~40
压力/MPa		3.0~3.5	3.0~3.5	0.02
流量/(m³/h)		120801	100000	20801

　　表 5-1 中原料气 2 的特点是一氧化碳含量较高。气化工序中采用的氧气采用深冷空分制备的高纯度氧气(体积分数为 99.5%左右)，其中所带入的氮气惰性气体等含量很少。由于变换工序中一氧化碳只进行了部分变换，原料气中一氧化碳含量较高，此时，一氧化碳是变压吸附装置脱除的关键杂质组分；当产品氢气中一氧化碳的体积分数控制在0.001%以下时，氮气、氩气等杂质组分还没有大量穿透吸附剂床层，这样，容易得到高纯度的产品氢气(>99.9%)，同时，还能实现较高的氢气回收率。原料气 2 采用冲洗再生工艺时物料平衡见表 5-4。

表 5-4　原料气 2 采用冲洗再生工艺时的物料平衡表

项目		原料气	产品气	解吸气
组分及含量	$\varphi(H_2)/\%$	93.77	99.9728	57.62
	$\varphi(Ar)/\%$	0.14	0.0200	0.83
	$\varphi(N_2)/\%$	0.37	0.0060	2.49
	$\varphi(CO)/\%$	5.66	0.0009	38.65
	$\varphi(CO_2)/\%$	0.01	0.0001	0.07
	$\varphi(CH_4)/\%$	0.05	0.0002	0.34
	合计/%	100.00	100.0000	100.00
温度/℃		20~40	20~40	20~40
压力/MPa		2.5~5.9	2.4~5.8	0.03
流量/(m³/h)		117156	100000	17156

　　由于解吸气中含有大量的一氧化碳和氢气，热值较高，可以直接作燃料气，也可以再通过真空变压吸附(VPSA)技术回收解吸气中的氢气，使氢气总回收率达到 98%以上，工艺流程见图 5-2。解吸气中氢气回收变压吸附装置物料平衡见表 5-5。

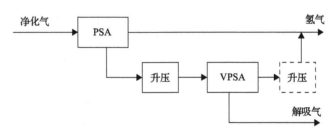

图 5-2　带解吸气回收的变压吸附提氢工艺流程框图 1

表 5-5　原料气 2 采用冲洗再生工艺时解吸气中氢气回收物料平衡表

项目		原料气	产品气	解吸气
组分及含量	$\varphi(H_2)$/%	57.62	99.9500	21.39
	$\varphi(Ar)$/%	0.83	0.0388	1.51
	$\varphi(N_2)$/%	2.49	0.0100	4.61
	$\varphi(CO)$/%	38.65	0.0009	71.73
	$\varphi(CO_2)$/%	0.07	0.0001	0.13
	$\varphi(CH_4)$/%	0.34	0.0002	0.63
	合计/%	100.00	100.0000	100.00
温度/℃		20~40	20~40	20~40
压力/MPa		1.5~3.0	1.4~2.9	0.02
流量/(m³/h)		17156	7914	9242

表 5-1 中原料气 3 的特点是氢气含量高,其他组分含量低。气化工序与原料 2 一致。气化后的煤气进行了深度变换和深度酸性气脱除,因此原料气中一氧化碳、二氧化碳的含量都较低,氢气含量高,与原料气 2 相比,变压吸附提氢工序的吸附剂装填量进一步减少,投资降低。原料气 3 采用冲洗再生工艺时物料平衡见表 5-6。

表 5-6　原料气 3 采用冲洗再生工艺时的物料平衡表

项目		原料气	产品气	解吸气
组分及含量	$\varphi(H_2)$/%	98.08	99.9600	78.47
	$\varphi(Ar)$/%	0.16	0.0310	1.51
	$\varphi(N_2)$/%	0.42	0.0078	4.72
	$\varphi(CO)$/%	0.89	0.0009	10.16
	$\varphi(CO_2)$/%	0.41	0.0001	4.69
	$\varphi(CH_4)$/%	0.04	0.0002	0.46
	合计/%	100.00	100.0000	100.00
温度/℃		20~40	20~40	20~40
压力/MPa		2.5~5.9	2.4~5.8	0.03
流量/(m³/h)		109588	100000	9588

由于解吸气中的氢气含量高，可以配置第二段变压吸附提氢装置回收解吸气中的氢气。解吸气升压后进入第二段变压吸附提纯氢气装置进一步回收解吸气中的氢气，氢气总回收率可以到 99%，工艺流程见图 5-3。

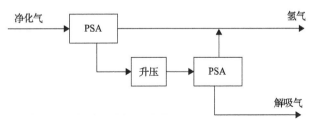

图 5-3　带解吸气回收的变压吸附提氢工艺流程框图 2

解吸气中氢气回收变压吸附提氢装置的物料平衡见表 5-7。

表 5-7　原料气 3 采用冲洗再生工艺时解吸气中氢气回收物料平衡表

项目		原料气	产品气	解吸气
组分及含量	$\varphi(H_2)/\%$	78.47	99.9500	33.79
	$\varphi(Ar)/\%$	1.52	0.0388	4.60
	$\varphi(N_2)/\%$	4.72	0.0100	14.50
	$\varphi(CO)/\%$	10.16	0.0009	31.26
	$\varphi(CO_2)/\%$	4.69	0.0001	14.43
	$\varphi(CH_4)/\%$	0.46	0.0002	1.42
	合计/%	100.00	100.0000	100.00
温度/℃		20~40	20~40	20~40
压力/MPa		2.5~5.9	2.4~5.8	0.03
流量/(m³/h)		9588	6474	3114

表 5-1 中原料气 4 的特点是氢气含量较低，其他组分含量高，操作压力通常也较低。这类原料气最好是配置串联的两段抽真空再生变压吸附装置，才能有效提升氢气回收率，工艺流程见图 5-4。因为原料气中氢气含量较低，操作压力也低，变压吸附装置吸附剂装填量大，投资高；由于经济性较差，这类煤制氢工艺在新的化工项目中已经较少使用。

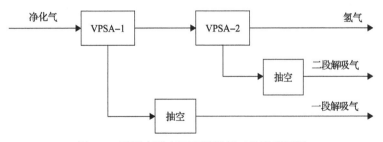

图 5-4　两段串联变压吸附提氢工艺流程框图

2）烃类转化制氢

以天然气、石脑油、炼厂干气等为原料，通过蒸汽重整转化得到转化气，转化气中的氢气体积分数可达 70%以上，可直接进入变压吸附提氢工序提纯氢气。为了提高氢气产量，通常会先经过变换工序，使转化气中的一氧化碳和水反应生成二氧化碳和氢气，再通过变压吸附提氢工序提纯氢气。工艺流程见图 5-5。

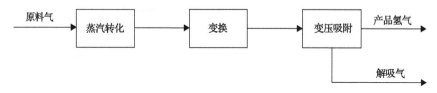

图 5-5　烃类转化制氢工艺流程框图

典型的烃类转化制氢装置变压吸附提氢工序的原料气条件见表 5-8。

表 5-8　典型烃类转化制氢装置变压吸附工序原料气条件表

项目		天然气转化制氢转化气	天然气转化制氢变换气	干气转化制氢变换气
组分及含量	$\varphi(H_2)$/%	73.28	74.58	73.30
	$\varphi(N_2)$/%	0.21	0.32	3.12
	$\varphi(CO)$/%	13.36	2.92	2.62
	$\varphi(CO_2)$/%	10.86	18.94	17.80
	$\varphi(CH_4)$/%	2.29	3.24	3.14
	合计/%	100.00	100.00	100.00
温度/℃		20～40	20～40	20～40
压力/MPa		0.6～2.8	2.0～2.8	2.0～2.8

小规模天然气转化制氢装置很少配置变换工序，可以降低装置投资和操作复杂度。这类天然气转化制氢装置所产转化气具有一氧化碳含量高、操作压力通常比较低等特点。

大规模烃类转化制氢装置通常都会配置变换工序，使转化气中的一氧化碳和水反应生成二氧化碳和氢气，提高氢气产量。变换气中的一氧化碳体积分数通常低于 3%，二氧化碳体积分数通常高于 15%。

由于转化气和变换气的组分差异大，变压吸附工序使用的吸附剂种类和配比不一样。转化气中一氧化碳含量高，需要增加组合吸附剂中分子筛的占比使变换气中二氧化碳得到有效脱除氢气品质；变换气中二氧化碳含量高，需要增加组合吸附剂中活性炭的占比以脱除二氧，确保二氧化碳不会进入上部分子筛吸附剂床层，致其失活。由于转化气和变换气中均含有一定量的一氧化碳，如果要求产品氢气中一氧化碳的体积分数低至 0.001%以下，则可以在吸附剂床层上部增加精脱一氧化碳络合吸附剂，在确保产品中一氧化碳的脱除精度的同时提高氢气回收率。典型烃类转化制氢装置变压吸附提氢工序的物料平衡见表 5-9。

表 5-9 典型烃类转化制氢装置变压吸附提氢工序的物料平衡表

项目		原料气	产品气	解吸气
组分及含量	$\varphi(H_2)$/%	74.58	99.9000	22.73
	$\varphi(N_2)$/%	0.32	0.0180	0.94
	$\varphi(CO)$/%	2.92	0.0010	8.90
	$\varphi(CO_2)$/%	18.94	0.0010	57.73
	$\varphi(CH_4)$/%	3.24	0.0800	9.71
	合计/%	100.00	100.0000	100.00
温度/℃		20~40	20~40	20~40
压力/MPa		2.55	2.5	0.03
流量/(m^3/h)		74415	50000	24415

3) 甲醇裂解制氢

将甲醇与脱盐水按比例混合并升温至 220~280℃后进入裂解转化反应器中,在催化剂的作用下发生反应生成裂解转化气,再通过变压吸附工序分离提纯氢气。裂解转化气典型组分见表 5-10。

表 5-10 典型甲醇裂解转化气条件表

项目		数值
组分及含量	$\varphi(H_2)$/%	73~74
	$\varphi(CO)$/%	~1.0
	$\varphi(CO_2)$/%	23.0~24.5
	$\varphi(CH_3OH)$/%	0.03
温度/℃		20~40
压力/MPa		0.8~2.5

早期甲醇裂解制氢装置的反应压力比较低,特别是小型甲醇裂解制氢装置,反应压力在 1.0MPa 左右,变压吸附提氢工序得到的氢气压力约 0.9MPa。由于后续氢气产品的使用压力往往比较高,为了与后续工序压力匹配,同时也为了降低装置的整体投资,目前大型甲醇裂解制氢装置的操作压力已经超过 2.0MPa。

小型及大型甲醇裂解制氢装置工艺流程分别见图 5-6 和图 5-7。

图 5-6 小型甲醇裂解制氢工艺流程框图

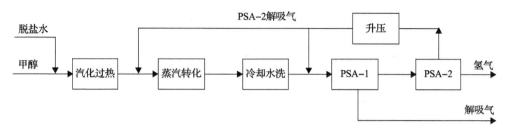

图 5-7　大型甲醇裂解制氢工艺流程框图

　　压力约 1.0MPa 的甲醇裂解气提纯氢气时常采用一段抽真空再生变压吸附工艺，产品氢气中一氧化碳体积分数控制在 0.001%以下时，氢气回收率在 85%以上。也可以采用冲洗再生变压吸附工艺，变压吸附工序的投资更低，但相应的氢气回收率下降至 80%左右。小型甲醇裂解制氢装置中变压吸附工序的物料平衡见表 5-11。

表 5-11　小型甲醇裂解制氢装置变压吸附工序的物料平衡表

项目		原料气	产品气	解吸气
组分及含量	$\varphi(H_2)/\%$	74.40	99.9979	29.57
	$\varphi(CO)/\%$	1.30	0.0010	3.57
	$\varphi(CO_2)/\%$	23.80	0.0010	65.48
	$\varphi(CH_4)/\%$	0.10	0.0001	0.27
	$\varphi(CH_3OH)/\%$	0.40	—	1.10
	合计/%	100.00	100.0000	100.00
温度/℃		20~40	20~40	20~40
压力/MPa		1.0	0.9	0.02
流量/(m³/h)		1571	1000	571

　　注：本章用"—"表示未检测出该组分。

　　压力 2.0MPa 以上的大规模甲醇裂解制氢装置，变压吸附工序常采用串联的两段抽真空再生工艺。第一段的目的是脱除原料气中大部分的二氧化碳，选用对二氧化碳选择性好、吸附能力强的硅胶、活性炭等吸附剂。第二段的目的是提纯氢气，进入第二段的原料气中氢气体积分数已经达到 90%以上，二氧化碳的体积分数大幅降低，一氧化碳的体积分数增大，除选择吸附二氧化碳的吸附剂以外，还要选用分子筛类吸附剂对一氧化碳进行脱除。为了提升氢气总回收率，二段的解吸气可返回甲醇裂解转化反应器入口回收一氧化碳和氢气，氢气总回收率可达 96%以上，每吨甲醇的氢气产量可以达到 2000m³以上。大型甲醇裂解制氢装置两段变压吸附工序的总物料平衡见表 5-12。

　　2. 工业副产气

　　1）合成氨弛放气
　　氨气作为化学肥料的主要原料，是无机化工产品中的重要产品之一。合成氨是将净化的氢气、氮气混合气压缩到 15~32MPa，在催化剂的作用下生产氨气[1]，反应式如下：

$$N_2 + 3H_2 \underset{\text{高温、高压}}{\overset{\text{催化剂}}{\rightleftharpoons}} 2NH_3 \tag{5-1}$$

表 5-12　大型甲醇裂解制氢装置变压吸附工序的总物料平衡表

项目		原料气	产品气	解吸气
组分及含量	$\varphi(H_2)/\%$	74.40	99.9979	9.29
	$\varphi(CO)/\%$	1.30	0.0010	4.60
	$\varphi(CO_2)/\%$	23.80	0.0010	84.34
	$\varphi(CH_4)/\%$	0.10	0.0001	0.35
	$\varphi(CH_3OH)/\%$	0.40	—	1.42
	合计/%	100.00	100.0000	100.00
温度/℃		20~40	20~40	20~40
压力/MPa		2.0	1.9	0.02
流量/(m³/h)		13931	10000	3931

在合成氨过程中，要求进合成塔的合成气的惰性组分体积分数一般不高于18%。合成氨的原料气中常含有少量氩气和甲烷，在合成工序中氩气和甲烷不参与反应，作为惰性气体会在系统中不断累积[2]，为了避免惰性组分累积影响合成效率，需要从合成工序中排出一部分气体，称之为弛放气。在合成氨弛放气中除氩气和甲烷以外，同时也含大量的氢气和氮气，常见的合成氨弛放气条件见表5-13。

表 5-13　几种常见的合成氨弛放气条件表

组分	原料气1	原料气2	原料气3
$\varphi(H_2)/\%$	57.0	60.0	62.0
$\varphi(Ar)/\%$	7.5	7.8	7.5
$\varphi(N_2)/\%$	20.0	19.5	19.0
$\varphi(CH_4)/\%$	10.0	7.7	6.3
$\varphi(NH_3)/\%$	5.5	5.0	5.2
合计/%	100.0	100.0	100.0

合成氨弛放气中氢气体积分数约60%，经过分离提纯后可得到高纯度的氢气返回合成氨工序，用于提高合成氨生产装置的生产能力，增加氨的产量[3]。每生产1t合成氨副产150~250m³的弛放气，以2019年合成氨产量4735万t[4]计，每年可从弛放气中回收约100亿m³氢气。

合成氨弛放气通过变压吸附技术提纯氢气，主要是脱除弛放气中的惰性组分氩气和甲烷，提纯后的氢气返回合成氨工序，对氢气纯度要求不高，一般只需要氢气体积分数大于99%即可。同时，提纯氢气后得到的解吸气中，含有体积分数21%左右的甲烷，热值较高，可送入回收工段的燃烧炉作为燃料，利用燃烧热生产高压蒸汽，可用于造气工段的蒸汽自给或送热电工段供汽轮机发电，可以在一定程度上降低合成氨的综合能耗，因此对合成氨弛放气进行分离提纯可以满足不同的生产需要[5]。合成氨弛放气变压吸附提纯氢气的流程见图 5-8。

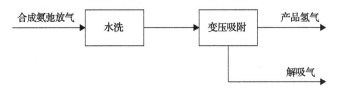

图 5-8　合成氨弛放气变压吸附提氢工艺流程框图

合成氨弛放气降压至 2.0～2.5MPa，水洗脱除其中的氨气之后，进入变压吸附装置提纯氢气。变压吸附装置常采用冲洗再生工艺，在 10～30kPa 的微正压条件下对吸附剂进行冲洗再生，在产品氢气体积分数约 99.5%时，氢气回收率可达 85%左右，物料平衡见表 5-14。

表 5-14　原料气 1 采用冲洗再生工艺提氢的物料平衡表

项目		原料气	原料气(水洗后)	产品气	解吸气
组分及含量	$\varphi(H_2)/\%$	57.00	60.31	99.50	18.64
	$\varphi(Ar)/\%$	7.50	7.94	0.40	15.96
	$\varphi(N_2)/\%$	20.00	21.16	0.08	43.57
	$\varphi(CH_4)/\%$	10.00	10.58	0.02	21.81
	$\varphi(NH_3)/\%$	5.50	0.01	—	0.02
	合计/%	100.00	100.00	100.00	100.00
温度/℃		20～40	20～40	20～40	20～40
压力/MPa		2.0～2.5	2.0～2.5	1.9～2.4	0.03
流量/(m^3/h)		5000	4725	2435	2291

为了脱除氩气、氮气和甲烷并得到氢气纯度较高的产品气，变压吸附装置一般选用活性炭类和分子筛类吸附剂，为了保证吸附剂性能长期稳定，需先通过水洗脱除原料气中的氨气。

2) 甲醇弛放气

甲醇是基本化工原料之一，广泛用于有机合成、染料、医药、农药、交通和国防工业，可用来生产二甲醚、甲醛、乙酸、乙酸酐、碳酸二甲酯、甲酸甲酯、氯甲烷、甲胺、硫二甲酯、乙二醇等多种有机产品。甲醇不仅是重要的化工原料，还是性能优良的能源和车用燃料。

甲醇合成是以氢气、一氧化碳、二氧化碳为原料，在合适的温度、压力及催化剂的作用下反应生成。主要反应如下：

$$CO+2H_2 \xrightleftharpoons[\text{4.0~8.0MPa, 230~270℃}]{\text{铜系催化剂}} CH_3OH \tag{5-2}$$

$$CO_2+3H_2 \xrightleftharpoons[\text{4.0~8.0MPa, 230~270℃}]{\text{铜系催化剂}} CH_3OH+H_2O \tag{5-3}$$

式(5-2)和式(5-3)为可逆反应，单程转化率相对较低。为了降低原料消耗，提高总体转化率，反应后的气体经过冷凝分离出液相产物，而大部分未反应的气体需要循环利用。

未反应的气体加压返回合成工序。不参与反应的惰性气体少量溶解于液体甲醇中，大部分在系统中循环累积，会降低有效组分的分压，从而影响甲醇合成速率，需要进行排放。工艺上选择在惰性气组分浓度最高的地方将循环气适量排出而产生弛放气[1]。弛放气常规组分见表 5-15。

表 5-15　甲醇弛放气常规组分表　　　　　　（单位：%，体积分数）

H_2	CO	CO_2	N_2	CH_4
70	5	10	13	2

早期这股弛放气用作燃料，这种方式较粗放，对甲醇弛放气最好的处理办法是回收其中的氢气。以年产 20 万 t 的焦炉煤气制甲醇装置为例，其弛放气量约为 18000m³/h，对这部分弛放气中的氢气进行回收提纯，可获取约 11000m³/h 的工业氢气，因此，回收甲醇合成弛放气中氢气非常必要。甲醇弛放气中提纯的氢气可用于生产各种化工产品，如用于合成氨或粗苯加氢精制等。

2019 年我国甲醇产量为 4936 万 t，按甲醇弛放气约 480m³/t 甲醇计，可回收 160 亿 m³ 氢气[6]。弛放气中氢气组分含量高，其他组分含量低，易于通过变压吸附制氢技术提纯氢气。变压吸附技术提纯甲醇弛放气中氢气的流程见图 5-9。

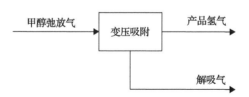

图 5-9　甲醇弛放气变压吸附提氢工艺流程框图

甲醇弛放气在压力 3.1MPa 下，通过变压吸附装置提纯氢气，变压吸附装置可以采用冲洗再生工艺，在 10～30kPa 的微正压条件下对吸附剂进行冲洗再生，在产品氢气体积分数约 99.5%时，氢气回收率可达 85%左右，物料平衡见表 5-16。

表 5-16　甲醇弛放气采用冲洗再生工艺提氢的物料平衡表

项目		原料气	产品气	解吸气
组分及含量	$\varphi(H_2)$/%	70.00	99.90	25.98
	$\varphi(CO)$/%	5.00	—	12.36
	$\varphi(CO_2)$/%	10.00	—	24.72
	$\varphi(N_2)$/%	13.00	0.10	31.99
	$\varphi(CH_4)$/%	2.00	—	4.94
	合计/%	100.00	100.00	100.00
温度/℃		20～40	20～40	20～40
压力/MPa		3.1	3.0	0.03
流量/(m³/h)		4000	2382	1618

为了脱除甲醇弛放气中的主要杂质组分一氧化碳、二氧化碳、氮气和甲烷，得到氢气纯度较高的产品气，变压吸附装置一般选用活性炭类和分子筛类吸附剂。甲醇弛放气中含有少量甲醇，为了保证变压吸附装置吸附剂的使用寿命，可选用硅胶类吸附剂对其脱除。

3）焦炉煤气

在钢铁生产过程中，同时产生大量的副产煤气，包括高炉煤气(BFG)、焦炉煤气(COG)和转炉煤气(LDG)，其在钢铁企业的能源平衡中约占全部二次能源产生总量的70%[7]。目前，中国钢铁工业副产煤气的回收利用量较高，但主要是利用煤气的热值，用于燃料燃烧和发电；在三种副产煤气中，焦炉煤气拥有较高的资源化利用价值，我国每年炼焦富余的焦炉煤气气量巨大，需对其高效、合理地利用，避免对环境污染、资源浪费和经济损失。

据统计，2019 年我国焦炭产量为 4.71 亿 t[4]；炼焦伴生的焦炉煤气，生产 1t 焦炭约副产 430m³ 焦炉煤气，焦炉煤气除了其中的 40%～45%用于保证焦化炉炉温外，约富余焦炉煤气 1110 亿 m³。副产煤气含有大量的氢气、烃类(如甲烷等)和一氧化碳等组分，其中含有的碳元素和氢元素是合成各种化工产品的主要成分。钢铁厂副产煤气资源化利用的主要途径包括制取氢气、甲醇、天然气[液化天然气(LNG)、代用天然气(SNG)、压缩天然气(CNG)]、合成氨、二甲醚、乙二醇、烯烃等化工产品。

焦炉煤气的组成十分复杂，其主要组成见表 5-17。

表 5-17　焦炉煤气组分表　　　　　　(单位：%，体积分数)

H₂	CO	CO₂	N₂	CH₄	O₂	C₂～C₅
54～59	5.5～7.0	1.2～2.5	3～5	23～28	0.3～0.7	1.5～3.0

其中，甲烷的全球变暖潜能值(GWP)是二氧化碳的二十余倍，焦炉煤气直接放空会造成严重的温室效应。除了上述主要组分外，焦炉煤气还含有多种微量组分，如苯、甲苯、二甲苯、萘、噻吩、焦油雾、硫化物、氨及氢氰酸等有害成分，若直接放空或火炬燃烧，将对环境造成严重污染。

焦炉煤气热值较高，约为 16MJ/m³，很多地方净化后将其作为城市煤气使用。而其中的氢气和碳是合成甲醇、氨、乙二醇、乙醇等化工产品的原料。由焦炉煤气提取的氢气可用于各种加氢工艺，提纯得到的高纯氢气可以供钢厂作保护还原气使用。

采用变压吸附技术提纯焦炉煤气中的氢气时，需要先进入预处理净化工序，尽量脱除对后续工序中吸附剂有影响的杂质组分，然后进入变压吸附提纯氢气，再通过脱氧和干燥工序脱除氢气中残存的氧气和水，最后得到合格的产品氢气，变压吸附的解吸气返回净化工段再生使用。工艺流程见图 5-10。

焦炉煤气经过净化、压缩和预处理后，在压力 1.7MPa 下进入变压吸附工序提纯氢气，变压吸附常采用冲洗再生工艺，在 10～30kPa 的微正压条件下对吸附剂进行冲洗再生，在产品氢气体积分数约 99.999%时，氢气回收率可达 80%左右，物料平衡见表5-18。

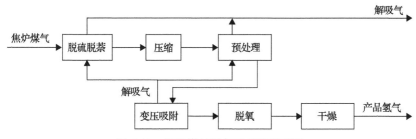

图 5-10　焦炉煤气提氢工艺流程框图

表 5-18　焦炉煤气采用冲洗再生工艺提氢的物料平衡表(湿基)

项目		原料气	半产品气	解吸气	除氧气	干燥产品气
组分及含量	$\varphi(H_2)/\%$	58.0	99.9856	21.6445	99.9728	99.9990
	$\varphi(O_2)/\%$	0.6	0.0129	1.1083	0.0001	0.0001
	$\varphi(N_2)/\%$	5.0	0.0003	9.3293	0.0003	0.0003
	$\varphi(CH_4)/\%$	25.0	0.0001	46.6475	0.0001	0.0001
	$\varphi(CO)/\%$	6.4	0.0001	11.9417	0.0001	0.0001
	$\varphi(CO_2)/\%$	2.0	0.0001	3.7317	0.0001	0.0001
	$\varphi(C_mH_n)/\%$	2.6	—	4.8514	—	—
	$\varphi(H_2O)/\%$	0.4	0.0009	0.7456	0.0265	0.0003
	合计/%	100.0	100.0000	100.0000	100.0000	100.0000
温度/℃		20 ~ 40	20 ~ 40	20 ~ 40	20 ~ 40	20 ~ 40
压力/MPa		1.70	1.60	0.03	1.55	1.50
流量/(m³/h)		2000	928	1072	928	927

　　用变压吸附技术提纯焦炉煤气中的氢气,主要是脱除氮气、甲烷、一氧化碳、二氧化碳、烃类、氧气和水,吸附剂床层使用活性氧化铝类、硅胶类、活性炭类和分子筛类吸附剂的复合床。由于焦炉煤气中含有较多的萘、焦油、硫等杂质,这些杂质都会影响变压吸附工序吸附剂的性能和寿命,需控制变压吸附之前净化和预处理工序的净化效果,避免由于前工序净化效果不佳影响变压吸附工序吸附剂性能,从而影响产品氢气的品质和回收率。

　　4)炼厂富氢气

　　中国炼油总加工能力超过了 8.5 亿 t,其中炼厂气中干气产量约占原油加工能力的 3%~8%,为 5%左右。由于石油是一次性不可再生能源,它的储量越来越少,而且趋于重质化、劣质化,硫含量、金属含量逐渐增加。为充分利用有限的石油资源,对重油进行加氢裂化来提高原油的利用率,已成为一种发展趋势。同时为提高油品质量,各大炼厂普遍增设了焦化和加氢裂化装置,所有这些装置都需要消耗大量氢气。炼厂中氢气的来源主要有两种:一种是烃类转化制氢,氢气生产成本相对较高,另一种是从各种含氢炼厂气中回收氢气，后者是现代炼厂的氢气主要来源[8]。

随着石油炼制技术的发展和加工深度的提高，在原油炼制过程中所产生的副产气体即炼厂气的数量也显著增加。炼油厂中的炼厂气主要来自石脑油重整尾气、加氢裂化干气、焦化干气、催化裂化干气、催化重整尾气、加氢混合干气、催化与焦化混合干气等。不同装置的炼厂气其组成及氢气的含量都不相同，例如，催化重整装置炼厂气中氢气含量高，是炼油厂氢气的重要来源，长期以来炼厂气一般作为燃料气烧掉，造成巨大浪费和环境污染[9]。

随着人们对自身生存环境保护的重视，对清洁燃料的要求更为苛刻，特别是对车用燃料中污染物(主要是硫、烯烃和芳烃)的含量也提出了严格的限制，目前降低污染物的最可行有效的办法就是加氢处理。由于炼油行业对油品质量的要求不断提高，油品的加氢改质工艺广泛运用。氢气已成为原油加工过程中不可缺少的一种重要产品，并且随着人们对燃料清洁性要求的日益提高，炼油厂对氢气的需求将越来越大[9,10]，充分回收利用炼厂气中富含的氢气，可以使氢气生产工艺灵活多样化，有效地降低氢气生产成本，具有良好的经济效益和社会效益。

典型富氢炼厂气组成见表 5-19。

表 5-19　典型富氢炼厂气组分表　　　　(单位：%，体积分数)

气源	H$_2$	O$_2$	N$_2$	CO	CO$_2$	CH$_4$	C$_2$	C$_3$	C$_4$	C$_{5+}$
重整气	93.80	—	—	—	—	2.40	1.70	1.29	0.56	0.25
低分气	70.97	—	—	—	—	13.62	7.56	4.72	2.03	1.10
催化干气	24.90	0.97	13.08	1.02	1.23	27.67	25.20	4.99	0.75	0.19
焦化干气	12.07	0.71	—	3.30	0.34	58.44	20.12	3.88	1.09	0.05

5.1.2　产品氢气要求与标准

1. 炼油加氢用氢气要求

炼油加氢用氢气纯度取决于装置中加氢催化剂的要求，不同的加氢装置对氢气纯度要求不一样。柴油加氢装置、航空煤油加氢装置、重整预加氢装置、重整异构化装置等要求氢气体积分数大于85%即可；而加氢裂化装置、渣油加氢装置、润滑油加氢装置等则要求氢气体积分数至少大于92%。如果大量使用氢气纯度低的补充新氢气，会使循环氢气的纯度大幅下降，造成加氢反应过程中氢气分压降低，循环氢气压缩机的能耗过大，这对加氢反应、装置能耗都不利。虽然可以通过排尾氢气的方法来提高循环氢气纯度，但是会增加装置的操作成本。

氢气纯度只是炼油加氢用氢气指标的一项，更重要的是对反应及催化剂有害的一氧化碳、二氧化碳、氧气等含氧组分的含量。通常炼油加氢用氢气都要求一氧化碳、二氧化碳、氧气之和的体积分数小于 0.002%，有的加氢工艺可以放宽至小于 0.005%，也有少数特殊的加氢工艺甚至要求小于 0.0001%。新氢气中的一氧化碳和二氧化碳含量过高，一方面会使催化剂中毒，另一方面会发生甲烷化反应，放出大量反应热引起系统的波动，严重时会造成反应器床层超温。

变压吸附提氢装置的氢气体积分数一般不会低于 99.5%，即杂质体积分数总量不超过 0.5%。既保证了氢气纯度高，也确保了氢气中的一氧化碳、二氧化碳、氧气等有害杂质组分的含量低，适合作为加氢反应原料。所以，现代炼油厂都配套有变压吸附装置生产高品质的氢气。近年来新建的大型炼油厂，普遍要求所有的加氢装置都只使用来源于变压吸附装置的氢气。

2. 煤化工用氢气要求

煤炭一直是我国能源消费的重要支撑，而煤化工是建立在我国能源结构基础上化工行业的重要组成部分。随着国内石油进口依存度增加和石油价格的持续上涨，在发展合成氨、甲醇和电石等传统煤化工的同时，煤制油、煤制烯烃、煤制乙二醇、煤制芳烃和煤制天然气等系列新型煤化工技术得到了开发和应用，加快了煤化工产品替代石油产品的步伐。

目前，变压吸附气体分离装置在各行业的应用业绩已经达到数千套，在煤化工领域也有上千套工业化装置。在传统煤化工中，如制焦行业中焦炉煤气净化提纯和合成氨、甲醇行业中配制合成气和弛放气提纯氢气、电石行业中乙炔尾气净化回收等应用非常广泛；在新型煤化工中的应用近年也逐渐增多，如在煤直接液化制油、煤间接液化制油、煤制烯烃(乙烯和丙烯)、煤制乙二醇、煤制天然气和煤制芳烃等领域，大型及特大型变压吸附分离技术得到充分展现和应用。

1) 合成氨用氢气要求

煤制合成氨工艺：将原料煤经过粉碎处理后送入气化炉气化，生产含氢气和一氧化碳等组分的煤气，然后采用各种净化方法除去气体中的灰尘、硫化氢、有机硫化物、一氧化碳、二氧化碳等有害杂质，以获得符合合成氨要求的氢气、氮气混合气，氢气、氮气混合气经压缩后在高温高压下借助催化剂合成氨。

少量一氧化碳、二氧化碳、水等含氧杂质的存在将使催化剂氧化，从而失去活性。传统合成氨工艺通常配有甲烷化工序以脱除原料气中微量的一氧化碳、二氧化碳杂质，因此对原料气中的一氧化碳、二氧化碳含量要求不是太高。新的合成氨工艺则是通过变压吸附装置从一些富氢气尾气中回收氢气，并将氢气中的含氧物质的总体积分数控制在0.001%以内，再和高浓度的氮气按比例混合得到合成气，可省去甲烷化工序，流程更简单，能耗更低。常用于合成氨原料气的氢气要求：氢气体积分数大于 99%，氢气中含氧物质的总体积分数小于 0.001%。

2) 乙二醇用氢气要求

煤制乙二醇工艺主要采用草酸酯法，即以煤为原料，通过气化、变换、净化及分离提纯后分别得到一氧化碳和氢气，其中一氧化碳通过催化偶联合成及精制生产草酸酯，再与氢气进行加氢反应并通过精制后获得聚酯级乙二醇。

生产乙二醇使用的氢气常见的指标要求见表 5-20。

表 5-20　生产乙二醇的氢气指标

组分及含量	指标	组分及含量	指标
$\varphi(H_2)/\%$	≥99.9	$\varphi(Cl)/10^{-6}$	≤0.1
$\varphi(CO+CO_2)/10^{-6}$	≤200	$\varphi(S)/10^{-6}$	≤0.1
$\varphi(O_2)/10^{-6}$	≤10	$\varphi(As)/10^{-6}$	≤0.1
$\varphi(H_2O)/10^{-6}$	≤10		

3. 氢燃料电池用氢气要求与氢气标准

氢气既可用作化工原料和工业气体，又可用作能量载体。不同应用场合，氢气浓度和允许的杂质含量差异明显。《氢气第 1 部分：工业氢》(GB/T 3634.1—2006) 和《氢气第 2 部分：纯氢、高纯氢和超纯氢》(GB/T 3634.2—2011) 规定了石油、食品、精细化工、玻璃及人造宝石的制造、金属冶炼和加工、科学研究等领域的工业氢气、纯氢、高纯氢、超纯氢的浓度和允许的杂质含量等技术指标，详见表 5-21。《电子工业用气体氢》(GB/T 16942—2009) 规定了半导体生产外延工艺的载气及等离子体刻蚀剂的配气原料等电子工业用氢气的浓度和允许的杂质含量等技术指标，详见表 5-22。《质子交换

表 5-21　氢气质量标准一[11]

项目		GB/T 3634.1—2006			GB/T 3634.2—2011		
		优等品	一级品	合格品	纯氢	高纯氢	超纯氢
$\varphi(H_2)/\% \geq$		99.95	99.50	99.00	99.99	99.999	99.9999
$\varphi(杂质总量)/10^{-6} \leq$		—	—	—	—	10	1
杂质组分要求	$\varphi(H_2O)/10^{-6}$	—	—	—	10	3	0.5
	$\varphi(碳氢化合物，以 CH_4 计)/10^{-6}$	—	—	—	—	—	—
	$\varphi(CH_4)/10^{-6}$	—	—	—	10	1	0.2
	$\varphi(CO)/10^{-6}$	—	—	—	5	1	0.1
	$\varphi(CO_2)/10^{-6}$	—	—	—	5	1	0.1
	$\varphi(O_2)/10^{-6}$	100	200	400	5	1	0.2
	$\varphi(Ar)/10^{-6}$	400	3000	6000	商定	商定	
	$\varphi(N_2)/10^{-6}$	—	—	—	60	5	0.4
	$\varphi(He)/10^{-6}$	—	—	—	—	—	—
	$\varphi(总 S)/10^{-6}$	—	—	—	—	—	—
	$\varphi(甲醛)/10^{-6}$	—	—	—	—	—	—
	$\varphi(甲酸)/10^{-6}$	—	—	—	—	—	—
	$\varphi(NH_3)/10^{-6}$	—	—	—	—	—	—
	$\varphi(总卤化物)/10^{-6}$	—	—	—	—	—	—
	$\omega(颗粒物)/10^{-6}$	—	—	—	—	—	—
	颗粒物最大粒径/μm						

注：ω-质量分数。

表 5-22　氢气质量标准二[11]

项目		GB/T 16942—2009			T/CECA-G 0015—2017	ISO 14687-3:2014		
						类型Ⅰ	类型Ⅱ	类型Ⅲ
$\varphi(H_2)/\% \geqslant$		99.9999	99.9997	99.9995	99.97	50	50	99.9
$\varphi(杂质总量)/10^{-6} \leqslant$		1	2.8	4.5	300	50	50	0.1
杂质组分要求	$\varphi(H_2O)/10^{-6}$	0.2	0.2	0.5	5	不出现凝结水		
	$\varphi(碳氢化合物，以 CH_4 计)/10^{-6}$	0.05	0.2	0.5	2	10	2	2
	$\varphi(CH_4)/10^{-6}$	—	—	—	—	—	—	—
	$\varphi(CO)/10^{-6}$	0.05	0.2	0.5	0.2	10	10	0.2
	$\varphi(CO_2)/10^{-6}$	0.05		0.5	0.2	10	10	2
	$\varphi(O_2)/10^{-6}$	0.2	0.2	0.5	5	200	200	50
	$\varphi(Ar)/10^{-6}$	—	—	—	100	50%	50%	0.1%
	$\varphi(N_2)/10^{-6}$	0.5	2	2				
	$\varphi(He)/10^{-6}$	—	—	—	300			
	$\varphi(总 S)/10^{-6}$	—	—	—	0.004	0.004	0.004	0.004
	$\varphi(甲醛)/10^{-6}$	—	—	—	0.01	3	0.01	0.01
	$\varphi(甲酸)/10^{-6}$	—	—	—	0.2	10	0.2	0.2
	$\varphi(NH_3)/10^{-6}$	—	—	—	0.1	0.1	0.1	0.1
	$\varphi(总卤化物)/10^{-6}$	—	—	—	0.05	0.05	0.05	0.05
	$\omega(颗粒物)/10^{-6}$	商定	商定	商定	1	1	1	1
	颗粒物最大粒径/μm	—	—	—	—	75	75	75

膜燃料电池汽车用燃料氢气》(GB/T 37244—2018)规定了质子交换膜燃料电池车用氢气的技术指标要求，该项标准是目前国内氢燃料电池车用燃料品质的重要参考依据。《Hydrogen fuel-Product specification-Part 3:Proton exchange membrane(PEM) fuel cell applications for stationary appliances》(ISO 14687-3:2014)则规定了国际上固定式质子交换膜燃料电池用氢气的技术指标要求[11]，详见表 5-22。

上述各项标准中氢气浓度和杂质含量的技术指标比较详见表 5-21 和表 5-22。通过比较发现各类用途的氢气浓度和杂质含量的技术指标要求差异明显。例如，作为能量载体的质子交换膜燃料电池用氢气的浓度要求低于某些工业用纯氢、高纯氢、超纯氢的浓度要求，但其对一些杂质的要求远比工业用高纯氢、超纯氢的更为严格，不仅对常规烃类、一氧化碳、二氧化碳、氮气、氩气、水蒸气等杂质含量进行了限定，而且对总硫、总卤化物、甲醛、甲酸、氨等杂质也有要求。

2017 年由国际标准化组织氢能技术标准化技术委员会第 17 工作组(ISO/TC 197/WG17)负责研制，在全国氢能标准化技术委员会(SAC/TC 309)秘书处中国标准化研究院的组织协调下，由西南化工研究设计院牵头，国内 30 余家 SAC/TC 309 委员单位和专家参与，编写《变压吸附提纯分离氢气系统安全要求》(Safety of pressure swing adsorption systems for hydrogen separation and purification)国际标准，正式成为国际技术规范(标准编号为 ISO/TS 19883—2017)，该技术规范是我国负责制定的首个氢能技术领域国际标准，也是我国在氢能技术领域国际标准化工作的重要突破。

5.1.3　常用工艺

1. 冲洗再生工艺

1) 传统冲洗再生工艺

传统的冲洗再生变压吸附提氢工艺流程通常包含以下步骤：吸附步骤(A)、均压降步骤(EnD)、顺向放压步骤(PP)、逆向放压步骤(D)、冲洗步骤(P)、均压升步骤(EnR)、最终充压步骤(FR)，其中 EnD 和 EnR 中 n 为均压次数。工艺步序见表 5-23(以 A 塔为例)。

表 5-23　变压吸附传统冲洗再生工艺步序简表

	步骤						
	1	2	3	4	5	6	7
时间/s	120	30	90	30	90	30	90
A 塔	A	EnD	PP	D	P	EnR	FR

传统的冲洗再生工艺，再生时吸附塔排出的顺放气直接由顶部进入另一台吸附塔，由上至下对吸附剂进行冲洗再生，顺放步骤与冲洗步骤一一对应且同步进行，顺放时间与冲洗时间相同。为了保证足够的顺放、冲洗再生时间，吸附时间设计值较长，且吸附剂用量较大，直接增加了装置投资。传统 6 塔顺放冲洗工艺流程见图 5-11。

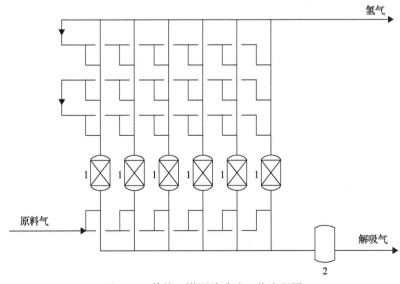

图 5-11　传统 6 塔顺放冲洗工艺流程图

1-吸附塔；2-解吸气缓冲罐

为了提高冲洗再生效果，可将顺放分为多个步骤，来实现交错冲洗，提高产品氢气质量及回收率。为保证冲洗再生效果，传统顺放冲洗工艺的分周期时间一般大于 90s。

2）"夹心饼干"顺放冲洗工艺

冲洗再生工艺的顺放步骤通常在均压步骤结束后进行，但也有一些装置的顺放步骤在均压步骤之前进行或者某两次均压步骤中间进行，俗称"夹心饼干"顺放冲洗工艺，目的是减少塔数，提高效率，降低成本。这种工艺中，顺放步骤结束后床层中的残余气体仍需用于对其他床层进行均压，此床层在顺放之后的均压降过程中吸附前沿继续向前推进，造成均压气体中杂质含量比顺放气体中的杂质含量高。当用相对浓度更高的顺放气对再生床层进行冲洗再生之后，再用相对浓度较低的均压气对再生好的床层进行均压升压，容易造成已经再生好的吸附剂被杂质污染。两次均压的"夹心饼干"顺放冲洗工艺步序见表 5-24（以 A 塔为例）。

表 5-24　"夹心饼干"顺放冲洗工艺步序简表

	步骤								
	1	2	3	4	5	6	7	8	9
时间/s	120	30	90	30	30	90	30	30	90
A 塔	A	E1D	PP	E2D	D	P	E2R	E1R	FR

根据装置实际情况，顺放步骤可选择设置在多次均压中的某两次均压之间。工艺流程配置与常规顺放冲洗工艺类似。

3）带顺放罐的冲洗再生工艺

大型变压吸附装置主要服务于我国的炼油行业和煤化工行业，随着我国炼油行业和新兴煤化工产业的快速发展，变压吸附装置的规模也不断增大，已经步入特大型化规模。

传统的冲洗再生工艺因顺放与冲洗步骤对应，吸附时间设计值较长，当装置规模变大后，吸附剂用量增大，吸附塔的体积和程控阀的通径过大，无法满足大型化的工艺需求，必须进一步缩短吸附时间，大幅降低单位产品负荷所需的吸附塔体积。

通过引入顺放罐，将顺放步骤的顺放气在短时间内放入顺放罐，冲洗再生时再从顺放罐输出气体对吸附剂床层进行冲洗，可缩短顺放时间，从而大幅缩短吸附分周期，即带顺放罐的冲洗再生工艺将吸附分周期从传统的 90s 以上缩短至 60s 以内，减小了吸附塔的体积。

（1）带 1 台顺放罐的工艺。

当流程中仅设置 1 台顺放气缓冲罐时，所有的顺放气先储存在顺放气缓冲罐中，经过缓冲罐稳压并混合均匀后再对吸附剂进行冲洗再生，无法实现交错冲洗，产品气回收率较低。

带 1 台顺放罐的 6 塔顺放冲洗工艺流程见图 5-12。

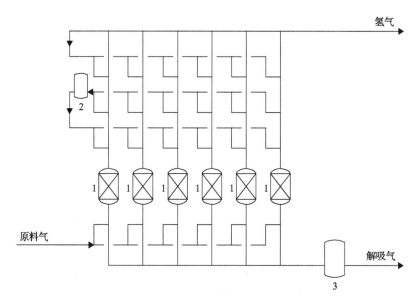

图 5-12　带 1 台顺放罐的 6 塔顺放冲洗工艺流程图

1-吸附塔；2-顺放气缓冲罐；3-解吸气缓冲罐

带 1 台顺放罐的 6 塔顺放冲洗工艺步序见表 5-25（以 A 塔为例）。

表 5-25　带 1 台顺放罐的 6 塔变压吸附顺放冲洗工艺步序简表

	步骤						
	1	2	3	4	5	6	7
时间/s	60	30	30	30	90	30	30
A 塔	A	EnD	PP	D	P	EnR	FR

（2）带 2 台顺放罐的工艺。

带 2 台顺放罐的工艺将顺放步骤分为两步，顺放前期杂质含量少的冲洗气进入其中一个顺放罐，顺放后期杂质含量多的冲洗气进入另一个顺放罐，再生时先用杂质含量多的冲洗气对吸附塔进行冲洗，再用杂质含量少的冲洗气进行冲洗再生，实现了交错冲洗的效果，可有效提高产品质量和回收率。

带 2 台顺放罐的 6 塔顺放冲洗工艺流程见图 5-13。

同理，当有多台顺放气缓冲罐时，可以将顺放气分成多个部分进行储存并依此逆序用于冲洗再生，再生效果有所提升，但这样对再生效果和氢气回收率的提升不是特别显著，同时会增加装置投资。综合考虑，顺放罐数量为 2 台最为合理，带 2 台顺放罐的变压吸附提氢工艺具有显著优势。

带 2 台顺放罐的 6 塔顺放冲洗工艺步序见表 5-26（以 A 塔为例）。

2. 抽真空再生工艺

抽真空再生的变压吸附工艺在原料气压力较低或原料气氢气含量较低时使用，可以得到较高的氢气回收率，但会增加装置投资和能耗。

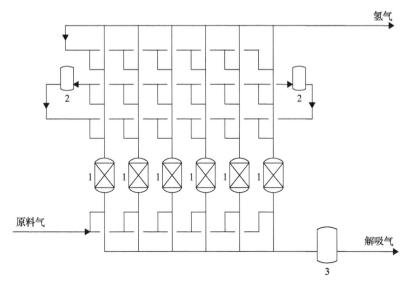

图 5-13　带 2 台顺放罐的 6 塔顺放冲洗工艺流程图

1-吸附塔；2-顺放气缓冲罐；3-解吸气缓冲罐

表 5-26　带 2 台顺放罐的 6 塔变压吸附顺放冲洗工艺步序简表

	步骤							
	1	2	3	4	5	6	7	8
时间/s	60	30	30	30	30	60	30	30
A 塔	A	EnD	PP1/PP2	D	P2	P1	EnR	FR

常用的抽真空再生变压吸附提氢工艺流程含有以下步骤：吸附步骤、均压降步骤、逆向放压步骤、抽真空步骤(V)、均压升步骤、最终充压步骤。

变压吸附提氢装置常用的真空泵有往复式真空泵和水环式真空泵两种，当解吸气气量较小时通常采用无油往复式真空泵，当解吸气气量较大时常采用水环式真空泵。但采用水环式真空泵会将水带入被抽出的气体中，有可能影响到解吸气的后续使用；因此，真空泵的类型需要根据使用需求进行选择。

抽真空再生的六塔提氢工艺流程见图 5-14。

在抽真空初期塔内压力高时，杂质分压高，抽真空气量大，所消耗的电功较多；抽真空末期塔内压力低时，杂质分压低，抽真空气量少，所需消耗电功较少。为了提高抽真空效率，节约能耗，将抽真空过程划分为多段，采用多台真空泵不均等分组方式，形成多次交错抽真空再生工艺，有效地解决了后期功率浪费或前期功率不足的问题，抽真空效率可提升 25%以上，显著降低抽真空能耗。

抽真空再生的 6 塔提氢工艺步序见表 5-27(以 A 塔为例)。

3.带净化工序的变压吸附工艺

当原料气中某些组分对变压吸附装置的吸附剂有毒害作用时，须在原料气进入变压吸附装置之前通过预净化脱除这些组分，保证变压吸附的长期稳定运行。

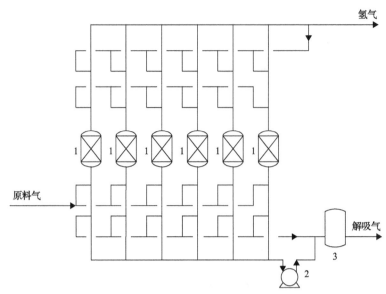

图 5-14　抽真空再生的 6 塔提氢工艺流程图

1-吸附塔；2-真空泵；3-解吸气缓冲罐

表 5-27　抽真空再生的 6 塔变压吸附提氢工艺步序简表

	步骤						
	1	2	3	4	5	6	7
时间/s	90	30	30	60	60	30	60
A 塔	A	EnD	D	V1	V2	EnR	FR

　　以焦炉煤气提氢为例。焦炉煤气的组成十分复杂，其主要组成为氢气、甲烷、氮气、氧气、一氧化碳、二氧化碳及其他烃类，还有其他微量的高沸点组分，如苯、甲苯、二甲苯、萘、噻吩、焦油雾、硫化物等，在变压吸附工序之前设置粗净化和预处理工序将这些高沸点组分脱除。粗净化和预处理工序采用变温吸附工艺(详见第 6 章)。另外，焦炉煤气中的氧气，其物理吸附作用力弱，若通过变压吸附控制产品气中的氧气含量，会使氢气的质量和回收率受到较大的影响。为此，在变压吸附工序之后，通过催化脱氧，发生氢氧反应生成水，再经干燥去除。

　　焦炉煤气提氢工艺在各种工业排放气提氢工艺中是最复杂的，由多种吸附工艺组合而成[12]。工艺流程包括压缩、粗净化、预处理、变压吸附提氢和后净化等工序。焦炉煤气压力通常接近常压，压缩工序是将焦炉煤气从约 5kPa 加压至 1.0～2.5MPa，以满足变压吸附分离和氢气用户所需的压力要求。在压缩之后通过粗净化工序脱除萘和焦油等杂质，然后通过预处理变温吸附工序脱除微量的高沸点组分；再经过变压吸附工序提纯氢气；选用活性氧化铝类、硅胶类、活性炭类和分子筛类的复合床，主要是脱除氮气、甲烷、一氧化碳、二氧化碳、烃类、部分氧气和水分，获得体积分数大于 99.9% 的氢气。氢气后净化工序是由催化脱氧和干燥两部分组成，催化脱氧使用钯催化剂，可在常温至 100℃ 的温度范围内操作，干燥部分采用等压变温吸附干燥工艺(详见第 6 章)，选用硅胶类和活性氧化铝类的复合床层。

焦炉煤气提氢产品用作钢厂保护还原气时的指标见表 5-28，同时可满足高纯氢的要求（表 5-21）。

表 5-28　焦炉煤气提氢产品指标

项目		指标
组分及含量	$\varphi(H_2)/\%$	≥99.999
	$\varphi(CO)/10^{-6}$	≤1
	$\varphi(CO_2)/10^{-6}$	≤1
	$\varphi(O_2)/10^{-6}$	≤1
	$\varphi(CH_4)/10^{-6}$	≤1
	$\varphi(N_2)/10^{-6}$	≤5
露点/℃		≤-70

变压吸附工序的解吸气用作预处理工序和粗净化工序的再生气，最后返回到焦炉煤气系统作为燃料。其中的变压吸附提氢工序可以采用冲洗再生流程，也可以采用抽真空再生流程来增加产品回收率。典型焦炉煤气提氢的工艺流程见图 5-15。

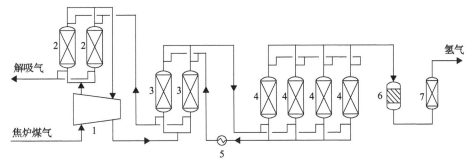

图 5-15　典型焦炉煤气提氢工艺流程图

1-煤气压缩机；2-粗净化器；3-预处理器；4-吸附塔；5-加热器；6-脱氧器；7-干燥器

很多含有高碳烃或其他杂质组分的富氢气都可以通过在变压吸附工序之前增加预处理工序来脱除这些杂质组分，而变压吸附工序的解吸气也可以作为再生气返回预处理工序使用，这样的工艺组合可以使变压吸附对原料气的适用范围更广，在提纯氢气领域发挥积极作用。

5.1.4　典型工程应用

1. 烃类转化制氢变压吸附提纯氢气装置

烃类转化制氢装置配套的变压吸附提氢工艺常采用 10 塔 4 次均压冲洗再生工艺。

以某炼厂 $5 \times 10^4 m^3/h$ 干气转化制氢装置为例，变压吸附提氢工艺的原料气为变换气。原料气经气液分离器分离掉液态水后进入由 10 台吸附塔、2 台顺放气缓冲罐、1 台逆放气缓冲罐、1 台解吸气混合罐及一系列配套使用的专用程控阀门组成的变压吸附提氢装置。

10 台吸附塔中任意时刻均有 2 台吸附塔处于吸附步骤,其他吸附塔处于再生的不同阶段。吸附步骤结束的吸附塔先经过四级均压降逐级降低塔内压力,同时氢气被其他处于均压升步骤的吸附塔逐级回收以提高氢气回收率。均压降结束后通过两级顺放提供分级顺放气用于对处于冲洗再生步骤的吸附剂床层进行分级交错冲洗再生。顺放结束后开始逆放,吸附在吸附剂中的杂质组分在逆放过程中被部分解吸出来,逆放解吸气通过逆放气缓冲罐缓冲,以减小解吸气的压力波动。逆放结束以后,用 2 台顺放气缓冲罐中缓存的分级顺放气对吸附剂进行分级交错冲洗再生,使吸附在吸附剂中的杂质组分尽可能解吸出来。经过冲洗再生后的吸附塔通过 4 级均压升后用产品氢气进行最终升压,将压力升至吸附压力,并准备进行下一周期的吸附循环操作。工艺流程见图 5-16。

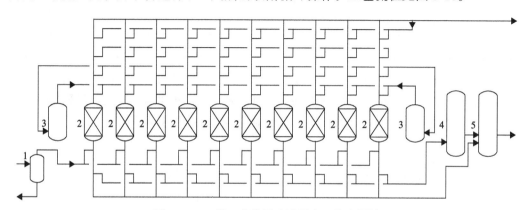

图 5-16　10 塔 4 次均压冲洗再生工艺流程图

1-气液分离器;2-吸附塔;3-顺放气缓冲罐;4-逆放气缓冲罐;5-解吸气混合罐

装置主要设备配置见表 5-29。

表 5-29　某炼厂 5 万 m³/h 烃类转化制氢装置变吸附工艺设备表

设备名称	设备规格	数量/台
气液分离器	DN2000	1
吸附塔	DN3000	10
顺放气缓冲罐	DN3000	2
逆放气缓冲罐	DN4000	1
解吸气混合罐	DN4000	1
合计		15

该装置于 2011 年 7 月建成投运,实际运行氢气回收率大于 90%,装置的物料平衡见表 5-30。

烃类转化制氢装置所产氢气主要用作油品加氢原料,常要求产品氢气纯度大于 99.9%(φ),氢气中一氧化碳、二氧化碳体积分数分别小于 0.001%。由于后续用氢气装置催化剂普遍对一氧化碳、二氧化碳很敏感，因此在装置操作时要严格控制产品氢气中一氧化碳和二氧化碳含量。烃类转化制氢装置变压吸附提氢单元在正常运行时应参考产品氢气在线一氧化碳、二氧化碳分析仪的检测数值及变化趋势及时修正吸附时间，避免氢气中一氧化碳、二氧化碳含量超标。

表 5-30　某炼厂 5 万 m^3/h 烃类转化制氢装置中变吸附工序的物料平衡表

项目		原料气	产品气	解吸气
组分及含量	$\varphi(H_2)/\%$	72.17	99.9000	20.63
	$\varphi(N_2)/\%$	0.50	0.0180	1.40
	$\varphi(CO)/\%$	3.38	0.0010	9.66
	$\varphi(CO_2)/\%$	18.74	0.0010	53.57
	$\varphi(CH_4)/\%$	5.21	0.0800	14.74
	合计/%	100.00	100.0000	100.00
温度/℃		20~40	20~40	20~40
压力/MPa		2.55	2.50	0.03
流量/(m³/h)		76902	50000	26902

2. 炼厂重整气变压吸附提纯氢气装置

炼厂重整气变压吸附提氢装置常采用 10 塔 5 次均压冲洗再生工艺，也可采用 10 塔 4 次均压冲洗再生工艺，相比采用 5 次均压的工艺氢气回收率低 1.5%～2%。

以某炼厂 $5\times10^4 m^3/h$ 重整气提纯氢气装置为例，来自连续重整装置的重整气先通过压缩机升压至 2.6MPa，经气液分离器分离掉液态组分以后进入由 10 台吸附塔、2 台顺放气缓冲罐、1 台逆放气缓冲罐、1 台解吸气混合罐及一系列配套使用的专用程控阀门组成的变压吸附装置。

10 台吸附塔中任意时刻均有 2 台吸附塔处于吸附步骤，其他吸附塔处于再生的不同阶段。吸附步骤结束的吸附塔先经过 5 级均压降逐级降低塔内压力，同时氢气被其他处于均压升步骤的吸附塔逐级回收以提高氢气回收率。均压降结束后通过两级顺放提供分级顺放气用于对处于冲洗再生步骤的吸附剂床层进行分级交错冲洗再生。顺放结束后开始逆放，吸附在吸附剂中的杂质组分在逆放过程中被部分解吸出来，逆放解吸气通过逆放气缓冲罐缓冲，以减小解吸气的压力波动。逆放结束以后，用 2 台顺放气缓冲罐中缓存的分级顺放气对吸附剂进行分级交错冲洗再生，使吸附在吸附剂中的杂质组分尽可能解吸出来。经过冲洗再生后的吸附塔通过五级均压升后用产品氢气进行最终升压，将压力升至吸附压力，并准备进行下一周期的吸附循环操作。工艺流程如图 5-17 所示，装置主要设备配置见表 5-31。

该装置于 2009 年 4 月建成投运，实际运行氢气回收率大于 92%，装置的物料平衡表见表 5-32。

重整气提氢装置所产氢气几乎都是用作油品加氢原料，常要求氢气纯度大于 99.9%(φ)，氢气中一氧化碳、二氧化碳体积分数分别小于 0.001%，由于重整气中一氧化碳、二氧化碳含量很低，易达到产品要求。

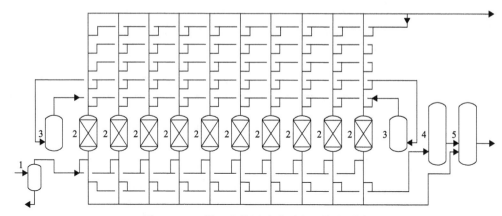

图 5-17　10 塔 5 次均压冲洗再生工艺流程图

1-气液分离器；2-吸附塔；3-顺放气缓冲罐；4-逆放气缓冲罐；5-解吸气混合罐

表 5-31　某炼厂 5 万 m³/h 重整气变压吸附提氢装置设备表

设备名称	设备规格	数量/台
气液分离器	DN1600	1
吸附塔	DN2400	10
顺放气缓冲罐	DN2400	2
逆放气缓冲罐	DN3400	1
解吸气混合罐	DN3400	1
合计		15

表 5-32　某炼厂 5 万 m³/h 重整气变压吸附提氢装置物料平衡表

项目		原料气	产品气	解吸气
组分及含量	$\varphi(H_2)$/%	93.80	99.90	55.11
	$\varphi(C_1)$/%	2.40	0.10	16.99
	$\varphi(C_2)$/%	1.70	—	12.48
	$\varphi(C_3)$/%	1.29	—	9.47
	$\varphi(n\text{-}C_4)$/%	0.34	—	2.50
	$\varphi(i\text{-}C_4)$/%	0.22	—	1.62
	$\varphi(n\text{-}C_5)$/%	0.05	—	0.37
	$\varphi(i\text{-}C_5)$/%	0.08	—	0.59
	$\varphi(C_{6+})$/%	0.12	—	0.88
	合计/%	100.00	100.00	100.00
温度/℃		20~40	20~40	20~40
压力/MPa		2.6	2.5	0.03
流量/(m³/h)		58680	50689	7991

重整气中含有较多的高碳烃类组分，应在下部床层选择对高碳烃组分有良好吸附和解吸性能的吸附剂。若吸附剂选型和配比不当，或者操作失误导致吸附时间过长，高碳烃组分会穿透下层吸附剂床层进入上层吸附剂床层，造成上部吸附剂失活。因此重整气变压吸附提氢装置在正常运行时应投用自适应专家系统使装置处于吸附时间自动调节模式，应慎用吸附时间手动调节模式，以免因操作失误缩短吸附剂使用寿命。

3. 煤制气变压吸附提纯氢气装置

压力超过 3.0MPa 的大型煤制氢装置配套的变压吸附单元常采用 12 塔 6 次均压冲洗再生工艺。以中国神华煤制油化工有限公司鄂尔多斯煤制油分公司煤制氢装置配套的 28 万 m^3/h 特大型变压吸附装置为例，来自粉煤气化炉的煤气经变换反应和低温甲醇洗脱除酸性气体后送往并联的两套变压吸附装置。每套变压吸附装置由 12 台吸附塔、2 台顺放气缓冲罐、1 台逆放气缓冲罐、1 台解吸气混合罐及一系列配套使用的专用程控阀门组成。

12 台吸附塔中任意时刻均有 3 台吸附塔处于吸附步骤，其他吸附塔处于再生的不同阶段。吸附步骤结束的吸附塔先经过六级均压降逐级降低塔内压力，同时氢气被其他处于均压升步骤的吸附塔逐级回收以提高氢气回收率。均压降结束后通过两级顺放提供分级顺放气用于对处于冲洗再生步骤的吸附剂床层进行分级交错冲洗再生。顺放结束后开始逆放，吸附在吸附剂中的杂质组分在逆放过程中被部分解吸出来，逆放解吸气通过逆放气缓冲罐缓冲，以减小解吸气的压力波动。逆放结束以后，用两台顺放气缓冲罐中缓存的分级顺放气对吸附剂进行分级交错冲洗再生，使吸附在吸附剂中的杂质组分尽可能解吸出来。经过冲洗再生后的吸附塔通过六级均压升后用产品氢气进行最终升压，将压力升至吸附压力，并准备进行下一周期的吸附循环操作。工艺流程见图 5-18。

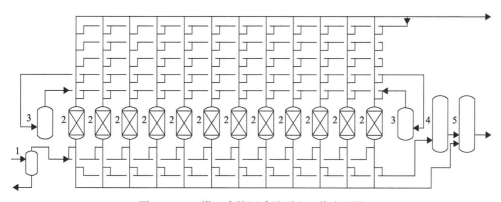

图 5-18　12 塔 6 次均压冲洗再生工艺流程图

1-气液分离器；2-吸附塔；3-顺放气缓冲罐；4-逆放气缓冲罐；5-解吸气混合罐

装置主要设备配置见表 5-33。

该装置于 2008 年 9 月建成投运，实际运行氢气回收率大于91.5%，物料平衡见表 5-34。

煤制氢装置所产氢气主要用作油品加氢原料或其他化工产品生产原料，不同用途的氢气品质要求也不一样。用作加氢原料时常要求氢气纯度大于 99.5%(体积分数)，氢气中一氧化碳、二氧化碳体积分数分别小于 0.002%。用于合成氨原料时如果后面工序不再设置甲烷化系统，则常要求氢气中含氧物质的总体积分数小于 0.001%。

表 5-33　某厂 $2.8 \times 10^5 \text{m}^3/\text{h}$ 煤制氢装置变压吸附单元设备表

设备名称	设备规格	数量/台
吸附塔	DN3400	24
顺放气缓冲罐	DN2800	4
逆放气缓冲罐	DN4000	2
解吸气混合罐	DN4000	2
合计		32

表 5-34　某厂 $2.8 \times 10^5 \text{m}^3/\text{h}$ 煤制氢装置中变压吸附工序的物料平衡表

项目		原料气	产品气	解吸气
组分及含量	$\varphi(H_2)$/%	88.2900	99.5000	38.4600
	$\varphi(Ar)$/%	0.0621	0.0300	0.2000
	$\varphi(N_2)$/%	7.9900	0.4670	41.4300
	$\varphi(CO)$/%	1.5900	0.0015	8.6600
	$\varphi(CO_2)$/%	2.0000	0.0005	10.8900
	$\varphi(CH_4)$/%	0.0600	0.0010	0.3200
	$\varphi(CH_3OH)$/%	0.0078	—	0.0400
	$\varphi(H_2S)$/%	0.0001	—	0.0005
	合计/%	100.0000	100.0000	100.0000
温度/℃		20~40	20~40	20~40
压力/MPa		3.1	3.0	0.03
流量/(m³/h)		342990	280000	62990

4. 高压变压吸附工艺

煤气一般用于制氢及合成氨、甲醇、乙酸和乙二醇等基础化工产品，变压吸附装置主要用于煤气净化提纯氢气、提纯一氧化碳和脱除二氧化碳等。随着煤化工的发展，由于煤种不同及煤化工终端产品各异，各种气化炉在国内得到广泛应用。为了进一步减少气化炉的数量进而节省投资及占地，降低后续装置的操作能耗，煤气化炉的操作压力越来越高，传统的 4.0MPa 级气化炉如今逐渐被 6.5MPa 级甚至 8.5MPa 级气化炉替代，6.5MPa 级气化炉产生的煤气经热回收、除尘、耐硫变换、低温甲醇洗等工序后进入变压吸附提纯单元的压力约为 6.0MPa。近年来，随着规模的扩大和产品结构的调整，炼油厂对氢气的需求量越来越大，也常配套大型高压煤制氢装置作为补充氢气来源。

此外，低压合成甲醇的压力范围为 5.0~8.0MPa，大型甲醇甚至采用 10.0MPa 的中压合成工艺，调配甲醇合成气的变压吸附脱碳或甲醇弛放气变压吸附提纯氢气，变压吸附装置的操作压力也可能超过 5.0MPa。

　　早期的变压吸附装置吸附压力都在 3.5MPa 以下，若采用传统工艺，净化气需要降压至 3.5MPa 以下操作，产出氢气的压力只有 3.4MPa 以下，造成较大的压力损失。近年来，国内外也陆续提高了配套变压吸附装置的操作压力，压力等级逐渐提高到 5.0MPa 左右，但从工业化的结果来看，普遍存在回收率低、故障率高等情况，主要原因有均压次数选择不合理导致工艺效果差、程控阀故障率高、吸附塔进料及再生分布方式不合理导致偏流等。因此，随着操作压力的升高，变压吸附装置配套的吸附塔、管道、吸附剂、阀门、设备及仪表等会面临各种问题，需要深入研究工艺的流程配置，如吸附剂的吸附解吸性能和吸附热的影响，吸附塔的应力分析、板材的选择和加工焊接，管道系统的柔性应力计算和疲劳设计，程控阀门的应力分析设计、铸造加工及性能测试，控制系统组态优化及仪器仪表选型等。

　　西南化工研究设计院已经完成了 6.0MPa 高压变压吸附技术的研究开发，并已开始工业化应用。以福建某化工企业 $4 \times 10^4 m^3/h$ 高压煤制氢装置配套变压吸附单元为例，考虑高压系统的配套优势和高压变压吸附装置的设备要求，来自 6.5MPa 等级水煤浆气化炉的煤气经变换、低温甲醇洗净化后在 5.8MPa 下进入由 1 台原料气缓冲罐、14 台吸附塔、2 台顺放气缓冲罐、1 台逆放气缓冲罐、1 台解吸气混合罐及一系列配套使用的专用程控阀门组成的变压吸附装置。

　　在 14 台吸附塔中，始终有 3 台吸附塔处于吸附步骤，其他吸附塔处于再生的不同阶段。吸附步骤结束的吸附塔先经过 8 级均压降逐级降低塔内压力，同时氢气被其他处于均压升步骤的吸附塔逐级回收以提高氢气回收率。均压降结束后通过两级顺放提供分级顺放气对处于冲洗再生步骤的吸附剂床层进行分级交错冲洗再生。顺放结束后开始逆放，吸附在吸附剂中的杂质组分在逆放过程中被部分解吸出来，逆放解吸气通过逆放气缓冲罐缓冲，以减小解吸气的压力波动。逆放结束以后，用 2 台顺放气缓冲罐中缓存的分级顺放气对吸附剂进行分级交错冲洗再生，使被吸附剂吸附的杂质组分尽可能解吸出来。经过冲洗再生后的吸附塔通过八级均压升后用产品氢进行最终升压，将压力升至吸附压力，开始进行下一周期的吸附循环操作。工艺流程见图 5-19。

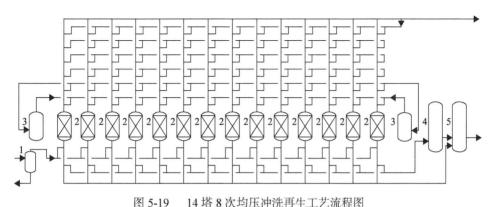

图 5-19　14 塔 8 次均压冲洗再生工艺流程图

1-气液分离器；2-吸附塔；3-顺放气缓冲罐；4-逆放气缓冲罐；5-解吸气混合罐

装置主要设备配置见表 5-35。

表 5-35　高压变压吸附提氢装置设备表

设备名称	设备规格	数量/台
原料气缓冲罐	DN1400	1
吸附塔	DN1800	14
顺放气缓冲罐	DN2000	2
逆放气缓冲罐	DN3000	1
解吸气混合罐	DN3000	1
合计		19

该装置设计氢气回收率 90%，物料平衡见表 5-36。

表 5-36　高压变压吸附提氢装置物料平衡表

项目		原料气	产品气	解吸气
组分及含量	$\varphi(H_2)$/%	93.6900	99.9500	59.9069
	$\varphi(Ar)$/%	0.1100	0.0297	0.5434
	$\varphi(N_2)$/%	0.4300	0.0200	2.6426
	$\varphi(CO)$/%	5.7100	0.0001	36.5243
	$\varphi(CO_2)$/%	0.0010	0.0001	0.0059
	$\varphi(CH_4)$/%	0.0570	0.0001	0.3641
	$\varphi(CH_3OH)$/%	0.0020	—	0.0128
	合计/%	100.0000	100.0000	100.0000
温度/℃		20～40	20～40	20～40
压力/MPa		5.8	5.7	0.03
流量/(m³/h)		47412	40000	7412

由于操作压力高，需要设计足够多的均压次数来提高氢气的回收率，经过模拟实验及工业数据验证，8 次均压工艺的氢气回收率最高，每降低一次均压次数，回收率下降 1%～2%。

目前，该装置已成功投运。自 2010 年以来，已有多套包含 6.0MPa 高压变压吸附技术应用的变压吸附装置陆续投运，装置平稳运行多年，技术指标先进，标志着我国高压变压吸附技术可行且经济合理，进一步优化了煤制氢工艺，满足了高压气化炉工艺的需要，高压煤气化技术结合高压变压吸附技术将会在国内煤制氢领域得到更广泛的应用。

5.2　变压吸附提浓乙烯工艺

5.2.1　原料来源

乙烯是石油化学工业重要的基础原料之一，以乙烯为原料的化工产品在国民经济中占有重要地位，乙烯产量已作为衡量一个国家石化工业和经济发展水平的重要标志之一。2018 年，全球乙烯产能达到 1.78×10^8t、消费量为 1.61×10^8t，中国大陆乙烯产能为 2.533×10^7t，消费量为 4.72×10^7t。从长远看，全球对乙烯衍生物的需求有较大的增长空间，预计到 2030 年，全球还需要增加乙烯总产能 5×10^7t/a。

乙烯的生产方法较多，包括石脑油或其他轻质油裂解、甲醇制烯烃、乙醇脱水等，主要是通过轻质油裂解得到，乙烯装置是炼化一体化的核心生产装置之一。石油经过常压蒸馏或常减压蒸馏一次加工分离为轻质油、重质油和渣油。轻质油作为乙烯装置的原料，经裂解、深冷分离得到乙烯，回收率仅有 28.7%～32.46%，使乙烯的生产成本居高不下，有必要回收利用炼厂副产气中的有效资源作为乙烯装置的补充原料，提升炼化企业的经济效益。

据资料显示，乙烷做乙烯装置的裂解原料时，可得到大约相当于原料量 80%的乙烯产品，远高于石脑油做裂解原料时乙烯 20%～32%的回收率[13]，所以乙烷是乙烯装置的优质裂解原料。用石脑油等轻质油做裂解原料的乙烯装置与用乙烷做裂解原料的装置比较，其乙烯回收率较低，能耗较高，因此通过寻找多样化的优质裂解原料如乙烷，是降低乙烯装置的能耗和乙烯生产成本的有效途径之一。由于重质油和渣油二次加工产生的干气中有丰富的乙烯和乙烷，可以回收作为生产乙烯的优质原料，20 世纪 80 年代国外开发出深冷分凝分离工艺能有效从炼厂干气中回收 C_2 及 C_{3+}组分并将其用作生产乙烯原料的技术。国内从 20 世纪 90 年代开始开发从炼厂催化干气中回收 C_2 及 C_{3+}组分的变压吸附技术。重质油和渣油经催化裂化、催化裂解、加氢裂化、焦化、催化重整等工艺二次加工生产轻质油时，产生大量富含氢气、甲烷、C_2、C_3、C_4 等组分的炼厂气，炼厂气经吸收分离回收 C_3 和 C_4 液化气后，剩余主要含 C_2 馏分的气体称为干气，如催化裂化干气、焦化干气、加氢裂化干气、催化重整气等，这些含有 C_2 组分的干气经过回收提浓后可以作为生产乙烯的原料。由于催化重整气中氢气较多，一般先经变压吸附装置提纯氢气后再考虑回收提浓 C_2 组分。炼厂干气及重整氢经变压吸附提纯氢气后的解吸气的典型组成见表 5-37，随着石油原料不同，深加工装置的操作条件不同，表中干气的组成含量也会有变化。

目前从炼厂干气中分离回收乙烯的技术主要有深冷分离法、油吸收分离法和变压吸附法。深冷分离法是利用干气中各组分沸点的差异，采用低温精馏方法来分离回收炼厂干气中的 C_2 及 C_{3+}组分；该技术需要将原料干气加压至 3.0MPa 以上，并用制冷剂冷却到−100℃以下，综合能耗高、投资大，但乙烯收率和纯度高，适用于多套装置干气集中处理回收。油吸收分离法是利用吸收剂选择性吸收干气中 C_2 及 C_{3+}烃类组分，为了提高吸收效率，需要将原料干气加压并配置制冷系统进行降温，吸收剂吸收的气体解吸时需要升温，所以综合能耗较高[14]，主要技术包括中冷油吸收法和浅冷油吸收法。变压吸附法利用吸附剂对干气组分吸附性能的差异进行分离，在常温和干气压力下吸附，常温条件下抽真空解吸，仅需对占原料气量 33%～50%的富乙烯产品气进行抽真空和增压，能耗主要是压缩机和真空泵的电耗及其冷却水的消耗，综合能耗低。这几种回收技术的操作条件比较见表 5-38。

表 5-37　炼厂干气的典型组成条件表

		催化裂化干气	焦化干气	加氢裂化干气	芳构化干气	PSA 重整解吸气
组分及含量	$\varphi(H_2)/\%$	26.34	13.42	40.70	70.19	59.89
	$\varphi(O_2)/\%$	0.79	2.80	—	—	—
	$\varphi(N_2)/\%$	15.27	9.81	2.48	—	10.62
	$\varphi(CO)/\%$	—	0.24	—	—	—
	$\varphi(CO_2)/\%$	3.22	0.17	—	—	—
	$\varphi(CH_4)/\%$	27.58	46.50	35.23	20.13	12.48
	$\varphi(C_2H_6)/\%$	12.13	19.91	16.36	8.34	11.17
	$\varphi(C_2H_4)/\%$	13.13	2.21	—	0.55	—
	$\varphi(C_3H_8)/\%$	0.13	1.93	4.92	0.65	5.50
	$\varphi(C_3H_6)/\%$	0.91	1.37	—	0.03	—
	$\varphi(C_4H_{10})/\%$	0.16	0.88	0.05	0.05	—
	$\varphi(C_4H_8)/\%$	0.17	0.41	—	—	—
	$\varphi(C_{5+})/\%$	0.16	0.37	0.25	0.06	0.34
合计/%		100.00	100.00	100.00	100.00	100.00

表 5-38　炼厂干气回收 C_2 技术对比表

方法	操作压力/MPa	操作温度/℃	吸收溶剂	综合能耗
低温精馏法	3~4	约-100	无	高
低温油吸收法	3~4	吸收：-40~-20 解吸：70~80	有	较高
浅冷油吸收法	3~4	吸收：5~15 解吸：100~130	有	较高
变压吸附法	≥0.4	20~40	无	低

在炼厂干气中分离回收乙烯技术中，变压吸附法由于能耗低、操作简单、自动化程度高，且近年来随着吸附剂和工艺流程的优化，乙烯回收率和纯度大幅度提高，已广泛用于炼厂干气及含 C_2 组分的工业副产气如乙苯尾气的分离回收。目前已有 10 余套采用变压吸附法回收干气中 C_2 资源(以下简称 C_2)的装置在运行。

C_2 回收装置改性后的吸附剂对微量的硫、砷、氮氧化物等杂质耐受度较强，可以适用于各种干气的回收处理；变压吸附法回收 C_2 技术从最初仅用于炼厂催化裂化干气的回收，逐步发展到用于炼厂焦化干气、加氢裂化干气、芳构化干气、歧化干气、烃化后尾气、变压吸附提纯重整氢装置的解吸气和乙苯尾气。

5.2.2　常用工艺

采用变压吸附法回收 C_2 技术得到的产品气通常为富含乙烯和乙烷的混合气，该产品气可直接用作制乙苯的原料，也可净化精制后作乙烯装置的原料，生产聚合级乙烯。根据产品用途不同，该技术包括不同组合的变压吸附浓缩工艺和净化精制工艺。

由于炼厂干气中含有从 $C_1 \sim C_6$ 的一系列烃类组分, 浓缩回收炼厂干气乙烯的变压吸附装置采用的吸附剂必须对从 $C_1 \sim C_6$ 的一系列烃类组分都具有较好的吸附选择性和较快的解吸速度, 尤其是对沸点较高、分子动力学直径较大的高碳烃组分, 需要在短时间内达到解吸和吸附的平衡, 以保证其在吸附剂上不累积, 确保变压吸附装置的长周期稳定运行。同时由于炼厂干气通常含有微量的氮氧化物、硫化物、砷化物等杂质, 变压吸附装置采用的吸附剂还必须保证对这些组分不具有催化活性, 以避免在吸附剂表面上生成硫、砷等单质而导致吸附剂失活。

1. 变压吸附"两段法"工艺概述

变压吸附法回收乙烯技术采用了适合干气条件并且对 C_2 组分吸附选择性强的吸附剂。同时为了提高 C_2 组分的回收率, 通常采用"两段法"工艺, 即在第一段变压吸附装置(PSA-1)后增加配置了第二段变压吸附装置(PSA-2), 用于回收第一段的吸附废气及置换废气中的 C_2 组分, 干气经变压吸附技术浓缩后 C_2 组分的体积分数可达到 80%~95%, 回收率可达 93%以上[15]。

PSA-1 的工艺流程通常采用如表 5-39(以 A 塔为例)所示的工艺步序, 而 PSA-2 的工艺可采用如表 5-39 所示的工艺步序, 为了得到更高的回收率, 也可以采用如表 5-40(以 A 塔为例)所示的工艺步序。

表 5-39　变压吸附置换抽真空工艺步序简表

	步骤						
	1	2	3	4	5	6	7
时间/s	120	120	60	60	240	60	60
A 塔	A	RP	ED	D	V	ER	FR

表 5-40　变压吸附抽真空工艺步序简表

	步骤					
	1	2	3	4	5	6
时间/s	90	30	60	270	30	60
A 塔	A	EnD	D	V	EnR	FR

1)置换与抽真空结合工艺流程的工艺过程描述

吸附步骤：原料气在干气压力和 20~40℃的条件下自塔底进入正处于吸附状态的吸附塔内。在多种吸附剂组合的选择吸附下, 其中 C_2 及 C_{3+}组分被吸附, 未被吸附的氢气、氮气等组分作为吸附废气从塔顶流出, 一部分作为吸附塔终充气, 剩余的送往 PSA-2 作为原料气。

置换步骤：吸附压力下, 用产品气对刚吸附结束的吸附剂床层进行置换, 将吸附剂床层中的氢气、氮气、甲烷等弱吸附组分置换出去, 提高吸附塔内 C_2 及 C_{3+}组分的含量。

均压降步骤：置换过程结束后, 顺着吸附方向, 将塔内有效气体排入其他已完成再生且压力较低的吸附塔，该过程不仅是降压过程，也是回收床层死空间 C_2 及 C_{3+} 组分的过程。

逆放(D)：均压降过程结束后，开始逆向放压步骤，逆着吸附方向将吸附塔压力降至约 0.02MPa，逆放气进入产品气缓冲罐，产品气经缓冲稳压后送至压缩工序。

抽真空步骤：逆放过程结束后，为使吸附剂得到彻底的再生，用真空泵逆着吸附方向对吸附床层进行抽真空，降低吸附组分的分压，使吸附剂得以有效再生。

均压升步骤：在抽真空再生过程完成后，用来自其他处于均压降步骤的吸附塔内气体进行升压。

最终升压：均压升过程完成后，为了使吸附塔可以平稳地切换至下一次吸附，需要用吸附废气(含氢气、氮气等)将吸附塔压力升至吸附压力。

吸附塔在最终升压步骤结束后便完成一个完整的吸附-再生循环操作，并为下一周期的吸附循环做好准备。

2)抽真空工艺流程的工艺过程描述

该工艺流程用于变压吸附浓缩工序中的 PSA-2。PSA-1 的吸附废气和置换废气的混合废气作 PSA-2 的原料气。

吸附步骤：PSA-1 的混合废气自吸附塔底进入正处于吸附状态的吸附塔内。在多种吸附剂组合的选择吸附下，其中 C_2 及 C_{3+} 组分被吸附，未被吸附的氢气、氮气等组分作为吸附废气从塔顶流出，一部分作为吸附塔终充气，剩余的送往界外。

多级均压降步骤：吸附过程结束后，顺着吸附方向，将塔内有效气体排入其他已完成再生且压力较低的吸附塔，从而有效地回收床层死空间 C_2 及 C_{3+} 组分。

逆放：在均压降过程结束后，开始逆向放压步骤，逆着吸附方向将吸附塔压力降至约 0.02MPa，逆放气进入解吸气缓冲罐，解吸气经缓冲稳压后送至解吸气压缩机。

抽真空步骤：逆放过程结束后，为使吸附剂得到彻底的再生，需对吸附床层进行抽真空，降低吸附组分的分压，使吸附剂得以彻底再生，抽真空气输至解吸气缓冲罐。

多级均压升步骤：在抽真空再生过程完成后，用来自其他处于均压降步骤的吸附塔内气体进行多次升压。

最终升压：均压升过程完成后，用吸附废气将吸附塔压力升至吸附压力，然后进行下一个吸附-再生循环。

变压吸附分离回收乙烯成套技术根据干气的组成不同、乙烯的用途不同及对乙烯的回收率要求不同，在浓缩工序选用合适的工艺流程，再配合精制工序达到回收目的。

2. 催化裂化干气回收 C_2 工艺

从表 5-37 可知，催化裂化干气的组成既有乙烷、乙烯，还有 C_2 及 C_{3+} 组分，经变压吸附工序浓缩后，产品气中乙烷和乙烯的体积分数分别达到 36%～45%，如果生产聚合级乙烯，则需要经乙烯装置的深冷分离单元把乙烯和乙烷再精馏分离得到聚合级乙烯，乙烷返回乙烯装置的裂解炉作裂解原料。

通常催化裂化干气中含有硫化物、氧气、砷、氮氧化物、二氧化碳、水等杂质，经过变压吸附工序分离浓缩后，这些杂质在富乙烯产品中还有残存。硫化物随富乙烯气进入乙烯装置的加氢工序，会致使加氢催化剂中毒，还可能导致下游的聚烯烃装置催化剂中毒；砷化氢是强还原剂，会致使乙烯装置加氢工序的钯催化剂和镍催化剂失活；二氧化碳进入乙烯装置的低温分离工序，会结冰堵塞设备管道；氮氧化合物会在冷箱中浓缩造成堵塞，与氧气易形成"蓝冰"，而"蓝冰"解冻时易发生爆炸；乙烯产品中的氧气超标还影响下游聚乙烯装置的安全运行；水在乙烯装置低温区工序会造成设备管道堵塞[16,17]，乙烯装置的深冷分离单元进料通常要求原料气中的微量杂质组分含量满足一定要求，如表 5-41 所示，因此须对变压吸附装置浓缩后的富乙烯气体进行深度净化。

表 5-41　乙烯装置深冷单元进料中微量杂质组分要求　（单位：10^{-6}，体积分数）

H_2O	O_2	CO_2	ΣS	NO_x
≤1	≤1	≤1	≤1	≤0.01

注：As≤5μg/kg。

变压吸附法回收催化裂化干气中 C_2 工艺包括变压吸附浓缩单元及净化精制单元[18]，回收 C_2 的工艺流程见图 5-20。

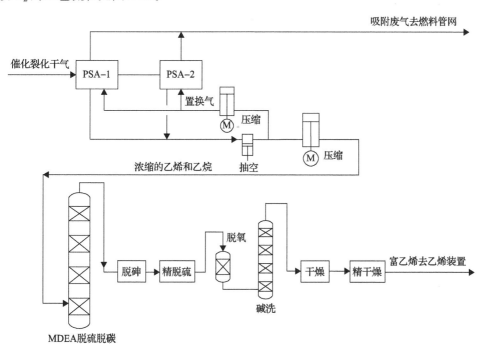

图 5-20　变压吸附法回收催化裂化干气中 C_2 工艺流程框图

催化裂化干气首先通过两段变压吸附工艺脱除氢气、氧气、氮气、一氧化碳、甲烷，浓缩 C_2 后，经压缩机增压至所需压力（由富乙烯气进到乙烯装置的位置决定），再经胺洗工序脱除大部分二氧化碳和硫化氢，脱砷工序脱除砷化物，精脱硫工序脱除硫化物[19]，脱氧工序脱除氧气，碱洗工序深度脱除二氧化碳，干燥和精干燥工序脱除水，达到乙烯装置的进料要求。

由于催化裂化干气经变压吸附装置浓缩后烯烃含量较高，净化单元的操作温度应尽可能低，避免催化剂表面积碳失活，在低温下脱氧和干燥是净化工序的关键。

1) 脱氧气工序

国外采用专用加氢催化剂保证氧气和氮氧化物的脱除效果[16]，催化剂需先以注硫的方式来增强乙烯气体脱氧气的选择性和避免催化剂表面的积碳，这种催化脱氧方式复杂、操作烦琐。国内以贵金属及其他金属作为活性成分的催化剂可在较低的反应温度下用于富乙烯气氛的脱氧气[20]，其工艺简单，催化剂不需要活化，不需要引入其他介质，在催化剂表面利用富乙烯气中的氢气和氧气发生反应生成水而脱除氧气。由于发生氢气、氧气反应的同时还有氢气与烯烃的加成副反应，因此这种贵金属脱氧催化剂须具备两个特性：一是有较好的加氢选择性，使氢气、氧气反应比氢气与烯烃的反应更容易发生；另一个特性是低温下活性高，在较低的反应温度下就能快速发生氢气、氧气反应，避免了烯烃在高温下裂解导致催化剂表面积碳失活。另外，贵金属脱氧催化剂对氮氧化合物也有催化作用，富乙烯气中的微量氮氧化物与氢气反应，生成氮气。

2) 吸附干燥工序

吸附干燥脱水工序采用变温变压吸附工艺。使用常规干燥剂在再生时，由于干燥剂有催化作用，乙烯的裂解反应明显，需对常规干燥剂做改性处理，降低其催化性能，降低再生温度，富乙烯气在改性干燥剂上再生温度可低于160℃，此时无明显裂解发生。

图 5-20 所示流程是变压吸附回收催化裂化干气的全流程，包含了目前催化裂化干气中常见杂质的净化工序，如二氧化碳、硫化物、砷化物、氧气、水及氮氧化物等杂质净化，当原油产地变化，可能产生催化裂化干气中新杂质组分，必要时可以增加新的杂质净化工序。根据浓缩后富乙烯气进乙烯装置的不同工序，可以选择配置净化工序，以达到乙烯装置的输入要求。

对乙烯含量较高的干气，若生产聚合级乙烯则可以采用回收催化裂化干气的成套工艺技术提浓和净化后再进乙烯装置达到提纯的目的；若生产化学级的乙烯，比如用作乙苯的原料，则只需变压吸附浓缩工序。

3. 焦化干气回收 C_2 工艺

炼厂焦化干气的组成特点是烯烃含量少（乙烯体积分数通常小于 2.5%），烷烃含量高，经变压吸附工序浓缩后，乙烯体积分数约 7.0%。如果进入乙烯装置分离乙烯和乙烷，乙烷再去乙烯裂解工序作裂解原料，消耗了冷量和压缩功耗却只得到少量乙烯，运行成本高。如果乙烯和烷烃的混合气直接去裂解炉作裂解原料，乙烯会烧结结焦，影响装置正常运行。因此，综合比较，对于焦化干气最经济的处理方法是把干气中乙烯加氢生成乙烷，再去作裂解原料，加氢单元可以在变压吸附单元前面，也可以在后面，这两种流程在工业装置中都有应用。

经过比较，加氢单元在变压吸附单元的前面更合理，加氢时为了保证烯烃的转化率，通常需要过量的氢气参与反应。如果加氢单元在前面，可以利用干气里的氢气与乙烯反应，不需要额外补氢气，再经变压吸附装置浓缩时，剩余氢气经吸附从废气脱除，保证了富烃气里较低的氢气含量。

如果加氢单元在变压吸附浓缩单元后面,干气里的氢气通过变压吸附单元已经脱除,富烃气里氢气含量很少,加氢单元需再补氢气,过量氢气进入富烃气里,还需通过乙烯装置再除氢,这种流程既多消耗了氢气,又增加了乙烯装置能耗。

加氢单元设置于变压吸附装置前的流程框图见图 5-21。

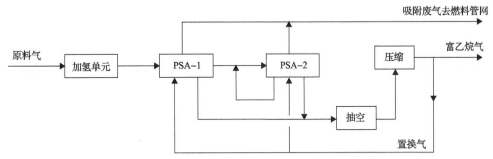

图 5-21　变压吸附法焦化干气回收 C$_2$ 工艺流程框图

5.2.3　典型工程应用

1. 某厂 3 万 m^3/h 催化裂化干气回收 C$_2$ 装置

1)原料气条件

催化裂化干气规格如表 5-42 所示。

表 5-42　催化裂化干气组成及条件表

项目		数值
组分及含量	$\varphi(H_2)$/%	40.00
	$\varphi(O_2)$/%	0.10
	$\varphi(N_2)$/%	10.56
	$\varphi(CH_4)$/%	24.26
	$\varphi(CO)$/%	0.01
	$\varphi(CO_2)$/%	0.74
	$\varphi(C_2H_6)$/%	11.89
	$\varphi(C_2H_4)$/%	10.76
	$\varphi(C_3H_8)$/%	0.23
	$\varphi(C_3H_6)$/%	0.87
	$\varphi(C_4)$/%	0.25
	$\varphi(C_{5+})$/%	0.33
	合计/%	100.00
温度/℃		40
压力/MPa		0.6
流量/(m^3/h)		30000

2) 产品气要求

富乙烯产品气中 C_{2+} 组分体积分数 $\geq 85\%$，回收率 $\geq 84\%$。$O_2 \leq 1mL/m^3$，$CO_2 \leq 1mL/m^3$，$H_2O \leq 1mL/m^3$，$NO_x \leq 10\mu L/m^3$，$As \leq 5\mu g/kg$。

3) 工艺流程

富乙烯产品去乙烯装置的深冷分离单元，由于干气必须达到乙烯装置的进料条件，所以回收工艺流程长，包括了变压吸附浓缩工序、压缩工序和净化精制工序，工程设计流程见图 5-22。

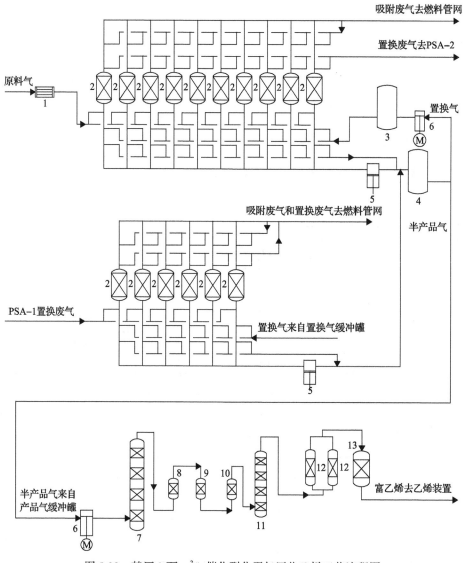

图 5-22 某厂 3 万 m^3/h 催化裂化干气回收乙烯工艺流程图

1-冷干机；2-PSA 吸附塔；3-置换气缓冲罐；4-产品气缓冲罐；5-真空泵；6-压缩机；7-吸收塔；8-脱砷器；9-精脱硫器；10-脱氧器；11-碱洗塔；12-干燥器；13-精干燥器

(1)变压吸附浓缩工序。

本工序包括 PSA-1 和 PSA-2 两个单元,PSA-1 由 10 台吸附塔、2 台缓冲罐和一系列程控阀组成,采用置换抽真空工艺流程,工艺步骤见表 5-39;PSA-2 由 6 台吸附塔和一系列程控阀组成,采用置换抽真空的工艺流程,工艺步骤见表 5-39。催化裂化干气在 0.7MPa 和 20~40℃下,首先进入冷干机,分离所含的液态水和少量高碳烃,然后进入 PSA-1 单元吸附分离,气体中绝大部分 C_2 及 C_{3+} 组分被吸附剂选择性吸附,弱吸附组分氢气、氮气、甲烷等则通过床层从吸附塔顶部作为吸附废气送去燃料管网。其余吸附塔分别进行其他工艺步骤(置换、均压降、逆放、抽真空、均压升、最终升压)的操作,10 台吸附塔交替切换操作,中间产品气经缓冲罐稳压后连续稳定地送至压缩工序。

部分中间产品气通过压缩机压缩后进入置换气缓冲罐,其中大部分进入 PSA-1 单元处于置换步骤的吸附塔底部,由下至上进行置换,置换废气作为 PSA-2 单元的原料气,PSA-2 单元的 6 台塔交替切换操作,操作过程与 PSA-1 单元工艺相同。PSA-2 单元的产品气送入中间产品气缓冲罐,缓冲后与 PSA-1 单元的中间产品气一起送至压缩工序。

(2)压缩工序。

来自变压吸附浓缩单元的中间产品气,一部分经置换气压缩机压缩至 0.7MPa 后返回变压吸附工序置换气缓冲罐用于吸附床层置换;其余中间产品气经半产品气压缩机压缩至 3.4MPa 后,送到精制工序。

(3)精制工序。

精制工序脱除富乙烯产品气中二氧化碳、砷、硫、氧气和水等微量杂质。

来自压缩机的中间产品气,通过 N-甲基二乙醇胺水溶液洗涤脱除其中的大部分硫化氢和二氧化碳,然后进入脱砷工序,将砷化物脱至质量分数低于 $5×10^{-9}$,然后进入精脱硫工序,将硫化物脱至体积分数低于 $1×10^{-6}$,再经加热器加热后进入脱氧工序,在催化剂的作用下,中间产品气中氧气与氢气反应生成水,使产品气中氧气的体积分数降到 $1×10^{-6}$ 以下。从脱氧器出来的中间产品气经冷却至低于 40℃后,进入碱洗塔吸收其中的二氧化碳,使二氧化碳体积分数降到 $1×10^{-6}$ 以下,再送往变温变压吸附干燥和精干燥工序,使水的体积分数降到 $1×10^{-6}$ 以下,达到精制工序的控制指标,经过计量后作为产品气送出装置界区。

4)主要设备

主要设备见表 5-43。

表 5-43　催化裂化干气回收 C_2 装置主要设备表

设备名称	设备规格	数量/台
冷干机	3 万 m^3/h	1
PSA-1 吸附塔	DN2400	10
PSA-2 吸附塔	DN1800	6
产品罐	DN3800	1
置换罐	DN2400	1

设备名称	设备规格	数量/台
吸收塔	DN1200	1
减洗塔	DN800	1
脱砷器	DN1200	1
脱硫器	DN1600	1
脱氧器	DN1000	1
干燥器	DN1400	2
精干燥器	DN1000	1
压缩机		2
真空泵		8
合计		37

5) 装置运行情况

(1) 物料平衡。

催化裂化干气回收 C_2 装置的物料平衡见表 5-44。

表 5-44　催化裂化干气回收 C_2 装置物料平衡表

项目		催化干气	产品气	吸附废气	凝液及损失酸性组分
组分及含量	$\varphi(H_2)/\%$	40.00	0.89	54.04	
	$\varphi(O_2)/\%$	0.10	—	0.13	
	$\varphi(N_2)/\%$	10.56	0.66	14.12	
	$\varphi(CO)/\%$	0.01	—	0.01	
	$\varphi(CO_2)/\%$	0.74	—	0.09	
	$\varphi(CH_4)/\%$	24.26	9.24	29.74	
	$\varphi(C_2H_6)/\%$	11.89	42.76	1.21	
	$\varphi(C_2H_4)/\%$	10.76	40.10	0.59	
	$\varphi(C_3H_8)/\%$	0.23	0.87	0.01	
	$\varphi(C_3H_6)/\%$	0.87	3.28	0.04	
	$\varphi(C_4)/\%$	0.25	0.95	0.01	
	$\varphi(C_{5+})/\%$	0.33	1.26	0.01	
	合计/%	100.00	100.00	100.00	
流量/(m³/h)		30000	7723.12	22071.43	205.45

(2) 装置标定结果。

装置标定结果的关键数据见表 5-45，C_2 及 C_{3+} 组分的回收率达到 94.4%。

表 5-45 催化裂化干气回收 C_2 装置标定关键数据表

组分	催化干气	产品气
$\varphi(C_{2+})/\%$	24.33	89.22
$\varphi(O_2)/\%$	0.10	$\leqslant 0.0001$
$\varphi(CO_2)/\%$	0.74	$\leqslant 0.0001$
$\varphi(H_2O)/10^{-6}$	—	$\leqslant 1$
$\varphi(H_2S)/10^{-6}$	—	<1
$\omega(As)/10^{-9}$	—	<5
$\varphi(NO_x)/10^{-9}$	—	<5

注：装置综合能耗为每吨原料 50kg 标准油，当装置负荷较低时，综合能耗会略有上升。

2. 某厂 3 万 m^3/h 焦化干气回收 C_2 装置

1) 原料条件

焦化干气规格见表 5-46。

表 5-46 焦化干气组成及条件表

项目		数值
组分及含量	$\varphi(H_2)/\%$	9.47
	$\varphi(N_2+O_2)/\%$	1.53
	$\varphi(CH_4)/\%$	61.14
	$\varphi(CO)/\%$	0.20
	$\varphi(CO_2)/\%$	0.04
	$\varphi(C_2H_6)/\%$	20.78
	$\varphi(C_2H_4)/\%$	2.44
	$\varphi(C_3H_8)/\%$	1.88
	$\varphi(C_3H_6)/\%$	1.19
	$\varphi(C_4)/\%$	1.25
	$\varphi(C_{5+})/\%$	0.08
	合计/%	100.00
温度/℃		40
压力/MPa		0.65
流量/(m^3/h)		31094

2) 产品要求

焦化干气回收 C_2 装置的控制指标是 C_2 及 C_{3+} 组分体积分数大于 80.0%，回收率大于 82.0%。

3) 工艺流程

浓缩后的 C_2 及 C_{3+} 组分去乙烯装置裂解炉作裂解原料。装置包括加氢工序、变压吸附工序和压缩工序，工程设计流程见图 5-23。

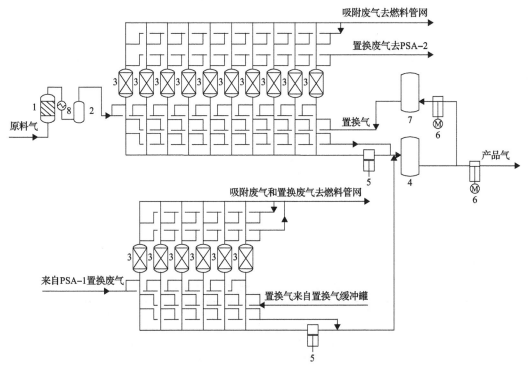

图 5-23 某厂 3 万 m³/h 焦化干气回收乙烯工艺流程图

1-加氢反应器；2-气液分离器；3-吸附塔；4-产品气缓冲罐；5-真空泵；6-压缩机；7-置换气缓冲罐；8-冷却器

(1) 加氢工序。

加氢工序的主要目的是将烯烃转化为烷烃，控制指标为烯烃体积分数小于 1.0%。

焦化干气经压缩机加压至 2.2MPa，再经蒸汽加热到反应温度后进入加氢反应器，在加氢催化剂的作用下，利用焦化干气中的氢气与烯烃反应生成烷烃，乙烯几乎全部转化为乙烷。加氢后干气冷却至 ≤40℃，再降压至 0.75MPa 进入变压吸附工序浓缩 C_2。

(2) 变压吸附浓缩工序。

本工序包括 PSA-1 和 PSA-2 两个单元，PSA-1 由 1 台气液分离器、10 台吸附塔、2 台缓冲罐和一系列程控阀组成，采用置换抽真空工艺流程，工艺步序见表 5-39；PSA-2 由 6 台吸附塔和一系列程控阀组成，采用置换抽真空工艺流程，工艺步序见表 5-39。

加氢后焦化干气在 0.75MPa 和 20~40℃下，进入气液分离器，分离所含的液态水后，进入 PSA-1 单元吸附分离，气体中绝大部分 C_2 及 C_{3+} 有效组分被吸附剂选择性吸附，弱吸附组分氢气、氮气、甲烷等则通过床层从吸附塔顶部作为吸附废气送去燃料管网，其余吸附塔分别进行其他工艺步骤(置换、均压降、逆放、抽真空、均压升、最终升压)的操作，10 台吸附塔交替切换操作，产品气经缓冲罐稳压后送至压缩工序。

PSA-1 单元和 PSA-2 单元的置换废气进入 PSA-2 单元的吸附塔吸附，再分别进行置换、均压降、逆放、抽真空、均压升、最终升压等过程，PSA-2 单元的 6 台吸附塔交替切换操作。PSA-2 单元的产品气进入产品气缓冲罐与 PSA-1 单元的产品气混合，缓冲后一起送至压缩工序。

(3)压缩工序。

来自变压吸附浓缩单元的产品气,一部分产品气经压缩机压缩将压力提高到 0.8MPa 后返回变压吸附工序置换气缓冲罐用于吸附床层置换;其余产品气继续经压缩机压缩至 1.2MPa 后,送到裂解炉工序。

4)主要设备

主要设备见表 5-47。

表 5-47　焦化干气回收 C₂ 装置主要设备表

设备名称	设备规格	数量/台
PSA-1 吸附塔	DN2600	10
PSA-2 吸附塔	DN2000	6
产品罐	DN3500	1
置换罐	DN2400	1
加氢反应器	DN2400	1
冷却器		1
压缩机		2
真空泵		8
合计		30

5)装置运行情况

(1)物料平衡表。

焦化干气回收 C₂ 装置变压吸附工序的设计物料平衡表见表 5-48。

表 5-48　焦化干气回收 C₂ 装置变压吸附工序物料平衡表

项目		加氢后焦化干气	产品气	吸附废气
组分及含量	$\varphi(H_2)$/%	6.17	0.11	8.64
	$\varphi(N_2+O_2)$/%	1.59	0.12	2.19
	$\varphi(CO)$/%	0.20	0.01	0.28
	$\varphi(CO_2)$/%	0.04	0.11	0.01
	$\varphi(CH_4)$/%	63.37	15.66	82.79
	$\varphi(C_2H_6)$/%	24.05	68.59	5.92
	$\varphi(C_2H_4)$/%	0.02	0.05	0.01
	$\varphi(C_3H_8)$/%	3.08	10.33	0.13
	$\varphi(C_3H_6)$/%	0.10	0.34	—
	$\varphi(C_4)$/%	1.30	4.41	0.03
	$\varphi(C_{5+})$/%	0.08	0.27	—
	合计/%	100.00	100.00	100.00
流量/(m³/h)		30000	8678.32	21321.68

(2)装置标定结果。

装置标定结果的关键数据见表 5-49。

表 5-49　焦化干气回收 C_2 装置标定关键数据表

焦化干气 $\varphi(C_{2+})$ /%	产品气 $\varphi(C_{2+})$ /%	回收率/%
28.63	84.00	>84.86

装置综合能耗为每吨原料 47kg 标准油,当装置负荷较低时,综合能耗会略有上升。

3. 某厂 3.93 万 m^3/h 混合干气回收 C_2 装置

1)原料气条件

芳构化干气、变压吸附提纯氢气后的解吸气、歧化尾气和异构化尾气的混合干气约 3.93 万 m^3/h 作为装置原料气,组成见表 5-50。

2)产品要求

经变压吸附浓缩后的富乙烷产品加压后作裂解炉原料。

产品气中甲烷体积分数<7.5%;产品 C_2 及 C_{3+} 组分回收率>93%。

表 5-50　混合干气组成及条件表

项目		数值
组分及含量	$\varphi(H_2)$ /%	41.78
	$\varphi(N_2)$ /%	2.73
	$\varphi(CH_4)$ /%	28.70
	$\varphi(CO)$ /%	0.20
	$\varphi(C_2H_6)$ /%	21.99
	$\varphi(C_2H_4)$ /%	0.49
	$\varphi(C_3H_8)$ /%	3.14
	$\varphi(C_3H_6)$ /%	0.03
	$\varphi(C_4)$ /%	0.40
	$\varphi(C_{5+})$ /%	0.54
	合计/%	100.00
温度/℃		40
压力/MPa		0.50
流量/(m^3/h)		39294

3)工艺流程

本装置包括变压吸附浓缩工序和压缩工序,工程设计流程见图 5-24。

(1)变压吸附浓缩工序。

本工序包括 PSA-1 和 PSA-2 两个单元,PSA-1 由 1 台气液分离器、10 台吸附塔、1 台缓冲罐和一系列程控阀组成,采用置换抽真空工艺流程,工艺步序见表 5-39。PSA-2

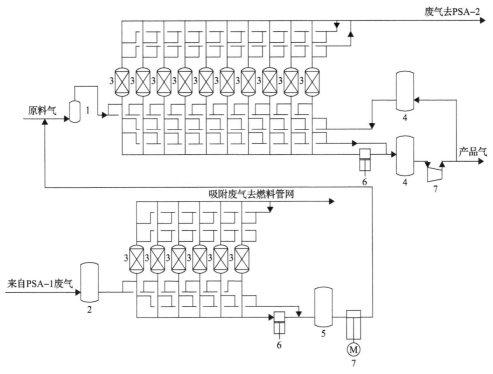

图 5-24　混合干气回收乙烷工艺流程图

1-气液分离器；2-废气缓冲罐；3-吸附塔；4-产品气缓冲罐；5-回收气缓冲罐；6-真空泵；7-压缩机

由 10 台吸附塔、2 台缓冲罐和一系列程控阀组成，采用抽真空工艺流程，工艺步序见表 5-40。

原料干气经气液分离器混合并分离掉液态组分后，首先进入处于吸附状态的 PSA-1 单元吸附塔底部，气体中绝大部分 C_2 及 C_{3+} 组分被吸附剂选择性吸附，弱吸附组分氢气、氮气、甲烷等组分则通过床层从吸附塔顶部流出送至废气缓冲罐。其余吸附塔分别进行其他步骤(置换、均压降、逆放、抽真空、均压升、终充)的操作，10 台吸附塔交替切换操作。降压步骤排出的产品气进入产品气缓冲罐，缓冲稳压后送至压缩工序。

从压缩机出来的部分产品气作为置换气进入 PSA-1 单元处于置换步骤的吸附塔底部，由下至上进行置换，置换废气去废气缓冲罐。PSA-1 单元的废气经废气缓冲罐去 PSA-2 单元处于吸附状态的吸附塔底部，气体中绝大部分 C_2 及 C_{3+} 组分被吸附剂选择性吸附，弱吸附组分氢气、氮气、甲烷等组分则通过床层从吸附塔顶部流出作为吸附废气送到燃料气管网。其余吸附塔分别进行其他步骤(均压降、逆放、抽真空、均压升、最终升压)的操作，10 台吸附塔交替切换操作。降压步骤排出的解吸气进入回收气缓冲罐，再经回收气压缩机压缩后进入 PSA-1 单元作为原料气。

(2)压缩工序。

压缩工序中配置有富乙烷产品气压缩机和回收气压缩机。

来自变压吸附浓缩工序 PSA-1 的产品气，经压缩机压缩增压到 0.80MPa 后，一部分产品气返回 PSA-1 单元用于置换；其余产品气送去界区外的乙烷裂解炉。

来自变压吸附浓缩工序 PSA-2 的解吸气，经压缩机压缩增压到 0.55MPa 后，返回 PSA-1 的入口作为原料气，提高 C_{2+} 回收率。

4）主要设备

装置主要设备见表 5-51。

表 5-51　混合干气回收 C_2 装置主要设备表

设备名称	设备规格	数量/台
气液分离器	DN2400	1
PSA-1 吸附塔	DN3000	10
PSA-2 吸附塔	DN2500	10
产品缓冲罐	DN3600	1
废气缓冲罐	DN2400	1
回收气缓冲罐	DN3400	1
压缩机		2
真空泵		11
合计		37

5）装置运行情况

（1）装置物料平衡。

混合干气回收 C_2 装置的物料平衡见表 5-52。

表 5-52　混合干气回收 C_2 装置物料平衡表

项目		混合干气	产品气	吸附废气
组分及含量	$\varphi(H_2)$/%	41.78	0.46	57.50
	$\varphi(N_2)$/%	2.73	0.10	3.73
	$\varphi(CO)$/%	0.20	0.02	0.27
	$\varphi(CH_4)$/%	28.70	7.37	36.81
	$\varphi(C_2H_6)$/%	21.99	75.39	1.68
	$\varphi(C_2H_4)$/%	0.49	1.76	0.01
	$\varphi(C_3H_8)$/%	3.14	11.39	—
	$\varphi(C_3H_6)$/%	0.03	0.10	—
	$\varphi(C_4)$/%	0.40	1.45	—
	$\varphi(C_{5+})$/%	0.54	1.96	—
	合计/%	100.00	100.00	100.00
流量/(m³/h)		39294.00	10828.34	28465.66

(2)装置标定结果。

C_2 及 C_{3+} 组分的回收率为 95.4%，装置综合能耗为每吨原料 45kg 标油。

5.3　变压吸附脱碳及二氧化碳提纯工艺

5.3.1　原料来源

二氧化碳在常温下为无色无味的气体，在常温(或低温)下加压可凝华形成干冰，安全无毒。

目前常见的富二氧化碳气源主要有变换气、沼气、油田伴生气、石灰窑气、高炉气、转炉气、甲醇裂解气、垃圾填埋气等。例如，用煤、石油和天然气为原料，以水蒸气和空气作为气化剂反应制得的合成氨原料气中，就含有大量的二氧化碳。常见富含二氧化碳气体组分见表 5-53。

表 5-53　常见富含二氧化碳气体来源及组成表　　(单位：%，体积分数)

气源	CO_2	H_2	O_2	N_2	CO	CH_4	C_nH_m
变换气	24.0~30.0	51.0~56.0	0.0~2.0	17.0~21.0	0.2~3.0	0.2~0.4	—
沼气	30.0~40.0	—	—	—	—	60.0~70.0	—
油田伴生气	40.0~90.0	—	—	0.4~1.4	—	7.9~49.0	1.7~8.2
石灰窑气	13.0~30.0	—	3.0~8.0	50.0~70.0	—	—	—
高炉气	16.0~20.0	1.0~3.0	0.2~0.4	53.0~60.0	24.0~30.0	0.1~0.5	—
转炉气	17.0~24.0	1.0~2.5	0.1~1.0	33.0~42.0	35.0~44.0	0.0~0.5	—
甲醇裂解气	24.0~24.5	74.0~74.5	—	—	0.5~1.0	0.1~0.2	—
垃圾填埋气	32.0~40.0	—	0.5~2.0	2.0~12.0	—	50.0~60.0	—

混合气中二氧化碳的存在会降低气体的热值，也会对化工生产的催化剂活性造成影响，在一些应用场景需要将其脱除。例如，用于合成氨生产的变换气中含有 13%~30% 的二氧化碳，进合成氨工段前必须脱除二氧化碳，剩余氢气和氮气用于合成氨生产；在环氧乙烷生产过程中，二氧化碳的积累会影响催化剂的活性；某些天然气富含二氧化碳，会降低其热值。因此，选用高效而经济的二氧化碳脱除方法是必要的。

工业上常用的二氧化碳分离主要方法：溶剂吸收法(如 PC 法、MDEA 法、NHD 法等)、膜分离法和变压吸附法等，这些方法在经济性、选择性及适用性等方面都具有各自的特点。现在工业上应用最广泛的脱碳方法是溶剂吸收法和变压吸附法。各种二氧化碳脱除方法工艺技术比较见表 5-54。

变压吸附法脱碳具有综合能耗低、自动化程度高、环境友好等特点，在化工生产中得到了较为广泛的应用。

表 5-54　各种二氧化碳脱除方法工艺技术比较表[21]

比较项目	PC 法	MDEA 法	NHD 法	低温甲醇洗法	PSA 法
净化气中 CO_2(体积分数)/%	≤0.5	≤0.3	≤0.3	≤0.2	≤0.5
CO_2 产品气(体积分数)/%	≥98	≥98	≥98.5	≥98.75	≥98
溶剂消耗/(kg/t NH$_3$)	0.5	0.44	0.3	2.5	
H_2 回收率/%	≥98	≥99.5	≥98	≥99.5	≥99
电耗(含冷冻)/(kW·h/t NH$_3$)	130	70	125	166	82
蒸汽消耗/(t/t NH$_3$)		1.2	0.06	0.75	
装置投资	中	低	低	高	中

5.3.2　常用工艺

1. 变压吸附脱除合成氨变换气中二氧化碳技术

20 世纪 70 年代初期，美国空气及化工产品工业公司开始致力于将变压吸附技术用于合成氨变换气脱碳，以代替传统的物理和化学吸收法。变压吸附气体分离技术用于合成氨变换气脱碳联产尿素的技术核心如下：首先将变换气(二氧化碳体积分数约 20%，氢气体积分数约 73%)中的二氧化碳提纯到 99.4%，再将余下气体中氢气提纯到 99.999%，纯氢气与深冷空分装置获得的纯氮气以体积比 3∶1 混合，经过压缩后去合成氨。该工艺省去了传统的甲烷化或铜洗步骤，使合成氨流程大幅简化，同时可降低运行费用。在变压吸附技术用于合成氨联产尿素的脱碳技工艺中，氢气回收率最高可达 95%，二氧化碳回收率大于 94%[22]。由于上述工艺获得的半产品为纯氢气和纯二氧化碳，且变压吸附提氢装置采用冲洗再生，因而氢气损失较大。若将上述工艺应用于我国相关化工企业，则较低的氢气、氮气回收率，较高的初始投资和电耗，都会使企业的吨氨成本明显增加。综上，这种国外开发的技术并不适合我国合成氨联产尿素装置。

我国早期的合成氨装置规模以中、小型居多，原料气以煤造气为主。其典型的合成氨工艺见图 5-25。

图 5-25　典型合成氨工艺流程框图

经变换后气体中二氧化碳体积分数一般为 13%～30%，需要脱除的二氧化碳量较大，故脱碳是合成氨生产过程中能耗较高的工序，其能耗占合成氨总能耗的 10%～20%。

国内于 20 世纪 70 年代初期开始进行变压吸附气体分离技术的实验研究。西南化工研究设计院于 1981 年开始变压吸附提纯氢气技术的工业化应用。之后研究开发变压吸附技术从合成氨变换气中脱除二氧化碳，并于 1991 年成功应用于湖北襄阳化肥厂。

变压吸附脱碳工艺是利用吸附剂对二氧化碳与其他组分(氢气、氮气、甲烷)的吸附性能的差异来实现混合气中二氧化碳的分离脱除。吸附剂选择的主要依据是各组分的吸附等温线。

常见气体组分在某吸附剂上的吸附等温线见图 5-26。

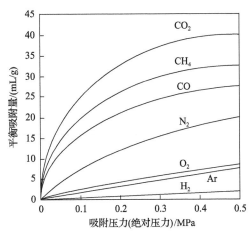

图 5-26　常见气体组分在某吸附剂上的吸附等温线

根据图 5-26 所示，吸附剂对变换气中各组分的吸附能力强弱依次为 $CO_2>CH_4>$ $CO>N_2>O_2>Ar>H_2$。要达到分离效果，吸附剂的选择和配比很重要。在变压吸附脱碳工艺中，常用的吸附剂为活性炭、硅胶、活性氧化铝、碳分子筛等吸附剂中一种或几种的组合。

由于可降低合成氨生产过程的能耗，变压吸附脱碳技术被合成氨厂广泛使用。根据合成氨厂生产工艺路线的不同，配套的变压吸附脱碳主要分为下述 3 种工艺，其原理基本相同。

1）配套液氨生产的变压吸附脱碳工艺

用于合成氨生产的变换气中主要含有水、二氧化碳、甲烷、一氧化碳、氮气、氢气。在一定的温度和压力下，吸附剂对此气源中各组分的吸附能力和吸附量从前到后依次减少，当变换气通过吸附床层时，吸附量大的水和二氧化碳组分优先被吸附，从而达到脱除二氧化碳的目的。典型的原料气组成见表 5-55。

表 5-55　液氨生产典型原料气组成及条件表

项目		数值
组分及含量	$\varphi(H_2)/\%$	54.00
	$\varphi(N_2)/\%$	17.30
	$\varphi(CO)/\%$	0.20
	$\varphi(CH_4)/\%$	0.50
	$\varphi(CO_2)/\%$	28.00
	合计/%	100.00
温度/℃		20～40
压力/MPa		0.9～1.9

为了多产液氨，要求变换气变压吸附脱碳后氢气回收率大于 99%，净化气中氢气、氮气比约 3∶1，在脱除二氧化碳的同时，还将大部分杂质如甲烷、一氧化碳、水及硫化氢脱除掉，降低合成过程中的惰性循环气量，减轻后续甲烷化的负担。所以，需尽可能降低净化气中二氧化碳含量，变压吸附剂脱碳工艺特点决定了净化气中二氧化碳含量越低，氢气、氮气的回收率就越低，因此这个生产中不应单纯追求净化气中的二氧化碳指标，而应视实际需要控制到适当的含量，以获得更高的氢气、氮气回收率。净化气工艺指标见表 5-56。

表 5-56　脱碳工艺净化气指标

$\varphi(CO_2)/\%$	H_2 回收率/%	N_2 回收率/%
≤0.2	≥99.0	≥93.0

同时，变压吸附脱碳过程中氢气和氮气损失量的大小，主要由吸附剂性质和采用的工艺决定。为了提高氢气和氮气的回收率，需选择对二氧化碳吸附能力强，对氢气和氮气的吸附量小的吸附剂。一般脱碳采用的吸附剂对氢气的吸附量不大，回收率高；对于氮气而言，若吸附剂和工艺配置合理，氮气的回收率可大于 93%；若氮气回收率低于 93%时，净化气中氢气、氮气比例会失调，就需考虑氮气的补充。较常用的补氮气方法是从造气工段增加吹风时间，增加空气量从而增加氮气的比例，但会降低设备的效率。

在变压吸附脱碳装置的工艺设计上，增加均压次数可有效提高氢气和氮气的回收率。若氢气和氮气回收率偏低，可在均压结束后，增加顺放步骤，把床层死空间的有效气体回收到气柜，或者使顺放气通过压缩机直接增压进入净化气，以充分回收氢气和氮气。配套联醇生产的变压吸附脱碳工艺的工艺步序见表 5-57（以 A 塔为例）。

表 5-57　配套联醇生产的变压吸附脱碳工艺步序简表

	步骤						
	1	2	3	4	5	6	7
时间/s	240	30	30	30	240	30	90
A 塔	A	EnD	PP	D	V	EnR	FR

合成氨生产工艺的改进是在合成氨生产的同时，生产一定产量的甲醇，目的是调整产品结构，根据市场的需求量来生产氨或甲醇，创造更多的经济效益。

甲醇生产过程中，氢气和一氧化碳都是有效气体，在原料气变换工序可以适当保留部分一氧化碳，同时变压吸附脱碳工序对净化气中一氧化碳回收率的要求更高。典型原料气组分见表 5-58。

为了兼顾甲醇合成催化剂的寿命和尽可能提高净化气中一氧化碳的回收率，一般将脱碳净化气中的二氧化碳体积分数控制在 1%～3%，可以通过调整吸附剂种类和配比来实现。目前此类装置的净化气工艺指标见表 5-59。

表 5-58 典型原料气组成及条件表

项目		数值
组分及含量	$\varphi(H_2)/\%$	51.90
	$\varphi(N_2)/\%$	16.90
	$\varphi(CO)/\%$	3.00
	$\varphi(CH_4)/\%$	0.20
	$\varphi(CO_2)/\%$	28.00
	合计/%	100.00
	温度/℃	20～40
	压力/MPa	0.8～1.8

表 5-59 脱碳工艺净化气指标

$\varphi(CO_2)/\%$	H_2 回收率/%	N_2 回收率/%	CO 回收率/%
≤1.5	≥99.5	≥96.0	≥95.0

由于放宽了对净化气中二氧化碳含量的要求,在设计工艺流程时可以增加均压次数,降低逆放压力,以多回收有效气体(氢气、氮气、一氧化碳),减少有效气体的损失。

2) 配套尿素生产的变压吸附脱碳工艺

配套尿素生产的变压吸附脱碳工艺的基本要求:将变换气中的二氧化碳脱至体积分数 0.5%以下,满足合成氨生产;同时又要把解吸气中的二氧化碳浓缩到 98.0%以上满足尿素生产的需要。

配套液氨生产的变压吸附脱碳工艺普遍采用一段法,工艺简单,投资少。变压吸附脱碳装置出口净化气中二氧化碳控制在体积分数 0.5%以下,均压次数过多会污染吸附床出口,导致净化气中二氧化碳浓度难以控制,所以一段法均压次数不宜过多。但是,均压次数少导致逆放压力高,解吸气中的二氧化碳浓度较低(85%～91%),不足以把二氧化碳浓缩到 98.5%以上,故一段法不适用于配套尿素生产。

为了满足配套尿素生产的要求,开发了两段法变压吸附脱碳工艺,将变压吸附装置分为两段。在第一段(提浓段)通过增加均压次数以降低逆放压力和提高解吸气中二氧化碳浓度,使解吸气中二氧化碳体积分数大于 98.0%,此时净化气出口二氧化碳体积分数在 8%～10%。第二段(净化段)出口净化气中二氧化碳控制在体积分数 0.5%以下,满足后工段合成氨生产需要,同时将第二段逆放气返回到第一段进行回收,这样既浓缩了解吸气中二氧化碳,又减少了净化气中有效气体损失。

此类装置的氢气回收率≥99.5%;氮气回收率≥97.5%。目前大中型合成氨厂普遍采用此脱碳工艺,两段法配套尿素生产工艺见图 5-27。

3) 配套甲醇生产的变压吸附脱碳工艺

仅为甲醇生产配套的变压吸附脱碳工艺,净化气用于生产甲醇。兼顾考虑甲醇合成

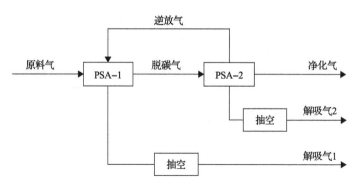

图 5-27　两段法配套尿素工艺流程框图

催化剂的寿命和提高一氧化碳的回收率，一般将脱碳净化气中二氧化碳体积分数控制在
3%以下。其典型原料气组成及条件见表 5-60。

表 5-60　典型原料气组成及条件表

项目		数值
组分及含量	$\varphi(H_2)/\%$	59.00
	$\varphi(N_2)/\%$	2.30
	$\varphi(CO)/\%$	26.00
	$\varphi(CH_4)/\%$	0.40
	$\varphi(CO_2)/\%$	12.30
	合计/%	100.00
温度/℃		20~40
压力/MPa		0.8~1.8

甲醇生产需要氢气和一氧化碳，原料气中的一氧化碳体积分数高（22%~28%）。为
了提高甲醇的产量，需要提高氢气和一氧化碳的回收率，而不强调净化气中二氧化碳的
脱除精度。因此在吸附剂的选择上更注重对一氧化碳和二氧化碳分离的选择性。

由于选择了对二氧化碳组分选择性更高的吸附剂，同时工艺上均压次数更多，目前
此类装置的一氧化碳回收率在 95%~97%，氢气回收率在 99%~99.5%。净化气工艺指标
见表 5-61。

表 5-61　脱碳工艺净化气指标

$\varphi(CO_2)/\%$	H_2 回收率/%	N_2 回收率/%	CO 回收率/%
≤1.5	≥99.0	≥96.0	≥95.0

2. 天然气脱除二氧化碳技术

我国天然气资源丰富，天然气的品种众多。随着人们生活水平的提高，天然气的需
求在不断增加。天然气国家标准《GB 17820—2018》中对天然气的热值和二氧化碳的体

积分数做了规定，其中二氧化碳的体积分数≤3%(一类天然气)。不同气田产出的天然气中的二氧化碳含量差别较大，二氧化碳含量过高时需要将其脱除方能使用。

1)高含二氧化碳的天然气典型组分

适合变压吸附脱除二氧化碳的天然气典型组分见表 5-62。

表 5-62　高含二氧化碳天然气典型组分　　(单位：%，体积分数)

CH_4	CO_2	C_nH_m
70.0	28.5	1.5

2)装置工艺流程框图

装置采用的工艺流程见图 5-28。

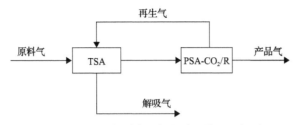

图 5-28　天然气脱除二氧化碳工艺流程框图

大多数的天然气组分比较复杂，除含有甲烷和二氧化碳外，还含有高碳烃类、水分、硫化物等组分。高碳烃、硫化物等对变压吸附脱碳的吸附剂性能影响较大，容易造成吸附剂性能下降，降低吸附剂寿命。为了保证天然气产品的质量和保护变压吸附吸附剂性能，在变压吸附脱碳净化装置前面增设变温吸附工序，脱除原料气的硫化物及高碳烃组分，净化后的原料气进入变压吸附脱碳(PSA-CO_2/R)工序脱除天然气中的二氧化碳，使净化后天然气的质量达到国家标准。

3)工艺步序表

天然气变压吸附脱碳装置为了提高产品甲烷的回收率，采用抽真空解吸再生工艺。其中工艺流程包括以下步骤：吸附步骤(A)、均压降步骤(EnD)、逆向放压步骤(D)、抽真空步骤(V)、均压升步骤(EnR)、最终充压步骤(FR)，工艺步序见表 5-63(以 A 塔为例)。

表 5-63　天然气变压吸附脱碳工艺步序简表

	步骤					
	1	2	3	4	5	6
时间/s	90	30	60	270	30	60
A 塔	A	EnD	D	V	EnR	FR

3. 工业排放气提纯二氧化碳技术

1)工业排放气碳排放概述

目前随着工业化发展，工业所产生的空气污染物不断增加，对人类自身健康的危害在不断增大。工业排放气的主要来源有石油及石油化工、煤炭、炼焦及煤化工、化学矿及化学工业、钢铁冶金及有色金属冶炼、火电、水泥、各型工业炉及交通运输工具的排放气等。

大部分工业排放气含有较高的二氧化碳组分，造成大量的碳排放，产生温室效应，在"碳达峰碳中和"背景下，减少工业排放气中碳排放迫在眉睫。

2) 工业排放气回收二氧化碳的常用方法

回收处理工业排放气中二氧化碳的方法，主要包含物理吸收法、化学吸收法、膜分离法、吸附分离法和深冷法等。其中，物理吸收法是利用原料气中的二氧化碳在吸收剂中的溶解度较大而其他气体溶解度较小的差异，从而提浓二氧化碳的方法，物理吸收法主要包括低温甲醇法和碳酸丙烯酯法；化学吸收法中使用的化学溶剂主要有 2-羟基乙胺、2，2′-二羟基二乙胺、N-甲基二乙醇胺及混合胺体系；膜分离法利用二氧化碳渗透速率高于甲烷等组分的原理，使混合气中的二氧化碳优先透过膜，实现二氧化碳和其他组分的分离；变压吸附法是通过控制压力的增减，即周期性改变床层压力，使吸附质在高压下吸附，低压下解吸，利用吸附剂对气体混合物中不同组分的吸附及解吸能力的差异将气体混合物进行分离的循环操作过程。除深冷法外，其余各方法的核心都是把排放气中的二氧化碳进行捕集提浓，使低二氧化碳含量的原料气中的二氧化碳提浓至 90%～99.0%，然后通过净化、低温液化精馏获得 99.9%以上的液体二氧化碳用于焊接、食品添加剂、电子工业等领域。

每种方法各有不同的特点，根据各方法的实际应用情况分析，一般的物理和化学吸收法存在设备一次投资大、再生过程能耗高、循环容积损失高、操作费用昂贵等缺点。膜分离法则需要较高的压力差，对于大规模的工业排放气处理来说，需要耗费更多的能量，且工业排放气组分复杂，容易造成膜本体损坏，其对工业排放气的预处理要求极高。变压吸附工艺在处理工业排放气时，不需要过高的压差，吸附剂再生过程所需能耗低于吸收法，且吸附剂对排放气中其他化学组分的抗损性高于膜分离法。采用变压吸附法回收工业排放气中的二氧化碳具有更好的技术和经济可行性。

3) 工业排放气回收二氧化碳的技术

变压吸附分离提浓二氧化碳技术从 20 世纪 80 年代开始研发并实现工业化应用，形成了变压吸附法从混合气中提取二氧化碳、分级提浓二氧化碳等系列专利成果。通过变压吸附技术可以从工业排放气中捕集获得体积分数为 90%～98.5%的二氧化碳，再耦合低温技术，将二氧化碳液化实现与其他不凝性气体分离。通过这种组合分离纯化工艺，可以得到高纯度液体二氧化碳产品，可根据需要制备成食品级和电子级二氧化碳。

变压吸附分离提浓二氧化碳工艺随着原料气中二氧化碳含量、气源压力、规模的不同，以及产品品质的要求不同，采用的工艺路线也不同，但最终目的都是获得浓度大于 90%的二氧化碳，有利于后续的低温精馏提纯组合工艺，并达到降低整个装置单位能耗的目的。依据不同的原料气组分，变压吸附提浓二氧化碳工艺可分为一段抽真空工艺和两段抽真空工艺。通常，原料气压力较高、二氧化碳体积分数相对也较高时采用一段抽真空工艺；而气源压力较低、原料气中二氧化碳体积分数相对较低时，可以采用两段抽真空工艺，逐级提浓二氧化碳。不同原料气中二氧化碳含量采取的典型提浓工艺见表 5-64。

表 5-64　原料气 CO_2 含量与提浓 CO_2 主要工艺的关系

$\varphi(CO_2)/\%$	10～20	20～80	80～99.5
提浓 CO_2 工艺	两段 PSA+低温精馏提纯	一段 PSA+低温精馏提纯	低温精馏提纯

（1）一段法抽真空工艺。

对于二氧化碳含量高的工业排放气（CO_2 体积分数为 20%～80%）回收二氧化碳，采用一段法变压吸附装置。其典型的流程见图 5-29。

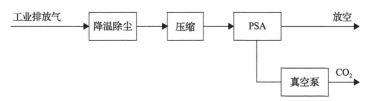

图 5-29　一段法变压吸附提纯二氧化碳工艺流程框图

常用的抽真空再生变压吸附提浓二氧化碳工艺流程包括以下步骤：吸附步骤（A）、均压降步骤（EnD）、逆向放压（或顺向放压）步骤（D/PP）、抽真空步骤（V）、均压升步骤（EnR）、最终充压步骤（FR），工艺步序见表 5-65（以 A 塔为例）。

表 5-65　变压吸附提浓二氧化碳工艺步序简表

	步骤					
	1	2	3	4	5	6
时间/s	90	30	60	270	30	60
A 塔	A	EnD	D/PP	V	EnR	FR

工业排放气经过降温、除尘等预处理步骤，再经压缩升压至变压吸附装置所需压力，进入变压吸附装置。原料气进入处于工作状态的吸附塔，自下而上穿过吸附塔中的吸附剂，二氧化碳作为吸附相被吸附剂吸附，其余组分（如 H_2、N_2、O_2、CH_4、CO 等）为非吸附相，富集后作为脱碳气排出变压吸附装置。

完成吸附步骤的吸附塔通过均压降步骤逐渐降低塔中的压力，然后通过逆放（或逆放/顺放）进一步降低床层压力；最后采用抽真空的方式，对吸附塔进一步降压再生，同时得到浓度较高的二氧化碳气。

变压吸附提浓二氧化碳装置常用的真空泵分为无油往复式真空泵和水环式真空泵两种，当产品二氧化碳气量较小时通常采用无油往复式真空泵；当产品二氧化碳气量较大时可采用水环式真空泵，泵的数量较少，操作简单，占地少。但使用水环式真空泵会使产品二氧化碳含有饱和水，因此管道及阀门通常采用不锈钢材质，会增加后工段的投资及能耗。一段法变压吸附提纯二氧化碳工艺流程见图 5-30。

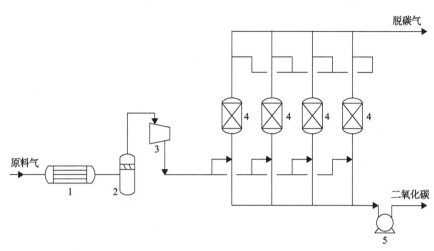

图 5-30　一段法变压吸附提纯二氧化碳工艺流程图

1-冷却、除尘；2-水分离器；3-压缩机；4-吸附塔；5-真空泵

（2）两段法抽真空工艺。

当工业排放气的二氧化碳浓度较低（二氧化碳体积分数为 10%～20%）时，宜采用两段法变压吸附装置。典型的低二氧化碳工业排放气回收装置工艺流程见图 5-31。

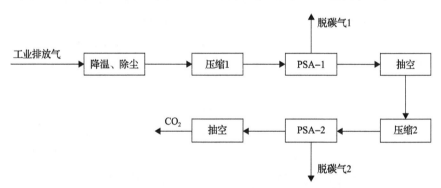

图 5-31　两段法变压吸附提纯二氧化碳工艺流程框图

工业排放气根据实际需要，经过降温、除尘等预处理后再压缩升压至变压吸附装置所需压力，进入第一段变压吸附工序（PSA-1）通过真空解吸工艺将原料气中二氧化碳浓缩，工艺步序与上面一段法工艺类似。在第一段变压吸附工序中浓缩富集的二氧化碳气（浓度约 30%～40%）通过抽真空方式解吸，再输入第二段变压吸附工序（PSA-2）进一步提浓。剩余气体作为脱碳气废气排出装置。

经 PSA-1 工序富集的二氧化碳压缩后进入第二段变压吸附工序（PSA-2）。原料气自下而上穿过吸附塔中的吸附剂，二氧化碳作为吸附相再被吸附剂吸附，剩余气体（如 H_2、N_2、O_2、CH_4、CO 等）作为废气排出装置。PSA-2 工序获得浓度大于 90% 的二氧化碳。两段法变压吸附工艺步序见表 5-66（以 A 塔为例）。

表 5-66　两段法变压吸附二氧化碳提纯工艺步序简表

	步骤					
	1	2	3	4	5	6
时间/s	90	30	60	270	30	60
A 塔	A	EnD	D/PP	V	EnR	FR

两段法变压吸附提纯二氧化碳工艺流程见图 5-32。

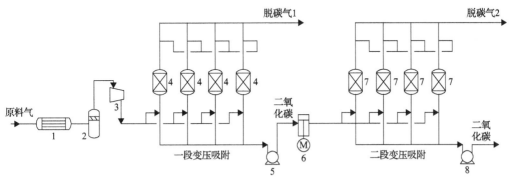

图 5-32　两段法变压吸附提纯二氧化碳工艺流程图

1-冷却、除尘；2-水分离器；3-压缩机 1；4-吸附塔；5-真空泵；6-压缩机 2；7-吸附塔；8-真空泵

技术特点：采用多段变压吸附工艺，可以对低二氧化碳含量的工业排放气进行逐级提浓，可降低压缩功消耗。

(3)低温精馏组合提纯。

为了运输和使用方便，工业上一般都把二氧化碳制成液体或固体产品，理论上讲，只要二氧化碳达到临界温度 31.04℃以下，在特定压力下即可液化，且压力越高，液化温度也越高。由于不同二氧化碳原料气中都会有各种不同杂质，会在二氧化碳液化时部分冷凝，从而对二氧化碳产品质量产生影响。液体在二氧化碳被液化时，其他不凝性气体以气态形式存在，从而与液态二氧化碳实现分离。二氧化碳的液化过程也是二氧化碳的净化提纯过程。

净化精制二氧化碳工艺主要有如下两种。

(1)常温吸附与低温精馏组合工艺。该组合工艺综合吸附和精馏的优点，配合使用特定选择性强的吸附剂，有针对性地脱除沸点比二氧化碳高、精馏无法分离的杂质，然后将二氧化碳进行低温液化精馏提纯，除去剩余的轻组分杂质，该方法不适用于重组分杂质含量较多的情况。吸附与低温精馏组合工艺生产食品级液体二氧化碳工艺流程见图 5-33。

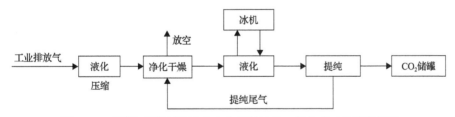

图 5-33　吸附与低温精馏法生产食品级液体二氧化碳工艺流程框图

（2）催化氧化与低温提纯组合工艺。该工艺利用催化氧化原理，在贵金属催化剂和一定的温度条件下，将原料气中的所有微量可燃性杂质遇氧气发生燃烧而加以脱除，特别是沸点比二氧化碳高的有毒有害杂质，如多碳烃、醛、醇等有机物，燃烧后产物是水和二氧化碳。由于燃烧反应彻底，为这些杂质彻底去除提供了技术保证，再结合使用合理的脱硫技术和低温精馏技术，产品质量可以达到比较高的水平。该方法产品质量好，品质稳定，是目前生产液体二氧化碳最可靠的方法。

催化与低温精馏组合工艺生产食品级液体二氧化碳工艺流程见图 5-34。

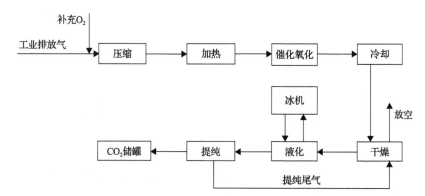

图 5-34　催化与低温精馏组合法生产食品级液体二氧化碳工艺流程框图

一般情况下，可采用吸附与低温精馏组合法生产食品级液体二氧化碳。当二氧化碳中含有烯烃、含氧有机物时，通过直接净化难以脱除干净，在后续液化过程中易溶于液体二氧化碳中，需选择采用催化氧化+低温提纯组合法生产高纯液体二氧化碳产品。

5.3.3　典型脱碳工程应用

1. 合成氨厂配套液氨生产的变压吸附脱碳工艺的应用

1）原料气条件

某合成氨厂配套液氨生产的变换气组分及条件见表 5-67。

表 5-67　原料气组成及条件表

项目		数值
组分及含量	$\varphi(H_2)/\%$	54.0
	$\varphi(N_2)/\%$	17.2
	$\varphi(CH_4)/\%$	0.6
	$\varphi(CO)/\%$	0.2
	$\varphi(CO_2)/\%$	28.0
	合计/%	100.0
温度/℃		20~40
压力/MPa		0.8
体积流量/(m³/h)		12000

2) 工艺流程

装置采用 8-2-6/V 工艺（8 台吸附塔、2 塔同时吸附、6 次均压、抽真空工艺），工艺流程见图 5-35。

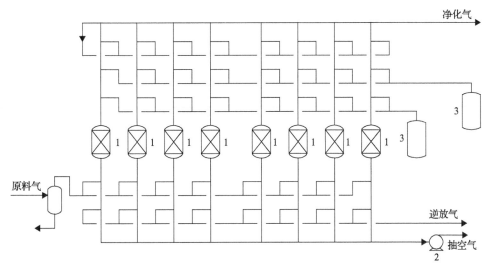

图 5-35　脱碳装置 8-2-6/V 工艺流程图
1-吸附塔；2-真空泵；3-中间罐

变换气在 0.8MPa、20～40℃下进入气液分离器，分离原料气体中夹带的少量液态水分，再进入由 8 台吸附塔及一系列程控阀等组成的变压吸附单元。

变换气自下而上通过正处于吸附状态的吸附塔，除氢气和氮气以外的其他杂质组分被吸附剂选择性吸附，塔顶获得氢气、氮气净化气；其余吸附塔分别进行其他步骤的操作，8 台吸附塔交替循环工作，时间上相互交错，实现原料气不断输入、产品氢氮气连续输出的目的。工艺步序见表 5-68（以 A 塔为例）。

表 5-68　变换气变压吸附脱碳工艺步序简表

	步骤																
	1	2	3	4	5	6	7	8	9	10	11	12	13	14	15	16	17
时间/s	300	30	30	30	30	30	30	30	180	30	30	30	30	30	30	30	120
A 塔	A	E1D	E2D	E3D	E4D	E5D	E6D	D	V	E6R	E5R	E4R	E3R	E2R	IS	E1R	FR

备注：IS-隔离。

3) 主要设备

脱碳装置主要设备见表 5-69。

4) 装置运行情况

净化气中二氧化碳的体积分数控制在 0.2%时，氢气回收率达到 99%，氮气回收率达到 93%。工艺运行指标见表 5-70。

表 5-69　脱碳装置主要设备一览表

设备名称	设备规格	数量/台
气液分离器	DN1200	1
吸附塔	DN2200	8
中间均压罐	DN2400	2
水环真空泵	2BE403	3
合计		14

表 5-70　脱碳装置运行主要参数

项目		变换气	产品净化气	解吸气
组分及含量	$\varphi(H_2)$/%	54.0	76.212	1.81
	$\varphi(N_2)$/%	17.2	22.804	4.03
	$\varphi(CH_4)$/%	0.6	0.642	0.50
	$\varphi(CO)$/%	0.2	0.143	0.33
	$\varphi(CO_2)$/%	28.0	0.200	93.32
	合计/%	100.0	100.000	100.00
温度/℃		20～40	常温	常温
压力/MPa		0.8	0.7	0.02
流量/(m³/h)		12000	8417.5	3582.5

通过运行数据可以看出，净化气中的 $H_2：N_2$（体积比）约为 3.3：1，满足合成氨生产要求。

5）消耗表

装置主要消耗数据见表 5-71。

表 5-71　脱碳装置主要消耗表

项目	规格要求	消耗指标	使用情况	备注
电/(kW·h)	220V，50Hz	3	连续	照明和仪表
	380V，50Hz	220	连续	真空泵
循环水/(t/h)	0.3MPa,32℃	20	连续	真空泵
仪表空气/(m³/h)	0.4MPa，露点≤-40℃	50	连续	程控阀和仪表

2. 合成氨配套尿素生产变压吸附脱碳工艺的应用

以河南某厂 $2\times10^5 m^3/h$ 两段法变压吸附脱碳装置为例。

1）原料气

变换气组成及条件见表 5-72。

表 5-72　原料气组成及条件表

项目		数值
组分及含量	$\varphi(H_2)/\%$	53.3
	$\varphi(N_2)/\%$	15.4
	$\varphi(CH_4)/\%$	1.6
	$\varphi(CO)/\%$	4.2
	$\varphi(CO_2)/\%$	25.5
	合计/%	100.0
温度/℃		20～40
压力/MPa		2.4
流量/(m³/h)		200000

2）工艺流程

提纯段(PSA-1)工序采用 24-6-9/V 工艺(24 台吸附塔、6 塔同时吸附、9 次均压、抽真空工艺)；净化段(PSA-2)工序采用 24-6-11/V 工艺(24 台吸附塔、6 塔同时吸附、11 次均压、抽真空工艺)，工艺流程框图见图 5-36。

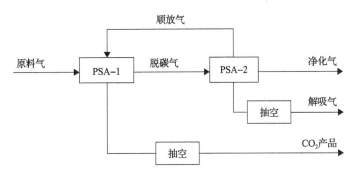

图 5-36　两段法变压吸附脱碳工艺流程框图

从变换工序送来的变换气通过预处理后在 2.40MPa、20～40℃条件下进入提纯段(PSA-1)工序，经气液分离器除去液态水后，从正处于吸附步骤的吸附塔底部进入吸附剂床层，在吸附剂的选择吸附下，将变换气中的水及大部分的二氧化碳吸附下来，氢气、氮气、一氧化碳和未被吸附的少量二氧化碳等进入净化段(PSA-2)工序，在净化段(PSA-2)出口端获得的氢气、氮气等净化气送至下一工段。

提纯段工序出口的粗净化气中二氧化碳的体积分数控制在 8%～10%，当被吸附的二氧化碳的浓度前沿接近床层出口时，关闭吸附塔的原料气进口阀和粗净化气出口阀，然后经多次均压降，逐级降低塔的压力，使有效气体(氢气、氮气、一氧化碳)得到充分回收，再通过逆放和抽真空过程使吸附剂再生，同时获得纯度为 98.5%左右的二氧化碳产品气体，经缓冲罐稳压后送往尿素工段。

提纯段(PSA-1)工序吸附塔出口的粗净化气从净化段(PSA-2)工序正处于吸附步骤的吸附塔底部进入吸附床层，将粗净化气中剩余的二氧化碳吸附下来，出口净化气中二氧化碳的体积分数控制在 0.5% 以下，然后进入下一工段。当吸附杂质二氧化碳的浓度前沿接近出口时，关闭吸附塔的原料气进口阀和净化气出口阀，吸附床层经历多次均压降步骤回收吸附塔中的氢气、氮气和一氧化碳等有效气体，床层压降到一定压力后进行逆放和抽真空过程。大部分逆放气回到提纯段（PSA-1）进行升压回收。最后用本工段其余塔的顺向均压降气体和产品气对床层逆向升压至接近吸附压力，进入下一个吸附循环。

装置工艺步序见表 5-73（以 A 塔为例）。

表 5-73　两段法变压吸附脱碳工艺步序简表

	提纯段（PSA-1）步骤																						
	1	2	3	4	5	6	7	8	9	10	11	12	13	14	15	16	17	18	19	20	21	22	23
时间/s	180	30	30	30	30	30	30	30	30	30	30	180	30	30	30	30	30	30	30	30	30	30	30
A 塔	A	E1D	E2D	E3D	E4D	E5D	E6D	E7R	E8R	E9R	D	V	R	E9R	E8R	E7R	E6R	E5R	E4R	E3R	E2R	E1R	FR

	净化段（PSA-2）步骤																						
	1	2	3	4	5	6	7	8	9	10	11	12	13	14	15	16	17	18	19	20	21	22	23	1	2	3
时间/s	180	30	30	30	30	30	30	30	30	30	30	30	30	180	30	30	30	30	30	30	30	30	60	30	30
A 塔	A	E1D	E2D	E3D	E4D	E5D	E6D	E7R	E8R	E9R	E10R	E11R	D	V	E11R	E10R	E9R	E8R	E7R	E6R	E5R	E4R	E3R	E2R	E1R	FR

3）主要设备规格

装置的主要设备数量及规格见表 5-74。

表 5-74　两段法变压吸附脱碳装置主要设备规格一览表

设备名称	PSA-1		PSA-2	
	规格	数量/台	规格	数量/台
气液分离器	DN3000	1		
吸附塔	DN3200	24	DN3000	24
水环真空泵		6		6
合计		31		30

4）装置运行情况

装置运行的主要参数见表 5-75，氢气回收率达到 99.5%，氮气回收率达到 97%，二氧化碳回收率 ≥ 70%。

表 5-75　两段法变压吸附脱碳装置运行主要参数表

项目		变换气	净化气	解吸气	富二氧化碳气
组分及含量	$\varphi(H_2)$/%	53.30	71.78	2.71	0.29
	$\varphi(N_2)$/%	15.40	20.22	4.54	0.59
	$\varphi(CH_4)$/%	1.60	2.06	0.60	0.17
	$\varphi(CO)$/%	4.20	5.46	1.17	0.41
	$\varphi(CO_2)$/%	25.50	0.48	90.98	98.54
	合计	100.00	100.00	100.00	100.00

续表

项目	变换气	净化气	解吸气	富二氧化碳气
温度/℃	20～40	20～40	20～40	20～40
压力/MPa	2.4	2.3	0.02	0.02
流量/(m³/h)	200000	147777	15476.9	36746.1

5) 消耗表

两段法变压吸附脱碳装置主要工艺消耗数据表见表 5-76。

表 5-76　两段法变压吸附脱碳装置主要消耗一览表

项目	规格要求	消耗指标	使用情况	备注
电/(kW·h)	220V, 50Hz	5	连续	照明和仪表
	380V, 50Hz	1750	连续	真空泵
循环水/(t/h)	0.3MPa, 32℃	195	连续	真空泵
仪表空气/(m³/h)	0.4MPa, 露点≤-40℃	150	连续	程控阀和仪表

5.3.4　典型二氧化碳提纯工程应用

1. 食品级二氧化碳的制备

某燃煤电厂超低排放烟道气采用两段变压吸附技术与低温技术相结合的耦合工艺提纯二氧化碳，得到食品级液体二氧化碳，产品二氧化碳体积分数>99.99%，符合《食品添加剂　二氧化碳》液体二氧化碳产品质量标准(GB 1886.228—2016)要求。烟道气主要组分及条件见表 5-77，产品指标见表 5-78。工艺流程见图 5-37。

表 5-77　烟道气组成及条件表(湿基)

项目		数值
组分及含量	$\varphi(N_2)$/%	73.0
	$\varphi(CO_2)$/%	13.7
	$\varphi(O_2)$/%	5.8
	$\varphi(H_2O)$/%	7.4
	SO_2/(mg/m³)	<30
	NO_x/(mg/m³)	<35
	灰分/(mg/m³)	<5
压力/Pa		-90～0
温度/℃		46～48
流量/(m³/h)		约 2275

表 5-78　二氧化碳产品指标

组分及含量	检测指标	GB1886.228—2016 标准值
$\varphi(CO_2)/\%$	99.997	≥99.9
$\varphi(H_2O)/10^{-6}$	9.5	≤20
$\varphi(O_2)/10^{-6}$	3.7	≤30
$\varphi(CO)/10^{-6}$	未检出	≤10
φ(总挥发烃，以 CH_4 计)$/10^{-6}$	18.9	≤50（其中非甲烷烃≤20）

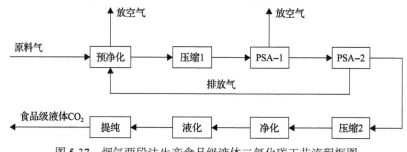

图 5-37　烟气两段法生产食品级液体二氧化碳工艺流程框图

图 5-37 中各主要工序的目的如下。

(1)预净化、净化工序。预净化、净化分别除去原料气中的水分、微量硫及其他杂质，净化工序常采用变压变温吸附结合工艺(PTSA)、催化脱除。净化单元后气体中要求水露点约-60℃，总硫体积分数≤1.0×10⁻⁷。

(2)PSA-1 工序。预净化后的进料气经过压缩后，采用变压吸附工艺实现二氧化碳与氧气、氮气的分离，初步将低浓度二氧化碳的体积分数浓缩至 30%～50%。

(3)PSA-2 工序。经过 PSA-2 工序处理后，二氧化碳体积分数继续浓缩至 90%以上。

(4)液化工序。PSA-2 工序浓缩后二氧化碳经过压缩、净化后，通过制冷机组提供冷量使气相二氧化碳被冷凝为液相；常用制冷介质为液氨或氟利昂等，通过制冷机组循环使用。

(5)提纯工序。液化后的液体二氧化碳进入提纯塔，其中氧气、氮气等不凝组分被除去，从提纯塔底部得到食品级液体二氧化碳产品。最后二氧化碳产品再送至产品储罐，供充瓶或装槽车。

2. 电子级二氧化碳的制备

电子级二氧化碳的制备技术是在食品级二氧化碳的基础进一步开发，其工艺流程也是在食品级的工艺基础上进一步升级。某气体公司以酒精发酵气为原料气制备电子级液体二氧化碳，其组成如表 5-79 所示。

由表 5-79 可知，原料气中含有氢气、氧气、氮气等低沸点的组分，还有乙醇、乙醛等高沸点组分，同时还有硫化物；因此，须采用两段变压变温吸附(PTSA)工序与脱硫、液化提纯工序相结合来处理原料气,从而得到二氧化碳体积分数>99.999%的高纯液体产品,满足电子级二氧化碳的使用要求。工艺流程框图见图 5-38。

表 5-79 　 原料气组成表

组分	含量 φ/%	组分	含量 φ/%
CO_2	94.00	有机物	0.19
N_2	4.10	H_2	0.01
O_2	1.70		

注:原料气中含有微量的硫化物和氮氧化物。

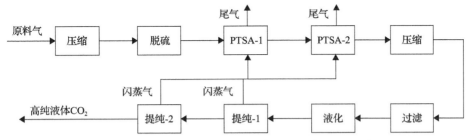

图 5-38 　 酒精发酵气生产电子级液体二氧化碳工艺流程框图

图 5-38 中各主要工序的作用和目的如下。

(1)压缩工序:包含原料气压缩和净化气压缩工序,在原料气压缩工序中,原料气经过压缩机压缩升压,送往脱硫工序;在净化气压缩工序中,PTSA-2 工序的净化气经过压缩机压缩后送往过滤工序。

(2)脱硫工序:精脱除去原料气中的微量硫,脱硫后要求总硫体积分数≤$1.0×10^{-9}$。

(3)PTSA-1 工序:采用第一段变压变温吸附(PTSA-1)工序,除去气源中的水分、重烃、苯等杂质,吸附剂再生温度为 170℃。

(4)PTSA-2 工序:第一段变压变温吸附工序后,气体中还存在微量水分、金属离子等杂质,需要增加第二段变压变温吸附(PTSA-2)工序进行深度脱除;PTSA-2 工序所用的吸附剂与 PTSA-1 工序的不同,其吸附剂再生温度在 280~320℃的范围内。

(5)过滤工序:经过 PTSA-2 净化后的气体再进入压缩机,压缩后进入过滤工序。过滤采用高精度过滤器,颗粒过滤精度达 0.01μm,除去气体中微量颗粒杂质。

(6)液化工序:该工段通过二氧化碳压缩机使气相二氧化碳被冷凝为液相;常用制冷介质为液氨或氟利昂,通过制冷机组循环使用。

(7)提纯-1 工序:液化后的液体二氧化碳进入提纯-1 工序,去除液体二氧化碳中的氢气、氮气等不凝组分,从提纯塔底部得到高纯液体产品二氧化碳。

(8)提纯-2 工序:本工段对来自提纯-1 工序的液体二氧化碳进一步提纯,使产品杂质含量更低(如一氧化碳指标,食品级要求 CO 的体积分数≤$10×10^{-6}$,电子级要求 CO 的体积分数≤$0.5×10^{-6}$),得到电子级液体二氧化碳。

制备电子级液体二氧化碳的典型工程及指标等详细内容见本书第 7 章第 5 节内容。

5.4　变压吸附提纯一氧化碳工艺

5.4.1　原料来源

以煤、天然气及石油蒸气转化得到的混合气，是目前工业上生产一氧化碳的主要原料气。另外一些工业副产气，如炼铁高炉气、炼钢转炉气、电石炉尾气、黄磷尾气和合成氨装置的铜洗再生气等，也是提取一氧化碳的常用气源。上述气源适合于用变压吸附工艺提纯一氧化碳，常见气源及组成见表 5-80。

表 5-80　常见富含一氧化碳的气源及其主要组分表

气源	组分及含量 φ/%					
	CO	CO_2	H_2	CH_4	N_2	O_2
水煤气	35～39	5～7	50～55	0.3～0.5	5～10	0.3～0.5
半水煤气	26～30	8～10	45～50	0.3～0.8	10～18	0.3～0.5
铜洗再生气	60～70	12～15	5～8	0.3～0.5	5～18	1～2
高炉气	22～28	15～20	3～5	0.1～0.2	50～58	0.3～1.0
转炉气	60～70	15～18	1～2	0.1～0.2	15～18	0.3～0.5
黄磷尾气	85～90	3～7	—	—	5～8	0.1～0.3
电石炉尾气	70～86	1～3	2～10	0.3～2.0	5～10	0.3～1.0
德士古炉煤气	40～50	10～15	35～40	0.1～0.3	0.5～1.0	—
壳牌炉煤气	50～60	1～8[*]	30～35	0.1～0.3	0.5～8.0[*]	—

*如采用氮气输送粉煤的壳牌炉煤气，则 N_2 体积分数为 4%～8%，CO_2 为 1%～2%；如采用二氧化碳输送粉煤的壳牌炉煤气，则 N_2 体积分数为 0.5%～1.0%，CO_2 为 4%～8%。

1. 水煤气

顾名思义，水煤气是水和煤反应生成的气体，其主要反应为

$$C + H_2O \xrightarrow{\text{高温}} CO + H_2 \qquad (5-4)$$

$$C + 2H_2O \xrightarrow{\text{高温}} CO_2 + 2H_2 \qquad (5-5)$$

在工业上，水煤气主要采用固定床间歇工艺生成，由于主反应为吸热反应，为了维持热量平衡，采用吹风制气交替循环工艺，吹风一般采用空气加入炉内和残存的煤气(有些为了提高升温效果，在吹风阶段增加了燃料，称之为增热式)燃烧反应提高炉内水煤气温度；而在制气阶段引入水蒸气和热的煤炭反应生成水煤气，此循环一般 3～5min，详细过程可分为 6 步。

(1)吹风阶段：空气由炉底鼓入，料层升温，废气从炉顶排出。

(2)水蒸气吹净阶段：水蒸气由炉底吹入，将第一阶段的残余废气排出，以保证制气产出煤气质量。

(3)一次上吹制气阶段：从炉底鼓入水蒸气，在料层内吸热气化产生煤气，从顶部逸出回收，此时料层下部的温度明显下降。

(4)下吹制气阶段：水蒸气由炉顶吹入，在炉内产生水蒸气气化反应，此时将料层的热量进一步吸收，产出的水煤气由炉底逸出回收，而上部料层温度也明显下降。

(5)二次上吹制气阶段：此为安全操作而设置的一个阶段，其目的是用水蒸气将上层制气时在炉底积累的水煤气赶尽，以防止与鼓风空气相遇而产生事故，但此时从炉顶逸出的气体仍有较高含量的一氧化碳和氢气，需要进一步回收。

(6)空气吹净阶段：由炉底鼓入空气，将炉内剩余煤气从炉顶吹出，并加以回收。

根据水煤气的生成过程，可以看出水煤气中除了有效气组分一氧化碳、氢气和变换反应产物二氧化碳外，还有少量甲烷和氮气，另外由于煤炭中含有硫等杂质，所以在水煤气中不可避免地会有硫化氢和羰基硫等硫化物及焦油和酚等杂质，这些物质对变压吸附工序的吸附剂均是有害毒物，须在进入变压吸附工序前脱除。因此，提纯一氧化碳的原料气应为净化后的水煤气。

2. 半水煤气

半水煤气的生产流程与水煤气的生产流程类似，也是固定床间歇工艺，区别在于制气时通入空气和水蒸气的混合物与煤炭反应，因此半水煤气组分与水煤气相比，氮气含量大幅提高，一氧化碳含量略有下降。同理，半水煤气用于提纯一氧化碳也须经过净化脱硫。固定床间歇工艺生产得到的水煤气和半水煤气一般为常压气体，有再次加压相对能耗高及气体杂质较多等缺点，目前国家已限制了此类工艺装置的建设，该工艺基本上被水煤浆或粉煤高压纯氧造气工艺取代。

3. 铜洗再生气

在早期很多合成氨厂中精炼采用铜洗工艺，即在高压低温条件下，用乙酸铜溶液吸收来自脱碳后氢气、氮气中的一氧化碳及其他微量组分，吸收气体后的溶液经减压、升温后，再生解吸出来的气体称为铜洗再生气。由于其工艺过程决定了铜洗再生气含有氨，对变压吸附的吸附剂有危害，且氨、二氧化碳和水易反应生成碳酸氢铵，其结晶后易堵塞阀门，所以铜洗再生气在进入提纯一氧化碳装置前需除氨。由于铜洗工艺存在消耗高及环保问题，已经被甲烷化或其他工艺取代。

4. 高炉气

高炉气又称高炉煤气，是高炉炼铁过程中产生的副产品。炼铁是采用铁矿石和焦炭反应来还原生产铁，过程中生成了含有一氧化碳、二氧化碳、氢气、氮气及少量甲烷的高炉煤气，同时由于焦炭和铁矿石中含有硫化物等杂质，因此高炉气不可避免地含有硫化物等杂质。

5. 转炉气

转炉气又称转炉烟气，是炼钢转炉吹炼过程中排除的烟气。回收利用烟气一般有燃烧法和未燃法，适合提纯一氧化碳的气体为用未燃烧法收集的转炉烟气。燃烧法是使含有大量一氧化碳的炉气，在出炉口时与吸入的空气混合，在烟道内燃烧，生成高温废气，利用其所含热量发电，再经冷却净化后排散到大气中去。未燃法是用可升降活动烟罩和控制抽气系统的调节装置(包括用控制炉口微正压和氮气封的方法等)，使烟气出炉口时不与空气接触(因而不燃烧或燃烧量处于极低限)，经过冷却、净化，抽入回收系统贮存起来，加以利用。经过未燃法收集的转炉气经冷却除尘后仍含有硫化物、磷化物、砷化物和氟化物等杂质，由于这些杂质对于变压吸附的吸附剂都是有害物质，同样需要在进入变压吸附装置前予以脱除。根据资料及部分装置实际组分，转炉气微量杂质含量见表5-81。

表5-81　转炉气微量杂质含量一览表

主要杂质组分	含量
PH_3/(mg/m^3)	约600
COS/(mg/m^3)	约10
H_2S/(mg/m^3)	约50
HF/(mg/m^3)	约1

注：COS-羰基硫。

6. 黄磷尾气

黄磷尾气是黄磷生产过程中副产的尾气。每生产1t黄磷大约副产2750m^{3}尾气，其中一氧化碳的体积分数在90%左右，非常适合提纯一氧化碳。但由于生产黄磷是用磷矿石、硅石和焦炭(或者煤)混合在电炉中反应，所以副产气中必然含有硫化物、磷化物、氟化物及砷化物等对吸附剂有害的杂质，在进入变压吸附装置前应将其脱除。黄磷尾气中微量杂质含量见表5-82。

表5-82　黄磷尾气微量杂质一览表

主要杂质组分	含量
H_2S/(mg/m^3)	3000～8000
PH_3/(mg/m^3)	500～2000
P_4/(mg/m^3)	300～1000
CS_2/(mg/m^3)	500～1000
COS/(mg/m^3)	1000～3000
HF/(mg/m^3)	80～300
AsH_3/(mg/m^3)	30～70
HCN/(mg/m^3)	100～400
SO_2/(mg/m^3)	100～900

7. 电石炉尾气

电石炉尾气是用电炉生产电石过程中副产的尾气。能够有效利用的尾气是采用密闭电石炉产生的电石炉尾气，生产电石的原料是生石灰和焦炭，而工业上生石灰来源于煅烧的石灰石，所以副产的电石炉尾气除了含有一氧化碳和少量二氧化碳、氢气、氮气、甲烷、氧气外，还含有硫化物、磷化物、砷化物及焦油等对变压吸附的吸附剂有害的微量杂质。电石炉尾气中微量杂质含量见表 5-83[23]。

表 5-83　电石炉尾气微量杂质一览表

主要杂质组分	含量
H_2S/(mg/m^3)	50~200
PH_3/(mg/m^3)	50
P_4/(mg/m^3)	30
CS_2/(mg/m^3)	20~50
COS/(mg/m^3)	20~50
HF/(mg/m^3)	1
AsH_3/(mg/m^3)	2
HCN/(mg/m^3)	10
焦油/(mg/m^3)	20~100

8. 德士古炉煤气

德士古炉煤气为水煤浆气化炉煤气，是在高压下水煤浆和纯氧气反应生成的水煤气。包括德士古在内的各种水煤浆气化技术均属于清洁煤气化技术，适用于大型煤气化装置。德士古炉煤气有效气含量高，微量杂质相对简单，主要是硫化氢和羰基硫等硫化物，经过脱硫后即可进入变压吸附提纯装置。

9. 壳牌炉煤气

壳牌炉煤气为粉煤与高压纯氧反应产生的煤气，同水煤浆高压纯氧气化技术一样属于清洁煤气化技术，也是大型煤气化的主流技术，气体组分和微量杂质组成都类似于德士古炉煤气。由于采用粉煤直接与纯氧反应，壳牌炉煤气中一氧化碳含量比德士古炉煤气略高。另外，由于粉煤需用二氧化碳或者氮气输送，若采用氮气输送则煤气中含有体积分数为 4%~8%的氮气，增加了提纯一氧化碳的难度，故采用二氧化碳输送粉煤的壳牌炉煤气更有利于变压吸附提纯一氧化碳。

5.4.2　产品要求与标准

现代工业中，一氧化碳是 C_1 化学重要的基础原料气之一，用它可生产多种有机化学品，如甲酸、草酸、醋酸、乙酸酐、丙酸、丙烯酸酯、羧酸酯、二甲基甲酰胺(DMF)、甲苯二异氰酸酯(TDI)、乙二醇等有机化学品。不同的有机产品及不同的羰基合成工艺路线对一氧化碳的产品纯度及微量杂质要求均有差异，常见的有机产品羰基合成对一氧化碳纯度及杂质含量要求见表 5-84。

表 5-84　各种有机产品羰基合成对一氧化碳纯度及杂质含量要求　（单位：%，体积分数）

合成产品	一氧化碳纯度及杂质组分要求						
	CO	CO_2	H_2	CH_4	N_2	O_2	H_2O
醋酸	≥98	≤0.30	≤0.30	≤1	平衡	≤0.010	≤0.010
甲酸	≥97	≤0.002	平衡	平衡	平衡	≤0.001	≤0.010
二甲基甲酰胺（DMF）	≥97	≤0.002	平衡	平衡	平衡	≤0.001	≤0.001
甲苯二异氰酸酯（TDI）	≥97	≤0.30	≤0.20	≤0.20	平衡	≤0.010	≤0.010
乙二醇	≥98	≤0.02	≤0.10	平衡	平衡	≤0.001	≤0.001

从表 5-84 可知，醋酸等有机化合物的羰基合成中，一氧化碳体积分数一般在 97%以上，对其他杂质气体要求不同。

醋酸合成的主流工艺为甲醇低压（2.7～4.0MPa）羰基合成，主反应中反应物为甲醇和一氧化碳。其主要副反应较复杂，其中氢气会与醋酸发生副反应生成乙醇，影响醋酸的纯度；而二氧化碳和水参与的副反应对醋酸纯度的影响相对较小。

甲酸的羰基合成分两步，即第一步甲醇与一氧化碳羰基合成甲酸甲酯，第二步甲酸甲酯水解生成甲酸。其副反应有氢气与甲醇生产乙醇，因此对一氧化碳气中的氢气等杂质也需要控制；另外，由于催化剂甲醇钠会与水、氧气、二氧化碳反应生成甲酸钠、碳酸钠和碳酸氢钠等物质，易结晶堵塞换热器等设备，工艺中对一氧化碳中水、氧气、二氧化碳等杂质含量要求非常严格。

二甲基甲酰胺（DMF）的主流生产方法是在温度为 50～100℃和压力 1.0MPa 条件下，以甲醇钠为催化剂，由二甲胺与一氧化碳直接合成。同甲酸合成类似，催化剂甲醇钠会与水、氧气、二氧化碳反应生成甲酸钠、碳酸钠和碳酸氢钠等物质，易结晶堵塞换热器等设备，故此工艺对一氧化碳中水、氧气、二氧化碳等杂质含量要求非常严格，而对氢气、甲烷、氮气等不作严格要求[24]。

以一氧化碳为原料生产甲苯二异氰酸酯（TDI）的方法主要是光气法，即一氧化碳与氯气反应生成光气，光气再与甲苯二胺反应生成甲苯二异氰酸酯。生产过程分为 5 个主要工序[25,26]：①一氧化碳和氯气反应生成光气，②甲苯与硝酸反应生成二硝基甲苯（DNT），③二硝基甲苯与氢气反应生成甲苯二胺（TDA），④处理过的干燥的甲苯二胺与光气反应生成甲苯二异氰酸酯，⑤甲苯二异氰酸酯提纯。由于一氧化碳气中的氢气及甲烷均会参与副反应，一般要求氢气和甲烷的总体积分数小于 0.4%。

生产乙二醇的草酸酯法是以一氧化碳为原料，生产过程分为两步：首先亚硝酸酯与一氧化碳偶联生成草酸二甲酯，然后草酸二甲酯加氢制得乙二醇。由于偶联反应中氢气易发生副反应，一般要求一氧化碳气中的氢气体积分数小于 0.1%，而对甲烷和氮气等组分不作要求[27]。

5.4.3　常用工艺

1. 变压吸附提纯一氧化碳工艺原理

在各类混合气中，相对其他组分来说二氧化碳和一氧化碳是强吸附质，根据吸附分离的基本原理，当混合气通过吸附床时，强吸附质被优先吸附于吸附床中，要从吸附床中得到高浓度的一氧化碳气体，首先要分离除去比一氧化碳吸附性强的二氧化碳组分。第一步先用吸附剂脱除吸附性强于一氧化碳的二氧化碳等组分，在非吸附相得到富一氧化碳气；第二步再选择吸附一氧化碳，然后通过解吸再生，从吸附相得到纯度达到要求的一氧化碳产品气。此工艺称为两段法变压吸附提纯一氧化碳工艺。第一段选用对二氧化碳吸附选择性强的硅胶类吸附剂；第二段选用对一氧化碳吸附选择性优强的分子筛类或载铜络合吸附剂。两段法工艺可从一氧化碳体积分数为 20%～90%的各类混合气体中提纯得到一氧化碳体积分数大于 98%的产品。此工艺应用广泛，我国于 1993 年在山东淄博建成国内第一套从半水煤气提纯一氧化碳的装置，一氧化碳生产能力为 500m³/h，之后陆续建成了数十套变压吸附提纯一氧化碳工业装置。

2. 两段法变压吸附提纯一氧化碳工艺

两段法变压吸附提纯一氧化碳工艺根据原料气和羰基合成产品的不同，分为以下几种。

1) 低压原料气提纯一氧化碳工艺

低压原料气主要是水煤气、半水煤气、转炉气、高炉气、电石炉尾气、黄磷尾气等。水煤气和半水煤气经过湿法脱硫后再经加压可直接进入变压吸附提纯一氧化碳装置；转炉气、高炉气、电石炉尾气、黄磷尾气等气体含有较多有害杂质，在进入变压吸附提纯一氧化碳工序前还需设置净化工序。由于一氧化碳产品是从吸附相得到的接近常压的低压气体，因此前面的原料气压缩机出口压力一般推荐 0.6～1.0MPa 为宜，压力太高则增加无效压缩功，压力太低则会使吸附剂对一氧化碳的吸附量降低，需增加吸附剂用量、增大设备尺寸、提高装置的总投资费用。其典型工艺流程见图 5-39。

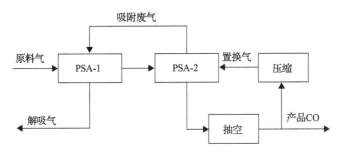

图 5-39　变压吸附提纯一氧化碳工艺流程框图一

加压后的原料气首先进入第一段变压吸附工序(PSA-1)，脱除原料气中的二氧化碳、水、微量硫化物等，从非吸附相得到富含一氧化碳的半产品气；半产品气进入第二段变压吸附工序(PSA-2)，其中一氧化碳被吸附剂选择性吸附提浓，经均压降后一氧化碳体积分数得到继续提高，但一般仍达不到产品要求，需用一部分一氧化碳产品气返回对 PSA-2 工序吸附床层进行置换以使一氧化碳浓度达到产品品质要求。PSA-2 工序的吸附废气返回 PSA-1 工序作为冲洗再生气，对 PSA-1 工序的吸附床层进行再生后作为解吸气排出装置。如果工厂其他工段对第二段变压吸附工序的吸附废气有需要，不能返回第一段作为冲洗再生气，第一段变压吸附工序可用抽真空的方式再生，其余工艺不变。

2) 高压原料气提纯一氧化碳工艺

高压原料气主要是德士古炉煤气或希尔炉煤气。这类气源压力一般在 3.0MPa 以上，提纯一氧化碳后，吸附废气中含有大量高附加值的氢气，在高压下操作有利于氢气产品用于后续装置的使用，因此提纯一氧化碳装置不宜降压操作。为了在分离提纯一氧化碳的同时获得氢气产品，可在 PSA-2 工序之后再增加第三段变压吸附工序(PSA-3)来提纯氢气，其解吸气可返回 PSA-1 或者预处理工序作为再生气源。典型工艺流程见图 5-40。

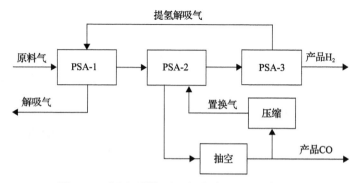

图 5-40　变压吸附提纯一氧化碳工艺流程框图二

类似于低压原料气变压吸附提纯一氧化碳工艺，原料气首先进入 PSA-1 工序，脱除原料气中的二氧化碳、水、微量硫化物等，从非吸附相得到富含一氧化碳的半产品气；半产品气进入 PSA-2 工序，其中的一氧化碳被吸附剂选择性吸附提浓，经均压降压后一氧化碳体积分数得到继续提高，但一般仍达不到产品要求，需用加压的产品气返回对吸附床层进行置换以提高一氧化碳体积分数达到产品要求；吸附废气进入 PSA-3 工序提纯氢气，PSA-3 工序解吸气返回 PSA-1 工序作为冲洗再生气，对其吸附剂床层进行再生后作为装置的解吸气排出装置。

此类装置的操作压力一般在 3.0MPa 以上，2017 年在宁夏某厂采用该工艺建设的一套变压吸附提纯一氧化碳装置操作压力为 5.5MPa，在当前国内外类似装置中操作压力最高的应用实例。

5.4.4　典型工程应用

1. 原料气条件

某厂一氧化碳提纯装置原料气条件见表 5-85。

2. 产品要求

要求产品气中一氧化碳体积分数≥97%，由于此产品返回醋酸合成系统，且此气体量较总的合成气量较小，对一氧化碳中其他组分不作特别要求。

表 5-85　原料气组成及条件表

项目		数值
组分及含量	$\varphi(CO)/\%$	79.20
	$\varphi(CH_4)/\%$	0.34
	$\varphi(CO_2)/\%$	3.50
	$\varphi(N_2)/\%$	3.96
	$\varphi(H_2)/\%$	13.00
	合计/%	100.00
压力/MPa		1.80
温度/℃		40
流量/(m³/h)		4000

3. 工艺流程

1) 第一段变压吸附(PSA-1)工序的设计

本装置原料气中二氧化碳体积分数约 3.5%，产品气要求一氧化碳体积分数高于97%，工艺设计时，需首先设置一段变压吸附工序将二氧化碳脱除，以保证在第二段变压吸附工序将一氧化碳浓缩得到合格的产品气。因为分压高对增大吸附量有利，为减少 PSA-1 工序吸附剂用量，原料气不降压直接进入 PSA-1 工序，设计要解决的问题是吸附剂用量计算、工艺步序的确定及各组分回收率的计算，而这几方面又相互交叉影响。随着均压次数的增加，最终均压降后的压力也不断下降，一氧化碳等弱吸附组分的回收率也会逐步提高，但完成多次均压必须配置更多的吸附塔才能实现，会增加投资。本装置综合考虑采用四次均压，最终均压降后的压力为 0.3MPa。另外为了考虑吸附时半产品气的稳定采用两台吸附塔同时吸附的工艺。

根据同时吸附的吸附塔台数及均压次数，设计第一段变压吸附工序(PSA-1)工艺步序为 8-2-4/V(8 塔工艺，2 塔同时吸附，4 次均压，抽真空再生)运行步序见表 5-86(以 A塔为例)。

表 5-86　一氧化碳分离提纯(PSA-1 工序)工艺步序简表

	步骤											
	1	2	3	4	5	6	7	8	9	10	11	12
时间/s	180	30	30	30	30	30	150	30	30	30	30	60
A 塔	A	E1D	E2D	E3D	E4D	D	V	E4R	E3R	E2R	E1R	FR

PSA-1 工序需要吸附塔 8 台，另外需配置相应的程控阀门及仪表及抽真空用的真空泵。其工艺流程见图 5-41。

2) 第二段变压吸附(PSA-2)工序的设计

经第一段变压吸附工序脱除二氧化碳后得到的半产品气中，一氧化碳被浓缩到体积分数为 81.43%，见表 5-89。分压高对吸附剂增大一氧化碳吸附量有利，为减少 PSA-2

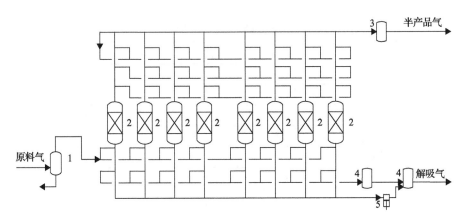

图 5-41　一氧化碳分离提纯装置 PSA-1 工序工艺流程图

1-气液分离器；2-吸附塔；3-半产品气罐；4-解吸气缓冲罐；5-真空泵

吸附剂的用量，半成品气无需降压，直接进入第二段变压吸附工序(PSA-2)。PSA-2 通过多次均压降使一氧化碳在吸附床层中得到浓缩。为使 PSA-2 吸附床层中死空间和共吸附残留的甲烷、氮气、氢气含量进一步降低，需要用一部分产品一氧化碳回流进入 PSA-2 吸附床，对床层进行置换，进一步降低吸附床层中甲烷、氮气、氢气的含量，使床层中浓缩一氧化碳纯度达到合格的指标。纯度合格的一氧化碳通过抽真空方式从吸附床层中解吸，并作为产品气输出装置。工艺流程见图 5-42。

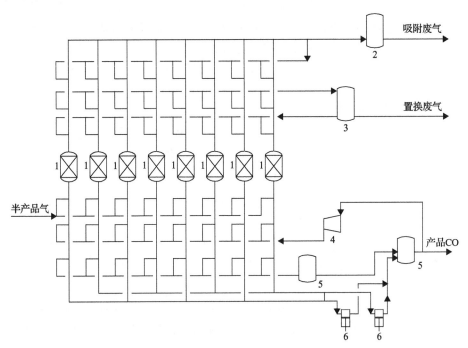

图 5-42　一氧化碳分离提纯装置 PSA-2 工序工艺流程图

1-吸附塔；2-吸附废气缓冲罐；3-中间罐；4-置换气压缩机；5-产品气缓冲罐；6-真空泵

　　PSA-2 的工艺步序为 8-2-3/RP&V(8 塔工艺，2 塔同时吸附，3 次均压，置换提浓，抽真空再生)运行步序，工艺步序见表 5-87(以 A 塔为例)。

表 5-87　一氧化碳分离提纯(PSA-2 工序)工艺步序简表

	步骤											
	1	2	3	4	5	6	7	8	9	10	11	12
时间/s	240	30	30	30	30	120	30	240	30	30	30	90
A 塔	A	E1D	E2D	E3D	PP	RP	D	V	E3R	E2R	E1R	FR

4. 主要设备

装置的主要设备见表 5-88。

表 5-88　一氧化碳分离提纯装置主要设备一览表

设备名称	设备规格	数量/台
气液分离器	DN400	1
PSA-1 吸附塔	DN800	8
半产品缓冲罐	DN1400	1
PSA-2 吸附塔	DN1200	8
吸附废气缓冲罐	DN2400	1
中间罐	DN1600	1
CO 产品缓冲罐	DN2400	2
解吸气缓冲罐	DN1600	2
PSA-1 真空泵		3
PSA-2 真空泵		4
置换气压缩机	4VW-10/4	2
合计		33

5. 装置运行情况

该装置实际运行数据见表 5-89。该装置的产品纯度高于设计值,回收率达到 71%以上。一氧化碳产品成本估算见表 5-90。

表 5-89　一氧化碳分离提纯装置运行数据表

项目		原料气	半产品气	产品气
组分及含量	$\varphi(CO)/\%$	79.20	81.43	98.10
	$\varphi(CH_4)/\%$	0.34	0.32	0.45
	$\varphi(CO_2)/\%$	3.50	—	—
	$\varphi(N_2)/\%$	3.96	4.15	1.40
	$\varphi(H_2)/\%$	13.00	14.10	0.05
	合计/%	100.00	100.00	100.00
流量/(m³/h)		4000	3600	2300
CO 总回收率/%		71.26		

表 5-90　一氧化碳分离提纯装置产品成本估算表

序号	名称	价格/(元/m³)	备注
1	原料	0.6956	单价 0.4 元/m³
2	设备折旧	0.0815	十年折旧
4	电耗	0.0790	单价 0.5 元/(kW·h)，装置每小时电耗 365(kW·h)
5	循环水	0.0026	单价 0.3 元/t，装置每小时水耗 20t
6	仪表空气	0.0019	单价 0.11 元/m³，装置每小时消耗 40m³ 仪表空气
7	人员工资	0.0270	按 50 万元/a
8	其他维护等	0.0540	按 100 万元/a
	总计	0.9416	

通过表 5-90 可看出产品气的综合成本约为 0.94 元/m³。

5.5　变压吸附空气分离制氧工艺

5.5.1　原料来源

氧气为无色、无味、无臭的永久性气体，作为呼吸氧气、助燃和合成原料气在医疗保健、工业生产、航空航天、科研开发等众多领域有广泛应用。氧气可从空气和水中制取，其中干空气中氧气摩尔分数为 20.95%，工业上制氧可分为空气分离物理法和水电解法。其中，空气是最重要的氧源，物理法是人类获取浓度氧最主要的方法，包括低温法、变压吸附法和膜分离法三种；水电解法是利用直流电电解水，使水电离而制备氧气和氢气，电耗达到 $8 \sim 11 kW·h/m^3O_2$，成本较高[11]；近年来随着氢能的推广，电解水制氢时产生的氧气将越来越受重视。

低温法是物理法中最早开发的空分制氧技术。从 1902 年德国林德公司第一台 $10m^3/h$ 低温制氧机开始[28]，低温法空分制氧已有百年历史；低温法适合于大规模的工业用氧，体积分数在 99.5%左右，目前单套低温法工业制氧规模达到 $10 \times 10^4 m^3/h$。膜分离法空分制氧技术发展较晚，起步于 20 世纪 80 年代，其氧气浓度在 30%～50%，规模相对较小，其工业应用受制于空分膜性能、寿命和成本。变压吸附空分制氧始创于 20 世纪 60 年代初[29,30]，70 年代初美国联碳公司 (UCC) 首先采用常压解吸的三塔、四塔 PSA 工艺实现其工业化[12]，80 年代随着制氧吸附剂 5A 和 VPSA 空分制氧工艺及 90 年代锂分子筛吸附剂商业应用，变压吸附空分制氧技术得到快速地发展。与低温法相比，变压吸附空分制氧具有氧气负荷调节范围大、启动快、操作简捷、投资周期短、电耗和运行费用较低等特点，在中小规模制氧上具有独特的优势，在众多行业广泛应用。

5.5.2　常用工艺

1. 发展历程

变压吸附空分制氧工艺是依据吸附平衡机理，利用空气中氧气、氩气与氮气在吸附剂的活性内表面上的物理作用力(范德瓦耳斯力)不同。最初,制氧工艺中采用 13X、5A 沸石分子筛吸附剂,这是由于沸石分子筛对具有四极矩的氮分子具有较强的吸附性能,使其氮气/氧气的分离系数达到 2.8～3.5,这样可有效地吸附脱除空气中的氮气等杂质组分,并输出富氧气。由于在现有沸石分子筛吸附剂中氧气和氩气的平衡吸附量差异微小,空气中氩气亦同等程度被浓缩,理论上富氧气中氩气体积分数最高为 4.5%,所以变压吸附制氧装置输出的富氧气中氧气的最高理论体积分数为 95.5%。

按吸附压力与解吸方式不同,变压吸附空分制氧可划分为 PSA 和 VPSA 两种主要工艺。早期的 PSA 制氧装置采用类似于 PSA 制氢的多塔工艺,后来发展为两塔工艺,且多采用常压冲洗解吸。PSA 制氧工艺中原料空气先经过滤器、空压机压缩至 0.3MPa 以上,温度升高的压缩空气需冷却处理,冷却去除冷凝水后的压缩空气进入装有活性氧化铝和分子筛(13X 或 5A)的吸附床,输出体积分数为 90%～93%的富氧气。由于 13X 或 5A 分子筛对氮气吸附量不高且氮气、氧气吸附选择性较低,根据操作条件和产品纯度的不同,其单位氧电耗为 0.8～1.4kW·h/m³O₂[12];由于 PSA 制氧中空气压缩电耗与压缩比成正比,吸附压力越高,其电耗也会越大,且床层死空间气体损失也越多,氧气回收率较低,制氧规模较小(≤500m³/h)。20 世纪 80 年代,随着 10X(CaX)开发,开始推广 VPSA 制氧工艺,制氧规模得到扩大,能耗明显下降,单位氧电耗达到 0.42～0.6kW·h/m³O₂[31,32]。

20 世纪 90 年代开始,变压吸附空分制氧技术快速发展,这主要表现为:① LiX(n(Si)/n(Al) =1.0)等高性能锂沸石分子筛(一般用 Li-LSX 表示,简称锂分子筛)相继开发应用,几种 VPSA 制氧吸附剂的性能比较见表 5-91[33],其中 LiX 处理能力是 CaA 的 2 倍;②VPSA 制氧工艺提升与推广;③径向流吸附塔开发成功[34,35];④高频大通径蝶阀、大型罗茨泵机、性能稳定的自动控制软件和远程控制软件等相继开发。单套规模空分制氧装置(100t/d,折算 3000m³/h,93%O₂ 计)的电耗显著地下降,单位氧电耗由原来的 0.50kW·h/m³ 下降至 0.35kW·h/m³(93%O₂),比低温法制氧更具有竞争力[36]。

表 5-91　VPSA 制氧用沸石分子筛吸附剂的性能比较[33]

性能比较项目	NaX	CaA	CaX	LiX
空气处理能力/(mol/g)	$2.80×10^{-4}$	$4.20×10^{-4}$	$5.10×10^{-4}$	$8.60×10^{-4}$
氧气回收率/%	47	54	71	82
真空泵参数/(mL/mol)	$6.71×10^{4}$	$6.81×10^{4}$	$7.29×10^{4}$	$6.89×10^{4}$

注:操作条件:①抽真空开始时,p=101.3kPa,T=25℃,Y_{N_2}=0.79(φ);②抽真空结束时,p=20.3kPa(绝对压力),T=25℃,Y_{N_2}=1.00(φ);③床层空隙率=0.37。

另外,20 世纪 90 年代末国外变压吸附空分制氧装置开始引进我国,其中有多套中大型 VPSA 制氧装置在我国钢铁、有色冶炼企业中应用[37-39]。同时,医用氧也是 PSA 制氧发展的一个主要领域,微型 PSA 制氧机也是其发展方向之一。变压吸附空分制氧开始广泛地应用于电炉炼钢、有色金属冶炼、玻璃加工、甲醇生产、炭黑生产、化肥造气、化学中各种氧化、纸浆漂白、污水处理、水产养殖、医疗和军事等诸多领域。

我国变压吸附空分制氧技术的研究起步于 20 世纪 60 年代后期,国内杭州制氧机研究所与马鞍山钢铁公司等联合进行过变压吸附制氧实验室试验,西南化工研究设计院从

70 年代开始采用变压吸附技术从事空分制氧的中试装置试验。国产制氧设备在 20 世纪 90 年代以前制氧规模较小，一般在 500m³/h 以内；总体来说，当时国内变压吸附空分制氧技术水平和装置规模与国外相比还有较大差距。90 年代中后期，随着国内钢铁、有色冶金及造纸等行业开始陆续引进国外制氧技术，国内相关高校院所和企业也开始研究开发高性能制氧吸附剂（如 Li-LSX）；到 21 世纪初，国产 Li-LSX 制氧吸附剂开始商用，国内变压吸附制氧技术有了长足发展。近十年来，国内开发出制氧用径向流吸附塔并成功应用，单套制氧规模（两塔流程）已经达到 5000m³/h（93%O₂），电耗低于 0.35kW·h/m³O₂，而且单组制氧规模已达到 20000m³/h（纯氧计）。目前，整体变压吸附空分制氧水平已与国外接近，而且全球最大规模制氧装置的应用市场在我国。

综合制氧吸附剂、吸附塔和制氧工艺的发展历程，变压吸附空分制氧技术的发展可以划分为三个阶段：一是 20 世纪 50 年代末至 80 年代初，4A 和 13X 沸石分子筛的人工合成及 5A 生产，PSA 空分制氧工艺开发及其工业应用；二是 20 世纪 80 年代至 90 年代初，制氧吸附剂 10X（CaX）及锂分子筛（Li-LSX）开发商用，新型轴向流塔及 VPSA 空分制氧工艺的推广应用，其制氧规模大幅度增大，电耗明显下降；三是 20 世纪 90 年代中后期开始至今，锂分子筛吸附剂的规模化生产、径向流吸附塔、大型配套设备（如大型蝶阀）与器材应用及 VPSA 空分制氧工艺的提升，制氧规模（包括单位氧电耗降低）提升至一个新的阶段。其中，变压吸附空分制氧技术发展历程详见表 5-92。

表 5-92　变压吸附空分制氧技术的发展历程及其技术特点

发展历程	技术突破	吸附及解吸压力	主要吸附剂	制氧规模 /(m³/h)	单位氧电耗 /[kW·h/(m³O₂)]
1950s	合成沸石分子筛开发成功		5A 分子筛		
1950s～1960s	开发 PSA-O₂ 工艺	带压吸附常压解吸	5A、13X 分子筛，活性氧化铝		
1970s～1980s	PSA-O₂ 技术工业应用	0.3～0.5MPa 吸附常压解吸	5A、13X 分子筛，活性氧化铝	1～500	0.8～1.4
1980s～1990s	10X 开发应用 VPSA-O₂ 工艺应用	0.04～0.1MPa 吸附 −0.08～−0.04MPa 解吸	5A、10X、13X分子筛或活性氧化铝	100～2000	0.42～1.00
1990s～现在	LiX/Li-LSX 开发应用 新型轴向流塔应用 配套 VPSA-O₂ 工艺	0.02～0.1MPa 吸附 −0.08～−0.04MPa 解吸	5A、10X、LiX、Li-LSX、13X分子筛或活性氧化铝	100～3000	0.35～0.60
	径向流塔开发应用 配套 VPSA-O₂ 工艺	0.02～0.05MPa 吸附 −0.08～−0.04MPa 解吸	5A、Li-LSX、Ca-LSX、13X分子筛或活性氧化铝	100～5000	0.30～0.40

注：①制氧规模是指单套两塔流程制氧装置的工程应用，氧浓度以 93%计；②单位电耗是指氧浓度 93%时，输出产品气压力在≤30kPa 以下、无氧压时折算成 100%O₂ 的标准立方米氧电耗。③LSX 为 $n(Si)/n(Al)=1$ 的 X 型沸石，Li-LSX 性能比 LiX 高 30%以上，一般商用锂分子筛多指 Li-LSX，文献中 LiX[$n(Si)/n(Al)=1$]是指 Li-LSX。

从表 5-92 可知，变压吸附空分制氧技术发展的主要特征。

（1）吸附和解吸压力越来越低。由通过空气压缩机输送压缩空气（≥0.3MPa）的带压吸附发展至鼓风机提供低压空气的超常压吸附（≤0.05MPa），吸附剂再生也由常压冲洗解吸转变为抽真空解吸；即由 PSA-O$_2$ 工艺发展到 VPSA-O$_2$ 工艺，而常压吸附的 VSA-O$_2$ 工艺也正在开发中。

（2）单套（两塔流程）制氧规模越来越大。采用轴向流吸附塔时，单套制氧规模达到 3000m^3/h（93%O$_2$）；而径向流吸附塔的开发应用，单套制氧规模可到达 5000m^3/h（93%O$_2$）。

（3）单位氧电耗越来越低。氧浓度一定时单套制氧规模越大，单位电耗越低；氧气浓度为 93% 时，单位纯氧电耗由早期达到高于 1.0kW·h/m^{3}O$_2$ 降至 0.30kW·h/m^{3}O$_2$。

另外，随着制氧装置规模的扩大和装置稳定性的提高，变压吸附空分制氧装置投资越来越低，氧气质量分数为 93% 时，国内制氧装置总投资可控制在（0.50～1.0）万元/m^3 氧气范围（依规模大小有变化），明显低于国外变压吸附空分制氧装置的投资。

2. 主要制氧工艺

1）PSA-O$_2$ 工艺

早期 PSA-O$_2$ 工艺采用 Skarstrom 循环，由充压、吸附、逆向放空和逆向冲洗四个步骤组成，详见图 5-43[29]。在 PSA-O$_2$ 工艺中，步骤 1 为压缩进料空气进入塔 A 进行充压，其中强吸附组分氮气被制氧吸附剂所吸附，同时塔 B 进行逆放、脱附吸附剂床层中气体；步骤 2 为空气充压后进行高压吸附，并输出大部分弱吸附组分（氧气和氩气）组成的产品富氧气（含少量氮气），同时少部分产品气用作低压冲洗气对塔 B 床层进行冲洗再生，进一步脱附氮气；步骤 3 和步骤 4 分别重复步骤 1 和步骤 2，只是步骤所涉及的吸附塔由 A 塔变为 B 塔、B 塔变为 A 塔。

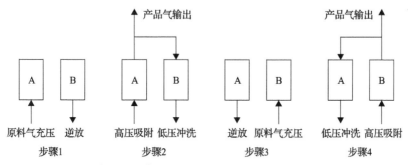

图 5-43　采用 Skarstrom 循环的 PSA-O$_2$ 工艺

Skarstrom 循环中放空和冲洗步骤对产品气损失的影响程度依赖于吸附压力的大小。当吸附与冲洗之间高低压力比大时，如变压吸附提氢（PSA-H$_2$），高压下产品气对接近常压床层进行冲洗，冲洗所需产品气的占比小，通常可以忽略冲洗量对产品气收率的影响。相比 PSA-H$_2$ 工艺，PSA-O$_2$ 工艺中高低压比不大（3.5～5.0），为保证产品氧气浓度，吸附剂再生所需冲洗的产品氧量较多，实际氧气回收率较小（≤40%）；此外，随着吸附压力的增加，放空步骤的氧气损失（床层死空间中的氧气）也增大，而且在较高吸附压力下放空气中氧气的损失占主要部分。Skarstrom 循环是更复杂 PSA 工艺过程的设计基础。为减少放空损失，需对 Skarstrom 循环进行改进，减少放空体和冲洗气中氧气的损失，提高氧气回收率和床层的使用效率。

(1)循环中引入均压步骤。

均压步骤可以是吸附塔之间均压，也可以是吸附塔与罐之间均压。Berlin[40]首次在 Skarstrom 循环中提出吸附塔之间引入均压步骤，均压步骤中产品输出端压缩气从高压床层对低压床层部分充压，从而保存压缩能；同时，均压气可以去除另一床出口端的强吸附组分，显著地减少放空损失，提高产品气的收率和降低压缩电耗。Marsh 等[41]首先提出了在两个床层之间增加一个空罐作均压罐以减少放空损失的方法，这种方法是在吸附没有穿透前停止进气，使产品气端与均压罐相连进行均压，储存富含产品气的部分压缩气，并用于冲洗床层，减少实际产品气的冲洗用量，相应地增加产品气的回收率。

(2)使用多床体系与系列均压等步骤相结合。

多床体系中可使用顺放气来冲洗其他床层，减少产品气冲洗的用量而增加回收率在多床变压吸附体系中通过均压等改进步骤可以回收更多的压缩能，但这需要更复杂的吸附塔之间工艺组合，会增加装置的投入。以往变压吸附空分制氧技术在工业应用中通常使用 2~4 个塔，3 塔/4 塔流程优点是能连续供氧气、产品气压力较平稳及电耗相对较低，但有分子筛用量和阀门数量较多、投资偏高等缺点；两塔流程因为塔少，吸附剂用量减少和循环周期缩短，则吸附剂利用率会提高，设备成本降低，但单位氧电耗略高，并且间断供氧造成产品气压力不稳，为此需要更大的产品缓冲罐。多塔与两塔装置之间进行比较，并不能确定哪一种工艺有经济上的显著优势，需根据所涉及的经济环境需要来确定。4 塔 PSA 空分制氧工艺步序如表 5-93 所示。

表 5-93　4 塔 PSA 空分制氧工艺步序表[42]

	步骤											
	1	2	3	4	5	6	7	8	9	10	11	12
塔 A	A			E1D	PP	E2D	D	P	E2R	E1R	R	
塔 B	D	P	E2R	E1R	R				A		E1D	PP	E2D
塔 C	E1D	PP	E2D	D	P	E2R	E1R	R			A	
塔 D	E1R	R			A			E1D	PP	E2D	D	P	E2R

(3)产品气代替进料气充压。

Tamura[43]首次提出用产品气充压的理念应用于氢气纯化。在变压吸附制氧工艺中，充压步骤中进料空气是从进口端进入进行充压，而产品氧气充压是从产品气出口端进入，产品气充压可使吸附床层柱强吸附氮气组分被驱赶到吸附床的进料端，从而可以提高产品气的纯度，减少产品气冲洗气量。

目前，PSA-O$_2$工艺在早期技术开发和改进基础上，融合了一些新的理念和方法，主要步骤包括充压 1(塔上下充)、充压 2(产品气上充进料气下充)、吸附、均压、逆向放空和逆向冲洗等，其中，均压可以在两塔的产品端或进料端之间，也可以在两塔的产品端与进料端之间，总的要求是尽量回收吸附床中氧气组分，缩短循环时间，又避免产品端吸附剂受强吸附组分污染；同时，两塔流程也成为 PSA 空分制氧工艺的主流，两塔 PSA-O$_2$ 工艺步序详见表 5-94。

表 5-94　两塔 PSA 空分制氧工艺步序表[44]

	步骤									
	1	2	3	4	5	6	7	8	9	10
塔 A	ED	V				ER	PR	A		
						R	FR			
塔 B	ER	PR	A			ED	V			
	R	FR								

注：PR-产品气充压。

2) VPSA-O$_2$ 工艺

真空解吸的 VPSA-O$_2$ 工艺通常采用鼓风机提供低压空气而不需空压机压缩，循环时间短，吸附剂床层使用效率高，高低压力比(2.5~3.5)明显低于 PSA-O$_2$ 工艺，在制氧规模和单位氧电耗等方面明显优于 PSA-O$_2$ 工艺。同时，高性能制氧吸附剂(如 CaX、LiX 和 Li-LSX 等)用常压冲洗难以得到满意的脱附效果，需要在真空状态进行脱附[45;46]。传统的 VPSA 循环由充压、吸附、抽真空解吸等步骤组成，制氧规模的扩大和降低电耗的要求促进 VPSA-O$_2$ 工艺需不断改进和完善；20 世纪 80 年代以来，人们对 VPSA 空分制氧技术的研究开发更为深入，主要表现如下。

(1)循环步序的组合提升。

均压是提高产品气回收率、减低电耗的有效方法；VPSA 循环中一次均压优于两次均压，均压时间缩短可有效避免均压升床层前段受氮气污染，且床中均压降与逆放同时进行是缩短均压时间的有效方法[47]。在 VPSA-O$_2$ 工艺中，真空冲洗的气体包括产品气和均压降的气体，而通过使用均压降气体对床层进行冲洗，可以减少产品氧气的冲洗用量；同时，冲洗步骤后采用产品氧气充压，含有少量氮气的均压降气体在真空状态下对床层进行冲洗并不会影响 VPSA 空分制氧装置的表现，且均压降气体冲洗与产品气充压的结合可明显减少产品气用量；抽真空后用产品气冲洗床层的方法，真空低压时冲洗再生更有效。VPSA 空分制氧循环中塔进出口可以同时进行其他相关联步序，如均压降与逆放排空、抽真空解吸与冲洗解吸、均压升与进料气充压、进料气充压与产品气充压等组合步骤，而且在保证产品氧气浓度前提下，这些步序组合可明显降低床层解吸时氧气损失，减少压力损失，缩短循环时间，从而明显地增加塔内床层的使用效率和提高产品氧气回收率[44,48]。

(2)限制条件的解决。

为了防止吸附床层中出现流化问题，吸附塔的最小直径计算需基于流化所允许的最大流速(即流化速度)；对轴向流吸附塔来说，最小直径塔中向上的最大间隙速度一般为流化速度的 75%~80%[49]，为避免塔中吸附剂出现流化，在实际应用中，除采用装置或物料(如瓷球)压紧，增大装置塔直径也是一种可行方法；然而，塔内流体分布、吸附剂床层中流体传质与传热及塔封头大小等也限制了塔径的扩大，目前国内能实现有效分布的轴向流吸附塔最大塔径为 6000mm。而径向流吸附塔由于气流流通截面积大，能更有效解决气流流化问题。操作压力比（即高低压力比）低是决定过程电耗的重要因素，PSA-O_2 工艺的操作压力比一般大于 4，而锂分子筛在操作压力比可降至 3 以内，即使降到 2.5 时，氧气回收率仍然能维持在 50%左右，这样大大降低电耗；在实际工业应用中，国内制氧所用的锂筛一般是 Li-LSX 分子筛，其操作压力比一般在 2.5～3.5。

（3）鼓风机连续工作与泵机配置的优化。

两塔制氧流程中有两个困扰的问题：一是鼓风机不能连续工作；二是吸附塔不能连续供气。而同时进行进料气与产品气/均压气充压步骤可以解决鼓风机不能连续工作的问题，Reiss 专利[47]提出同时均压升与进料气充压及同时进料气与产品气充压，其 VPSA 制氧循环过程见表 5-94。由表 5-94 可知，相关联步骤之间采用了 4 个同时进行步骤组合，明显缩短了循环时间，可提高吸附剂的使用效率，减少了单位产品氧气的 LiX 用量。随着制氧规模的扩大，电机功率配置越大，要使泵机高效运转，且有效降低电耗，自然会出现泵机配置问题。制氧用鼓风机分离心风机和罗茨风机两种，离心风机适合气压低、气量大、噪声小及工艺灵活的场合，所以离心风机多与较高真空度的真空泵配置；罗茨风机属于容积式高压风机，其气压较高（一般低于 0.1MPa）、压力变化较大、噪声大，多与较低真空度的真空泵配置。制氧用真空泵也分离心泵和罗茨泵，制氧装置中多用罗茨泵，但若在相互关联的多塔系统中需要较高真空且需高效运行，可采用这两种不同类型真空泵组合，每种泵在优选的压力范围下工作，从而使电耗最小化[48,50]。

（4）床层内"冷点"问题的解决。

制氧装置一般配置有两种不同性能的复合吸附剂，其中底层吸附剂一般为活性氧化铝或 13X 沸石分子筛（简称"13X"），主要是脱除空气中水分和二氧化碳等强吸附杂质，其上层制氧吸附剂吸附氮气，这两种吸附剂存在明显的性能和吸附热差异。由于脱附时吸热，且吸附不同组分，不同吸附剂之间性能差别越大，脱附时温度下降得越低，甚至低于冰点，使床层出现"冷点"问题，且吸附塔塔径越大越明显，绝热床层更为突出。"冷点"出现会显著降低吸附剂的吸附性能，使空气中大量水分和二氧化碳穿过底层吸附剂（如活性氧化铝或 13X），而进入并污染上层制氧吸附剂，通常会使整个制氧装置的运行失败[51]。在实际工况中，除对鼓风机出口气体进行冷却、分离冷凝水外，简单而有效的方法是采用恰当的吸附剂组合来降低冷点程度及其影响，如用 13X 代替活性氧化铝或两者之间组合，也可以缩短循环时间，降低每次循环的空气处理量来降低冷点出现的概率。另外，制氧装置对环境温度比较敏感，对于环境温度低于 5℃的地方，可以在塔壁外加保温层；也可以将装置安装于室内，并且在原料空气进入装置之前设置空气加热器，以避免或减轻环境温度对装置运行效果的影响。

综上，PSA-O_2 工艺和设备相对简单，空气需压缩（≤0.5MPa），且循环时间较长（60～120s），氧回收率较低，电耗会较高，装置的小型化、微型化、成套化和精细化是其发展方向。VPSA-O_2 工艺中空气压力较低（≤50kPa），且与当地大气压有关，动力设备（鼓风机和真空泵）配置要求较高；空气处理量和制氧规模较大，塔径较大（2000～6000mm），塔内气流分布要求高，塔内结构较复杂；循环时间短(26～60s)，步骤之间关联性强，步骤时间短(2～30s)，程控阀动作快、通径大且要求高；因此装置高稳定性、单位氧电耗低、投资少、占地少及大型化是其发展方向。VPSA-O_2应用范围广，其工程设计更有代表性。

5.5.3　典型工程应用

1. 工业应用领域

近年来随着工业发展的需要，国内煤化工、煤制油技术及装置进入了快速发展时期，配套的空分装置需求量快速增加，大量空分制氧装置在国内建成，国内特大型深冷空分设备技术趋于成熟。近年来，随着变压吸附制氧技术不断进步，在制氧能力为$3\times10^4 m^3/h$以下规模，且氧气浓度要求不高(<90%)应用场景，如冶金过程中富氧冶炼、化工过程中富氧造气等场景，变压吸附空分制氧技术在单位氧气电耗、建设周期和运行成本等方面具有一定优势，而被广泛采用。在浮法玻璃、玻纤生产、炉窑助燃、造纸、臭氧生产等中小规模富氧的应用场景，变压吸附制氧技术也逐渐取得了主导地位。在医院集中供氧、医疗保健和高原环境用氧等领域，单套制氧规模相对较小(1～300m^3/h)变压吸附制氧机也已大量投入了商业化应用。其主要工业应用及要求详见表5-95。

表 5-95　变压吸附空分制氧的主要工业应用及其要求一览表

序号	应用领域	单套制氧规模/(m³/h)	氧气浓度/%
1	富氧炼铁	5000～30000	80～90
2	钢材加工	500～5000	90～93
3	铜铅锌钨镍钴等冶炼	1000～10000	80～93
4	金银冶炼	500～10000	80～93
5	煤化工	1000～20000	80～93
6	化肥	1000～10000	80～93
7	富氧助燃	1000～10000	80～90
8	玻璃、玻纤	1000～5000	92～94
9	其他化工	1000～5000	80～93
10	双氧水、臭氧生产	100～5000	92～94
11	造纸	100～3000	80～93
12	生化反应	100～1000	90～93
13	鱼塘供氧	10～500	80～90

注：VPSA 空分制氧装置较佳的氧气浓度范围为80%～94%。

2. 工程设计基础

尽管空气中氧气含量一定，但变压吸附空分制氧工程设计中首先需考虑装置所处区域的大气中氧气含量、温度和空气质量，而大气中氧含量受当地海拔高度及当地气象参数等环境因素的影响,同时,需要考虑当地公用工程条件。其中,具体设计条件见表 5-96。

表 5-96 变压吸附空分制氧设计条件一览表

指标项		数值
大气条件	环境温度/℃	30
	年均大气压/kPa(A)	100
	最大相对湿度/%	80
空气质量	$\varphi(N_2)$/%	78.08
	$\varphi(O_2)$/%	20.95
	$\varphi(Ar)$/%	0.93
	$\varphi(CO_2)$/10^{-6}	≤400
	$\varphi(SO_2+H_2S)$/10^{-6}	≤10
	$\varphi(C_nH_m)$/10^{-6}	≤10

3. 典型制氧工程

目前,变压吸附空分制氧装置中制氧规模在 5000m³/h 以内可选择快速循环的 VPSA-O$_2$ 工艺的两塔流程,超过 5000m³/h 需氧量,可选择两组或多组两塔流程组合,来满足用户需要;VPSA-O$_2$ 工艺流程通常为两塔流程,具有装置运行稳定、循环时间更短(<60s)、锂分子筛(Li-LSX,简称"锂筛")的利用效率高[≥80m³O$_2$/(h·t$_{锂筛}$)]、单位氧电耗低(≤0.35kW·h/m³O$_2$)及占地面积较小等特点;当然,也有采用 4 塔以上流程满足 10000m³/h 以内的用氧需求。制氧装置要实现自动控制、循环运行和连续供氧气,整个装置主要由动力设备、吸附分离单元、自控仪表、检测计量和电控系统组成,详见表 5-97。变压吸附技术关键要素包括吸附剂、吸附塔、程控阀、控制系统和工艺流程,其中,制氧吸附塔中一般含有两种吸附剂,现在一般为 13X 或活性氧化铝与锂分子筛组合。制氧装置的主要配置详见表 5-97。

表 5-97 变压吸附空分制氧装置的主要配置表

序号	配置	主要设备及器材	备注
1	动力设备	空压机(PSA)、鼓风机(VPSA)、真空泵(VPSA)和氧压机等	离心风机或罗茨风机、罗茨真空泵,氧压机用于产品氧气增压
2	吸附分离单元	吸附塔、吸附剂、程控阀、贮罐、工艺管线等	两塔或多塔流程,程控阀为气动或液动蝶阀
3	自控仪表	PLC 控制系统、操作系统、编程软件、监控软件、变送器、压力表、温度计等	PLC 控制系统根据装置大小配置
4	检测计量	氧分析仪、氧气流量计、水流量计等	在线分析与计量
5	电控系统	进线柜、互感器柜、馈电柜、变压器柜、就地启动箱等	进线柜和馈电柜有高、低压之分

典型两塔 VPSA-O$_2$ 工艺包括 12 步循环,实现 A 塔与 B 塔之间步骤相互关联,如

图 5-44 所示。由图 5-44 可知,步骤 1～6 为 A 塔充压吸附、B 塔抽空解吸阶段,步骤 7～
12 为 A 塔抽空解吸、B 塔充压吸附阶段。其中,A 塔实施充压吸附时,步骤 1～2 分别
涉及进料空气与均压气和产品气同时充压,步骤 3 由空气终充至吸附压力,之后,开始
步骤 4～5 的吸附,并输出产品富氧气,同时步骤 5 有少量产品气作为塔 B 的冲洗气,A
塔吸附完成后实施步骤 6 的均压,回收塔内富氧气体;此时,B 塔处于抽空解吸过程,
其中,步骤 5～6 涉及冲洗与抽空组合并准备重复 A 塔的充压吸附过程。

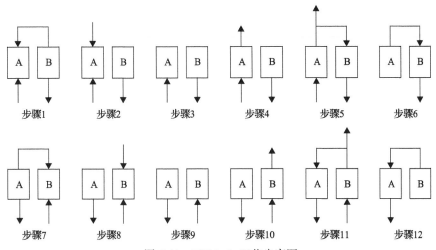

图 5-44　VPSA-O_2 工艺步序图

1) 3000m^3/h(O_2 为 93%)轴向流吸附塔 VPSA 制氧工艺

在实际工业中,采用中小规模制氧装置,如 3000m^3/h 以内的富氧气需求量较为普遍,
从表 5-95 可知,除钢铁行业外,其他行业用氧量都可适用。而且 3000m^3/h 以内制氧装
置一般采用轴向流塔的 VPSA-O_2 两塔工艺。

图 5-45 为采用轴向流吸附塔的制氧装置,其设计富氧气产量 3000m^3/h,氧气浓度为
93%,为生产高品质玻璃的炉窑提供富氧气体助燃,设计条件如表 5-97 所示。该装置采
用低压吸附、较高真空解吸的 VPSA 制氧工艺,主要设备包括离心风机(1 台,240kW)、
罗茨真空泵(1 台,1000kW)、吸附塔(两台,DN5400)、产品气缓冲罐(1 台,125m^3)、
气动阀门(12 台)、空气过滤器(1 台)、消声器(2 台)、气液分离器(1 台)、自控系统(1
套)和检测系统(1 套)等。其中,原料空气大部分由离心风机提供,少部分由负压下吸大
气的方式解决,以此降低电耗;同时,采用双级湿式罗茨真空泵来实现较高真空度,弥
补吸附压力不高的不足,而实现吸附与解吸有效配置且降低单位氧电耗;塔内吸附剂有
活性氧化铝和锂分子筛,活性氧化铝主要脱除空气中水分和微量的二氧化碳等杂质,锂
分子筛用于空气中氮气与氧气、氩气有效吸附分离,生产 93%富氧气产品,实际运行平
均富氧气量 3012m^3/h,氧气浓度均值为 93.06%,单位纯氧电耗 0.356kW·h/m^3O_2。整个
VPSA-O_2 工艺流程如图 5-45 所示。

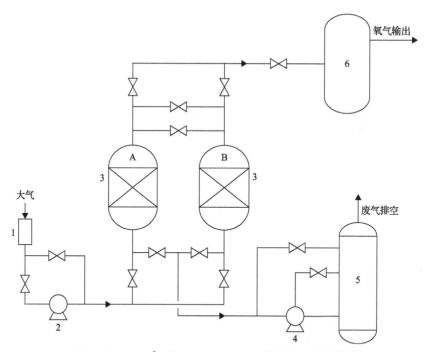

图 5-45　3000m³/h(93% O₂) VPSA-O₂ 装置的工艺流程图

1-进口除尘消音器；2-鼓风机；3-吸附塔；4-真空泵；5-分离消音器；6-产品储气罐

整个 VPSA-O₂ 工艺步序如表 5-98 所示。由表 5-98 可知，吸附塔的一个循环由 12 个步骤组成，循环时间为 54s，压力波动范围在 35~120kPa(绝对压力)，其中吸附压力范围在 110~120kPa(绝对压力)内，抽真空解吸的最低压力为 35.1kPa(绝对压力)，高低压力比为 3.4。每个循环中单塔运行的步骤包括均压气与空气充压、空气充压、吸附、吸附与输出冲洗富氧气、均压降、均压降与抽真空解吸、抽真空解吸、抽真空冲洗等，其工艺步序参见图 5-44。由 PLC 自动控制图中 KV 系列气动阀门的开关来实现两塔及贮罐之间气流的切换，并通过产品氧气浓度在线检测的结果来指导各步骤时间的分配，以实现制氧装置的最优效能。

表 5-98　3000m³/h(93%O₂) VPSA-O₂工艺步序表

	步骤											
	1	2	3	4	5	6	7	8	9	10	11	12
时间/s	4.0	3.0	3.0	8.0	6.0	3.0	4.0	3.0	3.0	8.0	6.0	3.0
A 塔	R/E2R	R	FR	A	A/PP	E1D	V/E2D	V	V	V	V/P	V/E1R
B 塔	V/E2D	V	V	V	V/P	V/E1R	R/E2R	R	FR	A	A/PP	E1D

2) 8000m³/h(折算 100%O₂) 径向流吸附塔 VPSA 制氧工艺

21 世纪初，国内冶炼企业引进国外中大型变压吸附氧装置，以满足日益增长的工业用氧气需求。其中，邯郸钢铁动力厂引进国外某公司两套两塔 VPSA 制氧装置，设计指标为纯氧气生产能力 8000m³/h、氧气浓度 89.6%、单位纯氧电耗 0.3366kW·h/m³O₂，其中单套两塔流程装置产富氧气 4000m³/h；装置采用径向流吸附塔，当时属于具有先进水平的 VPSA 制氧装置，其两塔工艺流程见图 5-46[38]。

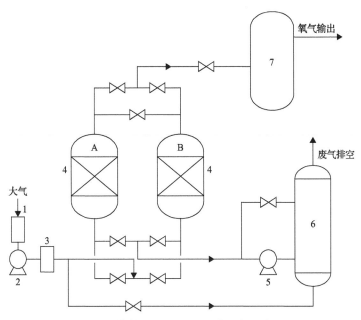

图 5-46 国外某公司 VPSA-O₂ 装置的工艺流程图

1-进口除尘消音器；2-鼓风机；3-出口消音器；4-吸附塔；5-真空泵；6-分离消音器；7-产品储气罐

VPSA 制氧装置主要设备包括吸附塔(2 组，4 塔)、动力设备(鼓风机和真空泵，2 组)、气动阀门、产品气储罐、消声器、控制和检测系统等，其中，吸附塔内吸附剂为 13X 分子筛和 N-2 分子筛吸附剂，13X 选择性吸附水、二氧化碳、烃类等，N-2 分子筛吸附剂主要吸附氮气，输出不低于 90%氧气浓度的富氧产品气；罗茨鼓风机设计流量 50000m³/min 和罗茨真空泵设计流量 65500m³/min，两者由同一台 2235kW 电机驱动，这种"一拖二"的电机配置可降低电机功率和运行电耗；配套气动阀门的切换次数可达 150 万次以上，阀门气密性和稳定性要求更高；产品气储罐用于存储产品富氧气，使间断产氧气的两塔空分制氧装置能连续供氧，其单组双塔制氧流程的工艺步序见表 5-99。

表 5-99 单组双塔 VPSA-O₂ 工艺步序表

	步骤											
	1	2	3	4	5	6	7	8	9	10	11	12
时间/s	2.0	3.0	3.0	1.0	2.5	1.5	2.0	3.0	3.0	1.0	2.5	1.5
A 塔	R/E2R	R/PR	FR	A	A/PP	E1D	V/E2D	V	V	V	V/P	V/E1R
B 塔	V/E2D	V	V	V	V/P	V/E1R	R/E2R	R/PR	FR	A	A/PP	E1D

从表 5-99 可知，制氧循环中每个塔都经历包括原料气与均压气充压、原料气与产品气充压、原料气终充、吸附、吸附与输出冲洗气、均压降、均压降与抽真空、抽真空、抽真空冲洗、均压升与抽真空等主要步骤，每次两塔循环包括 12 步，其工艺步序参见图

5-44；同样，两塔在各步骤中气流流向相互关联并由 PLC 自动控制图中 KV 系列气动阀门的开关来实现两塔及贮罐之间气流的切换，其中气流在塔床层内径向流动，径向气流流速较低、压降更低；整个循环压力在 51～145kPa(A)，其中吸附压力在 125～145kPa(A) 的范围内进行，而抽真空解吸的终压约为 51kPa(A)，高低压力比约为 2.80，循环周期时间为 26s。

近几年来，国内已开发应用径向流吸附塔的 VPSA 制氧气的两塔流程，单套制氧规模达到 5000m³/h(93%O₂) 以上，单位纯氧电耗已低于 0.33kW·h/m³O₂，而且制氧规模和装备技术已接近国际水平。所以，变压吸附空分制氧技术必将随着国家经济的发展不断提升，实现远程控制的大型化成套装备在单位氧电耗、投资及占地面积等方面不断降低是其发展要求。

5.6　变压吸附空分制氮工艺

5.6.1　原料来源

氮气在常温常压下为无色、无臭、无味的气体。空气是氮气的来源，其中干空气中氮气的体积分数为 78.08%。

氮气是工业常用的保护气体，也是合成氨的主要原料。常用制氮方法包括深冷液化法和变压吸附法，均以空气为原料。一般而言，氮气需求量较大，并且露点要求严格(−70℃)时，深冷液化法更有优势；但在氮气需求量较小、露点要求不特别严格时，变压吸附法因能耗低、占地小及工艺简单等特点更显优势。两种制氮工艺的特点比较见表 5-100。

表 5-100　变压吸附制氮与深冷液化空分制氮对比表

	变压吸附法	深冷液化法
纯度(体积分数)/%	95～99.99	99～99.999
产气量	小	大
工艺复杂程度	低	高
露点	高	低
同时获得氧气产品	否	是

按照国家标准(GB/T 3864—2008)[52]，表中所指的氮气纯度是指除氧气以外的各组分总浓度。变压吸附法制氮工艺可以得到体积分数为 95%～99.99% 的氮气，通过加氢脱氧干燥精制可以达到体积分数为 99.999% 的高纯氮。

在早期，在氮气产量小于 1000m³/h 时，变压吸附法制氮的应用更广泛。随着技术的进步，变压吸附制氮的规模逐渐变大，目前单套装置的氮气产量最大已达到 3000m³/h。

5.6.2　制氮工艺

变压吸附法制氮工艺有两种：一种是利用氧气和氮气在沸石分子筛表面的平衡吸附

量差异来进行分离，从吸附相得到氮气产品；另一种是利用两者在碳分子筛表面的扩散速度的差异（即动力学差异）来进行分离，从非吸附相得到氮气产品。

1. 吸附相产品工艺

氧气和氮气在沸石分子筛表面的吸附等温线见图 5-47，可看出氧气在沸石分子筛表面的吸附量小于氮气的吸附量，当空气从吸附塔底部进入时，氮气在吸附塔底部得到富集，氧气等弱吸附质从吸附塔顶部排出。吸附结束后，通过逆放步骤和抽真空步骤排出的即为富集的氮气，但是由于两者的分离系数并不大，吸附剂表面和床层死空间内仍然存留了一部分氧气，也通过逆放步骤和抽真空步骤排出，导致富氮气浓度不高。为了提高氮气浓度，利用部分富氮气从吸附塔底部再次进入吸附塔进行二次吸附，把吸附剂表面和床层死空间存留的氧气置换出来，此步骤称为置换步骤。采用置换步骤后可得到体积分数为 99%～99.9% 的氮气产品，该工艺最初由日本东丽(Toray)公司开发[53]。由于这种工艺配置复杂，动力设备较多，能耗较高，缺乏竞争力，并未得到推广。

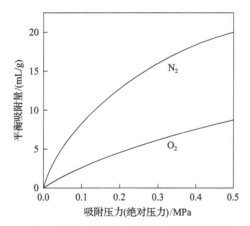

图 5-47　氮气和氧气在沸石分子筛上的吸附等温线(25℃)

2. 非吸附相产品工艺

目前变压吸附制氮装置，普遍采用的是利用氧气和氮气在碳分子筛(CMS)表面扩散速度的差异来进行分离提纯的工艺，该工艺在 1974 年开始得到工业化应用。

氧气和氮气在碳分子筛表面的平衡吸附量相差不大，见图 5-48(a)[54]；但氧气分子较小(0.28～0.40nm)，而氮气分子稍大(0.30～0.41nm)，导致两者在碳分子筛表面的扩散速度差异较大，见图 5-48(b)。

当空气进入碳分子筛的变压吸附制氮工艺，在短时间内，氧分子快速被吸附在碳分子筛吸附剂表面，而氮分子则因吸附速度较慢而向吸附塔顶部移动，从而可以在吸附塔出口端得到高纯度的氮气产品。

变压吸附制氮普遍采用图 5-49 所示工艺。

由于油雾和粉尘对碳分子筛性能有严重的毒害，空气进吸附塔之前需要采取多级过滤的办法将其脱除；同样，水会缓慢降低碳分子筛的强度和性能，也需要进吸附塔之前

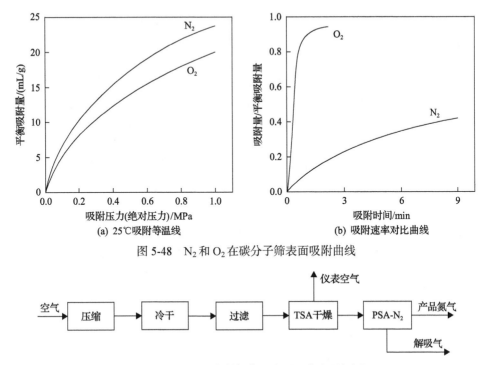

图 5-48　N₂ 和 O₂ 在碳分子筛表面吸附曲线

图 5-49　变压吸附制氮装置常用工艺流程框图

采取系列干燥的办法将其脱除。从图 5-49 可知，空气经空压机压缩至所需压力后，压缩空气经过第一级过滤器过滤掉大部分粉尘和油雾，再进入冷干机脱除绝大部分水分(压力露点～5℃)，冷干机出口的第二级过滤器再次将油和水过滤，然后经过活性炭过滤器进行深度净化，同时，采用变温吸附(TSA)干燥，以确保达到碳分子筛的进气要求。

　　变压吸附制氮工艺中可同时生产所需的仪表空气。在气温较高的地区，或者对仪表空气露点要求不高的情况下，经冷干机和活性炭过滤器净化的空气露点已经低于-20℃，可直接作为仪表空气使用。在气温较低的地区，或对仪表空气露点要求更严格时，则需要增加变温吸附(TSA)干燥工序。一般采用两塔变温吸附工艺，其中一塔吸附，另一塔经热吹和冷吹再生。经过变温吸附后可以得到露点低于-40℃的仪表空气和制氮进料空气。干燥后的空气进入变压吸附制氮工序，生产所需的氮气产品，解吸气经消音器现场高点放空。

5.6.3　典型工程应用

　　目前变压吸附制氮的主流工艺是两塔工艺，简图见图 5-50。

　　图 5-50 可知，前工序处理后的压缩空气，经压缩空气缓冲罐缓冲后，一小部分作为仪表空气外送，另一部分作为变压吸附制氮的原料气，自下而上进入吸附塔。每个吸附塔依次经历吸附、均压降、逆放、冲洗、均压升和最终升压。各步骤都通过程控阀的切换来实现，常见的运行步序见表 5-101(以 A 塔为例)。

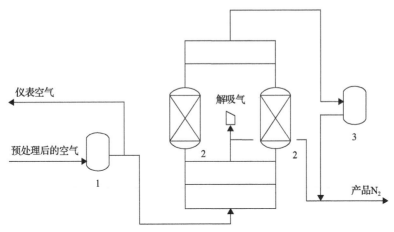

图 5-50　变压吸附制氮装置的工艺流程图

1-压缩空气缓冲罐；2-吸附塔；3-氮气缓冲罐

表 5-101　变压吸附制氮典型运行步序简表

	步骤					
	1	2	3	4	5	6
时间/s	60	5	5	60	5	5
A 塔	A	ED	D	P	ER	FR

以 A 塔为例，吸附状态时，原料气进气阀和产品输出阀开启，氮气经氮气缓冲罐缓冲后送出界外。吸附结束后与塔 B 进行均压降，两塔通过上下的均压阀进行均压，两塔压力一致后结束均压，进入逆放解吸阶段，逆放阀先开启，一部分吸附的杂质先通过降压得到解吸，再利用产品氮气对 A 塔中吸附剂进行更彻底地冲洗再生，之后进行均压升，两塔压力一致后，再利用产品氮气进行最终升压，直到接近吸附压力。由于碳分子筛的特性，这些过程的切换都需要快速进行，均压和逆放时间都只有几秒。虽然在这些时候没有塔处于吸附状态，但是由于时间短，且有氮气缓冲罐储气，不影响下游用气。

变压吸附制氮装置的控制方式与变压吸附制氢装置和变压吸附脱碳装置的差异较大。变压吸附制氢等一般是通过控制原料气量和切换时间，从而对产品气量和产品气质量进行控制；而变压吸附制氮则是空压机自动工作，切换时间保持固定，只通过压力进行控制，当下游氮气使用量过大时，系统压力降低，空压机持续工作，进入吸附塔的空气量持续增大，当超过吸附剂的处理能力后，氮气纯度降低，氮气缓冲罐出口设置的在线分析仪在检测到氧气含量(间接换算成氮气浓度)高于设定值时，产品外送阀联锁关闭，同时产品放空阀联锁开启，此时不合格的产品气经消音器到现场高点放空；相反，当下游氮气用量较少时，系统压力升高，空压机会自动待机，以降低能耗，由于处理量小，此时氮气产品纯度也相对较高。

目前变压吸附制氮已经非常成熟，对氮气需求量较小的工厂普遍采用了该技术。而且变压吸附制氮可采用撬装的方式供货，整个装置的安装，甚至吸附剂装填等工作皆可在装配车间完成，现场不需焊接，只需将撬块连接即可，从而大幅减少了现场的工作量，可降低施工管理成本。

5.7 变压吸附浓缩和回收甲烷工艺

5.7.1 原料来源

甲烷(CH₄)，相对分子质量为 16，无色无味，是有机物中最简单的稳定化合物，也是天然气、沼气、油田气及煤矿坑道气等的主要成分[55]；可作为优质的燃料气和生产乙炔、氢气、合成氨、炭黑、硝氯基甲烷、二硫化碳、氯甲烷和氢氰酸等物质的工业原料，在民用和工业上都有非常广泛的应用。

甲烷也是常见的工业副产品，许多工业过程和生物发酵过程都会产生含甲烷气体，但是甲烷浓度往往较低，并且伴随着硫化氢、二氧化碳等组分。而国家标准对天然气的热值、二氧化碳和硫化氢含量等都有一定的要求，故需要先将硫化氢等杂质净化，再脱除大部分二氧化碳，使甲烷浓缩到一定纯度才有应用价值。天然气国家标准(GB17820—2018)对天然气品质的要求见表 5-102[56]。

表 5-102 天然气品质要求一览表

项目	一类	二类
高位发热量 [a,b]/(MJ/m³)	≥34.0	≥31.4
总硫 [a]/(mg/m³)	≤20	≤100
硫化氢 [a]/(mg/m³)	≤6	≤20
$\varphi(CO_2)$/%	≤3.0	≤4.0

注：a. 标准中注明参比条件为101.325kPa(绝对压力)，20℃；b. 高位发热量以干基计。

按照天然气国家标准(GB/T 11062—2020)[57]，甲烷的高位热值为 37.044MJ/m³，若其他组分全为惰性气体，则甲烷体积分数需要达到 91.78%或 84.76%才能分别达到一类天然气和二类天然气的标准，这需要脱除含甲烷气体中的大部分低热值组分才能满足要求。

含甲烷气源包括煤层气或瓦斯气、沼气、垃圾填埋气、油田伴生气、焦炉煤气及其他工业过程废气等。为了提纯其中的甲烷以达到天然气标准，常采用变压吸附技术、膜分离技术或深冷液化技术，其中变压吸附技术以操作简单、能耗低、吸附剂寿命长等优点得到了广泛的应用。

1. 垃圾填埋气和沼气

垃圾填埋气由城市生活垃圾厌氧发酵产生，其主要成分为甲烷、二氧化碳、氮气、氧气和水分等，含量最高的组分为甲烷，其次是二氧化碳，还有 140 种以上的微量杂质[58]。典型的垃圾填埋气主要成分见表 5-103。主要的微量杂质见表 5-104。

我国垃圾填埋场长期处于粗放式管理状态，填埋气直接放散到大气中，浪费了大量的资源；而且甲烷温室效应的增温潜能达到质量二氧化碳的 25 倍(100 年计)，任意放散垃

表 5-103　垃圾填埋气主要组成表　　　（单位：%，体积分数）

组分	含量
O_2	0.5～2.0
N_2	2～12
CH_4	50～60
CO_2	32～40
合计/%	100.0

表 5-104　垃圾填埋气主要微量杂质组成表　　　（单位：mg/m^3）

组分	含量
H_2S	100～2000
有机硫	20～100
有机氯	20～50
有机氟	1～20
氨	1000
C_nH_m	100～1000
重金属	200～800

圾填埋气会对气候造成影响。据估算，我国 2009 年垃圾填埋气的甲烷资源为 53.4 亿 m^3[59]，并且还在逐年递增，如果能将这些垃圾填埋气中的甲烷回收利用起来，不但可以减少温室气体的排放，还可以作为燃料能源或者工业原料气的补充。

沼气是人畜粪便、秸秆和污泥污水等各种有机物在密闭的沼气池内，经厌氧发酵，即微生物分解转化产生，其主要成分与垃圾填埋气类似。沼气的传统利用主要是民用燃料、生活照明或发电等，效率较低。目前利用分离提纯技术浓缩甲烷已经成为国内外沼气行业开发的新方向，国家也在出台政策促进其发展。

垃圾填埋气及沼气中甲烷含量较高，但其杂质组成复杂，这些杂质组分会降低变压吸附装置中吸附剂的性能，因此需要预先脱除后再进入变压吸附装置提纯甲烷。

2. 焦炉煤气

焦炉煤气的主要成分除氢气外，还有大量的甲烷，故焦炉煤气也可作为提纯回收甲烷的原料气。典型焦炉煤气主要组成见表 5-105。

表 5-105　典型焦炉煤气的主要组成及含量表　　　（单位：%，体积分数）

H_2	CH_4	N_2	O_2	CO	CO_2	C_2～C_5
54～59	23～28	3～5	0.3～0.7	5.5～7.0	1.2～2.5	1.5～3.0

这些组分中，氢气、氧气和氮气在常用吸附剂的吸附量比甲烷小，二氧化碳和 C_2～

C_5 的吸附量却比甲烷大，而一氧化碳和甲烷的吸附量相差较小。故要提取甲烷，需要采用不同的办法将这三类组分分别脱除。

目前大部分从焦炉煤气获取甲烷的办法是先深度脱除杂质，再甲烷化，把氢气、一氧化碳和二氧化碳通过甲烷化变成甲烷，得到含氢气、氮气、甲烷及少量 $C_2 \sim C_5$ 的混合气体，再经过变压吸附、膜分离或深冷分离技术提纯甲烷。若对甲烷产量要求不高，为了节省投资，简化流程，可不进行甲烷化，直接采用变压吸附工艺提纯甲烷，这种工艺流程简单，只需要脱除二氧化碳、氢气、氧气和氮气，就可得到满足要求的产品甲烷气，还可以生产大量高品质氢气。甲烷化与变压吸附浓缩甲烷两种路线的比较见表 5-106。

表 5-106　焦炉煤气甲烷化与变压吸附浓缩甲烷两种路线对比表

	工艺路线	
	甲烷化	变压吸附
路线复杂程度	较复杂	较简单
甲烷产量	大	小
回收率	高	相对较低
副产氢气量	小	大
能耗	高	低
预处理系统	复杂	简单
投资	高	低

3. 煤层气

煤层气(coalbed methane，CBM)又称为煤矿瓦斯气，是一种煤矿伴生气，以吸附聚集方式存储于煤层中。我国是产煤大国，煤层气资源丰富，浅煤层气资源量 $3.681 \times 10^{12} \mathrm{m}^3$，与陆地常规天然气资源相当[60]，其主要组分是甲烷、空气组分等。

煤层气的形成主要可分为有机成因和无机成因[61]。有机成因是指有机物沉积后，经过漫长的地质年代，发生了化学变化而成；无机成因则是因地球的结构变化而形成。煤层气可以作常规天然气的补充，其开发优势有资源丰富、开发成本低、供应可靠性好等，国家也出台了政策鼓励煤层气的开发，但煤层气的开发也面临管网体系不完善等政策问题，还有煤层气提浓等技术难题。

由于抽采方式不同，不同煤层气中甲烷含量相差较大，体积分数从 1%~98% 不等，地面钻井抽采煤层气甲烷体积分数可达 90%~98%；而为了煤矿地下作业安全，常进行井下抽采煤层气，这种煤层气因为混入了空气，甲烷含量较低[62]。这两种煤层气因甲烷含量不同，利用方式也不同，高浓度煤层气 $[\varphi(\mathrm{CH}_4)>90\%]$ 可直接送入天然气燃气管网，而低浓度煤层气 $[\varphi(\mathrm{CH}_4)<30\%]$ 则需要提浓后使用，目前针对煤层气提浓的研究也主要是围绕低浓度煤层气展开的。

低浓度煤层气的典型组成见表 5-107。

表 5-107　低浓度煤层气的主要组成及含量(体积分数)

CH_4/%	N_2/%	(O_2+Ar)/%
20~30	50~60	12~18

从表 5-107 可以看出，低浓度煤层气的组成，除了甲烷外，主要还有大量的氮气和氧气，故提浓的关键即是脱除氮气、氧气等。

5.7.2　常用工艺

在常见吸附剂的表面，甲烷的吸附量介于二氧化碳和氮气之间，故针对不同的原料气和产品需求，采用的工艺有所不同。分离甲烷和二氧化碳时，二氧化碳为吸附相废气，甲烷为非吸附相产品；分离甲烷和氮气、氢气时，甲烷为吸附相产品，氮气和氢气为非吸附相废气。下面对这几种工艺做详细介绍。

1. 甲烷为非吸附相产品

原料气组分含量以甲烷和二氧化碳为主，则甲烷为非吸附相产品。甲烷和二氧化碳在某吸附剂上的等温吸附曲线见图 5-51，可以看出二氧化碳在该吸附剂表面的平衡吸附量明显大于甲烷的平衡吸附量，可以利用二者平衡吸附量的差异进行分离，从非吸附相得到高浓度的甲烷产品。

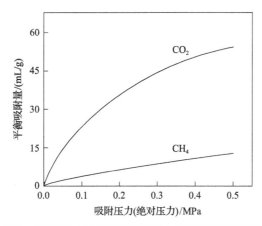

图 5-51　甲烷和二氧化碳某吸附剂上的吸附等温线(25℃)

常见 6 塔抽真空工艺见图 5-52。图 5-52 为 6 塔提纯甲烷抽真空装置的工艺流程图，由 6 台吸附塔、1 台中间罐、1 台解吸气罐及数台真空泵组成。其运行程序为 6-2-3/V(6 塔工艺，2 塔同时吸附，3 次均压，抽真空再生)，见表 5-108(以 A 塔为例)。

原料气(甲烷、二氧化碳等)经压缩和预处理后进入变压吸附工序，吸附塔内吸附剂将二氧化碳吸附，高浓度的甲烷从塔顶输出；吸附结束后，通过三次均压降，逐步回收吸附剂床层死空间的有效气体，利用回收的气体，将已经完成再生步骤的吸附塔逐步升压；均压降结束后，开始进行再生，先进行逆放过程，逆着吸附方向将吸附的二氧化碳杂质解吸出来，直到接近常压，然后利用真空泵对吸附剂床层进行抽真空，使剩余的二

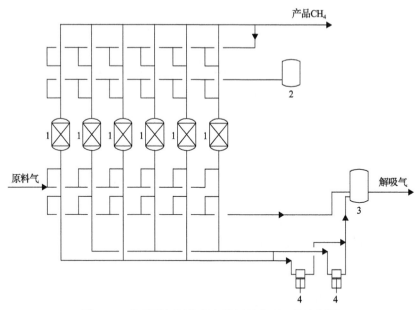

图 5-52　非吸附相甲烷分离装置的典型工艺流程图

1-吸附塔；2-中间罐；3-解吸气罐；4-真空泵

表 5-108　非吸附相甲烷分离 6-2-3/V 工艺步序简表

	步骤									
	1	2	3	4	5	6	7	8	9	10
时间/s	240	30	30	30	30	180	30	30	30	90
A 塔	A	E1D	E2D	E3D	D	V	E3R	E2R	E1R	FR

氧化碳杂质进一步得到解吸，吸附剂完成再生。再生结束后，通过三次均压升和最终升压，使吸附塔压力达到吸附压力，进入下一次吸附。

当富甲烷气中除含有二氧化碳外，还含有较高含量的氮气和氢气时，常采用两段法提纯甲烷，第一段装置脱除二氧化碳，第二段装置提纯甲烷，从吸附相得到产品。

2. 甲烷为吸附相产品

当原料气组成为氢气、氮气、甲烷时，由于在这些组分中甲烷吸附量最大，需要用吸附剂将甲烷吸附以实现提纯甲烷的目的，甲烷作为吸附相产品。根据原料的组成差异和对产品要求的不同，可分为置换工艺和非置换工艺。

1) 置换工艺

当原料气中甲烷含量较低，同时对产品气中甲烷的含量要求较高时，吸附及均压结束后，吸附剂床层中还含有大量的氢气、氮气，若直接进行解吸，得到的产品气中甲烷含量较低，难以达到要求，需要使用部分产品气返回床层进行置换，降低床层中的氢气、氮气含量，再进行解吸，即置换工艺。

以 6 塔的置换工艺为例，流程如图 5-53 所示。6 塔提浓甲烷置换工艺的步序为

6-1-2/RP&V(6 塔工艺，1 塔吸附，2 次均压，置换浓缩及抽真空再生)，工艺步序见表 5-109(以 A 塔为例)。

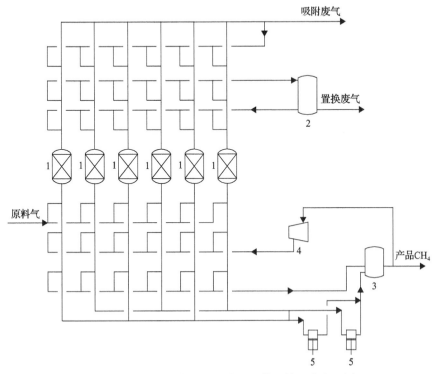

图 5-53　变压吸附提浓甲烷装置 6 塔置换工艺流程图

1-吸附塔；2-置换废气缓冲罐；3-甲烷缓冲罐；4-置换压缩机；5-真空泵

表 5-109　变压吸附提浓甲烷 6-1-2/RP&V 工艺步序简表

	步骤									
	1	2	3	4	5	6	7	8	9	10
时间/s	120	30	30	30	120	30	150	30	30	90
A 塔	A	E1D	E2D	PP	RP	D	V	E2R	E1R	FR

6-1-2/RP&V 运行方式，经过吸附，2 次均压降，然后顺放到置换压力，之后进入置换步骤，将一部分产品甲烷用压缩机增压后返回吸附塔进行置换，降低床层中的氢气、氮气含量，置换废气经缓冲罐缓冲后送出界外。置换(RP)结束后，吸附剂床层中甲烷浓度已经达到要求。然后对吸附剂进行再生，再生也是获得甲烷产品的过程，包括逆放和抽真空步骤，再生气经缓冲罐缓冲后，一部分作为置换气返回正在进行置换步骤的吸附塔，另一部分作为产品甲烷送至界外。

置换工艺需要配置置换气的压缩机和相应的阀门、管道，操作复杂，能耗相对较高，投资较大。

2)非置换工艺

当原料气中甲烷含量较高，或对产品气中甲烷的含量要求较低时，无需对吸附剂床层进行置换，采用常规的工艺流程即可达到要求，也即非置换工艺。

甲烷为吸附相的非置换工艺与甲烷为非吸附相产品的工艺类似，差别仅在于甲烷产品在吸附相获得，工艺流程可参考图5-52。

5.7.3 典型工程应用

1. 垃圾填埋气和沼气提浓甲烷

1）原料气条件

香港某垃圾填埋气组成见表5-110。

表 5-110 香港某垃圾填埋气组成及条件表

项目		数值
组分及含量	$\varphi(O_2)$/%	1.42
	$\varphi(N_2)$/%	5.45
	$\varphi(CH_4)$/%	55.00
	$\varphi(CO_2)$/%	38.00
	$\varphi(C_nH_m)$/%	0.13
	H_2S/(mg/m³)	22.50
	有机氯/(mg/m³)	310
	有机氟/(mg/m³)	200
	氨/(mg/m³)	350
	氯乙烯/(mg/m³)	0.27
	苯/(mg/m³)	1.60
	油雾和灰尘/(mg/m³)	10
	其他	痕量
温度/℃		40
压力/kPa		1~3
流量/(m³/h)		13884

由于原料气含有复杂的微量杂质如有机氯、有机氟、硫化氢、氯乙烯及油雾等，这些组分会降低变压吸附装置吸附剂的性能；而硅氧烷这类组分在压缩升温后，会生成二氧化硅固体粉末，易对阀门造成损伤。因此，在进入变压吸附装置前，需要将微量杂质组分脱除。

2）产品要求

该装置产品要求见表5-111。

3）工艺流程

垃圾填埋气提浓甲烷装置工艺流程见图5-54。

表 5-111　垃圾填埋气提浓甲烷装置产品要求一览表

组分及含量	数值
$\varphi(CH_4)/\%$	≥85
φ(非甲烷总烃)$/10^{-6}$	≤50
$\varphi(H_2O)/10^{-6}$	≤1800
$H_2S/(mg/m^3)$	≤5

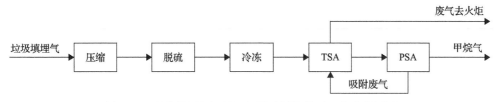

图 5-54　香港某厂垃圾填埋气提浓甲烷装置工艺流程框图

　　来自界外的垃圾填埋气经压缩机压缩后，送到脱硫工序脱除硫化氢，再经冷冻工序脱除高碳烃类和油雾，之后经变温吸附工序将有机氯、硅氧烷等脱除，最后进入变压吸附工序，将甲烷提浓至体积分数 92%以上。

　　(1)压缩工序。

　　垃圾填埋气经螺杆压缩机加压至 0.7MPa，并冷却至 40℃以下后，经气液分离器分离掉液态水，再送至脱硫工序。

　　(2)脱硫工序。

　　脱硫工序采用干法脱硫，由 2 台脱硫塔组成，内装脱硫剂，可串并联操作，目的是脱除填埋气中的硫化氢。

　　(3)冷冻和变温吸附工序。

　　脱硫后的填埋气先经冷冻装置将大部分大分子有机物和水脱除，然后进入变温吸附工序将剩下的对吸附剂有毒害的微量组分脱除。变温吸附工序由 2 台预处理塔组成，一塔吸附，另一塔再生，再生气来自后续变压吸附工序的解吸气，再生气加热后进入预处理塔进行热吹，将预处理吸附剂吸附的杂质解吸出来，热吹完毕后，再用常温再生气将预处理塔冷吹至常温后，再次进行吸附。

　　(4)变压吸附工序。

　　变压吸附工序由 8 台吸附塔、1 台解吸气缓冲罐、1 台解吸气混合罐、6 台真空泵组成，其具体流程图见图 5-55。

　　产品甲烷送到煤气工厂用于生产合成煤气。解吸气经缓冲罐和混合罐两级缓冲后，送回变温吸附工序作为再生气使用。

　　整个工序采用 8-3-3/V 运行方式，步序见表 5-112(以 A 塔为例)。

　　工序中每一时刻总有 3 台吸附塔处于吸附步骤，原料气从塔底进入，从塔顶获得高浓度的甲烷产品，每台吸附塔依次经历吸附、3 次均压降、逆放、抽真空、3 次均压升和最终升压等步骤。

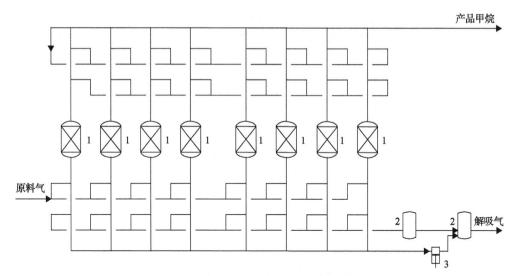

图 5-55　垃圾填埋气变压吸附提浓甲烷工艺流程图

1-吸附塔；2-解吸气缓冲罐；3-真空泵

表 5-112　变压吸附垃圾填埋气提浓甲烷 8-3-3/V 工艺步序简表

	步骤									
	1	2	3	4	5	6	7	8	9	10
时间/s	180	30	30	30	30	150	30	30	30	60
A 塔	A	E1D	E2D	E3D	D	V	E3R	E2R	E1R	FR

4) 主要设备

该装置的主要设备见表 5-113。

表 5-113　某厂垃圾填埋气提浓甲烷装置设备一览表

设备名称	设备规格	数量/台
脱硫塔	DN1800	2
冷冻后气液分离器	DN1800	1
预处理器	DN2400	2
吸附塔	DN2200	8
解吸气缓冲罐	DN3000	2
加臭缓冲罐	DN600	1
仪表空气缓冲罐	DN600	1
电加热器	280kW	1
填埋气压缩机	15000m³/h	1
冷冻机	30RA240	1
真空泵		6
合计		26

5）装置运行情况

垃圾填埋气回收甲烷装置实际运行指标见表 5-114。该装置将甲烷体积分数从 45%～60%提高到 94%，达到了一类天然气标准。

表 5-114　垃圾填埋气回收甲烷装置实际运行指标一览表

项目		原料气	产品气
组分及含量	$\varphi(O_2+N_2)/\%$	2.30	3.00
	$\varphi(CH_4)/\%$	59.44	94.04
	$\varphi(CO_2)/\%$	38.26	2.96
	合计/%	100.00	100.00
流量/(m³/h)		13884	8074

2. 焦炉煤气提浓回收甲烷

1）原料气条件

河北某厂建设了一套变压吸附焦炉煤气提浓甲烷装置，其焦炉煤气组成见表 5-115。

表 5-115　焦炉煤气组成及条件表

项目		数值
组分及含量	$\varphi(H_2)/\%$	58.20
	$\varphi(N_2)/\%$	5.50
	$\varphi(O_2)/\%$	0.18
	$\varphi(CH_4)/\%$	21.76
	$\varphi(CO_2)/\%$	2.24
	$\varphi(CO)/\%$	9.95
	$\varphi(C_nH_m)/\%$	2.17
	$H_2S/(mg/m^3)$	200
	苯/(mg/m³)	550
	萘和焦油/(mg/m³)	210
温度/℃		40
压力/kPa		3～6
流量/(m³/h)		38200

由于原料气含有杂质萘、焦油等会严重影响变压吸附工序吸附剂的性能，故必须经预处理脱除；原料气还含有含量较高的一氧化碳，可以通过变换反应转化为氢气和二氧化碳，这样可提高氢气产量，也可降低甲烷提浓的难度。

2) 产品要求

该装置产品要求见表 5-116。

表 5-116 变压吸附提浓焦炉煤气甲烷与氢气要求

组分及含量	数值
甲烷产品 $\varphi(CH_4)$/%	≥95
氢气产品 $\varphi(H_2)$/%	≥99.9

3) 工艺流程

采用变压吸附焦炉煤气提浓甲烷并联产工业氢气的工艺流程见图 5-56。

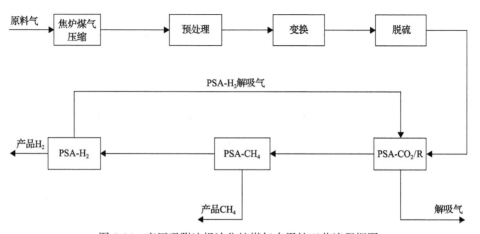

图 5-56 变压吸附法提浓焦炉煤气中甲烷工艺流程框图

焦炉煤气经压缩和预处理脱除萘、焦油等杂质后,通过变换工序将一氧化碳转化为二氧化碳和氢气,再经脱硫工序脱除硫化氢后,进入变压吸附脱碳工序(PSA-CO₂/R)脱除二氧化碳,从非吸附相得到的富甲烷气送往变压吸附提浓甲烷工序(PSA-CH₄)作为原料气;PSA-CH₄ 工序将甲烷和氮气、氢气分离出来,从吸附相得到浓缩的甲烷产品,从非吸附相得到的氮气、氢气混合气送往变压吸附提氢工序(PSA-H₂)作为原料气;PSA-H₂工序将氢气和氮气分离出来,从非吸附相得到氢气产品,解吸气用作 PSA-CO₂/R 工序的冲洗再生气,最终作为低压废气送至界外。

变压吸附脱碳工序工艺流程见图 5-57。变压吸附脱碳工序采用 8-1-4/P 工艺步序,见表 5-117(以 A 塔为例)。

变压吸附提浓甲烷工序工艺流程见图 5-58,变压吸附提浓甲烷工序采用 8-2-2/RP&V 工艺步序见表 5-118(以 A 塔为例)。

变压吸附提氢工序流程图见图 5-59,变压吸附提氢工序采用 8-2-3/RP&V 工艺步序见表 5-119(以 A 塔为例)。

4) 主要设备

该装置的主要设备见表 5-120。

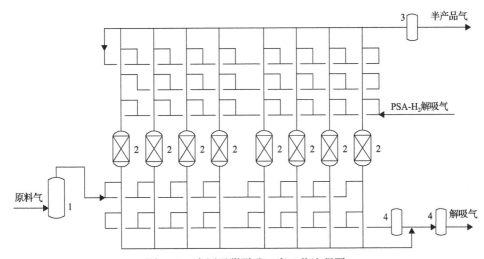

图 5-57　变压吸附脱碳工序工艺流程图

1-气液分离器；2-脱碳吸附塔；3-脱碳气缓冲罐；4-解吸气缓冲罐

表 5-117　变压吸附脱碳 8-1-4/P 工艺步序简表

	步骤												
	1	2	3	4	5	6	7	8	9	10	11	12	13
时间/s	90	30	30	30	30	90	30	90	30	30	30	30	60
A 塔	A	E1D	E2D	E3D	E4D	PP	D	P	E4R	E3R	E2R	E1R	FR

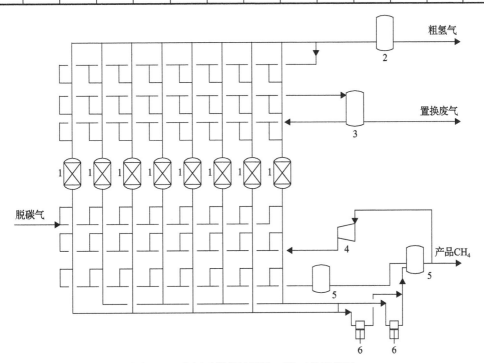

图 5-58　变压吸附提浓甲烷工序工艺流程图

1-提甲烷吸附塔；2-脱碳气缓冲罐；3-置换废气缓冲罐；4-置换气压缩机；5-甲烷缓冲罐；6-提浓甲烷真空泵

表 5-118　变压吸附提浓甲烷 8-2-2/RP&V 工艺步序简表

	步骤										
	1	2	3	4	5	6	7	8	9	10	11
时间/s	90	30	30	30	90	30	150	30	30	30	60
A 塔	A	E1D	E2D	PP	RP	D	V	R	E2R	E1R	FR

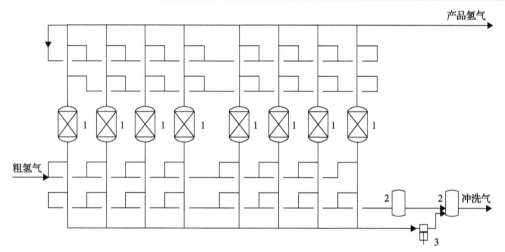

图 5-59　变压吸附提氢工序工艺流程图

1-提氢吸附塔；2-冲洗气缓冲罐；3-提氢真空泵

表 5-119　变压吸附提氢 8-2-3/V 工艺步序简表

	步骤									
	1	2	3	4	5	6	7	8	9	10
时间/s	120	30	30	30	30	120	30	30	30	60
A 塔	A	E1D	E2D	E3D	D	V	E3R	E2R	E1R	FR

表 5-120　某厂变压吸附提浓焦炉煤气甲烷装置设备一览表

设备名称	设备规格	数量/台
气液分离器	DN2000	1
脱碳吸附塔	DN3400	8
脱碳气缓冲罐	DN3000	1
解吸气缓冲罐	DN4000	2
甲烷吸附塔	DN3600	8
粗氢气缓冲罐	DN3000	1
甲烷缓冲罐	DN4000	2
提氢吸附塔	DN3000	8

续表

设备名称	设备规格	数量/台
冲洗气缓冲罐	DN4000	2
提浓甲烷真空泵		7
提氢真空泵		5
合计		45

5）装置运行情况

该装置得到的产品中，甲烷体积分数大于 95%，二氧化碳体积分数小于 3%，满足一类天然气标准，同时获得了体积分数大于 99.9% 的氢气产品。其指标见表 5-121。

表 5-121　焦炉煤气提浓甲烷并联产氢气装置的运行数据表

项目		焦炉煤气	CH_4 产品气	H_2 产品气
组分及含量	$\varphi(H_2)/\%$	58.20	0.02	99.90
	$\varphi(N_2)/\%$	5.50	1.50	0.10
	$\varphi(CH_4)/\%$	20.76	95.24	—
	$\varphi(CO_2)/\%$	3.24	2.39	—
	$\varphi(C_nH_m)/\%$	2.17	0.39	—
	$\varphi(O_2)/\%$	0.18	0.08	—
	合计/%	100.00	100.00	100.00
流量/(m^3/h)		38200	7077	22000

5.8　变压吸附氯乙烯尾气净化回收工艺

5.8.1　原料来源

氯乙烯尾气为氯乙烯生产过程中产生的含有少量氯乙烯和乙炔的不凝气体。氯乙烯（C_2H_3Cl）是无色、有乙醚香味的有毒气体，目前常用的生产方法主要有乙炔法和乙烯氧氯化法。

乙炔法是氯乙烯行业中最早被工业化、广泛采用的生产技术。德国在 1931 年采用乙炔和氯化氢为原料、氯化汞作催化剂合成氯乙烯的工艺并首次实现了工业化。乙炔法工艺设备简单、投资低，但耗电量大，国外已采用更加先进的乙烯氧氯化法生产氯乙烯。国内因乙烯资源紧缺，同时煤炭资源丰富，具有明显的原料成本优势，乙炔法路线生产氯乙烯仍然占据主要地位。

在氯乙烯的精制过程中，不凝的惰性气体不断地从系统中排空，虽然排空前气体被冷凝到 $-25 \sim -20$℃，但因氯乙烯和乙炔的分压所限，仍使一部分氯乙烯和乙炔被夹带放出；其中，氯乙烯尾气中氯乙烯含量为 5%～15%（体积分数）、乙炔小于 10%（体积分数），其余组分为氮气、氢气等。该气体如不净化回收而直接排放，既浪费了资源，又达不到《烧碱、聚氯乙烯工业污染物排放标准》（GB15581—2016），又对大气环境造成污染。随着环保要求的提高，氯乙烯尾气的净化日益受到重视。

5.8.2　净化方法简介

国内治理氯乙烯尾气的方法有活性炭吸附法、膜分离法和变压吸附（PSA）法等。

1. 活性炭吸附法

传统的氯乙烯厂主要采用活性炭吸附法，它利用活性炭对各气体成分进行选择吸附，选择吸附能力随气体沸点升高而增大，其中氯乙烯和乙炔吸附能力强，而氢气和氮气沸点低，不易吸附。

活性炭吸附法主要有两种工艺，其吸附设备分别采用列管式和容积式的吸附塔。这两种工艺流程不同，但工作原理相同，都是用活性炭在低温下吸附尾气中的氯乙烯，吸附饱和后定时高温解吸，两台吸附塔轮流工作。活性炭列管吸附塔是用热水为热源加热活性炭真空解吸，而容积式吸附塔是用蒸汽加热活性炭正压解吸，工艺有所区别[63]。

活性炭列管吸附塔工艺采用热水为热源加热解吸，这也是变温吸附再生常用的方法之一。装置的主要设备是 2 台吸附塔（一台吸附、另一台再生），管内装填活性炭吸附剂，管外通水。体积分数约为 15%的氯乙烯尾气进入正处于吸附状态的吸附塔，吸附时产生的热量由吸附塔列管外通过的冷却水带走。脱除大部分氯乙烯和乙炔的净化气体从塔顶直接放空，放空气体中氯乙烯体积分数小于 0.05%，脱除效率高于 95%。吸附饱和后，氯乙烯尾气切换至另一塔吸附，然后对吸附饱和的吸附剂床层进行再生；此时，吸附塔列管外通入热水加热吸附剂床层，吸附剂床层吸附的气体由真空泵抽出，经气液分离器后送回合成系统回收利用。此法需注意避免因抽真空引起空气渗入而发生爆炸事故。在实际的操作过程中，设定的温度达不到预期值，吸附剂的吸附能力受到影响会降低尾气净化精度；并且，控制不当可能会造成活性炭起火燃烧等安全隐患。因此该工艺的应用受到一定限制。同时，活性炭经反复吸附脱附后吸附能力会逐渐下降，一般使用 1～2 年后就需更换，该方法氯乙烯净化脱除率为 80%左右。常见活性炭吸附法工艺见图 5-60。

2. 膜分离法

膜分离技术是 20 世纪 90 年代以来开发的新型分离技术，采用高分子复合膜，在一定的渗透压差下，混合气体组分在膜的表面进入后，随着膜的浓度梯度不断进行扩散和传递，达到分离的目的。可凝性气体（氯乙烯）与惰性气体（氢气、氮气等）相比，会优先渗透，从而达到分离的目的，该方法氯乙烯的回收率为 90%～95%。此方法在尾气中氯乙烯的含量波动大或尾气带液时，存在膜容易损坏的不足。膜分离工艺在工业上常分为两级，对于氯乙烯尾气的净化效果和回收率均较好，但膜组件的成本高和使用寿命短是亟待解决的问题。

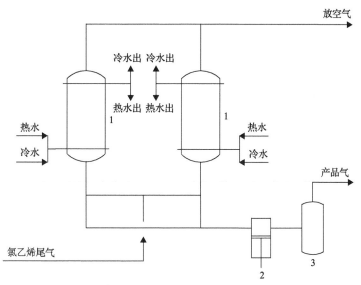

图 5-60　活性炭吸附加热解吸法回收分馏尾气中氯乙烯工艺示意图
1-吸附塔；2-真空泵；3-分离罐

3. 变压吸附法

变压吸附法从氯乙烯尾气中回收氯乙烯和乙炔的净化工艺中，当富含氯乙烯和乙炔的尾气通过吸附剂床层时，氯乙烯、乙炔容易被吸附剂吸附，氢气、氮气等从吸附塔的顶端流出放空；当吸附剂床层吸附饱和后，采用减压、抽真空等方法使氯乙烯、乙炔脱附回收，并使吸附剂获得再生，达到脱除并回收氯乙烯、乙炔有效气体组分的目的[64]。其优点为氯乙烯、乙炔的回收率可达 99.9%以上，净化气可满足国家排放标准，吸附剂使用寿命长达 15 年。变压吸附净化工艺与其他工艺的比较见表 5-122。

表 5-122　氯乙烯尾气变压吸附净化工艺与其他工艺的对比表

项目	变压吸附法	膜分离法	活性炭吸附法
装置投资	较高	较高	较低
氯乙烯回收率/%	≥99.9	约 90	约 80
净化气指标(氯乙烯+乙炔)	≤36mg/m³(氯乙烯)* ≤120mg/m³(乙炔)*	0.1%～2.0%	1.0%～2.0%
排放气达标情况	符合环保排放标准	不符合环保排放标准	不符合环保排放标准
装置操作弹性	大	小	小
吸附剂/膜寿命	15 年	2～3 年	1～2 年
控制系统	全自动	自动化程度较低	手动
操作能耗	低	低	高
运行费用	低	高	高

*2016 年 9 月 1 日前国家标准排放限值。

综合比较来看，变压吸附法净化氯乙烯尾气既达到环保要求，又有较好的经济性，是目前最有效的氯乙烯尾气净化技术。

5.8.3　常用工艺

山西某氯碱公司 10 万 t/a 规模的 PVC 项目，在 2003 年率先建成了一套处理 600m³/h 氯乙烯尾气的变压吸附装置。将尾气中含有约 10%氯乙烯和约 2.0%乙炔加以回收，回收率 99.9%，每年可回收 1340t 氯乙烯，96000m³ 乙炔，经济效益可观。

变压吸附净化氯乙烯尾气的工艺技术，经过十多年的不断优化和进步，目前发展成为 3 种主要工艺，即一段法净化工艺、两段法净化工艺、净化+提氢工艺。变压吸附净化氯乙烯尾气工艺技术在国内众多厂家被采用，已成为当前氯乙烯尾气净化回收的主要方法。

1. 一段法净化工艺

早期的氯乙烯净化装置，处理的原料规模较小。PVC 生产规模在 10 万 t/a 内，主要采用一段法净化工艺。优点是投资省、操作简单。常见 4 塔工艺流程的变压吸附工艺见图 5-61。

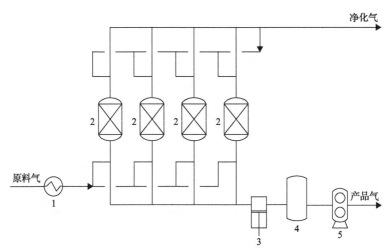

图 5-61　4 塔变压吸附氯乙烯尾气净化工艺流程图
1-换热器；2-吸附塔；3-真空泵；4-产品罐；5-鼓风机

吸附塔内分别装有活性氧化铝、活性炭、硅胶、分子筛等专用吸附剂。工艺主要步骤：吸附、均压降、逆放、抽真空、均压升和最终充压。原料气经换热器从 -25℃加热到10～35℃进入吸附塔，氯乙烯和乙炔等气体被吸附剂吸附，塔顶输出满足环保排放要求的净化气，一部分用于其他塔的逆向充压，其余全部对外输出。在抽真空步骤，将床层中吸附富集的氯乙烯、乙炔气体抽取出来，作为产品输出。在充压步骤，用吸附步骤产生的净化气对床层进行逆向充压。

抽真空气经产品气缓冲罐稳压后，通过鼓风机增压，返回到前工序加以回收利用，一般设计时采取两条路线，即一条回转化炉，另一条回气柜，根据需要进行切换。其工艺步序见表 5-123（以 A 塔为例）。

表 5-123　4 塔变压吸附氯乙烯尾气净化 4-1-1/V 工艺步序简表

	步骤					
	1	2	3	4	5	6
时间/s	120	60	60	120	60	60
A 塔	A	ED	D	V	ER	FR

通过多套装置运行数据，发现 4 塔工艺存在不足：①前工段组分波动大，净化气指标不稳定；②产品气中氯乙烯、乙炔浓度不高，低沸点物质(氢气、氮气)较多，惰性气体循环量较大，能耗较高；③装置中程控阀门发生故障时，不能在线检修，易造成装置间断停车。

改进的工艺流程：采用 5 塔及 5 塔以上工艺。当某一塔相连的程控阀门出现故障时，可切除与此塔相连的所有程控阀门，装置可在线检修，保证净化气能满足要求，同时均压次数由 1 次增加到 2～3 次，大量降低产品气中的惰性气体含量。5 塔工艺的工艺步序见表 5-124(以 A 塔为例)。

表 5-124　5 塔变压吸附氯乙烯尾气净化 5-1-2/V 工艺步序简表

	步骤							
	1	2	3	4	5	6	7	8
时间/s	120	40	40	40	160	40	40	80
A 塔	A	E1D	E2D	D	V	E2R	E1R	FR

图 5-62 为 5 塔抽真空装置的工艺流程图，由 5 台吸附塔、1 台换热器、1 台产品气缓冲罐、数台真空泵和鼓风机组成。其运行工艺程序为 5-1-2/V(5 台吸附塔，1 塔吸附，2 次均压，抽真空工艺)。

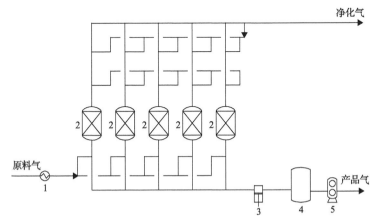

图 5-62　5 塔变压吸附氯乙烯尾气净化工艺流程图

1-换热器；2-吸附塔；3-真空泵；4-产品罐；5-鼓风机

2. 两段法净化工艺

为了提高装置性能，在一段法工艺基础上开发了两段法净化工艺，经过两段变压吸附工序处理后，明显降低精馏系统的惰性气体组成。

两段法变压吸附净化工艺分为两个工序。第一段工序(PSA-1)初步净化：通过多塔操作，包括吸附、均压降、冲洗、逆放、抽真空、均压升和最终升压等步骤，将尾气中的大部分氯乙烯、乙炔脱除；第二段工序(PSA-2)深度净化：以第一段工序的净化气为原料气，再次通过多塔操作，将氯乙烯、乙炔进一步脱除达到满足国家环保标准，第二段工序的部分解吸气返回到一段工序回收利用，进一步提高有效组分的回收率。两段法与一段法相比较，虽然投资增加，但净化气指标容易控制，而且精馏系统的惰性气体量也会明显减少。其工艺流程见图 5-63。

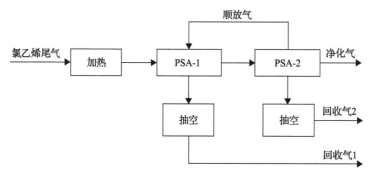

图 5-63　两段法变压吸附氯乙烯尾气净化工艺流程框图

两段法的工艺步序见表 5-125(以 A 塔为例)及表 5-126(以 A 塔为例)。

表 5-125　两段法变压吸附氯乙烯尾气净化(PSA-1 工序)工艺步序简表

	步骤								
	1	2	3	4	5	6	7	8	9
时间/s	120	40	40	40	160	40	40	40	80
A 塔	A	E1D	E2D	D	V	R	E2R	E1R	FR

表 5-126　两段法变压吸附氯乙烯尾气净化(PSA-2 工序)工艺步序简表

	步骤							
	1	2	3	4	5	6	7	8
时间/s	120	30	30	30	150	30	30	90
A 塔	A	E1D	E2D	PP/D	V	E2R	E1R	FR

3. 净化+提纯氢气工艺

氯乙烯尾气中含有一定量的氢气，净化后直接放空，造成资源浪费。通过在净化工段后增设一段变压吸附提纯氢气工序获得纯氢气。其工艺流程框图见图 5-64，典型工艺步序见表 5-127(以 A 塔为例)及表 5-128(以 A 塔为例)。

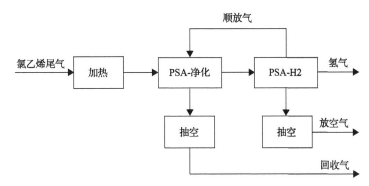

图 5-64　氯乙烯尾气净化+提氢工艺流程框图

表 5-127　变压吸附净化工艺步序简表

	步骤									
	1	2	3	4	5	6	7	8	9	10
时间/s	160	40	40	40	40	240	40	40	40	160
A 塔	A	E1D	E2D	E3D	D	V	E3R	E2R	E1R	FR

表 5-128　变压吸附提氢工艺步序简表

	步骤							
	1	2	3	4	5	6	7	8
时间/s	120	30	30	30	150	30	30	90
A 塔	A	E1D	E2D	PP/D	V	E2R	E1R	FR

5.8.4　典型工程应用

1. 原料气

某公司氯乙烯尾气净化+提氢工艺原料气条件见表 5-129。

表 5-129　原料气组成及条件表

项目		数值
组分及含量	$\varphi(H_2)$/%	58.185
	$\varphi(N_2)$/%	20.580
	$\varphi(C_2H_3Cl)$/%	9.555
	$\varphi(C_2H_2)$/%	11.680
	合计/%	100.000
温度/℃		−25
压力/MPa		0.5
流量/(m³/h)		1134

2. 工艺流程

氯乙烯尾气净化工序采用 5-1-3/V 工艺(5 台吸附塔，1 塔吸附，3 次均压，抽真空再生)，提氢工序采用 5-1-2/V 工艺(5 台吸附塔，1 塔吸附，2 次均压，抽真空再生)。工艺流程见图 5-65。

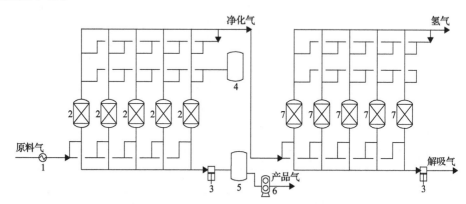

图 5-65　氯乙烯尾气净化+提氢工艺流程图

1-换热器；2-净化吸附塔；3-真空泵；4-中间罐；5-产品缓冲罐；6-鼓风机；7-提氢吸附塔

原料气在压力约 0.6MPa、温度约–25℃进入本装置，首先经原料气换热器将原料气加热到 10～30℃，经流量计计量后进入由 5 个吸附塔组成的变压吸附净化工序。由入口端通入原料气，被吸附床层吸附回收的氯乙烯、乙炔等组分通过逆放和抽真空步骤进行解吸，解吸气经过缓冲罐缓冲，再经风机加压后返回到精馏工段加以回收利用。

净化工序得到的净化气作为下一工序 PSA-H$_2$ 的原料气。富含氢气的原料气进入 PSA-H$_2$ 工序，经过吸附剂有效吸附脱除杂质组分后获得产品氢气，并输出至后工段，解吸气送至界外。工艺步序见表 5-130(以 A 塔为例)及表 5-131(以 A 塔为例)。

表 5-130　变压吸附净化(PSA-H$_2$ 工序)工艺步序简表

	步骤									
	1	2	3	4	5	6	7	8	9	10
时间/s	160	40	40	40	40	240	40	40	40	160
A 塔	A	E1D	E2D	E3D	D	V	E3R	E2R	E1R	FR

表 5-131　变压吸附提氢(PSA-H$_2$ 工序)工艺步序简表

	步骤							
	1	2	3	4	5	6	7	8
时间/s	120	30	30	30	150	30	30	90
A 塔	A	E1D	E2D	PP/D	V	E2R	E1R	FR

3. 主要设备

装置主要设备见表 5-132。

表 5-132　装置主要设备一览表

设备名称	PSA-净化工序		PSA-H$_2$工序	
	规格	数量/台	规格	数量/台
换热器	F=15m^2	1		
吸附塔	DN1600	5	DN1400	5
中间罐	DN2000	1		
产品气缓冲罐	DN2000	1		
真空泵		2		2
合计		10		7

4. 工艺指标

放空气及产品氢气的工艺指标见表 5-133 及表 5-134。

表 5-133　放空气工艺指标数据表　　　（单位：%，体积分数）

N$_2$+H$_2$	C$_2$H$_3$Cl	C$_2$H$_2$
≥99.9905	≤0.001	≤0.0085

表 5-134　产品氢气工艺指标数据表　　　（单位：%，体积分数）

H$_2$	N$_2$
≥99.9	≤0.1

5.9　吸附分离装置的工程设计

一般而言，化工工程的设计包括专利商提供的工艺包设计和工程公司承担的工程设计两大阶段，工程设计又分为工艺（方案）设计、基础工程设计和详细工程设计 3 个阶段。

5.9.1　吸附分离工艺设计

吸附分离装置的方案设计包含工艺方案和控制方案等。其主要任务是确定生产方法和工艺流程，要求技术先进、经济合理、安全可靠和符合环保规范。

1. 工艺方案设计

吸附分离方案的设计依据：吸附分离装置在全厂流程中的主辅地位、原料规格、生产规模和产品方案。

吸附分离方案设计需要考虑的因素：厂区公用工程情况、燃料规格、副产品利用、三废排放数量与处理方法、安全风险和技术风险等。

吸附分离装置工艺方案设计时的主要计算包括物料衡算、能量衡算、主要设备的数量和规格计算。其中，吸附塔数量和规格计算是吸附分离专利商的核心设计内容，其对整个吸附分离装置的投资、能耗等技术经济指标的影响最为关键。

根据以上输入资料，对工艺流程进行比较和选择，确定工艺流程、主要设备的操作压力和操作温度。

发布工艺方案阶段的主要设计资料：①工艺流程图(PFD)、带主要控制点工艺流程图(PCD)，②物料平衡表，③工艺数据表、吸附塔条件简图，④工艺设备表，⑤安全卫生备忘录，⑥危险场所分析调查表，⑦化验分析要求。

2. 工艺系统设计

当工艺方案发布后，需要进行吸附分离装置的工艺管道及仪表流程图(PID)的设计，将工艺流程图转换为工艺管道及仪表流程图是整个工程设计最重要的部分，根据操作和安全的需要来规定所有装置组成部件的要求，工艺系统设计需保证装置正常运行、开停车、应急操作和安全处置的需要，主要包括如下 3 点。

(1)根据工艺发布的工艺流程图、工艺说明书、设备一览表及工艺操作要求，通过工艺管道水力计算确定管道尺寸、阀门和管件等，可以编制初步的工艺管道流程图(PI 图)。

(2)根据工艺发布的自控条件和工艺控制图，在自控专业人员的配合下，完成初步的工艺管道及仪表流程图。

(3)对于吸附分离装置的其他配置，如安全阀、爆破片等，详细核算时要考虑的因素：①管道系统压力降的计算和检查设备设计压差，维持系统安全压力；②泵或压缩机的类型和泵及压缩机压差的计算；③危险与可操作性的分析。

吸附分离工艺中安全阀设置与计算非常重要，是吸附分离装置最后一道安全屏障。当吸附分离装置中出现程控阀故障、误操作、出口堵塞等事故工况或火灾状况时，或者吸附塔的压力超过其允许的最高工作压力时，为避免吸附塔在这些情况下发生损坏事故，需在每一台吸附塔的管线上设置安全泄压设施；因此，吸附塔的安全阀设计时必须考虑事故工况和火灾工况。

当吸附塔前已经设置原料缓冲罐或气液分离器等容器设备时，吸附塔与缓冲罐为同一个压力系统，吸附塔可不考虑操作事故状态。当厂区有可能会发生火灾时，吸附塔可能因两端程控阀联锁关闭而产生气体受热膨胀，此时需要按火灾工况设置每台吸附塔的安全阀。

当吸附塔前未设置原料缓冲罐或气液分离器等容器设备时，吸附塔的安全阀设置必须考虑操作事故工况和火灾工况，并取两种工况下的泄放量较大值计算安全阀喉径。安全阀的计算包括以下 2 点。

(1)操作事故工况下的安全阀计算。操作事故下的安全阀计算关键在于泄放面积的计算，详见《安全阀的设置与选用》(HG/T 20570.2—1995)[65]，其给出了气体临界流动和非临界流动下的安全阀泄放面积计算方法。

(2)火灾工况下的安全阀计算。无湿润表面的容器在外部火灾情况下，泄放温度经常高于被保护设备的设计温度，容器将在短时间内由于金属材料的软化而发生破坏，应考虑在容器上设置安全阀。储存气体容器的外部火灾工况的安全阀计算参见标准《安全阀的设置与选用》(HG/T 20570.2—1995)[65]和《泄压和减压系统指南》(SY/T 10043—2002)[66]。

同时,吸附分离装置运行时,程控阀、气体管道和机械设备等均会有噪声产生,设计需要进行噪声控制,需选择及核算合理的介质流速,降低及消除管道与阀门的噪声;对于放空噪声的排除和在一般措施无法降低及消除的情况下,采取隔声措施。

3. 工艺设计中主要设备选型

吸附分离装置主要设备的工艺设计和选型应综合考虑技术的安全性、先进性、经济性、环保性和系统性。吸附分离装置主要常用设备包括标准设备(如压缩机、真空泵等)和非标准设备(如吸附塔、换热器、容器等)。

1) 标准设备选型

吸附分离气体分离工艺广泛应用于石油化工、煤化工、天然气化工及钢铁、有色冶炼、化肥等行业,从其发展之初用于尾气回收处理的辅助流程到炼厂、煤化工等气体分离的主工艺流程,其处理原料气的压力从常压到 6.0MPa,甚至更高。根据产品需求不同,产品可以是非吸附相,也可以是吸附相;因此,吸附分离装置可能配套动力设备,典型的有压缩机和真空泵等。

(1) 压缩机的选型。

压缩机是通用机械,在各类化工装置中大量采用。在吸附分离装置设计时,需要根据输送气源做出有针对性的选用,其一般原则如下。

①原料气压缩机要选用无油润滑,防止润滑油造成吸附剂失活。

②由于离心式压缩机具有输气量大且连续、运转平稳、机组外形尺寸小、质量轻、占地面积小、设备的易损部件少、使用期限长、维修工作量小等优点,在大型吸附分离装置中,常用于原料气和解吸气的升压,离心式压缩机一般不设置备机。

③当输送流量较小时,常选用活塞式压缩机或螺杆式压缩机。

④某些含有较多杂质的特殊原料气如焦炉煤气,不利于离心式压缩机的稳定运行,应该优先选用活塞式压缩机或螺杆式压缩机。

⑤高压和超高压压缩时,一般都采用活塞式压缩机。

⑥当吸附分离装置的产品用于氢燃料电池时,对压力和纯度要求都很高,此时一般都采用膜压机。

⑦活塞式压缩机宜设置备机,以防某台机组检修时,整个装置还能正常运行。

(2) 真空泵的选型。

抽真空解吸是吸附塔中吸附剂常用的再生方法。考虑实际工况中塔内吸附剂再生无需高真空,常采用水环式真空泵、往复干式真空泵、罗茨真空泵等即可满足装置抽真空工艺要求。对于采用抽真空解吸的吸附分离装置,真空泵的一般选用原则与要求如下。

①选择真空泵时,需要知道气体成分,了解被抽气体成分中是否含有可凝蒸气、有无颗粒灰尘、有无腐蚀性等,针对被抽气体特点选择相应的泵机。

②真空泵工作时产生的振动对工艺过程及环境有无影响。

③当被抽出的吸附相无环境污染或环保要求,可以就地排放时,则可选用水环泵。

④被抽出的吸附相是要求无污染的产品时，宜选用往复干式真空泵或罗茨真空泵。

⑤被抽出的吸附相是易燃易爆类，如甲烷气体必须进入燃料管网，为避免降低热值，宜选用往复干式真空泵或罗茨真空泵。

⑥罗茨真空泵常用于大气量、低真空的抽真空初期使用，因此一般和其他真空泵组合使用。

⑦真空泵一般宜设置备机。

⑧吸附分离装置若选用水环泵时，必须考虑装置停车时防止泵体中液体倒吸进吸附塔的措施。

2) 非标准设备的工艺设计

吸附分离装置主要非标设备包括吸附塔、换热器、气液分离器、缓冲罐或储罐等。

(1) 吸附塔。

吸附塔是吸附分离装置的核心设备之一，其工艺设计的合理性最为重要。吸附塔的工艺设计需要考虑的主要因素：吸附剂配比、空塔气速、气流分布和压降等，多为变压吸附专利商的核心技术，具有保密性。

(2) 换热器。

换热器的类型很多，从工艺功能来看，吸附分离装置较多选用水冷却器和蒸汽加热器。冷却器多用于抽真空气体或压缩后气体的冷却，加热器多用于预净化、预处理和干燥等辅助系统的再生气加热。

管壳式换热器是化工生产中应用最多的换热设备，而吸附分离装置主要工艺介质为气体，进入吸附塔前相对较为洁净，且换热温差一般不大，所以吸附分离装置的换热器多采用管壳式换热器。但要注意的是，吸附分离装置对系统的压降有一定的要求，设计时需根据工艺流程对介质走管程或是壳程进行权衡，换热器尺寸要在压降与换热面积中间权衡，使之既能满足工艺要求，又经济合理。换热器工艺设计软件包括"换热器大师"、"ASPENExchanger design and rating(EDR)"、"Heat transfer research, Inc.(HTRI)" 和"AVEVA PRO/II Process engineering(PROII)" 等专业软件。

(3) 气液分离器。

由于游离液体会造成吸附性能下降，导致吸附剂失活，因此，原料气体进入吸附塔之前，一般应设置气液分离器尽量除去其夹带的游离液体。一般说来，选用传统的立式重力气液分离器或立式丝网分离器即可以达到除去游离液体的效果，其主要工艺设计是根据处理量、带液情况和停留时间等确定气液分离器的直径、气液相高度、丝网除沫器的直径及安装高度和分离器的容积。气液分离器设计可参照《气液分离器设计规范》(HG/T 20570.8—1995)[67]。

(4) 缓冲罐或储罐。

变压吸附分离工艺中顺放和逆放是实现工艺过程的重要步骤。顺放/逆放缓冲罐的作用是对两个步骤中释放出的气体进行储存并实现输出气体的压力和流量稳定，其容积的确定需要根据吸附分离装置的处理量、吸附塔容积、顺放/逆放压差及时间等确定。设计时还需要根据其罐功能，考虑设置入口消音器、保证缓冲罐内气体充分混合的措施等。

对于储罐而言，包括原料气储罐和产品气储罐，吸附分离装置一般无需配置。

4．自控方案

吸附分离装置控制方案设计主要包括控制系统的选型、控制联锁措施的关键参数选择及吸附分离步骤的拟定等。

在方案设计时，根据工艺控制要求和工艺控制原理，首先需根据装置具体情况选择合理的吸附分离工艺步序，明确装置的进料塔数、均压次数、程控阀数及其开关步序表；其次根据工艺方案中针对如充压、吸附、均压、逆放、冲洗、抽真空等每个工艺步骤的控制要求，对每个调节控制点制定相应的 PID 调节控制方式；最后根据装置特点，明确装置的联锁措施，如压力异常的程控阀联锁、产品气纯度异常的联锁、动力设备停车的联锁、吸附时间与流量的自适应控制系统等。

5.9.2　装置总平面布置与设备布置设计

1．装置总平面布置

1）厂区总平面布置原则

因地制宜，充分利用地形，布置紧凑，功能分区明确，工艺流程合理顺畅。

一般按功能划分区域：吸附分离非标设备区、动力设备区、储运充装区、辅助生产及公用工程区。

(1)吸附分离非标设备区一般包括原料气的预净化设备、吸附分离吸附塔和罐、吸附分离程控阀区、产品及副产品设备。

(2)动力设备区包括原料及产品或副产品的压缩机、风机，抽真空工艺所需的真空泵等。

(3)储运充装区包括产品或副产品的灌装间和灌装设施及原料储罐等。

(4)辅助生产及公用工程区包括办公楼、变配电室、抗爆控制室、水系统及仪表风系统等。

厂区道路设置及管廊高度均需满足汽车运输及消防要求。

2）防火间距

防火间距是吸附分离装置单元的总平面图布置和设备布置的重中之重，需要高度重视。

依据吸附分离装置的火灾危险性，确定相互之间的防火、防爆间距，必须满足有关规范要求。

2．设备布置

吸附分离装置的布置，首先要从设计方面考虑安全生产，在一个完整的装置里所有设备安装维修的出入口都应同时作为消防设备的通道，对于设备防火间距的考虑，需要按照国家相关规范要求执行。同时，装置布置必须满足工艺特殊要求，同时要兼顾经济性、操作方便、安装和检修方便、安全性和美观性。

吸附分离装置设备布置一般优先考虑露天布置，利于消防及节约投资，且利于气体扩散，减少气体的聚集。吸附塔布置对于吸附分离装置的性能具有较大影响，尤其要注意多塔同时进料的工况下，布置不合理时容易形成偏流，进而影响装置负荷和产品指标。因此，在吸附分离装置的工程设计阶段，吸附塔的布置尤其要注意与工艺流程结合，根据进料塔数、均压次数等进行合理布置。

当采用抽真空工艺时，在布置真空泵时要和工艺人员研究注意其合理性，尽量减少管道阻力降，避免影响吸附剂的再生效果。采用立式泵时，泵机上方要预留足够的检修空间。

目前，吸附分离装置趋于大型化，单套处理原料气量达到数十万立方米，对装置布置提出了更高的要求，除满足工艺、安全间距等要求外，还必须考虑向空间发展以减少用地，此时，可以将程控阀区或整个非标设备区利用框架进行架空布置。但对于运转时会产生较大震动的设备如压缩机、真空泵、大型风机等还是尽可能布置在地面基础，减少框架承重和震动。

5.9.3 装置非标设备与管道设计

1. 非标设备设计

1) 吸附塔

根据安装方式和气流的流向分为立式轴向流吸附塔、立式径向流吸附塔、卧式竖向流吸附塔、卧式横向流吸附塔及换热器型吸附塔等常用的结构形式。目前吸附分离装置多采用立式轴向流吸附塔。

吸附塔作为一种典型的疲劳容器，其压力波动(交变)的幅度和频次较高，在设计使用寿命期内的压力波动达数十万次，甚至超过百万次，因承受交变载荷导致的疲劳破坏是其主要失效模式，在设计时要重点考虑。设计时对设备结构进行详细的弹性应力分析，通过应力分析将设备设计工况下设备结构的弹性应力水平分别控制在材料的设计应力强度的许用极限内；同时，还需要将操作工况下设备结构的最大应力幅值控制在许可的限值以下，即根据设计寿命期内的疲劳载荷循环次数在标准规定的设计疲劳曲线确定的应力幅限值内。

吸附塔内气体分布器是主要的组成部件，其作用是使吸附床内的气流接近平推流，而提高吸附剂的利用率，保证吸附效果。

2) 程控阀

吸附分离装置的另外一个核心设备是程控阀。吸附分离装置普遍采用的程控阀阀体型式有截止阀、蝶阀、球阀三类，程控阀执行机构驱动介质主要采用压缩气体和液压油，相较而言，压缩气体作为驱动介质对环境更具友好性，且更具普遍性。

由于单套吸附分离装置程控阀数量多，开关频繁，程控阀的内漏及外漏会影响产品质量、回收率等工艺指标，也会带来安全隐患，影响装置的稳定运行。因此，对吸附分离装置专用阀门的结构设计和密封材料要求更高。

3）其他设备

本节内容详见第 3 章，此处略。

2. 管道设计

吸附分离装置的典型管道主要是指吸附塔区的管道，吸附塔区的管道均要承受压力或温度的交变工况。设计时，除要满足工艺特殊要求外，本区域的管道还需要从管道材料、配管、管道应力方面加以重视。

1）工艺特殊要求

在工艺方面，吸附分离区域的配管设计要协同装置布置进行，避免偏流产生。配管完成后，需要对均压管道进行核算，确保均压过程在工艺要求时间内完成，且需控制均压时气流流速，避免瞬间流速过快导致吸附塔内的吸附床层流化。

对于需抽真空的管道布置，能否达到预期的真空度，除设备设计是否合理外，配管设计也很重要。为保证达到工艺要求的吸附剂再生压力（真空度），要求配管设计时管道应尽可能缩短，选择合理的管径，并尽量减少阀门及管道附件，以减少无效抽真空容积和管道阻力，保证吸附剂再生效果。需要抽真空的管道不要配置在蒸汽管道和其他热管道附近，以免气体受热，使真空泵的抽气速率降低。

2）管道材料

为经济、合理地选择材料，管道应按其使用要求各自分类，任何一类管道材料的选取应考虑流体的腐蚀性、介质温度和压力等因素，吸附分离区域的管道材料还要考虑压力交变工况的影响。

对于吸附分离装置的真空管道，管道壁厚按照受外压的公式计算，还要考虑加工裕量。

对于压力交变的吸附区管道，为保证在设计寿命内，整个系统能长期稳定运转而不产生疲劳失效，其壁厚计算非常重要。疲劳管道系统的壁厚计算通常采用以下两种方法。

（1）经验算法。

吸附分离装置的疲劳管系壁厚的确定，是采用计算静压力状态下弯头的壁厚，结合装置运行经验，确定壁厚校正系数来确定疲劳管道壁厚的管道经验计算方法。

（2）分析设计法。

目前，管道疲劳设计还没有相关标准，一般先通过经验算法确定管道的壁厚，然后参考《钢制压力容器—分析设计标准》（JB4732—1995）[68]，通过分析设计的方法进行校核，确定管道需要的壁厚。

校核分析计算基于理想结构模型，无材料缺陷，无结构形状突变，管壁壁厚均匀，均匀腐蚀等。由于实际制造存在的各种因素影响，对于较高压力吸附分离装置的管件采购应对制造商提出较为严格的制造要求。

3）管道应力分析

由于吸附塔区的管道均要承受压力交变工况，根据《压力管道规范工业管道》（GB/T20801—6—2020）[69]，需要核定是否构成剧烈循环工况，但无论结果如何，都必须考虑管道的疲劳问题和进行柔性分析。

由于吸附分离工况的操作温度(吸附过程放热、解吸过程吸热)呈周期性变化，且变化频繁，故吸附区管系可视为剧烈循环工况。通过用 CAESAR II、AUTO PIPE 等软件对常用配管进行管系柔性设计，避免管道应力过大或管道连接部分发生变形或泄漏，从而保证管系的安全性。

通过校核，在一定的操作温度范围，管道系统的应力值应小于管道许用应力，确保管道系统的布置是安全可靠的。管道系统的应力值校核计算参考《工业金属管道设计规范》[GB50316—2000(2008 版)][70]。同时，吸附区管道支架应当根据柔性分析结果设置，对于剧烈循环工况和极度危害介质，当管道法兰连接承受较大附加外荷载时，应校核法兰的承载能力。

4) 其他特殊要求

程控阀是吸附分离装置的关键设备，需高频的开关动作，其密封面在此过程中极易被焊渣、铁锈等损坏；因此，吸附区管道焊接时尽量采用氩弧焊打底，同时管道安装后要精心清洗、吹扫。

5.9.4　其他配套工程设计

1. 自控设计

吸附分离装置的控制特点：程控阀数量多，切换时间短，动作非常频繁，顺序逻辑控制结合常规模拟控制，自动化程度要求高。尤其是当吸附分离装置作为厂区主工艺流程中的关键单元时，其运行的稳定性、可靠性显得更加重要。因此，在吸附分离装置的控制软件中，不仅需要实现常规控制要求，还需要实现程控阀的复杂顺序逻辑控制，以及故障诊断和切换、自适应控制等要求。

吸附分离装置在自控设计时应当与全厂保持一致，仪表和控制系统选用技术先进、性能可靠的产品，以确保吸附分离装置生产的安全、稳定、高效运行。同时，吸附分离装置作为工厂的重要单元，其控制系统应当独立设置，监视、控制和管理采用 DCS 或 PLC 控制系统，在中心控制室进行集中操作和管理，并设置与全厂管理网的通信接口，实现控制系统实时数据库的共享，最终实现全厂的控制、管理、经营一体化。

中心控制室内还将监控其他控制系统的信息，如 SIS、GDS、CCS 等，其中 SIS 和 GDS 分别独立于吸附分离装置的控制系统，中心控制室设置在非爆炸危险区域。现场机柜室应尽量靠近相关的工艺单元，设置在非爆炸危险区域。

控制系统的设计应当充分考虑其负荷要求，控制站 I/O 卡件插槽一般预留 20%的余量。在工厂调试完成后，CPU 的负载仍有 50%的扩展能力，数据通信网络的负载最高达到 40%，电源单元的负载最多达到其能力的 50%，应用软件和通信系统有 30%的扩展能力。

吸附分离装置界区内的介质，大多属可燃易爆或有毒有害气体，安装在危险场所现场仪表应符合相应的防爆级别要求。装置区优先选用本安型仪表，采用隔离型安全栅组成本安防爆回路；无本安仪表的，则选用隔爆型仪表，如分析仪表、电磁流量计、电磁阀等仪表。室外电动仪表的防护等级不低于 IP65。

用于 SIS 系统的仪表原则上单独设置，独立于检测和控制仪表，且必须符合安全完整性等级(SIL)认证。仪表供电由 SIS 系统提供，现场仪表的供电原则上采用 24VDC 供电，机柜内 24VDC 电源箱采用热备冗余的方式。中心控制室、现场机柜室均采用不间断电源(UPS)，电源输出规格为单相 220VAC，50Hz。UPS 采用双路冗余配置，有故障报警触点送 DCS 或 PLC 控制系统报警。UPS 的容量按照使用总量的 1.5 倍进行考虑。

吸附分离装置联锁逻辑设计，见第 4 章相关内容。

2. 电气设计

吸附分离装置的电气设计工作主要包含生产装置区、生产辅助建筑的防雷防静电系统设计、照明设计、动力配电设计，以及生产装置区爆炸危险区域划分、用电负荷的分级、10/0.4kV 供配电系统设计等。在设计各阶段，除满足生产装置对电源的基本要求外，还应做到保障人身和装置安全，供电可靠，技术先进和经济合理，也能按照负荷性质、容量和环境条件，统筹兼顾，合理布局。

1)用电负荷分级和供电要求

根据工艺生产运行情况对供电可靠性的要求，以及国家标准《供配电系统设计规范》(GB50052—2009)[71]中的有关规定，吸附分离装置中除自控 DCS 系统、火灾自动报警系统、消防系统、事故照明系统属于一级负荷外，大部分工艺生产装置都属于二级负荷；其余的生产辅助及生活用电为三级负荷。根据负荷分级的情况，确定系统的供电电源数量及要求。一级负荷应由双回路电源供电，并增设应急电源，常见的应急电源有 UPS、应急电源(EPS)、柴油发电机等；需要强调的是，不得将其他负荷接入应急电源供电系统。二级负荷则应采用双回路电源供电，电源取自同一变电站内的不同母线段。三级负荷对供电电源无特殊要求。

2)电源和供配电系统

当生产装置用电负荷包含一级负荷或二级负荷，即系统采用双回路供电时，10(6)kV 变配电所的交流母线采用单母线分段、分段断路器设电源自动切换装置的方式，低压配电系统亦同；当仅含三级负荷时，采用单母线接线即可。

为保障接地安全，避免出现三相不平衡时，零线电流串入地线产生杂散电流，生产装置 380/220V 配电系统的接地型式选用 TN-S 系统。为减小故障的发生概率，提高供电的可靠性、检修的便捷性，在生产装置区域内，中、低压供配电系统均采用放射式。

3)防雷、防静电接地系统

按照《建筑物防雷设计规范》(GB 50057—2010)[72]，吸附分离生产装置均属于第二类防雷建筑物，其附属建筑物属于第三类防雷建筑物，冲击接地电阻分别不得大于 10Ω 和 30Ω。对于爆炸和火灾危险环境内可能产生静电危害的物体，应采取防静电接地措施；对于非爆炸和火灾危险环境内的物体，如因其带静电会妨碍生产操作、影响产品质量或使人体受到静电电击时，应采取防静电接地措施；每组专设的防静电接地体，接地电阻均不得大于 100Ω。设备和管道的防静电接地系统可与电气设备的保护接地、防雷接地等共用接地装置。

吸附分离装置和建筑物保护接地，以及防雷、防静电接地等接地系统应相互连接，形成全厂的接地网。

4) 照明系统

照明系统设计主要包括吸附分离装置区及辅助建筑物的照明设计。在照明设计时，需加强对灯具的布局、利用系数取值等问题的关注。吸附分离装置的正常照明系统与动力负荷宜共用电源，但供电线路应分开。应急照明系统应由应急电源集中供电或采用内装充电电池的应急照明灯具，应急照明时间应不低于 30min。

生产区照明配电箱进线电源一般为 380/220V（3P+N+PE），进线开关采用 4P 断路器，分线开关采用 2P 或 1P+N 断路器。照明分开关额定电流不宜大于 16 A，照明配电箱备用回路宜为 20%。

户外装置区和高大生产厂房的正常照明主要采用 LED 灯或无极灯，变配电所、电气控制室、办公室等辅助设施一般采用日光色（三基色）荧光灯或 LED 灯。应按爆炸危险区域划分的要求选用相应防爆等级的照明灯具。

5) 爆炸危险区域的划分

吸附分离装置处理的工艺物料主要包括氢气、一氧化碳、甲烷、轻烃气体等易燃易爆气体，具有较高的危险性，而电气设备及线路在运行过程中会因为各种情况产生高温和火花，进而产生火灾的风险。因此，为了更好地保障设备运行安全和人身安全，根据《爆炸危险环境电力装置设计规范》（GB 50058—2014）[73]及工艺专业人员提供的"危险场所划分调查表"和"安全备忘录"，与其他专业人员共同研究决定爆炸危险区域的划分，并绘制化工厂或化工装置危险区域划分图，正确选择各类电气设备的防爆等级，将火灾的可能性降到最低。

电气设备的选择除满足防爆要求外，对存在腐蚀气体的场所或设备安装在室外的需要，还应考虑防腐、防尘及防水措施，吸附分离装置需按环境条件选择相应等级的电气设备。

6) 供配电线路设计与敷设

正确的线路的选择与敷设可提高供电的可靠性，与此相反，电缆选择与敷设不当，会导致成本增加、减少电缆绝缘寿命、干扰弱电系统的正常运行。吸附分离装置区及辅助建筑物的供配电线路设计应满足《电力工程电缆设计规范》（GB 50217—2018）[74]的相关要求。

变配电室、生产装置区内，1kV 以上电力电缆与 1kV 及以下电力电缆或控制电缆应分别敷设于不同桥架上。当 1kV 及以下电力电缆和控制电缆在同一桥架内敷设时，桥架内必须增加隔板。

电缆路径应远离有高火灾危险的设备。当采用电缆沟敷设时，在防爆区内其防爆介质比空气重时，其内应充砂，并在混凝土盖板上做标记。

主管廊上电缆之间的分隔空间应足以确保可忽略因电力电缆靠近而引起的对仪表控制和通信电路的干扰。

3. 电信设计

吸附分离装置电信系统设计应满足《石油化工企业生产装置电信设计规范》(SH/T 3028—2007)[75]的相关要求。应根据生产装置的工艺特点和生产操作需要设置,满足装置生产运行对通信的要求,与全厂电信系统有机衔接。

电信系统设计应做到安全可靠、技术先进、经济合理及使用维护方便,采用符合国家有关标准和经国家有关质量监督检验机构鉴定合格的定型产品。

生产装置电信系统的构成一般包括火灾自动报警系统、工业电视监控系统、扩音对讲系统、综合布线系统及电信线路。

1)火灾自动报警系统

火灾自动报警系统的设计应遵循《火灾自动报警系统设计规范》(GB 50116—2013)[76]的相关要求。吸附分离装置区设置的火灾自动报警系统对整个装置火灾进行早期检测、显示、报警、事故记录等。该系统由区域火灾报警控制箱、感烟探测器、线型感温探测器和手动报警按钮组成。

一般在控制室内的电信间设置区域火灾报警控制器,作为区域操作单元负责区域火警的监控。火灾报警系统网络采用星形及环形网络结构,网络上的每一台报警控制器作为网络上的一个节点,可以显示网络上所有报警控制器的报警及故障信息,主控制器故障时,每个控制器可以独立工作。

办公楼报警区域应根据防火分区或楼层划分,一个报警区域宜由一个或同层相邻几个防火分区组成。装置区宜根据装置单元区域进行划分,一个报警区域可由一个或相邻几个单元组成。火灾自动报警系统宜与电视监视系统和扩音对讲系统联网。火灾报警控制器应配置系统电源和直流备用电源,系统电源为单相交流 220V/50Hz,由 UPS 提供。

2)工业电视监控系统

工业电视系统的设计应遵循《工业电视系统工程设计规范》(GB 50115—2019)[77]的相关要求。工业电视监控系统主要用途为当吸附分离装置处于环境恶劣的区域时掌握生产状态,观察运行情况的生产岗位,给生产操作方面提供直观有效的监控手段。

装置区域内电视监控系统监视对象为工艺要求的重点生产环节及重要设备运行状态,根据监视对象和场所的不同选用防爆、非防爆摄像机。摄像机信号,接入工业监控系统。在需要监视和操作的岗位,设置电视监控客户终端,系统服务器设置在控制室机柜间内。工业电视监控系统工作电源宜按系统、监视器和附属设备采用集中 UPS 供电方式。

汇集点的防雷接地由机房系统统一考虑,前端定焦摄像头采用二合一避雷器,变焦摄像头采用三合一避雷器。

3)扩音对讲系统

为满足吸附分离装置区各室外岗位和流动岗位的通信需求,在噪声较大的环境下,确保装置区与控制室之间、装置区巡检人员之间的通信联络及紧急情况时的应急广播。

在生产装置区控制室设置台式话站、壁挂式音箱或吸顶式扬声器。室外安全区域设置普通型室外用户话站、扬声器、驱动器和接线箱。在爆炸危险区域内所用的用户话站、扬声器、驱动器和接线箱等均选用防爆型设备。所有扬声器均需要使用功率放大器驱动，扩音对讲系统可以采用集中功率放大和分散功率放大两种方式。在系统内任意一台话站上均可以实现全呼、组呼和报警呼叫等操作，在系统内任意两台话站之间可以实现双向通信，应急报警广播为与其他通信系统相连而提供适当接口（如电话系统），为满足上述要求，应急广播系统必须同时具有广播功能和双向通信功能。

扩音对讲机柜设置在控制室电信间，与火灾报警系统之间可实现实时通信。扩音对讲系统电源由 UPS 集中提供。

4) 综合布线系统

综合布线系统的设计应遵循《综合布线系统工程设计规范》（GB 50311—2016）[78]的相关要求。吸附分离装置需设置的主要场所为办公及控制楼、化验室、公用设施等。

综合布线应能满足所支持的数据系统的传输速率要求，并应选用相应等级的缆线和传输设备，综合布线系统应能满足所支持的电话、数据的传输标准要求。综合布线系统工程设计选用的电缆、光缆、各种连接电缆、跳线及配线设备等所有硬件设施，均应符合国家标准的各项规定，确保系统指标得以实施。

在系统设计时，全系统所选的缆线、连接硬件、跳线、连接线等必须与选定的类别相一致。例如，采用屏蔽措施时，则全系统必须都按屏蔽设计。一个独立的需要设置终端设备的区域宜划分为一个工作区，工作区子系统应由配线（水平）布线系统的信息插座延伸到工作站终端设备处的连接电缆扩适配器组成。一个工作区的服务面积可按 5～10m^2 估算，每个工作区设置一个电话机或计算机终端设备，或按用户要求设置。工作区的每一个信息插座均宜支持电话机、数据终端、计算机等终端设备的设置和安装。配线子系统宜由工作区用的信息插座、每层配线设备至信息插座的配线电缆、楼层配线设备和跳线等组成。

4. 给排水、消防设计

吸附分离装置的给排水设计工作包括消防给水系统（FW）、生产给水系统（PW2）、生活给水系统（DW1）、循环冷却水系统（CW）、初期雨水及事故水排水系统（FRD）和清净雨水排水系统（RD）的设计。

吸附分离装置的消防水系统根据火灾危害的特点，防火安全设计本着"预防为主，防消结合"的原则，从预防火灾、防止火灾蔓延及消防三方面采取措施，以"自救为主，外协为辅"的原则，进行装置消防系统设计，确保整个装置及附属设施的防火安全。在装置区周围设置消防环网，环网上设置室外消火栓及消防水炮。

装置区宜设置围堰及排水沟，地坪冲洗水、初期雨水及事故水经排水沟收集后，由阀门切换至初期雨水及事故水排水系统，清净雨水经阀门切换排至清净雨水排水系统。

5. 建筑、结构设计

1) 吸附分离装置的建筑设计

吸附分离装置的建筑设计依据：装置的布置方案、建筑物的用途及各类建筑附属设施的相关参数(如吊车大小、尺寸等)。在工艺专业人员提供的火灾危险生产介质分类等级确定以后,建筑物的结构形式、抗震等级和防火等级的选择,是建筑设计的重点。

根据建筑材料的不同,工业建筑最常采用混凝土结构和钢结构两种结构形式。混凝土结构取材容易,材料成本较低、耐锈蚀、耐火性能较强,整体性好,有利于抗震、抵抗振动和爆炸冲击波。在吸附分离装置中,所需工业建筑主要包括控制室、变配电所、办公楼等公辅设施。而钢结构建筑质量轻、强度高、整体刚性好、变形能力强,利于拆卸和安装,同时保温、隔热、隔音效果好,很多材料还可二次利用,更加节能、环保,被广泛运用于吸附分离装置中的压缩机厂房、真空泵房、仓库、操作平台等场合。目前,为匹配吸附分离装置节能、环保等需求,生产建筑通常采用门式刚架轻型房屋钢结构;门式刚架轻型房屋钢结构具有用钢量少、自重轻、空间大、抗震性能好、施工周期短、工业化程度高、易于拆卸搬迁、利于环境保护等诸多优点,广泛运用于工业建筑中。

吸附分离装置的建筑主体结构设计使用年限通常为 50 年。吸附分离装置的生产建筑通常属于重点设防类(乙类)或标准设防类(丙类)。抗震设防类别和抗震等级的确定,对结构计算的相关参数选择具有决定性的作用,需根据《建筑抗震设计规范》(GB 50011—2010)[79]中相关要求确定建筑物和构筑物的抗震等级。

另一个重要的设计内容,是根据《建筑防火设计规范》(GB 50016—2014)[80]和《石油化工企业设计防火规范》(GB50160—2008)[81]进行的建筑防火安全设计,主要包括以下设计措施。

(1)根据装置生产介质,确定火灾危险性类别,从而确定结构的耐火等级,最终体现为对钢结构防火涂料耐火极限的要求。例如,生产介质为氢气,则火灾危险性类别为甲类,钢结构耐火等级为二级,要求耐火极限钢柱、柱间支撑不小于 2.0h,钢梁不小于 1.5h,钢梯不小于 1.0h,屋面承重构件不小于 1.0h。

(2)生产建筑应根据需要设置强制通风系统。

(3)优先采用易于泄压的轻型钢结构屋盖系统作为泄压面积,并保证满足爆炸泄压比的要求。

为满足国家不断倡导的节能减排的环保理念,吸附分离装置还应对生产建筑进行建筑节能设计。根据《工业建筑节能设计统一标准》(GB 51245—2017)[82]以及装置所在地的相关气象资料,确定建筑物保温、导热的方式。通过计算建筑屋面、墙面、地面、门窗等部位的传热系数 K,与规范限值相对比,确定各部位的做法或材料选型。通常,生产建筑的屋面和墙面采用彩钢岩棉夹芯板,地面采用混凝土地面;同时,根据防火规范的相关要求,对于处理易燃、易爆、易沉积的工艺物料的装置,还应采用不发火混凝土面层。

2)吸附分离装置的结构设计

吸附分离装置的结构设计主要包含厂房建筑物的结构设计、设备基础、各种操作平台、塔顶装料联合平台钢结构、管廊管架等构筑物的结构设计。

吸附分离装置的结构设计通常从建筑物、构筑物的基础设计开始,根据构筑物的上部荷载和地勘报告的内容,确定是否需要地基处理,选择地基处理方式如换填、强夯、复合地基等,同时,确定基础形式如桩基础、独立柱基础、联合基础、筏板基础等。再通过内力计算方式，设计基础配筋。基础设计是吸附分离装置是否能顺利运行的保障，合理选择基础形式，是基础设计的重点。

建筑物的结构设计，在建筑设计的基础上，进行结构承载能力与整体稳定性的计算。根据《建筑结构荷载规范》(GB 50009—2012)[83]，对恒载、活载的取值是影响结构稳定性的关键因素。建筑物在风荷载或地震荷载等活载的作用下，加上自身的恒载，梁、柱等构件的刚度能否满足规范规定的破坏限值，是结构设计的重点。通常对于钢框架结构来说，采用二阶弹性分析法进行结构分析与稳定性设计。根据《建筑抗震设计规范》，在抗震烈度为 8 度及以上的地区，建筑物除了本身的结构设计应满足抗震计算的要求外，还应采取合理的构造措施加强结构的稳定性，如钢结构厂房柱脚应采用埋入式柱脚等。

关于吸附塔顶装料联合平台与管道支架的结构设计，计算依据均来自于荷载的取值。一般操作平台，活荷载取值为 $2.0kN/m^2$，用于检修的平台，活荷载取值为 $4.0kN/m^2$。而管架的上部荷载，除考虑管道质量外，还要考虑管道充水试压的质量。荷载确定以后，再通过梁柱的布置尺寸，进行承载能力极限状态和正常使用极限状态的结构分析，最终确定梁、柱等构件截面的大小。

另外，所有钢结构均应进行防火设计，通常，当吸附分离装置的构筑物耐火等级达到 2 级时，钢柱、柱间支撑、钢梁均涂刷室外型防火涂料，要求耐火极限不低于 2.0h，钢梯梯梁等承重构件耐火极限不低于 1.0h。

6. 其他公辅工程设计

吸附分离装置常用的公用工程还包括仪表风、工厂风、氮气、工业水、冷却水、除盐水、蒸汽或热水等。常用的辅助工程包括火炬设施，含油污水排放处理设等。吸附分离装置用的公辅工程通常依托全厂的公辅工程。

7. 吸附分离装置三维工厂设计

随着计算机技术的发展，工程设计领域出现了以计算机辅助设计(Computer Aided Design, CAD)应用为主要标志的工作方式转变。

三维设计软件的出现，使得工程项目从分散设计到协同设计成为可能，并伴随着技术的进步，不断提高设计过程的人机界面友好程度和设计成果的可视化效果，大大方便了专业间、上下游的提资和沟通；同时减少了大量的手工开料、出图等工作，方便了项目管理和人力资源配置，使设计工作的数字化程度不断提高。

三维设计软件为吸附分离装置的设备布置、配管、仪表和土建等专业人员的三维协同工作提供了便利性，大大提高材料的准确性。

5.9.5 吸附分离装置安全设计与环境保护

认真贯彻"安全第一、预防为主"的方针及劳动安全卫生设施的"三同时"原则，严格遵循有关劳动安全卫生规范和规定。各专业在设计中，充分依托现有的劳动安全卫生机构和设施，并采取完善、可靠、有效的劳动安全卫生防范措施，在确保安全卫生符合要求的前提下节约投资，防止和减少各类事故的发生。

1. 装置安全设计

1) 职业危害

气体吸附分离工艺适用领域广，在生产过程中大多存在着易燃易爆、有毒有害的物料，如氢气、甲烷、一氧化碳等，因此生产过程中存在着火灾、爆炸等危险。另外在生产中存在的各种转动设备、电气设备及管线可能带来机械伤害、电击伤害和高温烫伤等危险。

2) 重大危险源

重大危险源的定义：长期或临时生产、储存、使用和经营危险化学品，且危险化学品的数量等于或超过临界量的生产、储存装置、设施或场所，辨识依据为《危险化学品重大危险源辨识》（GB18218—2018）[84]。

生产单元、储存单元内存在的危险化学品为单一品种时，该危险化学品的数量即为单元内危险化学品的总量，若等于或超过相应的临界量，则定为重大危险源。

生产单元、储存单元内存在的危险化学品为多品种时，则按下式计算，若满足下式，则定为重大危险源：

$$S = \frac{q_1}{Q_1} + \frac{q_2}{Q_2} + \cdots + \frac{q_n}{Q_n} \geqslant 1 \tag{5-6}$$

式中，$q_1, q_2, \cdots, q_n$ 为每种危险物质实际存在量，t；$Q_1, Q_2, \cdots, Q_n$ 为与各危险物质相对应的生产单元或储存单元的临界量，t。

临界量依据为《危险化学品重大危险源辨识》，详见表 5-135。

表 5-135　部分气体的重大危险源临界量一览表[84]

序号	类别	危险化学品名称和说明	临界量/t
1	易燃气体	氢气	5
2		甲烷，天然气	50
3		氯乙烯	50
4		乙炔	1
5		乙烯	50
6		液化石油气(含丙烷、丁烷及其混合物)	50
7	毒性气体	氨气	10
8		煤气(CO，CO_2 和 H_2、CH_4 的混合物等)	20
9		环氧乙烷	10
10		二氧化硫	20
11		硫化氢	5
12		甲醛(含量>90%)	5
13		氯化氢	20
14		氯气	5

3) 安全设计要求

在装置设计过程中，尤其要注意生产过程中的职业危害，并结合重大危险源计算采取安全对策，主要具体措施如下。

(1) 工艺过程采取防泄漏、防火、防爆、防尘、防毒、防腐蚀等措施。

(2) 在总平面图布置、设备布置方面，符合总体规划要求，吸附分离装置区及贮运区宜布置在全年最小频率风向的上风侧，而其配套的行政办公及生活服务设施宜布置在全年最小频率风向的下风侧，在之间布置辅助生产和公用工程设施。

(3) 压力容器及压力管道设计。为保证设备和管道的安全运行，分别在遵循标准、设计参数、强度计算、材料选取、结构设计及安全附件设置方面进行质量控制。

(4) 电气设计。根据吸附分离装置在全厂流程的主辅地位确定电气负荷分类，根据防爆要求选取相应的防爆电机及电气设备。

(5) 自控设计。本着安全、可靠、先进、实用、维护方便的原则选择 DCS 或者 PLC 系统，吸附分离装置设置紧急停车系统、安全仪表系统等，在控制室需设置不间断电源进行供电。同时，根据吸附分离装置分离的气体特性，设置可燃和有毒气体检测仪。

(6) 电信设计。吸附分离装置需要设置火灾报警系统，设置防爆手动火灾报警按钮和防爆型声光报警器。为适应现代化企业管理的需要，强化安全监测，增强装置的安全性及事后追溯回放，减小劳动强度，吸附分离装置宜设置视频监控系统。

(7) 土建设计。根据吸附分离装置分离的气体特性确定生产火灾类别，建构筑物按相应级别明确耐火等级。

2. 装置环境保护

为推行清洁生产，在吸附分离装置的设计中采用先进的工艺和设备，最大限度地提高资源、能源的综合利用率，把污染物消灭或减少在工艺生产过程中。在生产工艺中，对工艺过程必须排放的废弃物，应首先采取回收或综合利用的措施，对必须外排的污染物则采取稳妥可靠的治理措施，以达到相应的排放标准。

1) 废气

吸附分离装置正常生产情况下无外排废气产生，不对周围环境空气质量造成影响，装置的紧急排空气体需要进入火炬管网，因此，装置建设前后 SO_x、NO_x 等污染物排放量无明显变化。

2) 废水

吸附分离装置正常生产情况下废水产生包括部分含水原料气冷却后经气液分离器排放的少量废水，当装置配置有原料气压缩机时，经压缩后的原料气可能也会产生一些凝液，这些夹带水经气液分离后产生，利用管道集中排到厂区的生产污水系统。

3) 废渣

吸附剂的使用寿命与使用的工况条件直接相关，正常工况下，一般对用于吸附分离工艺的吸附剂，其使用寿命与装置设计期限一致，即可达 15 年；而用于变温吸附工艺的吸附剂，受大幅度的温度变化对吸附剂机械强度及微孔结构的弱化影响，其使用寿命基本为 3~5 年。

吸附分离装置的废渣主要是废吸附剂，其成分主要是氧化铝、氧化硅、活性炭、分子筛等，使用寿命到期更换下来。为节约资源和环保需要，由相关有资质单位回收后进行集中回收再生处置；其中，活性炭类废弃时可以作为燃料烧掉，不能回收利用且未列入国家危险废物名录的废吸附剂，可以采用填埋处理。

4) 噪声

吸附分离装置噪声主要来自程控阀气源和配置机泵运行时产生的噪声。在工程设计时，可以要求机泵安装消声设备或加消声罩，在机泵进出口管线布置时优化设计，以减少震动噪声的产生；在有噪声产生的管道上安装消音器或敷设隔音棉，另外可在厂区周围及高噪声设备附近种植降噪植物等。

5.10 吸附分离技术的前景展望

近三十年来，随着国内石油化工、煤化工、钢铁、有色冶炼、化肥等大型化与规模化发展，吸附分离技术也得到了快速提升，大型、特大型变压吸附装置得到开发应用，我国变压吸附工艺水平和装置规模已居世界前列。随着国家碳中和碳达峰战略的实施，拥有工艺流程简捷高效、自动化程度高、处理规模大、产品气纯度高及能耗较低等特点的吸附分离技术将凸显其在气体分离净化与纯化、碳减排与碳捕集中的独特技术优势。

5.10.1 工业副产气资源化利用

规模化的工业生产如炼油、化工、冶金、焦化、建材等行业在生产过程中伴随大量副产气产生，这些副产气含有多种有用组分，如氢气、一氧化碳、甲烷、烃类、二氧化碳、氮气等，同时也含有硫化物、氮氧化物、挥发性有机物等多种对环境有害的污染物。如果对工业副产气不进行有效处理而直接排放大气，既会造成资源的巨大浪费，同时会对大气环境带来严重污染。分离净化技术的研究开发是工业副产气资源化利用的关键。

变压吸附技术已经在炼厂气回收氢气、乙烯；钢厂的高炉气、转炉气；黄磷尾气和电石尾气回收一氧化碳；硝酸尾气净化和回收氮氧化物；其他多种工业含氢副产气回收氢气；油田伴生气、烟道气回收二氧化碳等领域得到广泛应用。未来还需要研究开发更多的工业副产气分离净化和综合利用技术，以满足实现双碳目标的需要。

5.10.2 碳中和背景下二氧化碳捕集提纯技术的应用

我国能源体系高度依赖煤炭等化石能源，要践行绿色低碳发展理念，就需要高效利用资源、严格保护生态环境和有效控制温室气体排放，而二氧化碳是碳减排、碳中和的关键要素。二氧化碳捕集利用与封存(CCUS)是目前实现化石能源低碳化利用和近零碳排放有效的技术选择，也是将来实现碳减排、碳中和目标的重要技术保障，而二氧化碳捕集是其有效利用的基础。

二氧化碳捕集技术包括化学吸收法和物理分离法，其中吸附分离技术是广泛应用的主要物理分离法。如前相关章节所述，常见的富含二氧化碳气源主要有变换气、高炉气、转炉气、甲醇裂解气、石灰窑气、沼气、油田伴生气、垃圾填埋气等 10 多种，其中二氧化碳体积分数大多在 15%～40%，需要两段及以上吸附分离工艺才能产品要求。吸附分离提纯二氧化碳工艺已经成熟并得到广泛应用，与低温精馏等工艺耦合，可生产食品级或电子级二氧化碳，满足不同应用场景的需要；而且单套装置二氧化碳捕集提纯装置的产量可达 50 万 t/a 以上。

目前，钢铁、水泥、燃煤电厂等领域的 CCUS 还处于示范阶段，由于这些行业排放气体量非常大、二氧化碳浓度低，捕集成本高。将来开发出二氧化碳大规模催化转化（如电催化、光催化）技术，且与大规模制氢技术结合，生产所需的有机化学品，也将有效促进这些行业实现碳减排和碳中和。在碳中和背景下，吸附分离耦合其他分离技术，将为二氧化碳的捕集利用发挥积极作用。

5.10.3　大型化变压吸附氢气提纯装置开发和应用

炼油化工、煤化工是氢气需求量最大的领域。随着成品油的标准越来越高及化工产品的多样化，炼油行业对氢气的需求量越来越大。2000 万 t 规模的炼油厂，对氢气的需求量可达 80 万 m³/h 以上。制氢装置已成为炼油化工生产主流程中的重要单元，制氢装置的运行稳定性和产氢能力对全流程炼化装置稳定与运行至关重要。近 20 年来，由于全球石油价格上涨和我国能源结构的原因，我国煤化工产业发展迅猛。无论是煤直接液化、间接液化制油装置，还是煤制甲醇、乙二醇、烯烃等大宗化学品生产装置，都需要大型化的制氢装置与之配套。

工业上规模化的氢气生产主要来源于化石能源（如天然气制氢、煤制氢等）制氢和富含氢气的工业副产气。其中，国内富含氢气的工业副产气源有数十种，每年副产气量达到上千亿立方米，炼油厂重整气、歧化尾气、低分气等和焦炉煤气是副产氢气的主要气源[6,85]。这些不同来源的含氢气源都需要经过净化、分离、提纯，制取不同品质的氢气，才能满足后续不同应用场景的需要。在各种工业应用需求的推动下，国外吸附分离技术于 20 世纪 60 年代初开始用于规模化的工业生产。我国吸附分离技术于 20 世纪 80 年代初实现工业规模化应用，通过 40 多年的技术开发和大量的工程实践，在吸附分离工艺、吸附材料、控制技术、关键设备等方面不断进步和提升，变压吸附氢气提纯模规模不断扩大，单系列变压吸附装置产氢规模可达到每小时 50 万 m³ 以上，可以完全满足我国当前和今后百万吨级煤化工、千万吨级炼油化工装置生产的需要。

5.10.4　氢能领域的应用

我国作为世界上最大的能源生产和消费国，为加快推进氢能产业发展，减少化石能源的需求，积极发展氢燃料电池汽车也是应对气候变化、保障国家能源安全的战略选择。国家标准《质子交换膜燃料电池汽车用燃料氢气》（GB/T 37244—2018）已正式发布，从这部标准可以看出，用于质子交换膜燃料电池的氢气，对硫化物、一氧化碳等杂质组分有严格的限制和要求，因此研究和开发制取高纯度的氢气技术，是推动氢能产业发展的关键环节。与众多的分离技术相比，吸附分离技术在制取燃料电池氢气方面，具有原料气适应性广、工艺简单、产品纯度高、纯化成本低等特点。西南化工研究设计院率先在国内开展工业副产气制备燃料电池氢气技术研究开发，并在中国石化燕山石油化工有限公司(简称燕山石化)公司建成 2000m³/h(约 178kg/h)氢气的生产装置；多套从焦炉煤气中分离提纯氢气的变压吸附装置也在河南、河北等地投入运行。吸附分离技术已成为当前从各种含氢混合气中分离提纯氢气的首选工艺技术，吸附分离技术也将今后的氢能产业发展中发挥更加重要的作用。

5.10.5　大气污染物排放治理

工业排放气是化石能源消耗和矿产资源利用过程中的副产物，含有大量的有效组分(如氢气、甲烷、一氧化碳、二氧化碳、硫化物、氮氧化物、挥发性有机物等)和颗粒物，其中的有毒有害污染物质(如硫化物、氮氧化物、挥发性有机物等)，会对人类生存及生态环境带来了长期危害，全球大气污染和气候变暖与工业排放气密切相关。

治理大气污染需要从源头开始，对工业排放气首先进行预处理，并对有毒有害物质进行脱除，再进行分离提纯。吸附分离技术已应用于工业排放气资源回收利用、节能减排和大气污染物的控制[6]。

近年来，雾霾问题日益突出，挥发性有机物(VOCs)，也称有机废气，作为二次细可吸入颗粒物(PM$_{2.5}$)和臭氧的重要前体物，已成为我国重点控制的污染物之一。根据行业和排放特征，挥发性有机物的处理技术分为破坏路线和回收路线两大类；其中，对于石油和化工行业排放的有机废气往往是有规律、有组织地排放，且主要组分相对单一，具有回收价值，常采用回收方法包括吸附法、吸收法、冷凝法及膜分离法等。从 2015 年开始，国家对挥发性有机物的排放限值(国标)降低到 120mg/m³，去除效率要求 97%，后来又颁布了《挥发性有机物无组织排放控制标准》(GB 37822—2019)[86]；工业应用实践表明，吸附分离技术能满足这些指标，并成为有效控制净化气中 VOCs 含量的关键技术[87]。随着国家环境保护和治理的重视，需要研究开发更多的实用技术，满足多种大气排放污染物分离、净化的需要。吸附分离技术将在大气污染物排放治理中发挥更大的作用。

5.10.6　吸附分离技术的发展趋势

近 60 年来，为应对不同的气源、规模、产品品种与品质等要求，吸附分离工艺也在不断优化提升，并有效满足了工业、科研及医疗等需要。从市场需求与技术发展要求的角度，吸附分离技术将展现以下发展趋势。

(1)为满足我国规模化工业发展的需要，大型化吸附分离技术及装置需进一步发展和提升。从气体应用的规模上，许多生产装置对工业气体的需求量由每小时数千立方米拓展到数十万立方米，这对吸附分离装置大型化提出了更高的要求。吸附分离装置在工艺技术、智能化控制技术、关键设备可靠性等方面都需要进一步研究和发展，以保障吸附分离装置运行的可靠性和稳定性，从而满足规模化工业生产装置长周期稳定运行的需要。

(2)高压变压吸附技术应用领域的开拓。目前，5.0MPa 高压变压吸附工艺已成熟，6.0MPa 变压吸附工艺也已工业化应用。随着煤化工技术的进步和发展，8.7MPa 的煤气化技术已经得到应用，未来将开发操作压力大于 8.0MPa 的变压吸附制氢装置。

(3)快速变压吸附工艺的开发应用。随着变压吸附工业装置的大型化，配套的吸附塔、阀门和管道等随着增大，从而会降低了设备的稳定性；为解决这一矛盾，通过大幅度缩短循环时间、增加阀门开关频率、提升吸附剂单位时间内使用次数而减少吸附剂量的快速变压吸附工艺已开发，并将大幅度提升装置的处理气量。

(4)吸附分离技术与其他分离技术的耦合。随着工艺流程的深度开发，从投资、能耗、产品和副产品技术要求、占地面积等多方面综合考虑，变压吸附技术与其他气体分离技术如膜分离、低温分离、吸收分离等两种或多种工艺技术的工程耦合，将得到越来越多的利用，更能充分满足不同应用场景的需求。

参 考 文 献

[1] 田伟军, 杨春华. 合成氨生产[M]. 北京: 化学工业出版社, 2011.

[2] Daimer P. 合成氨驰放气的分离[J]. 上海化工研究院院化机室稀有气体组, 译. 深冷技术, 1975, (S2): 39-41.

[3] 丁振亭. 氮肥生产中尾气的回收和利用[J]. 化肥工业, 1997, 24(2): 13-17, 32.

[4] 中华人民共和国国家统计局. 中国统计年鉴[M]. 北京: 中国统计出版社, 2019

[5] 汤霞槐. 变压吸附提氢技术在合成氨驰放气氢回收装置的应用[J]. 化肥设计, 2009, 47(2), 37-42.

[6] 陈健, 王啸. 工业排放气资源化利用研究及工程开发[J]. 天然气化工—C1 化学与化工, 2020, 45(2): 121-128.

[7] 上官方钦, 干磊, 周继程等. 钢铁工业副产煤气资源化利用分析及案例[J]. 钢铁, 2019, 54(7): 114-120.

[8] 沈光林, 陈勇, 吴鸣. 国内炼厂气中氢气的回收工艺选择[J]. 石油与天然气化工, 2003, 32(4): 193-196.

[9] 陈雷, 吴弘. 炼厂干气制氢用于加氢装置[J]. 石油炼制与天化工, 2004, 35(2): 40-43.

[10] 魏瑞. 炼厂气中氢气资源的回收和利用[J]. 当代化工, 2016, 45(6): 1292-1295.

[11] 中国标准化研究院, 全国氢能标准化技术委员会. 中国氢能产业基础设施发展蓝皮书[M]. 北京: 中国质检出版社, 中国标准出版社, 2018: 18, 82-85.

[12] 陈健, 龚肇元, 王宝林等. 第 3 章吸附与变压吸附//王子宗. 石油化工设计手册·第三卷·化工单元过程(下, 修订版)[M]. 北京: 化学工业出版社, 2015: 272-288.

[13] 陈滨. 乙烯工学[M]. 北京: 化学工业出版社, 1997: 5-19.

[14] 张礼昌, 李东风, 杨元一. 炼厂干气中乙烯回收和利用技术进展[J]. 石油化工, 2012, 40(1): 103-110.

[15] 刘丽, 陈中明, 姜宏, 等. 浅析吸附法回收炼厂干气中乙烯资源效率的影响因素[J]. 天然气化工—C1 化学与化工, 2017, 42(4): 69-71.

[16] 孙国臣. 微量物质对乙烯装置的影响[J]. 石油化工, 2010, 9(2): 198-203.

[17] 王建, 高艳, 王彤. 催化裂化干气乙烯回收技术及工业应用[J]. 炼油技术与工程, 2007, 37(3): 13-17.

[18] 刘丽, 张剑锋, 张强. 回收催化裂化干气中乙烯资源技术的工业应用[C]//全国工业排放气综合利用首次学术交流会论文集. 成都, 2009: 220-223.

[19] 刘丽, 姜宏. 炼厂干气中有机硫的脱除[C]//2013 年全国天然气化工与碳一化工信息中心变压吸附网四届一次全国大会技术交流会. 成都, 2013: 12-16.

[20] 刘丽, 张剑锋, 陈琦波, 等. 金属脱氧剂对乙烯气氛中氧脱除性能的研究[J]. 天然气化工—C1 化学与化工, 2015, 40(3): 37-40.

[21] 王波. 几种脱碳方法的分析比较[J]. 化肥设计, 2007, 45(2): 34-37.

[22] 张杰. 变压吸附脱碳双高工艺的工业应用[J]. 低温与特气, 2004, 22(6): 29-33.

[23] 彭奕, 罗橙, 孙炳, 等. 利用电石炉尾气生产甲醇和二甲醚[J]. 化工设计, 2014, 24(6): 13-14.

[24] 刘坤, 许孝良. N-N 二甲基甲酰胺的合成方法[J]. 浙江化工, 2011, (10): 16-20.

[25] 马文蝉, 谭心舜. 甲苯二异氰酸酯的制备方法和工业化生产[J]. 河北化工, 2004, 42(1): 1-3.

[26] 马建军, 冯辉霞, 等. 甲苯二异氰酸酯的生产工艺、现状及其应用[J]. 应用化工, 2009, 38(3): 429-434.

[27] 周建飞, 刘晓琴, 刘定华. 草酸酯法由合成气制乙二醇研究进展[J]. 化工进展, 2009, 28(1): 47-50.

[28] 李化冶. 制氧技术[M]. 北京: 冶金工业出版社, 1997: 3.

[29] Skarstrom C W. Method and apparatus for fractionating gaseous mixtures by adsorption: US2944627 [P]. 1960-07-12.

[30] De Montgareuil P G, Domine D. Process for separating a binary gaseous mixture by adsorption: US3155468 [P]. 1964-11-03.

[31] 刘世合, PSA 制氧设备在电炉炼铁的应用[J]. 冶金动力, 1996, 4(5): 40-44.

[32] 刘世合, 变压吸附制氧技术现状[J]. 气体分离, 2008, 6(1): 4-14.

[33] 唐伟, 刘世合, 张佳平, 等. 变压吸附空分制氧技术进展. 变压吸附设备技术交流会论文集. 河北承德: 2004. 中国通用机械气体分离设备行业协会. 2004: 9-13.

[34] Smolarek J, Leavitt F W, Nowobilski J J, et al. Radial bed vaccum/pressure swing adsorber vessel: US5759242 [P]. 1998-06-02.

[35] Tentarelli S C. Radial flow adsorption vessel: US6086659 [P]. 2000-07-11.

[36] Chao C C. Process for separating nitrogen from mixture thereof with less polar substances: US4859217 [P]. 1989-08-22.

[37] 魏斌, VPSA 变压吸附制氧技术在贵冶厂的应用实践[J]. 铜业工程, 2000, 27(4): 27-28.

[38] 王榆基, 田广兴, 刘铁柱, 等, 真空变压吸附制氧装置工艺流程与安装调试[J]. 深冷技术, 2002, 42(4): 21-24.

[39] 游刚. 贵冶 VPSA 制氧机作业率攻关与改造[J]. 冶金动力, 2006, 14(1): 42-44.

[40] Berlin N H. Method for providing an oxygen-enriched environment: US3280536 [P]. 1966-10-25.

[41] Marsh W D, Hoke R C, Pramuk F S, et al. Pressure equalization depressuring in heatless adsorption: US3142547 [P]. 1964-07-28.

[42] Ruthven D M. Principles of adsorption and adsorption processes[M]. New York: John Wiley & Song, Inc, 1984: 371.

[43] Tamura T. Absorption process for gas separation: US3797201 [P]. 1974-03-19.

[44] Reiss G. Separation of gas mixture by vacuum swing adsorption（VSA）in a two-adsorber system: US5015271 [P]. 1991-05-14.

[45] Baksh M S A, Kikkinides E S, Yang R T. Lithium type X zeolite as a superior sorbent for air separation[J]. Separation Science Technology, 1992, 27(3): 277-294.

[46] Rege S U, Yang R T. Limits for air separation by adsorption with LiX zeolite[J]. Industrial & Engineering Chemistry Research, 1997, 36(12): 5358-5365.

[47] Haruna K, Ueda K, Uno M. Process for producing oxygen-enriched gas: US4684377 [P]. 1987-08-04.

[48] Kumar R, Naheiri T, Watson C F. Adsorption process with mixed repressurization and purge/equalization: US5328503 [P]. 1994-07-12.

[49] White D H, Barkley J P G. The design of pressure swing adsorption systems[J]. Chemical Engineering Progress, 1989, 85(1): 25-33.

[50] Hay L. Method of producing oxygen by adsorption: US5246676 [P]. 1993-09-21.

[51] Kumar R. Vacuum swing adsorption process for oxygen production: A historical perspective[J]. Separation Science Technology, 1996, 31(7): 877-893.

[52] 全国气体标准化技术委员会. 工业氮: GB/T 3864-2008 [S]. 北京: 中国标准出版社, 2008-05-15.

[53] 川井利长. PSA 技术的最近的进步[J]. ケミカル・ユンジニャリング, 1984, 29(7): 55-59.

[54] Schulte-Schulze-Berndt A, Krabiell K. Nitrogen generation by pressure swing adsorption based on carbon molecular sieve[J]. Gas Separation & Purification, 1993, 7(4): 253-257.

[55] 黄建彬. 工业气体手册[M]. 北京: 化学工业出版社, 2002: 315-316.

[56] 国家能源局. 天然气: GB 17820—2018 [S]. 北京: 中国标准出版社, 2018.

[57] 中国石油天然气总公司规划设计总院. 天然气发热量、密度、相对密度和沃泊指数的计算方法: GB/T 11062—2020 [S]. 2020-09-29.

[58] 李克兵. 从垃圾填埋气中净化回收甲烷的工艺及其工业化应用[J]. 天然气化工—C1 化学与化工, 2009, (1): 51-53.

[59] 卜美东, 张田. 中国城市生活垃圾填埋气甲烷产量评估[J]. 可再生能源, 2012, 30(5): 89-94, 99.

[60] 黄志斌, 郭艺, 李长清, 等. 中国煤层气潜力及发展展望[J]. 中国煤层气, 2012, 9(2): 3-5.

[61] 宋岩, 徐永昌. 天然气成因类型及其鉴别[J]. 石油勘探与开发, 2005, (4): 24-29.

[62] 杨颖, 曲冬蕾, 李平, 等. 低浓度煤层气吸附浓缩技术研究与发展[J]. 化工学报, 2018, 69(11): 4518-4529.

[63] 王东, 刘建军, 闻志宁. 变压吸附技术在电石法聚氯乙烯精馏尾气回收中的应用[C]//石化产业科技创新与可持续发展——宁夏第五届青年科学家论坛论文集. 银川: 石油化工应用杂志社, 2009: 84-88.

[64] 赵涛, 黄志亮, 李桢等. 采用变压吸附法回收氯乙烯精馏尾气[J]. 聚氯乙烯, 2017, 45(9): 44-46.

[65] 中国寰球化学工程公司. 安全阀的设置与选用: HG/T 20570.2—1995 [S]. 北京: 中国标准出版社, 1995.

[66] 中国海洋石油总公司研究中心开发设计院. 泄压和减压系统指南: SY/T 10043—2002 [S]. 北京: 中国标准出版社, 2002.

[67] 中国寰球化学工程公司. 气液分离器设计规范: HG/T 20570.8—1995 [S]. 北京: 原化工部工程建设标准编辑中心, 1995.

[68] 全国锅炉压力容器标准化技术委员会. 钢制压力容器—分析设计标准(2005 年确认): JB4732—1995[S]. 北京: 中国标准出版社, 2005.

[69] 全国锅炉压力容器标准化技术委员会. 压力管道规范工业管道: GB/T208016—2020 [S]. 北京: 中国标准出版社, 2020.

[70] 原化学工业部. 工业金属管道设计规范(2008 版): GB 50316—2000 [S]. 北京: 中国计划出版社, 2008.

[71] 中国联合工程公司. 供配电系统设计规范: GB50052—2009[S]. 北京: 中国标准出版社, 2009.

[72] 中国中元国际工程公司. 建筑物防雷设计规范: GB50057—2010 [S]. 北京: 中国标准出版社, 2010.

[73] 中国寰球工程公司. 爆炸危险环境电力装置设计规范: GB50058—2014[S]. 北京: 中国标准出版社, 2014.

[74] 中国电力企业联合会, 中国电力工程顾问集团西南电力设计院有限公司. 电力工程电缆设计规范: GB 50217—2018 [S]. 北京: 中国标准出版社, 2018.

[75] 中国石化集团宁波工程有限公司. 石油化工企业生产装置电信设计规范: SH/T 3028—2007 [S]. 北京: 中国标准出版社, 2007.

[76] 公安部. 火灾自动报警系统设计规范: GB 50116—2013 [S]. 北京: 中国计划出版社, 2013.

[77] 中国冶金建设协会. 工业电视系统工程设计规范: GB 50115—2019 [S]. 北京: 中国计划出版社, 2019.

[78] 中国移动通信集团设计院有限公司. 综合布线系统工程设计规范: GB 50311—2016 [S]. 北京: 中国标准出版社, 2016.

[79] 中国建筑科学研究院. 建筑抗震设计规范(2016 版): GB 50011—2010 [S]. 北京: 中国标准出版社, 2016.

[80] 公安部天津消防研究所. 建筑防火设计规范(2018 版): GB 50016—2014 [S]. 北京: 中国标准出版社, 2018.

[81] 中石化洛阳工程有限公司, 中国石化工程建设有限公司. 石油化工企业设计防火规范(2018 版)GB 50160—2008 [S]. 北京: 中国标准出版社, 2018.

[82] 中冶建筑研究总院有限公司, 西安建筑科技大学. 工业建筑节能设计统一标准: GB51245—2017 [S]. 北京: 中国标准出版社, 2017.

[83] 中国建筑科学研究院. 建筑结构荷载规范: GB 50009—2012 [S]. 北京: 中国标准出版社, 2012.

[84] 中国安全生产科学研究院, 中国石油化工股份有限公司青岛安全工程研究院. 危险化学品重大危险源辨识: GB 18218—2018 [S]. 北京: 中国标准出版社, 2018.

[85] 陈健, 古共伟, 郜豫川. 我国变压吸附技术的工业应用现状及展望[J]. 化工进展, 1998, (1): 14-17.

[86] 中国环境科学研究院、上海市环境监测中心, 中国轻工业清洁生产中心, 等. 挥发性有机物无组织排放控制标准: GB 37822—2019) [S]. 北京: 中国环境出版集团, 2019.

[87] 张崇海, 李克兵, 张宇恒等. 炼厂 VOCs 回收装置的现状分析及技术升级改造[J]. 石油与天然气化工, 2019, 48(2): 33-36.

第6章　变温吸附工艺与工程应用

通过对氮气、甲烷、一氧化碳、二氧化碳、乙烯等低沸点组分的吸附特性研究发现，这些组分在多孔的固体吸附剂上的吸附性能受分压变化的影响非常明显，容易通过加压吸附-降压解吸的变压吸附循环工艺实现分离。而一些高沸点、极性强的组分(如水蒸气、有机溶剂蒸气等)在吸附剂上的吸附量随压力变化不明显，仅通过降压及冲洗的方式，无法使这类组分充分解吸，采用变压吸附工艺难以达到对这些组分进行分离的目的。研究发现，这类组分在较低的温度下吸附量较大，在较高的温度下吸附量显著降低；为了实现对这类气体组分的分离和净化，需采用变温吸附工艺。变温吸附工艺广泛应用于气体的脱水干燥、高沸点有机物脱除和有机溶剂回收等工况。

6.1　变温吸附工艺

6.1.1　变温吸附循环过程

变温吸附循环过程如图 6-1 所示，且循环过程包括吸附、加热(热吹)和冷却(冷吹)三个基本步骤，其中再生气热吹或冷吹步骤都属于解吸再生过程。在吸附步骤，原料气在较低温度下进入处于吸附状态的吸附床，高沸点的强吸附质被吸附床吸附，低沸点的弱吸附质穿透吸附床，对于气体净化装置，穿透吸附床的弱吸附质为产品气；吸附完成后的吸附床进入加热再生过程，再生气经加热后逆着吸附方向进入吸附塔加热吸附床，根据装置所处理的原料气中强吸附质的组成和特性，确定加热后的再生气温度和再生结束时的再生废气温度；根据装置的具体情况，再生气可采用惰性气体、空气或处于吸附状态吸附床产生的弱吸附质净化气；含有高沸点强吸附质的再生废气可以作为废气直接排出装置，或者经冷却降温分离回收强吸附质组分，分离强吸附组分后的再生废气增压后可以进入处于吸附状态的吸附床吸附，继续除去剩余的气态强吸附组分，或者作为再生气继续使

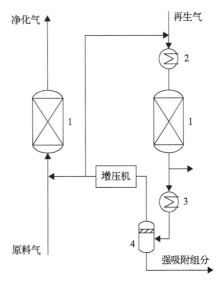

图 6-1　两塔变温吸附循环过程的示意图

1-吸附塔；2-加热器；3-冷却器；4-分离器

用；吸附床加热完成后，采用温度较低的再生气吹扫吸附床为其降温，直至吸附床温度降至常温或原料气进料温度，冷却过程的再生废气走向一般与加热过程相同。

变温吸附循环中加热方式通常采用加热后的再生气通过床层直接加热吸附剂，或通过床壁或床内盘管间接加热吸附剂。再生气既是载热体又是冲洗气，它不仅将热量送入床层，还可以不断地将解吸出来的强吸附质及时带出床层，通过不断降低吸附质的分压，提高解吸再生的效果。

由于吸附剂导热系数小，塔内吸附剂再生时加热和冷却过程较缓慢，再生所需时间通常为数小时至数十小时，因此在两塔变温吸附循环中吸附时间必须等于或大于再生的时间，以保证在再生结束时，处于吸附状态的吸附床层流出气体中强吸附质浓度不至于达到穿透控制浓度。由于这个特点，变温吸附装置中不能采用以吸附(扩散)速率为分离机理的吸附剂如碳分子筛；同样，如果强吸附质在原料气中的浓度很高，为了使吸附阶段的时间能与再生的时间相匹配，就需要体积很大的吸附塔或并列多台吸附塔，这并不经济。因此，变温吸附工艺较适用于分离气体中的微量杂质，或者通过降压及冲洗都无法较好解吸的气体组分的分离。

6.1.2　变温吸附工艺

根据变温吸附循环过程中再生步骤是否需要降压操作，变温吸附工艺分为变压变温吸附和等压变温吸附两种工艺流程。为了确保高沸点组分解吸再生彻底，需采用高压吸附、降压加热再生，即再生在接近常压下进行，这种工艺称为变压变温吸附工艺。根据吸附塔数量的不同，变温吸附工艺分为两塔变温吸附工艺、3塔变温吸附工艺及多塔变温吸附工艺。为了脱除或分离多种强吸附质，可以将两套或多套变温吸附装置串联，成为两段或多段变温吸附装置。再生压力与吸附压力相同或相近的变温吸附工艺称为等压变温吸附工艺，净化气对高沸点强吸附质的精度要求不高，且高沸点强吸附质经浓缩降温后较易液化的工况，可以采用等压变温吸附工艺，如等压干燥。

1. 两塔变温吸附工艺

两塔变温吸附工艺是最常用的变温吸附工艺，工艺流程如图6-2所示。其中一台吸附塔处于吸附步骤，待净化的原料气自下而上流过吸附床，原料气中的强吸附质被吸附床吸附，从吸附床出口获得脱除强吸附质后的净化气；另一台吸附塔处于再生步骤，在再生步骤中，首先经加热器加热的再生气自上而下流过吸附床，吸附床被加热升温至再生要求的温度，同时吸附剂中吸附的强吸附质解吸并被再生气带出吸附床，加热维持一定的时间后强吸附质完全解吸，吸附剂获得再生。加热完成后，用较低温度的再生气自上而下通入吸附床，将吸附床层的温度降低到吸附步骤需要的温度，准备进入下一个吸附循环周期。通过吸附-加热-冷却的循环工艺，可从吸附塔出口端获得净化气，也可以从再生气中获得吸附相产品。

2. 3塔变温吸附工艺

在没有外来再生气源时,两塔变温吸附工艺需要消耗一定的净化气作为再生气。当要求比较高的净化气回收率时,在两塔变温吸附工艺的基础上优化形成了3塔变温吸附工艺,如图6-3所示。在3塔变温吸附工艺中,有一台吸附塔处于吸附步骤,一台吸附塔处于加热再生步骤,一台吸附塔处于冷却步骤。原料气自下而上流过处于吸附步骤的吸附床,原料气中的强吸附质被吸附床吸附,从吸附塔出口获得净化气。再生气首先冷却处于冷吹步骤的吸附塔,对完成加热再生的吸附塔进行冷却降温,从处于冷却步骤吸附塔流出的再生气,再经加热器加热后进入处于加热再生步骤的吸附塔,对吸附床进行加热升温。由于冷吹和加热共用同一再生气,两个步骤同步进行,吸附分周期时间可以缩短到两塔流程的一半,吸附塔体积可以缩减一半,相应的再生气用量减少。3塔变温吸附工艺较两塔变温吸附工艺可以减少大约50%的再生气用量,再生气来自净化气时,3塔变温吸附工艺可以大幅提高净化气回收率。

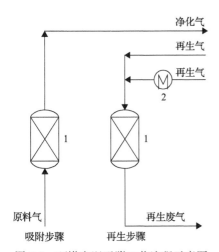

图 6-2　两塔变温吸附工艺流程示意图
1-吸附塔；2-加热器

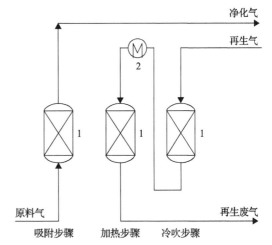

图 6-3　3塔变温吸附(单塔吸附)工艺流程示意图
1-吸附塔；2-加热器

当原料气中待脱除强吸附质含量较低、原料气流量较大、压力较低时,还可采用一种两塔同时进料单塔再生的3塔变温吸附工艺,见图6-4。其中两台吸附塔同时处于吸附步骤,原料气体自下而上流过两个吸附床,原料气中的强吸附质被吸附床吸附,从吸附塔出口获得净化气体,另一台吸附塔处于再生步骤,在再生步骤中首先经加热器加热的再生气自上而下流过吸附床,吸附床被加热升温至再生要求的温度,同时吸附剂中吸附的吸附质解吸并被再生气体带出吸附床,吸附床达到再生温度且吸附质解吸完成后,再自上而下通入温度较低的再生气,将吸附剂床层的温度降低到吸附温度,准备进入下一个周期的吸附步骤,如此循环即可在吸附床出口获得净化气,或者通过再生气获得吸附相产品。

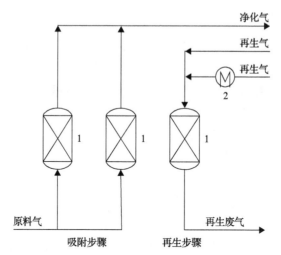

图 6-4   3 塔变温吸附(两塔同时吸附)工艺流程示意图

1-吸附塔；2-加热器

3. 多塔变温吸附工艺

随着变温吸附装置的大型化，同时进料吸附的吸附塔数量达到 3~5 台才能满足某些大型变温吸附装置的工艺要求，相应的变温吸附装置即为 4 塔及以上的多塔工艺。3 塔进料吸附、1 塔再生的变温吸附工艺如流程图 6-5 所示；3 塔进料吸附、2 同时再生的变温吸附工艺如图 6-6 所示。多塔变温吸附工艺的循环过程与 3 塔变温吸附工艺类似，只是同时进料的吸附塔数量不同。

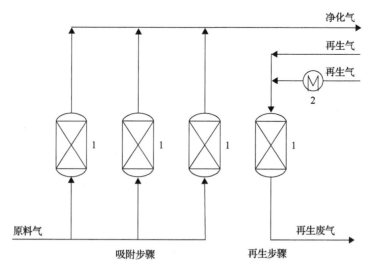

图 6-5   4 塔变温吸附工艺流程示意图

1-吸附塔；2-加热器

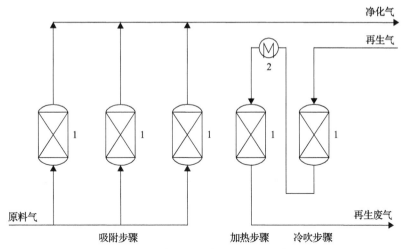

图 6-6　5 塔变温吸附工艺流程示意图

1-吸附塔；2-加热器

4. 等压变温吸附工艺

当原料气中要脱除或分离的强吸附质容易冷凝为液体时，如变温吸附干燥装置，可以采用等压变温吸附工艺，利用吸附剂对气体中水分有较强的吸附选择性，在一定压力和室温条件下吸附剂对水容易吸附而脱除，达到干燥目的。在较低温度下吸附，在较高温度下脱附，再生压力与吸附压力基本相同。再生气全部返回吸附塔入口与原料气混合，具有不损失净化气、不需要外供再生气的特点。在原料气入口端采用一台压力调节阀平衡吸附塔和再生塔的气体压力，不需要配置增压机对再生气进行增压，无动力消耗，流程简单。

等压变温吸附净化装置通常由 3 台吸附塔、程控阀、加热器、冷却器和分离器组成，装置规模较小时程控阀可以采用四通程控阀，其工艺流程如图 6-7 所示，其中 A 塔和 B 塔作为主吸附塔，C 塔作为预吸附塔，C 塔的体积为主吸附塔体积的 1/4～1/2。

以一氧化碳干燥脱水工艺为例，含水的一氧化碳原料气在一定压力和常温条件下进入等压变温吸附干燥装置，任一时刻有一台吸附塔处于吸附干燥步骤。大部分原料气直接自上而下通过装填有活性氧化铝或硅胶，或分子筛吸附剂的 A 塔，一氧化碳中的水分被吸附床吸附，从 A 塔下部出口得到干燥的一氧化碳气体作为产品气输出装置。

与此同时，B 塔和 C 塔处于再生步骤，其过程是一小部分原料气先经 C 塔干燥脱水，干燥的一氧化碳气体再经加热器加热后对 B 塔进行再生。B 塔加热再生完成后进行冷吹，冷吹后的气体经加热器加热后对 C 塔进行再生。B 塔、C 塔交替再生后，吸附床层中吸附的水分得到充分解吸。B 塔、C 塔的再生流出气经冷却器降温并分离出液态冷凝水后返回 A 塔入口，与原料气混合后进入 A 塔进行吸附干燥。B 塔再生完成后，即可进入下一步吸附干燥步骤。

当 A 塔出口净化气含水量达到一定的指标时，停止 A 塔吸附步骤并切换，B 塔进入

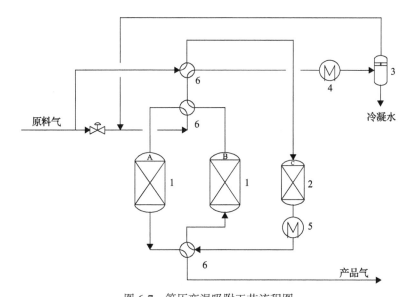

图 6-7 等压变温吸附工艺流程图

1-吸附塔；2-预吸附塔；3-分离器；4-冷却器；5-加热器；6-四通程控阀

吸附步骤，A 塔和 C 塔进入再生步骤。如此周期性交替循环操作，得到连续的干燥一氧化碳气体，整个干燥过程没有一氧化碳气体对外排放，也没有受其他气体污染。

等压干燥装置的控制系统通过控制 3 台四通程控阀位置切换，实现对 A 塔、B 塔、C 塔工艺步骤转换的自动控制。

5. 两段或多段变温吸附工艺

当原料气中含有多种强吸附质，一套变温吸附装置分离或净化脱除这些强吸附质会使吸附塔体积过大，或不同的强吸附质解吸需要的温度相差较大，或者净化气中强吸附质的精度要求较高，采用一套变温吸附工艺容易使单套装置过大，配套设备难以满足，或是处理精度无法达到产品气的净化精度。这些情况可以采用两套或多套变温吸附装置串联的两段或多段法变温吸附工艺，其中两段法变温吸附工艺如图 6-8 和图 6-9 所示。

两段法变温吸附工艺中，原料气进入第一套变温吸附装置(TSA-1)脱除大部分强吸附质或者多种强吸附质中吸附能力较强的吸附质，第一套变温吸附装置(TSA-1)的净化气进入第二套变温吸附装置(TSA-2)脱除剩余的强吸附质组分，并达到所要求的精度。两段变温吸附工艺按再生方式不同，可分为并联工艺和串联工艺；其中，采用并联再生工艺时(图 6-8)，再生气分别为两套变温吸附装置中吸附剂再生，两套变温吸附装置可同时再生，也可不同时再生。采用串联再生工艺时(图 6-9)，再生气先再生第二套变温吸附装置，又利用第二套变温吸附装置(TSA-2)的再生废气再生第一套变温吸附装置(TSA-1)。由于采用串联再生工艺时，第二套变温吸附装置(TSA-2)的再生废气含有强吸附组分，继续再生第一套变温吸附装置(TSA-1)会影响再生效果，因此，再气量充足时优先选择并联再生的工艺。

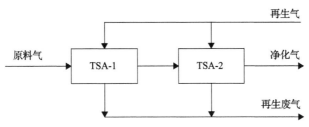

图 6-8　两段变温吸附并联再生工艺流程框图

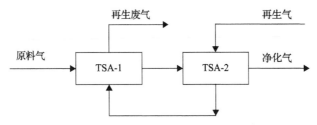

图 6-9　两段变温吸附串联再生工艺流程框图

6.1.3　变温吸附工艺的热量平衡

变温吸附工艺设计中需要充分考虑体系的热量平衡。再生气量根据吸附剂充分再生所需消耗的能量而定，它和待脱除的强吸附质浓度、再生温度、再生时间有关。对于变温吸附工艺，加热所需的总热量 Q_J 是下列各项热量之和。

（1）加热被吸附的强吸附质所需的热量 Q_1。

（2）强吸附质脱附所吸收的热量（相当于吸附热）Q_2。

（3）加热吸附剂所需的热量 Q_3。

（4）加热吸附塔所需的热量 Q_4。

（5）加热保温层所需的热量 Q_5。如果是采用内保温层，则不计算加热吸附塔壳体所需的热量。

（6）热量损失（受热塔体外表面向周围空间散发的辐射热）。在前几项所需热量之和上增加 10%～15% 的热量，即

$$Q_J = (Q_1 + Q_2 + Q_3 + Q_4 + Q_5) \times (1.1 \sim 1.15) \tag{6-1}$$

则加热期间再生气量 V_J 为

$$V_J = Q_J / (t_J C_p \Delta T_J) \tag{6-2}$$

式中，t_J 为加热时间；C_p 为再生气的定压比热容；ΔT_J 为再生气加热进口温度与床层加热始、终温度的平均温度之差。

冷却期间需要带走的总热量 Q_L 为 Q_3、Q_4 和 Q_5 之和，那么冷却期间再生气量 V_L 为

$$V_L = Q_L / (t_L C_p \Delta T_L) \tag{6-3}$$

式中，t_L 为冷却时间；ΔT_L 为床层冷却始、终温度的平均温度与床层加热起始温度之差。

如果加热和冷却是同一种气源，那么取数值大的为其再生气量。从式(6-2)中可以看到，当 Q_J、t_J 和 C_p 一定时，ΔT_J 随着再生气加热进口温度降低而减小，再生气量 V_J 增大。

6.2 变温吸附工艺的工程配置

变温吸附工艺是加热与冲洗相结合再生的循环工艺，通过多塔配置实现循环连续操作。这种循环适用于脱除微量杂质和气体的提纯过程，或者通过降压及冲洗都无法获得较好解吸的工况。变温吸附工艺再生条件的选择需要综合考虑再生气来源和公用工程条件。根据实现变温吸附工艺的吸附-再生循环需要，一般变温吸附装置包括以下几部分。

(1)吸附分离系统。主要包括吸附剂、吸附塔、缓冲罐、程控阀及连接管路等。

(2)动力系统。主要包括增减压设备，如鼓风机、压缩机、真空泵等。

(3)加热系统。主要包括提供再生气外供升温方式，如以蒸汽、导热油、燃料燃烧等加热介质间接升温的换热器，或以能量转换方式直接升温的电加热器及配套管路等。

(4)控制系统。主要包括实现整个吸附-再生循环周期内压力、温度、流量调节的自动化控制单元。

(5)检测系统。主要包括净化气质量检测的在线或离线分析方法及仪器。

以上五大系统中，控制系统已在前文有专门章节(第4章)进行详细介绍，下面对其余四个系统分别进行叙述。

6.2.1 吸附分离系统

变温吸附装置常用于气体干燥、气体净化、工业排放气中脱除或回收低浓度污染物组分及产品气的终端精制等，如挥发性有机物(VOCs)的净化回收、焦炉气净化(脱萘、脱苯)、硝酸尾气治理、空气净化(脱除二氧化碳和水)、氢气(氮气)产品气精制等。以上净化分离系统主要包括吸附剂、吸附塔、缓冲罐、程控阀及连接管路等。其中，变温吸附装置采用的吸附剂根据应用工况进行分类，如用于脱除焦炉气中萘的脱萘剂、用于干燥脱水的干燥剂等。变温吸附工艺采用的吸附塔可根据原料气条件(流量、压力、温度等)、公用工程条件等分为以下几种。

1. 吸附塔

1)固定床吸附塔

变温吸附中吸附塔与变压吸附的吸附塔相类似，以固定床为主。固定床结构多为圆筒形容器，气体进入吸附剂床层的流动方向与容器中轴线相平行的称为轴向塔，与容器直径相平行的称为径向塔。现有工程装置中最常用的是轴向塔，其特点是设备简单、占地面积小，均为垂直安装，故常称为立式塔。轴向塔有大的高径比，因此有较好的动力学效果，然而床层阻力也较大。径向塔中气流阻力较小，适于低压大气量的工况。径向流气体流动比轴向塔中流动复杂，一是由于塔壁是圆弧形，原料气沿着塔内壁通道径向进入吸附剂层，其流动的横截面积大，且逐渐减小，气体流速会随之由小变大地变化，这种流向对需脱除量大的进料气是有利的，可以保持气流流速均衡稳定；二是气体从塔中心部位径向进入，流通面积由小逐渐增大，对于脱除量少且要求高的工况是有利的，但对气流分布器的设计又提出严格的要求，以实现气流的均匀分布。

2) 换热型吸附塔

这是一种基于变温吸附工艺特点的换热型变温吸附塔，可分为列管式和板翅式两种。其中列管式常用于需要严格控制吸附温度或再生温度的应用场合，但由于设备制造和吸附剂装填较为复杂，以及塔壁效应的影响，因此换热型变温吸附塔大多在再生气量少不能满足装置再生要求的情况下使用；同时，也可在吸附床层中设置盘管(蛇管)以替代列管，或其他间接加热冷却形式。对于板翅式吸附塔，一个通道是吸附剂层，可通过原料气或再生气；另一个通道是金属翅片层，可通过冷却剂或加热剂；这种结构的换热效果较好，加热和冷却床层快，循环时间短，适用于变温吸附回收强吸附质工艺，其设备紧凑但制造难度较大。

3) 转轮吸附塔

转轮变温吸附装置的吸附塔是轴向流转轮结构，该转轮的圆周表面是密闭的，而其两侧的径向剖面轴向贯通，内含吸附材料。吸附转轮由若干个面积相等的扇形室组成，扇形室之间用金属板隔开，整个轮面分为吸附、加热、冷却 3 个区域。转轮安装在一个固定的支撑框架内绕轴缓慢连续旋转，当含有强吸附质的气流正面通过转轮时，强吸附质在转轮的吸附区被吸附，气流得到净化；与此同时，热气流从反面经密封装置通过加热区解吸先前被吸附的强吸附质，冷气流亦从反面(或正面)经密封装置通过冷却区冷却已再生好的吸附剂。吸附和解吸同时在转轮的不同区域实施，使气体仅通过一个转轮而不需要切换阀门就得到连续的净化，同时吸附剂也得到连续的再生。

2. 其他设备

变温吸附装置中配置的缓冲设备主要包括原料气缓冲罐、净化气缓冲罐、再生气缓冲罐、气液分离器等，这类设备的作用在于保证装置前后工段的运行工况稳定，以及对再生气的充分利用。变温吸附装置中程控阀运行温差较大，温度区间范围在-40~400℃，所需的密封材质与常规变压吸附装置中程控阀有明显不同。

变温装置中的管路连接包括吸附和再生两部分，其中吸附部分的管路连接与变压吸附装置基本相同，再生部分由于配置有加热管线及再生气换热设备，为了充分利用能量，通常需要对其进行保温设计。

6.2.2　动力系统

动力系统主要包括增减压设备，如鼓风机、压缩机、真空泵等。其中鼓风机主要用于微正压(小于 5kPa)原料气的加压，以克服净化系统的阻力降(通常在 10~50kPa)；还可用于再生气循环使用，即循环风机。常用风机分为叶片式风机和容积式风机，叶片式风机包括离心风机和轴流风机，容积式风机包括往复风机和回转风机(叶片式风机/罗茨风机/螺杆风机)。

压缩机增压一般适用于原料气主体组分是弱吸附质且含尘量较低(通常在 30mg/m³ 以下),如氢气、氮气等,其吸附力很弱,而需要脱除的杂质是强吸附质,但含量较低[通常在 0.1%(体积分数)以下],且后续净化气使用工段需要较高压力输入的工况场合。压缩机按其原理可分为容积型压缩机与速度型压缩机,容积型压缩机包括往复式压缩机和回转式压缩机,速度型压缩机包括轴流式压缩机、离心式压缩机和混流式压缩机。

真空泵适用于吸附剂减压再生,如 VOCs 净化工艺采用加热真空解吸,这也是变温吸附工艺常用的再生方法之一,常用的真空泵有往复泵、罗茨泵、水环泵等。

6.2.3 加热系统

变温吸附工艺的工程配置中,通常需要通过加热升温的方式提供再生能量。这部分由传热介质、换热设备,以及传热介质输入、输出管线构成的系统即为变温吸附加热系统。其中加热介质有不同来源,可以采用不同形式的加热系统。

对于部分强吸附质,由于吸附力极强,其吸附剂的再生是采用过热蒸汽直接对床层加热,如焦炉气净化中的脱萘,萘完全汽化温度高于 218℃,如果同时含有焦油等高分子烃类和硫化物,则还需将再生温度提高到 300℃以上。加热再生完成后,还需用环境温度的惰性气体如氮气(氧气体积分数应低于 0.5%)进行吹扫降温,带出其中热量和进一步降低床层中残余的水分含量,床层温度降至 40℃后方能重新投入使用。在此应用中,过热蒸汽供给系统热量即为加热系统。供给方式有厂方公用工程直供过热蒸汽,或饱和蒸汽电加热制取过热饱和蒸汽,其中公用工程直供的过热蒸汽通常具有高温、高压的特点,而吸附剂再生是在常压(或负压)、高温下进行,因此需要配置减压阀,降压使用。在降压过程中因节流膨胀效应,会损失部分热量,所以要求在公用工程消耗量设计计算中,应计入这部分损耗。在仅有饱和蒸汽供给时,若直接采用饱和蒸汽再生,会造成再生完成后系统含水量较高,从而影响下一个吸附过程的效果,可通过电加热器升温,使饱和蒸汽升温后成为过热蒸汽,达到提高热效率、降低再生气水含量的目的。对于水溶性较差的有机物净化的变温吸附工艺,可采用过热蒸汽直接再生吸附剂。

对于采用换热型吸附塔的变温吸附装置,也可采用导热油作为传热介质。导热油具有抗热裂化和化学氧化的性能,传热效率好,散热快,热稳定性好。作为传热介质具有以下特点:在几乎常压的条件下,可以获得很高的操作温度;可以大大降低高温加热系统的操作压力和安全要求,提高系统和设备的可靠性;可以在更宽的温度范围内满足不同温度加热、冷却的工艺需求,或在同一个系统中用同一种导热油同时实现高温加热和低温冷却的工艺要求;可以降低系统和操作的复杂性,省略了水处理系统和设备,提高了系统热效率,减少了设备和管线的维护工作量;可以减少加热系统的初投资和操作费用;在事故原因引起系统泄漏的情况下,导热油与明火相遇时有可能发生燃烧,这是导热油系统与水蒸气系统相比所存在的最大问题。但在不发生泄漏的条件下,由于导热油系统在低压条件下工作,故其操作安全性要高于水和蒸汽系统。从使用及安全角度看,其主要特性如下。

(1)在许用温度范围内，热稳定性较好，结焦少，使用寿命较长。

(2)在许用温度范围内，导热性能、流动性能及可泵性能良好。

(3)低毒无味，不腐蚀设备，对环境影响小。

(4)凝固点较低，沸点较高，低沸点组分含量较少。在许用温度范围内，蒸汽压不高，蒸发损失少。

(5)温度高于 70℃时，与空气接触会被强烈氧化，其受热工作系统需密封，而只允许其在 70℃以下的温度与空气接触。

(6)受热后体积膨胀显著，膨胀率远大于水。温升 100℃，体积膨胀率可达 8%～10%。

(7)过热时会发生裂解或缩合，在容器、管道中结焦或积碳。

(8)混入水或低沸点组分时，受热后蒸气压会显著提高。

(9)闪点、燃点及自燃点均较高，在许用温度及密闭状态下不会着火燃烧。

因此，采用导热油作为传热介质时，需要设计独立的循环系统，即以泵循环方式，根据工艺过程需要提供导热油的加热或冷却。

对于部分对气体含水量要求很高的场合（如多晶硅尾气净化，其中的杂质氯硅烷遇水极易发生水解反应生成氯化氢和二氧化硅，因而造成腐蚀及吸附剂失活），也可采用电加热方式升温。

电加热器常用于对流动的液态、气态介质的保温和加热。当加热介质通过电加热器加热腔，均匀地带走电热元件工作中所产生的巨大热量，使被加热介质温度达到工艺要求。其工程应用设计中主要涉及功率计算。

加热功率的计算包括运行时的功率、启动时的功率和系统中的热损失三个方面。其中，所有的计算应考虑最恶劣的情况，包括最低的环境温度、最短的运行周期、最高的运行温度及加热介质的最大质量（流动介质则为最大流量）。

计算加热器功率的步骤：①根据工艺过程，画出加热的工艺流程图；②计算工艺过程所需的热量；③计算系统启动时所需的热量及时间；④修正加热工艺流程图，考虑合适的安全系数，确定加热器的总功率。

最终，根据以上计算结果，确定发热元件的护套材料及功率密度；加热器的形式、尺寸及数量；加热器的电源及控制系统等。

目前变温吸附工艺最常用的加热介质是饱和蒸汽。在工程配置中，加热系统常用设备为换热器，在此，常温下的再生气与饱和蒸汽换热，使再生气升温至设计温度。饱和蒸汽因其换热降温后存在气液的相变过程，具有较大的相变潜热可以利用，因此比过热蒸汽更适用于工艺过程换热。在蒸汽的使用过程中应充分考虑不同蒸汽性质，选择合适的蒸汽，在保证生产的同时，最大限度减少能耗、节约成本。饱和蒸汽具有如下特点。

(1)饱和蒸汽的温度与压力之间一一对应，二者之间只有一个独立变量。

(2)饱和蒸汽容易凝结，在传输过程中如有热量损失，蒸汽中便有液滴或液雾形成，并导致温度与压力的降低。含有液滴或液雾的蒸汽称为湿蒸汽。严格来说，饱和蒸汽是含有液滴或液雾的双相流体，所以不同状态下不能用同一气体状态方程式来描述。饱和蒸汽中液滴或液雾的含量反映了蒸汽的质量，一般用干度这一参数来表示。

（3）准确计量饱和蒸汽流量比较困难，因为饱和蒸汽的干度难以保证，一般流量计都不能准确检测双相流体的流量，蒸汽压力波动将引起蒸汽密度的变化，流量计示值产生附加误差。所以在蒸汽计量中，须设法保持测量点处蒸汽的干度以满足要求，必要时还应采取补偿措施，实现准确的测量。

6.2.4　检测系统

变温吸附装置的检测系统通常是以待脱除组分为检测对象，以设计的净化脱除精度为检测限选择配置检测仪器，如干燥装置需要检测净化气中微量水含量，当设计要求达到常压露点$-70℃$（对应水含量为 $2.58mL/m^3$），就应配置检测限达到 $2mL/m^3$ 以下的微量水分析仪。检测仪器在工程配置中一般有在线分析仪和离线分析仪两种。由于变温吸附装置通常应用于低含量的强吸附质脱除，为避免因取样造成的分析误差，应尽量选用在线分析仪，在线检测系统一般由取样单元、预处理单元和分析单元组成。以下就几种常用变温吸附装置的检测系统分析仪选型进行介绍。

1. 微量水分析仪（干燥用）

微量水分析仪按原理主要分为电解法、电容法、冷镜法和光纤法四种类型。

1）电解法

常用五氧化二磷微量水传感器的检测原理：传感器电解池涂敷了五氧化二磷，当样品气通过传感器电解池，五氧化二磷吸收样品气中含有的水，生成偏磷酸、焦磷酸和磷酸，生成的偏磷酸、焦磷酸和磷酸又被电解为五氧化二磷、氢气及氧气，样品气中含有的水与电解池电解的水达到动态平衡，电解电流的大小与样品气中的水含量成正比，通过测量电解电流即可得到样品气中的含水量。五氧化二磷传感器适用于测量各种惰性气体、样品中含水量或根据所选择的传感器探头材质应用于氯化氢、氯气或二氧化硫等腐蚀性气体中，极少数会同磷酸发生化学反应的气体除外；其探头与样气接触的材料可以是玻璃、铂或铑，或者其他材料。电解法的优点包括测试灵敏度高、适合非常微量的水/痕水测试、可以测量腐蚀性气体等，其缺点有传感器需要定期重涂、漂移较大、易受氢气和氧气等背景气影响、平衡时间长及响应慢。

2）电容法

利用一个高纯铝棒，表面氧化成一层超薄的氧化铝薄膜，其外镀一层网状金膜，金膜与铝棒之间形成电容，由于氧化铝薄膜的吸水特性，导致电容值随样品中水分的多少而改变，测量该电容值即可得到样品的水含量。该方法的主要优点是测量下限更低，可达$-100℃$的露点，另一突出优点是响应速度非常快，从干到湿响应 1min 可达 90%，因而多用于现场和快速测量场合；缺点是精度较差，不确定度多为 $\pm(2\sim3)℃$。但随着各厂家的不断努力，该方法正在逐渐得到完善，例如，通过改变材料和提高工艺使传感器稳定度大大提高；通过对传感器响应曲线的补偿成线性，解决了自动校准问题。电容法的优点主要体现为反应速度快，但存在精度较差的不足。

3) 冷镜法 (露点法)

让样气流经露点冷镜室的冷凝镜，通过降低冷凝镜的温度，使样气达到饱和结露状态 (冷凝镜上有液滴析出)，测量冷凝镜此时的温度即是样气的露点。该方法的优点是精度高，尤其在采用半导体制冷和光电检测技术后，测量精度甚至可达 0.1℃；缺点是响应速度较慢，尤其在露点−60℃以下，平衡时间甚至达几个小时。而且此方法对样气的清洁性和腐蚀性要求也较高，否则会影响光电检测效果或产生"伪结露"造成测量误差。

4) 光纤法

该技术是 20 世纪末发展起来的一种新型测量技术，光纤湿度传感器的表面为具有不同反射系数的氧化硅和氧化锆构成的层叠结构，通过热固化技术，使传感器表面的孔径控制在 0.28~0.30nm，水分子可以渗入。控制器发射出一束 790~820nm 的近红外光，通过光纤电缆传送给传感器，进入到传感器的水分子会引起波长的变化，该变化量与介质的水分含量呈相应的比例关系。通过测量接收到的光的波长，就可以得到介质的露点及水分含量。光纤法的优点包括精度高、免维护、非常稳定、可测量含硫化氢和氯化氢的腐蚀性介质等，但它也存在传输光纤易折断、需要保护等不足。

2. 总烃分析仪 (净化 VOCs 用)

常规的总烃分析仪是基于气相色谱用氢火焰离子化检测器原理设计和生产，可用于检测样气中微量碳氢化合物含量的分析仪器。通过分析甲烷和除甲烷以外的其他总碳氢化合物得到净化气中总烃 (总碳氢化合物) 含量。可普遍应用于大气、氩气、氮气、氧气、二氧化碳、一氧化碳等气体中总烃的在线测定和分析，以及石油化工、钢铁和气体工业等行业的总烃过程控制仪表。这类仪器具有高灵敏度、稳定性和易用性。同时，为保证测试结果的准确性，在实际应用中，需要根据现场工况特点，对采样系统采用全程高温伴热进行样品的传输。从压力、温度、流量的传感器，以及伴热管线，直到分析仪器内部均采用 120~200℃ 的高温伴热，可以有效地避免样品中的蒸气冷凝，从而避免样品组分的损失。同时样品前处理系统还应配置过滤元件，以避免样品中的微尘颗粒物组分对分析系统的影响，延长仪器的使用寿命。

氢火焰离子化检测器是以氢气与空气燃烧生成的火焰为能源，使有机物发生化学电离，并在电场作用下产生电信号来进行检测的。进样后，待测组分被电离，使电路中微电流显著增大，即为待测组分的信号。该信号的大小在一定范围内与单位时间内进入检测器的被测组分的质量成正比，所以氢火焰离子化检测器是质量型检测器，其检测限可以达到 $0.1mL/m^3$ 或更低。根据上述仪器工作原理，其分析单元需要配置：①载气一般采用高纯氮气或高纯氢气；②燃烧气一般采用高纯氢气；③助燃气一般采用零级空气等外供气源。若在检测器前增加配置甲烷化转化炉，则可以满足微量一氧化碳和二氧化碳的分析。

3. 微量硫分析仪（净化脱硫用）

微量硫分析仪是一种基于火焰光度检测器（FPD）的气相色谱仪，在火焰光度检测器检测器中硫化物在富氢火焰中被激发生成一定数量的激发态S_2^*硫分子，当激发态S_2^*回到基态时会发射出 394nm 的特征光谱，发射的光经干涉滤光片除去其他波长的光线后，用光电倍增管把光信号转化成电信号并加以放大，此信号与被测组分硫含量成正比。其主要特征是对硫为非线性响应。由光电倍增管本身的放大倍数及火焰光度检测器的选择性来保证高选择性和高灵敏度，其检测限可以达到 $0.03mL/m^3$。

由于含硫物质，特别是硫化氢，具有易吸附和化学性质活泼的特性，使痕量硫化物的分析比较困难。因此，通常要求该取样系统必须进行表面钝化处理以防止硫化物吸附损失。目前针对硫分析取样系统中取样钢瓶、取样阀、不锈钢管线及进样阀，已有一套成熟的表面钝化技术。

6.3　变温吸附工艺的工程应用

变温吸附工艺广泛应用于气体干燥、高纯或者超高纯气体的净化、工业过程尾气的脱除或回收低含量有机物等。根据气体中各组分的物化性质和净化要求，可选择不同的变温吸附工艺。

6.3.1　气体干燥

1. 气体干燥脱水基础

工业化生产中常常用到不同种类的气体，气体中的水分经常会对正常生产带来不利影响，如降低催化剂的活性、在气体的输送过程或低温应用过程堵塞管道，甚至影响产品质量或造成安全危害等，而且含水量也是评价气体纯度的一项重要指标，因此气体干燥是工业气体生产过程重要的预处理过程之一。

气体干燥脱水的方法通常有冷冻法、吸收法和吸附法。冷冻法是利用气体中水的饱和蒸气压随气体温度降低而降低的原理，降低气体的温度，水蒸气冷凝成液滴从气体中分离达到脱水干燥的目的；吸收法是利用具有良好吸水性能的物质与气体里的水形成水合物，从而达到脱除气体中水的目的，常用的吸收剂有浓硫酸、五氧化二磷、氯化钙、氢氧化钠等[1,2]；吸附法是利用多孔固体物质（如硅胶、分子筛、活性氧化铝等吸附剂）内部表面结构对气体中水分具有强吸附选择性及在不同压力或温度条件下吸附剂对水分的吸附量存在较大差异而实现水和气体中其他组分的分离达到干燥目的。冷冻法和吸收法工艺简单，但是干燥精度低，吸附法干燥精度高，变温吸附干燥装置运行自动化程度高、操作简单，已广泛地用于工业气体的干燥，如空气的干燥、氯乙烯的干燥、乙炔的干燥、高纯及超高纯气体的干燥等[3-8]。

随着高新技术的发展，石油化工、半导体制造业、电子工业、氢能产业等领域对气体的纯度提出了更高要求，尤其是对气体的干燥精度要求越来越高。如食品级二氧化碳中水≤20.0mL/m^3，电子级二氧化碳中水≤1mL/m^3，超纯氢中水≤0.5mL/m^3，采用吸附法均能达到干燥精度的要求。

吸附法干燥工艺通常采用硅胶、分子筛和活性氧化铝等来吸附脱除气体中水分，根据气体的组成或干燥精度可以采用其中一种或几种吸附剂的组合。硅胶是一种极性吸附剂，对水有较强的吸附选择性，对水的干燥精度高，但是硅胶遇到液态水时，颗粒易破碎；活性氧化铝对水有较强的吸附作用，干燥精度高时吸附量小，但是它的再生温度较低，常用于含水量较高气体的脱水干燥，是空气干燥常用的干燥剂；分子筛对极性水分子有较强的吸附力，特别是在水的分压较低的时候，分子筛也能有大的吸附量及干燥精度。

2. 变温吸附干燥工艺

变压变温吸附干燥工艺简称变温吸附干燥工艺，吸附剂在较高压力和较低温度条件下吸附原料气中的水分，并在较低压力和较高温条件下将吸附的水脱附，从而达到气体干燥的目的。变温吸附干燥工艺净化精度高，用于电子级二氧化碳的干燥、空气分离装置的干燥净化等。

某处理量为 100000m³/h 的空气干燥装置，采用两塔工艺，以分子筛和活性氧化铝为吸附剂，配套设备包括程控阀、再生气加热器等，其流程如图 6-10 所示。吸附干燥工序每个吸附塔经历的工艺步序见表 6-1。

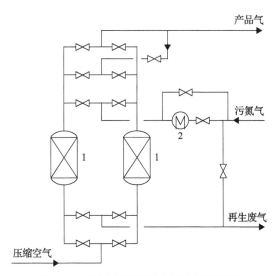

图 6-10　两塔变温吸附空气干燥流程图
1-吸附塔；2-加热器

表 6-1　两塔变温吸附空气干燥工艺步序表

	步骤							
	1	2	3	4	5	6	7	8
A 塔	A				D	H	C	R
B 塔	D	H	C	R	A			

注：H-加热；C-冷却；本章余同。

以 A 塔为例描述吸附干燥和再生解吸过程。

(1)吸附步骤。来自压缩机的空气冷却至≤40℃后，在 0.6MPa 进入干燥工序中处于吸附步骤的 A 塔，自下向上通过装填有氧化铝和分子筛吸附剂的吸附床，空气中的水分被吸附，A 塔上部出口得到水含量≤1.0mL/m³ 的干燥空气；当 A 塔出口气达到穿透点时，停止吸附。

(2)逆放步骤。A 塔内的气体逆着吸附方向从 A 塔的底部排出，将床层压力从吸附压力降至常压。

(3)加热步骤。来自空分装置分馏塔的 21000m³/h 污氮气，经再生加热器加热到 170～180℃，自上向下进入 A 塔，对吸附剂进行加热冲洗，吸附剂里吸附的水分随着床层温度升高而解吸，并随着污氮气流出吸附床层排入大气，完成 A 塔的加热再生。

(4)冷吹步骤。用冷污氮气对 A 塔进行冷吹降温至常温。

(5)升压步骤。用部分净化的干燥空气产品对 A 塔升压至吸附压力，准备下次吸附干燥。两个吸附塔每 8h 切换一次。

3. 等压变温吸附干燥工艺

等压变温吸附干燥(简称等压干燥)工艺利用吸附剂在不同温度下对水的吸附量的差异，在较低温度下吸附，在较高温度下解吸，实现气体干燥的目的，吸附与解吸的压力相同。等压变温吸附干燥工艺产品气中水的精度比变温吸附工艺低，用于对干燥精度要求不高的场景。

一套 1200m³/h 脱氧气后氢气干燥装置，催化脱氧生成的水采用等压变温吸附干燥工艺将氢气中的水含量脱除至小于 10mL/m³。

氢气等压变温吸附干燥装置的工艺流程如图 6-11 所示。

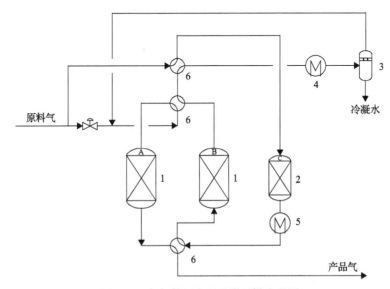

图 6-11　氢气等压变温吸附干燥流程图

1-干燥塔；2-预干燥塔；3-分离器；4-冷却器；5-加热器；6-四通程控阀

脱氧后的氢气干燥装置由三个干燥塔(A/B/C)、加热器、冷却器、分离器和 3 个四通程控阀组成的。A/B 干燥塔作为主干燥塔，C 塔作为预干燥塔，每个干燥塔的工艺步序见表 6-2。

表 6-2　氢气等压变温吸附干燥工艺步序表

	步骤			
	1	2	3	4
A 塔	A		H	C
B 塔	H	C	A	
C 塔	C	H	C	H

以 A 塔为例描述氢气干燥工艺。

(1)吸附步骤。脱氧反应器后的氢气在 1.0MPa、40℃条件下进入等压干燥装置中处于吸附步骤的 A 塔，氢气自上而下通过装填有活性氧化铝或硅胶吸附剂的吸附床，氢气中的水分被吸附剂吸附，在 A 塔下部出口得到干燥的氢气。

(2)加热再生步骤。经流量调节阀分流少部分(10%~30%)原料氢气进入预 C 塔脱水干燥(同时也是对其进行冷吹的过程)，再经加热器升温后对 A 塔进行加热再生；再生废气经冷却器冷却至常温后，再经气液分离器分离液态水后与原料气一起进入 B 塔吸附。

(3)冷吹步骤。经流量调节阀分流少部分(10%~30%)原料氢气进入 A 塔对其进行冷吹，从 A 塔出来的冷吹废气经加热器升温后对 C 塔进行加热再生，经 C 塔流出的再生废气经冷却器降温后，再经气液分离器分离出液态水后与原料气一起进入 B 塔吸附。

主干燥塔和预干燥塔交替循环工作，干燥氢气连续输出，步骤的切换靠四通程控阀实现，干燥塔切换时间为 8h。

6.3.2　气体净化

1. 多晶硅尾气净化

光伏产业多晶硅的生产过程中产生含氢气、氯化氢、三氯氢硅($SiHCl_3$)和四氯化硅($SiCl_4$)等组分的尾气，如果尾气放空排放，不仅浪费了氢气资源，尾气中的氯化氢和氯硅烷还对环境造成严重污染，而氢气、三氯氢硅是多晶硅反应炉的主要原料，氯化氢是生产三氯氢硅的主要原料，因此回收多晶硅尾气中的氢气、氯化氢和三氯氢硅可以降低多晶硅生产成本并减少环境污染物排放。多晶硅尾气的回收方法有水洗法、–80℃深冷法、湿法回收、冷凝法、吸收法、吸附法，通常将多晶硅尾气经冷凝法和吸收法处理后再利用吸附工艺净化回收[8]。采用变温吸附工艺，将氯化氢、三氯氢硅、四氯化硅等强吸附组分与氢气分离，得到氯化氢浓度≤1mL/m^3、氯硅烷浓度≤1mL/m^3 的净化氢气，再经变压吸附工艺提纯至体积分数大于 99.99%甚至 99.999%的氢气，变压吸附提氢后的解吸气返回变温吸附装置作再生气，流程框图如图 6-12 所示。氢气可直接循环用于多晶硅生产，而氯化氢等组分则返回到三氯氢硅的合成，从而降低了原材料的消耗，同时保护了环境。

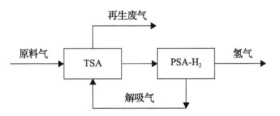

图 6-12　多晶硅尾气净化提氢流程框图

　　某 4000m³/h 多晶硅尾气净化提氢装置，包括变温吸附净化工序和变压吸附提纯氢气工序，多晶硅尾气经变温吸附装置净化后，再经变压吸附装置脱除氮气，将氢气提纯至体积分数大于 99.99%。多晶硅装置的尾气组成见表 6-3，此处仅介绍变温吸附净化工序。

表 6-3　多晶硅尾气组成表　　　　　　　　　（单位：%，体积分数）

N_2	SiH_3Cl	HCl	H_2
1.0	0.01	0.01	98.98

　　通过变温吸附净化工序，将多晶硅尾气中氯硅烷和氯化氢脱除至小于 1.0mL/m³，工艺流程如图 6-13 所示，工艺步序如表 6-4 所示。

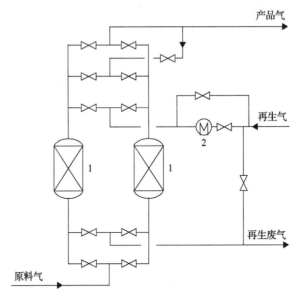

图 6-13　两塔变温吸附净化多晶硅尾气流程图

1-吸附塔；2-加热器

表 6-4　等压变温吸附多晶硅尾气净化工艺步序表

	步骤							
	1	2	3	4	5	6	7	8
A 塔	A				D	H	C	R
B 塔	D	H	C	R	A			

变温吸附净化工序由 2 台吸附塔、电加热器和一系列程控阀组成。以 A 塔为例,其工艺步骤如下。

(1)吸附步骤。多晶硅尾气在压力 0.6MPa,温度低于 40℃的条件下进入处于吸附步骤的 A 塔,自下而上通过装填有吸附氯硅烷和氯化氢的专用吸附剂的吸附塔,在 A 塔出口端获得氯硅烷和氯化氢均小于 1.0mL/m³ 的净化气。

(2)逆放步骤。A 塔内的气体逆着吸附的方向从 A 塔的下部排出去火炬,待床层压力从吸附压力降至常压。

(3)加热步骤。来自变压吸附提氢工序的解吸气作为再生气,经电加热器加热到 130℃,自上而下进入 A 塔,对吸附剂进行加热再生,吸附床吸附的氯硅烷和氯化氢随着床层温度升高而解吸,并随着再生气流出吸附床层去火炬。

(4)冷吹步骤。当加热再生完成后,用常温再生气(变压吸附提氢工序的解吸气)对 A 塔进行冷吹降温至常温,再生废气区火炬。

(5)升压步骤。用净化的产品气对 A 塔进行升压至吸附压力,准备下次吸附。

两台吸附塔切换周期一般为 12h 以上。

2. 黄磷尾气净化

我国的黄磷总产量居世界首位。电炉法生产黄磷,每吨黄磷副产尾气 2700~3000m³,其主要成分为一氧化碳(体积分数≥85%),其余杂质有单质磷(P)、磷化氢、硫化氢、二硫化碳(CS_2)、二氧化硫(SO_2)、氢氟酸(HF)、砷化氢(AsH_3)等。一氧化碳是 C_1 化学重要原料,在 C_1 化学中的应用前景非常广阔:用一氧化碳作原料经羰基化反应合成甲酸、乙酸、苯乙酸、甲酰胺、二甲基甲酰胺、甲酸甲酯及其衍生品等化工产品。由于黄磷尾气中磷、硫、砷、氟等杂质的存在会造成以一氧化碳为原料的合成反应催化剂中毒,因此需要对黄磷尾气进行净化处理,脱除黄磷尾气中磷、硫、砷、氟等杂质。

黄磷尾气净化方式有吸收法、催化氧化法和变温吸附法。吸收法有水洗法、水洗串碱洗法和氧化吸收法,可以脱除硫化氢、氢氟酸等酸性组分杂质和部分磷;催化氧化法可以脱除硫化氢、磷化氢和氰化氢杂质[9];变温吸附法可以脱除微量硫化氢、二硫化碳、磷、磷化氢、砷、砷化氢、氢氟酸等杂质,对黄磷尾气进行深度净化。变温吸附法净化杂质精度高,吸附剂再生简单,已逐渐替代其他传统方法应用于黄磷尾气的净化处理。黄磷尾气中磷、硫、砷和氟等杂质组分比氢气、氮气、甲烷、一氧化碳等气体具有更大的吸附量,因此通过变温吸附分离装置可以脱除混合气中磷、硫、砷和氟等杂质,净化精度可以达到总磷≤1mL/m³,总砷≤1mL/m³,总氟≤1mL/m³,一般采用过热蒸汽加热再生吸附床,便于再生出来的磷、砷等杂质的后续处理。

某厂 3100m³/h 黄磷尾气提纯一氧化碳装置,包括 PDS(酞菁钴法)脱硫工序、变温吸附净化工序和变压吸附提纯一氧化碳工序,流程如图 6-14 所示,其中变温吸附净化工序用于脱除黄磷尾气中磷、硫、砷、氟等微量酸性杂质,净化气中总磷≤1mL/m³,总砷≤1mL/m³,总氟≤1mL/m³。此处仅介绍变温吸附净化工序,原料气组成见表 6-5。

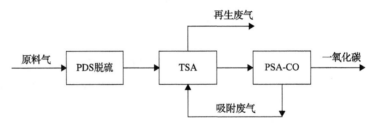

图 6-14　黄磷尾气净化提纯一氧化碳流程框图

表 6-5　黄磷尾气的组成表

常量组分(体积分数)/%					微量组分/(g/m³)			
CO	CO₂	H₂	O₂+N₂+CH₄	H₂O	总磷	总硫	ΣAs	ΣF
80.0	2.5	10.0	5.8	饱和	0.08	30	0.02	0.12

　　黄磷尾气在 0.05MPa 的压力下进入 PDS 脱硫单元，将硫化氢脱除到低于 20mL/m³ 后，进入由 3 台吸附塔和一系列程控阀组成的变温吸附净化工序，工艺流程如图 6-15 所示。每台吸附塔依次经历吸附步骤、加热步骤、冷吹步骤。变温吸附工序用过热蒸汽作为加热再生气，冷吹气来自后续变压吸附工序的解吸气。变温吸附工序的再生废气经回收热能后，进入火炬，从变温吸附工序生产的净化气进入后变压吸附工序继续提纯一氧化碳。3 台吸附塔工作，切换周期 8h。

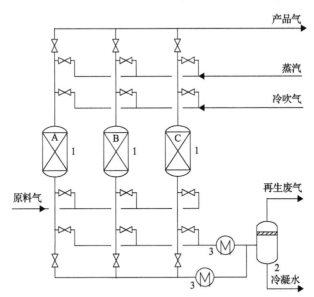

图 6-15　黄磷尾气变温吸附净化工序流程图
1-吸附塔；2-气液分离器；3-冷却器

　　以在步序 1 为例，叙述三个吸附塔(A/B/C)的黄磷尾气变温吸附净化工艺过程。黄磷尾气自下而上进入 A 塔，从 A 塔出口端获得脱除硫、磷、砷化合物的净化气；与此同时高温过热蒸汽自上而下进入 C 塔，对 C 塔进行加热并将吸附在 C 塔床层的硫、磷、砷等杂质解吸出吸附床,流出蒸汽经换热器冷却分离出冷凝水和再生废气;与此同时来自后序变压吸附工序的解吸气自上而下进入 B 塔,对 B 塔进行冷吹降温,以备进入吸附步骤。A 塔至 C 塔之间循环进行吸附、加热再生、冷吹降温步骤,即可连续不断地对黄磷尾气进行净化处理,工艺步序如表 6-6 所示。

表 6-6 黄磷尾气变温吸附净化工艺步序表

	步序		
	1	2	3
A 塔	A	H	C
B 塔	C	A	H
C 塔	H	C	A

3. 焦炉煤气净化

焦炉煤气(COG)的主要成分为氢气、氧气、氮气、甲烷、一氧化碳、二氧化碳、C_{2+} 烃类组分,还有部分未净化的焦油、苯、萘、硫及其他杂质。焦炉煤气的热值为 16-19MJ/m³,可用作燃料和城市煤气[10];由于焦炉煤气含有氢气和碳,可作为化工原料或者提纯氢气,还可以作为生产压缩天然气(CNG)或液化天然气(LNG)的原料。

焦炉煤气中的杂质组分较多,如粉尘、焦油、萘、苯、硫化物、氨及氰化氢等,在出焦炉后会进行粉尘、焦油、萘、硫化物、氨及萘等杂质的脱除及回收,从而将这些杂质控制在较低水平。焦炉煤气在利用之前,根据利用方式的不同,需要进行不同程度的净化,如焦炉煤气提纯氢气、焦炉煤气制 LNG 需要设置变温吸附脱萘和变温吸附脱苯工序,焦炉煤气生产甲醇需要设置变温吸附脱萘工序,而且根据焦炉煤气杂质含量的不同,净化工艺也有差别。

1) 焦炉煤气制 LNG 装置的净化

某厂焦炉煤气制 LNG 项目的原料气组成如表 6-7 所示,原料气中的微量杂质含量如表 6-8 所示,原料气压力 0.005MPa,温度 40℃,流量 40000m³/h,后工段要求净化气中油含量(焦油+洗油雾)≤1mg/m³,萘含量≤1mg/m³,苯含量≤10mg/m³,净化气压力 3.35MPa。为达到净化要求,采用图 6-16 的工艺流程。

表 6-7 某厂焦炉煤气的组成表 (单位:%,体积分数)

H_2	O_2	N_2	CH_4	CO	CO_2	C_nH_m	H_2O
54.5504	0.3711	3.5254	23.7471	5.4736	1.946	3.1543	7.2321

表 6-8 某厂焦炉煤气的微量杂质含量表 (单位:mg/m³)

萘	焦油	苯	NH_3	HCN	汞	洗油雾	H_2S	有机硫
≤100	≤20~50	≤2000	≤100	≤150	微量	≤200~300	≤200	≤200

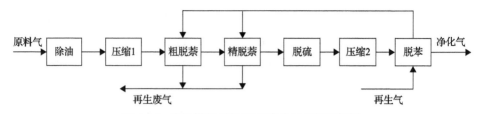

图 6-16 焦炉煤气(制 LNG)净化工艺流程框图

焦炉煤气进入除油工序除去大部分焦油,2 台除油器,1 开 1 备;脱除焦油后,经压缩机增压到 0.5MPa,经水分离器分离液态水后,进入变温吸附脱萘工序,将原料气中的焦油、洗油、萘、大部分硫化氢及少量的苯脱除,焦油和萘的含量≤1mg/m³。为了达到较高的精度及较高的脱萘效率,脱萘工序分为粗脱萘和精脱萘两套串联的变温吸附装置,粗脱萘为 2 塔吸附 1 塔再生的三塔变温吸附工艺;精脱萘为 1 塔吸附 1 塔再生的 2 塔变温吸附工艺,粗脱萘 3 塔变温吸附步序表如表 6-9 所示,精脱萘 2 塔变温吸附步序表如表 6-4 所示,具体过程不再详述。经精脱萘的粗净化气进入脱硫工序脱除剩余的硫化氢,脱硫工序采用 2 台脱硫器,1 开 1 备。脱硫后的焦炉煤气继续加压至 3.4MPa,分离液态水后进入脱苯工序脱除剩余的苯和氨,经脱苯后的净化气满足所要求的微量杂质指标,脱苯工序采用 1 塔吸附 1 塔再生的两塔变温吸附工艺。

表 6-9　3 塔变温吸附工艺步序表

	步骤											
	1	2	3	4	5	6	7	8	9	10	11	12
A塔	A								D	H	C	R
B塔	D	H	C	R	A							
C塔	A				D	H	C	R	A			

该焦炉煤气净化工序共 3 套变温吸附装置,约 6000m³/h 再生气来自后工序的废气,再生气首先再生变温吸附脱苯装置,脱苯装置的再生废气去再生变温吸附脱萘装置;脱苯装置的切换时间为 8h,脱萘装置的切换时间为 32h;吸附床加热再生时将再生气加热至 180℃进入吸附床,吸附床冷却时,常温的再生气直接接入吸附床;再生气经脱苯装置后进入冷却器冷却至常温再送至脱萘装置;经过脱萘装置的再生废气不需要降温直接送出装置。

对于有甲烷化工序的焦炉煤气制 LNG 装置,变温吸附脱苯工序不需要将苯脱至10mg/m³。对于焦炉煤气生产甲醇等化工产品的工艺,苯不会对后续工艺造成危害,不需要设置变温吸附脱苯工序,仅设置变温吸附脱萘工序,同时需要设置可以将总硫脱至0.1mL/m³ 的脱硫工序,以保护化工过程的催化剂。

2) 焦炉煤气提氢装置的净化

某厂焦炉煤气提高纯氢气项目的原料气组成如表 6-10 所示,原料气中的微量杂质含量如表 6-11 所示,原料气压力为 0.007MPa,温度为 40℃,流量为 15000m³/h,高纯氢气压力 1.4MPa。提氢工艺采用图 6-17 的流程，此处仅介绍净化部分。

表 6-10　某厂焦炉煤气的组成(干基)表　　　（单位：%，体积分数）

H₂	O₂	N₂	CH₄	CO	CO₂	CₙHₘ
59.34	0.61	4.59	23.61	7.80	2.30	2.02

表 6-11　某厂焦炉煤气的微量杂质含量表　　　（单位：mg/m³）

萘	焦油	苯	NH₃	H₂S	有机硫
≤200	≤50	≤4000	≤50	≤200	≤300

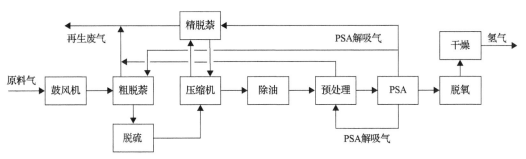

图 6-17　某厂焦炉煤气提氢工艺流程图框图

该焦炉煤气净化工序分为粗脱萘、脱硫、精脱萘、除油、预处理及压缩部分，其中脱萘和预处理采用变温吸附工艺。粗脱萘工序采用 4 塔变温吸附工艺，3 塔吸附，1 塔再生；粗脱萘在 0.02MPa 下吸附，主要脱除原料气中的绝大部分的焦油、萘和部分硫化氢。脱硫工序采用 4 台脱硫塔，3 台工作，1 台备用，主要脱除硫化氢。精脱萘工序采用三塔变温吸附工艺，2 塔吸附，1 塔再生，精脱萘在为 0.2MPa 下吸附，主要脱除原料气中剩余的萘、焦油、硫化氢和少量的苯，萘、焦油脱除至 1mg/m³ 以下。

除油工序主要脱除压缩机可能带的油，两台除油器 1 用 1 备。预处理工序采用两塔变温吸附工艺，1 塔吸附，1 塔再生，预处理在 1.65MPa 下吸附，主要脱除原料气中的水、苯以及部分有机硫和部分氨，达到变压吸附提氢工艺的进料要求。

三套变温吸附装置的再生气采用变压吸附提氢工序的解吸气，该解吸气分三部分，分别用于三套变温吸附装置吸附床层的再生；解吸气加热至 180℃ 为处于加热阶段的吸附床加热，吸附床加热完成后采用常温解吸气冷吹降温至常温；其中粗脱萘工序的吸附剂 1 个月再生 1 次，精脱萘工序的吸附剂半个月再生 1 次，预处理工序 16h 再生 1 次。

当焦炉煤气中的焦油、萘和硫化氢较少，原料气流量不大时，焦炉煤气的净化工艺可以进一步优化。某厂 1200m³/h 焦炉煤气提氢装置的原料气组成及杂质含量分别分如表 6-12 和表 6-13 所示，净化提氢工艺流程如图 6-18 所示。采用两套变温吸附装置，即脱油脱萘和预处理，其中脱油脱萘工序脱除原料气中的绝大部分的萘、焦油及部分硫化氢和苯，预处理工序脱除剩余的微量萘和剩余的苯以及部分硫化氢和部分氨气。

表 6-12　某厂焦炉煤气的组成(干基)表　　　　(单位：%，体积分数)

H₂	O₂	N₂	CH₄	CO	CO₂	C_nH_m
57.12	0.24	3.4	17.02	14.49	5.2	2.53

表 6-13　某厂焦炉煤气的微量杂质含量表　　　　(单位：mg/m³)

萘	焦油	苯	NH₃	H₂S
≤150	≤20	≤2000	≤50	≤20

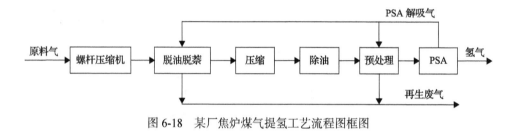

图 6-18　某厂焦炉煤气提氢工艺流程图框图

4. 低沸点气体的低温净化

通常将沸点低于-100℃的气体称为低沸点气体，如氦气、氢气、氖气、氮气、一氧化碳、氩气、氧气及甲烷等。在航天、核电、电子工业、低温超导中都离不开纯度99.999%以上超高纯度的低沸点气体。工业纯度的低沸点气体均含有 1%~3%的杂质组分，其中除了高沸点杂质组分可以用常温吸附和低温冷凝比较容易脱除外，还有一些低沸点杂质组分很难脱除，如从氦气中脱除氢气、氩气、氮气和氖气及从空气中脱除甲烷等，且杂质组分含量达到 1.0mL/m³。若采用常温吸附的方法，由于无论是氦气还是氧气、氮气等组分的沸点温度都较低，而且相差较小，它们在吸附剂上的吸附量都非常小，导致吸附剂用量多且吸附体积庞大，在工程上无法经济地实现超高的净化精度。从热力学知道吸附是放热过程，降低温度必然有利于吸附，当吸附温度接近吸附质的冷凝温度时，吸附剂对吸附质的吸附量最大。所以采用低温吸附提纯低沸点气体具有更好的经济性。对于提纯脱除干燥氦气中的氢气、氧气、氮气和氖气，需设置 4 台装填有活性炭的吸附塔，其中 2 台吸附塔在温度-193℃下吸附，用于脱除氧气和氮气，其中，一台在液氮温度-193℃下吸附氧气和氮气，另一台利用液氮蒸发出来的氮加热至 100℃作为再生加热气进行再生，再用这股冷氮气冷吹，最后用真空泵抽空准备下次吸附；另外 2 台吸附塔在温度-253℃下吸附用于脱除氢气和氖气，其中，一台在温度-253℃下吸附，另一台的再生方式如同-193℃温区的吸附塔，只是由于氢气和氖气容易再生，所需热量少[11]，再生时间短。4 台吸附塔循环吸附再生，就能得到超高纯度的氦气。

6.4　变温吸附技术的前景展望

变温吸附工艺具有净化精度高的优点，主要应用于气体中极性较强或者沸点较高组分的分离与脱除，常用于变压吸附工艺的预处理，与变压吸附工艺相结合，共同实现复杂组分气体的分离与净化。变温吸附技术是变压吸附技术的重要补充，也是吸附分离技术的一个重要领域。

在空分装置中，变温吸附工艺用于脱除原料空气中的二氧化碳和水。由于空分装置的规模一般较大，变温吸附工序需要处理的空气量较大，所需吸附脱除空气中的水量较多，升温解吸所需能耗较高；目前技术的发展主要通过对分子筛改性降低其再生温度，以减少空气净化的能耗，通过优化吸附塔气流分布，以提高吸附剂吸附效能等。

我国是钢铁生产大国，焦炭产能超过 4×10^8 t/a，焦炭生产副产大量焦炉煤气，焦炉煤气除含大量氢气、甲烷、一氧化碳等资源外，还含有硫化物、焦油、苯、萘等杂质，严重制约了焦炉煤气的高价值利用。早在 20 世纪 80 年代，西南化工研究设计院开展了用变温吸附净化焦炉煤气中萘、焦油、苯等杂质的研究开发，并成功将焦炉煤气净化后提纯氢气，获得 99.999% 的高纯氢气用作钢厂冷轧薄板保护气，替代了用电解水制取氢气的方法，降低了制取氢气的能耗和成本，实现了焦炉煤气的高值利用。焦炉煤气经变温吸附能将其中的萘、焦油等组分脱除到 1mL/m³ 以下，净化后的焦炉煤气可用于生产 LNG 或 CNG，也可以用于生产甲醇等化工产品。

在多晶硅生产过程中，含氢气、氮气、氯化氢、三氯氢硅、四氯化硅的尾气在经冷凝法除去大量的三氯氢硅、四氯化硅后，采用变温吸附工艺与变压吸附工艺耦合的吸附分离装置将氢气中含有的氮气、氯化氢和微量的三氯氢硅、四氯化硅脱除获得纯氢气返回合成炉使用，变温吸附工序解吸出来的氯化氢、三氯氢硅、四氯化硅经分离提纯后作为多晶硅的原料。

随着技术的不断进步，变温吸附技术从早期的空气净化、焦炉煤气净化、转炉煤气净化、黄磷尾气净化等从非吸附相获得净化气的工艺，发展到包括从多晶硅尾气回收氯硅烷、PVC 分馏尾气回收氯乙烯、涂层布生产回收溶剂等从吸附相的解吸气获得产品的工艺。特别是在回收吸附相产品的变温吸附工艺中，既要使吸附塔达到脱附所需要的温度，同时又要求用于加热和冷吹的再生气尽量少，以保证吸附相产品的浓度和回收率，针对这一需求，开发了内热式吸附塔、夹套式吸附塔的变温吸附技术，利用内热盘管或者夹套对吸附塔进行加热升温，有效减少了再生气的用量，提高了解吸后吸附相产品气的浓度。

转轮吸附工艺是一种同时将吸附、加热和冷吹集中于一个吸附塔的变温吸附工艺，吸附塔连续转动，不同的区域完成不同的步骤，没有复杂的管路系统和切换阀门。转轮吸附工艺主要用于低浓度、大气量的 VOCs 治理及空气除湿领域。

另一种全新的变温吸附工艺则是采用直接给活性炭纤维等具有一定导电性的吸附剂施加低的电压和电流，通过焦耳效应产生热量直接加热吸附剂，使吸附剂升温具有更高加热效率的变温吸附方法，也称为变电吸附[12]。

随着电子行业对超纯气体的需求，以及燃料电池用氢气对痕量一氧化碳和硫化物的脱除需求，低温变温吸附也成为一个重要的发展方向。在制备超纯氢气时，由于氮气、氩气、一氧化碳等杂质组分在室温低分压时不容易吸附，吸附量很小，而吸附剂在低温(液氮温度)下对低分压的微量杂质具有高的吸附选择性和较大的吸附量，在低温(液氮温度)下吸附氢气中的微量杂质，可以获得超纯氢气等电子气体。

参 考 文 献

[1] 陶北平, 黄伟民, 张汇霞. 气体的吸附干燥[J]. 低温与特气, 2003, 21(2): 14-17.

[2] 李林. 常用气体脱水干燥工艺介绍及应用[J]. 化工技术与开发, 2003, 42(7): 38-41.

[3] 朱冬生, 彭德其, 范忠雷, 等. 分子筛吸附干燥气的工艺条件优化[J]. 华南理工大学学报, 2005, 33(9): 77-78.

[4] 宋晓玲, 袁勇, 曹新峰, 等. 氯乙烯单体脱水工艺的比较[J]. 聚氯乙烯, 2010, 38(7): 12-17.

[5] 姜春明, 姜巍巍, 李奇, 等. 乙炔干燥变温吸附装置安全性分析与燃爆事故预防对策[J]. 中国安全科学学报, 2006, 16(12): 109-116.

[6] 刘丽, 浦裕, 穆永峰, 等. PTSA 吸附精馏法制备食品级二氧化碳技术及工业化应用[J]. 低温与特气, 2010, 28(1): 35-39.

[7] 浦裕, 王键, 刘昕, 等. 两段 PTSA 法制备电子级液体 CO_2 技术及工业化应用[J]. 天然气化工——C1 化学与化工, 2019, 44(3): 98-102.

[8] 刘丽, 王键, 浦裕, 等. 电子级二氧化碳中水的质量控制研究[J]. 天然气化工——C1 化学与化工, 2019, 44(4): 78-79, 108.

[9] 冯辉, 谢容生. 黄磷尾气深度净化技术研究现状及展望[J]. 化学工程与技术, 2018, 8(5): 284-290.

[10] 殷文华, 李克兵, 赵明正, 等. 焦炉煤气净化提取氢燃料电池用氢气[J]. 天然气化工——C1 化学与化工, 2019, 44(1): 87-90.

[11] 袁金辉, 白红宇. 大型氦低温系统中杂质净化[J]. 低温工程, 2006, 152(4): 28-32.

[12] 国丽荣, 谭羽非. 变电吸附在捕获烟气中 CO_2 的应用[J]. 煤气与热力, 2012, 32(5): 1-4.

第7章 变压吸附工艺与其他分离工艺的工程耦合

7.1 其他分离净化技术的发展

传质分离过程用于各种均相混合物的分离，其特点是有质量传递现象发生，按所依据的物理化学原理不同，可分为平衡分离过程和速率分离过程两大类。平衡分离过程是借助分离媒介使均相混合物系统变成两相系统，再以混合物中各组分在处于相平衡的两相中不等同的分配为依据进行分离；分离媒介可以是能量媒介或物质媒介，或者亦可两种同时应用[1]。典型的分离过程有闪蒸、萃取精馏、吸收、结晶和吸附等。速率分离过程是在某种推动力(如压力差、浓度差、电位差、温度差等)的作用下，利用各种组分之间扩散速率的差异来实现分离；在分离过程中有时会有相态的变化，有时则没有相态的变化，而只有组成上的差异，典型的过程有膜分离等。

传质分离过程中既有精馏、吸收、结晶、萃取等传统常规分离技术，又有膜分离、吸附分离、场分离等后续开发的技术；这些不断发展的技术在不同应用领域已经显示出显著的应用潜力，如图 7-1 所示。针对气体分离方向，除吸附分离技术外，还包括膜分离技术、深冷(低温)技术和溶剂吸收技术等。

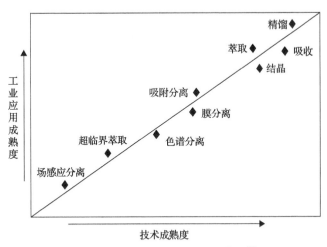

图 7-1 部分分离过程发展现状图[2]

膜分离技术是 20 世纪 50 年代逐渐发展起来的一种新的分离方法。膜分离过程以膜为分离限制媒介，以化学位的差(压力差、浓度差)为推动力，利用不同物质的传质速率的差别来达到两组分或者多组分体系的分离、富集或者提纯的过程[3]，具有低能耗、环保和操作简单等特点。膜分离技术在化工、生物、医药、能源、环境、冶金等领域得到迅速的推广，逐渐成为精馏、吸收、萃取等单元操作的有效补充，且随着膜材料技术的发展，其应用范围将进一步扩大。

工业上的低温技术是指在温度-40℃以下,利用不同物质的沸点和挥发度的差异来达到混合物分离目的的技术,是精馏技术的一种,也称作低温精馏[4]。温度在-272~-150℃之间也称为深冷,深冷空分也是其重要应用。工业上常用压缩气体膨胀的方法制冷获得低温,包含节流膨胀或等熵膨胀两种方法,具体的选择应根据实际情况和需求确定。该技术在空气分离(制取氧气、氮气、氩气及稀有气体)、烃类分离、液体燃料、同位素分离等领域广泛应用。

溶剂吸收在气体分离方面应用通常称为气体溶剂吸收技术。吸收过程所用的溶剂称为吸收剂,混合气体中能显著被吸收的组分称为溶质,不能被吸收或微量吸收的组分称为惰性组分;完成吸收操作后,含有较高溶质浓度的吸收剂称为富液[5];通常情况下,除了以制取液相产品为目的的吸收操作外,吸收剂都需重复使用,需要对富液进行解吸处理,将溶质从富液中分离出来,得到可以重复使用的吸收剂,也称为贫液,这一过程称为吸收剂的解吸或再生过程。气体吸收过程的实质是溶质从气相到液相的质量传递过程,而吸收剂的解吸过程则是溶质从液相到气体的质量传递过程,因此物质传递现象的基本理论和气液间的相平衡理论是吸收过程和解吸过程的理论基础,用于指导工业吸收过程的工艺设计和设备制作。

7.2 变压吸附与膜分离工艺的工程耦合

膜法气体分离的基本原理是根据混合气体中各组分在压力的推动下透过膜的传递速率不同,从而达到分离目的。膜分离技术具有投资费用少、装置能耗低、占地面积小、产品气回收率高、产品气纯度不高等特点。而变压吸附(PSA)分离技术具有工艺简单、操作条件温和、能耗低、收率高、产品气纯度高等特点。在某些特定的场合,利用变压吸附-膜分离耦合工艺往往能实现工艺过程效率最大化或经济最优化。

7.2.1 高压工业尾气的回收利用

国内已完成 6.0MPa 变压吸附工艺的开发研究,6.0MPa 工业装置已经实现工业化,但超过 6.0MPa 的工业尾气采用变压吸附技术进行气体分离时,需减压进行操作,吸附相需要降低到常压进行解吸,若吸附相另有其他需要在高压下的用途时,直接采用变压吸附法的压力损失较大,并不经济。此类高压的工业尾气,可采用膜分离法进行气体分离,虽然膜分离法可以在非渗透侧得到高压气体,但往往得不到高纯度的产品。在此情况下,适合采用膜分离-变压吸附耦合工艺,可实现膜分离-变压吸附技术上的优势互补。

以甲醇弛放气为例。甲醇合成常采用煤或者焦炉气为原料,根据合成工艺的不同,产生的弛放气量也有所不同。以年产 20 万 t 焦炉气制甲醇装置为依据,产生的弛放气量约 18000m^3/h,压力 6.5MPa,温度 40℃,弛放气组成如表 7-1 所示。

表 7-1 弛放气组成表   (单位:%,体积分数)

H$_2$	CO	CO$_2$	N$_2$	CH$_4$
70	5	10	13	2

1. 膜分离法和变压吸附法用于提纯甲醇弛放气中氢气

膜分离技术的工作原理是利用一种高分子聚合物(通常是聚酰亚胺或聚砜)薄膜来选择"过滤"进料气而达到分离的目的[6]。当两种或两种以上的气体混合物通过聚合物薄膜时，各气体组分在聚合物中的溶解扩散系数的差异，导致其渗透通过膜壁的速率不同。由此，可将气体分为"快气"(如 H_2O、H_2、He 等)和"慢气"(如 N_2、CO、CH_4 及其他烃类等)。当混合气体在驱动力——膜两侧相应组分分压差的作用下，渗透速率相对较快的气体优先透过膜壁而在低压渗透侧被富集，而渗透速率相对较慢的气体则在高压滞留侧被富集。

甲醇弛放气经过水洗除醇后，进入气液分离器除去游离水，再通过换热器加热到约60℃后进入膜分离组件，在渗余侧得到 6.4MPa 的非渗透气，渗透侧得到 3.0MPa 的渗透气(富氢气)，渗透侧的压力可根据需求调整，直接影响着膜面积和氢气的纯度及回收率，工艺流程如图 7-2 所示。膜分离法甲醇弛放气提纯氢气物料平衡如表 7-2 所示。

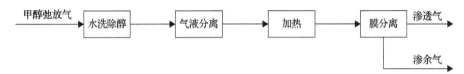

图 7-2　膜分离法甲醇弛放气提纯氢气工艺流程框图

表 7-2　膜分离法物料平衡表

项目		入膜原料气	渗余气	渗透气
组分及含量	$\varphi(H_2)$/%	70.00	41.92	85.34
	$\varphi(CO)$/%	5.00	11.05	1.70
	$\varphi(CO_2)$/%	10.00	10.76	9.58
	$\varphi(N_2)$/%	13.00	31.29	3.01
	$\varphi(CH_4)$/%	2.00	4.98	0.37
	合计/%	100.00	100.00	100.00
流量(m³/h)		18000.0	6356.7	11643.3
氢气回收率/%				78.85
压力/MPa		6.50	6.45	3.00
温度/℃		55	55	55

从表 7-2 可以看出，用膜分离方法得到的渗透气(富氢气)纯度并不高，用途较少。

若采用变压吸附法提纯此气体，考虑常规用氢压力约 3.0MPa，可将原料气降压至3.1MPa 再进入变压吸附装置提纯氢气。原料气在 3.1MPa、40℃下进入变压吸附装置，通过多塔操作后，从吸附塔上端出口得到 3.0MPa、纯度>99.9%的氢气，从吸附塔下端出口得到常压解吸气。流程设计如图 7-3 所示。变压吸附装置物料平衡如表 7-3 所示。

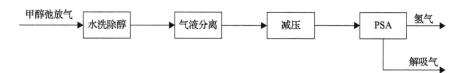

图 7-3　变压吸附法提纯甲醇弛放气工艺流程框图

表 7-3　变压吸附装置物料平衡表

项目		原料气	解吸气	氢气
组分及含量	$\varphi(H_2)/\%$	70.00	25.54	99.923
	$\varphi(CO)/\%$	5.00	12.42	0.001
	$\varphi(CO_2)/\%$	10.00	24.86	0.001
	$\varphi(N_2)/\%$	13.00	32.22	0.065
	$\varphi(CH_4)/\%$	2.00	4.96	0.010
	合计/%	100.00	100.00	100.000
流量/(m³/h)		18000.0	7241.4	10758.6
氢气回收率/%				85.32
压力/MPa		3.1	0.02	3.0
温度/℃		40	40	40

通过变压吸附法得到的氢气纯度较高,可满足各种用途的用氢需求,但解吸气降低到常压,压力损失较大。

2. 变压吸附与膜分离耦合工艺用于提纯甲醇弛放气中氢气

为了满足生产上对各股气流的不同需求,可采用变压吸附与膜分离耦合提纯弛放气中氢气。这种组合方法灵活多变,根据需求不同有多条路线可选择,如甲醇弛放气经过膜分离后,输出渗透气再采用膜分离继续提浓氢气;又如输出的渗余气采用膜分离提浓氢气;还可以用膜分离继续提浓,两段膜分离提浓的氢气混合后用变压吸附提纯。甲醇弛放气采用变压吸附与膜分离耦合提纯膜分离渗透气中氢气的流程设计如图 7-4 所示。

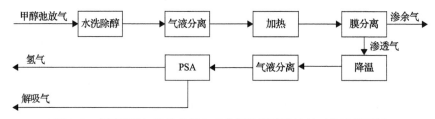

图 7-4　变压吸附与膜分离耦合工艺提纯甲醇弛放气工艺流程框图

甲醇弛放气经过膜分离工艺后,在渗余侧得到 6.4MPa 的渗余气,直接返回甲醇系统增产甲醇;渗透侧得到 3.1MPa 的渗透气,再经过多塔组成的变压吸附工艺提纯氢气,从吸附塔上端出口得到 3.0MPa、纯度>99.9%的氢气,从吸附塔下端出口得到常压解吸气。耦合工艺物料平衡如表 7-4 所示。

表 7-4 变压吸附与膜分离耦合工艺物料平衡表

项目		原料气	渗余气	渗透气 (PSA 原料气)	解吸气	氢气
组分及 含量	$\varphi(H_2)/\%$	70.00	41.31	84.46	59.491	99.925
	$\varphi(CO)/\%$	5.00	11.19	1.88	4.910	0.001
	$\varphi(CO_2)/\%$	10.00	10.15	9.92	25.932	0.001
	$\varphi(N_2)/\%$	13.00	32.22	3.32	8.582	0.063
	$\varphi(CH_4)/\%$	2.00	5.13	0.42	1.085	0.010
	合计	100.00	100.00	100.00	100.00	100.000
流量/(m³/h)		18000.00	6029.82	11970.18	4580.99	7389.19
氢气回收率/%				80.23（膜分离）		88.12（PSA）
压力/MPa		6.50	6.45	3.10	0.02	3.00
温度/℃		55	55	40	40	40

采用变压吸附与膜分离工艺耦合的工艺路线，与单独膜分离法相比，可得到高纯度氢气；高纯度氢气常用作生产乙二醇、合成氨以及用于其他氢气用途，而且膜分离工序的渗余气和变压吸附工序的解吸气可以返回甲醇工序增产甲醇；虽然与单纯变压吸附工序相比，氢气产量降低，但有 6029.82m³/h 的渗余气压力为 6.45MPa，无压力损失，这部分气体若从 0.02MPa（解吸气的压力）加压至 6.45MPa，需压缩功率 1260kW，每年电耗为1008 万度，折合人民币 504 万元（以电费 0.5 元/度计算）。因此，在产氢气量能满足后续工段使用时，采用膜分离与变压吸附耦合的工艺路线能够起到节能增效的效果。

7.2.2 炼厂副产气中氢气和轻烃的回收利用

炼厂副产气中富含大量的氢气和高附加值的轻烃组分，回收利用氢气和轻烃组分比直接作为燃料燃烧更有利于提高炼化厂的综合经济效益。结合膜分离装置占地面积小、工艺流程简单、操作方便、渗余气压力高便于轻烃组分回收、氢气纯度不高，而变压吸附工艺具有氢气纯度高、产品氢气压力高、能耗低等特点，变压吸附与膜分离耦合工艺可以优势互补，在此领域有着良好的应用前景。

1. 变压吸附与膜分离耦合工艺用于炼厂气回收氢气

炼油厂的氢气用量一般占原油加工量的 0.8%～1.4%。在炼油厂中，重整副产氢是最理想的氢源，但重整原料占原油比例约为 15%，副产氢最多只占原油的 0.5%，远不能满足炼油厂对氢气日益增加的需求，炼油厂不得不建设独立的制氢装置以弥补氢气的不足。世界原油的质量日益变差，一是原油密度越来越大，二是原油的硫含量越来越高，加氢是原油轻质化和清洁化的重要手段。人们对燃料清洁性的要求越来越严格，大量采用加氢技术才能满足燃料对硫、烯烃、芳烃的指标要求，因此，加氢工艺得到越来越广泛的应用。随着炼厂加氢装置的不断投产，炼油厂对氢气的需求量也日益增加，同时大量的富氢炼厂气外排瓦斯管网，造成资源的极大浪费。若将加氢装置炼厂尾气中的高附加值氢气充分回收，氢气产品则可以填补炼厂油品升级、结构优化过程的氢气不足[6]。

某炼油厂有重整氢、渣油加氢低分气及排放废氢气，并已有变压吸附装置解吸气、新建汽油加氢分馏塔顶气及渣油加氢分馏塔顶气等富氢资源，拟分离提纯 99.9%的氢气供加氢气用，原料气主要性质如表 7-5 所示。

表 7-5　原料气主要性质表

项目		脱硫混干气	加氢分馏塔顶气	原 PSA 解吸气	加氢低分气	重整气
组分及含量	$\varphi(H_2)$ /%	49.610	60.195	58.670	80.122	95.540
	$\varphi(CH_4)$ /%	12.249	7.404	12.910	11.607	1.490
	$\varphi(C_2{=})$ /%	0.000	0.000	0.010	0.000	0.000
	$\varphi(C_2)$ /%	8.870	8.804	15.770	4.089	1.520
	$\varphi(C_3)$ /%	0.000	0.000	0.050	0.000	0.000
	$\varphi(C_3)$ /%	12.889	9.669	8.530	2.330	1.000
	$\varphi(i\text{-}C_4)$ /%	7.230	4.323	2.180	0.300	0.170
	$\varphi(n\text{-}C_4)$ /%	6.530	5.230	1.130	0.670	0.150
	$\varphi(i\text{-}C_4{=})$ /%	1.580	0.000	0.050	0.000	0.010
	$\varphi(i\text{-}C_5)$ /%	1.040	0.757	0.700	0.040	0.120
	$\varphi(C_6)$ /%	0.000	1.001	0.000	0.150	0.000
	$\varphi(C_7)$ /%	0.000	1.027	0.000	0.150	0.000
	$\varphi(H_2S)$ /%	0.002	0.002	0.001	0.002	0.000
	$\varphi(H_2O)$ /%	0.000	1.595	0.000	0.540	0.000
	合计/%	100.000	100.000	100.000	100.000	100.000
流量/(m³/h)		7757.0	4256.0	11211.0	17076.0	47966.0
温度/℃		40	40	40	40	40
压力/MPa		0.60	0.60	0.03	2.60	2.60

备注：C 表示碳原子；i-表示异构；n-表示正构；=表示有双键，下同。

从物料性质来分析，加氢低分气和重整气的氢气含量较高，合并后采用一套新建的变压吸附装置提纯 99.9%（体积分数，下同）以上的氢气比较合适，同时副产氢气含量约 48%的解吸气。

新建变压吸附装置的解吸气、脱硫混干气、加氢分馏塔顶气及原变压吸附装置解吸气这 4 部分含氢混合气的氢气浓度比较接近，而且都有着氢气含量较低的共性，这 4 部分混合气如果再采用变压吸附技术回收氢气的话，存在以下缺点：①装置投资大；②氢气回收率低；③得到的解吸气压力为常压，不利于最终的综合利用。这种路线选择在工艺上是不合理的。

这 4 部分含氢混合气合理的回收利用方法是混合后先采用膜分离技术进行分离，膜分离渗透侧得到的粗氢经冷却后再增压返回到新建变压吸附装置入口作为原料气循环使用，渗余气的压力较高，可直接送往界外作其他用途。工艺流程如图 7-5 所示。

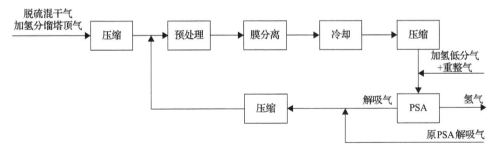

图 7-5　回收炼厂尾气中氢气的变压吸附与膜分离耦合工艺流程框图

膜分离装置的其中一路原料气是脱硫混干气与加氢分馏塔顶气的混合气，首先进入干气缓冲分液罐分液，再经压缩机升压至 2.5MPa；另一路原料气是本装置变压吸附工序的解吸气与原变压吸附工序解吸气的混合气，经解吸气压缩机升压至 2.5MPa，然后两路气流混合后作为膜分离的原料气。

为了避免原料气中液态物质对膜组件造成损伤，要经过一系列预处理设施来进行处理。首先进入膜前除雾器，深度脱除重力沉降和丝网捕集分液后残余的液雾；截留下来的冷凝液体，经除雾器底部开关阀定期排放，冷凝污水经公用工程工序的污水闪蒸罐除去烃类后送往含油污水处理工序；通过膜前除雾器后，原料气进入多级精密过滤器，进一步去除可能损伤膜组件的细微颗粒，以及残存的极少量的液雾，再通过膜前预热器升温至约 80℃，送往膜分离工序进行分离提纯。

预处理合格的原料气进入氢气分离膜组件，分子尺寸较小的氢气优先通过膜的聚合物分离选择层，在压力较低的渗透侧富集；氮气、甲烷和轻烃等分子尺寸较大的气体分子，渗透速率较慢，被截留在压力较高的渗余侧。膜分离工序的物料平衡如表 7-6 所示。

表 7-6　膜分离工序物料平衡表

项目		新建 PSA 解吸气	脱硫混干气	原 PSA 解吸气	加氢分馏塔顶气	渗透气	渗余气
组分及含量	$\varphi(H_2)$/%	48.2509	49.6104	58.6697	60.1921	93.9883	14.0212
	$\varphi(CH_4)$/%	23.9492	12.2494	12.9099	7.4037	2.2125	29.7521
	$\varphi(C_2{=})$/%	0.0008	—	0.0100	—	0.0006	0.0062
	$\varphi(C_2)$/%	13.2785	8.8696	15.7699	8.8035	1.4041	23.6685
	$\varphi(C_3{=})$/%	0.0026	—	0.0500	—	0.0018	0.0310
	$\varphi(C_3)$/%	8.3503	12.8894	8.5300	9.6689	0.9973	17.9633
	$\varphi(i\text{-}C_4)$/%	1.5633	7.2297	2.1800	4.3218	0.3655	6.1611
	$\varphi(n\text{-}C_4)$/%	1.9495	6.5297	1.1300	5.2309	0.3379	5.6963
	$\varphi(i\text{-}C_4{=})$/%	0.1061	1.5799	0.0500	—	0.0487	0.7289
	$\varphi(iC_5)$/%	0.6308	1.0400	0.7000	0.7553	0.0862	1.3657
	$\varphi(C_6)$/%	0.2333		1.0001		0.0216	0.3238
	$\varphi(C_7)$/%	0.2283		1.0262		0.0180	0.2699

续表

项目		新建 PSA 解吸气	脱硫混干气	原 PSA 解吸气	加氢分馏塔顶气	渗透气	渗余气
组分及含量	$\varphi(H_2S)/\%$	0.0053	0.0020	0.0005	0.0020	0.0019	0.0008
	$\varphi(H_2O)/\%$	1.4512	—	—	1.5955	0.5155	0.0112
	合计/%	100.0000	100.0000	100.0000	100.0000	100.0000	100.0000
流量/(m³/h)		12613	7757	11211	4256	17623	17962
氢气回收率/%						86.8	
温度/℃		40	40	70	40	83	89
压力/MPa		0.03	0.60	0.03	0.60	0.20	2.40

注：—表示未检测出，下同。

膜分离工序的渗透侧压力越低越有利于气体的分离提纯，但渗透气要作为变压吸附工序的原料气使用，还需要升压到 2.6MPa 的压力，为了节约电耗，渗透侧选择 0.2MPa 的压力，既能得到一个合适的氢气回收率（86.8%），相比选择常压（0.02MPa）来说，也能节约大约 570kW 的电耗。

渗余气的压力≥2.4MPa，富含 C_{2+} 烃类，可直接送往轻烃分离、C_2 回收等装置进行深度回收利用，也可直接送往燃料管网作为燃料使用。渗余气是整个联合装置除氢气以外的另一个工艺气体出口，所有的副产尾气从这里输出界外。

膜分离工序的渗透气先冷却至 40℃以下，再经氢气压缩机升压至 2.6MPa 后，与加氢低分气和重整气混合作为变压吸附工序的原料气，变压吸附工序的操作温度在 20～40℃较为合适，采用 10 塔工艺流程，2 塔同时进料，其他 8 塔处于再生的不同阶段，交替循环使用，达到原料气连续输入，产品氢气连续产出的目的。从变压吸附工序出口得到体积分数≥99.9%、压力≥2.5MPa 的氢气，送往氢气管网；同时副产常压（约 0.03MPa）的解吸气，压缩后送往膜分离单元作为原料。通过变压吸附与膜分离耦合两段回收，可最大限度提高氢气回收率，总的氢气回收率可达 96.5%以上。变压吸附单元物料平衡如表 7-7 所示。

表 7-7　变压吸附工序物料平衡算表

项目		加氢低分气	重整气	渗透气	产品氢气	解吸气
组分及含量	$\varphi(H_2)/\%$	80.1224	95.5400	93.9883	99.9057	48.2509
	$\varphi(CH_4)/\%$	11.6074	1.4900	2.2125	0.0943	23.9492
	$\varphi(C_2=)/\%$	—	—	0.0006	—	0.0008
	$\varphi(C_2)/\%$	4.0891	1.5200	1.4041	—	13.2785
	$\varphi(C_3=)/\%$	—	—	0.0018	—	0.0026
	$\varphi(C_3)/\%$	2.3295	1.0000	0.9973	—	8.3503
	$\varphi(C_4)/\%$	0.2999	0.1700	0.3655	—	1.5633
	$\varphi(C_4)/\%$	0.6699	0.1500	0.3379	—	1.9495

续表

项目		加氢低分气	重整气	渗透气	产品氢气	解吸气
组分及含量	$\varphi(C_4=)/\%$	—	0.0100	0.0487		0.1061
	$\varphi(C_5)/\%$	0.0399	0.1200	0.0862	—	0.6308
	$\varphi(C_6)/\%$	0.1500	—	0.0216		0.2333
	$\varphi(C_7)/\%$	0.1500	—	0.0180		0.2283
	$\varphi(H_2S)/\%$	0.0020		0.0019		0.0053
	$\varphi(H_2O)/\%$	0.5399		0.5155		1.4512
	合计/%	100.0000	100.0000	100.0000	100.0000	100.0000
流量/(m³/h)		17076	47966	17623	70000	12613
氢气回收率/%					92	
温度/℃		40	40	83	40	40
压力/MPa		2.60	2.60	0.24	2.50	0.03

2. 变压吸附与膜分离耦合工艺用于聚乙烯尾气回收轻烃组分

聚乙烯(PE)是乙烯经聚乙烯装置聚合制得的一种热塑性树脂，可以生产薄膜、日用品、管材、电线电缆等生产生活日用品，聚乙烯装置在聚合工艺中占有十分重要的地位。近年来，我国聚乙烯需求增长迅速，聚乙烯生产能力急剧增长，国内新建、改扩建一批乙烯装置形成若干个百万吨级的乙烯生产基地。截至 2016 年，国内总年产能超过 1600 万 t。聚乙烯的生产工艺技术主要有气相法工艺、淤浆法工艺和溶液法工艺，这些工艺在生产过程中产生大量排放气。以气相法的 Unipol 工艺为例，在聚乙烯生产过程中，从反应器排放惰性气体的同时带出许多未反应的单体乙烯、氢气、共聚体(如 1-丁烯、己烯、辛烯等)和诱导冷凝剂(如异戊烷、己烷)等；同时还有脱气仓用氮气吹扫聚乙烯粉料中未反应的单体乙烯、共聚单体和诱导冷凝剂时的排放气，这两股排放气进入回收工序，虽然经过低压冷凝、压缩和高压冷凝分离出了大部分 C_4 及以上组分，并用凝液泵送回反应工序循环利用[7,8]，但排放气中仍还有大量的轻烃组分，作为火炬气直接排至火炬燃烧，造成资源浪费和环境污染，因此有必要回收排放气中的轻烃。

变压吸附分离技术与膜分离技术各有所长，针对聚乙烯尾气中的轻烃组分分布从 C_2 到丁烯、异戊烷和己烷，将两种技术耦合，发挥各自优势。膜分离工序主要回收 C_{4+} 以上的轻烃，减轻变压吸附工序的处理负荷；变压吸附工序主要回收 C_2，这样能最大化回收聚乙烯尾气中的轻烃组分。

某套年产 20 万 t 的聚乙烯装置，对尾气中 C_{2+} 烃类物质的回收是将膜分离技术与变压吸附技术耦合实现回收的[9]。其聚乙烯尾气的组成如表 7-8 所示。

表 7-8　PE 尾气的组成及浓度范围表　　　　　(单位：%，体积分数)

H_2	N_2	CH_4	C_2H_6	C_2H_4	C_4H_8	C_4
0~5	50~90	0~3	5~20	2~10	0~8	0~3

回收工艺流程示意如图 7-6 所示。

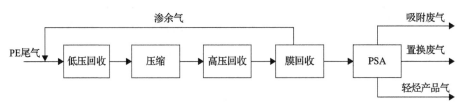

图 7-6　聚乙烯装置尾气回收系统工艺流程框图

聚乙烯尾气从高压冷凝罐引出后，经过低压蒸汽伴热升温脱离露点后进入膜分离回收工序，膜分离的操作温度-3～10℃，膜分离的操作压力 0.6～0.8MPa。在一定的压差推动下，渗透侧得到压力为 0.02MPa 的乙烯、丁烯、异戊烷和己烷等混合气体返回压缩机入口，返回反应工序循环利用，尾气中共聚单体(如 1-丁烯、己烯、辛烯等)和诱导冷凝剂(如异戊烷、己烷)等组分回收率不低于 60%。渗余气在 0.5～0.7MPa 下送往变压吸附工序进行二次回收，组分如表 7-9 所示。

表 7-9　膜分离工序渗余气的组成表　　　　(单位：%，体积分数)

H_2	N_2	CH_4	C_2H_6	C_2H_4	C_4H_8	C_4
5.10	79.50	0.55	2.60	7.60	3.40	1.25

由于聚乙烯装置的催化剂上负载有烷基铝，装置尾气可能夹带有微量烷基铝，它的分子较大容易造成变压吸附工序的吸附剂孔道堵塞，减弱吸附能力，进入变压吸附工序之前需要先脱除微量烷基铝，以保证吸附剂的寿命。分离回收系统由两个工序组成：预净化工序和变压吸附分离工序。

为了得到纯度和回收率较高的产品气和保证操作连续性，变压吸附工序为五塔吸附工艺，在 25～40℃的温度和 0.5～0.7MPa 的压力下操作，其具体工艺步骤是吸附、均压降、置换、逆放、抽空、均压升和升压步骤。装置排出界区的气流是以氢气、氮气为主的吸附废气、置换废气和轻烃产品气 3 股气体。得到的轻烃产品组成如表 7-10 所示，可作为燃料气或乙烯装置的裂解气。

表 7-10　变压吸附工序轻烃产品气的组成表　　　　(单位：%，体积分数)

H_2	N_2	CH_4	C_2H_6	C_2H_4	C_4H_8	C_4
4.21	8.05	0.99	12.80	43.50	22.20	8.25

膜分离-变压吸附耦合工艺发挥各自优势用于聚乙烯装置尾气回收，膜分离工序有效地回收了大部分 C_{4+} 以上大分子轻烃组分，减轻了变压吸附装置的回收压力，而变压吸附工序能更好地回收 C_2 组分，得到高纯度的轻烃组分。这种工艺也适用于石化行业其他火炬气的回收。

7.2.3　挥发性有机物回收

挥发性有机物主要包括烃类(烷烃、烯烃、芳烃)、含氧化合物(醇、醛、醚、酮、酯、有机酸)、含氮化合物(胺、腈)、有机卤化物、有机硫化物等。VOCs 不仅是一种危害巨大的一次污染物,其在特定条件下反应产生的二次污染危害更为严重。VOCs 来源复杂,其中工业源排放最为严重。石油化工行业是我国 VOCs 排放的重要来源之一,化工生产装置在生产和开停工过程中产生各种废气,其 VOCs 排放量约占人为排放总量的 14.5%。废气的排放不仅影响生产装置操作人员的身体健康,还会对整个区域的大气环境造成不良影响。2015 年 7 月 1 日,《石油化学工业污染物排放标准》(GB 31571—2015)正式实施,对 VOCs 的控制与治理提出了要求,标准要求非甲烷总烃排放浓度限值为 120mg/m³,去除率≥97%,正己烷、环己烷排放浓度限值均为 100mg/m³,苯乙烯排放浓度限值为 50mg/m³。

目前常用的 VOCs 治理技术有吸收法、吸附法、冷凝法、膜分离法、等离子体法、热氧化法及光催化法。在炼油厂的排放气中,VOCs 主要来源于装置生产、中间产品储存,以及油品的储存、装卸及运输过程中,这些有机气体中富含高价值的烃类成分,值得回收利用。同时,从安全角度考虑,一般不采用热氧化法,主要以物理方法为主。

随着油气处理装置出口净化气中非甲烷总烃质量浓度的排放要求从 25g/m³ 提高到 120mg/m³ 以后,采用除变压吸附以外的其他分离技术(单一技术或复合技术),均难以达到此指标,变压吸附技术由于产品质量较高(针对油气回收而言,其净化气中有机化合物含量低),成为油气回收装置中必不可少的一部分,同时也是控制净化气中非甲烷总烃含量的最后关卡[10]。但是,有机油气有着组分复杂多变、高沸点组分较多的特点,仅采用吸附分离技术,易导致吸附剂失活,而且在装车栈台排放的有机油气是空气氛围,仅采用吸附分离技术,大量烃类在吸附塔中聚集可能存在安全风险,所以在吸附分离装置之前一般要采用冷凝或者膜分离等技术进行初级分离。炼油厂油气回收装置采用的膜分离-变压吸附耦合工艺流程如图 7-7 所示。

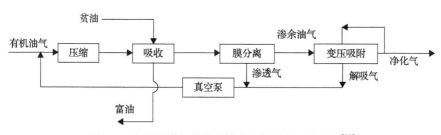

图 7-7 变压吸附与膜分离耦合油气回收工艺框图[10]

来自装车栈道或者储罐的罐顶气,首先经过液环压缩机压缩到 0.25MPa(或 0.4MPa),然后进入吸收塔,用汽油(或柴油)作为吸收剂,回收有机油气中的有效成分。吸收后剩下的油气混合物以较低的浓度经塔顶流出后进入膜分离工序。膜分离器将混合气分体成两股——含有少量烃类的截留气和富集烃类的渗透气。真空泵在膜的渗透侧产生负压,以提高膜分离的效率。经膜分离净化后的物流,引入变压吸附工序进行精脱处理,使排放的各种有机物均达到排放标准(≤120mg/m³)。吸附床的再生利用前一级的真空泵实现。再生气体与膜渗透气混合在一起,循环至油气处理装置的压缩机入口,与收集的排放油气相混合，完成上述循环[10]。

油气回收设施物料烃含量及操作工况如表 7-11 所示。

表 7-11　油气回收物料烃含量及操作工况表

项目		装置入口	膜分离后	PSA 出口
组分及含量	C_1/(mg/m³)	2573	3044	3254.0
	C_2/(mg/m³)	12934	518	29.7
	C_3/(mg/m³)	27071	264	1.3
	C_4/(mg/m³)	47193	5030	11.7
	C_5/(mg/m³)	62126	6222	19.8
	C_6/(mg/m³)	38214	954	10.2
	非甲烷总烃/(mg/m³)	187538	12988	72.7
流量/(m³/h)		900	1068	891
温度/℃		40	40	42
压力/MPa		常压	0.22	0.15

在全球已有 200 多套装置采用此工艺路线，其工艺技术的核心是有机高分子膜[11]。经过膜分离和变压吸附法产生的尾气实际还含有挥发性有机物（VOCs），没有达到回收利用的标准，所以在之前还要增加吸收工段（也可采用冷凝技术），有效成分通过吸收剂（柴油或汽油）吸收后返回储罐，这也是整个装置唯一的回收排放点，净化达标的气体从变压吸附工序出口直接排入大气。

7.3　变压吸附与低温技术的工程耦合

7.3.1　粗氦气提浓

1. 概述

氦气是一种稀有的气体资源，是国家安全、国民经济和理疗健康等行业领域重要的工业气体之一，属化工、军工、科研教学和高科技产业发展不可或缺的稀有战略性物资，广泛应用于国防军工、航天航空、制冷、医疗、光纤、检漏、超导实验、金属制造、深海潜水、高精度焊接生产等领域[12]。

虽然氦气在空气中含量极少（体积分数约 5.2×10^{-6}），但世界范围内氦气的产能是充足的，其主要来源于含氦天然气，因而天然气提氦是提氦领域主要研究对象。美国和俄罗斯等国家的氦资源最丰富，其天然气氦含量比较高，平均约为 0.8%，个别高达 7.5%[13]。然而我国的氦气资源储量少、浓度小，现有的天然气氦含量极低，属贫氦天然气（氦体积分数一般在 0.1%以下），这也限制了我国提氦工业的发展[14]。氦资源的匮乏和生产成本高等因素导致我国大量从国外进口氦气。所以拓展氦气资源及研究分离提纯技术，具有非常重要的意义。

工业上氦气常用的纯化方法主要有低温精馏法、吸附分离法、变压吸附法、膜分离法、化学分离法等。氦气可来自空气分离副产气、合成氨弛放气、天然气、地热矿泉等。我国深冷提氦工艺因其能耗高、设备复杂、产量小等缺点，经济效益方面不具有竞争力。从提氦工业的发展到目前提氦工业的主体流程看，含氦天然气在氦气资源中占有重要地位，是氦气的主要来源[15]。伴随着液化天然气(LNG)销量的日益增长，以天然气液化后剩余气的提氦工艺由于具有更高的经济优势，将成为我国氦气的重要来源。

深冷分离法(简称"深冷法")又称低温精馏法，是采用机械方法，把气体压缩、冷却后，利用不同气体的沸点差异进行精馏分离而得到不同气体的方法。深冷分离法最先进入到提氦工业，我国最早是在 20 世纪 60 年代，开始在四川建设天然气液化提氦装置，此装置采用了几深冷法提氦工艺，为当时提氦技术发展起到了积极的推动作用[16]。该工艺经预冷和氨制冷及一系列尾气回流过程，氦气浓度达到提浓塔要求，塔顶气再经过高压深冷和吸附后得到纯氦，此流程能耗大、投资费用高。

深冷提氦是提取氦气的主流方法。但深冷提氦仍存在着某些方面的局限性，如能量消耗大、设备投资大、保冷效果影响较大等。正是存在上述诸多不足，新的提氦方法陆续被提出。氦气的吸附性能较其他气体弱，可选用适合的吸附技术来将氦气提取出来。但是此方法要求原料中除氦气外的杂质含量要小，否则吸附剂用量较大，操作困难且投资高。典型的工业化方法即利用天然气液化剩余副产气提氦，工艺上包含了变压吸附与深冷等技术的结合。

2. 流程简介

原有的天然气提氦技术中，主要采用低温冷凝法将氦气从天然气中分离出来，由于氦气的液化点远低于天然气，因此液化天然气是提氦工业的副产物，一般天然气中氦气含量高于 0.15%就具有了工业提取价值。而我国的天然气中氦气含量往往只有几十或几百 mg/kg，不具备工业提取的价值。近年来，LNG 产业兴起，仅我国内地就已建有多套日处理量 100 万 m³ 天然气的 LNG 站。在 LNG 生产过程中，由于天然气被冷凝，作为杂质的氦气在气相中被富集起来，浓度较原料气中提高上百倍，甚至可以高于 1%的浓度，远高于工业提取设定的参考线[16]。据估算，如尾气中氦气浓度达到 3%，一套日处理量 100 万 m³ 的 LNG 装置每年氦气产量就可以达到 10 万 m³。

1)从空分装置提氦

干燥空气中，氦气含量约为 5.24×10^{-6}(体积分数)，其含量低、数量少，所以只有大型空分装置收集的少量粗氖氦才有进一步加工的利用价值。从大型空分装置氖塔塔顶粗氖氦混合气中提取氦气，一般包括粗氖氦混合气提取、纯氖氦混合气制备、纯氦制备三个步骤，流程图见图 7-8。

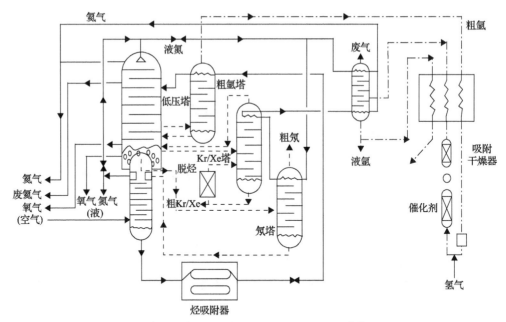

图 7-8 空分装置氦族气体生产流程框图[17]

氖气、氦气和氢气的沸点都很低，在空分装置中会积累于冷凝蒸发器顶部，这样降低了氮气的冷凝速率和过程的热效率，所以需及时抽出。抽出的不凝性气体中，Ne-He 的体积分数通常为 1%～12%(其余为氮气)。将抽出的不凝性气体导入氖塔，在氖塔中，所抽馏分中大部分氮气被冷凝返回到主塔中，塔顶得到粗氖氦混合气。粗氖氦混合气的典型组成是氖气 52%、氦气 18% 和氢气 2%(其余为氮气和少量的氧气)。粗氖氦混合气除去氢气和氮气后，得到 99.95% 的氖氦混合气。

氢气一般采用钯催化剂或铂催化剂加氧催化脱除，其反应温度为 100～150℃，反应后的过量氧气控制在 0.5% 左右。生成的水可采用冷冻法或用吸附干燥法除去，吸附剂一般采用硅胶或分子筛。

大部分氮气用低温冷凝法除去。氖氦混合气在约 4.0MPa 压力、负压液氮温度下冷凝，得到体积分数 92%～98% 的氖氦混合气。随后在液氮冷却的活性炭上吸附脱除残余的氮气和少量氖气，而氦气吸附量可忽略。在氖氦混合气中氖气为 75%，氦气为 25%。

在以液氢为冷源，2.5MPa 压力和接近氖的沸点温度下，使纯氖氦混合气中的大部分氖气冷凝下来，冷凝的液氖纯度 99.9%，少量残余杂质为氦气。不凝性的氦气含有多至 10% 的氖气，这些氖气大部分通过冷凝过程脱除，接着在低于 77K 温度下，用活性炭吸附除去残余氖气而获得纯氦气[18]。随着变压吸附技术进步，现在可用常温变压吸附技术从空分装置粗氖氦混合气中提纯氦气，该技术能耗和投资都较低。

2) 从合成氨弛放气中提氦

以含氦天然气为原料的合成氨装置中，氦气由于是惰性气体，不参加化学反应，因此在合成循环气中逐步得到浓缩，其氦气含量一般比天然气高 10 倍左右，在一定条件下具有提取价值，其技术关键在于脱除混合气中大量的氢气。

粗氦气的提取：以含氦天然气为原料的合成氨弛放气主要成分为氢气、氦气、氮气、氩气、甲烷和氨。氨用水洗吸收除去，其他组分分别可用以下方法脱除。

化学法脱除氢气和甲烷，即加氧燃烧生成水和二氧化碳，然后经脱碳、干燥和低温分离脱除大部分氮气、氩气而得到粗氦。

氢气也可以用液化精馏方法分离。首先将原料气净化得到氮气、氩气、甲烷等高沸点杂质含量小于 0.1×10^{-6}（体积分数）的高纯度氢-氦混合气，然后将氢液化并精馏得到含氦 50% 以上的粗氦气（其余为氢气、氖气）。在此法中，氩气、氮气和甲烷等高沸点组分的脱除可采用冷冻法、甲烷洗涤吸收法、变压吸附法等。

粗氦气的精制：对含氦浓度较低的粗氦气，工业上一般是先将含氦气量提高到 90% 以上。采用的方法有加氧直接燃烧、用纯氦气稀释后加氧催化除氢、低温吸附法脱氢等。然后将 90% 以上的粗氦气加压、冷却至 77K 以下导入低温吸附塔进一步除去微量的氖气等杂质，得到纯度 99.99% 以上的氦气。

德国建立了第一个合成氨弛放气提氦装置，1972 年开始运行。而我国 1973 年 3 月 12 日至 19 日，在西南化工研究设计院召开了合成氨尾气提氦中间试验鉴定会，认定成果可工业放大[19]。1976 年 12 月完成了合成氨弛放气提氦中间试验，采用变压吸附、低温吸附与氢液化相结合的提氦工艺，获得了 99.99% 的氦气。中试流程见图 7-9。

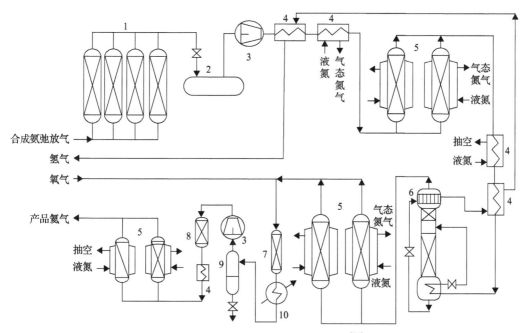

图 7-9　合成氨尾气提氦工艺流程图[20]

1-变压吸附装置；2-气柜；3-压缩机；4-换热器；5-吸附塔；6-精馏塔；7-反应器；8-干燥器；9-水分离器；10-水冷器

3) 天然气提氦

(1) 富氦天然气深冷提氦。

天然气提氦工艺有深冷工艺与非深冷工艺之分，深冷工艺仍是工业化的主要方法。2014 年美国有提氦工业化装置 17 套，其中 7 套装置采用深冷工艺生产粗氦气；5 套装置采用深冷工艺生产 A 级氦气和液氦；5 套装置采用变压吸附与膜分离组合工艺，生产95%～98%(体积分数)的氦气。总体看来，吸附分离技术主要在原料气脱水和氦气提纯两个步骤发挥着重要作用。

天然气组成比较复杂，除甲烷和重烃之外，通常还含有水蒸气、二氧化碳、硫化氢及其他含硫化合物、氮气、少量氩气、痕量的氖气、氢气和氦气等。从天然气中提纯氦气一般经过三个基本工艺步骤：天然气的预净化，粗氦气的制取和氦气的精制[21]。

天然气的预净化：目的在于脱除含硫化合物、二氧化碳和水分，硫化氢和含硫化合物一般由气田管理部门或天然气供应商脱除。二氧化碳可用多种方法脱除，对二氧化碳含量高者，一般采用溶剂吸收；对二氧化碳含量低者，可用分子筛在常温或低温下吸附。水分可用硅胶、分子筛和氧化铝吸附除去。

粗氦气的制取：预净化后的天然气进入氦气浓缩部分，首先通过热交换器冷却到222K，重烃组分被液化并在分离器分离出来，具有燃料价值的重烃返回热交换器，回收冷量后并入加工过的燃料气中。分离出重烃组分的原料天然气返回到热交换器，降到温度116K，大部分天然气液化，在分离器中分离出来，轻烃液体返回到热交换器的适当部位，将前面分离出来的重烃气并入，得到产品天然气。未液化的即为粗氦气，导入粗氦精馏塔，进一步被冷却到 77K，在此粗氦气中最后的痕量烃分离出来，返回到热交换器中。精馏塔塔顶得到浓度为70%的粗氦气，其余为氮气、氩气、氖气和氢气，通过热交换器回收冷量后输出。

氦气的精制：粗氦气经压缩机加压到 18.7MPa 进入主热交换器冷却，接着在换热器的液氮冷却蛇管中降到 77K。在高压低温下，大部分残余的氮气和氩气液化，并在分离器中分离掉，气相中得到含有痕量氮气、氖气和氢气的氦气，浓度约为 98.2%(体积分数)。由氦分离器出来的氦气，用负压氮气蒸发进一步冷却到 66.5K，进一步降低了其氮气含量。然后进入在液氮温度或更低温度下操作的活性炭吸附塔[22]，活性炭能吸附所有的非氦气体，通过吸附分离净化，氦气纯度可达到 99.997%(体积分数)以上。产品氦气返回主换热器复热后作为产品输出。两个活性炭吸附塔交替使用和再生。

国外采用的流程主体基本一致，工艺流程如图7-10所示。

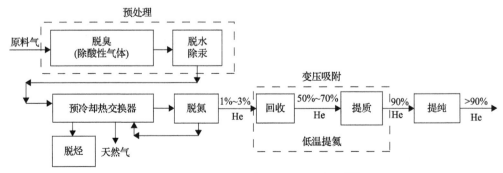

图 7-10　国外深冷法提氦工艺流程框图[23]

国内深冷分离法提氦的工艺流程如图 7-11 所示[24]。富氦天然气通过分子筛吸附塔，脱除其中的二氧化碳、硫化氢和水分后，进入预冷换热器预冷至-82℃，节流至 3MPa，然后去一级提氦塔塔底再沸器作为热源，被冷却至-92℃后进入一级提氦塔，在塔底被脱除大部分的甲烷及重烃，塔底液节流至 0.5MPa，与二级提氦塔的塔底液混合后作为一级提氦塔塔顶冷凝器的冷源，温度为-139℃，蒸发后返回预冷换热器复温，后经界外压缩机增压至 6MPa 后进入天然气产品外输管线。

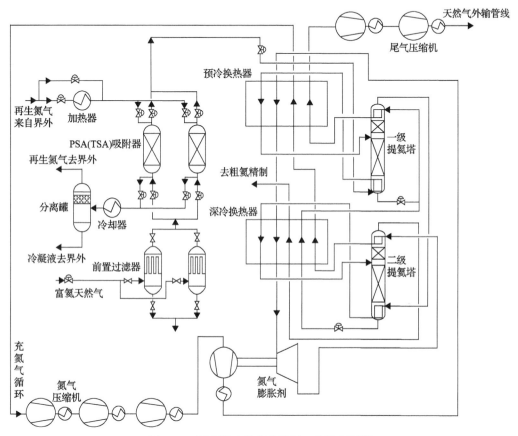

图 7-11　国内深冷分离法提氦工艺流程图[24]

此时一级提氦塔塔顶的富甲烷气中氦气浓度约为 2.5%(体积分数，下同)，还含有氮气和氢气。富甲烷气首先经过二级提氦塔的塔底再沸器，被冷却至-118℃，再进入深冷换热器中，被进一步冷却至-162℃后进入二级提氦塔。在二级提氦塔中，所有的甲烷、大部分的氮气在塔底被脱去，塔底的液体节流至 0.52MPa、-155℃后回到深冷换热器，被复温至-145℃后与一级提氦塔的塔底液混合。二级提氦塔塔顶的冷凝器要靠补充的氮气循环提供冷量，2.1MPa 的压缩氮气首先经过预冷换热器、深冷换热器冷却至-146℃，然后经氮气膨胀机膨胀至 0.2MPa、-189.5℃，进入二级提氦塔塔顶冷凝器作为冷源，塔顶温度为-187℃，分离出来的氦气浓度可达到 65.5%，此外还有少量的氮气(14%)和氢气(20.5%)。

整个系统的冷量除了靠自身节流制冷外，还有一组氮气膨胀机制冷循环，制冷设备包含一台氮气循环压缩机及一台氮气膨胀机。氮气的循环量约为 15860m³/h，常温、低压的氮气经过三段压缩至 2.1MPa 后先后进入预冷换热器、深冷换热器，被冷却至 −146℃ 后进入氮气膨胀机，膨胀至 0.2MPa、−189.5℃。这股低温、低压的氮气先作为二级提氦塔塔顶冷凝器的冷源，再回到深冷换热器为深冷段提供冷量，复温至−145℃后进入预冷换热器，复温至常温后的低压氮气返回氮气循环压缩机入口，完成一次制冷循环。

其中，变压吸附(变温变压吸附)装置用于富氦天然气的预处理，脱除水、烃类、二氧化碳等杂质，以避免低温冷凝影响后续操作。吸附装置由 2 个或以上的吸附塔组成，根据原料气的杂质含量特征，可采取变压吸附或变温变压吸附操作模式。净化后的富氦天然气去低温换热器，解吸的杂质气体经冷凝器、气液分离器分离液相物质。

我国 20 世纪 60 年代在四川威远建成第一套提氦试验装置，设计规模为 5 万 m³/d，年生产氦气 2 万 m³[25]。其特点是采用"氨预冷的高中压林德循环制冷+两段单塔精馏塔分离提氦工艺"，精馏塔分为常压液甲烷冷凝段和减压液甲烷冷凝段，低温换热器为绕管式换热器，现场仪表控制，提氦后的天然气增压后去管网。1989 年在威远建成第二套提氦试验装置，该装置设计规模为 10 万 m³/d，年生产氦气 4 万 m³。在第一套提氦装置的基础上，引入"膨胀机+高压氮循环+甲烷循环制冷"，采用两塔分离工艺取代单塔分离工艺，主换热器采用铝板翅式换热器，用单元仪表控制，提氦后的天然气部分增压去管网。装置单位产品氦气的能耗从 133kW·h/m³ 下降至 89kW·h/m³。

2012 年，在四川荣县建成了天然气提氦装置是我国目前唯一运行中的天然气提氦装置。该装置设计日处理天然气 40 万 m³，氦气含量 0.18%，年生产氦气约 21 万 m³，氦收率>96.5%，产品粗氦气纯度为 90%~95%，单位产品氦能耗从 89kW·h/m³ 下降为 55kW·h/m³。粗氦气再进行纯化精制，可生产出纯度为 99.999%的产品氦气。

在"十二五"期间，氦纯化精制装置进行了技术升级改造，将氦气储存能力从 2 万 m³ 提高到 8 万 m³，氦精制产能达到 30 万 m³/a。加之产品质量不断升级，在原最高纯度 99.999%的基础上，成功研制出氦纯度为 99.9999%的产品，更好地满足电子气和标准气对产品质量的需求。升级后的天然气提氦工艺流程见图 7-12。天然气净化部分涉及如何高效净化脱除天然气中二氧化碳、水、硫化氢等环节，其中脱碳单元采用有机氨吸收脱除二氧化碳，脱水单元采用变压吸附或变温变压吸附的吸附工艺，将水含量控制在 $1×10^{-6}$ (体积分数)以下，才进入后续提氦单元。

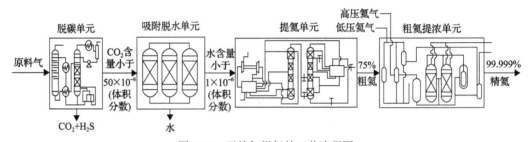

图 7-12　天然气提氦的工艺流程图

天然气提氦装置如图 7-13 所示，采用西南油气田公司天然气研究院开发的 CT8-23 活性 MDEA 溶液，可将二氧化碳脱除至 5×10^{-5}（体积分数）以下。脱水采用三塔分子筛的 PTSA 工艺，与常见的两塔分子筛脱水变温变压工艺相比，吸附、降压、加热、冷吹调节空间大，装置灵活性更高，可使加热炉连续运行，冷吹后较高温度的天然气直接进加热炉，使再生能耗的降低[25]。

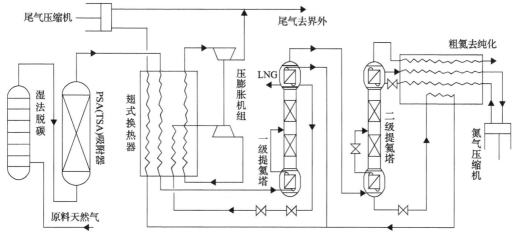

图 7-13　天然气提氦的工艺流程图

在提氦单元，通过天然气自身为制冷介质，采用膨胀工艺来获得低温的主要冷量，并使天然气液化，然后通过氮气的压缩节流制冷循环，提供液氮温度下的冷量。在分离方面，通过第一分离塔实现氦气与甲烷的分离，并提高氦气的回收率；在第二分离塔实现氦气与大量氮气的分离，获得氦气体积分数为 65%左右的粗氦气；粗氦气复热到常温后，用钯催化剂将氦气中氢气脱除至小于 $500\mu L/L$，通过膜分离获得体积分数为 90%～95%的粗氦气，压缩后去储存运输。

在氦气的精制单元，通过进一步将氦气中氢气脱除到小于 $5\mu L/L$ 后，通过压缩机增压至 15MPa，然后经过分子筛两塔脱水进入冷箱，在冷箱中液氮为制冷剂，经过冷凝吸附后获得氦气纯度 99.999%以上的产品。由于产量较小，没有后续的氦液化装置，产品以高压气体状态供给用户。

（2）LNG 联产氦气。

2005 年后新建或改造的提氦装置来看，卡塔尔提氦装置、澳大利亚达尔文提氦装置及阿尔及利亚提氦装置均从 LNG 尾气提氦，工艺流程如图 7-14 所示，美国怀俄明州提氦装置采用二氧化碳回收提氦，正在建设的俄罗斯阿穆尔州提氦装置采用轻烃回收联产提氦，上述装置均主要采用深冷工艺[16]。该工艺有两处采用吸附分离技术：①在液化天然气 BOG 增压装置后设置变压吸附吸附塔脱除其中的少量酸性气体，为满足低温法提氦工艺的要求，原料气中硫化氢的含量需小于 4×10^{-6}，二氧化碳含量需小于 1×10^{-4}，对于满足要求的天然气尾气，可以不设置增压脱酸单元；②催化反应器加氧脱氢产生的少量水蒸气用分子筛吸附干燥塔实现冷凝过程不能完成的深度脱水，操作过程可按常规吸附干燥流程进行。

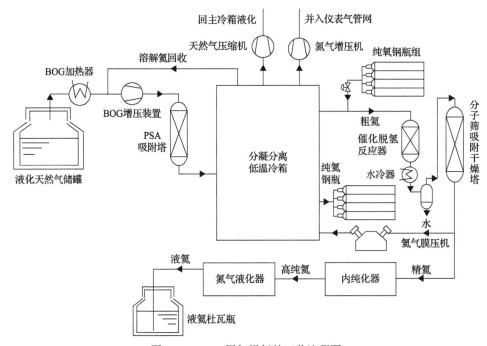

图 7-14　LNG 尾气提氦的工艺流程图

　　通过液化天然气联产提氦，同时副产部分 LNG 进行冷量调节，即避免天然气重组分低温下积聚对运行稳定性和冷量调节操作的不利，又能副产部分 LNG 产品，在一定程度上改善天然气提氦的经济性。该技术成功应用于荣县天然气提氦装置建设，性能考核达到预期效果。

　　在装置生产运行方面，针对荣县装置天然气流量不断减少的情况，采取调整燃气压缩机转速，降低压缩机进口压力，装置提氦后贫尾气部分循环、减少氦液循环量与延长分子筛切换时间等技术措施；针对装置流量大幅波动和环境温度周期性变化给装置冷量平衡带来的影响，在装置安全平稳控制上积累了经验；针对低温下的堵塞问题，在操作运行控制和模拟分析上取得了一些新经验。

　　在分析技术方面，建立光腔震荡衰减光谱法，用于测量气体中微量水，满足对水分含量(体积分数)从 10^{-6} 到 10^{-9} 转变的需要。在低温浓缩法、热导色谱法、脉冲放电氦离子化色谱法及氢火焰色谱法检测氦中微量杂质方法不断完善的基础上，开展氦离子化色谱法在高纯气体分析上的推广与应用。为满足生产过程在线分析的需要，进行了粗氦和氦中氢的连续在线检测。

7.3.2　一氧化碳和氢气分离提纯

　　深冷法是 20 世纪 60 年代开始在工业上用于制备高纯度一氧化碳，可同时制得 2 种以上高纯度气体，其工艺简单、装置占地少、操作简便。

　　一氧化碳是现代化工的重要原料之一，随着工业合成醋酸、乙二醇、TDI 等化学品市场需求量快速增长，一氧化碳作为这类化学品合成的重要原料，其制备、分离提纯技术越来越重要。工业上一氧化碳制备的原料主要是用煤和天然气。先将煤和天然气制备成含一氧化碳、二氧化碳和氢气的混合气，再从混合气中分离提纯一氧化碳。

另外一些工业副产气如黄磷尾气、电石尾气、高炉煤气、转炉煤气等，含有不同量的一氧化碳，也是获取一氧化碳的重要原料。无论使用何种原料都需要采用有效的分离方法获取工业合成需要的一氧化碳。当前化工领域一氧化碳分离方法主要采用深冷分离法和变压吸附法。

对于一套 200kt/a 乙二醇生产装置，所需氢气和一氧化碳总有效气需要量约 70000m³/h。其中乙二醇生产所需气体分别是草酸二甲酯合成所需的一氧化碳、乙二醇合成所需的氢气，其纯度要求一氧化碳＞99%，氢气＞99%。由于深冷方法分离一氧化碳与氮气比较困难，氢气纯度不能满足乙二醇生产要求，须进行氢气再提纯，因此宜采用深冷-变压吸附耦合工艺制备提纯氢气和一氧化碳。氢气与一氧化碳的分离工艺流程如图 7-15 所示，先利用深冷工艺制取氢气和一氧化碳，再利用变压吸附工艺对分离出的氢气进行提纯。

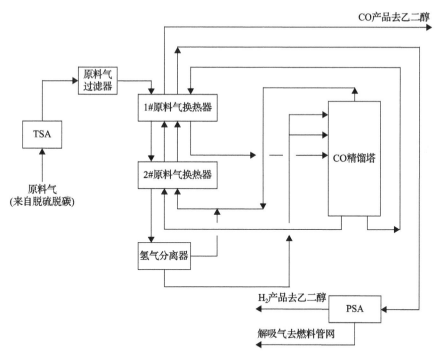

图 7-15　氢气与一氧化碳分离工艺流程图

从低温甲醇洗单元来的原料气先进入分子筛吸附塔脱除微量甲醇和二氧化碳。分子筛吸附塔由 2 台并联组成，其中 1 台吸附时，另 1 台即进入再生状态。从分子筛吸附塔出来的原料气经原料气过滤器滤掉杂质后进入原料气/产品气换热器，与一氧化碳产品气换热冷却，然后进入冷箱一氧化碳被冷凝下来，含液态一氧化碳物流进入氢气分离器中进行分离。

氢气分离器出来的液相物流进入精馏塔，一部分送到塔顶减压闪蒸，另一部分送到塔中部减压闪蒸，为保证一氧化碳纯度，从塔下部抽出部分液体在原料气体冷却器中与原料气换热后再进塔底部，以起到再沸器的作用，利用气液混相中的气体来汽提液相混合物中的氢气、甲烷、氩气等。精馏塔底的高纯度一氧化碳经板翅式换热器与原料气换热升温后送往乙二醇装置；从塔顶闪蒸出富氢气与分离器闪蒸出富氢气混合，经板翅式换热器回收冷量后送出冷箱，出冷箱的富氢气进入变压吸附装置，提纯后的氢气经过缓冲罐进入乙二醇装置氢气压缩机，加压后进入乙二醇加氢单元，解吸的杂质气体送往燃料管线[26]。变压吸附提纯氢装置设计和操作参见本书第 5 章相关内容。

以前此类装置从国外进口，近年来随着大型一氧化碳装置数量增多，杭州杭氧股份有限公司、开封空分集团、四川空分集团等气体公司加大力量研发，其设计和制造的 CO/H_2 深冷分离装置也先后调试成功，实现了自有技术产业化。针对一些原料气工况，由 CO/H_2 深冷分离装置得到的一氧化碳纯度能够达到 99% 以上，回收率也较高，可满足多种化工产品的合成气要求[27-32]，如图 7-16 中煤间接制乙二醇。某装置的物料平衡见表 7-12。

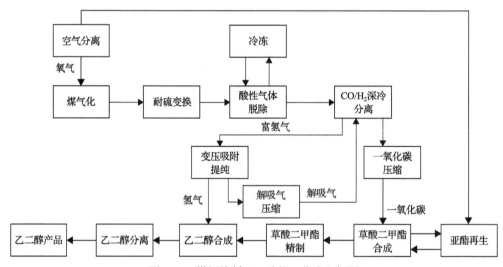

图 7-16　煤间接制乙二醇的工艺流程框图

表 7-12　CO/H_2 深冷分离物料平衡简表

物料	组成						流量/(mol/h)	温度/℃
	$\varphi(H_2)$/%	$\varphi(Ar)$/%	$\varphi(CH_4)$/%	$\varphi(CO)$/%	$\varphi(N_2)$/%	合计/%		
原料气	51.90	0.040	0.001	47.50	0.530	99.971	1000	-53.70
CO 产品	0.098	0.088	0.003	98.79	1.020	99.999	325	-59.37
富氢气	86.40	0.184	—	13.20	0.181	99.965	675	-59.37

深冷分离法能获得高纯一氧化碳产品，在大规模的生产中技术可靠，具有较强的实用价值，一氧化碳收率较高，装置能耗低，产品质量有保证，具有较好的经济性，但是

只适用于原料气氮气含量低或者产品氮气含量允许范围高的场合。其富氢气体氢气含量在 86%左右，还含有一氧化碳、氩气、氮气等杂质，需要采用变压吸附提纯氢气技术提纯到 99%或更高，以满足下游生产的需要。

工业中常使用的从混合气体中提纯一氧化碳的技术有深冷分离法和变压吸附法等，分别各具优缺点。其中变压吸附法是一种新的气体分离技术并得到广泛应用，流程简单，能耗低。根据原料气中一氧化碳和氢气的工况特点，可采用深冷分离提纯一氧化碳、变压吸附提纯氢气，充分发挥不同分离方法的优势，使分离过程有机组合，可达到节约投资、占地少、运行费用低等目的。

7.3.3　低温空分前端净化

最常用的大规模制取氧气、氮气和氩气方法是低温空气液化精馏法。由于空气中含有一定量的水分、二氧化碳，进入装置后在低温下会冻结、积聚并堵塞设备和阀门；乙炔进入设备，在含氧介质中受到摩擦、冲击或静电放电等作用，会引起爆炸。这些杂质需要脱除后才能进入冷箱，脱除过程一般称为前端净化。脱除水分、二氧化碳、乙炔的常用方法有吸附法和冷冻法等，根据装置不同特点，采用不同方法。

高、中压空分装置的前端净化普遍采用吸附法，以 5A 或 13X 分子筛在常温高压、常温中压下同时吸附脱除水分、二氧化碳和乙炔。净化后的气体露点为-70～-60℃，二氧化碳含量小于 2mg/kg。吸附法一般采用球形分子筛，5A 和 13X 分子筛对水的质量吸附量约为其质量的 15%；5A 分子筛对二氧化碳的吸附量为其质量的 1.5%，13X 分子筛对二氧化碳的吸附量为其质量的 2.5%；再生氮气进口温度为 250～300℃，出口温度为 120～150℃，再生气用量为 0.8～1.2m³/kg 分子筛，加热时间约 4h。

低压空分装置原来采用冷冻法，近年来随着吸附法技术进步，低压空分装置也可采用分子筛吸附法脱除空气中的水分、二氧化碳、乙炔。先以制冷机预冷空气，脱除空气中大部分水分，然后在分子筛吸附塔中脱除残余的水分、二氧化碳和部分乙炔，再用低温吸附法脱除气相乙炔。吸附法具有净化度高，水分、二氧化碳等预先脱除，可简化流程，减少维修工作量、换热器腐蚀，装置运转可靠性高等优点[33]。

20 世纪 80 年代中期开始，大、中型空分装置采用分子筛前端净化流程后，由于当时的变压吸附工艺存在阀门控制与寿命、切换损失和切换引起的塔内工况波动、噪声较大等问题，再生主要采用变温吸附工艺。80 年代后期，随着计算机技术发展和阀门质量提高，变压吸附工艺得到迅速发展，实践证明其技术可靠、装置安全，变压吸附前端净化工艺再次得到各气体公司的重视。

美国 APCI 公司等在 20 世纪 90 年代初便开始将变压吸附工艺用于空分设备分子筛前端净化，并首先在 1000～8400m³/h 制氮设备上试用。APCI 的 Laporte 厂 40000m³/h 的氧气车间空分设备前端净化的变压吸附工艺经技术改造于 1993 年 6 月投产，相继有多套变压吸附工艺用于空分前端净化的装置建成，设备产氧能力从 4700～21000m³/h。我国宝钢 72000m³/h 空分装置的分子筛前端净化变压吸附设备规模为当时世界最大规模，以下进行重点叙述[34]。

工业装置实际运行情况表明，采用变压吸附工艺能节省水冷却塔、分子筛再生加热器、冷却水泵、冷冻水泵和冷冻机等设备，使空分流程更加简化、操作更加方便。用空压机后冷却器代替直接喷淋的空气冷却塔，可防止水分或水蒸气进入分子筛吸附塔和冷箱。变压吸附属于无热再生，不需要蒸汽或电，节省 4%～5% 的空气压缩机能耗；分子筛属近等温工作，使用寿命延长。变压吸附装置的缺点是切换步骤空气损失增加，噪声大，容易导致运行波动，对阀门质量要求高。变温吸附和变压吸附效能比较见表 7-13。

表 7-13　变压吸附工艺和变温吸附工艺的效能比较表

序号	比较项目	TSA	PSA
1	工艺流程	复杂	简单
2	设备组成	多	少
3	阀门数量	少	多
4	切换时间	长	短
5	操作	复杂	简单
6	切换损失	小(0.3%)	大(1%～1.5%)
7	生产的可靠与安全	好	好①
8	水分进入冷箱的可能性	有	无
9	对碳氢化合物吸附	对 C_2、C_3 不能吸附	对 C_2、C_3 能部分吸附
10	吸附剂寿命	短	长②
11	电耗	低	高
12	蒸气消耗	高	0
13	综合能耗	高	低③
14	设备投资	两者相当	

①PSA 工艺任一阀门故障仍可维持生产，TSA 工艺则需停车。②PSA 工艺是近等温操作。③PSA 工艺较 TSA 工艺可降低的能耗相当于空压机能耗的 5%。

从表 7-13 可见，由于吸附塔工艺过程切换时有空气损失，变压吸附工艺的空压机、氧压机、氮压机电耗高于变温吸附工艺，但变压吸附工艺省去了再生用蒸汽，其综合能耗仍低于变温吸附的 4%～5%。对于 60000m^3/h 空分设备，虽然变压吸附工艺比变温吸附工艺电力消耗增加 287kW，但变压吸附工艺无蒸汽消耗，其综合能耗比变温吸附低约 1213kW。近年来，对变压吸附工艺中存在的程控阀切换损失和波动、噪声、阀门寿命等问题，通过技术进步已逐步得到解决。

72000m^3/h 空分设备的变压吸附工艺见图 7-17，该工艺包括 6 个立式径向流吸附床，DCS 控制系统保证设备稳定安全运行，变压吸附专用吸附剂可再生重复使用，并对 C_2、C_3 类碳氢化合物可部分吸附脱除。

变压吸附空气净化工艺过程：从空压机后冷却器来的空气进入变压吸附装置，每个吸附塔装有适量的吸附剂以除去空气中的水分、二氧化碳和大部分碳氢化合物。吸附塔循环运行，任何时间都有 2 个吸附塔同时进行吸附步骤，其余吸附塔分别处于均压降、逆放、冲洗再生、均压升、最终升压等不同工艺步骤，分子筛床层的再生采用污氮气进行冲洗再生。工艺步序如表 7-14 所示。

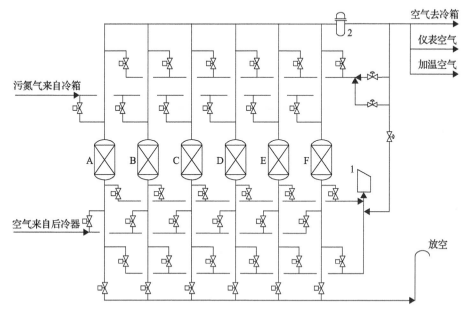

图 7-17　某 72000m³/h 空分设备变压吸附净化装置工艺流程图

A～F-吸附塔；1-消音器；2-过滤器

表 7-14　6 塔变压吸附空气净化装置工艺步序表

	步骤																	
	1	2	3	4	5	6	7	8	9	10	11	12	13	14	15	16	17	18
A塔	A						ED	D				P				ER	R	
B塔	ER	R		A					ED	D			P					
C塔	P		ER	R			A				ED	D			P			
D塔	P			ER	R			A					ED	D				
E塔	ED	D			P			ER	R			A						
F塔	A		ED	D			P					ER	R		A			

7.4　变压吸附与吸收工艺的工程耦合

吸收分离技术是利用混合物各组分在特定溶剂中溶解度的差异来实现分离的目的，吸收分离技术适用范围广、回收率高，但流程复杂且能耗高。结合变压吸附和吸收工艺的优点，开发变压吸附-吸收耦合工艺应用于轻烃回收、氢气分离提纯，可实现工艺过程效率最大化或经济最优化。

7.4.1 炼厂干气回收利用

1. 干气脱碳

炼厂干气是炼油化工生产过程中的副产气，其中含有氢气、甲烷、乙烷、乙烯等组分，这些组分是重要的化工原料。仅将干气做燃料使用，是对副产资源的浪费。如将能干气中的 C_2 及 C_{3+} 烃类组分回收后送入乙烯装置作为原料，可以实现炼厂副产气资源化利用，从而提高工厂经济效益。随着石油资源的日益紧张，回收利用干气中的 C_2 及 C_{3+} 组分已成为一体化炼化企业降低乙烯生产成本和实现资源综合利用的有效手段。

炼厂干气回收已实现工业化应用的主要有变压吸附法和油吸收法。变压吸附工艺是利用不同气体组分在吸附剂上存在吸附特性差异来实现目标组分的分离。变压吸附法已经成功用于炼厂干气吸附浓缩回收乙烯和乙烷等轻烃组分。该工艺需要多个吸附塔通过均压升、终充、吸附、置换、均压降、逆放和抽空交替切换实现连续操作。油吸收法是利用吸收剂对干气中各组分的溶解度不同来分离气体混合物，一般利用吸收剂吸收 C_{2+} 的重组分，分离出甲烷、氢气和氮气等不凝气，再利用精馏方法分离吸收剂中的各组分。依据吸收操作温度的不同，油吸收法大致可分为深冷油吸收(一般低于-80℃)、中冷油吸收(一般为-40~-20℃)和浅冷油吸收(一般高于0℃)3 种工艺。

燕山石化于 2005 年建成了国内首套 30000m³/h 干气提浓乙烯工业装置。该装置工艺流程图主要包括变压吸附单元、压缩单元、干气净化单元，干气净化单元包括胺吸收单元、精脱硫单元、脱砷和脱氧单元。其工艺流程见图 7-18。

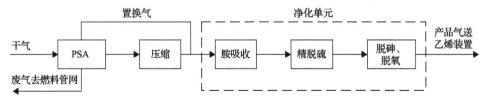

图 7-18　干气提浓乙烯装置流程框图

干气作为提浓乙烯原料气，经冷干机和气液分离器分离液体组分，然后进入变压吸附单元。在吸附塔内，C_{2+} 被吸附，弱吸附组分氢气、氮气、甲烷等透过床层由吸附塔塔顶排出，当吸附床层达到吸附饱和后，吸附塔通过放压、抽真空等工艺步骤，使吸附床层中富集的富乙烯组分充分解吸并回收。变压吸附单元产生的富乙烯组分经过压缩机增压后，进行气液分离，对液态烃回收利用，气相的富乙烯组分小部分作为变压吸附单元的置换气，大部分作为半产品气进入干气净化单元。为达到乙烯装置对气体原料的质量要求，半产品气需经过胺吸收单元脱硫脱碳、精脱硫和脱砷脱氧过程，得到合格的产品气送至乙烯单元。

对于胺吸收单元脱硫脱碳，常采用醇胺为吸收剂，在吸收塔内吸收原料气中的二氧化碳和硫化氢，吸收了二氧化碳和硫化氢的胺液经升温后在常压再生塔内借助塔底的重沸器加热解吸将溶液再生。再生后的贫液经冷却后送吸收塔循环使用，再生塔塔顶的酸性气体经冷凝分液后送硫回收装置回收硫黄。常见的胺类吸收剂有很多种，根据胺类吸收剂氨基上活泼氢的个数不同，胺类吸收剂可分为一级胺、二级胺、三级胺和空间位阻胺等。一级胺和二级胺吸收速率快，但吸收容量低且解吸反应热大。三级胺吸收容量大，解吸反应热小，但其吸收速率较慢。空间位阻胺由于空间位阻效应使其吸收速率介于一、二级胺和三级胺之间。不同结构的胺类吸收剂在吸收速度和吸收容量方面表现出不同的特征。表 7-15 为常见胺类吸收剂分子结构。

表 7-15　常见胺类吸收剂分子结构表

一级胺	二级胺	三级胺	空间位阻胺
乙醇胺（MEA）	二乙醇胺（DEA）	N-甲基二乙醇胺（MDEA）	2-氨基-2-甲基-1-丙醇（AMP）

由于 MDEA 具有酸性气体负载量大、解吸反应热小、化学稳定性好和腐蚀性小等特点，已成为我国炼油厂脱硫、脱碳剂的首选。

该流程将变压吸附与吸收工艺耦合实现了乙烯提浓和净化，其能耗低至 1675MJ/t 原料，投资较少，通过不断技术提升，目前该技术中 C_{2+} 的回收率达到 95%。

2. 轻烃回收

采用油吸收法回收轻烃，C_{2+} 回收率可达 95%，甲烷含量小于 10%，氧气含量小于 10μL/L，综合能耗为 3724MJ/t 原料[35]。北京燕山玉龙石化工程有限公司、西南化工研究设计院、燕山石化共同开发了一种变压吸附耦合常温油吸收工艺[36]，该工艺充分结合了变压吸附和油吸收的特点，使 C_{2+} 回收率大于 95%，综合能耗较油吸收工艺有明显下降。以某炼厂 520kt/a 干气提浓装置为例，干气组成如表 7-16 所示。干气 1 中存在大量轻组

表 7-16　某炼厂干气组成表

组分含量	干气 1	干气 2	组分含量	干气 1	干气 2
$\varphi(H_2)$/%	43.39	12.29	$\varphi(C_3H_6)$/%	0.85	—
$\varphi(O_2)$/%	0.55	—	$\varphi(C_4H_{10})$/%	2.74	39.53
$\varphi(N_2)$/%	8.52	—	$\varphi(C_4H_8)$/%	1.35	—
$\varphi(CO)$/%	0.40	—	$\varphi(C_5H_{12})$/%	0.81	2.49
$\varphi(CO_2)$/%	0.66	—	$\varphi(C_5H_{10})$/%	0.08	—
$\varphi(CH_4)$/%	20.69	9.40	$\varphi(H_2S)$/%	*	—
$\varphi(C_2H_6)$/%	12.83	12.65	$\varphi(COS)$/%	**	—
$\varphi(C_2H_4)$/%	2.62	—	$\varphi(H_2O)$/%	0.47	—
$\varphi(C_3H_8)$/%	4.04	23.61	$\varphi(C_{6+})$/%	—	0.03
合计/%				100.00	100.00

* 2.7×10^{-5}。

** 8×10^{-4}。

分，氢气、氧气、氮气、一氧化碳和甲烷总体积分数达到 73.55%，适用于采用一段变压吸附复合常温油吸收工艺回收轻烃。

一段变压吸附耦合常温油吸收工艺由变压吸附单元、压缩单元和油吸收单元组成，工艺流程示意图如图 7-19 所示。

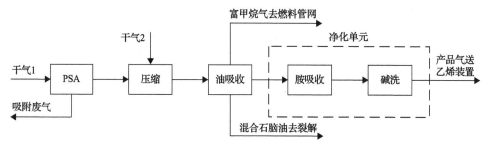

图 7-19　一段变压吸附耦合常温油吸收法工艺流程框图

干气 1 增压到 0.7MPa 后进入冷干机，除去部分游离水和少量重烃后进入变压吸附装置吸附塔。富含氢气、氮气和甲烷的吸附废气出装置，浓缩在吸附床层中的轻烃组分用抽真空方式从吸附塔中解吸并作为半产品气进入压缩单元，经过 4 级压缩以后增压到 3.0～4.0MPa，干气 2 直接进入第 3 级压缩前的分液罐。增压后的半产品气冷却至 40℃，不凝气进入吸收塔，回收其中的 C_2 和 C_3，凝液作为吸收剂进入吸收塔。吸收塔塔顶富甲烷气中夹带较多的 C_4，进入石脑油吸收塔用重石脑油进行二次吸收，以回收其中的 C_4，吸收 C_4 后的混合石脑油直接去乙烯装置裂解。石脑油吸收塔塔顶富甲烷气排入瓦斯管网。吸收塔塔底的富吸收剂直接进入汽提塔，汽提其中的氧气和甲烷等轻组分，保证产品气中氧气含量符合要求，同时降低产品气中甲烷含量。汽提塔塔底脱除轻组分的富吸收剂进入解吸塔，解吸塔塔顶采出富含 C_2 的产品气通过脱碳塔脱除二氧化碳和硫化氢后送入乙烯装置。解吸塔塔底贫吸收剂与汽提塔中沸器逐级换热回收热量后冷却至 40℃，作为吸收剂进入吸收塔循环使用，富余的贫吸收剂作为轻烃产品采出。

该炼厂采用变压吸附耦合常温油吸收法进行干气提浓过程中，干气 1 经过一段变压吸附后大部分轻组分被除去，氢气、氧气、氮气、一氧化碳和甲烷总体积分数降至 30.88%。在相同的吸收压力下，C_{2+} 分压升高，更易被吸收，油吸收单元回收 C_2 和 C_3 所用吸收剂的量大幅减少，汽提和解吸能耗降低。富甲烷气中携带的 C_4 及 C_5 的量也减少，所需石脑油吸收剂的量也相应减少。产品气中几乎不含有氢气、氮气、一氧化碳，氧气小于 1μL/L，甲烷仅为 1.68%。相对于单独变压吸附工艺，由于氧含量很低，净化单元仅有胺吸收脱硫、脱碳和碱洗，无需预净化器、精脱硫反应器和脱氧反应器，简化了工艺流程。

变压吸附耦合常温油吸收法结合了变压吸附和油吸收两种工艺的优点，同时兼顾高回收率和低能耗的要求，为炼厂干气回收乙烯资源提供了更优途径。

7.4.2　氢气分离提纯

随着制氢技术的不断发展，多种制氢工艺路线已在工程实践中得到采用，制氢原料也在不断扩大，目前氢气生产主要采用以下几种原料[37]。

(1) 以轻质原料(包括天然气、轻石脑油、含氢炼厂气、催化裂化干气和焦化干气等)为原料,采用水蒸气转化法生产氢气。目前,国内炼油厂中,以轻质原料制氢的工艺技术仍占主导地位。

(2) 以重质原料制氢的工艺技术。部分炼油厂或化工厂利用渣油或脱油沥青生产氢气提供给炼油厂,加氢的技术工艺先进、成熟,曾大量应用于化工生产,如利用减压渣油非催化部分氧化制氢、用脱油沥青非催化部分氧化制氢等。

(3) 国内煤炭资源丰富,随着洁净煤气化技术的发展和应用,国内已有部分煤气化技术生产的氢气供应炼油厂,如利用水煤浆非催化部分氧化制氢、粉煤气化制氢等。虽然煤制氢相对水蒸气转化制氢和渣油、脱油沥青转化制氢等技术投资大,但随着国际原油、天然气价格不断攀升,炼油厂原油深加工对氢气的大规模需求,煤相对低的价格使煤制氢呈现成本优势。

1. 化学吸收-变压吸附耦合工艺用于轻质原料制氢

轻烃蒸汽转化制氢的原料可选范围很广,如天然气、油田伴生气、液化气、C_5 和 C_6 原料、焦化干气、催化裂化干气、加氢干气等富烃炼厂气,以及轻石脑油、拔头油、抽余油、重石脑油等。在工艺路线上,有包括原料加氢脱硫、蒸汽转化、中低温变换、脱二氧化碳及甲烷化等五个过程的化学吸收净化法和用变压吸附代替脱碳和甲烷化的变压吸附法。变压吸附法的制氢工艺流程简单、操作方便、节省投资、开停工时间短、处理事故简单,同时随着我国在变压吸附技术的持续改进,从 20 世纪 90 年代开始所有新建的轻烃蒸汽转化制氢装置基本都采用变压吸附法制氢工艺路线。

变压吸附法代替化学吸收净化法中的低温变换、脱二氧化碳和甲烷化等三个工序,简化了工艺流程,并可获得纯度达 99% 以上的氢气。但变压吸附工艺尾气压力低,二氧化碳大量外排不易回收,且有一定量氢气损失。中国石化武汉分公司采用化学吸收-变压吸附耦合工艺提氢,既可进一步提高氢气回收率,同时可实现二氧化碳减排,具有显著的经济效益和社会效益。用于轻质原料制氢的化学吸收-变压吸附耦合工艺流程如图 7-20 所示。

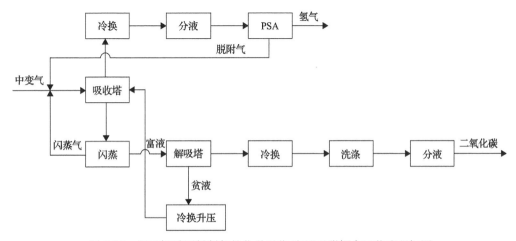

图 7-20 用于轻质原料制氢的化学吸收-变压吸附耦合工艺流程框图

在压力为 0.3～3MPa、温度为 40～70℃、二氧化碳体积分数在 11%～20%情况下，中变气在吸收塔内与 40～60℃的贫液逆流接触，中变气中的二氧化碳被吸收。吸收二氧化碳饱和的富液从吸收塔塔底引出后进入闪蒸罐闪蒸，其余富液进入解吸塔。解吸塔的操作条件为压力 0.03～0.5MPa、温度为 100～120℃，高纯度二氧化碳气体经过冷却和分液后进入二氧化碳精制单元。从解吸塔底部引出贫液经冷却器冷却至 40～60℃，然后升压至 0.3～3MPa，送至吸收塔内。二氧化碳体积分数在 0.1%～10%的净化气经冷却器和分液器后送入变压吸附单元，利用吸附剂对净化气中的杂质进行有选择性地吸附，最终得到高纯度氢气[38]。

该技术在进行工业化应用过程中运行状况良好，实现了廉价催化干气制氢过程，氢气产能由 6800m³/h 提高到 12000m³/h，满足了 8 万 t/a 乙烯工程配套的油品质量升级炼油改造项目的需要；在不增加原料消耗的条件下，变压吸附氢气纯度达到 99.8%以上，氢气回收率由 84.8%提高至 93.6%；中变气二氧化碳体积分数由 14.44%下降至 0.64%，二氧化碳回收率大于 90%，年回收减排二氧化碳约 4 万 t。

2. 低温甲醇洗-变压吸附耦合工艺用于重质原料制氢

我国是以煤炭为主要能源的国家，近年来由于煤气化技术的拓展和延伸及制氢装置的大型化，以煤为原料制氢的方式正在逐步推进和实施。煤制氢是涉及诸多化学反应的复杂工艺过程，煤炭经过气化、一氧化碳耐硫变换、酸性气体脱除和氢气提纯等环节可以得到不同纯度的氢气。神华集团已经建成的世界上第一套百万吨级煤炭直接液化示范工厂，采用两套荷兰壳牌公司的 SCGP 粉煤加压气化工艺，为煤液化和加氢改质等装置提供氢气原料，单套日产氢气能力为 313t，气体净化工段采用低温甲醇洗-变压吸附耦合工艺，制得氢气纯度为 99.5%。低温甲醇洗原料气、变压吸附原料气及氢气产品组成如表 7-17 所示。

表 7-17　低温甲醇洗原料气、变压吸附原料气及氢气产品组成表(体积分数)

	项目	低温甲醇洗原料气	PSA 原料气	氢气产品
组分及含量	$\varphi(H_2)$/%	55.05	88.29	≥99.50
	$\varphi(CO_2)$/%	38.52	2.00	***
	$\varphi(CO)$/%	1.01	1.59	
	$\varphi(N_2)$/%	5.01	7.99	
	$\varphi(CH_4)$/%	0.04	0.06	≤0.5
	$\varphi(Ar)$/%	0.04	0.06	
	$\varphi(H_2S)$/%	0.07	**	—
	$\varphi(COS)$/%	*		—
	$\varphi(CH_3OH)$/%	—	0.01	—
	$\varphi(H_2O)$/%	0.26	—	—
	合计/%	100.00	100.00	100.00

续表

项目	低温甲醇洗原料气	PSA 原料气	氢气产品
总量/(m³/h)	271124	168805	134808
氢气回收率/%			≥90
压力/MPa	3.40	3.20	≥3.00
温度/℃	40	31	≤38

* 6×10^{-6}。

** 0.1×10^{-6}。

*** $\leq 20 \times 10^{-6}$。

在低温甲醇洗-变压吸附耦合工艺用于煤气化制氢过程中，煤气化合成气经一氧化碳变换后，主要为含氢气、二氧化碳、一氧化碳、硫化氢的气体。为了给变压吸附工序提供合格的净化气，须对合成气中的二氧化碳、硫化氢、羰基硫等酸性气体进行脱除。

神华鄂尔多斯煤直接液化项目采用低温甲醇洗脱除合成气中的酸性气体。低温甲醇洗技术是 20 世纪中叶，德国鲁奇公司和林德公司一起合作研发的一种全新的吸收高浓度酸性气的净化工艺流程。1954 年第一次在煤加压气化后粗煤气净化中应用，也应用在城市煤气的净化工艺中。在 20 世纪 60 年代以后，出现了以煤和渣油等重碳质燃料作为气化原料的大型合成氨厂以后，低温甲醇洗技术在世界范围内得到普遍应用。

低温甲醇洗工艺的操作压力一般在 2.4～8MPa，经过低温甲醇洗工艺净化的合成气二氧化碳含量可以小于 10mg/kg，总含硫量可以低于 0.1mg/kg。其工艺原理：在高压、低温的条件下，粗煤气中的硫化氢、二氧化碳、羰基硫、氰化物、不饱和烃类等物质极易溶解于极性溶剂甲醇中，而在减压时，它们又很容易从溶剂中解吸出来。硫化氢、二氧化碳在甲醇溶剂中的溶解度能较好地服从亨利定律，其溶解度随压力升高、温度降低而增大，甲醇从 –20℃降到 –40℃，二氧化碳溶解度约增加 6 倍，在低温 –50～–40℃时，硫化氢的溶解度差不多比二氧化碳大 6 倍，这样就有可能选择性地从原料气中先脱除硫化氢，而在甲醇再生时先解吸二氧化碳。因此，在高压、低温下进行吸收硫化氢、二氧化碳等酸性气体，当系统压力降低二氧化碳先解吸，温度升高时，溶液中溶解的硫化氢气体后释放，实现溶剂的再生过程。其氢气净化工艺流程如图 7-21 所示。

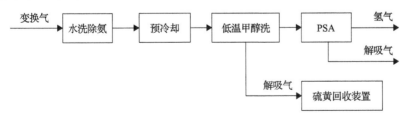

图 7-21　神华鄂尔多斯煤制油项目煤制氢变换气净化工艺流程框图

工艺流程：来自一氧化碳耐硫变换工序 40℃、3.4MPa、271124m³/h(以下均为单套低温甲醇洗装置数据)的变换气用锅炉给水洗涤除氨后，在供气冷却器中被来自甲醇洗涤塔的低温净化气冷却到 –20℃，为了防止变换气中水分在低温下冷却结冰，在预冷前需喷入少量甲醇，然后经变换气/甲醇水分离器分离出甲醇和水，变换气从甲醇洗涤塔底进入，依次脱除硫化氢+羰基硫、二氧化碳。送后续变压吸附装置的净化气中二氧化碳(体积分数)约为2%，硫化氢+羰基硫<0.1mg/kg。从甲醇贮槽来的42.6℃、0.15MPa贫甲醇在贫甲醇深冷器中被氨冷却到−36℃，并在贫甲醇冷却器中被来自硫化氢浓缩塔的富冷甲醇进一步冷却到−50℃，从甲醇洗涤塔顶进入，甲醇洗涤塔上段为二氧化碳吸收段，甲醇液自上而下与变换气逆流接触，脱除气体中的二氧化碳。

从甲醇洗涤塔下段和底部引出的富二氧化碳和富硫化氢、硫氧碳甲醇液分别被冷却减压到−34.9℃、1.3MPa进入闪蒸分离器进行减压闪蒸，闪蒸气从闪蒸分离器Ⅱ输出，经循环气压缩机压缩到3.4MPa后再进入系统。从闪蒸分离器底部出来的闪蒸液经减压后送往硫化氢浓缩塔，通过低压氮气降低气相中二氧化碳的分压，上部不含硫的闪蒸液洗涤该塔下部溶液中闪蒸出的硫化氢+羰基硫。从硫化氢浓缩塔中部引出的回收冷量甲醇进入下部，被来自气提塔的含氮气尾气和来自管网的0.23MPa氮气气提，塔底部经加压过滤后的粗甲醇回收冷量后送气提塔，被塔底0.24MPa、37.5℃氮气气提。富含硫化氢、二氧化碳的甲醇经氮气气提、加压、回收冷量升温至78.7℃进热再生塔。热再生塔顶含硫化氢气体在浓度没有达到进硫黄回收装置要求的浓度前，通过循环管线继续回到硫化氢浓缩塔浓缩，浓度达到进硫黄回收装置的要求后引出。甲醇被热再生塔再沸器提供的热量彻底再生，热再生塔底部出来的甲醇水溶液(摩尔分数大于99.4%)一部分被送往甲醇贮槽被低温甲醇洗装置循环使用；另一部分送入甲醇脱水塔进行精馏，热源由甲醇/水分离塔再沸器提供，甲醇脱水塔底出来的甲醇质量分数为0.03%的废水经冷却后送污水处理工序[39]。

经低温甲醇洗净化的合成气进入变压吸附工序，变压吸附装置有12台吸附塔，采用12-3-6主流程工艺，即12台吸附塔，3台同时进料吸附，另外9台分别处于再生的不同步骤，6次均压，冲洗解吸再生。每台吸附塔依次经历吸附、多次均压降、顺放、逆放、冲洗、多次均压升、最终升压等步骤完成一个吸附与再生的周期，把氢气纯度由88.3%提纯到99.5%以上。以上装置采用的吸附剂具有选择性好、吸附量大、分离系数高、解吸性能好、耐磨抗压强度高、使用寿命长等特点；采用密相装填技术，使床层死空间变小，并能尽量减少吸附剂用量和再生氢气耗量，达到氢气收率高、投资省的目的。吸附塔采用固定床的型式，设计具有良好的抗疲劳能力，通过气流分布构件避免气流偏流、短路或沟流，保证气体分布均匀和传质合理。程控阀开关次数多，具备长周期稳定运行的特点，并通过防止内漏以保证氢气纯度和收率，通过防止外漏以保证装置和界区的安全。在制氢大控制系统采用过程知识系统(proess knowledge system, PKS)系统的情况下，根据该变压吸附装置程控阀多、切换时间短、动作频繁、顺序控制与模拟控制共存等特点，变压吸附提氢单元采用功能更强大的S7-400H冗余控制系统并与主体装置进行数据交换实现整个厂区的数据共享。变压吸附提氢单元控制系统具有顺序控制、程控调节、参数优化、故障诊断、连锁控制等功能，对变压吸附提氢单元进行监控、操作、管理及过程调节，可实现多塔任意切换和自适应优化，保证氢气提纯单元长周期、安全、平稳生产[40]。

7.4.3　挥发性有机物回收

　　吸收法主要分为常压常温吸收和常压冷却吸收两种方法。其原理是油气界面上的挥发性有机物在溶剂中溶解度存在一定的差异，通过特定类型的吸收剂与油品充分接触实现对挥发性有机物的吸收。常压常温吸收法是在常温常压的条件下将柴油等有机吸收剂与油品挥发性有机物充分接触，利用相似相溶原理实现对油气的回收。为了将吸收剂与气体充分接触，一般采用将吸收剂以喷雾的方式与气体接触，提高油气挥发性有机物的回收率，且具有不产生静电、不发泡的优点。常压冷却吸收法是将吸收剂冷却后送入吸收塔对油品挥发性有机物进行吸收。其原理是不同烃类物质在不同温度下的饱和蒸汽压是不同的，降温后某些烃类达到饱和蒸汽压后得以回收。无论常压常温吸收还是常压冷却吸收，吸收剂性能是决定吸收效果的重要因素。

　　吸附法作为一种传统的混合物分离方法在油气挥发性有机物回收领域有着广泛的应用。吸附法油气挥发性有机物回收原理：气体混合物与吸附剂的结合能力有一定的差别，通过吸附剂可以将气体混合物中难吸附的物质与易吸附的物质相分离。吸附法又分为固定床吸附法、流动床吸附法和浓缩轮吸附法。目前应用较多、较成熟的方法是浓缩轮吸附法。浓缩轮连续不断地将低浓度、大气量废气中的 VOCs 吸附，再用小风量的热风脱附得到高浓度的废气，在一个系统内完成吸附和脱附操作，显著减少了设备投资，具有去除率高的优点。但存在运行费用较高且产生二次污染的缺陷。

　　当 VOCs 中的有机物具有回收价值时，可采用变压吸附-液体吸收耦合工艺对 VOCs 进行治理和回收。在变压吸附过程中首先对 VOCs 进行吸附并降压解吸，脱附后产生的高浓度气体采用吸收工艺对有价值的有机物进行回收。液体吸收后的尾气如不能达标排放时，应引入吸附装置进行再次吸附处理。变压吸附-液体吸收耦合工艺流程如图 7-22 所示[41]。

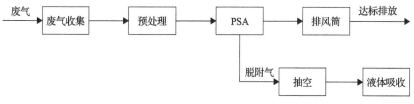

图 7-22　变压吸附-液体吸收耦合工艺流程框图

7.5　变压吸附与变温吸附、低温技术的工程耦合

　　随着全球工业化的发展，产生大量的工业过程副产气，如炼厂催化干气、聚烯烃尾气、石灰窑尾气、酒精发酵气等，这些副产气中含有可利用的资源，采用分离技术将这些资源分离回收，既实现了资源的再利用，又有利于环境保护。由于工业尾气组成不同、分离回收目标差异，有些工业过程尾气仅仅使用一种分离工艺难以达到分离指标，需要将两种或多种分离工艺集成耦合发挥各自优势，达到最佳的分离回收效果[9,42]，从而制备

高纯度的气体产品。其中，变压吸附与变温吸附、低温技术的工程耦合已应用于从多种气源中生产食品级二氧化碳和电子级二氧化碳[43-45]，也可以用于炼厂催化干气生产聚合级乙烯。

含有大量二氧化碳的工业过程副产气主要包括石灰窑尾气、提氢尾气、低温甲醇洗气、油田伴生气、酒精发酵气、脱碳解吸气、水煤浆气、石油炼制副产气、天然矿井气、烟道废气和炼钢副产气。这些尾气排入大气，会导致全球温室效益日益加剧。为了控制温室气体的排放，CCUS 技术的研究开发成为当今世界的热门话题。从各种含二氧化碳排放气中捕集二氧化碳是 CCUS 重要内容。变压吸附与变温吸附、低温技术的耦合工艺，是从多种混合气中分离提纯二氧化碳的有效途径，也是二氧化碳捕集与资源化利用的工业化推广技术之一。

二氧化碳可以用作化工原料、医药原料、饮料充填剂、食品保鲜剂、冰淇淋的膨化剂、烟丝膨松剂、油田助采剂、焊接保护气、植物气肥等。近年来随着高新技术的发展，激光切割机的激光气体、电子工业、反应堆气体冷却剂、医学的临界萃取、半导体制造中氧化和扩散、化学气相淀积和超临界清洗气体等领域对超高纯（电子级）二氧化碳需求量逐渐增大，对食品级二氧化碳和电子级二氧化碳中杂质指标的要求也越来越高，相应提纯技术也在不断提升。

7.5.1 不同用途的二氧化碳产品质量要求

1. 食品级二氧化碳标准

食品添加剂二氧化碳需符合食品添加剂二氧化碳标准（GB1886.228—2016）[46]，详见表 7-18。

表 7-18　食品添加剂二氧化碳指标[46]

项目	指标		
	气态二氧化碳	液态二氧化碳	固体二氧化碳
$\varphi(CO_2)/\%$	≥99.90	≥99.90	—
$\varphi(H_2O)/10^{-6}$	≤20	≤20	—
$\varphi(O_2)/10^{-6}$	≤30	≤30	—
$\varphi(CO)/10^{-6}$	≤10	≤10	—
$\omega(油脂)/10^{-6}$	—	≤5	≤13
$\omega(蒸发残渣)/10^{-6}$	—	≤10	≤25
$\varphi(NO)/10^{-6}$	≤2.50		
$\varphi(NO_2)/10^{-6}$	≤2.50		
$\varphi(SO_2)/10^{-6}$	≤1.00		
$\varphi(总硫)/10^{-6}$（除 SO_2 以外，以 S 计）	≤0.10		
$\varphi(总挥发烃)/10^{-6}$（以 CH_4 计）	≤50（其中非 CH_4 烃≤20）		

续表

项目	指标		
	气态二氧化碳	液态二氧化碳	固体二氧化碳
$\varphi(C_6H_6)/10^{-6}$	≤0.02		
$\varphi(CH_3OH_6)/10^{-6}$	≤10.00		
$\varphi(CH_3CHO)/10^{-6}$	≤0.2		
$\varphi(CH_2CH_2O)/10^{-6}$	≤1.00		
$\varphi(CH_2CHCl)/10^{-6}$	≤0.30		
$\varphi(NH_3)/10^{-6}$	≤2.50		
$\varphi(HCN)/10^{-6}$	≤0.50		

2. 电子级二氧化碳质量的理化指标

电子级二氧化碳需符合表 7-19 的指标。

表 7-19　电子级液体二氧化碳指标表

项目	指标	项目	指标
$\varphi(CO_2)/\%$	≥99.999	$\varphi(NH_3)/10^{-6}$	≤1.0×10⁻⁴
$\varphi(H_2O)/10^{-6}$	≤0.5~1.0	$\varphi(S)/10^{-6}$	≤1.0×10⁻³
$\varphi(Ar+O_2)/10^{-6}$	≤1.0	$\omega(Al)/10^{-6}$	≤1.0×10⁻³
$\varphi(CO)/10^{-6}$	≤0.5	$\omega(Ca)/10^{-6}$	≤1.0×10⁻³
$\varphi(CH_4)/10^{-6}$	≤1.0	$\omega(CO)/10^{-6}$	≤1.0×10⁻³
$\varphi(H_2)/10^{-6}$	≤0.5	$\omega(Cr)/10^{-6}$	≤1.0×10⁻³
$\varphi(N_2)/10^{-6}$	≤3.0	$\omega(Cu)/10^{-6}$	≤1.0×10⁻³
$\varphi(THC)/10^{-6}$	≤1.0	$\omega(Fe)/10^{-6}$	≤1.0×10⁻³
$\varphi(NVHC)/10^{-6}$	≤10.0×10⁻³	$\omega(Zn)/10^{-6}$	≤1.0×10⁻³
$\omega(NO_3^-)/10^{-6}$	≤1.0×10⁻³	$\omega(MO)/10^{-6}$	≤1.0×10⁻³
$\omega(Cl^-)/10^{-6}$	≤1.0×10⁻⁴	$\omega(K)/10^{-6}$	≤1.0×10⁻³
$\omega(PO_4^{3-})/10^{-6}$	≤2.0×10⁻³	$\omega(Mg)/10^{-6}$	≤1.0×10⁻³
$\omega(SO_4^{2-})/10^{-6}$	≤1.0×10⁻⁴	$\omega(Na)/10^{-6}$	≤1.0×10⁻³
$\omega(Br^-)/10^{-6}$	≤1.0×10⁻³	$\omega(Ni)/10^{-6}$	≤1.0×10⁻³
$\omega(F^-)/10^{-6}$	≤1.0×10⁻³	$\omega(Ti)/10^{-6}$	≤1.0×10⁻³
$\varphi(NO)/10^{-6}$	≤1.0×10⁻⁴	$\omega(W)/10^{-6}$	≤1.0×10⁻³
$\varphi(NO_2)/10^{-6}$	≤1.0×10⁻⁴	$\omega(Mn)/10^{-6}$	≤1.0×10⁻³

注：THC-非甲烷总烃、NVHC-总挥发性有机物。

7.5.2　常用工艺

针对不同的二氧化碳气源，分离提纯二氧化碳的方法也不同，常用的基本方法有溶剂吸收法、膜分离法、吸附法、催化燃烧法和低温精馏法。溶剂吸收法二氧化碳的回收率高，但是能耗运行成本高、二氧化碳纯度低，体积分数能达到99%，但除杂质精度低；膜分离法设备少，但膜材料成本高且二氧化碳收率和纯度都低；吸附法能耗低、二氧化碳收率高、高沸点的杂质脱除精度高，但二氧化碳纯度较低；而催化燃烧法只能脱除二氧化碳中烃类组分；低温精馏法能耗高，二氧化碳纯度高，容易分离低沸点的杂质，但对高沸点的杂质无法有效脱除。上述各种分离提纯技术各有优缺点，而含二氧化碳工业过程尾气中除了氢气、氧气、氮气、甲烷、一氧化碳等低沸点组分，通常还会有水、甲醇、乙醛、苯等高沸点组分，所以根据二氧化碳气源中杂质的组成和含量，选择其中一种或两种以上技术耦合脱除二氧化碳中杂质，使二氧化碳达到食品级或电子级二氧化碳的质量要求。

7.5.3 耦合技术及特点

变压吸附技术的原理是以吸附剂(多孔固体物质)内部表面对气体分子的物理吸附为基础实现对多种组分的混合气体进行分离，利用吸附剂在相同压力条件下易吸附高沸点强极性的组分、不易吸附低沸点弱极性的组分，对同一种组分在高压下吸附量增加进行吸附、在低压下吸附量减少进行解吸的特性，将二氧化碳混合气中高沸点组分与低沸点组分分离，但是高沸点组分仅靠降低压力减少吸附量还不能使其从吸附剂上完全解吸。由于解吸是吸热的，需提供足够的热能，才能使高沸点组分从吸附剂上脱附，这就需要耦合变温吸附技术。

变温吸附技术的原理是以吸附剂(多孔固体物质)内部表面对气体分子的物理吸附为基础实现对多种组分的混合气体进行分离提纯，利用吸附剂在常温下对吸附组分吸附、升高温度吸附量减少进行解吸的特点对混合气体进行分离提纯。

将变压吸附技术和变温吸附技术耦合，可以使吸附剂吸附二氧化碳原料气中高沸点及强极性组分，在降压和升温的条件下又能充分地脱附解吸，使二氧化碳原料中杂质能达到较高的净化精度。其吸附过程的描述：二氧化碳原料气在加压和常温条件下通过吸附剂床层，相对于二氧化碳沸点较高的组分及强极性组分杂质被选择性吸附，二氧化碳及其他沸点较低和弱极性组分不易被吸附，通过并流出吸附剂床层，达到二氧化碳和高沸点杂质组分分离的目的，然后在降压和升温条件下脱附解吸被吸附的杂质组分，使吸附剂获得再生，再进入下一次吸附步骤，这样吸附再生循环进行，得到连续的二氧化碳净化气。

低温精馏技术是将混合气进行压缩冷却后利用混合气中不同气体组分的沸点差异导致各组分相对挥发度不同进行精馏，使混合气得到分离，技术特点是产品纯度高，但是操作能耗很大。二氧化碳原料中的氢气、氧气、氮气、一氧化碳及甲烷组分沸点虽然比二氧化碳低，又是弱吸附组分，且差异不大，通过变压吸附和变温吸附技术很难将它们与二氧化碳彻底分离，只有低温精馏技术才能使低沸点组分达到食品级或电子级二氧化碳的质量指标。

由于食品级和电子级二氧化碳既有高沸点强极性组分，又有低沸点弱极性组分质量指标，而且脱除精度高，二氧化碳纯度高，将变压吸附技术、变温吸附技术和低温精馏技术耦合应用可达到质量要求。西南化工研究设计院成功把这三个分离技术耦合，应用于食品级和电子级二氧化碳的生产。该技术包括压缩工序、脱硫工序、催化工序、变压变温吸附（PTSA）-1 工序、变压变温吸附-2 工序、制冷工序、精馏提纯-1 工序、精馏提纯-2 工序，工艺流程如图 7-23 所示。根据原料二氧化碳杂质组分选择图 7-23 工艺流程中相应的工序生产食品级或电子级二氧化碳。各工序描述如下。

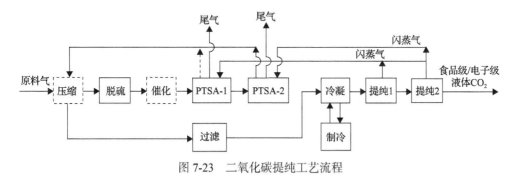

图 7-23　二氧化碳提纯工艺流程

1. 压缩工序

富含二氧化碳的原料气首先进入气液分离器，脱除其中游离态水，再进入压缩机压缩增压。

如原料气满足脱硫工序压力操作条件，则可从气液分离器直接进入脱硫工序。

如原料气压力较低，则需经压缩机压缩，根据原料二氧化碳的压力，采用三级或四级压缩，通常从压缩机一级或二级抽出原料气体进入脱硫工序。

2. 脱硫工序

原料气中含有的硫化物的形态主要有硫化氢、羰基硫、二硫化碳、硫醇、硫醚和噻吩等，根据原料中硫化物的形态和含量不同采用相应的脱硫方法及脱硫剂对其进行脱除，使原料气中的总硫含量小于 $1.0\mu L/L$（食品级液体二氧化碳）或 $1.0\times10^{-3}\mu L/L$（电子级液体二氧化碳）。

3. 催化工序

由于乙烷的沸点（-88℃）、丙烷的沸点（-42℃）与二氧化碳的沸点（-56.6℃）较接近，利用沸点差异很难分离它们；它们的分子直径和分子极性等物化性质也相当，导致它们的吸附性能相近，用吸附方法无法将它们有效分离，所以当用含有乙烷或丙烷等烃类组分的原料生产食品级或电子级二氧化碳时，需用催化方法脱除乙烷或丙烷组分。来自脱硫工序的脱硫气，在反应温度为 320～400℃的条件下利用贵金属脱烃催化剂进行催化反应，脱除乙烷或丙烷烃类，使碳氢化合物总量体积分数小于 $1.0\mu L/L$。

催化反应式如下：

$$2C_2H_6+7O_2 \xrightarrow[300\sim400℃]{催化剂} 4CO_2+6H_2O \tag{7-1}$$

$$C_3H_8+5O_2 \xrightarrow[300\sim400℃]{催化剂} 3CO_2+4H_2O \tag{7-2}$$

4. PTSA-1 工序

PTSA-1 采用变压变温吸附技术,利用吸附剂在不同压力和温度下对组分吸附量存在差异和选择吸附的特性,脱除气体中的绝大部分水和高碳烃等高沸点杂质。

根据生产二氧化碳原料气中杂质组分的特性,选用多种不同类型的二氧化碳专用吸附剂分层装填,吸附脱除原料气中高碳烃,如苯、醛、醇、其他含氧有机物、氯乙烯等高沸点杂质,达到食品级二氧化碳的质量指标。

PTSA-1 工序的吸附塔采用两塔或以上工艺,每个塔依次经历吸附、再生加热、再生冷吹过程,三个过程循环、连续进行,使吸附剂得到充分再生,循环使用。

5. PTSA-2 工序

当生产电子级液体二氧化碳时,仅用 PTSA-1 无法达到质量要求,PTSA-1 净化后的气体中的微量水、金属离子等杂质,需要深度吸附脱除。

PTSA-2 工序同样采用变压变温吸附原理,但所用的吸附剂与 PTSA-1 不同,是对气体中微量组分深度去除。

6. 过滤

经过 PTSA-2 工序净化后的混合气进入压缩机,经压缩后进入过滤工段。

过滤采用高精度过滤器,颗粒过滤精度达 0.01μm,可除去气体中可能含量有的微量颗粒杂质。

7. 冷凝工序

在此工序,已净化脱除了大部分杂质组分的气相二氧化碳被冷凝为液相二氧化碳。常用制冷介质为液氨或氟利昂等,通过制冷机组循环使用。

8. 精馏提纯-1 工序

来自冷凝工序的液体二氧化碳进入精馏提纯-1,利用氢气、氮气和二氧化碳的沸点差异,将液体二氧化碳中氢气、氮气等不凝组分除去,从精馏塔底部得到食品级液体二氧化碳,再送至产品储罐,供充瓶或装槽车。

精馏塔由多功能模块组合构成,不需要增设循环泵,利用二氧化碳压力降低时温度降低的特性,实现自循环、内回流,与常规精馏塔相比,产品二氧化碳的纯度和回收率更高。

精馏塔下部用于液体二氧化碳再沸气的热量来自压缩机出口或制冷机组出口的热能,不需另增加再沸热源。

9. 精馏提纯-2 工序

生产电子级液体二氧化碳时，由于对产品中杂质精度要求更高。例如食品级液体二氧化碳要求其中的一氧化碳≤10μL/L、甲烷≤20.0μL/L，而电子级液体二氧化碳要求其中的一氧化碳≤0.5μL/L，甲烷≤1.0μL/L，所以通过精馏提纯-2 工序对来自精馏提纯 -1 的液体二氧化碳进一步精馏提纯，得到电子级液体二氧化碳。

变温变压吸附与精馏耦合的技术充分利用各工序的技术优势，结合工程应用经验，形成了独特的、经济的制备食品级和电子级二氧化碳的工艺技术，依托此技术的工业装置具有以下特点。

(1)装置为全自动程序控制，所有工艺操作，如程控阀和调节阀，均由电脑程序控制和调节。

(2)催化工序的反应温度低，降低了生产装置能耗。

(3)适用于吸附二氧化碳原料中杂质的吸附剂是产品纯度达到食品级和电子级二氧化碳质量指标的保证。

(4)变温变压吸附工序吸附剂的再生温度低，降低了生产装置能耗。

(5)冷凝工序采用的是制冷机组标准工况，降低了生产装置的能耗。

(6)精馏塔结构设计独特，不需要增设循环泵，利用二氧化碳压力降低的同时温度降低的特性，实现自循环、内回流，提高了精馏效率，与常规精馏塔相比，产品二氧化碳的纯度和回收率更高。

7.5.4　典型工程应用

某气体公司采用西南化工研究设计院成套技术，于 2008 年建成以酒精发酵气为原料生产食品级二氧化碳装置，2018 年该装置经技术改造升级为可生产食品级或电子级二氧化碳，建成年生产 10 万 t 食品级二氧化碳装置或年产 4 万 t 电子级液体二氧化碳装置，年操作 8000h。

由于电子级二氧化碳的质量标准远高于食品级二氧化碳，为了达到产品质量要求，电子级二氧化碳的制备技术是在食品级二氧化碳的基础进一步开发，其工艺流程也是在食品级的工艺基础上进一步升级。装置原料气组成见表 7-20。

表 7-20　某酒精发酵气组成表

组分	体积分数/%	组分	体积分数/10^{-6}
CO_2	94.00	∑S	4.00
N_2	4.10	NO_x	0.05
O_2	1.70	CH_3CHO	2.00
H_2	0.01	未知有机物	690
CH_3CH_2OH	0.12		

注：∑S-总硫含量。

生产电子级二氧化碳的工艺流程如图 7-24 所示。

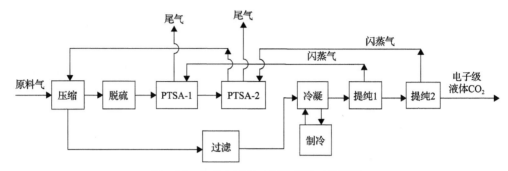

图 7-24　生产电子级二氧化碳的工艺流程

1. 装置主要设备配置

主要设备配置如表 7-21 所示。

表 7-21　主要设备表

序号	设备名称	设备规格	数量/台
1	吸附塔 1	DN2400	3
2	吸附塔 2	DN1300	2
3	蒸发冷凝器	$S=200m^3$	2
4	电加热器	200kW	2
5	换热器	$S=28m^3$	3
6	提纯器 1	DN500/DN1600	1
7	提纯器 2	DN800/DN1800	1
8	脱硫器	DN1600	4
9	原料气压缩机	吸气量 4200m³/h	1
10	冰机		1
11	制冷配套设备		1
12	精密过滤器	精度 0.01μm	1
13	产品 CO_2 储罐	DN1800	2

2. 装置物料平衡表

4 万 t/a 电子级二氧化碳提纯装置物料平衡表如表 7-22 所示。

表 7-22　装置物料平衡表

项目		原料气	产品	废气
组分及含量	$\varphi(CO_2)/\%$	94.00	>99.999	85.68
	$\varphi(杂质组分)/\%$	6.00	<0.001	14.32
流量/(m³/h)		4200.0	2546.5	1653.5

3. 装置运行结果

装置于 2018 年 9 月投产以来,运行情况良好,产品二氧化碳质量经上海计量测试技术研究院检测,各项指标均达到甚至优于电子级二氧化碳质量指标,测试结果如表 7-23 所示。

表 7-23　上海计量测试技术研究院检测电子级二氧化碳测试结果表

检测项目	指标	检测项目	指标
$\varphi(CO_2)/\%$	>99.999	$\varphi(NH_3)/10^{-6}$	<0.10
$\varphi(H_2O)/10^{-6}$	0.40	$\varphi(NVHC)/10^{-6}$	<0.01
$\varphi(Ar+O_2)/10^{-6}$	0.10	$\omega(Al)/10^{-6}$	$<1.0\times10^{-4}$
$\varphi(CO)/10^{-6}$	<0.10	$\omega(Ca)/10^{-6}$	$<1.0\times10^{-4}$
$\varphi(CH_4)/10^{-6}$	<0.10	$\omega(CO)/10^{-6}$	$<1.0\times10^{-4}$
$\varphi(H_2)/10^{-6}$	<0.10	$\omega(Cr)/10^{-6}$	$<1.0\times10^{-4}$
$\varphi(N_2)/10^{-6}$	0.10	$\omega(Cu)/10^{-6}$	$<1.0\times10^{-4}$
$\varphi(THC)/10^{-6}$	0.30	$\omega(Fe)/10^{-6}$	$<1.0\times10^{-4}$
$\varphi(S)/10^{-6}$	<0.01	$\omega(Zn)/10^{-6}$	$<1.0\times10^{-4}$
$\varphi(NO)/10^{-6}$	<0.10	$\omega(MO)/10^{-6}$	$<1.0\times10^{-4}$
$\varphi(NO_2)/10^{-6}$	<0.10	$\omega(K)/10^{-6}$	$<1.0\times10^{-4}$
$\omega(NO_3^-)/10^{-6}$	$<1.0\times10^{-4}$	$\omega(Mg)/10^{-6}$	$<1.0\times10^{-4}$
$\omega(Cl^-)/10^{-6}$	$<1.0\times10^{-4}$	$\omega(Na)/10^{-6}$	$<1.0\times10^{-4}$
$\omega(PO_4^{3-})/10^{-6}$	$<1.0\times10^{-4}$	$\omega(Ni)/10^{-6}$	$<1.0\times10^{-4}$
$\omega(SO_4^{2-})/10^{-6}$	$<1.0\times10^{-4}$	$\omega(Ti)/10^{-6}$	$<1.0\times10^{-4}$
$\omega(Br^-)/10^{-6}$	$<1.0\times10^{-4}$	$\omega(W)/10^{-6}$	$<1.0\times10^{-4}$
$\omega(F^-)/10^{-6}$	$<1.0\times10^{-4}$	$\omega(Mn)/10^{-6}$	$<1.0\times10^{-4}$

装置运行过程中主要公用工程是电耗,其他消耗只有少量的仪表空气和循环冷却水。装置综合消耗见表 7-24。

表 7-24　年产 4 万 t 电子级液体二氧化碳装置综合消耗表

序号	名称	规格	小时消耗量	吨产品消耗	吨产品消耗价/(元/t)
1	照明电	220V	15.00kW·h	3.00kW·h	1.80
2	设备用电	380V	2870.00kW·h	574.00kW·h	344.40
3	原料气	表 7-20	4200.00m³/h	840.00m³/h	100.80
4	仪表空气	0.40MPa	35.00m³/h	7.00m³/h	0.84
5	循环水	0.32MPa	185.00t/h	37.00t/h	3.70
6	一次水	0.32MPa	2.00t/h	0.40t/h	0.48
	合计				452.02

将变压吸附分离技术、变温吸附分离技术和低温精馏技术耦合应用于食品级或电子级二氧化碳的生产，发挥各自优势，得到高纯度产品，提高了产品的附加值和资源化利用深度，同时减少二氧化碳排放，经济效益和社会效益显著。

7.6 变压吸附与其他分离技术耦合展望

国外气体分离技术的研究和装备制造已有 100 多年历史，我国气体分离技术研究起步较晚，但经过数十年不断的技术创新和进步，我国各种气体分离技术已成熟，装备制造能力也跨入世界先进国家行列，基本满足了我国工业发展的需要。不同的分离技术在不同应用场景里各有优点和特色，但是针对某些特殊要求的场景，单独使用某种气体分离技术却难达到最佳的应用效果，所以根据原料气体具体工况、产品气品质要求、建设地域现实条件等因素，应因地制宜、合理选择气体分离方法，以及进行串联、并联、串并联等多种耦合流程优化，使其有机结合、扬长避短，最终实现物尽其用、良性循环，既可满足各行各业对气体产品品质的更高要求，又可节能降耗减碳，完成低碳、低成本规模化气体分离纯化装置工艺优化，这对助力我国相关工业生产技术高质量提升具体积极意义。

7.6.1 深冷分离与吸附分离耦合工艺

在深冷分离与吸附分离的耦合工艺中，深冷分离可以作为氢气提纯装置的前端预处理工序，脱除并回收混合气中的绝大部分高沸点杂质气体，再通过变压吸附工序制备高纯度氢气，得到可满足不同用途的合格氢气。深冷法和变压吸附法的耦合工艺，可以简化复杂原料气的预处理流程，减少低浓度含氢气源回收氢气装置的投资费用和操作成本。对于氢气含量较低的原料气，并可回收轻烃产品的条件下，可以优先考虑采用这种联合分离提纯工艺，既可获得高价值的轻烃产品、提高氢气收率，又可降低变压吸附氢气提纯的难度，减少设备投资成本和运行费用。

在天然气提氦领域，为了提高低含氦天然气提氦的经济性，可考虑建设天然气提氦联产轻烃或 LNG 一体化装置，即先用低温方法回收轻烃或生产 LNG，再变压吸附技术从剩余混合气中提纯氦气，比直接从天然气提氦工艺更简单，可使提氦转装置体积减小、投资减少、生产效率提高、降低氦气生产的能耗。深冷分离与吸附分离耦合工艺在含一定量氦气的天然气 LNG 工厂具有推广价值。

近年来随着大型炼化和煤化工的迅速发展，大中型空分市场日益扩大。低温空分装置都需要前端净化设备，目前主要采用分子筛变温吸附技术，对设备、阀门要求较高。虽然变压吸附是常温净化技术，具有工艺简单、操作安全、设备少、能耗低等特点，但由于阀门使用寿命、噪声、切换损失等因素的影响，导致变压吸附技术推广较慢。近年来，随着变压吸附技术的工艺进步和设备可靠性提高，使其优点逐渐体现。可以预计深冷空分装置的变压吸附前端净化技术，将逐步在国内空分行业推广应用。

随着气体行业的稳定发展，气体低温液化工艺技术也逐渐多样化，当前气体行业出现一个新的动向，即大型空分设备增设外液化装置制取低温液体产品，这在业内称为组合式空分设备[47]，近几年得到快速发展。由于变压吸附工艺可以快速获得氮气，再经液化装置即可快速获得液氮，而以前用回热式液氮机生产液氮，需要 2～3h，可见组合式空分的效率和灵活性显著提高。国内某单位已将变压吸附制氮机与回热式斯特林制冷机相配，生产液氮，此设备市场销售较好。这也说明，变压吸附制氮机配外液化装置而快速产液，可充分发挥常温气体分离和低温液化各自的优势，实现优化组合；这在没有深冷法氮气源的地方，它可成为液氮生产的一个新的开拓领域。

7.6.2　膜分离与吸附分离耦合工艺

膜分离技术能很好地利用气体自身在较高压力下的机械能，完成高效的膜分离，然后将富集后的气体再进行吸附分离即可达到所需的高纯度气体产品，实现运行效率高、投资少的目标，这对于组分浓度较低、压力高的混合气分离具有较大市场潜力。

当催化裂化干气中氢气含量较低时，可采用膜法/变压吸附法优化集成，即先用膜法将炼厂气中氢气组分浓度提高后，再用变压吸附法进一步提高氢气的纯度。其特点：不仅使原料氢气浓度在各种分离方法的最佳操作范围内，也保证了烃类尾气不需增压可直接进三苯装置，集成耦合效果显著[48]。耦合工艺应用于炼厂副产气氢气回收需要考虑具体应用场景的实际情况，既要考虑投资和消耗指标，也要考虑产品物料的应用要求及炼厂上下游实际工况，找到最佳的经济和技术结合点。

针对炼厂气中硫化氢富集造成设备腐蚀危害等问题，研究人员优化了氢膜/吸附分离的耦合工艺，对系统中硫化氢富集情况进行分析，并在氢膜/吸附分离耦合工艺基础上，引入吸收脱硫单元用于脱除氢膜/吸附分离工艺中富集的硫化氢，既可回收一定的元素硫，又可降低设备腐蚀等风险，可实现炼厂氢气的高效安全回收[49]。这样，吸收分离、膜分离和吸附分离三种工艺的耦合将得到越来越多的应用。

采用膜分离-变压吸附耦合工艺也可处理高浓度 VOCs 废气。随着我国环保要求日益严格，近年来 VOCs 气体已成为废气处理研究的热点。魏昕等[50]研究发现，先用膜分离去除大部分 VOCs，在进气非甲烷总烃的质量浓度为 95～212g/m^3、渗余侧压力为 0.25MPa、渗透侧真空度为 0.09MPa 的条件下，膜分离单元对非甲烷总烃的平均去除率可达 97.9%；后续的变压吸附单元对非甲烷总烃的平均去除率为 99.3%，整套装置对非甲烷总烃的平均总去除率为 99.99%，处理后废气中非甲烷总烃质量浓度小于 70mg/m^3，达到北京市《炼油与石油化学工业大气污染物排放标准》（DB11/447—2007）的一级指标。

由于空气中含有氧气、氮气、氩气等组分，膜分离获得的氮气、氧气纯度不够高，变压吸附技术也难以获得 96%以上的氧气，所以单用上述任何方法都难以较经济地从空气中制取浓度大于 99.5%的高浓度氧气。徐徜祥等[51]的研究结果说明，与其他制高浓度氧气工艺比较，变压吸附-连续膜柱（CMC）工艺的制氧成本低，可低于市场上瓶装医用氧气价格。其生产成本虽然高于大型深冷装置制氧成本，但具备规模小、可移动和使用方便的优点，可满足部分高浓度氧（99.5%）气的特殊要求。

7.6.3　吸附与反应耦合工艺

很多化学反应受热力学平衡限制，反应达到一定程度时将抑制反应向平衡方向移动，阻止目标产物的生成，须将反应物和产物进入分离工序，降低了物质与能量的利用率和时空产率。如果反应过程加入目标产物吸附剂，使产物生成后立即从气相分离，就将打破反应平衡限制使反应可以顺利进行，达到提高转化率的目标。

以水蒸气甲烷重整制氢为例，传统制氢需要转化、变换和净化等多个步骤，存在热力学平衡限制、积炭和催化剂失活、反应温度高、污染废气排放等不足。为了克服这些不足，近年开始研究吸附强化反应过程，可具有降低反应体系温度、提高出口氢气含量、加快蒸汽变换反应过程、减少积炭延长催化剂寿命、减小换热器体积、提高热能利用率等潜力，受到业内广泛关注。Beaver 等[52]和 Arstad 等[53]研究证明，吸附强化甲烷与水蒸气转化可以直接用于燃料电池制氢过程，反应温度降低到 520~550℃，甲烷转化率可达99%，得到高纯度氢气中一氧化碳浓度小于 20mg/kg，氢气品质显著提高。根据平衡理论，在对混合气体进行提纯净化时，前后的浓度会趋于向着一定的平衡状态发展。因此，如果在吸附过程中加入反应过程，使吸附过程向着产物生成的方向进行下去，这对整个吸附过程来说会带来巨大的推动效果。Lee 等[54]针对甲烷、水蒸气转换反应制氢过程进行了研究，针对该过程他们开发了一种用于推动反应向着净化氢气的方向进行的吸附剂。该吸附剂可以在低于 500℃的情况下对混合气体中的二氧化碳进行吸附。这种吸附剂具有催促反应迅速进行、可重复利用的优点。他们也根据这种吸附剂的性质进而提出一种吸附反应新工艺。该工艺由四部分组成：吸附反应、降压、真空解吸及水蒸气的升压过程。

吸附-反应耦合净化工艺要求吸附剂具有优异的吸收及解吸能力，同时也要能够满足在特定条件下的温度、压强和 pH 等工作条件。因而对于吸附-反应耦合工艺的开发研究聚焦整个工艺流程的改善及对吸附剂的研发上，随着材料科学的不断进步，吸附剂的类型已经开始变得多种多样，这对于吸附反应联合净化装置的发展也起到促进作用。

当前环保排放要求越来越严、节能降耗需求不断提升的形势下，用户对气体品质要求越来越高，气体行业形势也普遍趋好，价格不断攀升，一度出现了需求热，这是行业发展难得的机遇。

参 考 文 献

[1] 刘家祺. 分离过程[M]. 北京: 化学工艺出版社, 2002: 2-5.

[2] Keller G E. AIChE Monograph Series[M]. New York: American Institute of Chemical Engineers, 1987: 17-83.

[3] 刘茉娥. 膜分离技术[M]. 北京: 化学工业出版社, 1998: 1-4.

[4] 毛绍融, 朱朔元, 周智勇, 等. 现代空分设备技术与操作原理[M]. 杭州: 杭州出版社, 2018: 113-204.

[5] 朱世勇. 环境与工业气体净化技术[M]. 北京: 化学工业出版社, 2001: 2-13.

[6] 于永洋, 景毓秀, 赵静涛. 膜分离和 PSA 耦合工艺在某千万吨炼厂氢气回收装置的应用及运行情况分析[J]. 化工技术与开发, 2018, 47(10): 55-60.

[7] 姜立良. 聚乙烯排放尾气的回收和利用[J]. 石油化工设计, 2015, 32(3): 61-64.

[8] 于正一, 井新利, 花开胜, 等. 采用膜分离技术从气相法聚乙烯装置的尾气中回收烃类[J]. 化工进展, 2007, 26(5): 731-734.

[9] 刘丽, 姜宏, 杨丽芸, 等. 采用变压吸附技术与膜分离技术回收聚乙烯尾气中的轻烃[J]. 天然气化工—C1 化学与化工, 2018, 43(1): 92-94.

[10] 张崇海, 李克兵, 张宇恒, 等. 炼油厂 VOCs 回收装置的现状分析及技术升级改造[J]. 石油与天然气化工, 2019, 48(2): 33-36.

[11] 沈云辉. 膜技术在"三苯"油气回收中的应用[J]. 化工环保, 2021, 41(3): 382-387.

[12] 汪澎, 章学华, 赵俊. 工业废氩气提纯技术探讨[J]. 低温与超导, 2013, 41(8): 83-88.

[13] 张亮亮, 孙庆国, 刘岩云, 等. 氦气全球市场及我国氦气安全保障的建议[J]. 低温与特气, 2014, 32(3): 1-5.

[14] 张良聪. 天然气提氦膜深冷耦合工艺研究[D]. 大连: 大连理工大学, 2013.

[15] 郝旭平. 关于我国氦气资源立法保护问题的建议[J]. 石油与天然气化工, 2009, 38(5): 393-395.

[16] 张亮亮, 孙庆国, 刘岩云, 等. LNG 尾气中提取氦气的流程分析[J]. 低温与超导, 2015, 43(2): 29-33.

[17] 黄建彬. 工业气体手册[M]. 北京: 化学工业出版社, 2002: 295.

[18] 毛玲玲, 袁士豪, 何晖, 等. 氖氦稀有气体深低温分离的流程研究[J]. 深冷技术, 2015, 55(6): 21-25.

[19] 陶鹏万. 合成氨尾气提氩中试鉴定会在纳溪召开[J]. 深冷技术, 1979, 19(3): 7.

[20] 西南化工研究院提氩工艺组. 从合成氨尾气中提氩[J]. 天然气化工—C1 化学与化工, 1979, 4(3): 49-61.

[21] 邢国海. 天然气提取氦气技术现状与发展[J]. 天然气工业, 2008, 28(8): 114-116.

[22] 钟志良, 何珺, 汪宏伟, 等. 某大型提氦装置工艺技术探讨[J]. 天然气与石油, 2011, 29(1): 25-28.

[23] Jahromi P E, Fatemi S, Vatani A, et al. 2018. Purification of helium from a cryogenic natural gas nitrogen rejection unit by pressure swing adsorption[J]. Separation and Purification Technology, 2018, 193: 91-102.

[24] 赖秀文, 邵勇, 张淑文, 等. 富氮天然气中提取氦气的深冷工艺研究[J]. 深冷技术, 2013, 53(5): 36-39.

[25] 李均方, 何琳琳, 柴露华. 天然气提氦技术现状及建议[J]. 石油与天然气化工, 2018, 47(4): 41-44.

[26] 刘淑萍, 张顺, 杜世巍. 开滦煤制乙二醇工艺中 H_2/CO 分离技术[J]. 煤炭与化工, 2012, 35(1): 14-15.

[27] 郝雅博, 秦燕. 煤间接制乙二醇装置 CO/H$_2$ 深冷分离工艺设计探讨[J]. 深冷技术, 2015, 55(4): 45-49.

[28] 张鸿儒, 樊飞, 门俊杰. 深冷分离技术提取 CO 产品气探析[J]. 化肥设计, 2017, 55(5): 51-55.

[29] 李旭东. H_2/CO 深冷分离问题及处理[J]. 煤炭与化工, 2019, 42(6): 137-139.

[30] 李祥成. 一氧化碳与氢气低温分离冷箱装置设计方案探讨[J]. 化工与医药工程, 2018, 39(1): 44-47.

[31] 张彩丽, 袁鹏民, 江在成. 一氧化碳深冷分离模拟浅析[J]. 大氮肥, 2011, 34(1): 15-16.

[32] 胡召芳. 变压吸附分离气化煤气生产醋酸和甲醇的原料气[D]. 上海: 华东理工大学, 2014: 6-7.

[33] 化学工业部第四设计院主编. 深冷手册(下)[M]. 北京: 化学工业出版社, 1979: 217-228.

[34] 杨涌源. 分子筛前端净化中的 PSA 和 TSA 工艺[J]. 深冷技术, 2001, 41(3): 1-5.

[35] 谢卫东. 炼厂气中碳二回收工艺技术选择及工业应用[J]. 石油石化绿色低碳, 2018, 26(6): 3-7, 21.

[36] 孙吉庆. PSA 复合常温油吸收工艺技术回收炼厂干气中乙烯资源[J]. 乙烯工业, 2017, 29(3): 1-7.

[37] 毛宗强, 毛志明. 氢气生产及热利用化学[M]. 北京: 化学工业出版社. 2015: 75-99.

[38] 刘家海, 沈喜洲, 刘百强, 等. 中变气脱碳-变压吸附联合提取二氧化碳和氢气的新工艺: CN102659104A[P], 2012-09-12.

[39] 常彬杰. 低温甲醇洗技术在神华煤制氢装置中的应用[J]. 神华科技, 2009, 7(3): 80-83.

[40] 管英富, 王键, 伍毅, 等. 大型煤制氢变压吸附技术应用进展[J]. 天然气化工—C1 化学与化工, 2017, 42(6): 129-132.

[41] 环境保护部科技标准司. 吸附法工业有机废气治理工程技术规范: HJ2026—2013[S]. 北京: 中国标准出版社, 2013.

[42] 刘丽, 刘昕, 陈琦波, 等. 聚乙烯尾气完全回收和利用技术[J]. 天然气化工—C1 化学与化工, 2018, 43(2): 84-86.

[43] 刘丽, 浦裕, 穆永峰, 等. PTSA 吸附精馏法制备食品级二氧化碳技术及工业化应用[J]. 低温与特气, 2010, 18(1): 40-44.

[44] 浦裕, 王键, 刘昕, 等. 两段 PTSA 法制备电子级液体 CO_2 技术及工业化应用[J]. 天然气化工—C1 化学与化工, 2019, 44(3): 98-102.

[45] 刘丽, 王键, 浦裕, 等. 电子级二氧化碳中水的质量控制研究[J]. 天然气化工—C1 化学与化工, 2019, 44(4): 78-79.

[46] 国家卫生与计划生育委员会. 食品添加剂二氧化碳: GB1886.228—2016[S]. 北京: 中国标准出版社, 2016.

[47] 顾福民. 国内变压吸附技术的发展及动态[J]. 冶金动力, 2002, 10(6): 17-22.

[48] 傅志毅, 马安, 王利, 等. 膜分离变压吸附集成工艺在炼厂气氢回收中的应用[C]//新膜过程研究与应用研讨会论文集. 北京: 中国蓝星(集团)总公司膜科学与技术编辑部, 2008: 48-51, 58.

[49] 王丽娟. 考虑 H_2S 富集的膜-PSA 耦合过程的设计与优化[D]. 大连: 大连理工大学, 2017: 47-50.

[50] 魏昕, 杨丽, 卢舒, 等. 膜分离-变压吸附耦合工艺处理催化剂载体生产废气[J]. 化工环保, 2017, 37(1): 83-87.

[51] 徐徜徉, 曹义鸣, 赵勇, 等. 膜分离技术与变压吸附技术结合制取高浓度氧的研究[J]. 化工进展, 2003, 22(s1): 137-140.

[52] Beaver M G, Caram H S, Sircar S. Sorption enhanced reaction process for direct production of fuel-cell grade hydrogen by low temperature catalytic steam-methane reforming[J]. Journal of Power Sources, 2010, 195(7): 1998-2002.

[53] Arstad B, Blom R, Bakken E, et al. Sorption-enhanced methane steam reforming in a circulating fluidized bed reactor system[J]. Energy Procedia, 2009, 1(1): 715-720.

[54] Lee K B, Beaver M G, Caram H S, et al. Novel thermal-swing sorption-enhanced reaction process concept for hydrogen production by low-temperature steam−methane reforming[J]. Industrial & Engineering Chemistry Research, 2007, 46(14): 5003-5014.

第8章 变压吸附过程模拟计算

数值模拟是通过计算机编程或计算软件求解数学模型近似解的数值分析方法。数值模拟能有效了解内在过程的动态变化，并得出优化的设计方法和思路。变压吸附气体分离循环是一个复杂的过程，涉及针对不同分离体系所选择的吸附剂与设备组合及其工艺流程。由于影响变压吸附性能的气-固体系之间热力学和动力学过程的复杂性，循环过程中床层压力、温度、气体组成和流速等工艺条件不断变化，在吸附分离实验或工程应用中，瞬间测定吸附塔内这些数据往往是不现实的。通过把过程中质量、热量和动量传递转化为空间和时间的偏微分方程，采用相应的数学模型来对其过程进行模型化计算，可以获得吸附塔床层中压力、温度、组成和流速的变化情况及其相互关系，进而探讨不同工艺条件对吸附分离效果的影响，实现吸附分离实验或实际工况的优化设计。

变压吸附过程的数值模拟需要将吸附脱附、传质传热的机理模型与偏微分方程、代数方程的数学模型组合，并进行相应方程转化和数值求解。变压吸附工艺配置主要包括吸附塔（内含吸附剂）、程控阀、缓冲罐、工艺管线、鼓风机或压缩机、真空泵等，而吸附塔是吸附分离技术的关键。详细的变压吸附工艺数学模型涉及吸附塔、程控阀、缓冲罐、工艺管线、鼓风机或压缩机、真空泵等模型，吸附塔数学模型也是变压吸附工艺流程模型的核心，其由质量衡算模型、动量衡算模型、能量衡算模型、吸附平衡模型、质量传递模型、孔扩散模型、初始条件和边界条件等组成。吸附塔数学模型中质量和能量的衡算模型是一组对时间和空间的偏微分方程，而在空间上有一维、二维和三维 3 个层次。一维数学模型是假设吸附塔内流体属于轴向活塞流，只考虑吸附塔内轴向的浓度、压力和温度变化，目前变压吸附工艺流程的模拟计算和优化多采用一维数学模型；二维数学模型同时考虑吸附塔内轴向和径向的浓度、压力、温度变化，一定程度上可提高模拟计算的准确性，同时也显著增加了模型的复杂性和计算难度；三维数学模型包括吸附塔内轴向、径向和吸附剂颗粒径向 3 个维度的浓度、压力和温度的变化，但变压吸附的三维数学模型因过于复杂而少有应用[1]。

8.1 变压吸附过程模型基础

早期的变压吸附模型基于 Skarstrom 两塔四步循环，仅限于优先吸附微量组分的双组分混合物，且为等温状态的偏微分方程组[2]。后来学者通过对有关的模型方程进行数值求解并把这个理论扩展到任意进料组成分离，气体遵循理想气体定律，模型由简单到复杂，详细的数学模型一般选择单塔和双塔体系中进行。由于模拟给出的流体组成和压力是时间与空间的函数，并假设循环过程中各塔之间是完全对称的，模型由单塔模拟扩展到多塔模拟。

8.1.1 双组分变压吸附数学模型

由于机理研究和求解方法的限制，为了使数学模型求解更加快捷，早期变压吸附模型的假设条件[2]：①两个组分 A 和 B 吸附都遵循线性等温线，且吸附质 A 为微量或痕量；②变压吸附为等温循环过程；③吸附和吹扫步骤期间的隙间流速为定值；④传热与传质瞬间完成；⑤没有轴向或径向分散的活塞流；⑥遵循理想气体定律；⑦吸附剂床层压力降可忽略不计。Skarstrom 循环的主要数学模型如下。

双组分 A 和 B 的质量平衡模型：

$$\frac{\partial c_A}{\partial t} + \frac{\partial (uc_A)}{\partial z} + \frac{(1-\varepsilon_b)}{\varepsilon_b}\frac{\partial q_A}{\partial t} = 0 \tag{8-1}$$

$$\frac{\partial c_B}{\partial t} + \frac{\partial (uc_B)}{\partial z} + \frac{(1-\varepsilon_b)}{\varepsilon_b}\frac{\partial q_B}{\partial t} = 0 \tag{8-2}$$

式(8-1)和式(8-2)中，c_A、c_B 分别为组分 A 和 B 的气相浓度，mol/m^3；q_A、q_B 分别为组分 A 和 B 的吸附量，mol/kg；t 为时间，s；z 为轴向吸附剂床层高度，m；ε_b 为床层空隙率；u 为床层内气体间隙流速，m/s。

两组分吸附等温线为线性，其吸附平衡模型采用 Henry 方程形式：

$$q_A = H_A c_A \ , \quad q_B = H_B c_B \tag{8-3}$$

式中，H 为 Henry 常数，且 $H_A > H_B$。

将式(8-3)代入式(8-1)和式(8-2)，利用理想气体状态方程，由于吸附质 A 组分含量为微量或痕量，可假设组分 B 的摩尔分数 y_B 约为 100%，得

$$\frac{\partial (py_A)}{\partial t} + \frac{\partial (upy_A)}{\partial z} + \frac{(1-\varepsilon_b)H_A}{\varepsilon_b}\frac{\partial (py_A)}{\partial t} = 0 \tag{8-4}$$

$$\frac{\partial p}{\partial t} + \frac{\partial (up)}{\partial z} + \frac{(1-\varepsilon_b)H_B}{\varepsilon_b}\frac{\partial p}{\partial t} = 0 \tag{8-5}$$

式(8-4)和式(8-5)中，p 为总压，kPa；y_A 为组分 A 的摩尔分数，%。由于假设吸附时隙间流速 u 为定值，床层压力降可忽略不计，即轴向压力降 $\partial p/\partial z = 0$。

$$\left[\varepsilon_b + (1-\varepsilon_b)H_B\right]\frac{\partial y_A}{\partial t} + \varepsilon_b u\frac{\partial y_A}{\partial t} + (1-\varepsilon_b)(H_A - H_B)y_A\frac{\partial \ln p}{\partial t} = 0 \tag{8-6}$$

利用特征线法求解特征方程，即在不同步骤的边界条件及气流速率为常数下求解特征解。

8.1.2 变压吸附模型组成基础

随着对数学模型认识的深入和计算机编程软件的发展，变压吸附数学模型变得更为复杂，模型类型涉及流体流动模型、热效应模型、吸附平衡模型、动力学速率模型和床

层轴向压力降模型等形式[2-4]。同时，为了使数值求解更加快捷有效，对数学模型求解有一些的简化假设。

1. 流体流动模型

固定床内流体流动模型包括活塞流模型、轴向扩散活塞流模型和径向分散流模型。当吸附床直径远大于颗粒直径时，模型中径向分散项可以省略。考虑到吸附床层中，吸附剂颗粒尺寸一般在 1.6～5.0mm，一定规模的床层直径与颗粒直径之比大于 100，甚至达到 1000 以上，固定床吸附的流体流动模型一般考虑活塞流模型或轴向扩散活塞流模型。当传质阻力明显大于轴向扩散时，可以忽略轴向扩散相而假设为活塞流模型；当考虑大尺寸床层中流体流动的复杂性时，流体流动模型大多采用轴向扩散活塞流模型。

当流体流经吸附剂床层时，容易发生轴向混合，即返混，而降低分离效率，在设计过程中应尽可能减小返混现象。在变压吸附过程中，轴向扩散产生的主要原因：①塔内壁效应(壁面附近)与沟道效应(塔内吸附剂颗粒的不均匀性)；②分子扩散效应；③吸附剂颗粒周围流动所产生的湍流混合效应。传质佩克莱数(Pe)可量化体系的轴向扩散程度，也用于判断床层内轴向扩散的影响，Pe 数与扩散系数的关系如式(8-7)所示，Pe 数与轴向扩散行为之间的关系如表 8-1 所示。

$$Pe = u_0 L/D_L \tag{8-7}$$

式中，u_0 为气体初始流速，m/s；L 为床层长度，m；D_L 为轴向分散系数，m^2/s。

表 8-1　Pe 数与轴向扩散行为的关系表

Pe 数	轴向扩散行为
0	轴向扩散无限大，塔内流体完全混合成均匀相
<30	轴向扩散影响严重
>100	轴向扩散影响小，接近于活塞流
∞	无轴向扩散，活塞流

2. 热效应模型

吸附剂床层内吸附时放热、脱附(解吸)时吸热，塔内温度会随着吸附压力与解吸压力的变化而变化。气体吸附平衡常数对温度最为敏感，床层温度的变化不仅会影响吸附平衡关系，还会影响吸附速率，因此需考虑床层中放热和热量传递的影响，而吸附过程中温度波动大小主要受吸附体系的吸附热、处理量、传热和传质速率等影响。吸附塔床层一般有等温、绝热和非等温 3 种状态，其中绝热是仅考虑放热与吸热而不考虑散热的气固相间能量平衡；在实际情况中，需同时考虑到床层内放热、吸热、塔传热与散热的影响，此时，吸附过程主要包括等温和非等温两种状态。当吸附热较小且规模小、吸附塔塔壁的热传导率高时床层可认为是等温的，不考虑体系中热效应影响；对于处理气量较大的吸附剂床层，气体吸附产生的大量热量在床层中不能有效传递，塔内的热效应属于非等温状态。

对于非等温热状态的吸附塔，尤其是气体处理量大时，需考虑床层中气体、吸附剂、塔壁与周围环境之间的热平衡。常用的吸附塔非等温热效应模型包括气固能量平衡和塔壁能量平衡；同时，假定气相、固相和塔壁三者传热平衡（$T_g=T_s=T_w$），而不考虑压缩热、反应热、吸附相热积累和塔壁的轴向热传导等[3-5]。

3. 吸附平衡模型

吸附平衡模型用于描述床层内各气体组分之间竞争吸附的平衡关系，受气固作用力、分压和温度等因素影响。在最初的变压吸附过程模型中，考虑气体分压很低（如微量组分），吸附平衡模型多采用符合 Henry 定理的线性方程[式(8-3)]。对单组分气体的吸附分离，在较宽的浓度范围内，Langmuir 方程对绝大多数 I 型等温线非常吻合，通常适用于完全均匀表面上单个分子层的吸附，其中吸附分子之间的相互作用可以忽略不计；Langmuir 方程是常用的吸附平衡关系式[式(8-8)]，也可用经验关系式 Langmuir-Freundlich 方程[式(8-9)]。

在大体积一定规模变压吸附分离过程中，需考虑组分之间相互作用，对双组分或多组分间吸附平衡拟合的模型通常有扩展 Langmuir 方程[式(8-10)]、负载比关联式（LRC）、理想吸附溶液理论（IAST）、空穴溶液理论（VSM）和统计热力学模型（SSTM）等，但后 3 种模型不适合采用数值方法求解。其中，扩展 Langmuir 方程是 Langmuir 方程的多组分混合形式，LRC 模型是混合 Langmuir-Freundlich 方程的多组分扩展形式，其中分压项（或组分浓度项）以指数形式变化，对组分的吸附平衡数据可提供经验拟合。

Langmuir 方程：

$$q_i^* = \frac{q_{mi}b_i p_i}{1+b_i p_i} \tag{8-8}$$

式中，q_i^* 为单一组分 i 的平衡吸附量，mol/kg；q_{mi} 为单一组分 i 的饱和吸附量，mol/kg；b_i 为单一组分 i 的等温线模型参数，kPa^{-1}。

Langmuir-Freundlich 方程（简称 "L-F 模型"）：

$$q_i^* = \frac{q_{mi}b_i p^{1/n}}{1+b_i p^{1/n}} \tag{8-9}$$

式中，n 为 n 种吸附位。

扩展的 Langmuir 方程：

$$q_i^* = \frac{q_{mi}b_i p_i}{1+\sum_{j=1}^{n} b_j p_j} \tag{8-10}$$

式中，n 为混合气体中组分数量，包括 i、j 等组分；q_{mi} 为混合气体中组分 j 的饱和吸附量，mol/kg；b_j 为混合气体中组分 j 的等温线模型参数，kPa^{-1}。

4. 吸附动力学模型

吸附动力学模型用于描述流体与吸附剂颗粒之间传质阻力的影响，包括孔扩散模型和线性驱动力(LDF)模型。工业吸附剂大多采用复合吸附剂，即由含微孔的晶粒通过与黏合剂混合成型、活化而成的颗粒，吸附剂孔隙由大量具有吸附效应的微孔和与微孔相连且为气流通道的大孔组成，如沸石分子筛和活性炭。复合吸附剂中气体扩散包括外膜扩散、大孔扩散和微孔扩散 3 种传质扩散阻力，所以线性驱动力模型中传质系数也包括外膜阻力、大孔传质阻力和微孔传质阻力[式(8-11)]，外膜阻力通常远小于孔扩散阻力（包括大孔扩散和微孔扩散）而不考虑。有学者[6,7]研究 5A 分子筛吸附剂中氮气、氧气的扩散时发现，即使在非常小的颗粒中大孔扩散也比微孔扩散重要，氮、氧在 5A 沸石中的脱附速率主要与颗粒的大小有关，即与颗粒扩散系数有关，为大孔扩散控制。

考虑 3 种传质扩散阻力的总传质扩散系数关系式：

$$\frac{1}{k_i} = \frac{R_p q_0}{3 k_f c_0} + \frac{R_p^2 q_0}{15 \varepsilon_p D_p c_0} + \frac{r_c^2}{15 D_c} \tag{8-11}$$

式中，R_p、r_c 分别为吸附剂颗粒和沸石晶体的半径；k_i、k_f、D_p 和 D_c 分别为总传质扩散系数、外膜传质系数、颗粒扩散系数和微孔扩散系数；q_0 为初始吸附量；c_0 为初始浓度；ε_p 为颗粒孔隙率。

尽管孔扩散模型更为真实，但计算量非常大，尤其是非线性吸附平衡体系。而在平衡控制的吸附分离模型中，使用更真实的孔扩散模型时，发现其影响作用很小；LDF 模型不考虑传质阻力的性质，是对球形颗粒的非克扩散方程的近似解，为传质模型可提供一种简单且计算快捷的方式[8-10]。

5. 床层轴向压力降模型

变压吸附过程通过压力循环变化而实现气体的吸附分离与净化，其中吸附床层压力的变化直接影响产品气纯度和收率及吸附剂产率。变压步骤中压力的变化，早期模型假设为瞬间完成或随时间线性变化，如用达西定律描述；也有用步骤时间的多项式来表示变压步骤中的压力变化，有研究认为压力变化与高低压力差和变压步骤的时间有关，并提出反映变压步骤中压力变化的关系式，这些说明模型中考虑变压步骤的压差和步骤时间能反映变压步骤中压力的变化情况[11-14]。对于吸附压力不高、循环时间短的变压吸附过程可以忽略床层压力降的影响。

描述床层轴向压力降的模型包括描述压降与流体流速为线性关系的达西定律、考虑层流影响的 Kozeny-Carman 方程、考虑湍流影响的 Burke-Plummer 方程及同时考虑层流与湍流影响的 Ergun 方程。对于填充颗粒均匀的轴向流吸附剂床层的压降一般采用 Ergun 方程求算[15]。

Ergun 方程:

$$\frac{\Delta p}{L}=150\frac{(1-\varepsilon_b)^2\mu u}{\varepsilon_b^3 d_p^2}+1.75\frac{(1-\varepsilon_b)\rho_g u^2}{\varepsilon_b^3 d_p} \tag{8-12}$$

8.2 变压吸附过程数学模型与模型求解

变压吸附循环是涉及质量、热量和动量传递的复杂动态过程,模拟计算变压吸附循环过程的关键是选择合适的数学模型和数值方法。吸附剂床层中气固之间相互作用的复杂性及变压吸附循环的多样性,这给其数学模型的表述和求解带来困难,需要根据具体流程对模型进行必要的简化及模型参数的估算或引用。考虑到实际工况中变压吸附过程多采用非等温的数学模型,同时还需考虑模型求解的精度与效率的统一,可选择相应的一维非等温吸附塔数学模型,这包括床层内流体流动的轴向扩散活塞流模型、气固与塔壁之间塔内能量平衡模型、描述吸附平衡行为的负载比关联式、描述吸附速率的线性驱动力方程,同时需考虑模型求解中所涉及各步骤的边界条件和初始条件[16,17]。模型近似假设:①系统中气体符合理想气体定律;②气体在床层中流动采用轴向扩散活塞流模型;③采用 Ergun 微分方程描述床层动量平衡;④气固之间达到瞬间热平衡,忽略塔壁的轴向热传导;⑤忽略塔内径向浓度和温度梯度;⑥吸附和冲洗步骤中压力为常数,充压、均压降、均压升和逆放步骤的压力随时间呈指数型变化。本章模型计算中的压力皆为绝对压力。

8.2.1 变压吸附过程数学模型

1. 流体质量平衡模型

吸附塔床层流动形式采用轴向扩散活塞流模型,并考虑气体流速在床层轴向的变化,其中轴向扩散的影响体现在轴向分散系数 D_L 中。由微元体积中 i 组分的质量平衡可得

$$-D_L\frac{\partial^2 c_i}{\partial z^2}+\frac{\partial(uc_i)}{\partial z}+\frac{\partial c_i}{\partial t}+\rho_b\frac{(1-\varepsilon_b)}{\varepsilon_b}\frac{\partial \overline{q}_i}{\partial t}=0 \tag{8-13}$$

式中,ε_b 为床层空隙率;c_i 为组分 i 的浓度,mol/m^3;u 为气体流速,m/s;ρ_b 为吸附剂装填密度,kg/m^3;$\overline{q}_i$ 为组分 i 的平均吸附浓度,mol/kg。

总质量平衡方程如下:

$$-D_L\frac{\partial^2 c}{\partial z^2}+\frac{\partial(uc)}{\partial z}+\frac{\partial c}{\partial t}+\rho_b\frac{(1-\varepsilon_b)}{\varepsilon_b}\sum_{j=1}^n\frac{\partial \overline{q}_j}{\partial t}=0 \tag{8-14}$$

式中,c 为气相总浓度,mol/m^3;气相组分 $j=1, 2, \cdots, n$(含组分 i)。

气体假设为理想气体,有 $c_i = py_i/(R_g T_0)$,综合可得床层中 i 组分的质量守恒方程:

$$-D_{\text{L}} \frac{\partial^2 y_i}{\partial z^2} + \frac{\partial (u y_i)}{\partial z} + \frac{\partial y_i}{\partial t} + \rho_{\text{b}} \frac{(1 - \varepsilon_{\text{b}})}{\varepsilon_{\text{b}}} \left(\frac{R_{\text{g}} T_0}{p} \right) \left[\frac{\partial \overline{q}_i}{\partial t} - y_i \sum_{j=1}^{n} \frac{\partial \overline{q}_j}{\partial t} \right] = 0 \tag{8-15}$$

式中，R_{g} 为气体常数，kJ/(mol·K)；T_0 为标态下气相温度，K；p 为床层总压，kPa；$\overline{q}_j$ 分别为组分 j 的平均吸附量，mol/kg。

模型不考虑吸附塔床层压力降时，非等温状态下流体总质量平衡方程：

$$\frac{1}{p} \frac{\partial p}{\partial t} + \frac{1}{p} \frac{\partial}{\partial z}(up) + \frac{1}{T} \left(-D_{\text{L}} \frac{\partial^2 T}{\partial z^2} + \frac{\partial T}{\partial t} + u \frac{\partial T}{\partial z} \right) + \rho_{\text{b}} \frac{(1 - \varepsilon_{\text{b}})}{\varepsilon_{\text{b}}} \left(\frac{R_{\text{g}} T_0}{p} \right) \sum_{j=1}^{n} \frac{\partial \overline{q}_j}{\partial t} = 0 \tag{8-16}$$

循环过程中变压步骤的压力变化关系式：

$$p_{\text{m}} = p_{\text{end}} + (p_{\text{start}} - p_{\text{end}}) \text{e}^{-a t_{\text{m}}/t_{\text{T}}} \tag{8-17}$$

式中，p_{m} 为步骤 m 的分压，kPa；p_{start}、p_{end} 分别为床层的始压和终压，kPa；a 为变压时间常数，s^{-1}；t_{m} 为步骤 m 的时间，s；t_{T} 为总循环时间，s。

动量平衡模型用 Ergun 微分方程表示：

$$\frac{\partial p}{\partial z} = -\left(\frac{150(1 - \varepsilon_{\text{b}})^2}{d_{\text{p}}^2 \varepsilon_{\text{b}}^3} \mu u + 1.75 \rho_{\text{g}} \frac{(1 - \varepsilon_{\text{b}})}{d_{\text{p}} \varepsilon_{\text{b}}^3} u^2 \right) \tag{8-18}$$

2. 能量平衡模型

能量平衡模型考虑吸附塔中气体、吸附剂、塔壁和周围环境之间的热平衡，包括气固相能量平衡和塔壁能量平衡。假设气相温度与固相温度瞬间达到平衡，整个床层的气-固相能量衡算方程为

$$-\varepsilon_{\text{b}} K_{\text{L}} \frac{\partial^2 T}{\partial z^2} + \varepsilon_{\text{b}} \rho_{\text{g}} C_{\text{g}} \frac{\partial (uT)}{\partial z} + (\varepsilon_{\text{t}} \rho_{\text{g}} C_{\text{g}} + \rho_{\text{b}} C_{\text{s}}) \frac{\partial T}{\partial t} - \rho_{\text{b}} \sum_{j=1}^{n} (-\Delta \overline{H}_j) \frac{\partial \overline{q}_j}{\partial t} + \frac{2 h_{\text{i}}}{R_{\text{bi}}} (T - T_{\text{w}}) = 0 \tag{8-19}$$

式中，$\varepsilon_{\text{t}} = \varepsilon_{\text{b}} + (1 - \varepsilon_{\text{b}}) \varepsilon_{\text{p}}$，其中，$\varepsilon_{\text{p}}$ 为吸附剂颗粒孔隙率；C_{g} 为气相等压热容，kJ/(mol·K)；C_{s} 为吸附剂热容，kJ/(mol·K)；K_{L} 为轴向热扩散系数，kJ/(m·s·K)；T_{w} 为吸附塔塔壁温度，K；ρ_{b} 为吸附剂床层填充密度，kg/m³；$\Delta \overline{H}_j$ 为组分 j 的平均吸附热，kJ/mol；h_{i} 为塔内壁的对流传热系数，kJ/(m²·s·K)；R_{bi} 为床层内径，m。

考虑吸附塔床层通过塔壁与周围环境的热交换，不考虑塔壁传热的轴向分散，对塔壁的径向热传导进行能量衡算可得塔壁能量方程：

$$\rho_{\text{w}} C_{\text{w}} A_{\text{w}} \frac{\partial T_{\text{w}}}{\partial t} = 2 \pi R_{\text{bi}} h_{\text{i}} (T - T_{\text{w}}) - 2 \pi R_{\text{bo}} h_{\text{o}} (T_{\text{w}} - T_{\text{atm}}) \tag{8-20}$$

式中，

$$A_w = \pi(R_{bi}^2 - R_{bo}^2) \tag{8-21}$$

其中，ρ_w 为吸附塔塔壁密度，kg/m^3；C_w 为塔壁热容，$kJ/(mol \cdot K)$；A_w 为吸附塔塔壁截面积，m^2；R_{bo} 为床层外径，m；h_o 为外壁的自然对流传热系数，$kJ/(m^2 \cdot s \cdot K)$；T_{atm} 为环境温度，K。

3. 吸附平衡实用模型

考虑到吸附分离过程中组分之间的相互影响，吸附平衡实用模型采用负载比关联式，其中模型参数为温度的函数。

LRC 模型：

$$q_i^* = \frac{q_{mi} b_i p_i^n}{1 + \sum_{j=1}^{n} b_j p_j^n} \tag{8-22}$$

式中，

$$q_{mi} = k_1 - k_2 T, \quad b_i = k_3 \exp(k_4 / T), \quad n = k_5 + k_6 / T \tag{8-23}$$

其中，$k_1 \sim k_6$ 为等温线模型参数，其中 k_1，mol/kg；k_2，$mol/(kg \cdot K)$；k_3，kPa^{-1}；k_4，K；k_5，无因次；k_6，K。

4. 传质速率模型

如前所述，气体在吸附剂中的吸附传质一般为孔扩散控制，LDF 模型是对球形颗粒 Fick's 扩散方程的一种近似解。在平衡控制体系，LDF 模型是变压吸附过程计算中最常用的传质速率模型，其不仅使模型求解计算比一般的孔扩散模型快得多，还考虑了传质问题[18]。LDF 模型为

$$\frac{\partial q_i}{\partial t} = k_i (q_i^* - \overline{q}_i) \tag{8-24}$$

式中，k_i 为组分 i 的 LDF 传质系数，s^{-1}。

8.2.2　模型参数

变压吸附循环过程模型计算程序涉及的因素包括气体组分的吸附平衡数据和吸附热、吸附床层中传质系数、轴向扩散系数、轴向热扩散系数、气体和固体(包括吸附剂与塔壁)的传热系数等参数。对多组分的吸附平衡数据和吸附热分别通过动态穿透实验和静态容量测定法获得，但对其他模型参数，有些可通过经验公式的计算，有些也可通过实验与模拟计算相结合来获得[19]，还可通过参考文献中数据，结合经验公式计算与模型计算调试获得。

1. 传质系数

变压吸附模型的传质系数可用 LDF 模型中速率常数表示，不同吸附分离体系的 LDF 模型速率常数求取一直处在探讨中。对 LDF 速率常数 k_i 的计算可仅考虑大孔扩散控制，其总传质扩散系数 k_i 与大孔扩散系数的关系可表述[10,20]为

$$k_i = \frac{15\varepsilon_p D_p c_0}{R_p^2 q_0} \tag{8-25}$$

其最简单的形式：

$$k_i = \frac{15 D_e}{R_c^2} \tag{8-26}$$

式 (8-25) 和式 (8-26) 中，D_p 为大孔扩散系数，m^2/s；D_e 为有效扩散系数，m^2/s；q_0 为初始吸附量，mol/kg；R_p 为颗粒大孔直径，m；R_c 为颗粒微孔直径，m。

Ruthven 等[7]通过实验得出氮气、氧气在 5A 沸石吸附分离为大孔扩散控制，通过球形颗粒扩散方程得到有效扩散系数 D_e 与孔扩散系数 D_p 之间的关系。

有效扩散系数为[4]

$$D_e = \frac{\varepsilon_p D_p}{\varepsilon_p + (1 - \varepsilon_p) K} \tag{8-27}$$

式中，K 为吸附等温线的斜率 ($\partial q^* / \partial c$)。

2. 轴向分散系数

固定床层中流体流动的轴向扩散系数 D_L 可通过 Edwards 关联式计算获得[21]：

$$D_L = 0.73 D_m + \frac{0.5 u d_p}{1 + 9.7 D_m/(u d_p)} \tag{8-28}$$

式中，$0.00038m < d_p < 0.0060m$；D_m 为分子扩散系数，m^2/s。

在一定压力范围内 ($10 \sim 500kPa$)，低密度气体的分子扩散系数可由 Wilke-Lee 法估算式计算，对于双组分混合气体，分子扩散系数 D_m 为[22]

$$D_m = \frac{0.1883 T^{3/2} (1/M_1 + 1/M_2)^{1/2}}{p \sigma_{12}^2 \Omega_D} \tag{8-29}$$

式中，M_1、M_2 分别为组分 1 和组分 2 的摩尔质量，kg/mol；σ 为 Lennard-Jones 模型的势长常数，$\sigma_{12} = (\sigma_1 + \sigma_2)/2$；扩散碰撞积分 Ω_D (无因次) 的计算式为[22]

$$\Omega_D = \frac{1.06036}{T_N^{0.1561}} + \frac{0.19300}{\exp(0.47635T_N)} + \frac{1.03587}{\exp(1.52996T_N)} + \frac{1.76474}{\exp(3.89411T_N)} \tag{8-30}$$

其中，规准温度 T_N（无因次）

$$T_N = k_B T / \varepsilon_L \tag{8-31}$$

式中，k_B 为 Boltzmann 常数；ε_L 为 Lennard-Jones 模型的势能常数，对于两组分，有 $\varepsilon_L = \sqrt{\varepsilon_{L1}\varepsilon_{L2}}$；$\Omega_D$ 为 $\varepsilon_L / k_B T$ 的函数。

由 Edwards 关联式和式(8-29)可知轴向扩散系数 D_L 与温度、压力和流速等有关，而模型化计算变压吸附循环过程中存在着温度、压力和流速的变化，但组分在吸附剂中的轴向扩散系数对穿透曲线的影响不太明显，轴向扩散不是影响吸附动力学的决定性因素，尤其是工业装置中[23]。通过式(8-28)～式(8-31)，应用相应的气体、吸附剂及床层的数据可计算出床层中轴向扩散系数 D_L，并通过 Pe 数在模拟计算中体现。

床层中轴向热扩散系数由以下经验关联式得到[24]。

$$K_L / \lambda_g = K_{L0} / \lambda_g + \delta Pr Re \tag{8-32}$$

$$K_{L0} / \lambda_g = \varepsilon_b + \frac{1 - \varepsilon_b}{\phi - (2/3)(\lambda_g / \lambda_s)} \tag{8-33}$$

$$\phi = \phi_2 + (\phi_1 - \phi_2)\left(\frac{\varepsilon_b - 0.260}{0.216}\right), \quad 0.260 \leqslant \varepsilon_b \leqslant 0.476 \tag{8-34}$$

式(8-32)～式(8-34)中，$Re = \varepsilon_b C_g u d_p / T$，$Pr = C_g \mu / \lambda_g \rho_g$。其中，$K_L$ 为轴向热扩散系数，kJ/(m·s·K)；K_{L0} 为初始轴向热扩散系数，kJ/(m·s·K)；λ_g 为气体导热系数，kJ/(m·s·K)；λ_s 为吸附剂导热系数，kJ/(m·s·K)；δ 为模型参数；Pr 为普朗特数；Re 为修正的雷诺数。

3. 传热系数

模型中假设床层内气固之间能量瞬间达到平衡，忽略床层内径向热传递，但需考虑塔内床层与塔外壁之间的热量传递；床层与塔壁之间总的传热阻力包括塔内壁、塔壁和塔外壁之间传热阻力，对金属塔壁传热阻力可以忽略。总传热阻力为

$$\frac{1}{D_{bi}h_w} = \frac{1}{D_{bi}h_i} + \frac{1}{D_{bo}h_o} \tag{8-35}$$

式中，D_b 为塔壁直径，m；D_{bi} 为塔内壁直径，m；D_{bo} 为塔外壁直径，m；h_w 为塔壁对流传热系数，kJ/(m²·s·K)。h_i 和 h_o 采用下列关系式估算[25]：

$$h_i = 3.402 \times 10^{-3} \times \frac{\lambda_g}{D_{bi}} \left(\frac{\rho_g u d_p}{\mu}\right)^{0.9} e^{-6d_p/D_{bi}} \tag{8-36}$$

$$h_{\mathrm{o}} = 1.293 \times 10^{-3} \times \left(\Delta T\right)^{1/3} \tag{8-37}$$

式中，h_{l} 为流体密度和流速等的函数，h_{o} 和塔壁与环境之间温度差 ΔT 有关。

4. 基础物性参数

气体在低压下的等压热容为温度的函数，混合气体总热容由各组分按物质的量加和得到，具体热容公式如下[22]：

$$C_{\mathrm{g}} = \sum_{i=1}^{n} y_i C_{\mathrm{p}i} \tag{8-38}$$

式中，$C_{\mathrm{p}i} = b + cT + dT^2$。

非极性纯气体的黏度估算式[22]：

$$\mu_i = 2.669 \frac{(M_i T)^{1/2}}{\sigma^2 \Omega_{\mathrm{v}}} \tag{8-39}$$

式中，μ_i 为气体组分 i 的黏度，Pa·s；M_i 为组分 i 的摩尔质量，kg/mol；Ω_{v} 为非极性气体的碰撞积分（无因次量）：

$$\Omega_{\mathrm{v}} = \frac{1.16145}{T_{\mathrm{N}}^{0.14874}} + \frac{0.52487}{\exp(0.77320 T_{\mathrm{N}})} + \frac{2.16178}{\exp(2.43787 T_{\mathrm{N}})} \tag{8-40}$$

混合气体组分的黏度用 Sutherland 公式计算[22]：

$$\mu = \sum_{i=1}^{n} \left[y_i \mu_i \bigg/ \left(\sum_{j=1}^{n} y_j \phi_{ij} \right) \right] \tag{8-41}$$

式中，关联系数 ϕ_{ij} 由维尔克（Wilke）近似式计算[22]：

$$\phi_{ij} = \frac{\left[1 + \left(\mu_i/\mu_j\right)^{1/2} \left(M_j/M_i\right)^{1/4} \right]^2}{\left[8\left(1 + M_i/M_j\right) \right]^{1/2}}, \quad \phi_{ji} = \left(\mu_j/\mu_i\right)\left(M_i/M_j\right)\phi_{ij} \tag{8-42}$$

气体的密度随温度、压力的变化而变化，混合气体的密度与各组分气体的密度和其在混合气中的摩尔分数有关。

$$\rho_{\mathrm{g}i} = p_i M_i / R_{\mathrm{g}} T \tag{8-43}$$

式中，$\rho_{\mathrm{g}} = \sum_{i=1}^{n} y_i \rho_{\mathrm{g}i}$。

变压吸附数学模型考虑了过程的非线性与流速变化、传质阻力、传质与传热的轴向扩散，物性参数为温度和压力的函数。模型中相关参数通过上述关系式〔式(8-25)～

式（8-43）]，在引用气固体系基本数据的基础上，结合相应的变压吸附工艺的床层尺寸和气体流速等实际数据进行计算获得，并应用于实际工况的模拟计算与优化设计。

8.2.3 模型数值求解

变压吸附数学模型包含过程中具有物理特性的量纲，而在模型求解中，需要对这些数学模型进行无量纲化处理。无因次化方法是一种适应性较广的无量纲化处理方法，尤其适合可变参数数量较多的一些复杂的物理方程（如流体力学和热学），即将一些参数组合作为一个无因次数，从而研究具有相似性质的物理现象。

变压吸附数学模型是由有关时间与空间的偏微分方程与代数方程组成的方程组，其求解的关键在于求解偏微分方程。偏微分方程的解可分为精确的解析解和近似的数值解，对于变压吸附模型这种复杂的偏微分方程，目前只能得到它的近似数值解，且需要进行离散化，使之近似转化为常微分方程或者微分代数方程后再进行数值求解。

1. 模型的无因次化

对流体质量平衡模型式（8-13）和式（8-16）、能量平衡模型式（8-19）和式（8-20）、吸附平衡模型式（8-22）及传质速率模型式（8-24）分别进行无因次化，具体如下：

$$\frac{\partial y_i}{\partial \tau} = P_m \frac{\partial^2 y_i}{\partial Z^2} - V \frac{\partial y_i}{\partial Z} + T'\left(-\phi_{mi}\frac{\partial Q_i}{\partial \tau} + y_i \sum_{j=1}^{n} \phi_{mj}\frac{\partial Q_j}{\partial \tau}\right) \tag{8-44}$$

$$\begin{aligned}(1+\gamma_1)\frac{\partial V}{\partial Z} =&\ \frac{1}{T'}\left((\gamma_1 P_{mh} - P_m)\frac{\partial^2 T'}{\partial Z^2} - V(\gamma_1-1)\frac{\partial T'}{\partial Z}\right) + \frac{2P_m}{T'^2}\left(\frac{\partial T'}{\partial Z}\right)^2 \\ &+ \frac{1}{T'}\sum_{j=1}^{n}\phi_{hj}\frac{\partial Q_j}{\partial \tau} - T'\sum_{j=1}^{n}\phi_{mj}\frac{\partial Q_j}{\partial \tau} - \gamma_2\left(1 - \frac{T'_w}{T'}\right) - \frac{1}{p}\frac{\partial p}{\partial \tau}\end{aligned} \tag{8-45}$$

$$\begin{aligned}(1+\gamma_1)\frac{\partial T'}{\partial \tau} =&\ \gamma_1(P_{mh}+P_m)\frac{\partial^2 T'}{\partial Z^2} - 2\gamma_1 V\frac{\partial T'}{\partial Z} - \frac{2\gamma_1 P_m}{T'}\left(\frac{\partial T'}{\partial Z}\right)^2 \\ &+ \frac{\gamma_1 T'}{p}\frac{\partial p}{\partial \tau} + \gamma_1 T'^2\sum_{j=1}^{n}\phi_{mj}\frac{\partial Q_j}{\partial \tau} + \sum_{j=1}^{n}\phi_{hj}\frac{\partial Q_j}{\partial \tau} - \gamma_2(T'-T'_w)\end{aligned} \tag{8-46}$$

$$\frac{\partial T'_w}{\partial \tau} = \gamma_3(T'-T'_w) - \gamma_4(T'_w - T_{atm}/T_0) \tag{8-47}$$

$$Q_i^* = \frac{q_{mi}}{q_{mi0}}\frac{b_i(py_i)^{n_i}}{1+\sum_{j=1}^{n} b_j(py_j)^{n_j}} \tag{8-48}$$

$$\frac{\partial Q_i}{\partial \tau} = \alpha_i(Q_i^* - Q_i) \tag{8-49}$$

式 (8-44)~式 (8-49) 中,

$$Z = z/L, \quad \tau = u_0 t/L, \quad V = u/u_0, \quad T' = T/T_0, \quad T'_{\mathrm{w}} = T_{\mathrm{w}}/T_0$$

$$P_{\mathrm{m}} = 1/Pe, \quad P_{\mathrm{mh}} = 1/Pe_{\mathrm{h}}, \quad Pe = u_0 L/D_{\mathrm{L}}, \quad Pe_{\mathrm{h}} = u_0 L \rho_{\mathrm{g}} C_{\mathrm{g}} / K_{\mathrm{L}}$$

$$\phi_{\mathrm{m}i} = \rho_{\mathrm{p}} \left(\frac{1-\varepsilon_{\mathrm{b}}}{\varepsilon_{\mathrm{b}}} \right) \left(\frac{R_{\mathrm{g}} T_0}{p} \right) q_{\mathrm{m}i0}, \quad \phi_{\mathrm{h}i} = \frac{\rho_{\mathrm{b}} \left(-\Delta \bar{H}_i \right) q_{\mathrm{m}i0}}{\left(\varepsilon_{\mathrm{t}} \rho_{\mathrm{g}} C_{\mathrm{g}} + \rho_{\mathrm{b}} C_{\mathrm{s}} \right) T_0}$$

$$\gamma_1 = \frac{\varepsilon_{\mathrm{b}} \rho_{\mathrm{g}} C_{\mathrm{g}}}{\varepsilon_{\mathrm{t}} \rho_{\mathrm{g}} C_{\mathrm{g}} + \rho_{\mathrm{b}} C_{\mathrm{s}}}, \quad \gamma_2 = \frac{2h_i}{R_{\mathrm{bi}}} \frac{L/u_0}{\varepsilon_{\mathrm{t}} \rho_{\mathrm{g}} C_{\mathrm{g}} + \rho_{\mathrm{b}} C_{\mathrm{s}}}, \quad \gamma_3 = \frac{2\pi R_{\mathrm{bi}} h_i}{\rho_{\mathrm{w}} C_{\mathrm{w}} A_{\mathrm{w}}} \frac{L}{u_0}$$

$$\gamma_4 = \frac{2\pi R_{\mathrm{bo}} h_o}{\rho_{\mathrm{w}} C_{\mathrm{w}} A_{\mathrm{w}}} \frac{L}{u_0}, \quad \rho_{\mathrm{g}} = \frac{p}{R_{\mathrm{g}} T} \sum_{i=1}^{n} y_i M_i, \quad \varepsilon_{\mathrm{t}} = \varepsilon_{\mathrm{b}} + \left(1 - \varepsilon_{\mathrm{b}} \right) \varepsilon_{\mathrm{p}}$$

$$Q_i = q_i/q_{\mathrm{m}i0}, \quad q_{\mathrm{m}i} = k_{1i} - k_{2i} T_0 T', \quad q_{\mathrm{m}i0} = k_{1i} - k_{2i} T_0, \quad \alpha_i = k_i L/u_0,$$

$$b_i = k_{3i} \exp\left(k_{4i}/T_0 T' \right), \quad n_i = k_{5i} - k_{6i}/T_0 T', \quad i = 1, 2, 3, \cdots, n$$

$$b_j = k_{3j} \exp\left(k_{j4}/T_0 T' \right), \quad n_j = k_{5j} - k_{6j}/T_0 T', \quad j = 1, 2, 3, \cdots, n$$

2. 边界条件及其无因次化

变压吸附循环是由相互关联的步骤组成,不同步骤的床层边界条件不同,模型中相关步骤可借鉴标准的 Danckwerts 边界条件[26],同时可结合实际工艺流程步骤要求增设相应的步骤边界条件。常用单塔 6 步循环步骤包括原料气充压、吸附、均压降、逆放或抽真空、冲洗、顺放与均压升。

总质量守恒方程的边界条件为

吸附阶段:$V_{\mathrm{A}}\big|_{Z=0} = 1$。

均压降 (顺向) 阶段:$V_{\mathrm{ED}}\big|_{Z=0} = 0$。

逆放或抽真空阶段:$V_{\mathrm{D/V}}\big|_{Z=1} = 0$。

冲洗阶段:$V_{\mathrm{P}}\big|_{Z=0} = \dfrac{N_{\mathrm{P}}}{N_{Z0}} \dfrac{p_{\mathrm{A}}}{p_{\mathrm{P}}} \dfrac{T_0}{T_{\mathrm{g}0}}$。

均压升 (逆向) 阶段:$V_{\mathrm{PP}}\big|_{Z=0} = V_{\mathrm{ER}}\big|_{Z=1} \dfrac{p_{\mathrm{ER}}}{p_{\mathrm{A}}}$。

充压阶段:$V_{\mathrm{FP}}\big|_{Z=1} = 0$。

假设一开始床层为洁净状态,那么床层的初始条件:

$$y_i\left(Z, \tau = 0 \right) = 0, \quad Q_i\left(Z, \tau = 0 \right) = 0$$

$$T'\left(Z, \tau = 0 \right) = 1.0, \quad T'_{\mathrm{w}}\left(Z, \tau = 0 \right) = T_{\mathrm{w}0}/T_0$$

计算程序中每一步结束时保存床层轴向组成和温度的分布数值作为下一步的初始值。

对各步骤床层浓度和温度的边界条件进行无因次化,具体如下。

充压和吸附阶段:

$$\left.\frac{\partial y_i}{\partial Z}\right|_{Z=0} = Pe|_{Z=0}V|_{Z=0}\left(y_i|_{Z=0} - y_{i0}\right) \qquad\qquad \left.\frac{\partial y_i}{\partial Z}\right|_{Z=1} = 0$$

$$\left.\frac{\partial T'}{\partial Z}\right|_{Z=0} = Pe_{\mathrm{h}}|_{Z=0}V|_{Z=0}\left(T'|_{Z=0} - T_0/T_{g0}\right) \qquad \left.\frac{\partial T'}{\partial Z}\right|_{Z=1} = 0$$

均压降(顺向)、逆放或抽真空阶段:

$$\left.\frac{\partial y_i}{\partial Z}\right|_{Z=0} = 0, \quad \left.\frac{\partial y_i}{\partial Z}\right|_{Z=1} = 0$$

$$\left.\frac{\partial T'}{\partial Z}\right|_{Z=0} = 0, \quad \left.\frac{\partial T'}{\partial Z}\right|_{Z=1} = 0$$

冲洗、均压升(逆向)阶段:

$$\left.\frac{\partial y_i}{\partial Z}\right|_{Z=0} = 0, \quad \left.\frac{\partial y_i}{\partial Z}\right|_{Z=1} = Pe|_{Z=1}V|_{Z=1}\left(y_i|_{Z=1} - y_{i0}\right)$$

$$\left.\frac{\partial T'}{\partial Z}\right|_{Z=0} = 0, \quad \left.\frac{\partial T'}{\partial Z}\right|_{Z=1} = Pe_{\mathrm{h}}|_{Z=1}V|_{Z=1}\left(T'|_{Z=1} - T_0/T_{g0}\right)$$

3. 偏微分方程离散化与数值计算

变压吸附模型是由带有时间变量和空间变量的一系列偏微分方程组(PDEs)构成,需要对模型进行离散化,以便求得近似数值解。PDEs 的离散化通常是在空间和时间上同时进行离散,使 PDEs 转化为微分代数方程组(DAEs)及常微分方程组(ODEs),并采用适当的方法进行求解。目前常用的离散方法包括有限差分法、有限体积法和有限元法,3种方法具有不同的特点,但都能对变压吸附数学模型进行有效离散。同时,相关商业数学软件(如 Matlab、Aspen 等)中也预置了相应的离散方法。

正交配置法(orthogonal collocation method)是有限元法中配置法的一种,模型中的PDEs 采用正交配置法在轴向进行离散化。正交配置法具有计算精度高和稳定性好等优点,同时使用一些正交多项式的配置点来将 PDEs 变换为一组 ODEs。按边界条件和求解形式的不同,正交配置有非对称和对称两种形式。其中,非对称正交配置的配置格式包含两端点 0 和 1,其配置点总数为 $m+2$(m 是内配置点),即配置函数在两端点满足方程的齐次边界条件;模型中式(8-44)~式(8-49)转换为非对称正交配置格式。偏微分方程组离散化后,结合相应的边界条件构成相应的微分代数方程组,并利用 Besirk 微分代数方程求解程序求解。

变压吸附气体分离过程可以分为一系列相对简单的步骤。在实际多塔工艺设计中,每个吸附塔和相应步骤运行所需的管道与阀门尺寸相同的,步骤之间相互关联且相同步骤之间具有对称性，各塔床层中温度、压力、气体流速和浓度等变化具有一致性，可通过计算一个塔的循环过程来反映整个装置的运行情况。这样，只需要通过模型计算出 1 个床层循环进行的数值解，就可以得出整个循环过程的解，这种方法不受吸附塔数的限制，可以用于任意塔数的过程计算。

8.3　变压吸附空分制氧过程模拟计算

变压吸附工程开发需根据原料气组成、压力及产品气指标等要求进行。吸附塔的模型计算是基于吸附剂床层在各步骤循环中质量、热量和动量传递，而这些量的变化主要依赖于流体组成与物性、吸附剂特性及操作条件等因素。其中，流体组成与物性(包括密度、黏度、热容、传热系数和扩散系数等物性)影响吸附剂组合的选择，吸附剂特性(主要包括颗粒大小和强度、吸附量、分离系数、热容和传热系数等)影响流体分离效果及吸附剂使用寿命，床层大小和塔数是根据单位时间产品气要求和吸附剂性能等决定，为了保证产品气的纯度，控制床层中吸附质传质前沿未穿透床层是吸附塔设计的关键要素。

变压吸附空分制氧过程包括常规的变压吸附(PSA)和真空变压吸附(VPSA)两种工艺，一般为两塔流程。其中，变压吸附空分制氧工艺主要适合于小规模制氧($\leqslant$500m^3/h，93%O$_2$)，而真空变压吸附空分制氧工艺适合中大规模($\leqslant$6000m^3/h，93%O$_2$)，都属于吸附平衡控制的非等温变压吸附过程。目前，真空变压吸附是主流制氧工艺，也是模型计算的重点，非等温真空变压吸附空分制氧过程的模型计算需要进行必要的简化：①氧气与氩气在沸石分子筛中的吸附性能相近，吸附剂床层仅限于氮气与氧气(含氩气)之间的分离，忽略空气中水分和二氧化碳等影响(由于前端已吸附脱除)；②进料空气温度和环境温度一定，可以根据工况实际设定；③工艺流程中循环时间可以调整，床层尺寸的影响拟订床层直径而改变床层高度来实现。

8.3.1　流程设计

真空变压吸附空分制氧(VPSA-O$_2$)工艺为两塔流程，两塔流程中吸附塔 A 塔和 B 塔之间步骤相互关联，并且步骤之间自动衔接，整个循环包括 12 步，其中单塔 6 步，见第 5 章图 5-44。以 A 塔模拟两塔流程，两塔吸附-解吸之间循环进行；两塔流程的循环步序见表 8-2。

表 8-2　真空变压吸附空分制氧工艺流程的工艺步序表

	步骤											
	1	2	3	4	5	6	7	8	9	10	11	12
时间/s	2	3	7	4	5	2	2	3	7	4	5	2
A 塔	R/E2R	R/PR	FR	A	A/PP	E1D	V/E2D	V	V	V	V/P	E1R
B 塔	V/E2D	V	V	V	V/P	E1R	R/E2R	R/PR	FP	A	A/PP	E1D

对非等温变压吸附空分制氧过程进行模型化计算，可以为过程优化设计提供指导。真空变压吸附制氧工艺一般采用锂分子筛吸附剂，其中吸附塔大小、床层高度、塔数及相应的操作条件可以通过模拟计算确定合理的选择。

8.3.2　模拟计算

1. 模型基础参数

空分制氧模拟计算所需模型参数和数据主要包括空气中氮气、氧气物性数据、吸附等温线参数和吸附热、LDF 传质系数、吸附剂和床层特性参数等。其中，空气中氮气、氧气物性数据见表 8-3，通过式 (8-39)～式 (8-42) 计算出 305.15K 时空气的黏度 $\mu_{air} = 1.870 \times 10^{-5} Pa \cdot s$；氮气和氧气在锂分子筛吸附剂上的吸附等温线参数和吸附热见表 8-4[27]，锂分子筛吸附剂床层的特性参数见表 8-5，其中模型 LDF 速率常数 k_{O_2}、k_{N_2} 分别换算为 $0.61s^{-1}$ 和 $0.16s^{-1}$[27]。

表 8-3　空气中氮气和氧气的基本物性数据表

物性参数		N_2	O_2	物性参数	N_2	O_2	空气
组成 y_{i0}/%		78.1	21.9①	密度② ρ_g /(kg/m³)	1.118	1.278	1.153
分子量 M_i		28.0	32.0	导热系数[22] λ_g /[10⁻⁵kJ/(m · K · s)]	2.59	2.66	2.62
热容	a/[10⁻³kJ/(mol · K)]	27.016	25.594	扩散系数[22] D_g/(10⁻⁴m²/s)	0.212	0.232	
	b/[10⁻⁵kJ/(mol · K)]	5.812	13.251	黏度公式中参数③	σ /10⁻¹⁰m	3.798	3.467	
	c/[10⁻⁷kJ/(mol · K)]	-0.289	-4.205		(ε_L/k)/K	71.4	106.7	

注：①模拟计算时，空气中氮气含量以氧气、氩气合计量；②为式 (8-43) 在 305.15K 和 101.325kPa 时的计算值；③为式 (8-39)、式 (8-31) 相应参数。

表 8-4　锂分子筛上氮气和氧气的吸附等温线参数和吸附热表

吸附组分	k_1 /(mol/kg)	k_2 /[10⁻²mol/(kg · K)]	k_3 /10⁻⁷kPa⁻¹	k_4 /K	k_5	k_6 /K	$-\overline{\Delta H}$ /(kJ/mol)
N_2	14.09	4.113	1.028	2456	1.00	0.00	23.43
O_2	0.141	0.0349	2.064	2063	1.00	0.00	13.22

表 8-5　锂分子筛吸附床层的特性参数表

特性参数	参数值	特性参数	参数值
吸附剂直径 $\overline{d_p}$ /10⁻³m	2.00	颗粒孔隙率 ε_p (大孔)	0.28
颗粒密度 ρ_p /(kg/m³)	1150	床层空隙率 ε	0.37
填充密度 ρ_b /(kg/m³)	650	床壁密度 ρ_w /(kg/m³)	7830
床层直径 D_b/m	5.3	床壁热容 C_w /[kJ/(kg · K)]	0.502
吸附剂热容 C_s /[kJ/(kg · K)]	1.17		

注：吸附剂形状为球形。

2. 过程计算

吸附剂床层中气流流速高于床层的流化速率时会产生流化现象。床层流化速率的限制决定了最小的床层直径，设计变压吸附塔尺寸时需考虑流化速率限制，一般商用吸附剂床层中向上流速限制一般是流化速率的 75%～80%。变压吸附装置床层中流化速率公式为[28]

$$u_{max} = -\frac{\mu E_1}{2\rho_g E_2} + \sqrt{\left(\frac{\mu E_1}{2\rho_g E_2}\right)^2 + \frac{\rho_p g}{\rho_g E_2}} \qquad (8\text{-}50)$$

式中，$E_1 = 1471(1-\varepsilon_b)^2/(\varepsilon_b^3 g d_p^2)$，$E_2 = 17.16(1-\varepsilon_b)/(\varepsilon_b^3 g d_p)$，其中，$\rho_p$ 为吸附剂装填密度，kg/m^3；g 为重力加速度，m/s^2。则有

$$u_{max} = -\frac{42.86(1-\varepsilon_b)\mu}{\rho_g d_p} + \sqrt{\left[\frac{42.86(1-\varepsilon_b)\mu}{\rho_g d_p}\right]^2 + \frac{\varepsilon_b^3 \rho_p g^2 d_p}{17.16(1-\varepsilon_b)\rho_g}} \qquad (8\text{-}51)$$

实际真空变压吸附制氧工艺设计中，空塔流速远小于流速限制，一般控制在 0.2～0.4m/s。

采用锂分子筛的真空变压吸附制氧过程的工艺条件见表 8-6。对冲洗效果的影响通过调节冲洗比来实现，同时，各种参数的影响以产品氧气的纯度、收率和产率来评价，其中冲洗比、氧气收率和产率计算分别如式(8-52)、式(8-53)和式(8-54)。

表 8-6　真空变压吸附制氧工艺条件表

工艺条件	参数值	工艺条件	参数值
吸附压力 p_H/kPa	135.0	冲洗时间 t_P /s	5
脱附压力 p_L/kPa	47.0	均升时间 t_{ER} /s	2
床层半径 R_b/m	2.65	充压时间 t_{FP} /s	12
床层高度 L/m	1.25	循环时间 t /s	46
冲洗比 P/F	0.06	进料温度 T /K	305.15
吸附时间 t_A /s	9	环境温度 T_{atm} /K	293.15
均降时间 t_{ED} /s	2	变压时间常数 a /s^{-1}	7.0
抽空时间 t_V /s	21		

冲洗比 P/F：

$$P/F = Q_{outO_2,P}/Q_{inO_2} \qquad (8\text{-}52)$$

氧气收率 R_e：

$$R_{e} = 100\left(Q_{outO_2,A} - Q_{outO_2,PP} - Q_{outO_2,PR}\right)\Big/Q_{inO_2} \tag{8-53}$$

氧气产率 P_{r}：

$$P_{r} = 100 y_{O_2} Q_{air} R_{e} / G_{ads} \tag{8-54}$$

式 (8-52) ~ 式 (8-54) 中，$Q_{outO_2,P}$ 为冲洗步骤时单位氧气量，m^3/h；Q_{inO_2} 为进塔单位氧气量，m^3/h；$Q_{outO_2,A}$、$Q_{outO_2,PP}$ 和 $Q_{outO_2,PR}$ 分别为吸附步骤、顺放步骤和产品气充压步骤时的单位氧气量，m^3/h；Q_{air} 为单位空气用量，m^3/h；y_{O_2} 为空气中氧气摩尔分数，%；G_{ads} 为吸附塔中制氧吸附剂量，t；所有气量都换算成标准状态下。

通过对真空变压吸附制氧过程模型化计算，得到产品氧气浓度达到稳定状态（前后氧气浓度差 < 0.5‰）时每个循环中产品氧气浓度的变化，见表 8-7 和图 8-1。从表 8-7 可知，真空变压吸附制氧过程模拟达到稳定状态只需 12 次循环，此时，制氧过程中模拟计算得到的出口氧气浓度变化趋势平稳，且较快达到平衡状态，按每个循环 46s 计，满足变压吸附制氧装置在 30min 内稳定输出氧气的技术要求。

表 8-7　真空变压吸附制氧过程中每个循环中的氧气浓度变化表

循环数/次	氧气体积分数/%	循环数/次	氧气体积分数/%	循环数/次	氧气体积分数/%
1	81.25	5	91.55	9	93.01
2	85.70	6	92.28	10	93.12
3	88.65	7	92.62	11	93.19
4	90.39	8	92.84	12	93.22

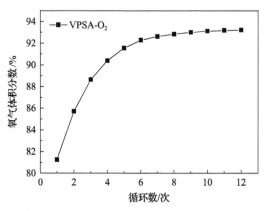

图 8-1　制氧循环达到稳定状态过程中输出氧气浓度的变化

同时，过程计算还得出真空变压吸附制氧循环达到稳定状态后 6 个步骤在床层轴向的氧气浓度变化（图 8-2），以及吸附剂床层中不同位置（0.50 和 0.87，床层高度的无因次量）氧气浓度和温度的动态波动情况（图 8-3 和图 8-4），图 8-3 和图 8-4 说明吸附循环稳定后床层中部区域氧浓度变化大，温度变化明显（约 6 度），而床层上部区域浓度和温度变化小，说明模拟计算能较好反映床层内目标组分和气流温度变化。通过调试，采用 13 个配置点能较好地反映床层中氧气浓度和温度的变化。

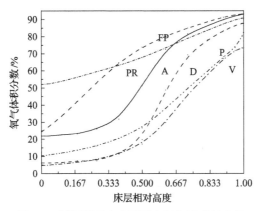

图 8-2　制氧循环中床层轴向氧气浓度的变化

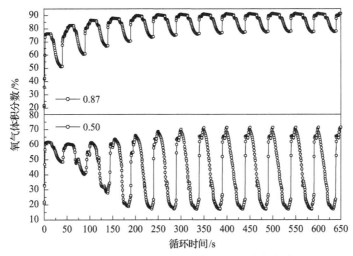

图 8-3　制氧循环中床层氧气浓度的动态波动

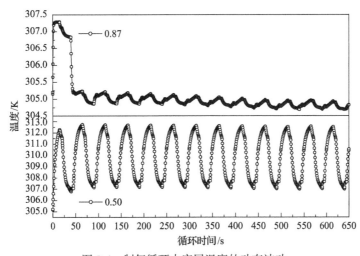

图 8-4　制氧循环中床层温度的动态波动

在工艺条件一致的前提下，模拟优化制氧过程得出装置运行的性能指标，并与国外某 3000m³/h(93%O₂)真空变压吸附制氧装置的数据比较，如表 8-8 所示。从表 8-8 可知，采用锂沸石分子筛吸附剂的非等温真空变压吸附制氧过程模拟计算结果(产品气中氧气体积分数、收率、产率和单位氧气能耗)与国内某制氧装置的技术指标基本一致，说明非等温真空变压吸附制氧过程模拟计算的方法可靠，过程模型参数选择合理。

表 8-8　真空变压吸附制氧过程计算结果与参考值表

工艺条件	VPSA-O₂ 模拟计算	某 VPSA-O₂ 装置	工艺条件	VPSA-O₂ 模型计算	某 VPSA-O₂ 装置
塔数/台	2	2	循环时间/s	46	46
塔体积/m³	55	55	进料温度/K	305.15	305.15
真空泵数/台	1	1	氧气体积分数/%	93.22	93.10
鼓风机数/台	1	1	氧气收率/%	53.65	53.69
进料气流量/(m³/h)	25200	25200	氧气产量/(m³/h)	3017	3023
循环数/个	12	12	氧气产率/[m³/(h·t)]	80.36	80.41
吸附压力/kPa	135.0	135.0	单位氧气能耗/(kW·h/m³)	0.353	0.352
脱附压力/kPa	47	47			

注：标准状态下气流流量。

8.4　变压吸附提氢过程模拟计算

变压吸附提氢工艺一般是 4 塔以上的多塔流程，大型变压吸附提氢工艺以 10 塔流程为主[29,30]。吸附剂再生有抽空再生和冲洗再生两种方式，其中冲洗再生在提氢工艺中应用广泛。多塔变压吸附过程模拟方法包括严格多塔模拟和单塔模拟多塔两种，其中严格多塔模拟对循环过程每个吸附塔都进行严格的耦合计算，计算量大，且不容易收敛；而单塔模拟多塔仅对一个吸附塔的循环过程进行严格计算，简化了计算过程，可大幅减少计算量；Ribeiro 等[31]模拟 4 塔 9 步复合床变压吸附提氢过程，并比较采用严格多塔模拟方法和单塔模拟多塔方法，发现二者得到的氢气纯度和回收率基本一致。本节变压吸附提氢过程的模拟采用单塔模拟多塔的方法，研究变压吸附提氢的分离过程。

8.4.1　流程设计与数学模型

1. 流程设计

10 塔变压吸附提氢冲洗流程有 4 步均压和 5 步均压两种工艺。其中，5 步均压工艺为带两个顺放气缓冲罐的冲洗工艺，整个循环过程为 10 个分周期，20 个步骤，即 10-2-5/P工艺。在过程模拟时将多个吸附步骤合并为 1 个步骤，即整个工艺为 15 个步骤，每个吸附塔的工艺步序简表如表 8-9 所示(以 A 塔为例)。吸附塔依次经历吸附(A)、均压降 1(E1D)、均压降 2(E2D)、均压降 3(E3D)、均压降 4(E4D)、均压降 5(E5D)、顺放 (PP)、逆放(D)、冲洗(P)、均压升 5(E5R)、均压升 4(E4R)、均压升 3(E3R)、均压升 2(E2R)、均压升 1(E1R)和终升(FR)，每个循环周期为 850s。

表 8-9　变压吸附提氢 10-2-5/P 流程步序简表

	步骤														
	1	2	3	4	5	6	7	8	9	10	11	12	13	14	15
时间/s	50	50	50	50	50	50	100	50	100	50	50	50	50	50	50
A 塔	A	E1D	E2D	E3D	E4D	E5D	PP	D	P	E5R	E4R	E3R	E2R	E1R	FR

模拟方法采用单塔模拟多塔的方法，计算吸附塔与其他 9 个吸附塔的耦合过程中用虚拟吸附塔实现，循环过程如图 8-5 所示。

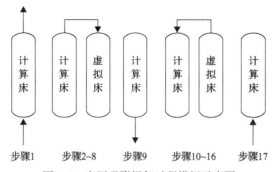

图 8-5　变压吸附提氢过程模拟示意图

2. 数学模型

变压吸附提氢过程模拟采用非等温吸附模型，包含质量平衡模型、能量平衡模型、吸附平衡模型和传质模型等，详细的模型方程和模型参数计算见式(8-13)～式(8-43)。

8.4.2　模拟计算

1. 原料气与吸附床

变压吸附提氢工艺中原料气由氢气、氮气、甲烷、一氧化碳和二氧化碳组成的混合气，原料气的组成为 $V(H_2):V(N_2):V(CH_4):V(CO):V(CO_2)=70:14:3:5:8$，原料气温度为 25℃，压力范围为 1.35～3.20MPa。

吸附塔内吸附剂床层采用活性炭(AC)和 5A 分子筛组成的复合吸附床，活性炭在床层下部，分子筛装在床层上部，塔内床层和吸附剂的计算参数如表 8-10 所示。为了与工业装置运行结果相比较，吸附剂的密度按照大型工业装置的装填密度设置，每种吸附剂的床层高度按照工业装置的高度设置，床层总高度为 5m。

2. 模拟计算

模拟计算分别考察吸附压力、均压次数和吸附剂配比对分离过程的影响。其中吸附压力选择分别为 1.35MPa、1.85MPa、2.6MPa 和 3.2MPa，均压次数分别为 2、3、4 和 5，分子筛和活性炭的体积比分别为 4:1、7:3、3:2 和 2:3，计算工况的工艺条件如表 8-11 所示。

表 8-10　吸附床层和吸附剂物性参数表

	数值	
	活性炭	5A 分子筛
吸附床直径 D_0/m	1.00	1.00
吸附床层空隙率 ε_b	0.35	0.35
装填密度 ρ_b/(kg/m³)	660.00	750.00
颗粒半径 r_p/m	0.00105	0.001
颗粒形状因子 ψ	0.83	1.00
吸附剂比热 C_{ps}/[kJ/(kg·K)]	0.89	0.921

表 8-11　计算工况的工艺条件表

计算工况	吸附压力/MPa	均压数/次	5A 分子筛与活性炭体积比
1	3.20	5	2:3
2	3.20	5	3:2
3	3.20	5	7:3
4	3.20	5	4:1
5	3.20	4	7:3
6	3.20	3	7:3
7	3.20	2	7:3
8	2.60	4	7:3
9	1.85	3	7:3
10	1.35	2	7:3

　　沿吸附床轴向将计算区域划分为 100 个节点，偏微分方程采用一阶上风差分法（UDS1）离散；原料气温度为 25℃，解吸气压力为 0.125MPa，顺放压差为 0.28MPa，计算时间步长为 2s。

8.4.3　结果分析

1. 计算结果

　　原料气条件与工艺条件按照工业装置的数据进行设置，通过计算结果与工业装置运行数据的对比验证模拟计算的准确性。模拟计算是通过调整进料量来控制产品氢气的摩尔分数大于 99.90%，产品气中一氧化碳小于 1mmol/kmol；计算过程中控制最后一步均压的阀门参数，使顺放前压力在 0.50MPa，以保证冲洗气量。计算工况 3 稳定后的吸附塔内压力如图 8-6 所示，产品氢气摩尔分数为 99.96%，一氧化碳含量为 0.26mmol/kmol，氢气回收率为 90%，与工业装置的运行数据吻合。

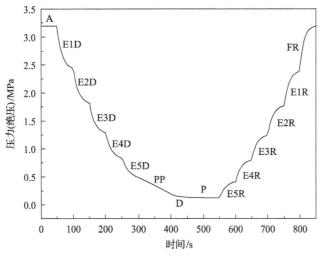

图 8-6　一个周期内吸附塔内压力随循环时间的变化图

2. 吸附压力的影响

在保持氢气纯度一定时,通过模拟计算工况 3 及工况 8～10 下氢气回收率和原料气处理能力随吸附压力的变化,详见图 8-7。由图 8-7 可知,随着吸附压力升高,氢气回收率和原料气处理能力同步增加,吸附压力从 1.35MPa 升高到 3.2MPa,氢气回收率从 82.6%增加到 90%,原料气处理能力从 68mol/s 增加到 99.9mol/s,处理能力增加了 46.9%。杂质组分的吸附量随着分压的增加而增加,但是吸附等温线的斜率逐渐减小;另外,随着吸附压力的增加,均压次数也相应增加,均压结束的压力相差不大,即能够提供的再生气量相差不大。可见,随着吸附压力的增大,原料气处理能力增加,但是其增加的比例小于吸附压力增大的比例,同时氢气回收率随着压力的增加逐步提高。

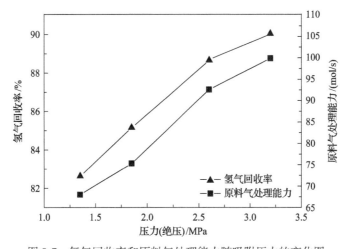

图 8-7　氢气回收率和原料气处理能力随吸附压力的变化图

3. 均压次数的影响

在保持相同氢气纯度前提下,通过模拟计算工况 3 和工况 5~7 的氢气回收率和原料气处理能力随均压次数的变化,详见图 8-8。由图 8-8 可知,随着均压次数的增加,氢气回收率增加,而原料气处理能力减小,从两次均压增加到 5 次均压,氢气回收率从 83.6%增加到 90.0%,并且曲线的斜率逐渐减小,即随着均压次数的增加,每增加一次均压所增加的回收率逐渐减小。其中,均压次数从 2 次增加到 3 次时氢气回收率增加 3.4%,而均压次数从 4 次增加到 5 次时氢气回收率只增加 1.2%。

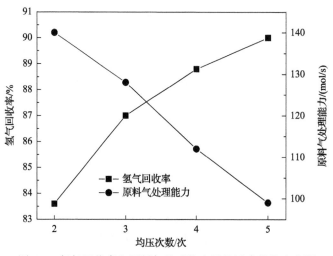

图 8-8　氢气回收率和原料气处理能力随均压次数的变化图

另外,吸附塔完成吸附后依靠均压步骤回收塔内的氢气,均压次数越多,均压后的压力越低,回收的氢气也越多。然而,每多增加一次均压,均压结束后所降低的压力越小,即随着均压次数的增加,所增加的氢气回收率减小。均压结束后塔内的氢气一部分通过顺放步骤为其他吸附塔提供再生气,另一部分在逆放过程中作为解吸气排出吸附塔。均压结束后吸附塔压力的高低决定了再生气量的多少,而吸附剂的动态吸附量与再生气量正相关;即随着均压次数的增加,均压结束后压力降低,吸附剂动态吸附量减少,5 步均压的原料气处理能力仅是两步均压的 70.7%;因此,相同规模的装置增加均压次数需要相应增加吸附剂的用量,才能有效提升产品氢气的回收率。

4. 吸附剂配比的影响

图 8-9 是不同吸附剂配比条件下氢气摩尔分数和产品气中一氧化碳含量。由图 8-9 可知,随着分子筛比例增加,氢气摩尔分数增加,一氧化碳含量减少。当分子筛占比为 40%时氢气摩尔分数不足 99.8%,一氧化碳含量达到 11mmol/kmol,而当分子筛占比 70%时,其中一氧化碳含量降低为分子筛占比 40%时的 42 倍。

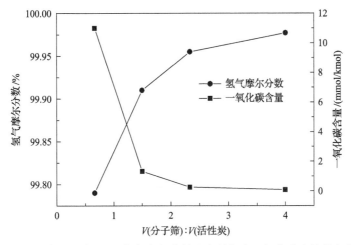

图 8-9 不同吸附剂配比下氢气摩尔分数和产品气中一氧化碳含量的变化图

图 8-10 是工况 1~4 不同吸附剂配比条件下顺放结束时吸附塔的杂质负载量沿轴向的分布。由图 8-10 可知，随着分子筛比例减小，顺放结束时氮气和一氧化碳的负载峰面逐渐向吸附塔出口移动。因此，增加分子筛的比例可以有效提高产品氢气纯度及有效降低其中

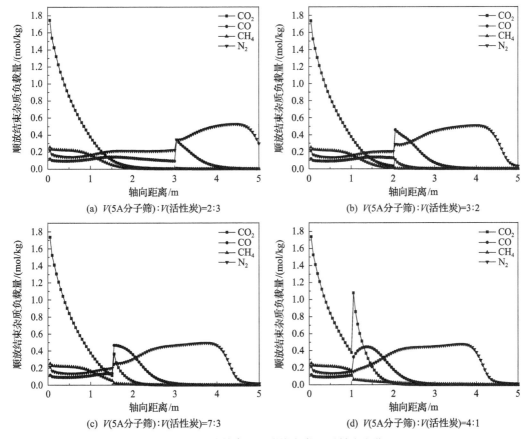

图 8-10 顺放结束时吸附塔负载量沿轴向变化

一氧化碳含量，这主要是由于氮气和一氧化碳在分子筛上的吸附量远大于在活性炭上的吸附量。同时，常温下二氧化碳在分子筛上吸附后难以有效再生，在优化吸附剂配比时需防止大量二氧化碳进入分子筛床层。由图 8-10 可知，随着分子筛比例增加，进入分子筛床层的二氧化碳量逐渐增加，在分子筛比例为 40% 时几乎无二氧化碳进入分子筛床层 [图 8-10(d)]；在分子筛比例为 80% 时，有大量二氧化碳进入分子筛床层 [图 8-10(a)]。相关研究表明，在进行吸附剂配比优化时少量二氧化碳进入分子筛床层可以再生[32]。通过模拟计算，在分子筛比例为 70% 时，既可以满足较高的氢气纯度和较低的一氧化碳含量，又可以满足仅有少量二氧化碳进入分子筛床层的要求，为较优的吸附剂配比。

8.5　变压吸附脱除变换气中微量一氧化碳和二氧化碳模拟计算

合成氨工艺中经脱硫和脱碳后的变换气还残留有少量的一氧化碳和二氧化碳等杂质组分，这些杂质在进入氨合成之前须得到有效脱除，工业上常用的脱除方法包括铜洗法、甲烷化法和变压吸附法[33-35]。对于微量杂质的脱除，吸附法具有能耗低、设备简单、易于操作和无环境污染等特点；吸附法中可有效脱除一氧化碳和二氧化碳的工艺包括变压吸附工艺[36-38]和变温吸附工艺[39]，这两种工艺都可通过复合床层分两步实现多组分原料气气体的净化。

本节用变压吸附法来脱除合成氨合成气中微量的一氧化碳和二氧化碳。其中，吸附剂是由装载活性炭和 NA 型吸附剂的复合床层，可采用商业软件对该过程进行模拟计算和优化[40]。考虑在产品气中杂质含量符合工业要求的情况下，尽量减少系统吸附剂的用量，可降低过程的能耗。

8.5.1　变换气中一氧化碳和二氧化碳的脱除工艺与模拟计算

以年产 3 万 t 合成氨所需的合成气量为例，考虑所用合成原料气中有效成分氮气和氢气的体积比约为 1:3，原料气中一氧化碳和二氧化碳杂质摩尔分数均为 0.2%，模拟计算所用的原料气组分如表 8-12 所示。吸附剂床层为两层复合床层，第一、二层分别为活性炭、NA 型吸附剂，两种吸附剂的物理特性见表 8-13，相关各组分气体的吸附等温线如图 8-11 所示。原料气经过复合床层吸附后，产品气中 $x(CO+CO_2) < 10 \times 10^{-6}$。

表 8-12　原料气特性表

温度/K	压力/MPa	流量/(m³/h)	组成 x/%			
			N₂	H₂	CO	CO₂
288.15	2.1	90000	24.8	74.8	0.2	0.2

注：标准状态下的流量，设定吸附压力为 2.1MPa，脱附压力为 0.1MPa。

表 8-13　复合床层吸附剂的物理性质表[41,42]

吸附剂	ε_b	ε_p	ρ_b/(kg/m³)	r_p/m
活性炭	0.38	0.566	522.04	0.0012
NA 型	0.54	0.700	595.70	0.0012

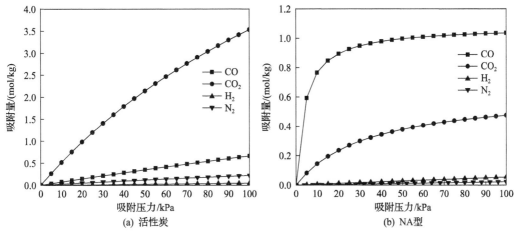

图 8-11 25℃下，四种气体在活性炭和 NA 型吸附剂上的吸附等温线[43]

为了更满足实际工况的需要，变压吸附循环工艺选用工程开发人员所认知的 Polybed 工艺[34,44]。此工艺由 10 个相同的吸附塔组成，过程中始终有 3 个塔同时进气和同时产气，且均压分 3 次进行。整个循环周期包括吸附、均压降 1、均压降 2、均压降 3、顺放、逆放、吹扫、均压升 3、均压升 2、均压升 1、产品气充压等 20 个步骤，其中吹扫气来自另一正进行顺放步骤的吸附塔中顺放气，充压气来自另一正进行吸附步骤吸附塔的产品气，具体步序见表 8-15。

对于变压吸附过程的数值模拟，应选用合适的数学模型来描述其中的物料平衡、热量平衡、动量平衡及动力学传质等特性。由于原料气中一氧化碳和二氧化碳的含量较小，因吸附或脱附引起的床层温度变化可忽略，模拟时可视床层为等温吸附。基本的模型假设如下：①气体符合理想气体性质；②塔内流体流动呈活塞流，忽略轴向和径向扩散；③动量平衡以 Ergun 方程表示；④颗粒相传质以线性推动力模型表示；⑤吸附平衡采用 Langmuir 模型。基本的数学模型形式如本章第一节所述，Langmuir 吸附平衡方程见式(8-8)，吸附平衡方程参数见表 8-14，变压吸附步序见表 8-15。

表 8-14 Langmuir 等温线参数和 LDF 传质参数表[45]

吸附剂	参数	CO_2	CO	N_2
活性炭	q_{mi} /(mol/kg)	9.46	5.58	1.43
	b_i / kPa^{-1}	0.31	0.08	0.16
	k_i /s^{-1}	0.04	0.15	0.26
NA 型	q_{mi} /(mol/kg)	0.64	1.29	0.78
	b_i / kPa^{-1}	2.95	12.04	0.07
	k_i /s^{-1}	0.22	0.52	0.22

注：H_2 按惰性不吸附组分处理。

表 8-15 Polybed 工艺中变压吸附步序表

	步骤																			
	1	2	3	4	5	6	7	8	9	10	11	12	13	14	15	16	17	18	19	20
时间/s	240						40	40	40	120			40		120		40	40	40	40
A 塔	A						E1D	E2D	E3D	PP			D		P		E3R	E2R	E1R	PR
B 塔	E1R	PR	A						E1D	E2D	E3D	PP			D		P		E3R	E2R
C 塔	E3R	E2R	E1R	PR	A						E1D	E2D	E3D	PP			D		P	
D 塔	PG	E3R	E2R	E1R	PR	A							E1D	E2D	E3D	PP			B	P
E 塔	D		P		E3R	E2R	E1R	PR	A						E1D	E2D	E3D	PP		
F 塔	PP		D		P		E3R	E2R	E1R	PR	A						E1D	E2D	E3D	PP
G 塔	E3D	PP			D		P		E3R	E2R	E1R	PR	A						E1D	E2D
H 塔	E1D	E2D	E3D	PP			D		P		E3R	E2R	E1R	PR	A					
I 塔	A		E1D	E2D	E3D	PP			D		P		E3R	E2R	E1R	PR	A			
J 塔	A				E1D	E2D	E3D	PP			D		P		E3R	E2R	E1R	PR	A	

　　模型方程的求解采用一阶上风差分法，即对于一阶导数采用后向差分法，二阶导数采用中心差分法；具体求解过程可通过相关商业软件实现。

　　复合床层变压吸附过程的模拟采用单塔模拟多塔的方法，主要由 1 个吸附塔和 5 个虚拟塔组成，1 个吸附塔有两个不同高度的床层，即活性炭床层和 NA 型吸附剂床层。5 个虚拟塔分别用于记录充压、吸附、均压降 1、均压降 2、均压降 3、吹扫等步骤的信息，并将步骤信息反馈给塔 1，从而完成对塔 1 的变压吸附过程模拟。

　　模型计算中采用单塔模拟多塔的方法来简化模型，过程中充压气来自各项物性都较稳定的产品气，也为模型的简化提出了可能。在充压步骤，正进行吸附步骤的另外 3 个塔利用部分产品气对塔 1 进行充压，产品气为 $x(CO+CO_2)<10\times10^{-6}$ 的氮气、氢气混合气体。根据氮气和氢气在活性炭和 NA 型吸附剂上的吸附等温线(图 8-11)可知，二者经过复合床层后因吸附而损失的量很少，从而使其在产品气中的比例近似于在原料气中的比例。已知在原料气中二者所占摩尔分数分别为 0.248 和 0.748，因此在模拟充压步骤时，可省去虚拟塔，而直接用氮气、氢气摩尔分数分别为 0.25 和 0.75、总压为 2.1MPa 的混合气来代替。根据吸附剂使用要求，床层空速控制在 0.1~0.2m/s，选择的床层直径为 2m。

　　变压吸附模型经上述简化后，分别调节活性炭床层和 NA 床层的高度进行模拟计算，如表 8-16 所示，以使产品端一氧化碳和二氧化碳的摩尔分数处于 1×10^{-6}~5×10^{-6}。过程模拟的优劣从吸附剂用量(即塔径一定时由床层高度决定)、吸附剂产率和额外能耗 3 方面考察；其中额外能耗根据实际工况，为来自逆放和吹扫步骤由塔底排放出来的废气重新再加压返回进料系统的压缩机功耗，可用一个周期的废气量占进气量的百分数，即循环量表示。

表 8-16　变压吸附净化过程模拟计算结果表

编号	均压次数/次	顺放压降/MPa	床层高度/m		产率/[mol/(kg·h)]	循环量/%
			活性炭	NA 型吸附剂		
1	3	0.30	5.0	4.4	22.6	9.7
2	3	0.40	4.6	4.2	24.4	9.3
3	3	0.50	4.0	4.0	27.0	8.5
4	2	0.30	4.0	4.2	25.9	10.5
5	2	0.40	3.6	4.0	28.1	10.2
6	2	0.55	3.4	3.6	30.2	9.5
7	2	0.70	3.4	3.6	30.2	9.4

8.5.2　变压吸附的吸附净化特性

　　为探讨床层的吸附净化特性，设定顺放步骤床层压降为 0.3MPa，经调节后，在活性炭床层为 5m、NA 型吸附剂床层为 4.4m 时(表 8-16 中编号 1)，产品气中杂质含量符合上述产品气要求。图 8-12 是模拟得到的一个周期压力变化曲线，其中顺放步骤床层压力从 0.6MPa 降至 0.3MPa(图 8-12 中 5)，由压降排出的气体被来作为另一塔的吹扫气。为进一步考察，计算出变压吸附各步骤结束时，一氧化碳和二氧化碳在床层内吸附相和流体相的浓度分布，如图 8-13 所示。

　　图 8-13(a)为二氧化碳在变压吸附各步骤结束时吸附相的浓度分布。其中，二氧化碳的浓度前沿略有穿透活性炭床层，11 条浓度分布曲线分成了 3 个部分：在上面的是由吸附步骤到顺放步骤的 5 条曲线，基本重合在一起；中间是逆放步骤曲线；下面是由吹扫步骤到产品气充压步骤的 5 条曲线，也基本重合在一起。由此可知，床层吸附相二氧化

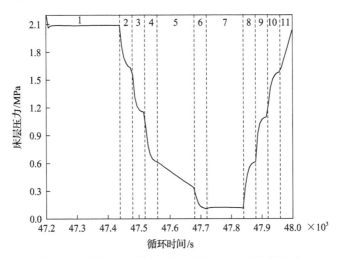

图 8-12　变压吸附净化过程中床层周期压力曲线图

1-吸附；2-均压降 1；3-均压降 2；4-均压降 3；5-顺放；6-逆放；7-吹扫；8-均压升 3；9-均压升 2；
10-均压升 1；11-产品气充压。

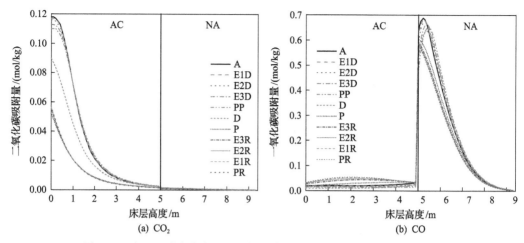

图 8-13　变压吸附净化床层内二氧化碳和一氧化碳吸附相的浓度分布图

碳的脱附主要集中在逆放和吹扫步骤，而均压降和顺放过程均未发生明显的二氧化碳脱附。

图 8-13(b)为一氧化碳在变压吸附各步骤结束时吸附相的浓度分布，各步一氧化碳的床层浓度分布有所不同。由于 NA 型吸附剂对一氧化碳的吸附能力要远远强于活性炭，因此一氧化碳的吸附主要在 NA 型吸附剂床层，且从图 8-13(b)可知一氧化碳在 NA 型吸附剂床层脱附较困难；由吸附结束到逆放结束，均未发生明显的一氧化碳脱附，其脱附主要集中在吹扫步骤，且脱附的量也相对较少[图 8-13(b)和图 8-14(a)]。另外，由图 8-14(b)可知，在吹扫结束时，床层中部死空间中仍有较高浓度的一氧化碳未排出吸附塔。

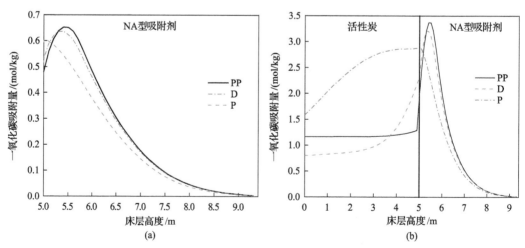

图 8-14　PP、D 和 P 步骤结束时，变压吸附净化床层内一氧化碳吸附相和气相的浓度分布图

由以上分析可知，二氧化碳在复合床层中的吸附和脱附较为良好，而一氧化碳在 NA 型吸附剂床层脱附比较困难，较为明显的脱附只发生在吹扫步骤，且脱附量较少；由于

吹扫结束时床层中部一氧化碳气相浓度较高，为了促使一氧化碳脱附，吹扫时应提高吹扫气量，即提高顺放步骤的床层压力降。

8.5.3　变压吸附净化过程的优化

为了增强 NA 型吸附剂床层在吹扫步骤一氧化碳的脱附效果，需对净化过程进一步优化。依次将顺放压降增大到 0.4MPa 和 0.5MPa，并在每次调节结束后考察它们的床层高度、吸附剂产率和循环量的变化情况，模拟结果见表 8-16 的编号 2 和 3。由表 8-16 可知，随着顺放压降的增大，2 个床层的高度减小，吸附剂产率增加，循环量下降，由此，床层性能得到提高。当顺放压降为 0.5MPa 时，顺放终压已至低压 0.1MPa，因此为了得到更大的顺放压降，将 3 次均压改为两次均压，同时增加低压脱附阶段的排放废气时间。具体操作上，将原来的均压降 3 步骤改为滞空，床层内无流体进出，将均压升 3 改为滞空，在吹扫结束后继续排出废气，由此改进了循环步骤。

表 8-16 中编号 4~7 是改进循环步骤后的模拟结果。同样可看到随着顺放压降的增大（由 0.3~0.55MPa），床层高度减小，吸附剂产率增加，循环量下降；但到了 0.55MPa 后，继续升高顺放压降（至 0.7MPa，此时顺放终压已至 0.1MPa），床层高度和吸附剂产率不再变化，只有循环量稍有下降。由此可知，在顺放步骤可将床层压力一直降低至 0.1MPa（绝压），从而获得系统最少的吸附剂用量、额外功耗及最高的吸附剂产率。另外，比较相同顺放压降（0.3MPa 和 0.4MPa）下的原 Polybed 循环过程和改进的循环过程，可发现改进的循环过程床层高度要小，吸附剂产率高，但循环量相对也要高。在二者都达到最优情况时（编号 3 和 7），改进的循环过程比 Polybed 循环过程床层总高度要低 12.5%，产率高 11.9%，但循环量多 10.6%。

由模拟结果可知，采用分层装载活性炭和 NA 型吸附剂的复合床层变压吸附工艺可以一步脱除合成气中的少量一氧化碳和二氧化碳，达到深度净化，即 $x(CO+CO_2) < 10 \times 10^{-6}$；在所采用的变压吸附循环过程中，NA 型吸附剂床层中一氧化碳的脱附主要发生在吹扫步骤，因而提高顺放压降可减小吸附剂用量，增大吸附剂产率，并降低过程的额外能耗；顺放终压降低至低压 0.1MPa，可得到较为突出的吸附净化效果；对比 Polybed 循环过程与改进的循环过程，在二者调节顺放压降达到各自较优的情况下，改进的循环过程中床层总高度可低 12.5%，产率可提高 11.9%，但循环量需要增加 10.6%，优化效果显著。

8.6　展　　望

变压吸附过程的工艺开发于 20 世纪 60 年代开始兴起，工业推广于 70 年代，80~90 年代得到加速发展，至今已成为气体分离净化的主要技术之一，其理论研究和工业应用得到快速发展。同时，20 世纪 70 年代以来变压吸附模型研究开始得到重视，国外学者对模型的研究开发首先是通过大量实验来揭示变压吸附过程的内在特征，促使吸附平衡理论和动力学理论得到充分发展和应用，进而促进了变压吸附过程模型的发展[46]。20 世纪 90 年代国内对过程模型开发有了新的尝试，主要集中在实际工况模型的应用开发[29,47,48]；21 世纪以来，变压吸附过程模型的应用研究更加深入，目前，国内模型化计算涉及空分制氧[49]、富氢气提氢[29,30,48]、一氧化碳提纯[39]、甲烷富集或提纯[50,51]和二氧化碳捕集[52,53]等，计算规模从微型装置至工业规模，变压吸附过程模型化计算有了长足发展。

化工过程模拟计算可以突破实验局限、工况条件限制和人为因素等的影响，利用模型计算结果辅助工业过程的优化设计。变压吸附三维数学模型需要考虑吸附塔内与吸附剂颗粒内浓度、压力和温度在轴向与径向的变化，非常复杂；而对变压吸附过程的二维数学模型有了较为深入的研究，但有些模拟结果与一维数学模型相差较小，所以在变压吸附过程模拟和优化中，一维数学模型仍然被普遍采用。随着对开发不同体系分离技术的需求日益增多，国外开发出一些流体模拟计算软件。其中，有专为吸附分离过程开发的模拟软件，如 Aspen Adsorption 软件模块，具有丰富的物性数据库和吸附模块模型库，进行一些气体的吸附分离过程的模拟优化[40,51]。也有一些开放的编程软件，如 gPROMS、MATLAB 等；与 Aspen Adsorption 软件相比，gPROMS 软件更为开放，用户可自行编写所需的数学模型和过程程序，用于实验室规模及工业规模的模拟计算；MATLAB 是一款可由用户自己编程的数值计算软件，具有强大的求解、优化和控制功能；而 Aspen Adsorption 与 gPROMS 对于变压吸附过程数值模拟的实用性较强，但存在优化与控制功能不足的问题，MATLAB 软件与 Aspen Adsorption 或 gPROMS 等软件结合，能更为有效地实现变压吸附过程模拟和优化计算[54]。

目前，变压吸附过程模拟主要有两种方式：一种是利用吸附塔数学模型，配合实验测定的相关数据和参数进行过程模型化计算和优化；另一种是利用商用专用模拟软件（Aspen Adsorption）、开放编程软件（gPROMS、MATLAB 等），进行针对变压吸附过程的二次开发和应用，并实现过程模拟和优化。其中，吸附塔数学模型中的偏微分方程组采用正交配置法进行离散化，并构成微分代数方程组，再利用相应的求解程序求解，并利用计算机汇编语言编程计算，如 Fortran 等。考虑到变压吸附循环过程中吸附塔内床层的对称性和重复性，计算一个吸附塔床层的模型方程，就可以得出多塔循环过程的解，得到任意塔数的过程计算，这也避免了实际工况中每个吸附塔吸附剂床层装填可能的差异等人为因素影响。同时，过程模拟计算也需要用实际运行状态下的关键数据对模型参数进行修正，这样能更好地指导工艺条件的优化设计。

国内外变压吸附模型研究开发已有近 50 年发展，系列模型中所涉及组分为多组分体系，而且可以泛指任何混合气体体系；但多组分体系中数据和参数仍然缺乏，如吸附热、传热与传质系数、轴向与径向扩散系数、吸附平衡参数、动力学参数等，大多通过相关单组分和双组分气体的实验研究获得，也有通过经验公式计算得到，这在一定程度上会影响过程模拟计算的准确性，从而影响工业规模混合气体体系的模拟优化效果。

未来变压吸附过程模拟将在以下 3 个方面得到进一步提升和发展：①模型的差异性与共性有效结合。针对不同气体体系和要求，流程、步骤和初始条件等的显著变化，通过一维数学模型的优化和二维数学模型的开发，提升过程模拟的可信度。②开放编程软件的耦合和二次开发。利用计算机技术，借鉴现有计算软件和实际工况条件，加强过程模拟计算的适应性。③过程模型化计算能有效解决实验难题，了解吸附床层内在的动态变化，有力指导实际工况的工艺流程设计，促进变压吸附技术的显著提升和广泛应用。

参 考 文 献

[1] 银醇彪, 张东辉, 鲁东东, 等. 数值模拟和优化变压吸附流程研究进展[J]. 化工进展, 2014, 33(3): 550-557.

[2] Yang R T. 吸附法气体分离[M]. 王树森, 曾美云, 胡竟民, 译. 北京: 化学工业出版社, 1991: 283-286, 323-327.

[3] Ruthven D M, Farooq S, Knaebel K S. Pressure Swing Adsorption[M]. New York: VCH Publishers Inc, 1994: 172-181, 207-209.

[4] Ruthven D M. Principles of Adsorption and Adsorption Processes[M]. New York: John Wiley & Sons, Inc, 1984: 175-176, 215-216.

[5] Chihara K, Suzuki M. Simulation of nonisothermal pressure swing adsorption[J]. Journal of Chemical Engineering of Japan, 1983, 16(1): 53-61.

[6] Haq N, Ruthven D M. A chromatographic study of sorption and diffusion in 5A zeolite[J]. Journal of Colloid and Interface Science, 1986, 112: 164-169.

[7] Ruthven D M, Xu Z, Farooq S. Sorption kinetics in PSA system[J]. Gas Separation and Purification, 1993, 7: 75-81.

[8] Carta G. Exact solution and linear driving force approximation for cyclic mass transfer in a bidisperse sorbent[J]. Chemical Engineering Science, 1993, 48(9): 1613-1618.

[9] Alpay E, Scott D M. The linear driving force model for fast-cyclic adsorption and desorption in a spherical particle[J]. Chemical Engineering Science, 1992, 47(2): 499-502.

[10] Sircar S, Hufton J R. Why does the linear driving force model for adsorption kinetics works?[J]. Adsorption, 2000, 6: 137-147.

[11] Farooq S, Rathor M N, Hidajat K. A predictive model for a kinetically controlled pressure swing adsorption separation process[J]. Chemical Engineering Science, 1993, 48(24): 4129-4141.

[12] Serbezov A, Sotirchos S V. Particle-bed model for multicomponent adsorption-based separations: Application to pressure swing adsorption[J]. Chemical Engineering Science, 1999, 54(23): 5647-5666.

[13] Doong S J, Yang R T. The role of pressure drop in pressure swing adsorption[J]. AIChE Symposium Series, 1988, 264(84): 145-154.

[14] Shin H S, Kim D H, Koo K K, et al. Performance of a two-bed pressure swing adsorption process with incomplete pressure equalization[J]. Adsorption, 2000, 6: 233-240.

[15] Ergun S. Fluid flow through packed columns[J]. Chemical Engineering Progress, 1952, 48(2): 89-94.

[16] 王啸. 非等温变压吸附空分制氧过程的计算和优化[D]. 南京: 南京工业大学, 2003.

[17] 周汉涛. 变压吸附过程模拟[D]. 南京: 南京工业大学, 2002.

[18] Farooq S, Ruthven D M, Boniface H A. Numerical simulation of a pressure swing adsorption oxygen unit[J]. Chemical Engineering Science, 1989, 44(12): 2809-2816.

[19] Hwang K S, Lee W K. The Adsorption and desorption breakthrough behavior of carbon monoxide and carbon dioxide on activated carbon: effect of total pressure and pressure-dependent mass transfer coefficient[J]. Separation Science and Technology, 1994, 29(14): 1857-1891.

[20] Li Z, Yang R T. Concentration profile foe linear driving force model for diffusion in a particle[J]. AIChE Journal, 1999, 45(1): 196-200.

[21] Edwards M F, Richardson J F. Gas dispersion in packed beds[J]. Chemical Engineering Science, 1968, 23(1): 109-123.

[22] 麻德贤, 阚丹峰, 罗北辰, 等. 化学工程手册—化工基础数据[M]. 第 2 版. 北京: 化学工业出版社, 1996.

[23] Wang R, Farooq S, Tien C. Maxwell-stefan theory for macropore molecular-diffusion-controlled fixed-bed adsorption[J]. Chemical Engineering Science, 1999, 54(22): 4089-4098.

[24] Yagi S, Kuni D, Wakao N. Studies on axial effective thermal conductivities in packed beds[J]. AIChE Journal, 1960, 6(4): 543-550.

[25] Park J H, Kim J N, Cho S H, et al. Adsorber dynamics and optimal design of layered beds for multicomponent gas adsorption[J]. Chemical Engineering Science, 1998, 53(23): 3951-3963.

[26] Glueckauf E, Coates J I. Theory of chromatography: V. The influence of incomplete equilibrium on the front boundary of chromatograms and an effectiveness of separation[J]. Journal of the Chemical Society, 1947: 1315-1329.

[27] Rege S U, Yang R T. Limits for air separation by adsorption with LiX zeolite[J]. Industrial & Engineering Chemistry Research, 1997, 36(12): 5358-5365.

[28] White D H, Barkley P G. The Design of pressure swing adsorption systems[J]. Chemical Engineering Progress, 1989, 85(1): 25-33.

[29] 朱大方. 氨厂弛放气提氢吸附过程的平衡模型[J]. 天然气化工—C1 化学与化工, 1994, 19(3): 21-27.

[30] 卜令兵. 单床方法模拟十床变压吸附提氢[J]. 现代化工, 2018, 38(4): 215-219.

[31] Ribeiro A M, Grande C A, Lopes F S, et al. Four beds pressure swing adsorption for hydrogen purification: Case of humid feed and activated carbon beds[J]. AIChE Journal, 2009, 55(9): 2292-2302.

[32] Park J H, Kim J N, Cho S H. Performance analysis of four-bed H_2 PSA process using layered beds[J]. AIChE Journal, 2000, 46(4): 790-802.

[33] 李平辉. 合成氨原料气净化[M]. 北京: 化学工业出版社, 2010.

[34] Fuderer A. Selective adsorption process for production of ammonia synthesis gas mixtures: US4375363A[P], 1983-03-01.

[35] 张文效, 李刚. 吸附法脱除合成氨原料气中微量 H_2O、CO、CO_2 的工艺方案[J]. 氮肥技术, 2007, 28(1): 14-18.

[36] 居沈贵, 刘晓勤, 马正飞, 等. 合成氨原料气中微量 CO 变压吸附净化侧线试验[J]. 天然气化工—C1 化学与化工, 2000, 25(1): 34-36.

[37] 唐莉, 王宇飞, 李忠. 合成氨变换气脱除并回收 CO_2 的变压吸附新工艺[J]. 小氮肥设计技术, 2000, 2(3): 16-19.

[38] 马正飞, 丁艳宾, 赵春风, 等. 变压吸附法净化含 N_2 气体中微量 CO 的脱附过程[J]. 南京工业大学学报(自然科学版), 2009, 31(4): 6-11.

[39] 管英富, 刘照利, 何秀容. TSA 法深度脱除氢气中微量 CO 的研究[J]. 天然气化工—C1 化学与化工, 2009, 34(2): 25-27.

[40] 赵春风, 丁艳宾, 马正飞, 等. 变压吸附法提纯含氮气体中 CO 的模拟计算与设计[J]. 南京工业大学学报(自然科学版), 2011, 33(4): 83-87.

[41] 居沈贵, 刘晓勤, 马正飞, 等. CO、CO_2 和 CH_4 在稀土复合吸附剂上吸附动力学参数计算[J]. 天然气化工—C1 化学与化工, 2001, 26(2): 57-61.

[42] 居沈贵, 刘晓勤, 马正飞, 等. 含 CO 体系在载铜吸附剂上的吸附平衡[J]. 南京化工大学学报, 1998, 20(3): 79-83.

[43] 陈惊波. 变压吸附法净化氢气的研究[D]. 南京: 南京工业大学, 2005.

[44] Jee J G, Kim M B, Lee C H. Adsorption characteristics of hydrogen mixtures in a layered bed: binary, ternary, and five component mixtures[J]. Industrial & Engineering Chemistry Research, 2001, 40(3): 868-878.

[45] Fuderer A, Rudelstorfer E. Selective adsorption process: US3986849[P], 1976-10-19.

[46] Zeng R, Guan J Y. Progress in pressure swing adsorption models during the recent 30 years[J]. Chinese Journal of Chemical Engineering, 2002, 10(2): 228-235.

[47] 朱大方. 变压吸附循环稳定状态的模拟[J]. 天然气化工—C1 化学与化工, 1995, 20(1): 27-33.

[48] 朱大方. 采用平衡模型对变换气提氢 PSA 工艺的模拟[J]. 天然气化工—C1 化学与化工, 1998, 23(1): 33-39.

[49] 王啸, 马正飞, 周汉涛, 等. 两床变压吸附空分制氧过程的模拟[J]. 天然气化工—C1 化学与化工, 2003, 28(1): 50-56.

[50] 田相龙, 王之婧, 刘晓勤, 等. 真空变压吸附提纯沼气中甲烷的过程模拟[J]. 高校化学工程学报, 2018, 32(1): 44-52.

[51] 肖永厚, 肖红岩, 李本源, 等. 秦基于 Aspen Adsorption 的氦气/甲烷吸附分离过程模拟优化[J]. 化工学报, 2019, 70(7): 2556-2563.

[52] 沈春枝, 孙玉柱, 李平, 等. 真空变压吸附过程捕获烟道气中 CO_2 的数值模拟[J]. 华东理工大学学报(自然科学版), 2011, 38(5): 524-531.

[53] 刘冰, 孙伟娜, 安亚雄, 等. 带循环的二阶变压吸附碳捕集工艺模拟、实验及分析[J]. 化工学报, 2018, 69(11): 4788-4797.

[54] 石文荣, 田彩霞, 丁兆阳, 等. 变压吸附技术的模拟、优化与控制研究进展[J]. 高校化学工程学报, 2018, 32(1): 8-15.

第9章　燃料电池用氢气的制备与纯化

9.1　氢能领域的发展现状

氢气是重要的工业原料和能源载体。氢元素在地球上主要以化合态存在，通常的单质形态是氢气，可从水、化石燃料、化工产品等含氢物质中制取。氢能是指氢气在化学变化过程中释放的能量，可用于储能、发电、交通、工业等诸多领域[1]。

氢气作为二次能源载体，其来源多样，可来自化石原料、生物质、工业副产气、水电解、光分解等。氢能在使用过程中，氢气与氧气反应的产物只有水，不像化石能源利用过程产生污染物和二氧化碳排放，所以清洁零碳。氢能通过燃料电池的综合转化效率较高，成为连接不同能源形势(气、电、热等)的桥梁，可与电力系统协同互补，是跨能源网络协同优化的理想媒介。

氢能在世界能源转型中的角色价值日益受到重视，世界主要发达国家近年来纷纷大力支持氢能产业发展。氢气的大规模储运高度依赖技术进步和基础设施建设，是氢能产业发展的难点。全球加氢站数量在持续增长之中，据各国公开资料统计，截至 2019 年年底，全球建成加氢站总计近 450 座；全球已建成加氢站数量最多的国家有日本、德国、美国、中国等，日本加氢站数量依旧处于领先地位，为 116 座；其次是德国加氢站 81 座；韩国也已建成加氢站 30 座；中国加氢站数量 2020 年 1 月已建成 61 座，预计到 2030 年中国将约有 1500 余座[2]。

氢燃料电池汽车已在一些国家实现小规模商业化，小型氢燃料电池热电联供也成为发达国家备受关注的分布式能源利用技术，相关产业发展最成功的国家是日本。壳牌、BP、道达尔、国家能源集团、中国石化和中国石油等国内外大公司已开始布局氢能业务，有的已取得实质性进展，预计世界氢能产业将在 2030 年进入快速发展阶段[3]。

9.2　氢能领域氢气的主要应用场合

氢气在工业生产中是一种重要的原料，用途十分广泛。据初步统计，用于炼化产品生产和工业生产领域的纯度大于或等于99%的氢气年产量约为 700 亿 m^3(约 600 万 t)，其中从各类含氢气排放气或弛放气、煤制合成气、天然气转化气、甲醇转化气等提纯获得的氢约占 90%以上，以水电解制氢获得的氢气占比 2%~4%。从提纯氢气的方法看，变压吸附提纯氢气占比最大，约 99%，这主要是因为其规模大、经济性好[2]。

氢气可以直接为炼化、化工、钢铁、冶金等行业提供高效原料、还原剂和高品质的热源，有效减少碳排放；也可以作为能源，通过燃料电池发电应用于汽车、轨道交通、船舶等领域，降低交通对石油和天然气的依赖；还可应用于分布式发电，为家庭住宅、商业建筑供电供暖。

氢气作为能源的利用途径有热化学方法和电化学方法等。氢的热能首先被用于火箭和航天飞机发射等领域，而随着技术的进步和对环境保护的重视，氢能的应用领域逐步扩大到汽车、飞机燃料、氢燃料电池等领域。其中氢燃料电池用途广泛，既可应用于军事、航空航天、发电等领域，也可应用于机动车、移动设备、居民家庭等场景。早期氢燃料电池发展焦点集中在军事、航天等专业应用及千瓦级以上分散式发电上。近年来，电动车成为氢燃料电池应用的主要方向，市场已有多种采用氢燃料电池发电的电动车出现，包括小型客车、城市公交、轨道交通、矿山重卡、叉车等。而质子交换膜燃料电池（PEMFC）具有操作温度低、能量转化效率高等特点，已广泛用于交通动力和小型电源装置。另外，小型化燃料电池用于一般消费型电子产品也是应用发展方向之一，随着技术的进步，预计未来小型化的燃料电池将可取代现有的锂电池或镍氢电池等产品，作为笔记本电脑、无线电话、录像机、照相机等携带型电子产品的电源。

9.3 氢燃料电池的种类简述

按运行机理不同，氢燃料电池可分为酸性燃料电池和碱性燃料电池。按电解质种类不同，有酸性、碱性、熔融盐类或固体电解质燃料电池[4]。按其工作温度不同，把碱性燃料电池（alkaline fuel cell，AFC）、质子交换膜燃料电池（proton exchange membrane fuel cell，PEMFC）和磷酸燃料电池（phosphoric acid fuel cell，PAFC）称为低温燃料电池；把熔融碳酸盐燃料电池（molten carbonate fuel cell，MCFC）和固体氧化物燃料电池（solid oxide fuel cell，SOFC）称为高温燃料电池。上述燃料电池性能详见表 9-1。

表 9-1　几种燃料电池性能对比表

	碱性燃料电池	磷酸燃料电池	熔融碳酸盐燃料电池	固体氧化物燃料电池	质子交换膜燃料电池
比功率/(W/kg)	35~105	100~220	30~40	15~20	300~1000
单位面积的功率/(W/cm²)	0.5	0.1	0.2	0.3	1~2
燃料电极的燃料种类	H_2	天然气、甲醇液化石油气	天然气、液化石油气	H_2、CO、烃类	H_2
氧电极的氧化物种类	O_2	空气	空气	空气	空气
电解质	有腐蚀、液体氢氧化钾	有腐蚀、液体磷酸水溶液	有腐蚀、液体碳酸镁/碳酸钾	无腐蚀氧化锆系陶瓷系	无腐蚀、固体稳定氧化锆系
能量转化效率/%	45~60	35~60	45~60	50~60	40~80
启动时间	3~5min	2~4h	≥10h	≥10h	3~5min

续表

	碱性燃料电池	磷酸燃料电池	熔融碳酸盐燃料电池	固体氧化物燃料电池	质子交换膜燃料电池
电荷载体	OH^-	H^+	CO_3^{2-}	O^-	H^+
反应温度/℃	50~200	180~220	600~700	750~1000	25~105
应用场景参考	应用于宇宙飞船	应用广泛、发展迅速	可用于大型发电厂	可能用于大型发电厂	发展迅速可用于燃料电池电动汽车

其中，质子交换膜燃料电池具有高功率密度、高能量转换效率、低温启动、环保等优点，在可再生氢能领域，受到重点关注，是未来氢能发展和应用的主要方向。

9.3.1 原理简述

燃料电池是一种将燃料与氧化剂中的化学能直接转化为电能的发电装置。燃料和空气分别送进燃料电池发生电化学反应，电就生产出来。它从外观上看有正负极和电解质等，像一个蓄电池，但实质上它不能"储电"而是一个"发电厂"。

燃料电池是一种电化学装置，其组成与一般电池相同，其单体电池是由正负两个电极（负极即燃料电极，正极即氧化剂电极）及电解质组成。不同的是一般电池的活性物质贮存在电池内部，而燃料电池的正、负极本身不包含活性物质，只是个催化转换元件。可见燃料电池是把化学能转化为电能的能量转换机器。电池工作时，燃料和氧化剂由外部供给，其工作原理与普通电化学电池类似，燃料在阳极氧化，氧化剂在阴极还原，电子从阳极通过负载流向阴极构成电回路，产生电流。原则上只要反应物不断输入、反应产物不断排除，燃料电池就可连续发电[5]。

9.3.2 PEMFC 原理

质子交换膜燃料电池在原理上相当于水电解的"逆"装置。其单电池由阳极、阴极和质子交换膜组成，阳极为氢燃料发生氧化的场所，阴极为氧化剂还原的场所，两极都含有加速电化学反应的催化剂，质子交换膜作为电解质。工作时相当于直流电源，其阳极即电源负极，阴极为电源正极[6]，如图 9-1 所示。

由于质子交换膜只能传导质子，氢离子可直接穿过质子交换膜到达阴极，而电子只能通过外电路才能到达阴极。当电子通过外电路流向阴极时就产生了直流电。以阳极为参考时，阴极电位为 1.23V，即每一单电池的发电电压理论上限为 1.23V。接有负载时输出电压取决于输出电流密度，通常在 0.5~1V。

将多个单电池层叠组合就能构成输出电压满足实际负载需要的燃料电池堆。该电堆由多个单体电池以串联方式层叠组合而成，其核心是 MEA 组件和双极板。MEA 是将两张喷涂有 Nafion 溶液及 Pt 催化剂的碳纤维纸电极分别置于经预处理的质子交换膜两侧，使催化剂靠近质子交换膜，在一定温度和压力下模压制成。双极板常用石墨板材料制作，

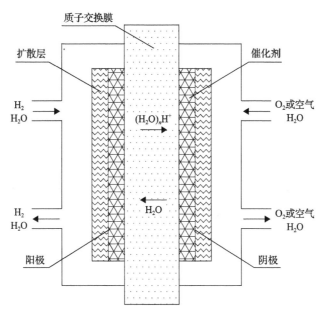

图 9-1 质子交换膜燃料电池工作原理图

具有高密度、高强度，无穿孔性漏气，在高压强下无变形，导电、导热性能优良，与电极相容性好等特点。常用石墨双极板厚度为 2~3.7mm，经铣床加工成具有一定形状的导流流体槽及流体通道，其流道设计和加工工艺与电池性能密切相关。

质子交换膜燃料电池因工作温度低、启动快、比功率高、结构简单、操作方便等被公认为电动汽车、固定发电站等的首选能源。在燃料电池内部，质子交换膜为质子的迁移和输送提供通道，使质子经过膜从阳极到达阴极，与外电路的电子转移构成回路，向外界提供电流，因此质子交换膜的性能对燃料电池的性能起着非常重要的作用，它的好坏直接影响电的使用寿命。

质子交换膜生产燃料电池存在下述缺点。

(1)制作困难、成本高，全氟物质的合成和磺化都非常困难，而且在成膜过程中的水解、磺化容易使聚合物变性、降解，使成膜困难，导致成本较高。

(2)对温度和含水量要求高，Nafion 系列膜的最佳工作温度为 70~90℃，超过此温度会使其含水量急剧降低，导电性迅速下降，所以难以通过适当提高工作温度来提高电极反应速度、克服催化剂中毒。

(3)某些碳氢化合物，如甲醇等，膜渗透率较高，不适用于质子交换膜燃料电池。

质子交换膜燃料电池发电作为新一代发电技术，其应用前景广阔。经过多年的基础研究与应用开发，质子交换膜燃料电池用作汽车动力的研究已取得实质性进展，微型质子交换膜燃料电池便携电源和小型质子交换膜燃料电池移动电源已达到产业化程度，中、大功率质子交换膜燃料电池发电系统的研究也取得了一定成果。

采用质子交换膜燃料电池氢能发电将大大提高重要装备及建筑电气系统的供电可靠性，使重要建筑物以市电和备用集中柴油电站供电的方式向市电与中、小型质子交换膜燃料电池发电装置、太阳能发电、风力发电等分散电源联网备用供电的灵活发供电系统转变，极大地提高建筑物的智能化程度、节能水平和环保效益。

9.3.3　燃料电池氢气质量的要求及标准

使用寿命是评判燃料电池技术经济性能的关键指标之一，除了燃料电池的结构、催化剂等因素影响燃料电池的使用寿命外，燃料电池用氢气的水、氧气、二氧化碳、一氧化碳、硫、甲醛、甲酸、卤化物及颗粒物等都会对燃料电池的使用产生影响，有些杂质含量较高可能导致燃料电池无法正常使用，所以必须严格控制燃料电池用氢气中的杂质含量，才能保证燃料电池正常而高效运行。因此国内外相关机构对此做了大量研究，并制定了相关标准。针对质子交换膜燃料电池车用氢气的质量要求，目前国内发布的有团体标准 T/CECA-G0015—2017[7]、国家标准 GB34872—2017[8]、国家标准 GB37244—2018[9]。国家标准 GB37244—2018 与 ISO14687—2019[10]相比，对各杂质要求相差不大。相关标准对燃料电池车用氢气的杂质具体限制要求见表 9-2。

表 9-2　质子交换膜燃料电池车用氢气标准对照表

组分含量	T/CECA-G0015—2017	GB34872—2017	GB37244—2018	ISO14687—2019（D 级）
$x(H_2O)/10^{-6}$	5	5	5	5
$x(O_2)/10^{-6}$	5	5	5	5
$x(He)/10^{-6}$	300	100	300	300
$x(N_2+Ar)/10^{-6}$	100	—	100	300
$x(CO_2)/10^{-6}$	2	2	2	2
$x(CO)/10^{-6}$	0.20	0.20	0.20	0.20
$x(NH_3)/10^{-6}$	0.10	0.10	0.1	0.10
$x(总 S)/10^{-6}$	0.004	0.000	0.004	0.004
$x(总烃)/10^{-6}$	2	2	2	2
$x(总卤化物)/10^{-6}$	0.05	0.05	0.05	0.05
$\omega(颗粒物)/10^{-6}$	1	1	1	1
$x(甲醛)/10^{-6}$	0.01	0.01	0.01	0.20
$x(甲酸)/10^{-6}$	0.20	0.20	0.20	0.20
$x(H_2)/\%$	99.97	99.99	99.97	99.97

注：①GB37244—2018 要求当 $x(甲烷)$ 超过 $2×10^{-6}$ 时，$x(甲烷)$、$x(氦气)$、和 $x(氩气)$ 的总和不准许超过 $100×10^{-6}$；
②ISO14687—2019（D 级）中总烃为非甲烷烃。

从表 9-2 可看出，在燃料电池用氢气的质量标准中对可能严重影响燃料电池性能的杂质如一氧化碳、硫化物等有严格的限制，在氢气总容许的含量非常低。因此制备能满足标准的高纯度氢气，严格控制氢气中各杂质的含量，并准确分析检测燃料电池氢中的杂质，是燃料电池技术长远发展的重要保证。

随着燃料电池行业技术的发展，燃料电池氢气的质量标准也在更新，以适应相关产业技术的进步。与此同时，检测技术水平也在不断提高，不同的检测方法、检测原理也应用于各杂质的检测，这些检测方法和原理在燃料电池氢技术中的应用，可以使检测更方便、快捷、准确。

9.4　燃料电池用氢气的分离提纯

工业过程产生的各种含氢气源都含有不同类型和数量的杂质组分，用作燃料电池氢源需要脱除相应的杂质，其关键杂质必须有效脱除，以达到相应的品质要求。目前，工业常用的氢气提纯技术包括有机膜分离、变压吸附、低温技术、化学反应、金属氢化物及钯膜等，其各自技术特点见表9-3。根据使用场景的需要，工业生产将采取相应的提纯方法，以生产不同纯度和杂质含量氢气。

表 9-3　工业常用的几种氢气分离提纯技术对比表

项目	有机膜分离	变压吸附	低温技术	化学反应法	金属氢化物及钯膜
φ(原料 H_2)/%	≥30	≥15	≥15	≥99	≥99.99
原料预处理	需预处理	可不预处理	需预处理	需预处理	要求高
操作压力/MPa	3～15 或更高	0.5～6.0	1.0～8.0	0.5～8.0	中
φ(产品 H_2)/%	80～99	99～99.999	90～99	99.999	99.9999
H_2 回收率/%	75～85	80～96	最高 98	99	75～95
操作弹性/%	20～100	10～100	50～100	40～100	高
操作难易	简单	简单	较难	简单	较复杂
投资	低	中	高	低	小到中
运行成本	低	较低	高	较低	高

9.4.1　化石能源制氢

利用石油、天然气和煤等化石燃料制氢，如碳氢化合物部分氧化、天然气蒸气转化和煤气化等，是成熟的工业化制氢技术，已在工业生产中广泛使用。近几年，随着氢气需求增加、产业结构调整和氢气储运的多样化，工业副产氢气、化学品分解制氢、可再生能源制氢也在迅速发展中。这些途径获得的氢气，会含有不同的杂质组分，品质难以满足燃料电池用氢要求，需要采用分离纯化技术获得合格的氢气。从目前应用的技术上看，燃料电池车用氢气纯化方法仍以吸附分离技术为主。下面将简述各种制氢途径的流程和特点。

1. 天然气制氢

利用天然气和裂解石油气等烃类混合物转化制氢是国外现在大规模制氢的主要方法。烃类混合物与水蒸气反应是一个多种平行反应和串联反应同时发生的复杂过程，主要包括转化和变换两类反应，氢气提纯采用变压吸附技术[11]。天然气制氢的工艺流程见图 9-2。

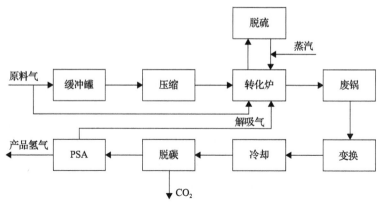

图 9-2　天然气转化制氢流程框图[12]

2. 煤制氢

根据我国煤多油少的资源特点，我国当前工业用氢气主要是以煤制氢为主。煤制氢的工艺过程一般包括煤的气化、煤气净化、一氧化碳变换及变压吸附氢气提纯等主要生产工序，气化原料主要是无烟煤和烟煤(块煤或粉煤)，煤气化技术主要包括固定床纯氧气化、水煤浆气化和粉煤气化等。不同煤气化技术制氢工艺流程见图 9-3。

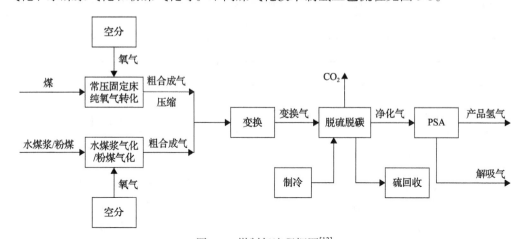

图 9-3　煤制氢流程框图[13]

不同煤气化技术的主要区别在于气化和空分的配置，而净化、氢气提纯和配套的硫回收、冷冻等工序基本相同，氢气精制纯化主要采用变压吸附工艺。煤制氢可配套二氧化碳捕集、利用和封存(CCUS)，以减少碳排放，其流程见图 9-4。

3. 石油制氢

石油制氢包括石脑油、渣油、沥青等制氢。石脑油制氢主要工艺过程有石脑油脱硫、蒸气转化、一氧化碳变换、变压吸附提氢，其工艺流程与天然气制氢极为相似，工艺流程如图 9-5 所示。

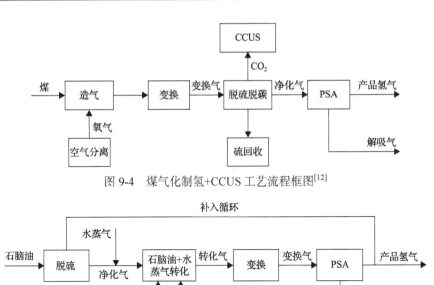

图 9-4　煤气化制氢+CCUS 工艺流程框图[12]

图 9-5　石脑油制氢流程框图

渣油、脱油沥青等重质油气化是有数十年历史的成熟生产工艺，曾广泛应用于化肥生产，现阶段仍有部分炼油厂采取该路线制氢。重质油气化路线与煤气化路线相似，主要工艺装置有空气分离、油气化、耐硫变换、低温甲醇洗、变压吸附及为低温甲醇洗提供冷量的制冷工序，工艺流程如图 9-6 所示。

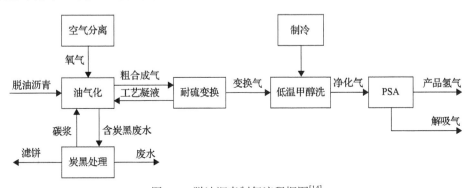

图 9-6　脱油沥青制氢流程框图[14]

9.4.2　工业副产氢气

工业副产氢气主要分布在焦化、石化、氯碱、甲醇、合成氨等行业，回收利用其中的氢气，既能提高资源利用效率和经济效益，又可减少大气污染、改善环境质量。

1. 焦炉煤气副产氢气

据国家统计局数据，2020 年我国焦炭产量累计 4.71 亿 t，副产焦炉煤气中含氢气量达 810 亿 m³。除用于回炉助燃、城市煤气、发电和化工生产外，还有一部分可采用变压吸附技术制取高纯氢气作为氢能使用。

1990 年，武汉钢铁公司建成国内第一套 1000m³/h 焦炉煤气提氢装置以来，我国已建成上百套焦炉煤气制氢装置，最大规模为青海盐湖的焦炉煤气，其处理能力为 70000m³/h，氢气生产能力为 35000m³/h。变压吸附焦炉煤气提氢技术完全成熟，流程如图 9-7 所示，可为未来大规模氢能提供氢源。

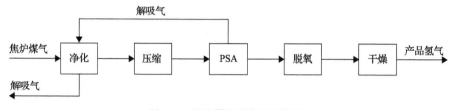

图 9-7　焦炉煤气提氢流程框图

2. 氯碱工业副产氢

近几年，我国烧碱年产量基本稳定在 3000 万～3500 万 t，副产氢气 75 万～87.5 万 t。虽然配套聚氯乙烯和盐酸利用了 60%左右的氢气，每年还富余 28 万～34 万 t。

氯碱尾气的利用途径：燃气燃烧、双氧水生产、甲醇合成等，但其氢气净化要求较低，一般仅仅包含碱洗脱除氯、初脱氧、粗脱水等步骤，再进一步精制后可满足燃料电池用氢的要求。

氯碱尾气氢气纯化流程见图 9-8 所示，氯碱尾气压缩到 0.9MPa 后先进入预处理塔，预处理塔脱除氯等微量杂质，之后进入变压吸附工艺，脱除氮气等杂质组分，变压吸附装置产品氢气进入脱氧干燥精制，得到氢气含量≥99.999%的产品，或满足燃料电池用氢要求的氢气。

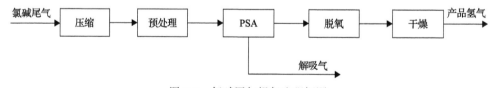

图 9-8　氯碱尾气提氢流程框图

3. 炼厂干气副产氢气

炼厂干气是指原油加工过程中副产的各种尾气。原来炼油行业将催化干气或焦化干气用作燃料，少部分用作制氢的原料，其实干气中的乙烯、乙烷、丙烷等也是乙烯装置的一种优质原料。回收轻烃可以提升炼厂资源的综合利用水平，降低乙烯的生产能耗。对于配有乙烯的炼厂，采用变压吸附技术脱除氢气、氧气、氮气、甲烷、一氧化碳、二氧化碳后，浓缩的 C₂ 及 C₃₊ 轻烃气体经低温精馏后可获得乙烯、丙烯等高附加值产品。同时，针对各种尾气的组成特点，由预处理、轻烃回收、变压吸附提氢、脱氧、干燥等工艺组合，可供工业生产或燃料电池用氢气，提氢工艺流程见图 9-9。

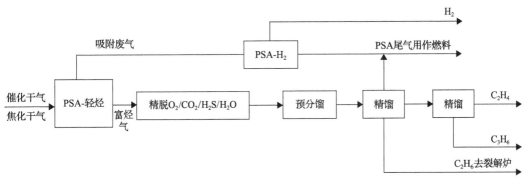

图 9-9　炼厂干气提氢流程框图

1996 年，中国石化镇海炼化公司利用西南化工研究设计院技术建成 $60000m^3/h$ 重整气变压吸附提氢装置，这是我国第一套大型变压吸附氢气提纯装置，标志着我国已经完全掌握炼厂副产气分离提纯氢气变压吸附技术。解吸气中含有氢气和烃类，去轻烃回收装置回收 C_2 及 C_{3+} 轻烃或燃料气管网燃烧利用热能。现在我国已建成上百套炼厂副产气变压吸附提氢装置，其中单套产氢能力已达 $200000m^3/h$。

4. 丙烷脱氢副产氢气

丙烷脱氢(propane dehydrogenation，简称 PDH)尾气以 2.6MPa、20～40℃下进入变压吸附氢气提纯装置，得到纯度大于 99.99%(体积分数，下同)的产品氢气，解吸气去燃料气管网。由于丙烯脱氢气过程副产的氢气含量高，有害杂质的含量低，国内已经有东华能源等几套丙烷脱氢尾气变压吸附提氢装置投入运行，技术成熟可靠。提氢流程见图 9-10。

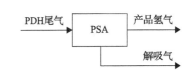

图 9-10　丙烷脱氢尾气提氢流程框图

截至 2018 年 5 月，我国共有 8 个丙烷脱氢项目投产，加上在建和规划项目，共有 17 个丙烷脱氢项目，副产含氢量达 93%的氢气 37 万 t/a。一部分作为再生剂返回利用，富余部分可送到变压吸附氢气净化系统提纯氢气。

5. 甲醇弛放气

2017 年我国甲醇产能 8351 万 t，甲醇弛放气有上 100 亿 m^3，含氢气数 10 亿 m^3。弛放气杂质含量低，可简化杂质脱除工序，用于甲醇合成、合成氨、LNG 生产等多种途径，也可利用变压吸附技术提纯氢气供氢能使用。甲醇弛放气提氢流程见图 9-11。

图 9-11　甲醇弛放气提氢流程框图

甲醇弛放气变压吸附提氢工艺过程简单，技术成熟，全国有数百套装置在运行，可为氢能产业提供氢源。

6. 合成氨弛放气

合成氨弛放气变压吸附提氢技术是较早实现工业化的变压吸附技术之一。由于合成氨弛放气脱除甲烷、氩气后，可返回合成塔用于合成氨生产，氢气纯度要求不高，所以许多建成的变压吸附装置生产 95% 的氢气。虽然采用变压吸附技术生产 99.99% 及以上的氢气主要用于充装外销和其他用途，装置数量不是很多，装置规模也相对较小，但是其技术成熟可靠，也可为氢能产业提供氢源。

目前我国合成氨生产能力约 1.5 亿 t/a，每生产 1t 合成氨将产生 $150\sim250m^3$ 的弛放气，弛放气中含有 60% 左右的氢气。若将弛放气中的氢气提纯为纯度≥99% 的氢气，每年可回收氢气约 120 亿 m^3。其中，弛放气经减压后经水分离器分离部分水后，进入变压吸附提氢工艺；每个塔依次经历吸附、均压降、顺放、逆放、冲洗、均压升、最终压升等步骤，解吸气通过缓冲罐和自动调节系统在较为稳定的流量和压力下输出，产品氢气经产品气缓冲罐稳压后送入后续工段。合成氨弛放气提氢流程见图 9-12。

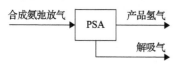

图 9-12　合成氨弛放气提氢流程框图

由于合成氨弛放气压力较高，变压吸附提氢过程简捷，系统仅消耗少量仪表用电、照明用电、仪表空气等，所以提纯氢气的碳排放较低。

9.4.3　生物质制氢

生物质制氢技术主要分为两类，一是以生物质为原料利用热物理化学方法制取氢气，如生物质气化制氢；另一类是利用生物转化途径转换制氢，包括光发酵、光合异养细菌制取氢气、暗发酵和微生物燃料电池等技术[15]。

生物质气化制氢是指将预处理过的生物质原料，在空气、氧水蒸气等气化介质中加热到 700℃ 以上，使生物质分解转化为燃料气体。生物质气化制氢和生物质热裂解制氢类似，也可以分为一步法和两步法。气化一步法制氢是指生物质在反应器中被气化剂直接气化后，获得富氢气体的过程；气化两步法制氢是指生物质在第一级反应器内被直接气化后，再进入第二级反应器发生裂化重整反应的过程。两步法可以充分利用气化过程中产生的焦油等长链烷烃物质，从而增加氢气的含量，所以两步法制氢技术运用较多。但一步法和两步法气化制氢过程都包括生物质的预处理、生物质气化、催化变换、氢气分离和净化等，主要的流程如图 9-13 所示。

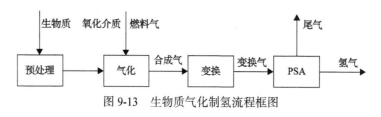

图 9-13　生物质气化制氢流程框图

生物发酵制氢是以生物活性酶为催化剂,利用含氢有机物和水将生物能与太阳能转化为氢气。该法使用的原料和能量,来源广泛且成本低廉;在生物酶作用下,常温常压下即可反应,操作费用低;反应产物为二氧化碳、氢气和氧气。可见,发展生物制氢技术符合国家对环保和能源发展的中长期政策,前景广阔。人工模拟光合作用分解水制氢及非常规资源制氢研究也在进行中。

9.4.4 水分解制氢

水分解制氢包括水的电解、光解、热解制氢。目前电解水制氢应用较广,反应方程式为 $2H_2O \xrightarrow{\text{通电}} 2H_2\uparrow + O_2\uparrow$,只要提供分解水所需能量即可。为提高制氢效率,通常在高压下进行,采用的压力多为 $3\sim5MPa$。目前电解水制氢的效率一般在 $50\%\sim70\%$。其工艺过程简单,无污染,但电耗大,其应用受到一定限制。

目前,根据使用电解质的不同,电解水技术主要有碱性水电解、聚合物电解质膜水电解和高温固体氧化物水电解 3 种。其中,碱性电解水技术历史悠久,广泛采用镍合金电极材料,技术最成熟,生产成本较低,国内建成投产单台最大产气量为 $1000m^3/h$;聚合物电解质膜水电解技术流程简单、电流密度高、氢气纯度高,正在进入应用阶段,但需要使用贵金属催化剂等材料,成本偏高;高温固体氧化物电解水,采用水蒸气电解,高温下工作,能效最高,但尚处于实验室研发阶段。

日本学者最早发现光照二氧化钛(TiO_2)电极可导致水分解产生氢气,这一现象的发现使得利用太阳能分解水制氢成为可能。随着由电极电解水演变为多相催化分解水,以及二氧化钛以外许多新型光催化剂的相继发现,在日本、欧美等地已在光催化的制备、改性以及光催化理论等方面取得较大进。

此外,也可以通过"热→氢(热化学分解水)"的过程产氢气。这一循环温度要求在 $500℃$ 以上。可以通过太阳能聚光器或气冷核反应堆来实现。温度越高,产氢越快,效率越高。美国可再生能源实验室已经展示了 51% 的集热效率($2000℃$)。目前共提出了 100 多种不同的热循环分解水制氢系统。

9.4.5 甲醇重整制氢

甲醇制氢方法有甲醇重整制氢,即甲醇裂解制氢。甲醇重整制氢技术成熟,应用较广,甲醇重整制氢的特点包括原料易得、流程短、装置简单、投资省、产品纯度高、环境污染小、运行安全平稳,运行成本比电解水法更低。

甲醇重整制氢是将甲醇和脱盐水在一定温度和压力下反应生成氢气和二氧化碳,再利用变压吸附工艺将氢气提纯到 $99.9\%\sim99.999\%$ 的过程。过程产生的二氧化碳提纯到食品级产品,用于饮料及酒类行业,既提高装置经济性又能减少碳排放。工艺流程见图 9-14。

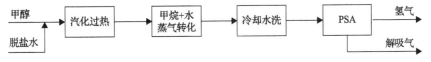

图 9-14 甲醇重整制氢工艺流程图[16]

我国甲醇生产与消费数量巨大，运输和保存技术成熟、基础设施完善，可作为氢能储运的解决途径之一。2017 年我国甲醇产量达 4529 万 t，按照每千克氢气甲醇消耗量 7.2kg 计，可制氢 629 万 t[17]。

9.4.6 化学品分解制氢

在氢源缺乏、用氢规模小、氢气成本不敏感的地区或行业，利用醇类、甲酸、氨、烃、硫化氢、硼氢化钠、金属粉末等化学品制氢也是一种选择，但是其利用场景有限，难以实现大规模供氢气。醇类、硼氢化钠、氨等分解有一定工业应用[15,18]。

早在 20 世纪 20 年代末，Frolich 就开始研究甲醇裂解反应机理，近年来在同时需要氢气和一氧化碳的场合，甲醇、乙醇等直接分解制氢有工业应用[15]。

甲醇裂解方程式：

$$CH_3OH \xrightarrow[200\sim275℃]{CuO催化剂} CO+2H_2 \tag{9-1}$$

乙醇裂解方程式：

$$C_2H_5OH \xrightarrow[200\sim300℃]{Co\text{-}Fe催化剂} CO+CH_4+H_2 \tag{9-2}$$

$$C_2H_5OH \xrightarrow[400\sim550℃]{Co\text{-}Fe催化剂} CO+C+3H_2 \tag{9-3}$$

醇类经过蒸发器加热，进入裂解反应器裂解生产一氧化碳和氢气，再通过变压吸附技术分离提纯获得氢气和一氧化碳，工艺流程简图如图 9-15 所示。

图 9-15　醇类分解制氢工艺流程框图

硼氢化钠（NaBH₄）在水溶液中具有阻燃性，能够在空气中稳定存在数月，其饱和水溶液储氢量为 7.4%，可在常温下通过催化水解反应产生高纯度氢气，且不含一氧化碳等杂质，适合供应质子交换膜燃料电池，所以受到业界关注。反应如下：

$$NaBH_4+2H_2O \xrightarrow{催化剂} 4H_2+NaBO_2 \tag{9-4}$$

但硼氢化钠制氢还需解决成本高、规模小、副产 $NaBO_2$ 回收、制氢工艺路线经济性等问题[15]。

氨的理论储氢值为 17.6%，原料氨容易得到、价格低廉、运输方便，氨裂解制氢装置具有技术成熟、投资少、体积小、效率高等优点。以液氨为原料，氨经裂解后，每千克液氨裂解可制得 2.64m³ 混合气体，其中含 75%的氢气和 25%的氮气，其他杂质较少（水约 2g/m³，残余氨约 $1×10^{-3}$），再通过变压吸附纯化，氢气纯度可达 99.999%，露点可降至–60℃以下，残余氨含量可降至 $3×10^{-6}$ 以下，所以氨裂解制氢装置曾在浮法玻璃生产中广泛应用，也用于半导体、冶金工业等领域。其流程如图 9-16 所示。

图 9-16　氨分解制氢工艺流程框图

9.5　氢　气　纯　化

前面章节叙述的各种制氢工艺路线和技术，已经实现了工业化应用。但这些技术制备的氢气品质只能满足化工生产和炼油加氢气生产需要，氢气的纯度一般为 99.9%～99.999%，但其主要杂质一般含量为总硫<0.1×10^{-6}，一氧化碳<10×10^{-6}，不能满足质子交换膜燃料电池车用氢气质量标准（见表 9-2）。如果含有害杂质组分的氢气用于质子交换膜燃料电池时，燃料电池电极催化剂会发生中毒，电池性能急剧下降。

而通过碳氢化合物或醇类重整反应得到的氢气中一般含有一氧化碳、二氧化碳、氮气；以天然气、石油等为原料时可能还会含有硫化物，如硫化氢等。此外，通过甲烷重整制氢，在自热重整或部分氧化重整过程中由于氢气和氮气同时存在，在高温、催化剂条件下会生成氨气，浓度范围在 $30\sim90mL/m^3$。氢燃料中的这些有害杂质气体可能会对燃料电池性能带来负面影响，导致电池性能衰减。因此无论从何种工艺路线得到氢气，都需要按照表 9-2 标准进行纯化，以满足燃料电池对氢气品质的需要。

根据氢气来源及最终用途不同，可采用不同的精制方法来制备高纯氢，见表 9-4。

表 9-4　常用的氢气纯化方法对比表[11]

纯化方法	纯化材料	原料氢气的纯度	纯化效果		主要用途
			脱除杂质	脱除深度	
吸收法	乙醇胺、热碳酸钾、氢氧化钠等	含氢量低的转化气、副产品粗氢	CO_2	$\varphi(CO_2)<25\times10^{-6}$	用于化工厂的粗氢除去 CO_2
吸附干燥	硅胶、分子筛、活性氧化铝	$\varphi(H_2)>99\%$	H_2O、CO_2	$\varphi(H_2O)<5\times10^{-6}$ $\varphi(CO_2)<5\times10^{-6}$	用于氢气的初级终端的纯化
低温变温吸附	硅胶、活性炭、分子筛（液氮等低温吸附）	$\varphi(H_2)\geqslant99.99\%$	各种杂质	$\varphi<25\times10^{-6}$	用于氢气的精纯化
变压吸附	分子筛、活性炭	$\varphi(H_2)=40\%$	各种杂质	$\varphi(总烃)$、$\varphi(N_2)$、$\varphi(O_2)$ 均<0.1×10^{-6} $\varphi(H_2O)<0.5\times10^{-6}$	用于纯化和含氢量低的粗氢的提纯
催化反应法	Pd、Pt、Cu、Ni 等金属制成的催化剂	$\varphi(H_2)>99.0\%$	O_2	$\varphi(O_2)\leqslant0.1\times10^{-6}$	用于脱除氢气中的氧
钯合金扩散法	钯合金膜	$\varphi(H_2)>99.5\%$ [其中 $\varphi(O_2)<0.1\%$]	各种杂质	$\varphi(H_2)\geqslant99.9999\%$	用于氢气的精制纯化
金属氢化物	Fe-Ti、稀土-Ni 等合金	—	各种杂质	$\varphi(H_2)\geqslant99.9999\%$	用于氢气的精制纯化

吸附法具有工艺、设备简单，操作容易、产品纯度高、杂质脱除深度高、能耗低等优点，是氢气纯化的主要方法之一。

9.5.1 微量水脱除

氢气脱水有变压吸附和变温吸附两种工艺。如果氢气只含有水，没有其他杂质，主要采用干燥脱水工艺[17]。两塔变温吸附干燥工艺常用于氢气干燥脱水，该工艺预先分离氢气中的液态水，然后进入装有吸附剂的干燥塔中进行水分的脱除。两台干燥塔交替工作，完成吸附-再生不同工艺步骤，循环往复操作，氢气连续输出[18]。

等压变温吸附干燥工艺的特点是设备及阀门数量少、工艺简单、无氢气消耗、干燥效果好，也广泛用于氢气干燥脱水。详情参见第6章。

9.5.2 微量硫脱除

工业上用化石能源制取的氢气一般还含有一定数量的硫，不能满足燃料电池用氢气要求，需要深度脱除到硫化物摩尔分数小于 4×10^{-9}。

在实际生产中，通过水解转化、湿法脱硫、常温精脱硫后，可将硫化物摩尔分数控制到 0.1×10^{-6}。为了达到燃料电池用氢需要，还需要采用新型高效预转化催化剂及脱硫剂进行深度脱硫，进一步将硫化物摩尔分数脱至 $\leqslant 4 \times 10^{-9}$。

深度脱硫技术由深度水解催化剂、高精度脱硫剂和保护剂组成[19]，该方法的操作空速高达 $8000h^{-1}$，使用寿命可达2年，在原料气中硫化物摩尔分数为 10^{-6} 数量级时，可将原料气中硫化物摩尔分数脱至 4×10^{-9}。其中，精脱硫剂的特性见表9-5。在净化度保证的情况下，硫容量无疑是脱硫剂的一项重要技术指标。进口硫含量高，则工作区加长，穿透硫容减小。深度脱硫在提氢装置上成功应用，效果良好。

表 9-5 精脱硫剂主要性能表

项目	特征及参数
外观	黄色条状
规格/mm	$\Phi(4\sim5)\times(3\sim15)$
堆密度/(kg/L)	$0.56\sim0.65$
侧压强度/(N/cm)	$\geqslant50$
比表面积/(m²/g)	$\geqslant100$
孔容/(mL/g)	$0.50\sim0.65$
工作硫容/%	$15\sim35$
脱硫精度 $\omega/10^{-9}$	<4.00
主要成分	铜、锌、铁等氧化物+助剂

9.5.3 微量一氧化碳的脱除

用化石能源制备的氢气一般含有一定量的一氧化碳，而一氧化碳存在对有些生产过程是有害的，除了会发生副反应外，还会使催化剂中毒失活。对于氢气不同的使用场景，一氧化碳的要求是不一样的。例如，聚丙烯、甲苯二乙氰酸酯合成需要把氢气中的一氧化碳深度脱除到 1×10^{-6} 以下，质子交换膜燃料电池需要把氢气中的一氧化碳深度脱除到 0.2×10^{-6} 以下。燃料电池用氢气对一氧化碳含量的限制更高。用传统的变压吸附和变温吸附工艺提纯的氢气中，一氧化碳含量难以达到要求燃料电池用氢气的质量要求。经过大量实验研究，我们针对不同原料气，分别采用优化的变压吸附工艺和新型的络合吸附剂，可使氢气中一氧化碳得到深度脱除，满足不用应用场景的需要。

1. 优化的变压吸附工艺

优化的工艺其核心是优化组合吸附、均压、冲洗、抽空等工艺步骤，并采用特殊配比的 13X 分子筛、5A 分子筛、活性炭组合吸附床层，以实现对一氧化碳的深度脱除。如表 9-6 所示，对于这种特定的原料气，通过优化的变压吸附工艺，可以使产品氢气中一氧化碳脱除到 $\leqslant 0.2 \times 10^{-6}$，其余 4 项杂质含量也满足燃料电池用氢要求。

表 9-6 原料气组成及产品氢气主要杂质含量表（体积分数）

	H_2	N_2	CO	CO_2	CH_4	C_2H_6	合计
原料气/%	54.50	8	10	3.50	22	2	100.00
产品氢气中杂质/10^{-6}	—	12	0.16	—	0.44	—	

注：产品氢气中杂质用气相色谱法检测，N_2 用热导检测器，CO、CO_2、CH_4 和 C_2H_6 用氢气火焰离子检测器。

2. 络合 π 键吸附

以一价铜盐负载到载体上形成的吸附剂，其吸附一氧化碳的机理是一氧化碳与吸附剂表面 Cu^+ 形成 $Cu(I)$-CO 络合物，该络合 π 键具有中等强度吸附作用，可通过降低一氧化碳分压、加热吸附剂等方式脱附再生。基于此原理，络合 π 键一氧化碳专用吸附剂已经实现工业化，原来主要用于从分离提纯一氧化碳，随着氢能产业发展的需要，现已用于氮气、氢气中微量一氧化碳的深度脱除。由于该吸附剂在低分压下一氧化碳吸附量明显高于传统吸附剂，且 CO/N_2 分离系数高，可克服使用传统吸附剂脱除氢气中一氧化碳时氢气收率较低的问题。研究证明[20]，CuCl 与活性炭制成的复合吸附剂，采用变压吸附方式，用于氢氮混合气体中一氧化碳净化时，可使一氧化碳体积分数降至 $0.5 \times 10^{-6} \sim 1.0 \times 10^{-6}$。

进一步实验研究表明，利用活性炭负载一价铜的络合 π 键吸附剂可以将氢气中的一氧化碳脱除到 0.2×10^{-6} 以下。实验过程采用变温吸附法，利用电伴热加热，再生温度 140℃，氢气的回收率可在 96%以上[21]。焦炉煤气提纯燃料电池用氢的工业实践证明，采用含 Cu^+ 吸附剂与其他吸附剂合理级配的变压吸附技术，也可将氢气中一氧化碳体积

分数脱除到 0.2×10^{-6} 以下。

其工艺过程可参考第 5 章、第 6 章。

9.6　典型工程应用

9.6.1　炼厂富氢气纯化

燕山石化依托已有氢气资源(重整气经变压吸附装置分离提纯得到的氢气),采用变压吸附工艺建设一套炼厂副产氢气提纯燃料电池车用氢气的装置,设计氢气产量 2000m³/h,其中,原料气组成见表 9-7。该装置主要满足燃料电池汽车对低成本氢气需求,为北京市和 2022 年北京冬奥会提供清洁能源。

1. 原料气组成

表 9-7　原料气分析结果表

组分含量	数值	组分含量	数值
$x(H_2)$/%	99.90	$x(CO)$/10^{-6}	11.50
x(非氢气总量)/10^{-6}	983	x(总硫)(按 H_2S 计)/10^{-6}	<0.01
$x(H_2O)$/10^{-6}	3.40	$x(HCHO)$/10^{-6}	<0.005
x(总烃)(以甲烷计)/10^{-6}	793	$x(HCOOH)$/10^{-6}	<0.10
$x(O_2)$/10^{-6}	1.20	$x(NH_3)$/10^{-6}	<0.10
$x(He)$/10^{-6}	<10	x(总卤化物)/10^{-6}	0.03
$x(N_2+Ar)$/10^{-6}	175	ω(最大颗粒物)/10^{-6}	<0.10
$x(CO_2)$/10^{-6}	<10	x(杂质)/10^{-6}	983

2. 流程简介

氢气纯化装置采用多次均压交错冲洗变压吸附工艺,充分回收有效组分、提高吸附剂解吸效果,装置运行高效、安全可靠。提氢流程见图 9-17。

图 9-17　燕山石化氢气纯化流程框图

3. 运行效果

燕山石化以炼厂富氢气纯化制备燃料电池氢气的变压吸附装置于 2020 年 3 月投

料运行，产品氢气分析检测数据显示氢气含量达到 99.976%，氮气含量为 0.0238%，详细的检测数据见表 9-8；其中总硫、一氧化碳、卤化物、甲酸和总烃等杂质含量满足 GB/T 37244 标准要求[22]。

表 9-8　炼厂富氢气提纯燃料电池用氢气检测数据表

检测项目	检测结果	GB/T 37244—2018 要求
$x(H_2)$/%	99.976	>99.97
x(非氢气总量)/10^{-6}	242.80	≤300
$x(H_2O)$/10^{-6}	1.90	≤5
x(总烃)(以甲烷计)/10^{-6}	未检出①	≤2
$x(O_2)$/10^{-6}	0.80	≤5
$x(He)$/10^{-6}	238	≤300
$x(N_2+Ar)$/10^{-6}	2	≤100
$x(CO_2)$/10^{-6}	0.052	≤2
$x(CO)$/10^{-6}	未检出②	≤0.20
x(总硫)(按 H_2S 计)/10^{-6}	未检出③	≤0.004
$x(HCHO)$/10^{-6}	0.0003	≤0.01
$x(HCOOH)$/10^{-6}	未检出④	≤0.20
$x(NH_3)$/10^{-6}	<0.10	≤0.10
x(总卤化物)/10^{-6}	未检出	≤0.05
ω(最大颗粒物浓度)/10^{-6}	242.80	≤300

注：检测项目全部符合指标要求：①检出限 0.1，②检出限 0.05，③检出限 0.00005，④检出限 0.1；检测单位：中国石化石油化工科学研究院。

9.6.2　焦炉煤气提氢气

1. 流程简介

我国炼焦产业副产焦炉煤气达 1100 亿 m^3，其中含氢气约 630 亿 m^3，用于燃料电池氢源潜力巨大。但是焦炉煤气成分复杂、有害杂质多，必须经过复杂的分离净化过程才能获得满足燃料电池用氢气要求的氢气，其流程如图 9-18 所示。

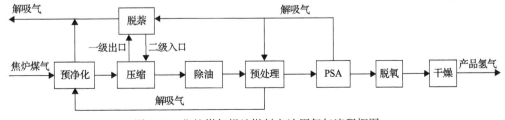

图 9-18　焦炉煤气提纯燃料电池用氢气流程框图

　　焦炉气在 0.02MPa 左右进入预净化工序，脱除大部分焦油、萘和部分硫化氢。再压缩到 1.8MPa，进入除油器除去压缩机油污，在压缩的中间压力进入精脱萘工序，除去剩余的萘、焦油和部分硫化氢。从除油器出来的原料气进入变温吸附预处理工序，进一步除去有机硫、氨、氰化氢及其他高碳烃杂质。预处理工序再生气来自变压吸附工序的解吸气，再生气温度≥150℃。

　　从预处理装置出来的气体经变压吸附工序(PSA-H_2)提纯后的氢气中还含有少量氧气，进入脱氧工序进行脱氧处理，再由等压干燥工序脱除其中微量水分。

　　2. 运行效果

　　某厂按照以上工艺流程建设了焦炉煤气提纯燃料电池车用氢气装置，经第三方机构检测，所产的氢气各项满足燃料电池车用氢气要求，检测结果见表9-9。

表 9-9　焦炉煤气提纯燃料电池用氢检测结果表

检测项目	标准要求指标	检测结果
$x(H_2)/\%$	99.97	99.995
x(非氢气总量)$/10^{-6}$	300	<44
$x(H_2O)/10^{-6}$	≤5	<1.80
x(总烃)(以甲烷计)$/10^{-6}$	≤2	<0.10
$x(O_2)/10^{-6}$	≤5	0.80
$x(He)/10^{-6}$	≤300	<10
$x(N_2+Ar)/10^{-6}$	≤100	30
$x(CO_2)/10^{-6}$	≤2	<0.10
$x(CO)/10^{-6}$	≤0.20	<0.10
x(总硫)(按 H_2S 计)$/10^{-6}$	≤0.004	<0.01
$x(HCHO)/10^{-6}$	≤0.01	0.006
$x(HCOOH)/10^{-6}$	≤0.20	<0.10
$x(NH_3)/10^{-6}$	≤0.10	<0.10
x(总卤化物)$/10^{-6}$	≤0.05	0.04
ω(最大颗粒物)$/10^{-6}$	≤1	<0.10
x(杂质)$/10^{-6}$	≤300	<44

　　注：本检测的硫分析仪检测限为 $0.01×10^{-6}$。

9.6.3　丙烷脱氢尾气

　　根据某公司 120 万 t/a 丙烷脱氢制高性能聚丙烯项目一期工程，配套建设一套 4000m^3/h 的变压吸附提氢装置。

1. 装置简介

原料气在压力 0.65MPa、温度≤40℃的工况下，首先加压到 2.0MPa，经水分离器脱除游离水后，进入变压吸附工序及净化干燥工序，获得氢气纯度≥99.99%的高纯氢气，同时氢气质量满足燃料电池用氢气的要求。

装置流程如图 9-19 所示，包括原料气压缩工序、变压吸附提氢工序、氢气干燥工序、解吸气压缩工序、氢气充装系统。

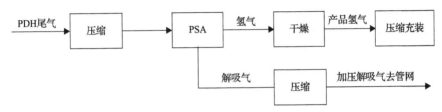

图 9-19　丙烷脱氢尾气变压吸附制氢流程框图

2. 运行效果

装置满负荷运行稳定后，产品氢气经第三方机构检测，各项杂质含量指标满足燃料电池车用氢气要求，检测结果见表 9-10。

表 9-10　丙烷脱氢尾气提纯氢气的检测结果表

检测项目	标准要求指标	检测结果
$x(H_2)$/%	99.97	99.993
x(非氢气总量)/10^{-6}	300	<67
$x(H_2O)$/10^{-6}	≤5	2.4
x(总烃)(以甲烷计)/10^{-6}	≤2	1.8
$x(O_2)$/10^{-6}	≤5	0.9
$x(He)$/10^{-6}	≤300	<10
$x(N_2+Ar)$/10^{-6}	≤100	52
$x(CO_2)$/10^{-6}	≤2	<0.1
$x(CO)$/10^{-6}	≤0.2	<0.1
x(总硫)(按 H_2S 计)/10^{-6}	≤0.004	<0.01
$x(HCHO)$/10^{-6}	≤0.01	0.005
$x(HCOOH)$/10^{-6}	≤0.2	<0.1
$x(NH_3)$/10^{-6}	≤0.1	<0.1
x(总卤化物)/10^{-6}	≤0.05	0.03
ω(最大颗粒物)/10^{-6}	≤1	<0.1
x(杂质)/10^{-6}	≤300	<67

注：本检测的硫分析仪检测限为 $0.01×10^{-6}$。

9.7 展 望

我国氢能的制备、储运、加注及应用等各环节目前处于示范运行阶段，根据我国的经济发展现状和资源分布情况，不同地方、不同行业的氢源解决方案应该是多元化的。综合考虑技术经济性、碳排放、环境影响、能源消耗、资源条件等因素，选择工业副产含氢提纯氢气或可再生能源(富余水电、弃风、弃光)制氢，符合我国当前的现实状况。在资源条件受限时，根据甲醇、天然气供应状况和城市电网"浅绿程度"，经技术经济性分析可行时，可采用天然气转化、甲醇转化制氢或水电解制氢[23]。

根据我国能源结构和地方资源特点，采取不同方式制取的氢气，其组分和杂质含量差别较大，难以满足燃料电池用氢气要求，所以氢气纯化是制取合格氢源的不可或缺的一步。与膜分离、低温、溶剂吸收等氢气提浓方法比较，吸附分离方法技术成熟、过程简单、不产生新的污染物，用于燃料电池用氢气的纯化，在装置规模、氢气品质和经济性等方面具有较大优势，具有较大的推广应用前景。

工业用氢的品质要求和质子交换膜燃料电池用氢气有很大的不同，两者对氢气纯度和关键杂质含量的关注点各不相同，工业用氢气更关注氢气纯度，燃料电池用氢气更关注硫、一氧化碳等特定杂质的含量。由国家现行的相关氢气质量标准可知，即使是符合高纯氢标准的氢气，其硫、一氧化碳等杂质含量也不能满足燃料电池用氢要求，而燃料电池用氢的氢气纯度不低于99.97%，还达不到高纯氢气的要求，所以燃料电池用氢气纯化技术具有鲜明的特点。

燃料电池用氢气纯化的发展方向包括杂质吸附量大、选择性好的高性能吸附纯化材料，脱除深度和效率高的定向除杂高效工艺技术，各纯化单元功能模块化与系统集成，纯化装置规模适应性好、经济性高。

纯化材料开发方面应根据含氢气原料气的组分特点和燃料电池用氢气的品质要求，将组分分为酸性、碱性、强吸附和弱吸附等四类。根据相互作用机理，开发出杂质组分动态吸附量大、再生效果好、选择性高的纯化材料，对不同杂质进行定向脱除。例如，对于强作用力的气体，重点研究吸附材料的比表面性质和孔道扩散等物理因素提高材料的纯化性能。对于硫化物和一氧化碳，由于脱除深度高，可考虑采用化学吸附手段，开发金属化合物净化剂、络合 π 键吸附剂等。

开发满足纯化要求的工艺过程，即使氢气品质满足燃料电池用氢气的要求，又能充分发挥纯化材料的性能、提高氢气收率，使纯化过程效率高、成本低。根据气体杂质组分类别，采用纯化材料级配装填技术，既保证多种杂质的脱除效率，又简化纯化流程，减少纯化设备数量，节省投资和占地面积，并提高工艺技术的适应性和经济性。

通过含氢气源的关键杂质特征研究，进行关键杂质脱除技术开发，并对各净化单元进行功能分区，形成关键杂质的纯化单元模块。并研究各单元模块之间的关系，进行模块选择及优化组合，形成模块化纯化集成装置，使纯化过程操作更简便、安全，维护更方便，处理功能更齐全，可形成经济的氢气纯化解决方案。

根据氢气输送和加注的规模要求，进行纯化装置设计、制造的系列化、规模化开发，以配套不同规模等级的加氢站，既适应示范阶段小规模供氢装置需要，又可发展为大规模集中供氢，以提高技术适应性、降低设计制造成本。根据实际运行数据，纯化装备技术优化，可提高纯化效率、降低纯化成本，最终提高纯化技术的整体经济性。

可见，在氢能经济快速发展、氢能即将成为常规能源重要补充的趋势下，以变压吸附分离技术为主体、多种分离纯化技术互补耦合的氢气纯化技术，必将成为燃料电池用氢气纯化技术的主流，为氢能技术发展做出应有贡献。同时，直接使用太阳能热解和光解水制氢也正成为研究的热点[24]。

参 考 文 献

[1] Cloete S, Ruhnau O, Hirth L. On capital utilization in the hydrogen economy: The quest to minimize idle capacity in renewables-rich energy systems[J]. International Journal of Hydrogen Energy, 2021, 46(1): 169-188.

[2] 中国氢能联盟. 中国氢能源及燃料电池产业白皮书[氢能联盟内部资料]. 2019: 21-38.

[3] 高慧, 杨艳, 赵旭, 等. 国内外氢能产业发展现状与思考[J]. 国际石油经济, 2019, 27(4): 17-25.

[4] 曹殿学, 王贵领, 吕艳卓, 等. 燃料电池系统[M]. 北京: 北京航空航天大学出版社, 2009: 9-15.

[5] 王林山, 李英. 燃料电池[M]. 2 版. 北京: 冶金工业出版社. 2005: 3-5.

[6] Corbo P, Migliardini F, Veneri O. Hydrogen Fuel Cells for Road Vehicles[M]. New York: Springer Science & Business Media, 2011: 76.

[7] 同济大学, 中国科学院大连化学物理研究所, 中国标准化研究院, 等. 质子交换膜燃料电池汽车用燃料氢气: T/CECA-G 0015—2017[S]. 北京: 中国节能协会(发布), 2017.

[8] 北京亿华通科技股份有限公司, 上海汽车集团股份有限公司, 上海攀业氢能源科技有限公司, 等. 质子交换膜燃料电池供氢系统技术要求: GB 34872—2017[S]. 北京: 国家标准化管理委员会, 2017.

[9] 同济大学, 中国科学院大连化学物理研究所, 中国标准化研究院, 等. 质子交换膜燃料电池汽车用燃料 氢气: GB/T 37244—2018[S]. 北京: 国家标准化委员会, 2018.

[10] 国际标准化组织氢能技术委员会. Hydrogen fuel quality — Product specification: ISO 14687—2019[S]. 日内瓦: 国际标准化组织, 2019.

[11] 沈承, 宁涛. 燃料电池用氢气燃料的制备和存储技术的研究现状[J]. 能源工程, 2011, 31(1): 1-7.

[12] 李庆勋, 刘晓彤, 刘克峰, 等. 大规模工业制氢工艺技术及其经济性比较[J]. 天然气化工—C1 化学与化工, 2015, 40(1): 78-82.

[13] 王玉倩. 煤气化制氢装置为炼油厂供氢方案研究[J]. 化学工业, 2014, 32(8): 39-43.

[14] 马文杰, 尹晓辉. 炼油厂制氢技术路线选择[J]. 洁净煤技术, 2016, 22(5): 64-69.

[15] 毛宗强, 毛志明, 余皓, 等. 制氢工艺与技术[M]. 北京: 化学工业出版社, 2018: 113, 184, 264, 276-279.

[16] 全国氢能标准化技术委员会. 中国氢能产业基础设施发展蓝皮书[M]. 北京: 中国质检出版社, 2018: 14-15.

[17] 公育红, 龙卫泽, 范维帅, 等. 氢气 TSA 干燥装置流程分析与优化[J]. 煤气与热力, 2018, 38(5): 54-57.

[18] 李兴林. 氢气干燥脱水系统的改造设计[J]. 当代化工, 2008, 37(5): 551-554.

[19] 齐小峰, 周晓奇, 王红梅, 等. 制氢装置用深度脱硫剂的开发[J]. 工业催化, 2016, 24(12): 50-53.

[20] 刘晓勤, 马正飞. 稀土复合吸附剂变压吸附净化氢氮气中 CO[J]. 南京工业大学学报(自然科学版), 1998, 20(12): 1-4.

[21] 管英富, 刘照利, 何秀容. TSA 法深度脱除氢气中微量 CO 的研究[J]. 天然气化工—C1 化学与化工, 2009, 34(2): 25-27.

[22] 陈健, 焦阳, 卜令兵, 等. 炼厂副产氢生产燃料电池用氢气应用研究[J]. 天然气化工—C1 化学与化工, 2020, 45(4): 66-70.

[23] 王赓, 郑津洋, 蒋利军, 等. 中国氢能发展的思[J]. 科技导报, 2017, 35(22): 105-110.

[24] 吴素芳. 氢能与制氢技术[M]. 杭州: 浙江大学出版社, 2014: 164-174.